Meilensteine der Wissenschaft

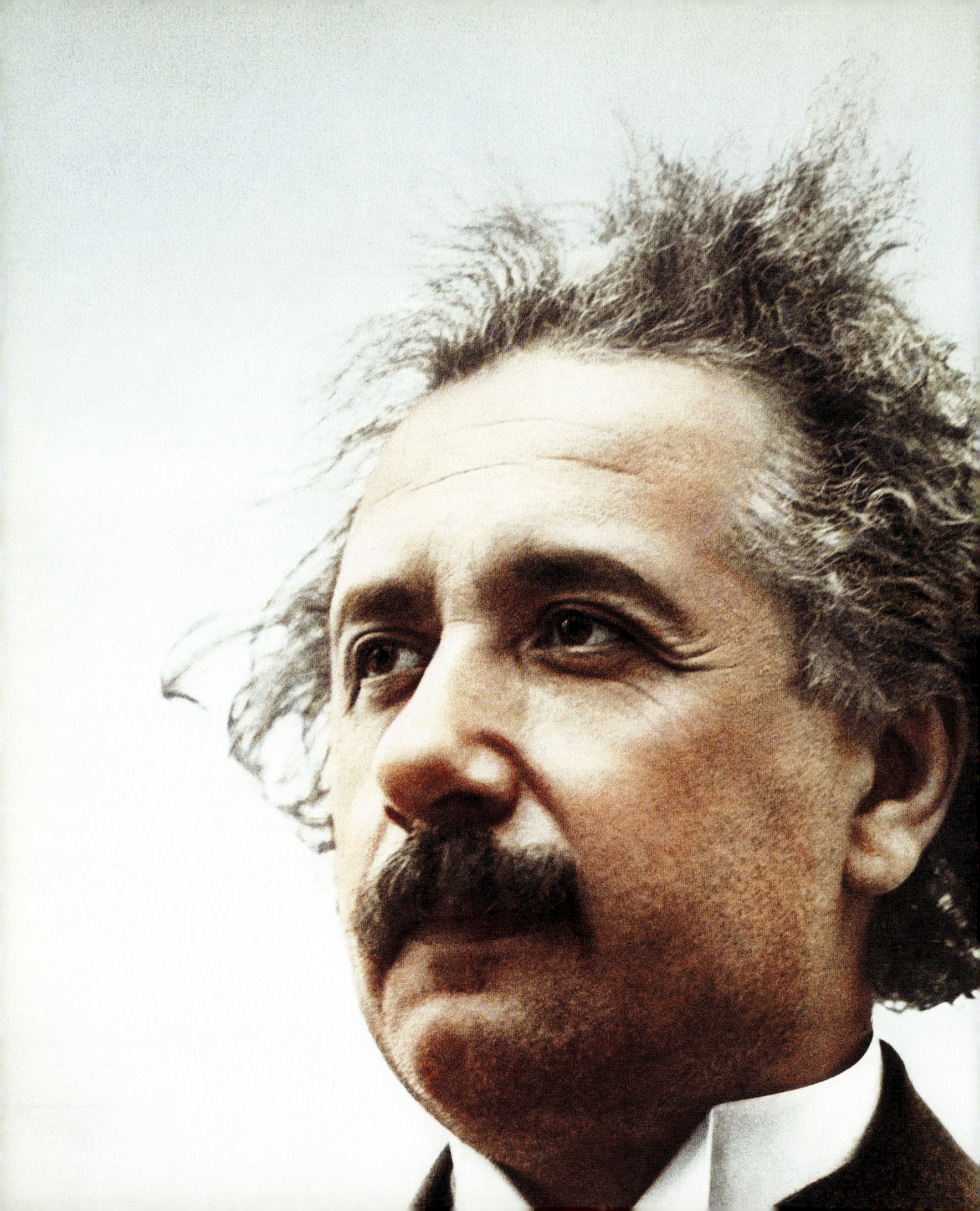

Peter Tallack (Hrsg.)

Meilensteine der Wissenschaft

Eine Zeitreise

Mit einem Geleitwort von Susan Greenfield und einem Vorwort von Simon Singh

Aus dem Englischen übersetzt von Monika Niehaus-Osterloh, Jorunn Wissmann, Peter Wittmann, Andrea Kamphuis und Martina Wiese

Spektrum Akademischer Verlag   Heidelberg · Berlin

Inhalt

Originaltitel: The Science Book

Aus dem Englischen übersetzt von Monika Niehaus-Osterloh, Jorunn Wissmann, Peter Wittmann, Andrea Kamphuis und Martina Wiese

Englische Originalausgabe 2001 bei Cassell & Co, London

Die Deutsche Bibliothek — CIP-Einheitsaufnahme

Meilensteine der Wissenschaft : eine Zeitreise / hrsg. von Peter Tallack. Aus dem Engl. übers. von Monika Niehaus-Osterloh .... - Heidelberg ; Berlin : Spektrum, Akad. Verl., 2002
   Einheitssacht.: The science book <dt.>
   ISBN 3-8274- 1380 -X

© 2002 Spektrum Akademischer Verlag GmbH
Heidelberg • Berlin

Lektorat: Frank Wigger, Martina Mechler
Copy Editing: Daniel O'Donnell
Layout und Satz: Ute Kreutzer
Umschlag: WSP Design, Heidelberg
Gesamtherstellung: Trento S.r.l. (Italien)

Autoren:
Susan Aldridge (S.A.), Paul Bahn (P.Ba.), Phil Ball (P.B.), Stephen Battersby (S.Ba.), Steve Blinkhorn (S.Bl.), Sue Bowler (S.Bo.), Mark Buchanan (M.B.), W. F. Bynum (W.F.B.), John Emsley (J.E.), Phil Gates (P.G.), David Goodstein (D.G.), Nigel Hey (N.H.), Rory Howlett (R.H.), David Hughes (D.H.), Frank James (F.J.), David Knight (D.K.), Richard Mankiewicz (R.M.), Jane McIntosh (J.Mc.), Maren Meinhardt (M.M.), Justin Mullins (J.Mu.), Douglas Palmer (D.P.), Helen Power (H.P.), Jacqueline Reynolds & Charles Tanford (J.R. & C.T.), Mark Ridley (M.R.), Hazel Rymer (H.R.), Peter Tallack (P.T.), Jim Thomas (J.T.), Andrew Whiten (A.W.), Lewis Wolpert (L.W.)

Geleitwort

Susan Greenfield

Wissenschaft wird immer mehr zu einem Teil unseres täglichen Lebens: Stärker als je zuvor hat sie heute Einfluss darauf, was wir fühlen, was wir essen, wie viel freie Zeit wir genießen oder ertragen und wie wir in einem sich stetig beschleunigenden Informationszeitalter miteinander kommunizieren.

Gewaltige Fortschritte wurden sowohl in den physikalisch-chemischen als auch in den biologisch-medizinischen Wissenschaften sowie hinsichtlich der Wechselwirkungen zwischen beiden erzielt. Wenn wir diese Veränderungen zum Wohle der Gesellschaft nutzbar machen wollen, ist es unabdingbar, dass jeder von uns wissenschaftliche Bildung besitzt.

Dieses Buch schlägt einen weiten Bogen, um den interessierten Leser in die faszinierende Welt der (Natur-)Wissenschaft einzuführen. Er hat hier Gelegenheit, jeden beliebigen der „mundgerecht" aufbereiteten Beiträge für sich zu lesen, um rasch Einblick in individuelle Entdeckungen zu gewinnen, die unsere Welt und unser Leben geprägt haben, aber er kann sich auch tiefer in das Buch hineinbegeben, um den wissenschaftlichen Hintergrund zu erkunden, der diese Entdeckungen möglich gemacht hat. Als einen völlig neuen Schritt führt das Werk ein wunderbares Gliederungsprinzip ein, das in chronologischer Reihenfolge die bedeutendsten Episoden in der Entwicklung aller Wissenschaftszweige dokumentiert.

Diese historische Perspektive dürfte ebenso wie die ausgezeichnete und fesselnde Gestaltung nicht nur den ansprechen, der Fakten sucht, sondern auch alle diejenigen, die diese Fakten in ihren größeren ästhetischen und logischen Zusammenhängen verstehen wollen. Zugleich kann das Buch dazu beitragen, eine dringend notwendige Brücke über die absurde Kluft zwischen den Geisteswissenschaften und Künsten auf der einen Seite und den Naturwissenschaften auf der anderen Seite zu schlagen: In den Seiten dieses Bandes zu blättern, ist wohl ebenso gewinnbringend und aufschlussreich wie die Lektüre eines Buches über Geschichte, Literatur oder Philosophie.

Meilensteine der Wissenschaft bietet mehr als einen einfachen Zugang zu den Fakten individueller Entdeckungen. Das Buch stellt auch die grundlegenden Ideen hinter der Wissenschaft dar, und — was am wichtigsten ist — es lässt sichtbar werden, wie Persönlichkeiten diesen Ideen zum Durchbruch verhelfen. So erwirbt der Leser auf ebenso prägnante wie unterhaltsame Weise echte wissenschaftliche Bildung und damit das Rüstzeug für die Herausforderungen, die aus der Wissenschaft im 21. Jahrhundert und darüber hinaus erwachsen werden.

Vorwort

Simon Singh

Meilensteine der Wissenschaft umfasst genau 250 Episoden aus der Geschichte der Wissenschaft. Auf den ersten Blick mögen ein paar hundert Momentaufnahmen nicht ausreichend erscheinen, um auch nur etwas einzufangen von der Vielfalt und der Vernetztheit des wissenschaftlichen Bemühens, das Universum zu begreifen. Aber indem wir Beziehungen zwischen den Artikeln knüpfen, stellt sich wohl doch ein Verständnis für die wissenschaftliche Methode ein, für den Weg, auf dem Wahrheit gesucht, begründet und verworfen wird. Denken wir nur an den verschlungenen und schwierigen Pfad, der uns zu unserem gegenwärtigen Modell der Planetenbahnen in unserem Sonnensystem geführt hat.

Obwohl griechische Astronomen einst ein heliozentrisches System erwogen hatten, begründete das Werk des alexandrinischen Astronomen Ptolemaios (Ptolemäus) eine Sicht des Universums mit der Erde im Mittelpunkt, die mehr als 1 000 Jahre Bestand haben sollte. Seine umfangreiche „Mathematische Sammlung", die unter dem Titel „Große Zusammenstellung" ins Arabische übersetzt wurde und als *Almagest* weite Verbreitung erfuhr, beginnt mit zwei Axiomen: dass die Erde das mathematische Zentrum des Universums ist und dass die göttlichen Himmelskörper sich gleichförmig auf Kreisbahnen bewegen. Allerdings zeigten Beobachtungen, dass sich die Umlaufbahnen der Planeten nicht als einfache Kreisbewegung beschreiben lassen, denn gelegentlich scheinen die Planeten in ihrem üblichen Fortschreiten von West nach Ost innezuhalten, wandern eine Zeit lang in die entgegengesetzte Richtung und schlagen dann wieder ihre gewohnte Bahn nach Osten ein. Heute wissen wir, dass dies so ist, weil die Erde nicht im Mittelpunkt des Universums steht. Vielmehr umkreist sie die Sonne, und die scheinbare Rückwärtsbewegung anderer um die Sonne kreisender Planeten resultiert aus der Beobachtung von Kreisbahnen von einem Himmelskörper aus, der sich selbst auf einer Kreisbahn bewegt.

Ptolemäus gelang es trotzdem, die Beobachtungen mit seinen Axiomen zu erklären. Die Erde stand fest, und die Planeten bewegten sich tatsächlich in gleichförmigen Kreisbahnen, wobei jedoch der Mittelpunkt jeder Planetenumlaufbahn (Epizykel) selbst wieder einer kreisförmigen Bahn (Deferent) folgte. Im Kern gründete diese Idee auf dem Werk von Aristoteles und anderen, doch Ptolemäus gab ihr ein sicheres mathematisches Fundament. Es schien, als könnte nun der gesamte kreisende Kosmos beschrieben werden. Ptolemäus' Ansatz war in einer Hinsicht zutreffend: Eine erfolgreiche Theorie muss mit den Beobachtungen übereinstimmen. Doch eine erfolgreiche Theorie ist nicht ausschließlich beschreibend. Sie sollte auch die zugrunde liegende Realität des beobachteten Phänomens erklären und die tatsächlich wirksamen Prinzipien widerspiegeln. In diesem Punkt versagte Ptolemäus' Modell.

Das ptolemäische Weltbild hatte vor allem deshalb über Jahrhunderte Bestand, weil es unserer vom gesunden Menschenverstand geprägten Sicht einer statischen Erde entgegenkommt. Doch wie hat Albert Einstein einmal gesagt: »Der gesunde Menschenverstand ist die Summe aller Vorurteile, die sich bis zum achtzehnten Lebensjahr im Kopf festgesetzt haben.« In einem verzweifelten Kampf gegen eine Abkehr vom gesunden Menschenverstand ergänzten die Astronomen das geozentrische Model um weitere Zyklen und Epizyklen, um es an die reale Welt anzupassen. Schließlich, zu Beginn des 16. Jahrhunderts, entwickelte Nikolaus Kopernikus ein neues Modell auf Grundlage eines heliozentrischen Systems. Seine Theorie des Sonnensystems war einfacher, eleganter und überdies auch genauer als die ptolemäische Sichtweise. (Einfachheit und Eleganz haben sich bei der Formulierung wissenschaftlicher Theorien immer als nützlich erwiesen. Ästhetik scheint ein verlässlicherer Führer als gesunder Menschenverstand.) Gestützt auf die genauen Beobachtungen von Tycho Brahe, verwarf

Johannes Kepler ein Jahrhundert später die kreisförmigen Umlaufbahnen des Kopernikus und ersetzte sie durch Ellipsen. Das verfeinerte Modell führte zu einer noch exakteren Übereinstimmung zwischen Theorie und Beobachtung und schuf die sichere Grundlage für das von Isaac Newton formulierte Gravitationsgesetz, das die Kräfte hinter Keplers elliptischen Umlaufbahnen aufzeigte.

Was hier sichtbar wird, ist ein Wechselspiel zwischen Theorie und Beobachtung. Treten Widersprüche auf, so besteht die Möglichkeit, entweder die Theorie *ad hoc* anzupassen oder aber ihre grundsätzliche Gültigkeit in Frage zu stellen. Wissenschaftler tüfteln gewöhnlich eher an ihren lieb gewonnenen Theorien herum als sie aufzugeben. Bedeutende Wissenschaftler aber wagen es, orthodoxe Denkweisen zu hinterfragen, und besitzen die Kühnheit, eine neue Theorie zu entwickeln, welche die Beobachtungen besser beschreibt und der zugrunde liegenden Wahrheit näher kommt. Oder wie es der Soziologe Robert K. Merton ausgedrückt hat: »Die meisten Institutionen verlangen uneingeschränktes Vertrauen; doch die Institution Wissenschaft macht Skepsis zu einer Tugend.«

In den außergewöhnlichsten Episoden der Wissenschaft kann eine Kombination aus Skepsis, Kreativität und rationaler Überlegung spontan eine neue Theorie hervorbingen, noch bevor eine wesentliche Unstimmigkeit zwischen der vorangegangenen Theorie und der Beobachtung erkennbar wird. Im 20. Jahrhundert überholte Einsteins Allgemeine Relativitätstheorie Newtons Gravitationsgesetz. Einstein zufolge waren die Newtonschen Gesetze eine ungefähre Annäherung an seine eigene, tiefer greifende Theorie, doch sie hatten mit sämtlichen bis dahin gemachten Beobachtungen ausreichend genau übereingestimmt. Einsteins Theorie jedoch traf Voraussagen, die Astronomen vor die Herausforderung stellten, neue, höchst präzise Messungen vorzunehmen, welche die Unzulänglichkeit von Newtons Theorie und die Exaktheit seiner eigenen offenbaren würden. Im Jahre 1919 zeigten Messungen von Finsternissen durch Sir Arthur Eddington das Maß der Krümmung von Sternenlicht durch die Sonne, wie es von Einstein, nicht aber von Newton vorhergesagt worden war.

In gewisser Weise ist *Meilensteine der Wissenschaft* eine Huldigung an die Skepsis. Die späteren Seiten des Buches beschreiben die derzeit auf den verschiedensten Gebieten anerkannten Wahrheiten, aber auch wenn die Theorien sich heute hoher Wertschätzung erfreuen, sollte man sie doch hinterfragen und prüfen. Denn es besteht die Gefahr, dass gegenwärtige Theorien sich so fest etablieren, dass sie die Qualität eines geistigen Allgemeingutes erlangen und damit Wissenschaftler dazu verleiten, Vorurteile zu übernehmen, statt sich um ein noch besseres Verständnis des Universums zu bemühen.

Einführung

Peter Tallack

Dieses Buch zeichnet die Geschichte jener Errungenschaften nach, die nicht nur den Fortgang der Wissenschaft selbst beeinflusst haben, sondern auch den ganzer Denkrichtungen. Es bezieht die traditionellen Naturwissenschaften (Physik, Chemie, Biologie, Astronomie, Erdwissenschaften) ebenso ein wie die Psychologie, die Archäologie, die Paläoanthropologie, die Medizin und die Mathematik. Technische Erfindungen wurden nur aufgenommen, wo diese direkt zum wissenschaftlichen Fortschritt beigetragen haben, wie im Falle des Fernrohrs, des Mikroskops oder des Computers.

Die Frage, was aufnehmen und was auslassen, trieb mich über Monate um. Obwohl das Buch die frühen Philosophen berücksichtigt, deren Forschen den Beginn wissenschaftlichen Denkens ankündigte, bevorzugt die Auswahl Entdeckungen, Theorien oder Methoden, die ein lange bestehendes Problem lösten, völlig neue Forschungsgebiete eröffneten oder unsere Weltsicht veränderten. Manche wurden zunächst missverstanden, später aber anerkannt. Und eine Handvoll kam in die Auswahl, weil sie tief greifende Auswirkungen auf einem bestimmten Wissenschaftsgebiet hatten, obwohl sie sich letztlich als falsch herausstellten.

Das vorläufige Wesen wissenschaftlicher Erkenntnis ist besonders deutlich in den modernen Abschnitten, welche die größte Schwierigkeit bereiteten. Rund neun Zehntel aller Wissenschaftler, die jemals lebten, leben und arbeiten heute. Während es vergleichsweise einfach ist, Leistungen früherer Generation im Rückblick zu beurteilen, ist es oft schwierig, die Bedeutung heutiger Beiträge einzuordnen und abzuschätzen, ob sie sich über die Zeit bewähren werden — wenngleich sie zweifellos einen Eindruck von der Breite und Vielfalt gegenwärtiger Wissenschaft vermitteln und Hinweise auf Entdeckungen geben, die erst noch gemacht werden müssen.

Obwohl Wissenschaft nicht auf geradem Weg voranschreitet, bietet der chronologische Aufbau des Buches einen einzigartigen Einblick sowohl in die wesentlichen Strömungen und Einflüsse im Laufe der Jahrhunderte als auch in die wechselseitige Befruchtung von Ideen zwischen verschiedenen Wissenschaftszweigen. Wissenschaft ist indes nicht nur eine Ansammlung von Fakten. Das Buch erkundet auch die fruchtbare Mischung aus Vorstellungskraft, Kreativität, Wettstreit, Verwicklungen, Intuition, Genie und Fehlschlüssen, die Wissenschaft als eine ausgesprochen menschliche Aktivität charakterisiert.

Schließlich war ich — in der Präsentation der Faszination und des Wunders der Wissenschaft — gezwungen, viele bedeutende Forscher und wissenschaftliche Meilensteine auszulassen. Eine Auswahl wie diese ist zwangsläufig subjektiv — wenn nicht gar „vermessen", wie mir ein hervorragender Physiker zu verstehen gab, den ich um Rat fragte. Sogar Wissenschaft kann Geschmackssache sein.

Hinweis an den Leser: *Daten sind oft unklar, besonders die früherer Zeiten, wenn nur ein ungefähres Jahrzehnt für Leben oder Ereignisse angegeben ist. Solche Angaben beruhen meist auf einem Konsens von Wissenschaftshistorikern. Wo ein Abschnitt eine Reihe von Errungenschaften behandelt, ist die Auswahl von Person(en), Ereignis oder Datum oft zufällig. Gelegentlich sind internationale Anstrengungen oder andere Kollaborationen nicht Einzelpersonen, sondern Organisationen zugeschrieben. Im Buch werden durchgängig SI-Einheiten (Système international d'unités) und metrische Einheiten verwendet. Fehlende Daten von Wissenschaftlern wird der Verlag in zukünftigen Ausgaben ergänzen, wenn sie ihm mitgeteilt werden.*

Die Ursprünge des Zählens

Swaziland ca. 35000 v. Chr.

Wie die Ursprünge jeder anderen menschlichen Aktivität liegen auch die Ursprünge des Zählens im Dunkel der Vergangenheit verborgen. Die frühesten archäologischen Belege sind Knochen, die als Kerbstöcke dienten. Das älteste Fundstück ist das Wadenbein eines Pavians, auf dem sich 29 Einkerbungen befinden; es wurde im südafrikanischen Swaziland gefunden und auf etwa 35000 v. Chr. datiert. Möglicherweise stellt es den Mondzyklus dar, denn es ähnelt den „Kalenderstäben", die noch heute in Namibia in Gebrauch sind. In Mähren, in der Tschechischen Republik, hat man einen Wolfsknochen mit 55 Kerben gefunden (30000 v. Chr.), und am Ufer des Eduardsees in der Demokratischen Republik Kongo entdeckte man den Ishango-Knochen, ein werkzeugartiges Objekt mit einem Quarzeinsatz (vermutlich älter als 15000 v. Chr.). Die Einkerbungen sind häufig in verschiedenen Gruppen angeordnet, doch was sie darstellen, ist bisher ein Geheimnis geblieben.

Ein schwaches Echo des Kerbstocksystems findet sich in einigen modernen Ziffern wieder; unsere eigene Ziffer Eins wie auch die römischen und chinesischen Ziffern für Eins, Zwei und Drei sind nichts anderes als Einkerbungen, I, II und III. Doch beim Zählen mit Einern gerät man schnell an eine Grenze, und bald begannen die Kulturen, einzelne Ziffern auf bestimmte Weise zu gruppieren, um flexiblere Zahlensysteme zu schaffen, die auf 5, 10, 12, 20 und 60 basierten. Die meisten dieser Systeme leiten sich offensichtlich von verschiedenen Fingerabzählmethoden ab.

Die ersten Belege für das Schreiben im Allgemeinen und das Zahlenschreiben im Besonderen stammen aus Mesopotamien, dem Zweistromland zwischen Euphrat und Tigris. Das sumerische System, das auf der Zahl 60 basierte, bediente sich spezieller Symbole, um 1, 10 und 60 darzustellen, und war somit das erste System, bei dem Wert eines Zahlzeichens auf seiner Position beruhte (Stellenwertsystem). Es stammt aus der Zeit um 2500–3000 v. Chr., lebt aber bis heute in unserer Zeit- und Winkelmessung weiter.

Während schriftliche Berichte auf Tontafeln aufbewahrt wurden, führte man Berechnungen häufig mit unterschiedlich geformten Kieseln durch, die für verschiedene Güter standen. Um etwa 2000 v. Chr. war diese Methode durch das Rechnen mit dem Abakus ersetzt worden. Das erste Schriftsystem, das auf einem Alphabet basiert, wurde von den Phöniziern zu Beginn des ersten Jahrtausends v. Chr. entwickelt und mit ihm die Darstellung von Zahlen durch Buchstaben.

Siehe auch *Frühe Astronomen* S. 12, *Die Null* S. 34, *Algebra* S. 38, *Die Entzifferung der Hieroglyphen* S. 136.

Eine sumerische Tontafel mit der Rechnung für den Verkauf eines Feldes und eines Hauses, bezahlt in Silber. Sie ist in Keilschrift ▶ geschrieben und datiert etwa aus dem Jahre 2550 v. Chr.

Frühe Astronomen

Ägypter ca. 3000–1000 v. Chr., Babylonier ca. 2000–1000 v. Chr., Chinesen ca. 2000–1050 v. Chr.

Am Anfang der Wissenschaft stand die Astronomie. Unsere Vorfahren schauten zum Himmel empor und fanden dort eine Mischung aus Beständigkeit und Wandel. Die rund tausend mit bloßem Auge sichtbaren Sterne bildeten einprägsame, unveränderliche Muster. Vor diesem Hintergrund aus Sternbildern zogen sieben Wanderer ihrer Wege. Der Mond und die Sonne waren Scheiben, deren Bahnen durch die Sternbilder des Tierkreises verliefen.

Nacht um Nacht wandelten sich die Phasen des Mondes. Doch alle 29,5305882 Tage nahm er wieder dieselbe Form an. Die Unveränderlichkeit dieser Zeitspanne bestimmte den Monat und regte unsere Vorfahren wahrscheinlich zum Zählen an. Auch der Lauf der Sonne gehorchte festen Regeln. Ihre Position beim Aufgang und beim Untergang veränderte sich systematisch; das Gleiche galt für ihre Höhe zur Mittagszeit. Diese Veränderungen gingen mit Veränderungen der Temperatur, der Tageslänge sowie des Verhaltens von Pflanzen und Tieren einher. Bald war so das Jahr definiert und dann in Jahreszeiten unterteilt. Wintersonnenwende, Frühjahrsbeginn und Sommersonnenwende wurden zu wichtigen Festterminen. Monumente wie Stonehenge im Südwesten Englands wurden so angelegt, dass sie am Tag der Sommersonnenwende genau auf die aufgehende Sonne wiesen. Die Seiten der ägyptischen Pyramiden waren längs der Nord-Süd- beziehungsweise der Ost-West-Achse ausgerichtet. Überdies enthielten sie gen Süden gerichtete Schächte, die genau auf den Durchzug von Sternen wie Sirius und Thuban ausgerichtet waren. Der Umstand, dass sich die Anzahl der Tage und Monate im Jahr nicht mit ganzen Zahlen angeben ließ, hielt die Astronomen damit beschäftigt, ihre religiösen Kalender auf Stand zu halten.

Was die Wandersterne, die wandernden Planeten, anging, so entfernten sich Merkur und Venus niemals weit von der Sonne. Mars, Jupiter und Saturn hingegen bewegten sich von West nach Ost den Tierkreis herum. Doch jedes Jahr schienen sie anzuhalten, sich eine Weile rückwärts zu bewegen und dann ihre normale Bewegungsrichtung wieder aufzunehmen. Diese „rückläufigen" oder „retrograden" Schleifen unterschieden sich in ihrer Größe von Planet zu Planet; das Gleiche galt für die Geschwindigkeit, mit der sich die Planeten am Himmel bewegten, sowie für ihre Helligkeit. Dieses sonderbare, veränderliche Verhalten zu erklären, stellte die wissenschaftlichen Astronomen vor ein komplexes Problem. Glücklicherweise war es jedoch nicht so komplex, dass sie ihre Bemühungen aufgegeben hätten, auch wenn es der Arbeiten von Kopernikus, Kepler und Newton bedurfte, um es zu lösen.

Siehe auch *Die Ursprünge des Zählens* S. 10, *Sphärenmusik* S. 14, *Kosmische Vorhersagen* S. 26, *Das geozentrische Weltbild* S. 30, *Das heliozentrische Universum* S. 42, *Ein neuer Stern* S. 48, *Die Gesetze der Planetenbewegung* S. 52, *Der Himmel im Fernrohr* S. 54, *Newtons „Principia"* S. 78.

Ein prähistorisches Observatorium. Stonehenge verkörpert das exakte astronomische Wissen seiner jungsteinzeitlichen ▸
(neolithischen) Erbauer, für die der Himmel eine Quelle übernatürlicher Kräfte darstellte.

Sphärenmusik

Pythagoras ca. 580-500 v. Chr.

Pythagoras wurde um 580 v. Chr. auf der griechischen Insel Samos geboren und ließ sich später in Kroton im Süden Italiens nieder. Auf seinen Reisen durch Ägypten und Babylonien lernte er viel Neues und brachte dieses Wissen zurück in den Westen. Ihm wird die Vermutung zugeschrieben, die Erde sei eine Kugel, wenngleich es schwierig ist, seine eigenen Erkenntnisse und Entdeckungen von denjenigen der Mitglieder seiner philosophischen Schule zu trennen, einer Art Geheimsekte, die 2 000 Jahre lang prosperierte. Als Belege führte Pythagoras an, dass der Polarstern höher am Himmel erscheint, je weiter man sich nach Norden bewegt, dass das Heck eines Schiffes, wenn es die Horizontlinie passiert, vor den Segeln verschwindet und dass der Schatten, den die Erde während einer Mondfinsternis wirft, immer kreisförmig ist.

Man nahm an, die Erde sei von einer Reihe kristallener, transparenter Sphären oder Kugelschalen (die „perfekte" Form) umgeben, die sich alle gleichförmig (die „perfekte" Bewegung) um die Erde drehten und einen Himmelskörper trugen. Später führte die pythagoreische Schule eine sich drehende Erde ein, um die tägliche Bewegung von Sonne, Mond, Planeten und Sternen zu erklären. Zur Rechtfertigung berief sie sich auf das Prinzip der Einfachheit: Eine kleine Erde ließ sich leichter drehen als ein riesiges Himmelszelt.

Pythagoras sah Zahlen als »das eigentliche Wesen der Dinge« an. Als Forscher und Musiker war er fasziniert von der Beziehung zwischen der Höhe eines Tones und der Länge der entsprechenden Harfensaite, und er übertrug diese harmonischen Proportionen auf die Astronomie. Die Planeten waren nicht zufällig platziert: Ihre Entfernungen und Geschwindigkeiten folgten offenbar einfachen Zahlenverhältnissen. Hippolytos bemerkte, Pythagoras sei der erste gewesen, der die Bewegungen der sieben Himmelskörper auf Rhythmus und Klang reduziert habe.

Auch wenn man beim Namen „Pythagoras" am ehesten an den Satz des Pythagoras denkt (das Quadrat über der längsten Seite eines rechtwinkligen Dreiecks ist gleich der Summe der Quadrate über den beiden kürzeren Seiten), war dieser Satz den Babyloniern schon mindestens 1 000 Jahre vor seiner Geburt bekannt, während die Griechen behaupteten, er habe ihn von ägyptischen Gelehrten übernommen.

Siehe auch *Frühe Astronomen* S. 12, *Euklids „Elemente"* S. 20, *Der Umfang der Erde* S. 24, *Kosmische Vorhersagen* S. 26, *Die Gesetze der Planetenbewegung* S. 52, *Die Entdeckung eines Asteroiden* S. 120.

Ein Steinrelief aus dem 13. Jahrhundert in der Kathedrale von Chartres, Frankreich, das Pythagoras zeigt. Pythagoras gründete ▶ eine Art Sekte, die sich durch Verschwiegenheit, Ästhetizismus und Mystik auszeichnete.

Aristoteles' Vermächtnis

Aristoteles 384–322 v. Chr.

Aristoteles wuchs an der Küste Griechenlands auf und verbrachte dort die meiste Zeit seines Lebens. In den warmen Gezeitentümpeln der felsigen Ufer sah er eine Vielzahl verschiedener Tierarten: Seesterne, Seeanemonen, Krebse, Würmer und Fische. Wie man in seinen Werken erkennt, beobachtete er sie genau, und die Fragen, die er sich über diese Tiere stellte, beherrschen die Biologie bis heute.

Aristoteles wollte die verschiedenen Typen von Tieren unterscheiden; in seinen Schriften nennt er ins-gesamt 560 Tierarten. Mit ihm begann gewissermaßen das Forschungsprogramm zur Katalogisierung der Artenvielfalt auf der Erde – das heute in rasantem Tempo fortgeführt wird. Die Klassifizierung von Pflanzen nahm Aristoteles jedoch nicht selbst vor, sondern einer seiner Schüler, Theophrast. Die Anfänge der Botanik gehen auf die Zeit zurück, als Theophrast von den Pflanzen hörte, die Soldaten Alexanders des Großen – auch er ein Aristoteles-Schüler – auf ihren Feldzügen entdeckt hatten.

Aristoteles begründete die Anatomie, die Embryologie und die Physiologie. Er beschrieb die innere Anatomie von Krebsen, Hummern, Fischen und Tintenfischen; seine detaillierte Beschreibung vom Kauapparat des Seeigels ist praktisch unübertroffen, und man nennt das Organ noch heute „Laterne des Aristoteles". Ganz besonders interessierte er sich für das Blut; er beschrieb die Blutgefäße und das Herz (obwohl er dessen Funktion nicht erkannte). Zudem untersuchte er Embryonen, beispielsweise im Hühnerei. Aristoteles war der Erfinder der formalen Logik und verfasste einflussreiche Schriften zur Mathematik, Physik und Kosmologie. Seine Bewegungsgesetze besaßen bis in die Zeit von Galilei und Newton allgemeine Gültigkeit.

Als junger Mann folgte Aristoteles dem Rat des Orakels von Delphi und ging nach Athen, um ein Schüler Platons zu werden. Platon und Aristoteles haben beide die spätere Geistesgeschichte geprägt, aber nur Aristoteles gilt als der Begründer der Wissenschaft schlechthin. Platons Denken war religiös, mystisch und poetisch. Aristoteles hielt sich mit übernatürlichen Erklärungen stets zurück und benutzte sie in seiner Physik und Biologie überhaupt nicht. Seit Aristoteles' Zeiten wurde in der Wissenschaft die experimentelle Methode entwickelt, aber immer noch greifen Wissenschaftler auf seine Methode des Beobachtens und der logischen Schlussfolgerung zurück.

Siehe auch *Die Geburtsstunde der Botanik* S. 18, *Die Anatomie des Menschen* S. 44, *Der natürliche Magnetismus* S. 50, *Der Blutkreislauf* S. 58, *Fallende Körper* S. 60, *Boyles „Sceptical Chymist"* S. 70, *Die Benennung des Lebendigen* S. 88, *Eizellen und Embryonen* S. 140, *Die Vielfalt der Kulturpflanzen* S. 292, *Die Genetik der Embryonalentwicklung* S. 460, *Die Vielfalt des Lebens* S. 468.

Wegweisend: Aristoteles war einer der größten Wissenschaftler aller Zeiten, auch wenn sein rationales Denken ihn oft zu ▶ falschen Schlussfolgerungen führte.

Die Geburtsstunde der Botanik

Theophrast ca. 372–287 v. Chr.

Theophrast war ein Schüler des Aristoteles, mit dem er in Athen die Peripatetische Schule der Philosophie (das „Lyzeum") gründete. Nachdem er 322 v. Chr. Leiter der Schule geworden war, verfasste er zwei botanische Werke, *Historia plantarum* („Naturgeschichte der Pflanzen") und *De causis plantarum* („Über die Ursachen im Pflanzenreich"), die über 1 500 Jahre lang die zuverlässigsten Abhandlungen zum Thema bleiben sollten. Sie erreichten größere Leserkreise, als Theodor von Gaza (nach dem die Pflanzengattung *Gazania* benannt ist) sie 1483 ins Lateinische übersetzte und Papst Nikolaus V. widmete.

Die beiden Abhandlungen enthalten umfassende Betrachtungen über Pflanzen, darunter Beschreibungen morphologischer, anatomischer und pathologischer Aspekte, der Samenanzucht, der Pfropfung, des Getreideanbaus und der medizinischen Nutzung. Theophrast war der Erste, der die Bestäubung der Dattelpalmen beschrieb und die Sexualität der Pflanzen diskutierte — einen Aspekt der Pflanzenreproduktion, der experimentell erst 1694 von Rudolph Jakob Camerarius bewiesen werden konnte. Theophrast scheint seine Informationen aus dem Garten seiner Schule bezogen zu haben, der vielleicht der erste botanische Garten der Geschichte gewesen ist, und zu den exotischen Pflanzen hat er womöglich Soldaten befragt, die an den Feldzügen Alexander des Großen teilgenommen hatten.

Die Bücher sind aus langen Beschreibungen von Pflanzenteilen und Vorgängen aufgebaut, die Theophrast mit alltäglichen griechischen Wörtern zu benennen versuchte. So entwickelte er eine Frühform einer Fachsprache, ohne die heute keine wissenschaftliche Disziplin auskommt. Ableitungen aus *anthos* (für „Blüte" oder „Blume") und *pericarpion* (das Perikarp ist die Fruchtwand) sind auch heutigen Botanikern noch auf Anhieb verständlich. In seinen Büchern klassifizierte er fast 500 Pflanzen, wobei die von ihm geschaffenen taxonomischen Kategorien zum Teil noch heute Bestand haben. Diese Leistung trug ihm die Bewunderung des großen Taxonomen des 18. Jahrhunderts ein: Carl von Linné (lateinisch Carolus Linnaeus), der ihn als den „Vater der Botanik" bezeichnet hat.

Siehe auch *Aristoteles' Vermächtnis* S. 16, *Arzneipflanzen* S. 28, *Sexualität bei Pflanzen* S. 82, *Die Benennung des Lebendigen* S. 88, *Stickstofffixierung* S. 208, *Die Vielfalt der Kulturpflanzen* S. 292, *Photosynthese* S. 344, *Die grüne Revolution* S. 428.

Theophrasts hervorragende Beschreibungen ganzer Pflanzen, ihrer Keimung und ihrer Bestandteile haben die Botanik Jahrhunderte lang geprägt. In diesem arabischen Manuskript aus dem 13. Jahrhundert sind sechs Heilpflanzen abgebildet.

Euklids *Elemente*

Euklid ca. 325–265 v. Chr.

Das einflussreichste Werk in der Geschichte der Mathematik sind zweifellos die *Elemente* von Euklid, einem Mathematiker, der zur Zeit der Regentschaft von Ptolemäus I. in Alexandria arbeitete. Über Euklids Leben ist nur wenig bekannt, doch sein Buch wurde so populär, dass es mehr als 2 000 Jahre lang alle anderen ähnlichen Werke in den Schatten stellte. Es ist kein völlig eigenständiges Werk, sondern eher ein Lehrbuch, welches das gesamte damalige Wissen über elementare Mathematik zusammenfasst — die grundlegenden Bausteine von Geometrie und Arithmetik. Doch in der knappen, logischen und systematischen Struktur des Textes wird Euklids pädagogisches Talent deutlich. Er wurde zum Bannerträger der griechischen Mathematik, als zahlreiche Übersetzungen, Kommentare und Ausgaben der *Elemente* überall im Mittelmeerraum, in Europa und Asien Verbreitung fanden.

Diese französische Darstellung der Geometrie aus dem 13. Jahrhundert zeigt einen Mathematiker, der einen Zirkel benutzt.

Die *Elemente* bestehen aus 13 Einzelbüchern, deren Schwierigkeitsgrad allmählich zunimmt. Euklid beginnt mit einigen grundlegenden Definitionen, zum Beispiel definiert er Punkt, Gerade, Fläche und Kreis. Anschließend erläutert er einige fundamentale Konzepte („Postulate" und „Axiome"), die nicht zu beweisen sind, aber intuitiv als wahr akzeptiert werden können, zum Beispiel die Tatsache, dass sich nicht-parallele Geraden in einem Punkt schneiden. Auf diese Ausgangspunkte aufbauend, konstruiert er durch deduktive Logik eine Reihe von Sätzen oder „Theoremen". Auf der Basis früherer Sätze werden dann weitere abgeleitet. Obwohl sich ein Großteil der Abhandlungen mit Geometrie beschäftigt, widmet sich Euklid auch den Verhältnissen und Proportionen sowie der Zahlentheorie. Zu den Glanzlichtern gehört sein Beweis, dass bei einem rechtwinkligen Dreieck die Fläche eines Halbkreises über der Hypotenuse gleich der Summe der Flächen der Halbkreise über den anderen beiden Seiten ist (eine Verallgemeinerung des Satzes von Pythagoras); er erkannte zudem, dass es unendlich viele Primzahlen gibt und die Quadratwurzel aus 2 irrational ist. In den letzten drei Büchern beweist Euklid, dass es nur fünf reguläre oder platonische Körper geben kann: das Tetraeder, den Würfel, das Oktaeder, das Dodekaeder und das Ikosaeder.

Erst im 19. Jahrhundert erkannte man, dass Euklids Axiome keine absoluten Wahrheiten darstellten. Das führte zur Entwicklung einer neuen Art von Geometrie, die wiederum die Basis für Relativitätstheorie und Quantenmechanik bilden sollte.

Siehe auch *Sphärenmusik* S. 14, *Nichteuklidische Geometrie* S. 144, *Allgemeine Relativitätstheorie* S. 278, *Die Grenzen der Mathematik* S. 308, *Fraktale* S. 446.

Die erste gedruckte Ausgabe von Euklids *Elemente* (*Elementa*) erschien 1482 in Venedig. Seitdem hat es mehr als ▸ 1 000 Ausgaben gegeben, was die *Elemente* zu dem erfolgreichsten Lehrbuch aller Zeiten macht.

Unctus est cui⁹ ps nō est. ⫶Linea est
lōgitudo sine latitudine cui⁹ quidé ex/
tremitates sṫ duo pūcta. ⫶Linea recta
é ab vno pūcto ad aliū breuissima exté/
sio i extremitates suas vtrūqz eoᵒ reci
piens. ⫶Supficies é q̄ lōgitudiné ꝛ lati
tudiné tm hȝ: cui⁹ termi quidé sūt linee.
⫶Supficies plana é ab vna linea ad a/
liā extésio i extremitates suas recipiés
⫶Angulus planus é duarū linearū al/
ternius ꝓtractus: quaᵣ expãsio é sup sup/
ficié applicatioqz nō directa. ⫶Quādo aut angulum ꝓtinét due
linee recte rectilineᵒ angulus noiaꝶ. ⫶Cū recta linea sup rectā
steterit duoqz anguli vtrobiqz fuerit eq̄les: eoᵣ vterqz rectᵒ erit
⫶Lineaqz linee supstās ei cui supstat ꝑpendicularis vocaꝶ. ⫶An/
gulus vo qui recto maioᵣ é obtusus diciꝶ. ⫶Angul⁹ vo minoᵣ re
cto acut⁹ appellaꝶ. ⫶Terminᵉ é qd vniuscuiusqz finis é. ⫶Figura
é q̄ termino vl terminis ꝓtinéꝶ. ⫶Circul⁹ é figura plana vna qdem li
nea ꝓtéta: q̄ circūferentia noiaꝶ: in cui⁹ medio pūct⁹ é: a quo oés
linee recte ad circūferétiā exeūtes sibiinicéȝ sut equales. Et hic
quidé pūct⁹ cétrū circuli dz. ⫶Diameter circuli é linea recta que
sup ei⁹ centᵣ trāsiens extremitatesq̄ suas circūferétie applicans
circulū i duo media diuidit. ⫶Semicirculus é figura plana dia/
metro circuli ꝛ medietate circūferentie ꝓtéta. ⫶Portio circu/
li é figura plana recta linea ꝛ parte circūferétie ꝓtéta: semicircu/
lo quidé aut maioᵣ aut minoᵣ. ⫶Rectilinee figure sūt q̄ rectis li/
neis cōtinénꝶ quarū quedā trilatere q̄ trib⁹ rectis lineis: quedā.
quadrilatere q̄ qtuoᵣ rectis lineis. qdā mltilatere que pluribus
qz quatuoᵣ rectis lineis continénꝶ. ⫶Figurarū trilaterarū: alia
est triangulus hūs tria latera equalia. Alia triangulus duo hūs
eq̄lia latera. Alia triangulus triū inequalium laterū. Dax iterū
alia est orthogoniū: vnū. l. rectum angulum habens. Alia é am
bligoniū aliquem obtusum angulum habens. Alia est origoni
um: in qua tres anguli sunt acuti. ⫶Figurarū anté quadrilateraᵣ
Alia est qdratum quod est equilaterū atqz rectangulū. Alia est
tetragon⁹ long⁹: q̄ est figura rectangula: sed equilatera non est.
Alia est helmuaym: que est equilatera: sed rectangula non est.

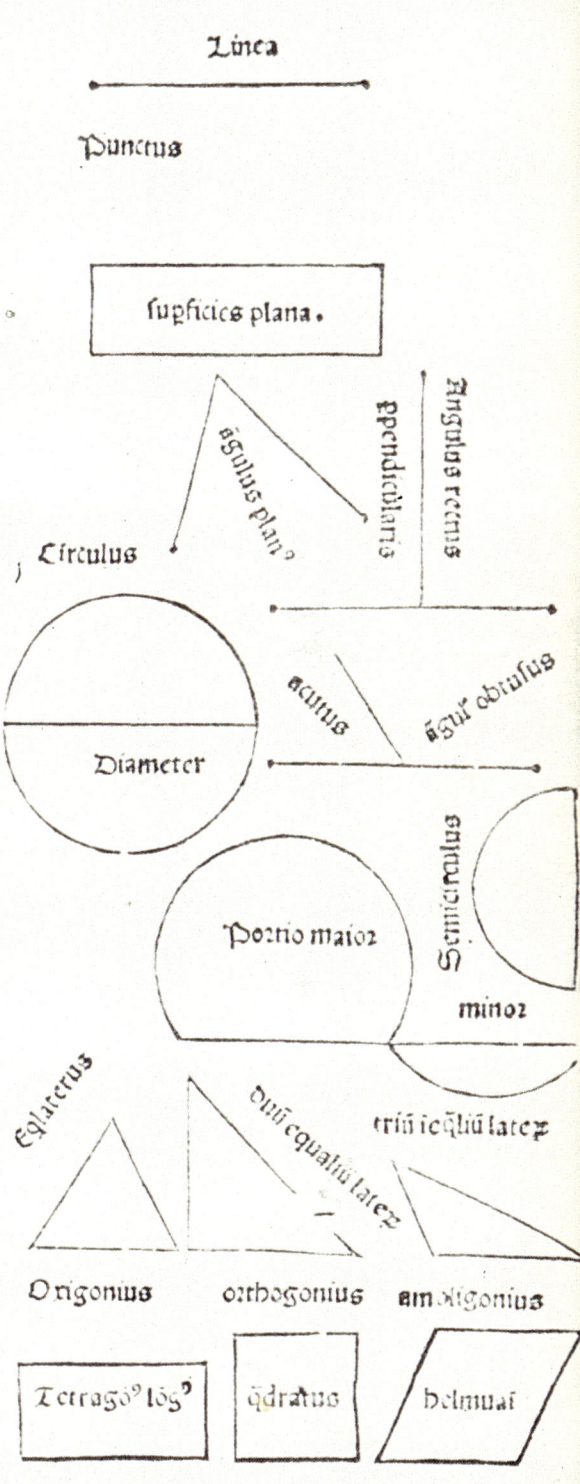

De principijs ꝑ se notis: ꝛ pmo de diffini
tionibus earundem.

Linea

Punctus

supficies plana.

angulus planᵒ   ꝑpendicularis   Angulus rectus

Circulus

acutus   angꞁ obtusus

Diameter

Portio maioᵣ   Semicirculus

minoᵣ

Equilaterus   duoᵣ equaliū lateᵣ   triū iequū lateᵣ

Origonius   orthogonius   ambligonius

Tetrago⁹ lōg⁹   qdratus   helmuai

Die Welt aus den Angeln heben

Archimedes ca. 290–212 v. Chr.

Der griechische Mathematiker Archimedes wurde in Syrakus auf Sizilien geboren und studierte in Alexandria, bevor er in seine Heimatstadt zurückkehrte. Im Laufe seines Lebens gelangte er wegen seiner praktischen Entdeckungen wie auch aufgrund seiner mathematischen Theorien zu hohem Ansehen. Er erfand eine Vorrichtung, die noch heute unter dem Namen „Archimedische Schraube" bekannt ist und als Wasserheber dient, wie auch den Flaschenzug, dessen Wirkung er demonstrierte, indem er (so behauptete zumindest Plutarch) ganz allein ein voll beladenes Schiff an Land zog. Und auf Geheiß von König Hieron II. soll er diverse Kriegsmaschinen gebaut haben, um Syrakus gegen die Römer zu verteidigen, darunter mechanische Kräne, die feindliche Schiffe mit einem eisernen „Schnabel" aus dem Wasser heben und an den Felsen zerschmettern konnten. Diese Vorrichtungen fußten auf den Prinzipien von Flaschenzug und Hebel, die Archimedes ausgearbeitet hatte. Tatsächlich war das Hebelgesetz von derartiger Bedeutung, dass Pappos von Alexandria im vierten Jahrhundert schrieb (der Satz wird oft auch Archimedes selbst zugeschrieben): »Gebt mir einen festen Punkt und ich hebe die Welt aus den Angeln.«

Solche öffentlichen Zurschaustellungen seines Einfallsreichtums standen im Gegensatz zu Archimedes' Glauben an die Reinheit eines Lebens, das dem unvoreingenommenen Studium der Wissenschaft gewidmet ist. Der Archetyp des geistesabwesenden Professors geht weitgehend auf Archimedes zurück, und dass er mit dem lauten Ruf „Heureka!" („Ich habe es gefunden!") nackt durch die Straßen von Syrakus gelaufen sein soll, ist nur eine der vielen Legenden, die sich um sein exzentrisches Verhalten ranken. Der Anlass zu jenem exhibitionistischen Auftritt war das hydrostatische Gesetz: Wenn ein Körper in eine Flüssigkeit getaucht wird, so ist sein auftriebsbedingter Gewichtsverlust gleich dem Gewicht der verdrängten Flüssigkeit.

Archimedes, der sich durchaus bewusst war, dass sein Ruhm Nachahmer auf den Plan gerufen hatte, narrte diese Plagiatoren, indem er falsche Sätze verbreitete. Und es gab bei ihm eine ganze Menge zu kopieren, darunter Formeln für die Flächen und Volumina geometrischer Körper und bahnbrechende Arbeiten auf den Gebiet der Differenzial- und Integralrechnung. Sein Tod durch die Hand eines übereifrigen römischen Soldaten versetzte die ganze mediterrane Welt in tiefe Trauer.

Siehe auch *Fallende Körper* S. 60, *Newtons „Principia"* S. 78.

Ein kalkulierter Tod: die Ermordung des Archimedes durch einen römischen Soldaten, dargestellt auf einem Mosaik. ▶

Der Umfang der Erde

Da der Abstand zwischen Erde und Sonne etwa dem 12 000fachen des Durchmessers unseres Planeten entspricht, kann man davon ausgehen, dass alle Sonnenstrahlen parallel einfallen, selbst an weit voneinander entfernten Orten. Dies ermöglichte es Eratosthenes, den Durchmesser der Erde zu berechnen.

Eratosthenes von Cyrene (heute Shahat, Libyen), Universalgelehrter, Geograph und Direktor der großen Bibliothek von Alexandria, las in einer Papyrusschrift, dass in dem in der südlichen Grenzregion Ägyptens gelegenen Außenposten Syene (heute Assuan) unweit des ersten Nilkataraktes senkrecht stehende Stäbe am Mittag der Sommersonnenwende (am 21. Juni) keinerlei Schatten warfen. Genau zum selben Zeitpunkt konnte man dort sehen, wie sich die Sonne im Wasser am Grunde von Brunnen spiegelte. Die Frage, warum in eben diesem Moment ein vertikal stehender Stock im rund 800 Kilometer nördlich gelegenen Alexandria einen Schatten warf, ließ ihn nicht los. Die schlüssigste Erklärung war, dass die Erde nicht flach ist, sondern rund. Eratosthenes maß die Länge des Schattens und errechnete daraus, dass die Sonnenstrahlen in Alexandria zu genau diesem Zeitpunkt einen Winkel von einem Fünfzigstel eines Kreises (also etwas über sieben Grad) zur Vertikalen bildeten. Die Entfernung zwischen Alexandria und Syene betrug also ein Fünfzigstel des Umfangs eines großen Kreises um die Erde. Da dieser Kreis einen Umfang von $2\pi R$ besitzt, konnte er den Wert von R, den Radius der Erde, leicht berechnen.

Eratosthenes beauftragte einen Mann, die Entfernung zwischen Alexandria und Syene mit Schritten abzumessen. Er kam auf eine Strecke von 5000 Stadien, ein heute nicht mehr genau bekanntes Längenmaß (der irische Astronomiehistoriker J. L. E. Dreyer setzte ein Stadium gleich 157,7 Meter). Sicher ist jedoch, dass die so ermittelte Größe für den Erdradius nur um wenige Prozent vom tatsächlichen Wert abweicht. Eratosthenes war der Erste, der die Größe eines Planeten genau bestimmt hat, und viele seiner Zeitgenossen vertrauten seinen Berechnungen.

Siehe auch *Sphärenmusik S. 14, Planetenabstände S. 74, Die Zahl* π *S. 92, Die „Schwere" der Erde S. 112.*

Am Horizont: Beweis für die Erdkrümmung; Zeichnung aus dem Jahre 1764. Soweit wir wissen, lehrte Pythagoras als Erster, ▶ dass die Erde eine Kugel ist.

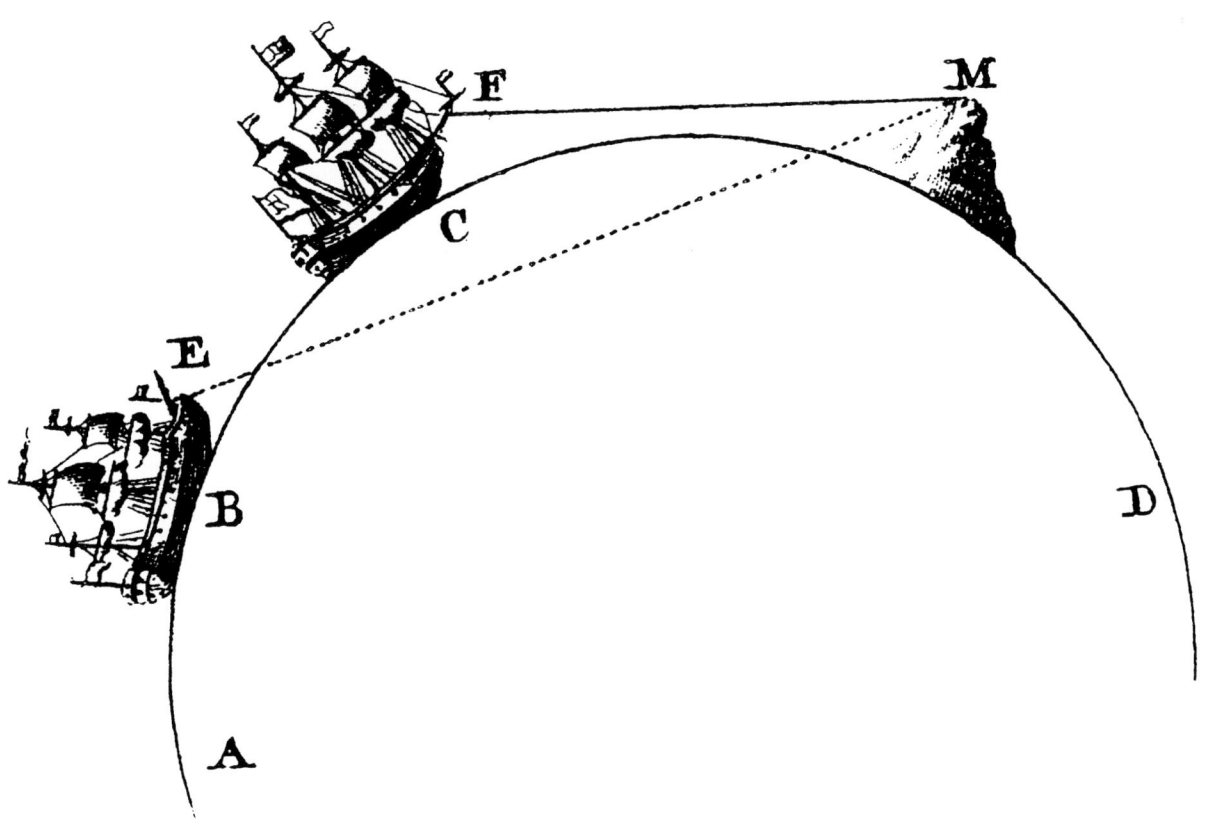

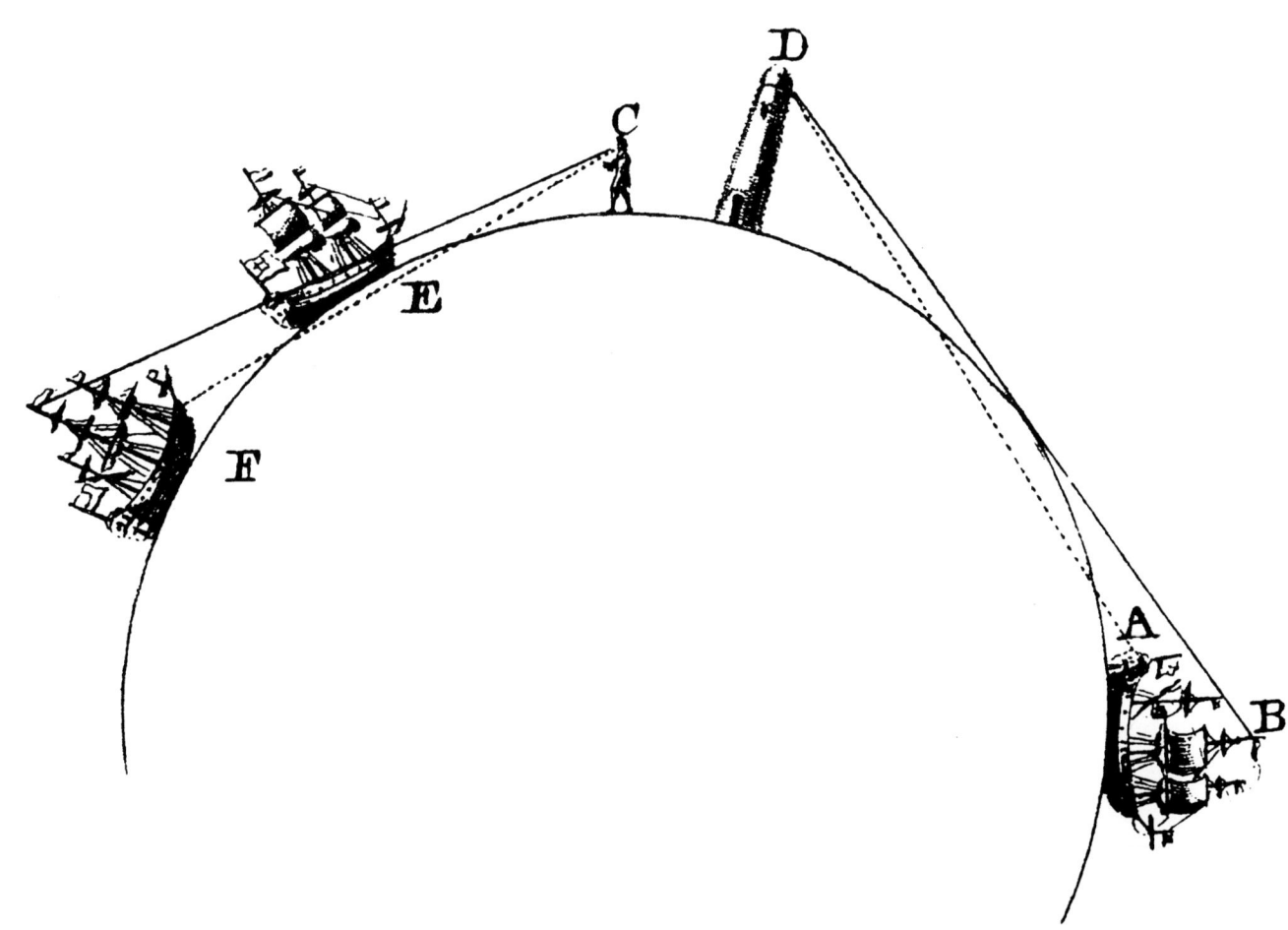

Kosmische Vorhersagen

Hipparch ca. 190–120 v. Chr.

Hipparch (Hipparchos) war der größte astronomische Beobachter der Antike und verantwortlich für die Weiterentwicklung der mathematischen Astronomie der Griechen von einer beschreibenden hin zu einer vorhersagenden Wissenschaft. Er berechnete die tatsächliche Dauer des Jahres auf 365 Tage, fünf Stunden und 55 Minuten, erkannte aber auch, dass die Jahreszeiten unterschiedlich lang sind – der Frühling dauert 94,5 Tage, der Sommer 92,5, der Herbst 88,125 und der Winter 90,125 Tage. Unter Verwendung der Geometrie berechnete er dann (nebenbei die Trigonometrie entwickelnd), dass der Abstand zwischen Erde und Sonne um den 4. Januar am geringsten und am 4. Juli am größten ist. Typisch für seine Präzision ist der Wert, den er für die Länge des Monats ermittelte. Seine 29 Tage, zwölf Stunden, 44 Minuten und 2,5 Sekunden waren nur um eine Sekunde zu kurz.

Hipparch war auch derjenige, der die babylonischen und griechischen astronomischen Traditionen zusammenbrachte und den 360-Grad-Kreis in die westliche Mathematik einführte. Zu seinen Errungenschaften zählen die Übersetzung babylonischer Werke und die Erstellung einer Liste aller Mondfinsternisse der vergangenen 800 Jahre. Er stellte fest, dass der Stern Spica im Sternbild der Jungfrau seine Koordinaten in einer Spanne von 150 Jahren geändert hatte, und entdeckte darüber hinaus die „Präzession der Äquinoktien" (die Verschiebung des Frühlings- und Herbstpunktes). Hipparch erkannte zudem, dass sich der Widderpunkt (die Position der Sonne am ersten Frühlingstag) um ein Grad pro Jahrhundert verschob (tatsächlich beträgt diese Verschiebung ein Grad pro 71,7 Jahre). Diese langsame Verlagerung stellarer Koordinaten nach Westen wird verursacht durch ein Schwanken der Erdrotationsachse, ähnlich einem taumelnden Kreisel, mit einem Zyklus von 25 800 Jahren.

Hipparch glaubte, dass sich die Position eines Sternes verändern kann. Inspiriert durch das Erscheinen eines neuen Sternes im Sternbild Skorpion im Jahre 134 v. Chr., erstellte er den ersten detaillierten Sternenkatalog. Darin vermerkte er sorgfältig die Position von 850 mit bloßem Auge sichtbaren Sternen. Als eine Neuerung teilte er diese nach ihrer Größe in verschiedene Klassen ein, die hellsten waren erster, die blassesten sechster „Magnitude". Dieses Magnituden-System wird bis heute verwendet.

Siehe auch *Frühe Astronomen* S. 12, *Sphärenmusik* S. 14, *Euklids „Elemente"* S. 20, *Das geozentrische Weltbild* S. 42, *Ein neuer Stern* S. 48, *Der Himmel im Fernrohr* S. 54, *Planetenabstände* S. 74, *Die Zahl π* S. 92, *Die Entfernung zu einem Stern* S. 150, *Klimazyklen* S. 276.

Sternspuren: Da die Erde rotiert, scheint sich der Nachthimmel um die Pole zu drehen. Mit einem lang belichteten Foto lässt sich ▶
diese scheinbare Bewegung festhalten.

Arzneipflanzen

Bis zum Aufkommen der pharmazeutischen Industrie im späten 19. Jahrhundert waren die meisten Arzneimittel pflanzlicher Herkunft. Botanischer Unterricht war fester Bestandteil des Medizinstudiums, und populäre Arzneibücher betrachteten das Pflanzenreich als Hauptquelle für Heilmittel. Dieser Ansatz wurzelte in der Antike. Die maßgebliche klassische Quelle war *De materia medica* (*Arzneimittellehre*) von Pedanios Dioskurides, einem Chirurgen bei der römischen Armee, der wie Galen in griechischer Sprache schrieb.

Dioskurides' Werk festigte und erweiterte das heilkundliche Wissen der Antike. Obwohl seine Biographie weitgehend im Dunkeln liegt, soll er „das Leben eines Soldaten" geführt haben. Mit Sicherheit bereiste er weite Teile des Mittelmeerraumes, sammelte Wissen über ortstypische Pflanzen und darüber, wie man sie am besten sammelt, lagert, zubereitet und anwendet. Er schrieb zahlreiche Informationen über diese Pflanzen nieder, etwa über ihre Lebensräume, äußere Merkmale und darüber, welche Pflanzenteile am besten zur Behandlung geeignet waren. Weil die meisten antiken Texte nicht erhalten sind, lässt sich unmöglich sagen, wie viele „neue" Heilmittel Dioskurides einführte, aber in seinem Werk beschreibt er eine Vielzahl von Arzneipflanzen, darunter Zimt, Belladonna, Wacholder, Lavendel, Mandel, Ingwer und Wermut. Weniger als ein Viertel der bei ihm genannten Pflanzen waren schon in den Hippokratischen Schriften erwähnt.

Dioskurides' *De materia medica* beschreibt nicht nur pflanzliche Heilmittel: Ein kleiner Teil seiner Zubereitungen ist tierischer oder mineralischer Herkunft. Mit seinem einfachen, empirischen Ansatz erfasste er alle damals verfügbaren Arzneimittel und schuf einen Standard, der über 1 600 Jahre lang gültig blieb. Sein Werk wurde in Mittelalter und Renaissance immer wieder kopiert und erweitert, sodass Dioskurides ein „lebender" Autor blieb. Durch Werke wie *The Herbal* („Kräuterbuch") von Nicholas Culpeper und andere hat er seinen Einfluss bis heute erhalten, nicht zuletzt in dem Glauben, dass pflanzliche Arzneien „natürlicher" und deshalb sicherer seien.

Siehe auch *Die Geburtsstunde der Botanik* S. 18, *Vom menschlichen Körper* S. 32, *Mauvein* S. 172, *Die Regulation des Körpers* S. 188, *Aspirin* S. 226, *Die Vielfalt der Kulturpflanzen* S. 292.

Schlafmohn. Aus einer illustrierten Ausgabe von *De materia medica*, die ein byzantinischer Künstler 400 Jahre nach Entstehen des Werkes schuf. ▶

Das geozentrische Weltbild

Claudius Ptolemäus ca. 90–168

Claudius Ptolemäus (griechisch: Klaudios Ptolemaios), der alexandrinische Astronom, Geograph und Mathematiker, schuf mit seinem *Almagest* (der in seiner modernen Übersetzung 500 Seiten umfasst) ein Dogma, das fast 1400 Jahre lang gültig blieb. Er sagte nicht nur, dass der Himmel sphärisch wirkte: Ihm zufolge bestand er wirklich aus exakten Kugeln. Da sich der Nachthimmel als perfekte Halbkugel darbot, musste sich die Erde im Mittelpunkt des Universums befinden – wo sie in der aristotelischen Kosmologie auch hingehörte. Außerdem bestritt Ptolemäus die Rotation der Erde; sie würde ja sonst den Vögeln und Wolken davoneilen.

Der *Almagest* griff viele Themen auf, die 300 Jahre zuvor Hipparch behandelt hatte, darunter die scheinbare Umlaufbahn der Sonne um die Erde, Schätzungen der Entfernungen der Erde zum Mond und zur Sonne sowie einen Katalog der Sterne. Ptolemäus führte auch 44 Sternbilder auf und gab ihnen Namen, die wir heute noch verwenden (Orion und Löwe zum Beispiel).

Ptolemäus' bedeutendster Beitrag zur Himmelskunde war seine mathematische Theorie der Planetenbewegung. Zum Glück folgen die Planeten nahezu kreisförmigen Umlaufbahnen um die Sonne, sodass sein geozentrisches System die Vorhersage ihrer Positionen mit hinreichender Genauigkeit ermöglichte. Vereinfacht gesagt bewegten sich die Planeten Ptolemäus zufolge gleichförmig auf einem perfekten Kreis (dem Epizykel), dessen Mittelpunkt gleichförmig auf einem weiteren Kreis (Deferent genannt) um die Erde kreiste, die im Zentrum stand. Aber Ptolemäus musste komplizierte Zusatzgrößen wie den Ausgleichspunkt (Äquant) einführen, um den variierenden Planetengeschwindigkeiten und den in Wirklichkeit elliptischen Umlaufbahnen Rechnung zu tragen. Dennoch war sein *Almagest* eine mathematische Glanzleistung, aufgrund derer alle europäischen Astronomen bis zur Zeit von Tycho Brahe glaubten, die Sphären, auf denen sich die Himmelskörper bewegen sollten, wären reale physikalische Objekte.

Ptolemäus schrieb auch viel über Astrologie und Geographie. Tatsächlich war seine geographische Abhandlung in der klassischen Geographie ebenso berühmt wie sein astronomisches Werk in der klassischen Astronomie.

Siehe auch *Frühe Astronomen* S. 12, *Sphärenmusik* S. 14, *Kosmische Vorhersagen* S. 26, *Das heliozentrische Universum* S. 42, *Die Gesetze der Planetenbewegung* S. 52.

Als Astronom und Geograph prägte Ptolemäus das wissenschaftliche Denken bis ins 17. Jahrhundert hinein. ▶

Vom menschlichen Körper

Galen ca. 130–201

Der griechische Arzt Galen schuf ein System von medizinischem Wissen, das die westliche Welt bis in die Renaissance hinein dominierte. Obwohl seine Lehren im 17. und 18. Jahrhundert revidiert wurden, ist uns seine Vorstellung von „phlegmatischen", „melancholischen" und „cholerischen" Persönlichkeiten noch heute geläufig – eine stolze Leistung für den früheren Arzt einer römischen Gladiatorenschule.

Galen wuchs in Pergamon nahe der ägäischen Küste in der heutigen Türkei auf. Er wurde vom medizinischen Denken des Hippokrates, von den anatomischen und physiologischen Lehren des Herophilos und des Erasistratos und von der Philosophie Platons und Aristoteles' beeinflusst. Galen glaubte, dass ein guter Arzt nicht nur die Naturwissenschaften beherrschen sollte, sondern auch die logischen Prinzipien, die gründlichen medizinischen Untersuchungen zugrunde liegen. Seine zahlreichen Schriften bilden zusammen ein umfassendes und rationales System der medizinischen Philosophie.

Die galenische Medizin ging davon aus, dass der Körper von vier Lebenssäften („Humores") durchdrungen sei – von gelber Galle, Blut, Schleim und schwarzer Galle. Diese wurden ihrerseits von vier Elementen (Feuer, Luft, Wasser, Erde), vier Qualitäten (warm, feucht, kalt, trocken), den vier Lebensstadien (Kindheit, Jugend, Erwachsenenendasein, Alter) und den vier Jahreszeiten beeinflusst. Krankheit führte man allgemein auf ein durch Ernährung oder Klima gestörtes Gleichgewicht der Säfte zurück – daher die therapeutische Praxis des Aderlasses. Den Körper durchströmten außerdem dreierlei als „Pneuma" oder „Spiritus" bezeichnete Trägerstoffe, die in den Hauptorganen Herz, Leber und Gehirn gebildet wurden.

Galens Stärke lag in seinen Beobachtungen, nicht in seinen Theorien. Er führte viele Experimente durch und hielt öffentlich anatomische Vorlesungen und Demonstrationen ab. Da aber die Sektion von Menschen verboten war, musste er für seine Forschungen auf Tiere zurückgreifen. Nicht alles, was er dabei sah, traf auch auf den Menschen zu, und so unterlief ihm mancher Fehler. Dennoch verdanken wir ihm wichtige Erkenntnisse über Verdauung, Nervenimpulse, Rückenmark, Blutbildung, Atmung, Herzschlag und den arteriellen Puls, den er erstmals zur Diagnose benutzte.

Siehe auch *Aristoteles' Vermächtnis* S. 16, *Die Anatomie des Menschen* S. 44, *Der Blutkreislauf* S. 58, *Boyles „Sceptical Chymist"* S. 70, *Die Regulation des Körpers* S. 188, *Das Nervensystem* S. 210, *Bedingte Reflexe* S. 242, *Nervenimpulse* S. 366.

Eine Seite aus dem *Buch der Chirurgie* des Roger von Salerno. Abgebildet sind Patienten, die auf ihre Behandlung warten. Im italienischen Salerno wurde im 12. Jahrhundert Europas erste Medizinschule gegründet. ▶

Die Null

Brahmagupta ca. 598–665

Die Null als Konzept ist für Mathematiker fundamental, und die Null als Symbol erscheint uns heute ebenso vertraut wie die anderen neun Zahlensymbole, doch es dauerte viele Jahrhunderte, bis es gelang, die Null so einzusetzen, dass sie mathematisch präzise „funktionierte". Babylonier, Ägypter, Griechen und Römer rechneten ohne ein allgemein anerkanntes Null-Symbol. Um 130 n. Chr. erweiterte Ptolemäus das sumerische Zahlensystem, das auf der 60 basierte, indem er den Buchstaben „Omikron" als eine Null hinzufügte, doch diese Neuerung setzte sich nicht durch.

Der Ausgangpunkt für die Null, wie wir sie heute gebrauchen, lag in Indien. Im siebten Jahrhundert benutzten indische Mathematiker häufig ein Wort, um das Fehlen einer Ziffer in ihrem Stellenwert-Dezimalsystem anzuzeigen (und dadurch zu vermeiden, dass 505 beispielsweise mit 55 oder 550 verwechselt wurde). Dies wurde als Punkt dargestellt, aus dem sich dann ein wieder erkennbares Null-Symbol entwickelte. Der erste unzweifelhafte Gebrauch dieses Symbols ist in einer Inschrift auf einer indischen Steintafel aus dem Jahre 876 n. Chr. nachgewiesen, doch frühere Schriften belegen, wie schwierig es war, die Null zu einem Teil des Zahlensystems zu machen. Der Hindu-Astronom und -Mathematiker Brahmagupta untersuchte bereits 200 Jahre früher die arithmetischen Operationen, an denen die Null beteiligt ist. Addition und Subtraktion waren kein Problem, und eine Zahl, die mit null multipliziert wurde, ergab ganz offensichtlich wieder null. Doch die Division erwies sich als schwieriger. Brahmagupta behauptete irrigerweise, null geteilt durch null ergebe wiederum null, und ließ Brüche wie $^0/_2$ und $^3/_0$ stehen, ohne eine Antwort zu finden, wenn er auch anmerkte, der Wert des ersten Bruches könne als null angesehen werden.

Rund 200 Jahre später behauptete der jainistische Mathematiker Mahavira fälschlicherweise, eine Zahl bleibe unverändert, wenn sie durch null geteilt wird; gleichzeitig stellte er richtig fest, dass die Quadratwurzel von null gleich null ist. Doch im 12. Jahrhundert meinte der führende indische Mathematiker Bhaskara, die Teilung durch null ergebe eine Größe, »so unendlich wie der Gott Vishnu«. Trotz dieser kleinen Irrungen und Wirrungen breitete sich das Dezimalsystem der Hindus westwärts nach Persien, ins arabische Reich und nach Europa sowie ostwärts nach China aus. Eine moderne Deutung der entscheidenden Rolle, die die Null in der Mathematik des infinitesimal Kleinen und des unendlich Großen spielt, lieferte erst das Werk des deutschen Mathematikers Georg Cantor gegen Ende des 19. Jahrhunderts.

Siehe auch *Die Ursprünge des Zählens* S. 10, *Algebra* S. 38.

Indische Mathematik und Astronomie entwickelten sich Hand in Hand. Hier beobachten zwei Astronomen Sterne mithilfe eines ▶ Theodolits (Winkelmessgeräts), während sie Sanskrit-Texte über Astronomie und Trigonometrie studieren.

Die Entzauberung des Regenbogens

Abu-Ali Al-Hasan ibn al-Haitham ca. 963–1039

Die Geschichte der Optik ist eng verbunden mit einem unserer beliebtesten Naturphänomene – dem Regenbogen. Aristoteles zufolge wurde ein Regenbogen durch Wolken hervorgerufen, die wie riesige Linsen wirken und das Sonnenlicht reflektieren sollten. Ptolemäus experimentierte später zwar mit Lichtbrechung – wie sie zum Beispiel auftritt, wenn Licht von einem Medium (wie Luft, Wasser oder Glas) in ein anderes übertritt –, ignorierte dieses Phänomen aber völlig, als er sich mit dem Regenbogen beschäftigte.

Um 1025 verfasste der arabische Physiker al-Haitham, im Westen besser bekannt als Alhazen, ein höchst einflussreiches Werk über Optik. Er beschrieb den Aufbau des Auges, stellte Parabolspiegel her (wie sie heute in Teleskopen verwendet werden), gab experimentell ermittelte Werte für die Lichtbrechung an und erkannte richtig, dass ein Lichtstrahl, wenn er in ein dichteres Medium eintritt, zum Lot hin gebrochen wird, weil seine Geschwindigkeit sinkt. Er diskutierte auch den Regenbogen, doch leider hielt er sich hier an Aristoteles' Theorien.

Die Krönung der mittelalterlichen optischen Lehre war *De Iride* („Über den Regenbogen") des deutschen Theologieprofessors Theoderich von Freiberg. Im Jahre 1304 benutzte dieser einen wassergefüllten Rundkolben als Modell für Wassertropfen. Durch geschicktes Kombinieren von Experimenten und Geometrie fand er heraus, dass ein Regenbogen von einem Lichtstrahl gebildet wird, der beim Übergang von der Luft ins Wasser gebrochen, innerhalb des Tropfens reflektiert und schließlich, wenn er aus dem Wasser wieder in die Luft eintritt, erneut gebrochen wird. Er gab zudem den Winkel, unter dem der Hauptregenbogen erscheint, mit ungefähr 42 Grad korrekt an. Wie so oft in der Wissenschaft, kamen – viele tausend Kilometer entfernt – zwei arabische Wissenschaftler etwa zur selben Zeit zu den gleichen Schlussfolgerungen.

Was von Freiberg nicht herausfinden konnte, war, wie sich ein zweiter, so genannter Nebenregenbogen bildete oder warum dessen Farben die umgekehrte Reihenfolge aufwiesen. Dreihundert Jahre später zeigte der französische Philosoph René Descartes, dass der Nebenregenbogen die Folge einer zweimaligen Reflexion im Tropfeninneren ist.

Siehe auch *Die Perspektive* S. 40, *Newtons „Principia"* S. 78, *Spektrallinien* S. 130, *Der Treibhauseffekt* S. 184.

Die Anatomie des Auges; Zeichnung aus einer lateinischen Ausgabe von Alhazens *Schatz der Optik* aus dem 16. Jahrhundert.

Eine Erklärung der Funktion des Auges als Teil des Sehvorgangs aus dem 17. Jahrhundert. Die Linse, die Sonne und das Auge ▶ — sie alle spielen beim Rätsel der Optik eine entscheidende Rolle.

Ars.   Natura.

A.1.   I.   A.2.

Præsentatio euersa;   Visio recta.

Ars.   Natura cum Arte.

B.1.   2.   B.2.

Præsentatio euersa;   Visio recta.

Ars.   Natura cum Arte.

C.1.   3.   C.2.

Præsentatio recta;   Visio euersa.

Ars.   Natura cum Arte.

D.1.   4.   D.2.

Præsentatio euersa;   Visio recta.

Ars.   Natura cum Arte.

E.1.   5.   E.2.

Præsentatio euersa;   Visio recta.

Ars.   Natura manca, cum Arte.

F.1.   6.   F.2.

Præsentatio euersa;   Visio recta.

Ars.   Natura manca cum Arte.

G.1.   7.   G.2.

Præsentatio euersa;   Visio recta.

Algebra

Fibonacci ca. 1170–1240

Unsere vertrauten zehn Ziffern von 0 bis 9 stammen ursprünglich aus Indien, wurden von der islamischen Welt übernommen und hielten im Laufe von zwei Jahrhunderten eifriger Übertragungen im maurischen Spanien und auf Sizilien schließlich auch in Europa Einzug. Das Toledo des 12. Jahrhunderts war ein besonders fruchtbarer Ort für Gelehrte; dort wurden die Weltklassiker der Mathematik, Naturwissenschaften und Literatur zwischen dem Arabischen, Griechischen, Hebräischen, Lateinischen und Katalanischen hin und her übersetzt. Viele mathematische Begriffe stammen aus dieser Zeit. So leitet sich „Algorithmus" zum Beispiel von dem Namen des arabischen Mathematikers al-Khwarizmi ab, der im 9. Jahrhundert lebte, und „Algebra" vom arabischen al-jabr (für „Wiederherstellung", „Ergänzung").

Im Jahre 1202 veröffentlichte der italienische Mathematiker Leonardo da Pisa (genannt Fibonacci) sein *Liber Abaci*, das die neue Arithmetik mit den „neun indischen Ziffern" samt dem „Zephirum", der Null, populär machte. Fibonacci räumte dem kaufmännischen Rechnen breiten Raum ein, und bald entwickelte sich ein großes Betätigungsfeld für professionelle „Kalkulatoren", die sich um geschäftliche Abrechnungen kümmerten. Das erste gedruckte Buch über Buchhaltung war Luca Paciolis *Summa Arithmetica* (1494), und in den Häfen ganz Europas wurden Werke über kaufmännische und nautische Berechnungen bald sehr populär.

Hand in Hand mit den neuen Ziffern ging die Entwicklung der Algebra. Bis zu dieser Zeit war die Mathematik überwiegend in Worten ausgedrückt worden, wobei Probleme und ihre Lösungen rhetorisch dargelegt wurden und Zahlen eigentlich nur zur Berechnung dienten. Die Araber erweiterten die griechischen Ansätze über das Lösen von Gleichungen und führten einen neuen „gestrafften" Stil ein, bei dem Formeln teils symbolisch, teils mit Worten ausgedrückt wurden. (Paciolis eigenes Buch stellte eine Mischung aus rhetorischer und algebraischer Schreibweise dar.) Zu Fortschritten kam es nur sehr langsam, und jedes Buch verwendete seine eigenen algebraischen Symbole. Das Gleichheitszeichen (=) wurde erstmals in England benutzt; Plus- (+) sowie Minuszeichen (–) stammen aus Deutschland. Zur Zeit von Descartes war die Algebra der unsrigen jedoch bereits sehr ähnlich (obwohl Descartes eigenartigerweise statt „=" stets „∞" verwendete). Auf jeden Fall hatte sich zu Newtons Zeiten die Verwendung der neuen Ziffern und der Algebra allgemein durchgesetzt.

Siehe auch *Die Ursprünge des Zählens* S. 19, *Die Null* S. 34.

Eine Darstellung der Arithmetik aus Gregor Reischs *Margarita Philosophica* (1508). Der Übergang vom römischen Abakus ▶ zum Gebrauch von indisch-arabischen Ziffern vollzog sich überraschend langsam; zwischen beiden Systemen kam es zu einer Jahrhunderte langen Rivalität.

Perspektive

Leon Battista Alberti 1404–1472, Piero della Francesca ca. 1412–1492

Den Anstoß für die Wiederentdeckung klassischer Architektur und Proportionen in der Renaissance gab das Werk *De architectura* (*Zehn Bücher über Architektur*), das der römische Architekturtheoretiker Vitruv im ersten Jahrhundert v. Chr. verfasst hatte. Die Renaissance war aber auch das große Zeitalter der realistischen Darstellung in der Kunst. Die italienischen Maler wollten zweidimensionalen Oberflächen die Illusion dreidimensionaler Wirklichkeit verleihen. Doch dazu mussten sie erst die Gesetze der Perspektive ergründen.

Der erste Künstler der Renaissance, der Schriften über Perspektive verfasste, war Leon Battista Alberti. 1435 erschien sein Werk *Della Pittura* (*Über die Malkunst*) in lateinischer Sprache, während eine spätere Version im toskanischen Dialekt dem Architekten Filippo Brunelleschi gewidmet war, der ebenfalls mit Perspektive arbeitete. Das Standardproblem war die perspektivische Darstellung des geometrisch gemusterten Fußbodens (*pavimento*), die sich in zahlreichen Gemälden jener Zeit findet. Albertis Erläuterungen in *Della Pittura* waren nicht detailliert genug, um anderen Künstlern als praktische Anleitung zu dienen, und sollten vermutlich nur seine vermögenden Gönner beeindrucken. Die erste Schrift, die profunde Kenntnisse der mathematischen Regeln von perspektivischen Arbeiten offenbarte, stammt von Piero della Francesca. Sein um 1488 vollendetes Werk *De Prospectiva Pingendi* („Über Perspektive beim Malen") wurde nie veröffentlicht, sondern existierte nur als Manuskript, welches auszugsweise in später gedruckten Schriften wieder auftauchte, beispielsweise in Luca Paciolis *De Divina Proportione* (*Die göttliche Proportion*) aus dem Jahre 1509, das von Paciolis Freund Leonardo da Vinci illustriert wurde. Nach der Behandlung des eher einfachen *pavimento*-Problems beschäftigte sich Piero mit komplizierteren Formen wie dem menschlichen Körper.

Da die meisten Künstler jedoch mit der Darstellung solcher realistischen Formen überfordert waren, entwickelte man verschiedenste mechanische Hilfsmittel wie die Lochkamera oder Referenzgitter. Viele Beispiele finden sich im Werk von Albrecht Dürer, der seine eigene Abhandlung über Proportionen 1532 vollendete. Da ihm die Mathematik für seine Leser aber zu abschreckend erschien, veröffentlichte er zwei Jahre später eine vereinfachte Version — und damit das allererste Mathematikbuch in deutscher Sprache.

Siehe auch *Euklids „Elemente"* S. 20, *Die Entzauberung des Regenbogens* S. 36, *Nichteuklidische Geometrie* S. 144, *Fraktale* S. 446, *Quasikristalle* S. 482.

Geißelung Christi von Piero della Francesca; in diesem Gemälde werden zahlreiche Punkte aus seiner Schrift über Perspektive ▶ aufgegriffen, darunter das geometrisch gemusterte *pavimento* und architektonische Elemente.

Das heliozentrische Universum

Nikolaus Kopernikus 1473–1543

Nikolaus Kopernikus wurde 1473 im polnischen Thorn geboren. Im Jahre 1496 ging er nach Italien, um Rechtswissenschaften und später auch Medizin zu studieren; dort erwachte sein Interesse an der Astronomie. In jener Zeit steckte die geozentrische ptolemäische Astronomie in Schwierigkeiten. Zunächst einmal war der Kalender aus dem Tritt geraten. Hinzu kam, dass die von Ptolemäus zur Erklärung der Planetenbahnen herangezogenen „Äquanten" als „unnatürliche" Komplikation empfunden wurden; seiner Mondbahn zufolge hätte sich die scheinbare Größe des Mondes im Laufe eines Monats stark verändern müssen, was eindeutig nicht der Fall war. Überdies war sein komplizierter Ansatz zur Berechnung der Planetenbahnen insgesamt nicht schlüssig. Ein weiteres Problem bestand darin, dass die Umlaufzeit eines jeden Planeten mit dem Sonnenjahr in Beziehung stand.

Im Jahre 1503 kehrte Kopernikus nach Polen zurück, um unter seinem Onkel an der Kathedrale von Frauenberg (heute Frombork) als Kirchenadministrator und Domherr zu wirken. Seine Amtspflichten beanspruchten ihn aber nur wenig und ließen ihm genügend Zeit, sich der Astronomie zu widmen. Dabei veränderte er die gesamte Disziplin auf einen Schlag, indem er die lästigen Äquanten eliminierte und die Sonne auf eine andere Position setzte. Diese war nun nicht länger einer der sieben wandernden Himmelskörper, sondern nahm eine neue Stellung im Zentrum des Systems ein. Die Erde wurde, von der Sonne aus gezählt, zum dritten Planeten degradiert, und der Mond kümmerte sich gar nicht um die Sonne, sondern blieb auf seiner Bahn um die Erde.

Kopernikus teilte die Planeten zudem in zwei sinnvolle Gruppen ein: in diejenigen innerhalb und diejenigen außerhalb der Erdumlaufbahn um die Sonne. Dementsprechend legte er die Anordnung der Planeten neu fest, die bei Ptolemäus' noch willkürlich gewählt war. Die Entfernungen der Planeten von der Sonne und ihre Umlaufzeiten ließen sich berechnen und waren, wie sich herausstellte, harmonisch miteinander verknüpft. Und die Bewegung der Erde erklärte auf einleuchtende und simple Weise die scheinbar rückläufige („retrograde") Bewegung von Mars, Jupiter und Saturn.

Rheticus (Georg Joachim von Lauchen) veröffentlichte 1539 eine Zusammenfassung von Kopernikus' Werk und überwachte die Publikation des vollständigen *De Revolutionibus Orbium Coelestium* („Über die Kreisbewegungen der Himmelskörper"), das 1543, in Kopernikus' Todesjahr, erschien. Es wurde von all denjenigen, die Planetenpositionen bestimmen wollten, sofort als Handbuch angenommen.

Siehe auch *Frühe Astronomen* S. 12, *Sphärenmusik* S. 14, *Kosmische Vorhersagen* S. 26, *Das geozentrische Weltbild* S. 30, *Ein neuer Stern* S. 48, *Die Gesetze der Planetenbewegung* S. 52, *Der Himmel im Fernrohr* S. 54, *Planetenabstände* S. 74.

Das kopernikanische System. Dieser Stich aus dem Jahre 1660 dramatisiert die zentrale Stellung der Sonne und stellt geschickt ▶ den scheinbaren Zyklus der Tierkreiszeichen durch den Tag- und Nachthimmel dar.

Die Anatomie des Menschen

Andreas Vesalius 1514–1564

Die Wiedergeburt der erkundenden Wissenschaft in der Renaissance hatte tief greifende Auswirkungen auf die Anatomie und Physiologie. Man begann wieder, die Natur zu befragen, anstatt sich auf antike Lehrmeister oder Aberglauben zu verlassen. Der junge flämische Arzt Andreas Vesalius praktizierte die zunehmend anerkannte Kunst der Sektion von Menschen und gewann so neue Erkenntnisse über den menschlichen Körper, die er in seinem überragenden Werk *De humani corporis fabrica* („Über den Bau des menschlichen Körpers", erschienen im Jahre 1543 in Basel) für den Lateinkundigen festhielt.

Vesalius wurde in Brüssel geboren und studierte Medizin in Louvain (Leuwen) und Paris. Er schloss seine medizinische Ausbildung mit 23 Jahren im italienischen Padua ab und blieb als Professor der Anatomie an der dortigen Universität. Auf seine typisch unorthodoxe Weise führte er selbst anatomische Demonstrationen durch, anstatt die Sektionen einem Gehilfen zu überlassen. Mit wachsender Berühmtheit erhielt er 1539 für seine Forschungen die Körper hingerichteter Verbrecher sowie Tierkadaver für Unterrichtszwecke. Vier Jahre später präsentierte er dann seine Befunde in *De humani corporis fabrica*, sieben Bänden mit exzellenten Texten und Illustrationen.

Der Wert des Werkes rührt nicht nur daher, dass er Galens anatomische Irrtümer richtig stellte, etwa die Annahmen, ein Gallengang münde sowohl in den Magen als auch in den Zwölffingerdarm oder der menschliche Unterkiefer bestehe aus zwei Knochen. Vesalius setzte es sich auch zur Aufgabe, die Anatomie zum Fundament der gesamten Medizin zu machen. In seinem Werk wurden Wissenschaft und Philosophie voneinander getrennt, womöglich zum ersten Mal. Er zeigte, dass anatomische Kenntnisse, die man aus dem direkten Umgang mit dem menschlichen Körper gewann, für den Fortschritt in der Medizin unabdingbar waren. Er setzte sich damit über die Verachtung der meisten Ärzte für eigene chirurgische Tätigkeiten hinweg und hielt die Studenten an, durch eigenhändige Sektionen die Anatomie zu erlernen. Seine detaillierten Abbildungen von Menschen mit freigelegten Muskeln und Nerven, die vor antiken Ruinen posieren, sind Symbole für die Geburt einer neuen Medizin.

Siehe auch *Vom menschlichen Körper* S. 32, *Der Blutkreislauf* S. 58, *Das Nervensystem* S. 210.

Vesalius bediente sich für die über 200 Holzschnitte in seinem Werk sorgfältiger Sektionen wie auch neuester ▶ Kunst- und Drucktechniken.

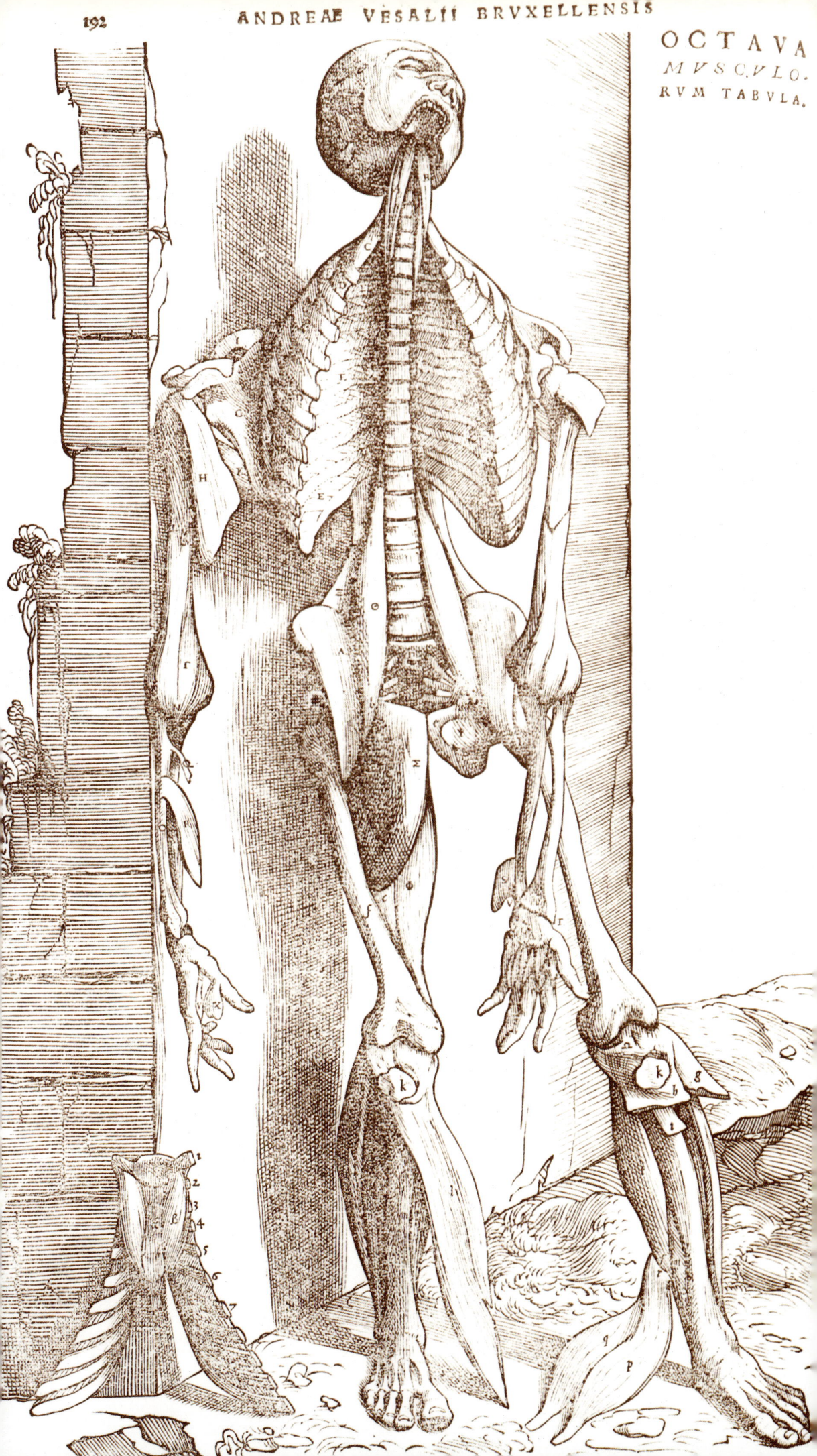

Fossilien

Conrad Gesner 1516–1565

Der im 16. Jahrhundert lebende Schweizer Naturforscher und Physiker Conrad Gesner ist als größter Naturforscher seiner Zeit bezeichnet worden. Er veröffentlichte insgesamt 72 Arbeiten und hinterließ 18 unvollendete Schriften. 1565, im selben Jahr, als er in Zürich an der Pest starb, vollendete er sein bahnbrechendes Werk *De Rerum Fossilium*, das den Beginn der Wissenschaft der Paläontologie markiert. Ebenfalls bemerkenswert ist seine *Historia Animalium*, in der er alle damals bekannten Tiere zu beschreiben versucht, und seine *Bibliotheca Universalis*, ein Werk, das die Titel sämtlicher seinerzeit bekannten, in Hebräisch, Griechisch und Lateinisch verfassten Bücher enthält, jedes einzelne mit einer kritischen Besprechung und einer Zusammenfassung versehen.

Für Gesner und seine Zeitgenossen schloss der Ausdruck „Fossil" jegliches natürliche, aus dem Boden freigelegte Objekt ein, sei es ein Mineral oder der Überrest eines Lebewesens. Es ist deshalb kaum verwunderlich, dass sie Mühe hatten, aus diesen »steinartigen Konkretionen«, wie Gesner sie nannte, klug zu werden. Selbst heute bereitet die Deutung mancher Fossilien noch Schwierigkeiten: Der Prozess der Fossilisierung verschleiert mitunter nicht nur die ursprüngliche Beschaffenheit von organischen Überresten, sondern bringt auch organisch aussehende Gegenstände hervor, die ihrem Ursprung nach tatsächlich anorganisch sind – wie die aktuelle Debatte um die Mars-Mikrofossilien zeigt.

Seiner klassischen Ausbildung entsprechend räumte Gesner der Namensgebung und Klassifizierung der von ihm beschriebenen Fossilien eine Vorrangstellung ein. Insbesondere befasste er sich mit der präzisen Bestimmung. Sein Buch war das erste, das Illustrationen von Fossilien (wenn auch recht grobe Holzschnitte) enthielt, damit »Studierende Objekte leichter erkennen können, die sich mit Worten nicht eindeutig beschreiben lassen«. Obwohl einige seiner Deutungen sich als falsch herausstellten, waren viele bemerkenswert scharfsinnig. So zeigt zum Beispiel seine vergleichende Darstellung von Haifischzähnen und „Zungensteinen", von denen man gewöhnlich behauptete, sie seien vom Himmel gefallen, dass er die Bedeutung ihrer Ähnlichkeit durchaus erahnte: „Zungensteine" sind tatsächlich Haifischzähne.

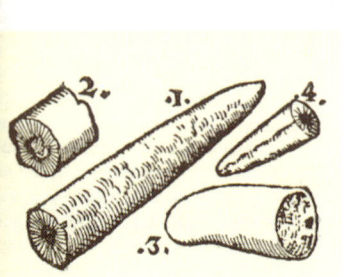

▲
Gesners Darstellung „pfeilartiger" Fossilien.

Siehe auch *Geologische Schichten* S. 72, *Fossilabfolgen* S. 132, *Frühe Menschen* S. 148, *Archaeopteryx* S. 180, *Der Burgess-Schiefer* S. 260, *Die ältesten Fossilien* S. 410, *Mikrofossilien vom Mars* S. 516.

Gesner fiel es schwer, jene Fossilien ausgestorbener, im Wasser lebender Mollusken zu interpretieren, die als Ammoniten bekannt ▶ sind. Manche von ihnen identifizierte er als Schneckenhäuser, während er andere fälschlicherweise für spiralförmige Schlangen hielt.

Ein neuer Stern

Tycho Brahe 1546-1601

Tycho Brahe, ein dänischer Adliger, war Astronom mit Leib und Seele; dank der finanziellen Unterstützung von König Friedrich II. konnte er auf der Ostseeinsel Hven (heute Ven) eine hervorragend ausgestattete Sternwarte errichten. Brahe stellte fest, dass die Planeten nicht den von Kopernikus angegebenen Bahnen folgten; daher fasste er den Entschluss, die Positionen der Planeten und Sterne von nun an so genau zu erfassen wie nie jemand zuvor.

Nach Sonnenuntergang in der klaren Nacht des 11. November 1572 beobachtete Brahe das Aufleuchten eines neuen Sternes im Sternbild Cassiopeia. Fünfzehn Monate lang verfolgte er, wie sich dessen Färbung und Helligkeit veränderten, und veröffentlichte seine Ergebnisse schließlich in seinem Buch *Progymnasmata*. Diese „Nova" war in Wirklichkeit kein neuer Stern, sondern ein bereits existierender, der explodiert war und dessen Helligkeit dementsprechend enorm zugenommen hatte.

Noch aufregender waren seine Beobachtungen des großen Kometen von 1577. Brahe versuchte zu bestimmen, wie weit jener Komet von der Erde entfernt war, indem er dessen Position mit denen weit entfernter Sterne verglich, wie sie des Nachts von Astronomen in ganz Europa gesehen wurden. Als sich keine Verschiebung oder „Parallaxe" ergab, zog Brahe den Schluss, der Komet müsse sich jenseits des Mondes befinden. Aristoteles hatte Kometen als atmosphärische Erscheinungen direkt über den Wolken angesehen. Nun wies Brahe nach, dass sie sich weit draußen, bei den Planeten, befanden. Die veränderliche Form und Helligkeit des großen Kometen von 1577 überzeugte ihn davon, dass dieser einer elliptischen Bahn folgte; dabei aber müsste er die Kristallsphären durchschlagen haben, die angeblich die Himmelskörper trugen. Brahe stellte die These auf, diese Sphären existierten gar nicht und die Planeten zögen ohne Hilfe der Sphären ihre Bahnen.

Brahe, der sich mit Hingabe der Entwicklung von großen, stabilen und bemerkenswert präzisen Instrumenten für das unbewaffnete Auge widmete, revolutionierte die Kunst der astronomischen Beobachtung. Er war auch stolz darauf, Kosmologe zu sein. Dieser Stolz war allerdings ungerechtfertigt, denn sein „Tychonisches System" war ein fehlerhafter und konservativer Kompromiss zwischen Ptolemäus und Kopernikus: Die Erde wurde wieder stationär mit Sonne und Mond als Satelliten, während die anderen fünf bekannten Planeten als Satelliten die Sonne umkreisten.

Brahes Zeichnungen des Kometen von 1577.

Siehe auch *Das geozentrische Weltbild* S. 30, *Das heliozentrische Universum* S. 42, *Der natürliche Magnetismus* S. 50, *Der Halleysche Komet* S. 84, *Ein Kometenreservoir* S. 360, *Supernova 1987A* S. 488.

Tycho Brahe in seinem Observatorium. Der riesige Quadrant diente zur Messung der Höhe von Himmelskörpern, während die beiden Uhren, von denen Brahe sagte, sie besäßen »die höchstmögliche Ganggenauigkeit«, zur Zeitbestimmung genutzt wurden. ▶

Der natürliche Magnetismus

William Gilbert 1544–1603

Das Phänomen des Magnetismus, bei dem sich kleine Stabmagneten auf der Erdoberfläche stets in Nord-Süd-Richtung ausrichten, war allen antiken Kulturen wohlbekannt. Im 13. Jahrhundert gab es bereits Berichte über Seeleute, die in einer Wasserschale treibende magnetische Nadeln als primitiven Kompass benutzten. Doch die Erklärungen für dieses seltsame Verhalten wurzelten in alten griechischen Modellen des Universums als starrer Himmelskugel, von der positive und negative Einflüsse aller Art ausgingen und unser Leben beeinflussten, darunter auch magnetische Kräfte: Die Magneten ordneten sich nach den „Polen" der Himmelskugel aus — als würden sie von himmlischen Einflüssen gelenkt.

Es war der englische Arzt William Gilbert (oder Gylberde), der diese fantasievollen Vorstellungen verwarf und 1600 mit der Veröffentlichung seines Buches *De Magnete* die Grundlagen für eine wissenschaftliche Erforschung des Magnetismus legte. Er stellte die These auf, die Erde selbst sei ein gewaltiger Kugelmagnet. Um diese These zu belegen, stellte er aus gewöhnlichem magnetischen Material einen kleinen, runden Permanentmagneten her und konnte nun zeigen, dass winzige Magnetnadeln, die man auf der Oberfläche dieser Kugel (*terrella* genannt) platzierte, sich genauso wie Magneteisensteine auf der Erdoberfläche verhielten. Und das Erstaunlichste war, dass die Magnetnadeln auf der *terella* die Inklination — die Abweichung der Kompassnadel von der Horizontalen — nachahmten, wenn man sich vom Äquator zu den Polen hin bewegte. »Es ist von der Natur bestimmt worden,« schloss Gilbert, »… dass in den Polen selbst der Sitz, besser gesagt, der Thron einer großen und wunderbaren Kraft sein soll.«

Gilbert war einer der ersten genuin experimentellen Wissenschaftler, der sich auf Beobachtungen verließ statt auf philosophische Spekulationen; damit kam er dem berühmtesten Advokaten des Empirismus, Francis Bacon, um mehrere Jahre zuvor. Gilberts Demonstration, mit der er bewies, dass nicht der Himmel, sondern die Erde der Sitz der beobachteten Kraft war, ging weit über den Magnetismus hinaus und beeinflusste das gesamte Denken über die physikalische Welt.

Siehe auch *Aristoteles' Vermächtnis* S. 16, *Das geozentrische Weltbild* S. 30, *Ein neuer Stern* S. 48, *Humboldts Reise* S. 114, *Elektromagnetismus* S. 134, *Der Sonnenfleckenzyklus* S. 158, *Die Maxwellschen Gleichungen* S. 186, *Klimazyklen* S. 276, *Die Wanderung der Aale* S. 290, *Umpolungen des Erdmagnetfeldes* S. 304, *Sonnenwind* S. 388, *Die Plattentektonik* S. 414.

Das Schmieden eines Magneten, aus Gilberts *De Magnete*, 1600. Der Experimentator hämmert eine glühende Eisenstange, die ▶ entsprechend dem Erdmagnetfeld in Nord-Süd-Richtung orientiert ist.

Die Gesetze der Planetenbewegung

Johannes Kepler 1571–1630

Der deutsche Astronom Johannes Kepler war ein mathematisches Genie, das von Zahlenproblemen geradezu besessen war. Er stellte sich die Aufgabe zu verstehen, warum die Planetenbahnen die Form und Ausdehnung hatten, die man beobachtete, und wie dies mit der Zeit zusammenhing, welche die Planeten für einen vollständigen Umlauf benötigten.

Aufgrund religiöser Verfolgung musste der Lutheraner Kepler Graz im Jahre 1598 verlassen und reiste nach Prag, um mit Tycho Brahe zusammen zu arbeiten, dem er 1801 als Kaiserlicher Mathematiker nachfolgte. Brahe war ein überragender astronomischer Beobachter, und Kepler machte sich daran, Brahes Marsdaten zu interpretieren. Nach vielen fruchtlosen Bemühungen, während derer er immer wieder Modelle verwarf, die nicht zu Brahes präzisen Daten passten, erkannte Kepler schließlich, dass sich der Mars auf einer elliptischen Bahn bewegte, in deren einem Brennpunkt die Sonne stand (erstes Keplersches Gesetz). Das Dogma von der Kreisförmigkeit, das die Analyse der Planetenbahnen 2 000 Jahre lang beherrscht hatte, war endlich überwunden.

Keplers erstes Gesetz wurde — zusammen mit dem zweiten Gesetz (das er vor dem ersten entdeckt hatte) — 1609 in seinem Buch *Astronomia Nova* veröffentlicht. Das zweite Keplersche Gesetz beschreibt, wie die imaginäre Verbindungslinie zwischen Sonne und Planet in gleichen Zeiten gleiche Flächen überstreicht, was erklärt, warum sich ein Planet in sonnenferner Position schneller bewegt als in Sonnennähe. Kepler war fasziniert von der Vorstellung einer himmlischen Harmonie. Sein drittes und letztes Gesetz — das Quadrat der Umlaufzeiten eines Planeten ist dem Kubus der mittleren Entfernung des Planeten von der Sonne proportional — wurde 1619, versteckt in seinem mystischen *Harmonice Mundi*, publiziert.

Kepler versuchte, die Kräfte zu verstehen, die der Planetenbewegung zugrunde liegen, und vermutete (zu Unrecht), zwischen den Planeten und der Sonne existiere eine magnetische Wechselwirkung. Seine *Tabulae Rudolphinae* aus dem Jahr 1627 waren die ersten modernen astronomischen Tafeln und verwendeten die von John Napier neu entwickelten Logarithmen. Sie erlaubten den Astronomen, die Positionen von Planeten zu jedem beliebigen Zeitpunkt in Vergangenheit, Gegenwart oder Zukunft zu bestimmen, und ihre Genauigkeit trug zu Keplers Ruhm bei.

Siehe auch *Frühe Astronomen* S. 12, *Sphärenmusik* S. 14, *Das geozentrische Weltbild* S. 30, *Das heliozentrische Universum* S. 42, *Ein neuer Stern* S. 48, *Logarithmen* S. 56, *Newtons „Principia"* S. 78.

Keplers Modell der Planetenbahnen (1596), das auf den fünf regelmäßigen „platonischen Körpern" beruhte, sollte Gottes Plan ▶ für den Bau des Himmels enthüllen.

REGVLARIA CORPORA GEOMETRICA EXHIBENS.

ILLVSTRISS: PRINCIPI AC DÑO, DÑO, FRIDERICO, DVCI WIR-
TENBERGICO, ET TECCIO, COMITI MONTIS BELGARVM, ETC. CONSECRATA.

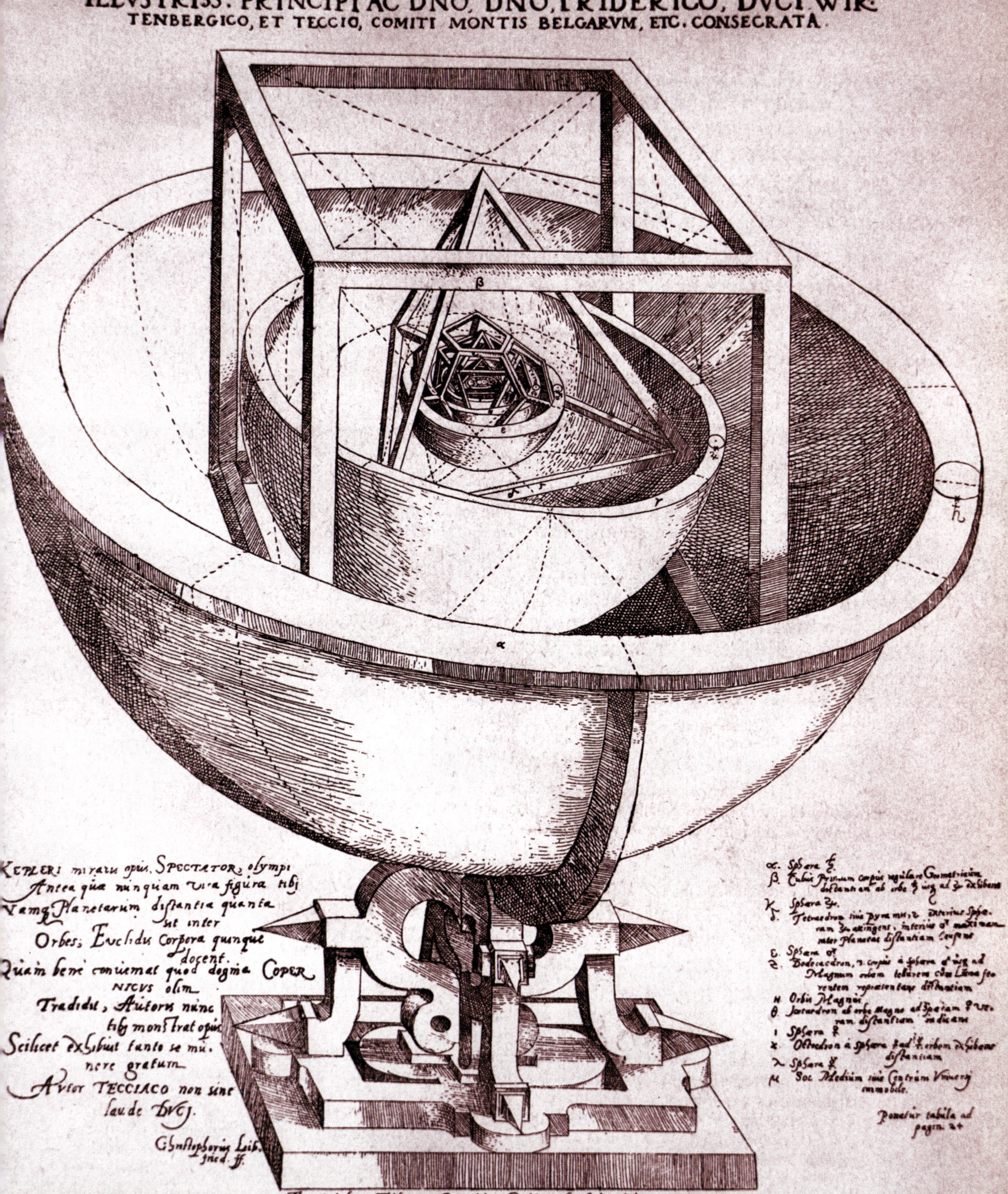

Der Himmel im Fernrohr

Galileo Galilei 1564–1642

Im Sommer 1609, als sich Galileo Galilei in Venedig aufhielt, kam ihm zu Ohren, dass Holländer zwei transparente Glasstücke mit gekrümmter Oberfläche kombiniert hatten, um ein Gerät zu konstruieren, das entfernte Objekte näher erscheinen ließ. Damals waren Konvexlinsen bereits seit rund 300 Jahren, Konkavlinsen seit rund 150 Jahren in Gebrauch. Im Herbst 1608 hatten Hans Lippershey und Zacharias Janssen, zwei Hersteller von Brillengläsern, die im Schatten der Glasfabrik von Middelburg in den Niederlanden arbeiteten, beide unabhängig voneinander ein Teleskop entwickelt. In wenigen Monaten verbreitete sich die Nachricht von dieser Erfindung in ganz Europa. (Vermutlich war Lippersheys Lehrling der erste, dem die Wirkung einer schwachen Konvexlinse, in Armlänge Entfernung gehalten, in Kombination mit einer starken Konkavlinse in Augennähe, aufgefallen war.)

Galilei war technisch begabt und hatte zudem Improvisationstalent. Bis August 1609 hatte er ein Fernrohr hergestellt, das Objekte achtfach vergrößerte; bis Ende des Jahres hatte er die Vergrößerung auf das Zwanzigfache gesteigert. Anfang Dezember entdeckte er, dass es auf dem Mond Berge gab, deren Höhe er zum Teil bestimmte. Bereits Mitte Januar 1610 hatte er vier Monde entdeckt, die den Jupiter umkreisten; zu Ehren von Großherzog Cosimo nannte er sie Medici-Sterne. Als er sein Teleskop auf die Milchstraße richtete, erkannte er, dass das, was dem unbewaffneten Auge als leuchtender Nebel erschien, in Wahrheit Myriaden schwach leuchtender Sterne waren. Es wurde deutlich, dass Planeten anders als Sterne Ringe aufwiesen, und dass die Venus genau wie der Mond Phasen zeigte. Auch die Sonne, weit davon entfernt, das von Aristoteles propagierte Symbol der Perfektion zu sein, war fleckig und unrein und drehte sich etwa alle 25 Tage einmal um sich selbst.

Galilei veröffentlichte seine Befunde rasch, bevor ihm jemand zuvorkommen konnte. Am 13. März 1610 sandte er einen Vorabdruck seines *Sidereus Nuncius* („Der Sternenbote") an den Florentiner Hof. Bis zum 19. März waren 550 Exemplare nicht nur gedruckt, sondern auch alle bereits verkauft.

▲
„Sechs Phasen des Mondes", Galileis Originalzeichnungen für *Sidereus Nuncius* (1610).

Siehe auch *Das heliozentrische Universum* S. 42, *Die Ringe des Saturns* S. 68, *Der Sonnenfleckenzyklus* S. 158, *Spiralgalaxien* S. 160, *Kanäle auf dem Mars* S. 200, *Unser Platz im Kosmos* S. 280, *Die Galileo-Mission* S. 514, *Wasser auf dem Mond* S. 522.

Galileis Himmelsbeobachtungen mit dem Fernrohr überzeugten ihn von der Richtigkeit des heliozentrischen Systems, eine Sicht, ▶
die er aber 1633 unter Druck der kirchlichen Inquisition widerrufen musste.

Logarithmen

John Napier 1550-1617

John Napier, der achte Baron (Laird) von Merchiston, verbrachte viel Zeit mit der Verwaltung seines schottischen Besitzes und engagierte sich in der Religionspolitik. Darüber hinaus bereicherte er die Mathematik um zwei Erfindungen, die den Astronomen, Navigatoren und Ingenieuren endlose Stunden zäher arithmetischer Berechnungen ersparten: die Napier-Stäbchen oder -„Knochen" und die Logarithmen.

Die Napier-Stäbchen gehörten zu den ersten modernen Rechenhilfen. In diese Rechenstäbe waren Multiplikationstabellen eingraviert, die in Gitterform angeordnet werden konnten. Bei langen Multiplikationen ersparten sie einem alle Zwischenschritte und reduzierten die Berechnungen auf einfache Additionen. So gesehen kündigten sie bereits Napiers zweite Erfindung, die Logarithmen, an.

Im Zentrum des Logarithmenkonzepts steht die Beziehung zwischen einer arithmetischen Folge (wie 0, 1, 2, 3, 4, 5, 6 ...) und einer geometrischen Folge (1, 2, 4, 8, 16, 32, 64 ...). In dem letztgenannten Beispiel ist 2 die Basiszahl, und eine Multiplikation wie 4 x 16 = 64 kann in der Form $2^2 \times 2^4 = 2^6$ ausgedrückt werden, sodass man einfach nur die Exponenten addieren muss (2 + 4 = 6). Je größer die Zahlen werden, desto effizienter wird dieses einfache Hilfsmittel. Außerdem erkannte Napier, dass man jede Zahl als Potenz einer Basis ausdrücken kann. So ist 10 zum Beispiel ungefähr gleich $2^{3,32}$.

In seinen Originaltabellen, *A Description of the Marvelous Rule of Logarithms* („Eine Beschreibung der wunderbaren Regel der Logarithmen", 1614), die Seeleuten ihre trigonometrischen Berechnungen erleichtern sollten, verwendete Napier noch einen etwas komplizierteren Ansatz als die einfache Basis. Auf See führte eine Berechnung, die etwa eine Stunde in Anspruch nahm, zu Ergebnissen, die eine Stunde veraltet waren; Napiers Logarithmen reduzierten diese Verzögerungsfehler auf wenige Minuten. Zu seinen großen Bewunderern zählte Henry Briggs, der erste Savilian-Professor für Geometrie an der Universität Oxford. Die beiden kamen überein, dass eine Tabelle mit der heute gängigsten Basis 10 noch praktischer wäre. Da Napier 1617 starb, stellte Briggs diese Tabelle zusammen. Heute haben elektronische Rechner die Logarithmentabellen und Rechenschieber abgelöst.

Siehe auch *Die Gesetze der Planetenbewegung* S. 52, *Die Differenzmaschine* S. 138, *Der Computer* S. 340, *Der Vierfarbensatz* S. 450, *Fermats letzter Satz* S. 506.

Die ersten Napier-Stäbchen oder -"Knochen", seinerzeit weit verbreitete Rechenhilfen, waren elfenbeinerne oder hölzerne Vierkantstäbe. Später machte man sie zylindrisch und montierte sie drehbar in Kästen, wie dieses Exemplar zeigt. ▶

Der Blutkreislauf

William Harvey 1578–1657

Der englische Arzt William Harvey interessierte sich mehr für die medizinische Forschung als für die klinische Praxis. Besonders faszinierten ihn Herz, Blutgefäße und Blut. Zu Harveys Zeit waren immer noch die Lehren des griechischen Arztes Galen gültig, und Harvey selbst glaubte an Aristoteles' Vorstellung vom Leben spendenden „Spiritus" im Blut von Tieren. Vor diesem antiken philosophischen Hintergrund führte Harvey eine der großartigsten Versuchsreihen der wissenschaftlichen Revolution durch und entdeckte dabei den Blutkreislauf.

Harveys Glauben an die traditionelle Sichtweise begann zu schwinden, als er die Verbindungen zwischen Herz und Arterien einerseits und Leber und Venen andererseits bemerkte — also zwei nach gängiger Auffassung getrennten Systemen. Hinzu kamen neue Entdeckungen wie die der Durchblutung der Lungen und die der Venenklappen, die darauf hinwiesen, dass venöses Blut nur zum Herzen hin strömen konnte. Harvey baute bei seinen Versuchen mit zahlreichen Tierarten auf diese Befunde auf und bewies, dass das Herz ein Muskel mit Rücklaufventilen war und bei der Kontraktion Blut herauspumpte. In Unsicherheit stürzte ihn seine Berechnung, nach der das Herz innerhalb einer halben Stunde die gesamte Blutmenge ausstieß. Wohin strömte das Blut, und woher kam der Nachschub? Floss vielleicht immer dasselbe Blut im Kreis vom Herzen durch die Arterien in die Venen und wieder zum Herzen? Er überprüfte diese Hypothese in einer Reihe eleganter und einfacher Versuche und veröffentlichte 1628 seine unwiderlegbaren Schlussfolgerungen in einem schmalen Büchlein von nur 78 Seiten. Dessen Kurztitel lautete *De motu cordis et sanguinis* (*Die Bewegung des Herzens und des Blutes*).

Trotz seiner sorgfältigen Beobachtungen konnte Harvey nicht sagen, wie das Blut von den kleinsten Arterien zu den Venen floss. Erst im Jahre 1661 entdeckte Marcello Malpighi mit einem einfachen Mikroskop in der Lunge eines Frosches, was mit bloßem Auge nicht erkennbar war: die Passage des Blutes durch die Kapillargefäße. Der Kreislauf war geschlossen.

Siehe auch *Vom menschlichen Körper* S. 32, *Die Anatomie des Menschen* S. 44, *Leben unter dem Mikroskop* S. 76, *Die Regulation des Körpers* S. 188, *Die Blutgruppen* S. 236, *Die Sichelzellenanämie* S. 358, *Die Struktur des Hämoglobins* S. 390, *Stickoxid* S. 496.

Das Bild aus einer Ausgabe von Harveys Schrift aus dem Jahre 1928 zeigt das „Einbahnstraßensystem" der Venenklappen und ihre Bedeutung für den Blutkreislauf. ▶

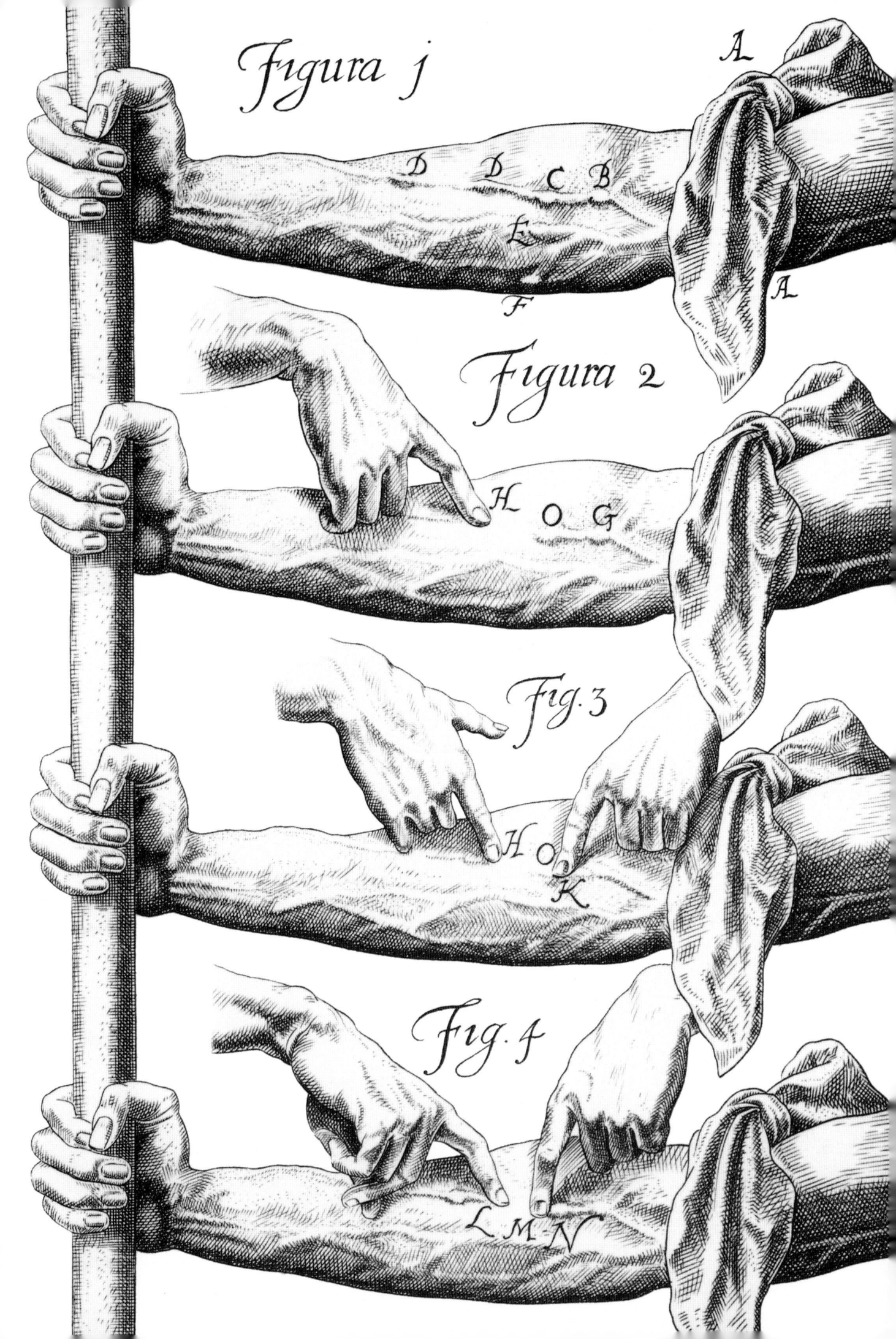

Figura 1

A
D D C B
E
F
A

Figura 2

H O G

Fig. 3

H O K

Fig. 4

L M N

Fallende Körper

Galileo Galilei 1564–1642

Der Legende nach ließ Galilei zwei Kanonenkugeln unterschiedlichen Gewichts vom Schiefen Turm von Pisa fallen, um zu beweisen, dass sie gleichzeitig auf dem Boden aufschlagen würden. Auch wenn diese Geschichte höchstwahrscheinlich nicht wahr ist, führte er zweifellos Experimente durch, die unser Verständnis der Bewegungs- oder Fallgesetze radikal veränderten. Diese Gesetze diskutierte er in seinen *Discorsi* (vollständiger Titel: *Unterredungen und mathematische Demonstrationen über zwei neue Wissenszweige, die Mechanik und die Fallgesetze betreffend*), die 1638 veröffentlicht wurden. Seine „neuen Wissenszweige" waren umso außergewöhnlicher, als sie jedermanns alltäglichen Beobachtungen zu widersprechen schienen.

Aristoteles hatte gelehrt, dass schwere Objekte schneller fallen als leichte. Das war, wie Galilei zeigte, eine inkorrekte Schlussfolgerung, die darauf beruhte, dass der Luftwiderstand den Fall leichter Objekte mit einer relativ großen Oberfläche, wie einer Feder, bremst. Um seine Behauptung zu überprüfen, verlangsamte er den Fallvorgang, indem er Kugeln geneigte Ebenen hinunterrollen ließ und die kurzen Zeitintervalle mithilfe seines Pulsschlages oder der Wassermenge maß, die aus einem großen Gefäß tropfte. Aus diesen Experimenten schloss er, dass in einem Vakuum alle Objekte mit derselben Geschwindigkeit beschleunigt werden, unabhängig von ihrem Gewicht und ihrer Zusammensetzung.

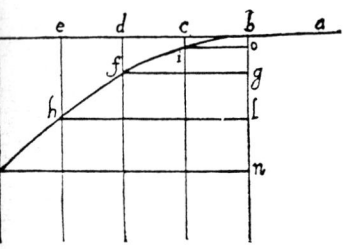

Galilei machte auch aus der Schießkunst (Ballistik) eine Wissenschaft, indem er zeigte, dass ein Körper, auf den anfangs eine Horizontalkraft einwirkt, eine parabelförmige Bahnkurve beschreibt.

Darüber hinaus erkannte Galilei, dass sich jeder Körper, der sich auf einer Horizontalebene bewegt, diese Bewegung mit derselben Geschwindigkeit fortsetzt, solange er nicht von einer Kraft daran gehindert wird. Nach Aristoteles' Auffassung musste auf ein Objekt ständig eine Kraft einwirken, damit es in Bewegung blieb – schließlich kommt ein Stück Holz, das man mit konstanter Geschwindigkeit über eine Tischplatte schiebt, rasch zur Ruhe, wenn es nicht länger angeschoben wird. Galilei zeigte jedoch, dass diese vom gesunden Menschenverstand geprägte Sichtweise eine verborgene Kraft vernachlässigte: die Reibung zwischen Oberfläche und Objekt. Heute bezeichnen wir das Bestreben eines Körpers, seine Horizontalbewegung fortzusetzen, als „Trägheit" – ein Konzept, das von Newton im Rahmen seiner drei Bewegungsgesetze entwickelt wurde.

Siehe auch *Newtons „Principia"* S. 78, *Die „Schwere" der Erde* S. 112.

Man stelle sich eine schwere Kanonenkugel vor, die mit einem Seil an einer leichten Musketenkugel befestigt ist. Was passiert, wenn man die zwei Objekte zusammen fallen lässt? Mit diesem Gedankenexperiment allein bewies Galilei, dass beide dieselbe Fallgeschwindigkeit haben müssen.

Der Venusdurchgang

Jeremiah Horrocks 1619–1641

Die exakte Bestimmung der Entfernung zwischen Erde und Sonne war eine der großen Herausforderungen für die Astronomen des 17. Jahrhunderts. Diese Entfernung ist eine wichtige Größe, die als Maßstabsleiste des planetarischen und stellaren Systems fungiert und herausragende Bedeutung für Newtons gravitative Berechnung der Sonnenmasse besitzt.

Seine Kenntnis der Planetenbahnen versetzte Johannes Kepler im Jahre 1627 in die Lage, den Zeitpunkt vorherzusagen, zu dem sich ein Planet vor der Sonne vorbeibewegen würde. Der englische Astronom Jeremiah Horrocks verfeinerte diese Berechnungen und beobachtete am 24. November 1639 als Erster einen solchen „Durchgang" der Venus. Er erkannte außerdem, dass die genauen Durchgangszeiten von verschiedenen Orten der Erde es erlauben würden, die Entfernungen zwischen der Erde und den Planeten und die zwischen Erde und Sonne geometrisch zu ermitteln — eine Idee, die später durch Edmond Halley bekannt wurde. Halley war im Oktober 1677 Zeuge eines Merkurdurchgangs. Da dieser jedoch viel schneller als der Venusdurchgang vonstatten ging (drei Stunden gegenüber sieben Stunden), waren exakte Entfernungsbestimmungen in diesem Fall nicht möglich.

Leider fanden die darauf folgenden Durchgänge der Venus erst am 6. Juni 1761 und am 3. Juni 1769 statt. Um ihren zeitlichen Verlauf zu messen, reisten mehrere hundert Astronomen aus aller Welt an verschiedene Orte, unter anderem nach Tahiti (in einer von James Cook geführten Expedition), zur Hudsonbai, nach Irland und an die russisch-chinesische Grenze. Die Beobachtungen wurden durch optische Unregelmäßigkeiten gestört, sodass schwierig festzustellen war, wann die Venus in die Sonnenscheibe eintrat und wann sie diese wieder verließ. Die kleine schwarze Scheibe der Venus schien nur zögerlich vom Sonnenrand wegzukommen und löste sich schließlich wie eine Träne ab. Verschiedene Instrumente benutzend, standen die Astronomen Seite an Seite und hielten Zeiten fest, die um Dutzende von Sekunden differierten. Die Venusdurchgänge am 8. Dezember 1874 und am 6. Dezember 1882 waren gleichermaßen frustrierend. Doch die Gesamtheit der Messungen half, die Schätzungen des Abstands zwischen Sonne und Erde zu verfeinern. Sie wichen letztlich um weniger als zehn Prozent von den gegenwärtigen, auf zwei Kilometer genauen Radarbestimmungen von 149 597 870 Kilometern ab.

Siehe auch *Kosmische Vorhersagen* S. 26, *Die Gesetze der Planetenbewegung* S. 52, *Planetenabstände* S. 74, *Newtons „Principia"* S. 78, *Die Entfernung zu einem Stern* S. 150.

Tahitis nördlichster Punkt, Point Venus, wo Captain Cook den Venusdurchgang im Jahre 1769 beobachtete. ▸

Der Luftdruck

Blaise Pascal 1623–1662

Seit der Antike wissen Ingenieure, dass man eine Wassersäule bis in eine Höhe von fast zehn Metern pumpen kann, aber nicht höher. Mitte des 17. Jahrhunderts begannen mehrere Wissenschaftler, diese Obergrenze mit dem atmosphärischen Druck in Verbindung zu bringen, das heißt, mit dem Gewicht der Luft, die auf der Erdoberfläche lastet.

In den Jahren 1647 und 1648 führte Blaise Pascal, ein mathematisches Wunderkind aus Clermont-Ferrand in Frankreich, eine Reihe von Experimenten durch, in denen er das neu entwickelte Barometer einsetzte; diese Versuche erlaubten erstmals, das Phänomen des atmosphärischen Drucks wirklich zu verstehen. Das Barometer bestand aus einem etwas über einen Meter langen Rohr, das an einem Ende versiegelt war und mit Quecksilber gefüllt sowie mit dem offenen Ende in eine Schale gestellt wurde. Zur Überraschung vieler zeitgenössischer Wissenschaftler floss nicht das gesamte Quecksilber aus dem Rohr heraus, sodass an dessen versiegeltem Ende ein leerer Raum entstand, der von Pascal und anderen korrekt als Vakuum gedeutet wurde.

Das beobachtete Phänomen lässt sich durch die Vorstellung erklären, dass der atmosphärische Druck aus dem Gewicht der Luftsäule über dem Barometer resultiert und dass dieses Gewicht dem des Quecksilbers in der Röhre die Balance hält. Wie sich herausstellte, entspricht das Gewicht der Luftsäule auf Meereshöhe ungefähr dem Gewicht einer 760 Millimeter hohen Quecksilbersäule beziehungsweise einer fast zehn Meter hohen Wassersäule – eine Erklärung für die Obergrenze der Pumphöhe, über die sich die Ingenieure so lange den Kopf zerbrochen hatten.

Pascals Experimente bestanden nun darin, den Luftdruck in verschiedenen Höhenlagen eines Berges in der Umgebung seines Hause simultan zu messen – chronisch krank, schickte er seinen kräftigen jungen Schwager aus, um den praktischen Teil durchzuführen. Wie seine Versuche zeigten, sank der Luftdruck mit zunehmender Höhe ab. Pascal vermutete, der Druck müsse an der oberen Grenze der Atmosphäre auf null sinken, und das führte ihn zu der revolutionären Schlussfolgerung, dass darüber ein Vakuum existieren müsse. Die internationale Maßeinheit für den Druck ist heute das „Pascal" (Pa); es entspricht einem Newton (N) pro Quadratmeter. Der Luftdruck auf Meereshöhe beträgt 101 325 Pa, oft auch als 1 Atmosphäre bezeichnet.

Siehe auch *Passatwinde* S. 86, *Die Verbrennung* S. 94, *Wasserstoff und Wasser* S. 98, *Der Treibhauseffekt* S. 184, *Wettervorhersage* S. 284, *Die Gaia-Hypothese* S. 432, *Das Ozonloch* S. 438.

Meteorologischer Versuch mit einem Barometer (1688). Pascal wiederholte derartige Versuche, wobei er statt Quecksilber Rotwein ▶ benutzte. Das erforderte ein Rohr von 10 Metern Länge.

Die Regeln des Zufalls

Blaise Pascal 1623–1662, Pierre de Fermat 1601–1665

Glücksspiele sind so alt wie die Zivilisation, doch die Erforschung der Wahrscheinlichkeiten, die dabei eine Rolle spielen, begann erst im 17. Jahrhundert. Im Mittelalter war das „Hasardspiel" in Europa sehr populär. Bei einem Spiel mit drei Würfeln, das auch in Dantes *Göttlicher Komödie* erwähnt wird, würfelt ein Spieler, und der andere muss die Gesamtsumme der geworfenen Augen erraten. Die 56 möglichen Kombinationen wurden in einem Gedicht aus dem 13. Jahrhundert, *De Vetula*, aufgezählt, doch was die Mathematiker besonders beschäftigte, war ein Problem, das man als „Teilung des Einsatzes" bezeichnete. Wenn ein begonnenes Spiel vorzeitig abgebrochen wird, wie sollte man dann den Einsatz gerecht zwischen den beiden Spielern verteilen?

Die erste korrekte Antwort auf diese Frage lieferte der Briefwechsel zwischen den beiden französischen Mathematikern Blaise Pascal und Pierre de Fermat. Fermat sah sich alle möglichen Ergebnisse mithilfe eines „Wahrscheinlichkeitsbaumes" an — eine Vorgehensweise, die mit steigender Zahl der Spiele rasch unpraktikabel wurde. Pascal favorisierte einen stärker numerischen Ansatz und benutzte eine allgemeine mathematische Formel, die als „Binomialsatz" bezeichnet wird. Eine leicht zu merkende Zusammenfassung der Erweiterung dieser Formel bietet das „Pascalsche Dreieck", das aus Zahlenreihen besteht, in denen sich die Zahlen jeder Zeile daraus ergeben, dass man die zwei benachbarten Zahlen der darüber liegenden Zeile addiert. Wenn man davon ausgeht, dass ein Spiel nur zwei mögliche Ergebnisse hat — Gewinnen oder Verlieren —, dann lässt sich mithilfe dieses Dreiecks die mögliche Zahl von Gewinnen und Verlusten in einer Folge von Spielen leicht bestimmen.

Sowohl Pascal als auch Fermat lieferten ihre Antwort im Form von Brüchen. Die erste Darstellung von Wahrscheinlichkeiten als Werte zwischen null und eins geht auf das Buch *Ars Conjectandi* des Schweizer Mathematikers Jakob Bernoulli zurück, das 1713 posthum veröffentlicht wurde. Bernoulli traf auch die wichtige Unterscheidung zwischen theoretischen und experimentellen Wahrscheinlichkeiten und hob so jenen Zweig der Mathematik aus der Taufe, der sich mit der Stichprobennahme aus Populationen, das heißt mit der Statistik, beschäftigt. Im Jahre 1718 beschrieb der Franzose Abraham de Moivre die bekannte Glockenkurve für die Verteilung von Merkmalen innerhalb einer Population (Normalverteilung) und legte die Bedingungen für eine korrekte Stichprobennahme fest. Die Statistik revolutionierte volkswirtschaftliche Bereiche wie Lebens- und Rentenversicherungen.

Siehe auch *Ein Maß für Streuung* S. 212.

Die Gesetze der Wahrscheinlichkeit überlisten: *Der Falschspieler* von Georges de la Tour, um 1630. Trotz hoher Einsätze ▶ hatten Spieler früher kaum eine Vorstellung davon, wie hoch die prozentuale Wahrscheinlichkeit für einen Gewinn beziehungsweise Verlust war.

Die Ringe des Saturns

Christiaan Huygens 1629–1695, James Clerk Maxwell 1831–1879

Als Galileo Galilei im Jahre 1610 sein Fernrohr auf den Saturn richtete, meinte er, der Planet habe Ohren. Der Zeitpunkt war unglücklich gewählt, weil seine Sichtlinie fast exakt in der Ebene der Saturnringe lag. Als er zwei Jahre später noch einmal hinschaute, war er erstaunt, dass von den Ohren nichts mehr zu sehen war. Die Ringe, auf deren Kante er nun sah, waren verschwunden.

Im weiteren Verlauf des 17. Jahrhunderts verbesserte sich die Qualität der Teleskope. Als Erster lieferte der niederländische Physiker Christiaan Huygens 1656 in seinem Buch *Systema Saturnium* eine Erklärung für die fehlenden Ohren — vier Jahre, nachdem er den größten Saturnmond Titan entdeckt hatte. Sein Fernrohr verfügte über eine 50fache Vergrößerung. Um seine Priorität bereits vor Veröffentlichung seines Buches zu sichern, legte er die Lösung in Form eines Anagramms nieder, das übersetzt lautete: »Der Planet ist von einem dünnen, flachen Ring umgeben, der nirgendwo anliegt und zur Ekliptik geneigt ist.«

Zunächst nahm man an, die Ringe seien fest oder flüssig, doch 1675 entdeckte Giovanni Domenico Cassini eine Lücke im System, die später ihm zu Ehren den Namen „Cassinische Teilung" erhielt. Im Jahre 1837 stieß der Direktor der Berliner Sternwarte, Johann Franz Encke, auf eine weitere Teilung.

Die Frage nach der Natur der Ringe war das Thema des Adams Prize Essay der Universität Cambridge im Jahre 1855. Der schottische Physiker James Clerk Maxwell erhielt die Auszeichnung, weil er theoretisch zeigen konnte, dass nur eine Ansammlung einzelner Teilchen auf einer Umlaufbahn stabil wäre. Lediglich aus der Ferne betrachtet, ergab sich der Eindruck eines soliden Ringes.

Der Beweis für Maxwells Theorie wurde spektroskopisch erbracht, und zwar mithilfe des Dopplereffekts. Die Außenkante eines soliden Ringes müsste schneller rotieren als die Innenkante, doch einzelne umlaufende Teilchen gehorchen dem zweiten Keplerschen Gesetz, das heißt, ihre Geschwindigkeit verringert sich relativ zu ihrer Entfernung vom Planeten. Im Jahre 1895 bewies der amerikanische Astronom James Keeler mit einem am Lick-91-cm-Refraktor angebrachten Spektrometer, dass Maxwells Vorstellungen korrekt waren.

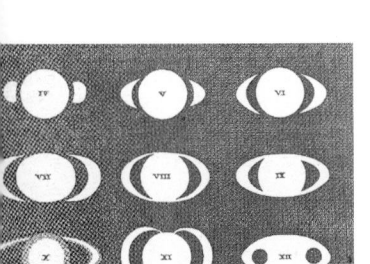

Huygens zeigte, wie ein flacher Ring um den Saturn, der gegenüber der Umlaufbahn des Planeten geneigt ist, die veränderlichen „Ohren" des Planeten erklären konnte.

Siehe auch *Die Gesetze der Planetenbewegung* S. 52, *Der Himmel im Fernrohr* S. 54, *Der Ursprung des Sonnensystems* S. 104, *Spektrallinien* S. 130, *Der Dopplereffekt* S. 156.

Wie sich gezeigt hat, bestehen die Saturnringe aus Tausenden kleiner Einzelringe und schmaler Teilungen, wenngleich ihr ▶
Ursprung auch weiter kontrovers diskutiert wird.

Boyles *Sceptical Chymist*

Robert Boyle 1627–1691

Robert Boyle wird oft als Begründer der modernen Chemie betrachtet. Doch dieser Sohn einer anglo-irischen Adelsfamilie war keine Geißel der Alchemisten, sondern selbst ein Adept, der eifrig nach dem Stein der Weisen suchte. Sein großes Werk *The Sceptical Chymist* (1661) stellt nicht so sehr eine Zurückweisung der Alchemie dar, sondern eher eine Kritik an denjenigen Teilen dieser „Kunst", die er als schlecht begründet ansah. Boyle unterschied sicherlich nicht zwischen *alchemy* (Alchemie) und *chemistry* (Chemie): Der Zwischenbegriff *chymistry* umfasst Elemente von beidem. Vielmehr war es sein Ziel, zwischen den Scharlatanen und abergläubigen »ignoranten Markschreiern«, die blindlings irgendwelchen Rezepten folgten, und den wohl informierten »chymischen Philosophen« zu unterscheiden, die die Kunst der Transmutation (der Umwandlung etwa von unedlem in edles Metall) auf systematische, „wissenschaftliche" Weise ausübten.

Die Hauptziele von Boyles Skepsis waren die chemischen Theorien von Aristoteles, Paracelsus und Jan Baptista von Helmont. Die Aristoteliker behaupteten, es gebe vier Elemente, aus denen sich alle Dinge zusammensetzten: Erde, Luft, Feuer und Wasser. Im 16. Jahrhundert hatte Paracelsus dieses aristotelische Quartett mit einem System aus drei „Prinzipien" aufpoliert, aus denen die gesamte Materie bestehen sollte: Sulfur (Schwefel), Mercurius (Quecksilber) und Sal (Salz). Dies stellte eine Erweiterung der früher vertretenen alchemistischen Schwefel-Quecksilber-Theorie der Metalle dar. Boyle tat die Anhänger von Paracelsus und van Helmont – die so genannten Spagyriker – abfällig als »vulgäre Chymisten« ab.

Er unterließ es jedoch, seinerseits ein alternatives System anzubieten, und stellte lediglich fest, dass es wahrscheinlich mehr als vier (vielleicht sogar mehr als fünf) Elemente gibt. Seine viel gepriesene Definition eines Elements – »primitive und einfache oder völlig unvermischte Körper, die nicht aus irgendwelchen anderen Körpern oder aus einander gemacht sind, sind die Bestandteile, aus denen alle so genannten perfekt gemischten Körper unmittelbar zusammengesetzt sind« – unterscheidet sich im Grunde nicht allzu sehr von der aristotelischen Definition.

Boyle war skeptisch, ob solche Elemente tatsächlich existieren können. Doch einer seiner wertvollsten Beiträge ist sein Beharren auf Experimenten, um zu lernen, »aus welchen verschiedenen Teilen bestimmte Körper bestehen«, so wie er es exemplarisch bei seiner Untersuchung über die Eigenschaften von Gasen mit der „Luftpumpe" veranschaulicht hat.

Siehe auch *Aristoteles' Vermächtnis* S. 16, *Vom menschlichen Körper* S. 32, *Die Verbrennung* S. 94, *Die Atomtheorie* S. 124, *Das Periodensystem der Elemente* S. 196, *Zustandsänderungen* S. 198, *Die Brownsche Molekularbewegung* S. 254, *Ein neuer Materiezustand* S. 510.

Experimente mit einer Luftpumpe von Joseph Wright of Derby, um 1730. Boyle war ein Pionier beim Einsatz der Luftpumpe zur Untersuchung der Eigenschaften von Luft und Vakuum. ▶

Geologische Schichten

Nicolaus Steno 1638–1686

Nicolaus Steno, der als Niels Stensen in Kopenhagen geboren wurde, verließ seine Geburtsstadt im Jahre 1660, um im niederländischen Leiden Medizin zu studieren. Später ging er nach Florenz, wo er ein berühmter Anatom und Leibarzt Herzog Ferdinands II. wurde. Sein Interesse an Fossilien wurde geweckt, als er auf Ersuchen seines Förderers den Schädel eines Hais untersuchte und sah, dass dessen Zähne Versteinerungen ähnelten, die gemeinhin als „Zungensteine" bekannt waren. Er folgerte richtig, dass es sich bei Letzteren tatsächlich um fossile Haifischzähne handelte.

In seinem 1669 erschienen Werk *Prodromus* erklärte er es als sein Ziel, »bei einem Objekt, das eine bestimmte Form besetzt und mit natürlichen Mitteln erschaffen wurde, in diesem Objekt selbst Wege für seine Stellung und die Art seiner Entstehung zu finden«. Es ging hier um die verschiedenen organischen und anorganischen Objekte, die zu jener Zeit als „Fossilien" bekannt waren, und um die Frage, wie sie gebildet wurden. Steno zeigte, dass Quarzkristalle durch Ausfällen wachsen, genau wie Kristalle im Labor. Im Gegensatz dazu weisen Schalen — ob fossiliert oder nicht — ein Wachstumsmuster auf, das den „vitalen" Anlagerungsprozess ihrer einstigen Bewohner widerspiegelt und zeigt, dass sie nicht im Gestein gewachsen sein konnten.

Um aber den organischen Ursprung fossiler Schalen plausibel zu machen, musste Steno auch erklären, warum sie landeinwärts in Gesteinen hoch über dem Meer zu finden waren. Gestützt auf Feldstudien in der Toskana argumentierte er, dass die Gesteinsschichten ursprünglich am Meeresboden als Abfolge horizontaler Lagen aus Sand, Kies und darin eingeschlossenen Schalen entstanden seien. Das bedeutete, dass die Schichten, die heute gewöhnlich gehoben und schräg gestellt sind, spätere Veränderungen in der Erdgeschichte widerspiegeln. Steno beschrieb außerdem zwei getrennte Perioden horizontaler Ablagerung: eine erste vor der Entstehung des Lebens, die eine tiefere Schicht ohne Fossilien entstehen ließ, und eine zweite, die nach der Herausbildung des Lebens stattfand und eine obere, an Fossilien reiche Lage formte. Zum ersten Mal konnten Fossilien dazu verwendet werden, eine Abfolge von Ereignissen in der Geschichte der Erde und des Lebens zu rekonstruieren.

Siehe auch *Fossilien* S. 46, *Erdzyklen* S. 100, *Fossilabfolgen* S. 132, *Lyells „Principles of Geology"* S. 146, *Archaeopteryx* S. 180, *Gebirgsbildung* S. 206, *Der Burgess-Schiefer* S. 260, *Die ältesten Fossilien* S. 410, *Mikrofossilien vom Mars* S. 518.

Spuren der Vergangenheit: Henry de la Beches *Duria Antiquior* („Ein älteres Dorset"), mit prähistorischen, dem „Naturgesetz des ▸ Fressens und Gefressenwerdens" unterworfenen Tieren, um 1830.

Planetenabstände

Giovanni Domenico Cassini 1625–1712

Cassini begründete eine Dynastie fünf aufeinander folgender Generationen von Astronomen, die mehr als ein Jahrhundert lang die französische Astronomie dominierte.

Nachdem Nikolaus Kopernikus im Jahre 1543 seine Theorie eines heliozentrischen Universums vorgestellt hatte, war es leicht, die relativen Abstände der Planeten zur Erde zu berechnen. Dies wurde im frühen 17. Jahrhundert noch einfacher, als Johannes Kepler in seinem „harmonischen Gesetz" (3. Keplerschen Gesetz) formulierte, dass das Quadrat der Umlaufzeit eines Planeten um die Sonne proportional ist zur dritten Potenz seiner mittleren Entfernung von der Sonne. Doch bis in die Zeit von Giovanni Domenico Cassini war der einzige absolute Wert für die Größenordnung des Sonnensystems die völlig irrige Behauptung des Aristarchos von Samos aus dem Jahre 280 v. Chr., dass die Sonne etwa 20-mal weiter von der Erde entfernt sei als der Mond.

Cassini war von König Ludwig XIV. zum Direktor der Pariser Sternwarte ernannt worden. Im Jahre 1671 standen Sonne, Erde und Mars in einer Linie. Zugleich bestand zwischen Erde und Mars der kleinstmögliche Abstand. Diesen Umstand machte sich Cassini zunutze. Er schickte Jean Richer nach Cayenne an der Nordostküste Südamerikas. Dann maßen Cassini in Paris und Richer in Cayenne gleichzeitig die Winkelposition des Mars in Relation zu verschiedenen Sternen. Unter Verwendung der Trigonometrie und des bekannten Abstandes der zwei Beobachtungspunkte von 10 000 Kilometern ermittelte Cassini die Entfernung von der Erde zum Mars. Mithilfe des 3. Keplerschen Gesetzes kam er für die Entfernung zwischen Erde und Sonne auf 138 Millionen Kilometer, was nur sieben Prozent unter dem tatsächlichen Wert liegt.

Mithilfe der Trigonometrie konnten Astronomen schließlich die Größe der Sonne und der Planeten ermitteln, da sie die Winkel kannten, die deren Scheiben auf der Erde beschreiben. Dabei stellte sich heraus, dass die Sonne sage und schreibe 110-mal größer ist als unser Heimatplanet.

Nach Veröffentlichung von Isaac Newtons Schrift *Principia Mathematica* (1687), in der er seine Gravitationstheorie darlegte, erkannte man, dass die Sonne eine etwa 330 000-mal größere Masse aufweist als die Erde. Die Kenntnis der Größe und der Masse der Sonne legte den Grundstein für die Astrophysik.

Siehe auch *Der Umfang der Erde* S. 24, *Kosmische Vorhersagen* S. 26, *Das heliozentrische Universum* S. 42, *Die Gesetze der Planetenbewegung* S. 52, *Der Venusdurchgang* S. 62, *Newtons „Principia"* S. 78, *Der Halleysche Komet* S. 84, *Die „Schwere" der Erde* S. 112, *Die Entfernung zu einem Stern* S. 150, *Die Sternentwicklung* S. 286.

Sonnenkönig: Ludwig XIV. als „Le Soleil" im Ballet *La Nuit*. Cassini überzeugte ihn, die Pariser Sternwarte so umzugestalten, dass ▶ sie weniger schmuckvoll, dafür aber zweckdienlicher war.

Leben unter dem Mikroskop

Antoni van Leeuwenhoek 1632–1723

Antoni van Leeuwenhoek zählt zu den bedeutendsten Amateurwissenschaftlern. Seine einfachen Mikroskope mit bis zu 250facher Vergrößerung ließen ihn Dinge sehen, die noch keiner vor ihm erblickt hatte. Der Tuchhändler aus dem niederländischen Delft beherrschte kein Latein, die Wissenschaftssprache des 17. Jahrhunderts, und als er seine Befunde der Royal Society in London mitteilte, musste er Referenzen vorweisen. Seit 1673 verfasste er mehr als 400 Mitteilungen an die Royal Society und die französische Akademie der Wissenschaften. Er beschrieb im Wasser wimmelnde „Infusorien" (Protozoen), menschliche Spermien, den Blutstrom durch Kapillargefäße, die Feinstruktur von Muskeln, Nerven, Knochen, Zähnen und Haaren, rote Blutkörperchen und Pflanzenzellen sowie den exakten Körperbau von 67 Insektenarten (darunter winzige Wesen, die auf Flöhen parasitieren). Seine bemerkenswerteste Entdeckung machte er im Jahre 1683 – Bakterien aus seiner eigenen Mundhöhle. Bis nach ihm wieder ein Wissenschaftler Bakterien sah, sollten mehr als 100 Jahre vergehen.

Leeuwenhoek erforschte auch die sexuelle Fortpflanzung bei Tieren, um die Vorstellung zu widerlegen, dass neues Leben spontan entstehen könne. Der italienische Arzt Francesco Redi hatte bereits 1668 nachgewiesen, dass Maden aus Eiern von Fliegen schlüpfen und nicht aus faulender Materie hervorgehen, aber seine Arbeit wurde nicht beachtet. Leeuwenhoek wandte sich gegen die Behauptung, Spermien entstünden durch Fäulnis der Samenflüssigkeit. Er postulierte zudem, dass die Befruchtung durch das Eindringen eines Spermiums in eine Eizelle erfolgt und die Eizelle das Spermium lediglich mit Nährstoffen versorgt.

Leeuwenhoek begann im Jahre 1671 mit der Herstellung einfacher Mikroskope und fertigte im Laufe der Jahre über 400 Linsen an. Weil er nur Niederländisch lesen konnte, studierte er die Abbildungen von nicht übersetzten Werken zeitgenössischer Mikroskopiker wie Robert Hooke (der als Erster das Wort „Zelle" für die „Poren" im Kork verwendete) und Marcello Malpighi (der die Kapillargefäße entdeckte). Mit wachsender Berühmtheit lernte Leeuwenhoek Europas wissenschaftliche Elite kennen und kam auch mit dem Königshaus in Kontakt. Die Klarheit und Vergrößerungskraft seiner Linsen blieben unübertroffen, bis man im 19. Jahrhundert die technischen Probleme zusammengesetzter Mikroskope überwand.

Siehe auch *Der Himmel im Fernrohr* S. 54, *Der Blutkreislauf* S. 58, *Die spontane Entstehung von Leben* S. 90, *Eizellen und Embryonen* S. 140, *Zellgemeinschaften* S. 174, *Die Keimtheorie* S. 202, *Viren* S. 232, *Die fünf Reiche des Lebens* S. 426.

Animalcula („kleine Tierchen"), darunter auch Spermien, nach Zeichnungen von Leeuwenhoek. Er schickte 26 seiner winzigen ▶ Mikroskope an die Royal Society, damit deren Mitglieder seine erstaunlichen Entdeckungen selbst betrachten konnten.

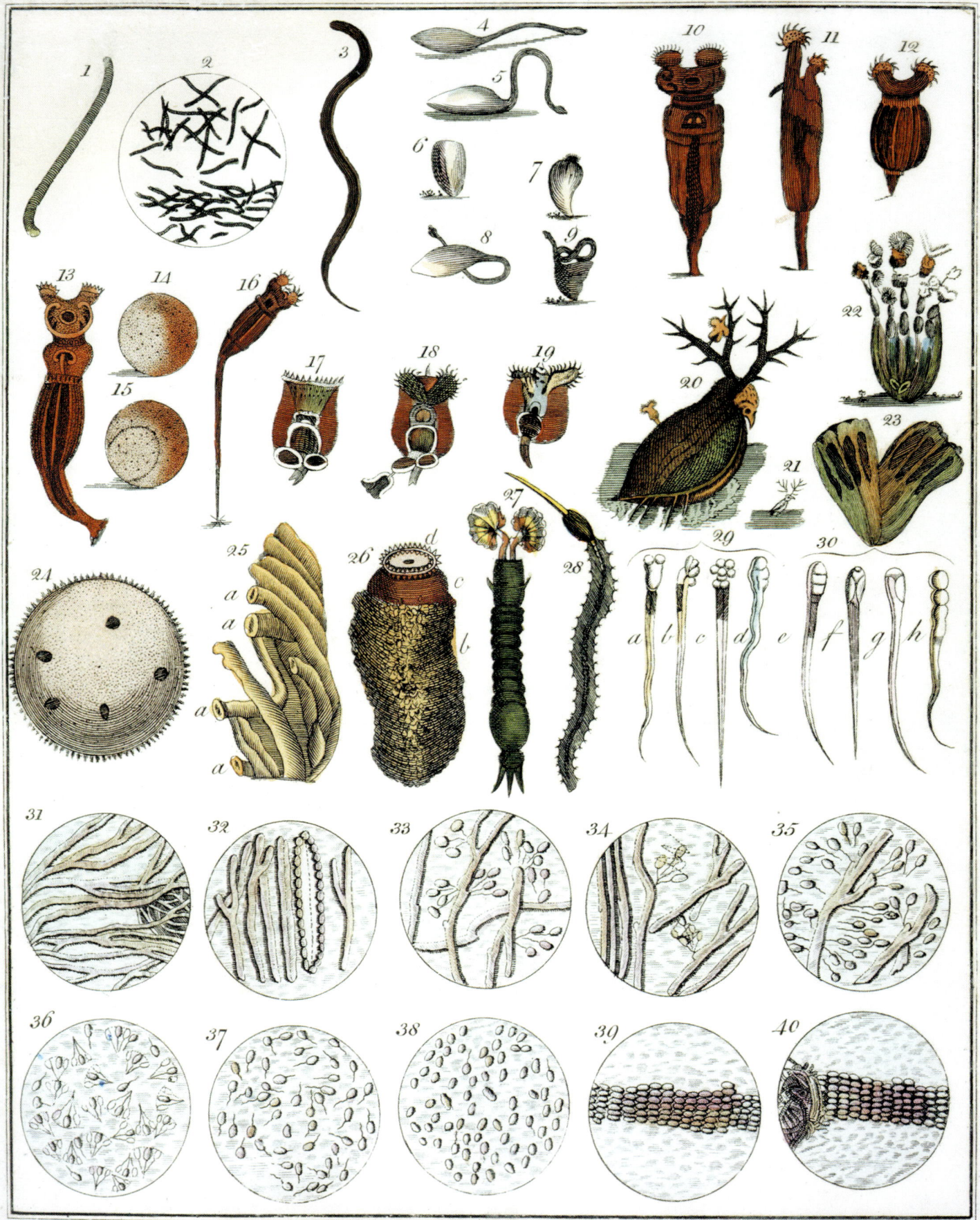

Dodd Delin.

Animalcules.

Pass Sculp.

Newtons *Principia*

Isaac Newton 1643–1727

Als „Lucasian Professor" für Mathematik in Cambridge hatte sich Isaac Newton seinen wissenschaftlichen Ruf schon etliche Jahre vor der Veröffentlichung des Meisterwerkes *Principia Mathematica* (1687) gesichert.

Im Jahre 1666, fünf Jahre, nachdem er sich als Student am Trinity College eingeschrieben hatte, leitete er das Gravitationsgesetz ab, das beschreibt, wie Schwerkräfte, die auf die Planeten wirken, mit dem Quadrat der Entfernung abnehmen, und er begann zu erkennen, dass dieses Gesetz auch für fallende Äpfel gilt. Um Planetenbewegungen mathematisch auszudrücken, entwickelte er die Infinitesimalrechnung; unabhängig davon entwarf der deutsche Philosoph Gottfried Wilhelm Leibniz zwischen 1673 und 1675 eine eigene Version – der darauf folgende Streit um die Priorität ist mittlerweile legendär.

Die *Principia* waren die Frucht einer weiteren bitteren Fehde, in der Newton seinen formidablen Verstand gegen Robert Hooke ausspielte. Im Jahre 1672 hatte Hooke der Royal Society einen lauwarmen Bericht zu Newtons Artikel *Theory of Light and Colours* („Theorie des Lichtes und der Farben"), dem Vorläufer der *Opticks* (1704), zugesandt; Newton zeigte darin, dass weißes Licht eine »heterogene Mischung aus unterschiedlich brechbaren Strahlen« ist. Als Newton daher 1684 von Hookes beiläufiger Behauptung erfuhr, er habe die Gesetze der Planetenbewegung bewiesen, war er entschlossen, die Sache richtig zu stellen. Ab 1685 arbeitete er fieberhaft und überprüfte seine Berechnungen anhand der neuesten astronomischen Messungen.

Die *Principia* vereinigen die irdische Mechanik von Galilei mit der Himmelsmechanik, die empirisch aus den Beobachtungen von Kepler abgeleitet worden war. Newtons frühere Arbeiten am Gravitationsgesetz bezogen sich nur auf die Zentrifugalkraft, die ein Planet erfährt, der die Sonne umkreist; in den *Principia* zeigte er, wie diese Fliehkraft durch eine anziehende Gravitationskraft ausbalanciert werden muss, die per Fernwirkung zwischen der Sonne und dem Planeten wirkt, und er demonstrierte, warum sich der Planet auf einer elliptischen Bahn bewegen muss.

Möglicherweise hätte Newton seine außerordentlichen Entdeckungen niemals publiziert. Da es seinem misstrauischen Naturell widerstrebte, seine Arbeit in gedruckter Form allgemein zugänglich zu machen, und da er zudem empfindlich auf die leiseste Kritik reagierte, war es nur dem sanften Drängen von Edmond Halley zu verdanken, dass Newton sein Manuskript schließlich in Druck gab.

▲ Newtons Gravitationskarte mit der Erde und den Bahnen eines Flugkörpers, der sie umkreist.

Siehe auch *Die Entzauberung des Regenbogens* S. 36, *Die Gesetze der Planetenbewegung* S. 52, *Fallende Körper* S. 60, *Der Halleysche Komet* S. 84, *Der Ursprung des Sonnensystems* S. 104, *Die „Schwere" der Erde* S. 112, *Die Wellennatur des Lichtes* S. 118, *Spektrallinien* S. 130.

Das Studierzimmer des Hauses, in dem Newton seine *Principia* schrieb. Auf die Wand ist ein Lichtspektrum projiziert, wie es ▶ entsteht, wenn ein Lichtstrahl durch Brechung in einem Prisma in seine Spektralfarben aufgefächert wird. Newton nahm an, es müsse in scheinbarer Analogie zu den sieben Noten der Tonleiter sieben „ungemischte" („reine") Farben geben.

PHILOSOPHIÆ
NATURALIS
PRINCIPIA
MATHEMATICA.

AUCTORE
ISAACO NEWTONO, EQ. AUR.

Editio tertia aucta & emendata.

LONDINI
Apud GULL. & JOH. INNYS, Regiæ Societatis typographos.
MDCCXXVI.

Die Sexualität der Pflanzen

Rudolph Jakob Camerarius 1665–1721

Die Vorstellung, dass es männliche und weibliche Formen von Pflanzen gibt, lässt sich bis zu Theophrast in das dritte Jahrhundert zurückverfolgen, aber erst Rudolph Jakob Camerarius, Medizinprofessor in Tübingen, belegte mit Experimenten, dass sich Pflanzen sexuell fortpflanzen.

Camerarius wies durch anatomische Versuche mit Blüten schlüssig nach, dass Pollen auf die Narbe gebracht werden muss, damit eine Pflanze Samen bildet. Er entfernte Staubgefäße von Rizinuspflanzen sowie Narben von Maisblüten und stellte fest, dass die Pflanzen daraufhin keine Samen mehr ansetzen konnten. Auch die Isolierung männlicher und weiblicher Pflanzen von Arten wie Spinat und Bingelkraut führte zu ähnlicher Sterilität. Pflanzen, so schloss er daraus, pflanzen sich ebenso wie die meisten Tiere sexuell fort. Camerarius veröffentlichte seine Befunde im Jahre 1694 in seinem Werk *Epistola de sexu plantarum* („Über das Geschlecht der Pflanzen"), das er an den Gießener Medizinprofessor Michael Bernard Valentini richtete. Andere zeitgenössische Botaniker kamen offenbar unabhängig voneinander etwa zur gleichen Zeit zu ähnlichen Ergebnissen, und im Jahre 1676 hielt der englische Botaniker und Arzt Nehemiah Grew vor der Royal Society einen Vortrag, in dem er den Pollen als männlichen Teil der Blüte identifizierte.

Gegen Ende des Jahrhunderts waren Camerarius' Beobachtungen von anderen bestätigt worden. Als der Londoner Gärtner Thomas Fairchild vor 1720 die erste vom Menschen geschaffene Hybride zweier Arten schuf, indem er eine Gartennelke und eine Bartnelke miteinander bestäubte, war dies der Beginn der willkürlichen Arthybridisierung und selektiven Pflanzenzucht. Viel später, im Jahre 1830, wies der italienische Mikroskopiker Giovanni Battista Amici nach, dass aus dem Pollen ein Pollenschlauch hervorgeht, der am Griffel hinabwächst und über eine winzige Öffnung, die Mikropyle, in die Samenanlage eindringt, um die sexuelle Vereinigung herbeizuführen. Drei Jahrzehnte später wies Gregor Mendel durch sorgfältig überwachte Kreuzungen bei Gartenerbsen die Gesetze der Vererbung nach. Heute bilden die Manipulation der sexuellen Fortpflanzung und die Mendelsche Genetik die Eckpfeiler der modernen Pflanzenzucht.

Siehe auch *Die Geburtsstunde der Botanik* S. 18, *Die Benennung des Lebendigen* S. 88, *Mendels Gesetze der Vererbung* S. 192, *Stickstofffixierung* S. 208, *Die Vielfalt der Kulturpflanzen* S. 292, *Die grüne Revolution* S. 428.

„Cupido haucht den Pflanzen die Liebe ein" von Philip Reinagle, aus *The Temple of Flora* (1804, „Der Tempel der Flora") ▶ von Robert Thornton.

Die Sexualität der Pflanzen

Rudolph Jakob Camerarius 1665–1721

Die Vorstellung, dass es männliche und weibliche Formen von Pflanzen gibt, lässt sich bis zu Theophrast in das dritte Jahrhundert zurückverfolgen, aber erst Rudolph Jakob Camerarius, Medizinprofessor in Tübingen, belegte mit Experimenten, dass sich Pflanzen sexuell fortpflanzen.

Camerarius wies durch anatomische Versuche mit Blüten schlüssig nach, dass Pollen auf die Narbe gebracht werden muss, damit eine Pflanze Samen bildet. Er entfernte Staubgefäße von Rizinuspflanzen sowie Narben von Maisblüten und stellte fest, dass die Pflanzen daraufhin keine Samen mehr ansetzen konnten. Auch die Isolierung männlicher und weiblicher Pflanzen von Arten wie Spinat und Bingelkraut führte zu ähnlicher Sterilität. Pflanzen, so schloss er daraus, pflanzen sich ebenso wie die meisten Tiere sexuell fort. Camerarius veröffentlichte seine Befunde im Jahre 1694 in seinem Werk *Epistola de sexu plantarum* („Über das Geschlecht der Pflanzen"), das er an den Gießener Medizinprofessor Michael Bernard Valentini richtete. Andere zeitgenössische Botaniker kamen offenbar unabhängig voneinander etwa zur gleichen Zeit zu ähnlichen Ergebnissen, und im Jahre 1676 hielt der englische Botaniker und Arzt Nehemiah Grew vor der Royal Society einen Vortrag, in dem er den Pollen als männlichen Teil der Blüte identifizierte.

Gegen Ende des Jahrhunderts waren Camerarius' Beobachtungen von anderen bestätigt worden. Als der Londoner Gärtner Thomas Fairchild vor 1720 die erste vom Menschen geschaffene Hybride zweier Arten schuf, indem er eine Gartennelke und eine Bartnelke miteinander bestäubte, war dies der Beginn der willkürlichen Arthybridisierung und selektiven Pflanzenzucht. Viel später, im Jahre 1830, wies der italienische Mikroskopiker Giovanni Battista Amici nach, dass aus dem Pollen ein Pollenschlauch hervorgeht, der am Griffel hinabwächst und über eine winzige Öffnung, die Mikropyle, in die Samenanlage eindringt, um die sexuelle Vereinigung herbeizuführen. Drei Jahrzehnte später wies Gregor Mendel durch sorgfältig überwachte Kreuzungen bei Gartenerbsen die Gesetze der Vererbung nach. Heute bilden die Manipulation der sexuellen Fortpflanzung und die Mendelsche Genetik die Eckpfeiler der modernen Pflanzenzucht.

Siehe auch *Die Geburtsstunde der Botanik* S. 18, *Die Benennung des Lebendigen* S. 88, *Mendels Gesetze der Vererbung* S. 192, *Stickstofffixierung* S. 208, *Die Vielfalt der Kulturpflanzen* S. 292, *Die grüne Revolution* S. 428.

„Cupido haucht den Pflanzen die Liebe ein" von Philip Reinagle, aus *The Temple of Flora* (1804, „Der Tempel der Flora") ▶ von Robert Thornton.

Der Halleysche Komet

Edmond Halley 1656–1742

In seiner berühmten *Principia Mathematica* von 1687 hatte Isaac Newton gezeigt, wie sich die Bahn eines Kometen berechnen ließ, wenn man seine Position innerhalb einer Zeitspanne von ungefähr zwei Monaten dreimal präzise bestimmte. Er demonstrierte dieses Verfahren anhand des großen Kometen von 1680. Doch die Methode funktionierte nur dann, wenn man die Bahn als parabelförmig annahm, das heißt, wenn man davon ausging, dass der Komet aus unendlicher Entfernung kam, die Sonne passierte und wieder in die Unendlichkeit davonflog. Newton hatte Berichte über 23 weitere Kometen gesammelt, war aber inzwischen zu beschäftigt, um ihre Bewegungen mühevoll zu berechnen. Er übergab die Daten seinem Londoner Freund Edmond Halley, der als Schriftführer der Royal Society tätig war.

Im Jahre 1696 verlas Halley vor der Royal Society einen Artikel, in dem er die möglichen Bahnen der Kometen aus den Jahren 1607, 1618 und 1682 angab. Aus den Daten schloss er, es habe sich bei den Kometen von 1607 und 1682 um Sichtungen desselben astronomischen Objektes gehandelt.

1705 veröffentlichte Halley, der inzwischen Professor für Geometrie an der Universität Oxford geworden war, sein berühmtes Werk *Astronomiae Cometicae Synopsis*. Darin listete er die Bewegung von 24 Kometen auf, deren Bahnen sämtlich als parabelförmig galten. Nun erkannte er, dass der Komet von 1531 eine ähnliche Bahn hatte wie die Kometen von 1607 und 1682. Halley kam daraufhin zu dem Schluss, dass er es mit einem einzigen Kometen zu tun hatte, der eine geschlossene, aber sehr lang gestreckte Umlaufbahn um die Sonne beschrieb und nur dann sichtbar wurde, wenn er sich der Erde stark näherte. Die Zeitspanne zwischen den einzelnen Sichtungen betrug rund 76 Jahre. Halley schrieb dazu: »Daher wage ich vorauszusagen, dass [der Komet] im Jahre 1758 wiederkehren wird.« Und tatsächlich tauchte der Komet wieder auf und wurde erstmals am Weihnachtstag gesichtet. Seitdem trägt dieser Komet den Namen „Halleyscher Komet". Die Wiederkehr bewies, dass Newtons Gravitationsgesetz zumindest bis an die fernen Grenzen unseres Planetensystems galt.

▲
Der Kern des Halley-schen Kometen, wie er am 13./14. März 1986 von der Raumsonde Giotto aufgenommen wurde.

Siehe auch *Ein neuer Stern* S. 48, *Newtons „Principia"* S. 78, *Die Entdeckung eines Asteroiden* S. 120, *Ein Kometenreservoir* S. 360, *Das Aussterben der Dinosaurier* S. 458, *Der Komet Shoemaker-Levy 9* S. 508, *Wasser auf dem Mond* S. 522.

Ein Detail des berühmten Teppichs von Bayeux aus dem 11. Jahrhundert zeigt, wie der englische König Harold über die Unheil ▶
verheißende Ankunft des Kometen informiert wird. Es war eine frühe Sichtung des Halleyschen Kometen.

Die Passatwinde

George Hadley 1685-1768

Im frühen 18. Jahrhundert entdeckte George Hadley, ein englischer Rechtsanwalt mit einer Leidenschaft für die Meteorologie, seine Begeisterung für das Muster der Winde auf der Erdoberfläche und deren langfristige Vorhersagbarkeit. Seeleuten zum Beispiel war schon lange bekannt, dass die so genannten Passate oder Handelswinde in der tropischen Zone nördlich des Äquators immer von Nordosten und im Tropengürtel südlich des Äquators immer von Südosten wehten. In unmittelbarer Nähe des Äquators erstarben außerdem die Winde oft völlig, in einer Region, die deshalb „Kalmengürtel" heißt und die von den Seefahrern, die dort oft in eine Flaute gerieten, gefürchtet wurde.

In dem Bemühen, diese Effekte zu verstehen, und als oberster meteorologischer Beobachter der London Royal Society führte Hadley die erste ernsthafte Untersuchung der Luftströmungen in den Tropen durch. In der Folge versuchte er die Effekte in einer Schrift mit dem Titel *Concerning the cause of the general trade winds* („Über die Ursache der allgemeinen Passatwinde") zu erklären und legte seine Ausführungen im Jahre 1735 der Royal Society vor. Hadley nahm zuerst an, dass die Sonnenwärme die Luft am Äquator aufsteigen und mit zunehmender Abkühlung polwärts wieder absinken lässt. Dadurch entsteht in beiden Hemisphären eine Konvektionszelle, die als Hadley-Zelle bekannt ist, in welcher sich die Luft nahe der Erdoberfläche in Richtung Äquator bewegt, während sie in großer Höhe zu den Polen strömt. Außerdem verleiht die Reibung zwischen der rotierenden Erde und der bodennahen Luft dem Wind eine östliche Komponente, woraus sich die Richtung der Passate in den Tropenzonen beiderseits des Äquators erklärt. Die Kalmen sind das Ergebnis der aufsteigenden Luft, dort wo sich die beiden Zellen treffen.

Wenngleich Hadleys Werk beeindruckend ist, so erwies sich sein Modell der Luftzirkulation doch als allzu simpel: Um die globalen Windmuster richtig zu beschreiben, bedarf es detaillierter Modelle. Das Werk Hadleys fand zu seinen Lebzeiten kaum Beachtung, wurde aber im Jahre 1793 durch John Dalton wieder entdeckt.

Siehe auch *Der Luftdruck* S. 64, *Das Foucaultsche Pendel* S. 166, *Die Chaostheorie* S. 238, *Wettervorhersage* S. 284.

Eine Kompasskarte mit Darstellung der Winde, 1693. Um die Mitte des 17. Jahrhunderts hatten Reisende so viele Informationen ▶ über die vorherrschenden Winde mit zurückgebracht, dass Wissenschaftler versuchen konnten, sie zu erklären.

Die Bennenung des Lebendigen

Carl von Linné 1707-1778

Biologen bezeichnen Arten mit einem zweiteiligen Linnéschen Namen wie etwa *Equus caballus*, dem wissenschaftlichen Namen des Pferdes. Das erste der beiden Wörter (*Equus*) wird stets groß geschrieben und ist der Name der Gattung, das zweite (*caballus*) ist immer klein geschrieben und kennzeichnet in Verbindung mit dem Gattungsnamen die Art. Eine Gattung kann mehrere Spezies umfassen – so trägt das Grevy-Zebra den Namen *Equus grevyi* –, aber die Kombination beider Namen bezeichnet stets nur eine Art.

Carl von Linné (lateinisch Carolus Linnaeus), ein schwedischer Naturforscher und Arzt, veröffentlichte sein Nomenklatursystem im Jahre 1735 in dem Werk *Systema Naturae* (*Natursystem*). Seine Methode der Artbezeichnung funktioniert so gut, dass sie seit zweieinhalb Jahrhunderten unverändert angewandt wird. Linné führte sie ein, weil die damals gebräuchliche aristotelische Methode unter der Fülle neu entdeckter Spezies zusammenbrach. Ein aristotelischer Name hat eine allgemeine (generische) und eine spezifische Komponente, aber die Speziesbezeichnung sollte die typischen Merkmale der Art zusammenfassen, damit man diese allein an ihrem Namen erkennen konnte. Das funktionierte bei geringen Zahlen örtlicher Spezies gut, wurde aber mit der Globalisierung der Wissenschaft im 18. Jahrhundert unmöglich. So war der aristotelische Name der Tomate auf *Solanum caule inerme herbaceo, foliis pinnatis incisis, racemis simplicibus* („*Solanum* mit glattem, krautigem Stamm, eingeschnittenen, gefiederten Blättern und einfachem Blütenstand") angeschwollen. Dieser Name ist wesentlich unhandlicher als der Linnésche Name *Solanum lycopersicum*. Die binäre Linnésche Bezeichnung will die Art nicht beschreiben; *grevyi* beispielsweise bezieht sich einfach auf eine Person (nämlich den früheren französischen Staatspräsidenten Jules Grévy). Linné trennte Beschreibung und Benennung der Spezies voneinander.

Linnés großer Einfluss beruht auch darauf, dass er so viele Arten beschrieb (fast 10 000); seine Bücher wurden Standardwerke für jeden, der den Namen eines Lebewesens wissen wollte. Er führte auch zahlreiche der heute geläufigen übergeordneten Klassifikationsgruppen ein, darunter die Kategorie der Säugetiere oder Mammalia, die durch das Vorhandensein von Milchdrüsen gekennzeichnet ist und der auch wir Menschen angehören.

Siehe auch *Aristoteles' Vermächtnis* S. 16, *Die Geburtsstunde der Botanik* S. 18, *Darwins „Entstehung der Arten"* S. 176, *Neodarwinismus* S. 282, *Die fünf Reiche des Lebens* S. 426, *Die Vielfalt des Lebens* S. 468.

Linné klassifizierte Pflanzenspezies anhand der Sexualorgane der Blüten, hier dargestellt von Georg Dionysius Ehret (1736). ▶

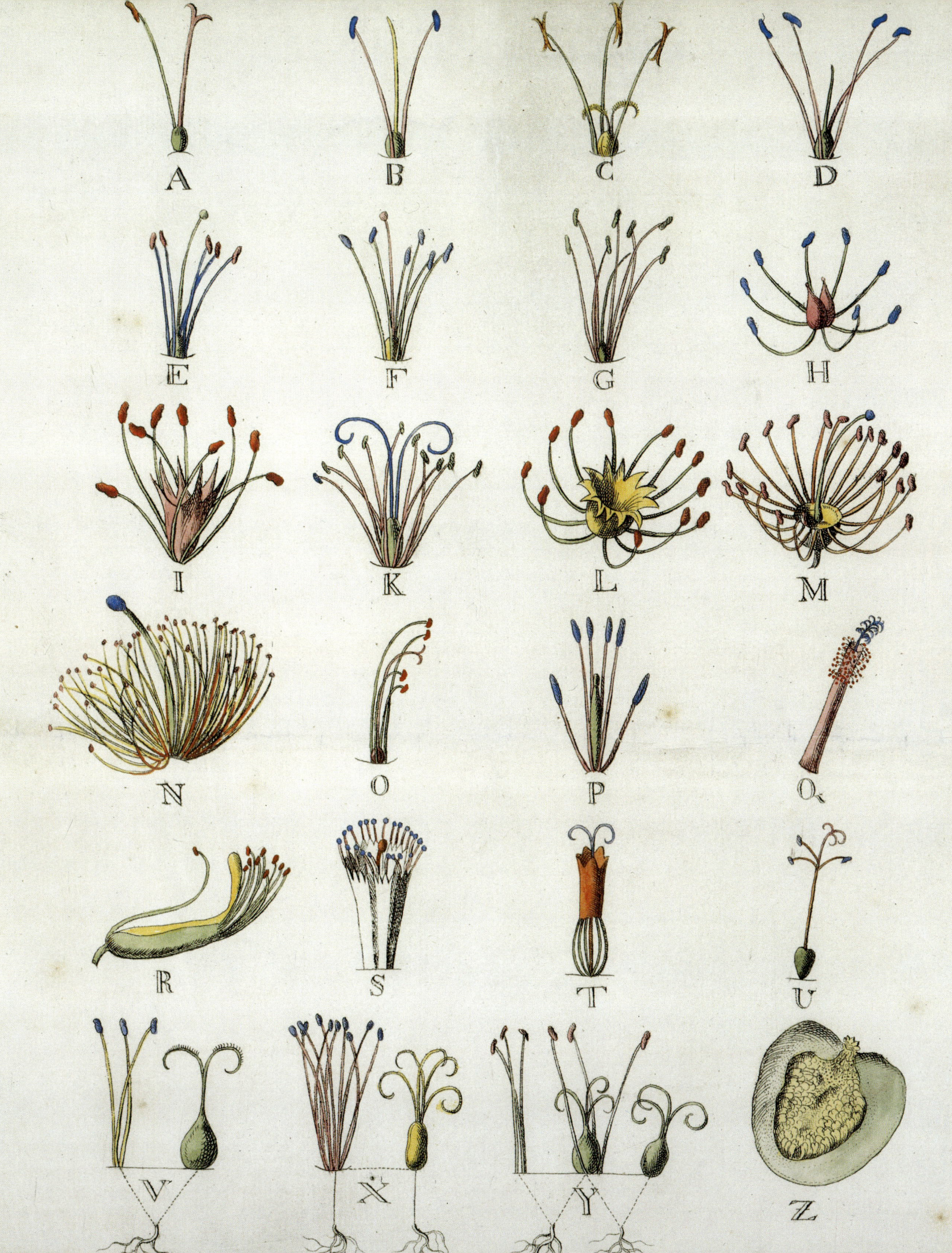

Spontane Entstehung von Leben

Lazzaro Spallanzani 1729–1799

Viele vernünftige Biologen glaubten bis in das 19. Jahrhundert an die spontane Entstehung oder Urzeugung – die Vorstellung, dass sich aus zerfallender Materie neues Leben bilden könne. Man erklärte damit die Existenz von Parasiten wie Bandwürmern im menschlichen Körper, von denen es keine frei lebenden Formen gab, und auch die zahlreichen „Animalcula" und „Infusorien" (Mikroorganismen), die unter dem Mikroskop sichtbar wurden, aber keinen klar erkennbaren Ursprung hatten. Der Mechanismus der spontanen Entstehung war heiß umstritten, und das Phänomen selbst hatte viele Gegner und viele Verfechter. Lazzaro Spallanzani, ein italienischer Universalgelehrter, Professor für Naturgeschichte und Priester, lieferte den Beweis, der diese jahrhundertealte Doktrin widerlegte.

Spallanzani kannte die Arbeiten Antoni van Leeuwenhoeks und Francesco Redis aus dem vorigen Jahrhundert, welche die Vorstellung einer spontanen Entstehung zu widerlegen schienen. Daher fühlte er sich von der Veröffentlichung zweier Werke herausgefordert, die erneut behaupteten, dass beim Zerfall pflanzlicher oder tierischer Materie neues Leben entstehen könne: George Buffons *Histoire Naturelle* (1749, *Naturgeschichte*) und John Needhams *Nouvelles Observations Microscopiques* (1750, „Neue mikroskopische Beobachtungen").

Spallanzani wiederholte Needhams Experimente und kam zu ganz anderen Ergebnissen. Er arbeitete mit verschiedenen Kombinationen von erhitzten und nicht erhitzten Gemüse- und Getreideaufgüssen; einige verschloss er hermetisch, andere ließ er offen stehen. In dicht verschlossenen Flaschen, die er eine Stunde lang kochte, tauchten keine Animalcula auf, bis er wieder Luft hineinließ. In dem Aufsatz *Saggio di Osservazioni Microscopiche* (1765, „Versuch über mikroskopische Beobachtungen") hielt er seine Beobachtungen fest und widerlegte die spontane Entstehung auf mikroskopischer Ebene. Needham erwiderte jedoch, Spallanzanis grobe Behandlung – besonders das lange Kochen – habe ein „Lebensprinzip" in den Proben zerstört und das Experiment somit wertlos gemacht. Der Streit hielt noch weitere 100 Jahre an. Erst Louis Pasteur wies schließlich im Jahre 1860 unwiderlegbar nach, dass Gärung, Fäulnis und Infektion allesamt auf die Kontamination mit Mikroorganismen zurückgehen. Indem er aber zeigte, dass Mikroorganismen durch Hitze zerstört werden können, hatte Spallanzani den Prozess des „Pasteurisierens" des französischen Chemikers bereits vorweggenommen.

Siehe auch *Leben unter dem Mikroskop* S. 76, *Die Keimtheorie* S. 202, *Viren* S. 232.

Leben aus einer Flasche? Robert Hooke zählte zu den vielseitigsten Wissenschaftlern des 17. Jahrhunderts. Mit seinem ▶
zusammengesetzen Mikroskop konnte er erstmals Lebewesen wie diese „Schmeißfliege" detailliert beobachten.

Schem: XXVI.

Fig: 1.

Fig: 2.

Die Zahl π

Johann Heinrich Lambert 1728–1777

Pi ist die wohl berühmteste Zahl der Welt — sogar ein Parfum ist nach ihr benannt. Zwar war diese Kostante schon den frühesten Hochkulturen bekannt, doch der Gebrauch des griechischen Buchstabens π zur Bezeichnung des „Umfangs" eines Kreises kam erst zu Beginn des 18. Jahrhunderts auf. Die Definition von π ist einfach — das Verhältnis des Umfangs eines Kreises zu seinem Durchmesser —, doch der genaue Wert von π ist viel schwieriger zu bestimmen. Er liegt etwas über 3, und man benutzte in der Antike verschiedene Näherungen, darunter 25/8 oder 3,125 (babylonisch) und 256/81 oder 3,16 (ägyptisch). Ein besonders einfallsreicher Wert war die Quadratwurzel von 10 oder 3,162, die, obwohl sie dem Wert nahe kommt, überhaupt nichts mit einem Kreis zu tun hat.

Die erste bekannte Methode zur Berechnung von π wurde von Archimedes entwickelt, der einen Kreis näherungsweise durch ein Vieleck (Polygon) mit 96 Seiten beschrieb. Das ergab einen Wert von etwa 3,1418. Andere erweiterten seine Methode und verwendeten Polynome mit noch mehr Seiten, so dass um 1600 der Wert von π bis auf 35 Dezimalstellen bestimmt war. Zu diesem Zeitpunkt waren bereits viele andere Gleichungen zur näherungsweisen Berechnung in Gebrauch. Im Jahre 1853 berechnete ein Engländer namens William Shank nach 15-jähriger Arbeit den Wert von π auf 707 Dezimalstellen genau, doch wie sich später herausstellte, hatte er an Position 528 einen Fehler gemacht, der zur Folge hatte, dass alle folgenden Stellen falsch waren.

Im Jahre 1768 bewies Johann Lambert, dass π „irrational" ist: Es lässt sich weder als Quotient zweier ganzer Zahlen (Bruch) ausdrücken noch als Dezimalzahl mit einer einfachen, sich wiederholenden Zahlenfolge. 1882 bewies Ferdinand Lindemann, dass π überdies „transzendent" ist, was bedeutet, dass die Quadratur des Kreises mit Zirkel und Lineal unmöglich ist. Dennoch geht die Suche nach einer immer genaueren Berechnung von π mithilfe von Computern auch heute noch unvermindert weiter. Im Jahre 1949 stand der Rekord nach 70 Stunden Computerlaufzeit auf 2 037 Dezimalstellen. Die neueste Berechnung aus dem Jahr 1997 gibt π mit 51 539 600 000 Dezimalstellen an. Die Ziffernfolge erscheint noch immer zufällig, doch die Reihung „0123456789" taucht immerhin sechs Mal auf.

Siehe auch *Euklids „Elemente"* S. 20, *Der Umfang der Erde* S. 24, *Kosmische Vorhersagen* S. 26.

Vom Parfum zum Film: In dem Spielfilm „π" sucht der paranoide Mathematiker Max Cohen (Sean Gullette) nach einem mathematischen Code, der das Muster des Börsenmarktes entschlüsselt.

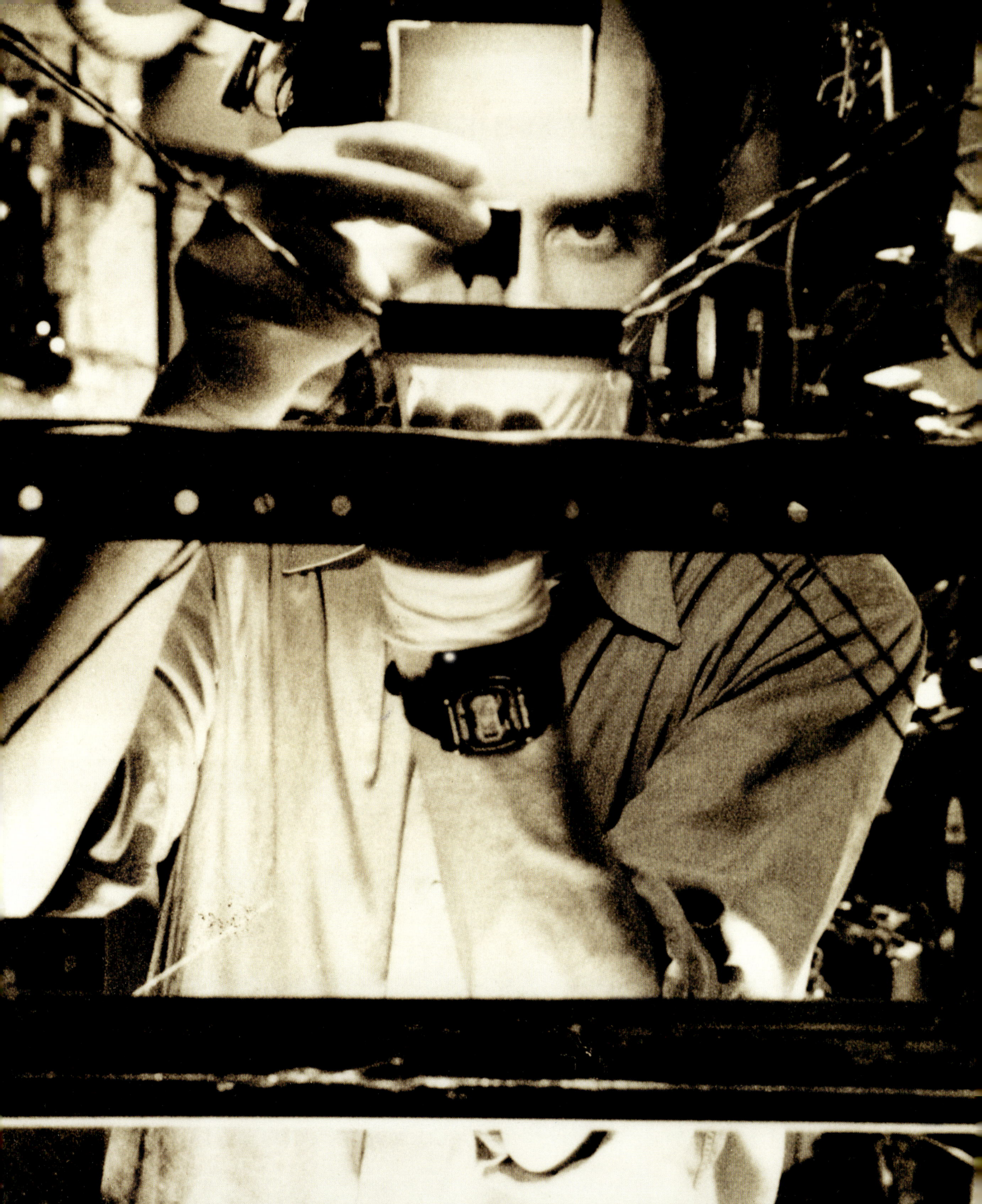

Die Verbrennung

Joseph Priestley 1733-1804, Carl Wilhelm Scheele 1742-1786,
Antoine Laurent Lavoisier 1743-1794

Das 18. Jahrhundert war die Blütezeit der „pneumatischen" Chemiker, die sich auf die Untersuchung der Luft konzentrierten. Jahrhundertelang war Wärme das wichtigste Hilfsmittel für chemische Umwandlungen gewesen, und das Hauptanliegen der pneumatischen Chemiker bestand darin, den Verbrennungsprozess zu verstehen.

Die bedeutenden pneumatischen Chemiker glaubten größtenteils fest an die Existenz des so genannten Phlogiston — einer Substanz, die das „Prinzip" der Brennbarkeit beinhaltete und die, so nahm man an, beim Verbrennen eines Stoffes von diesem freigesetzt wurde. Das galt auch für Joseph Priestley, den englischen politischen und religiösen Nonkonformisten, der zeitweise als anglikanischer Geistlicher wirkte. Die fatale Unzulänglichkeit der Phlogistontheorie lag nicht etwa darin, dass sie falsch war, sondern darin, dass sie der Wahrheit so nahe kam. Als Priestley 1774 den Sauerstoff entdeckte, interpretierte er das neue Gas als „dephlogistisierte Luft": Luft, die wegen des fehlenden Phlogiston Substanzen, die reich an diesem „Verbrennungsprinzip" sind, besser brennen lässt.

Im darauf folgenden Jahr untersuchte Priestley die Wirkung von Sauerstoff auf die Atmung und stellte fest, Sauerstoff mache das Atmen »eigenartig leicht und unbeschwert«. Seine Methode zur Sauerstoffherstellung — Erhitzen von Quecksilberoxid — war nicht neu. Der schwedische Apotheker Carl Wilhelm Scheele hatte dasselbe Experiment bereits mehrere Jahre zuvor durchgeführt und Sauerstoff überdies aus verschiedenen anderen Salzen freigesetzt. Scheele nannte sein Gas „Feuerluft" und kam sogar zu dem Schluss, dass gewöhnliche Luft aus einem Teil „Feuerluft" und vier Teilen „verbrauchter Luft" (inertes, also reaktionsträges Stickstoffgas) besteht.

Doch es ist der französische Chemiker Antoine Laurent Lavoisier, der als Entdecker des Sauerstoffs gilt. Im Jahre 1777 gab er dem Gas seinen Namen: *oxygène*, was so viel wie *Säurebildner* bedeutet, weil er fälschlicherweise annahm, Sauerstoff sei ein fundamentaler Bestandteil aller Säuren. Er ging weiter als Priestley, indem er zeigte, dass das Gas, das von Quecksilberoxid freigesetzt wird, in gleichem Maße von Quecksilber aufgenommen wird, wenn dieses an der Luft erhitzt wird. Und er sah keine Notwendigkeit für „dephlogistisierte Luft"; diese „reine Luft" war eine eigenständige Substanz. Lavoisiers Sauerstofftheorie der Verbrennung, die in Frankreich begeistert aufgenommen, in England aber zunächst abgelehnt wurde, gab der Chemie das einigende Prinzip, das sie brauchte.

Siehe auch *Boyles „Sceptical Chymist"* S. 70, *Wasserstoff und Wasser* S. 98, *Neue Elemente* S. 122, *Die Atomtheorie* S. 124, *Das Periodensystem der Elemente* S. 196, *Der Zitronensäurezyklus* S. 320.

Marie Anne Pierrette Paulze heiratete Lavoisier mit 14 Jahren, wurde seine persönliche Assistentin, übersetzte wichtige Artikel von ▸ Priestley und Cavendish ins Französische und zeichnete chemische Apparaturen für Lavoisiers Lehrbuch.

Die Entdeckung des Uranus

William Herschel 1738–1822

In der Antike kannte man sieben Körper, die sich am Himmel bewegten: Mond, Sonne, Merkur, Venus, Mars, Jupiter und Saturn. Am 13. März 1781 kam der Uranus zu dieser Liste hinzu, womit sich die Ausdehnung des bisher bekannten Planetensystems verdoppelte.

William Friedrich Wilhelm Herschel, der Sohn eines Musikers in der Hannoverischen Garde, war nach Bath in England übersiedelt, wo er in der Octagon Chapel eine Anstellung als Organist fand. In seiner Freizeit begann er, aus Spiegelmetall, einer Legierung aus Kupfer und Zinn, astronomische Spiegel für große Reflektoren (Spiegelteleskope) herzustellen. Am Dienstagabend jenes 13. März schaute er im Garten des Hauses Nr. 19 in der New King Street mit einem hölzernen Altazimutteleskop, das er selbst angefertigt hatte, zum Himmel empor. Der Spiegel hatte einen Durchmesser von 15,7 Zentimetern, und die Brennweite betrug 2,13 Meter. Herschel durchforschte eine Region im Sternbild Zwillinge (Gemini) und zählte die Sterne unterschiedlicher Helligkeit, denn er hatte das ehrgeizige Ziel, eine Karte unserer Galaxie zu erstellen. Zudem registrierte er jedes ungewöhnliche Objekt, das in sein Blickfeld geriet. In der Region des Sterns Alpha Geminorum stieß er auf einen „Stern", der sowohl heller als auch größer war als üblich, und er vermutete zunächst, es handele sich um einen Kometen. Als er die Vergrößerung seines Teleskops erhöhte, sah er, wie das Bild größer und größer wurde.

Herschel schrieb an viele Astronomen und berichtete ihnen von seiner Entdeckung. Als sie ihre Teleskope gen Himmel richteten, stellten sie fest, dass sich das Objekt anders als ein Komet sehr langsam und stetig bewegte. Außerdem fehlten ihm sowohl Kopf als auch Schweif. Anders Lexel fand heraus, dass die Umlaufbahn des Objekts fast kreisförmig war und seine Umlaufzeit etwa 683 Jahre betrug. Das Objekt war eindeutig ein Planet.

Im Jahre 1782 schlug Herschel vor, den neuen Planeten Georgium Sidus („Georgs Stern") zu nennen. König Georg III. war über Herschels Entdeckung so erfreut, dass er ihn mit einem Jahresgehalt von 200 englischen Pfund als Hofastronomen einstellte. Ab 1850 wurde der Planet auf Anregung des deutschen Astronomen Johann Bode als „Uranus" bezeichnet, nach dem mythologischen Vater des Saturn.

Siehe auch *Der Venusdurchgang* S. 62, *Planetenabstände* S. 74, *Die Entdeckung eines Asteroiden* S. 120, *Die Entdeckung des Neptuns* S. 162.

„Georgium Sidus" wird vom Duke of Wellington verdeckt, dem britischen Premierminister, der 1829 das Gesetz zur Emanzipation ▶ der Katholiken (*Catholic Emancipation Act*) durchsetzte. König Georg IV. hatte erfolglos versucht, eine römisch-katholische Frau zu ehelichen.

96

Wasserstoff und Wasser

Henry Cavendish 1731–1810

Die Vorstellung, Wasser sei ein Element, ist so tief verwurzelt, dass man sich das Unbehagen vieler Wissenschaftler vorstellen kann, als sie feststellen mussten, dass dies ein Irrtum war. Doch nachdem die beiden elementaren Bestandteile, Wasserstoff und Sauerstoff, isoliert worden waren, war dieser Schluss unausweichlich. Bereits im 17. Jahrhundert kannte der britische Chemiker Robert Boyle Wasserstoff als „entflammbare Luft". Das galt sicherlich auch für andere vor ihm; Carl Wilhelm Scheele stellte 1770 Wasserstoff her und vermutete, es könne sich bei dieser Substanz um reines „Phlogiston" handeln, und Henry Cavendish war bereits vier Jahre zuvor zum selben irrigen Schluss gekommen.

Das Verhalten dieser „entflammbaren Luft" hielt jedoch einige Überraschungen parat. Im Jahre 1774 entzündete John Warltire, ein Freund Joseph Priestleys, ein Gemisch aus Wasserstoffgas und gewöhnlicher Luft in einem verschlossenen Kupferkolben und fand anschließend „Tau" an den Wänden. In Frankreich verbrannte Pierre Joseph Macquer, ein Kollege von Priestleys Rivalen Antoine Laurent Lavoisier, entflammbare Luft und beobachtete, dass ein über die Flamme gehaltener Porzellanteller anschließend »von den Tropfen einer Flüssigkeit wie Wasser benetzt war«. In England wiederholten James Watt und Priestley später diese Experimente.

Daher ist es seltsam, dass die Synthese von Wasser aus seinen Elementen traditionellerweise Henry Cavendish zugeschrieben wird, der 1708 einen Vorgang reproduzierte, der zuvor bereits viermal durchgeführt worden war. Überdies hatte Cavendish, der ein eingefleischter „Phlogistonist" war und keineswegs ein Anhänger von Lavoisiers Sauerstofftheorie, kaum eine Chance, seinen Befund richtig zu interpretieren. Doch niemand zuvor hatte den Vorgang so gründlich untersucht wie Cavendish. Er experimentierte weiter und konnte zeigen, dass sich Priestleys „dephlogistisierte Luft" (Sauerstoff) mit dem doppelten Volumen von „entflammbarer Luft" (Wasserstoff) verbindet, woraus sich die Zusammensetzung der bei diesem Prozess gebildeten Substanz (H_2O) ableiten ließ.

Cavendish verbrachte drei Jahre damit, seine Experimente zu vervollkommnen, bevor er seine Entdeckung 1784 vor der Royal Society verkündete; in der Zwischenzeit konnte Lavoisier die Experimente wiederholen und eigene Prioritätsansprüche anmelden. Lavoisier zeigte auch, dass sich Wasser wieder in Wasserstoff und Sauerstoff zerlegen ließ, wenn man es durch einen glühend heißen Gewehrlauf schickte. Der Sauerstoff reagierte sofort mit dem Eisen, um Rost zu bilden. Daher nannte Lavoisier die „entflammbare Luft" *hydrogène*, also Wasserbildner.

Siehe auch *Boyles „Sceptical Chymist"* S. 70, *Die Verbrennung* S. 94, *Neue Elemente* S. 122, *Das Periodensystem der Elemente* S. 196, *Außerirdische Intelligenz* S. 398, *Wasser auf dem Mond* S. 522.

Mithilfe elektrischer Funken zündete Cavendish in verschlossenen Glaskolben eine Mischung aus gewöhnlicher Luft und ▶ „entflammbarer Luft". Wenn beide Bestandteile dann „im richtigen Verhältnis" vorlagen und explodierten, kondensierten sie zu einem Niederschlag, der aus „reinem Wasser" bestand.

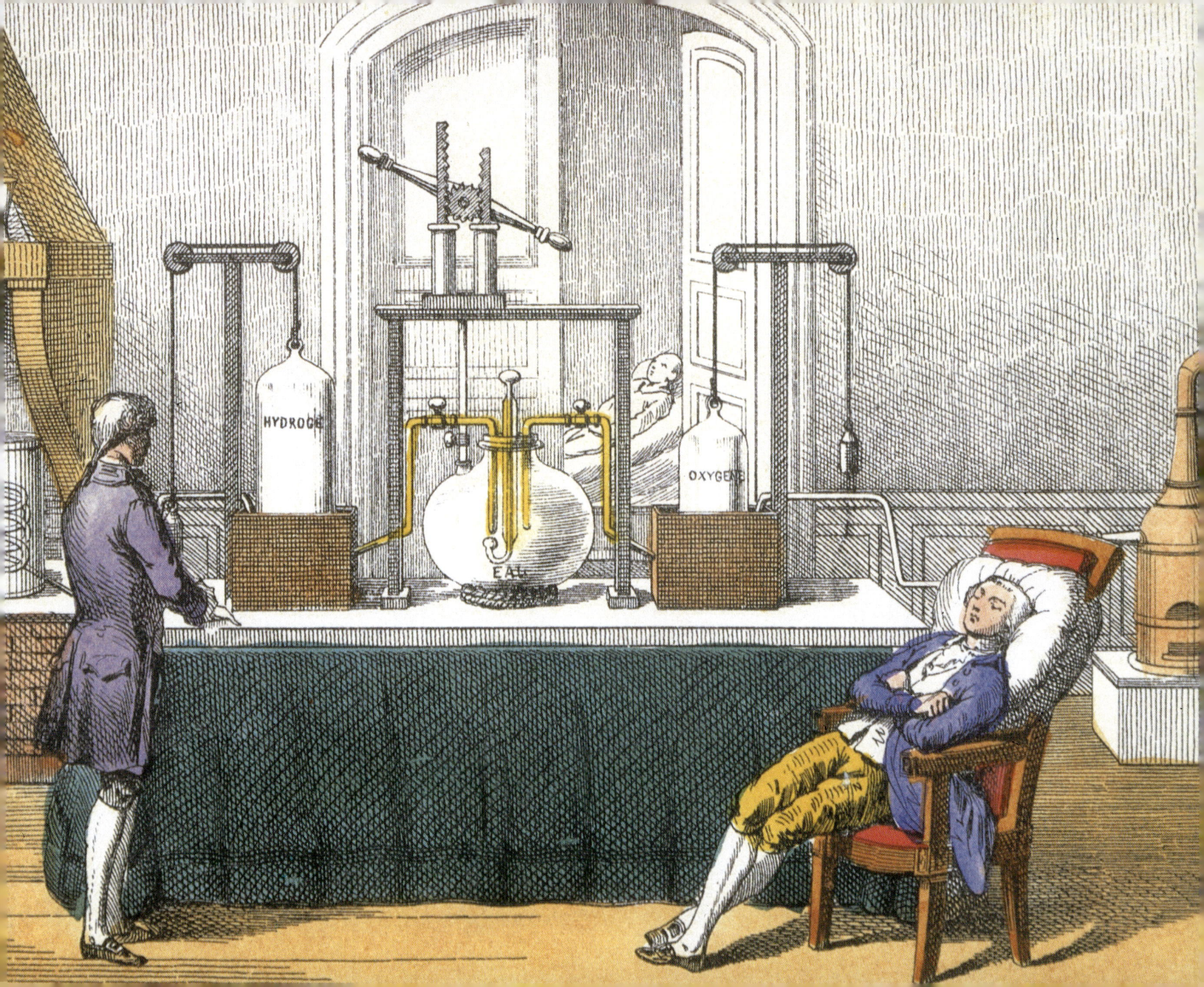

Erdzyklen

James Hutton 1726–1797

James Hutton gilt als Begründer der modernen Geologie und war vielleicht der erste Erdforscher, der als Geologe im eigentlichen Sinne bezeichnet werden kann. Als Kind der Aufklärung im Schottland des 18. Jahrhunderts studierte er in Paris und im niederländischen Leiden, kam mit der Herstellung von Ammoniumsalz (Ammoniumchlorid) zu Geld und interessierte sich für Dampfmaschinen, Schiffskanäle sowie für Verbesserungen in der Landwirtschaft; doch anders als viele seiner Zeitgenossen bekleidete er nie eine Stellung an einer Universität.

Im Jahre 1785 veröffentlichte Hutton seine *Theorie der Erde* (1795 erweitert um „Drucke und Illustrationen"), eine theoretische und archaische Newtonsche Philosophie immerwährender irdischer Zyklen – und deswegen in der damaligen Zeit kritisiert. Doch seine Theorie, oder vielmehr deren 1802 erfolgte Nachbearbeitung durch den befreundeten Mathematiker John Playfair wurde überaus einflussreich, besonders durch das Werk seines schottischen Landsmannes Charles Lyell und später durch Charles Darwin.

Nach Huttons Überzeugung waren natürliche Prozesse der Erde zwar destruktiv, aber dennoch notwendig für die Bildung fruchtbaren Bodens und damit für die Sicherung pflanzlichen, tierischen und menschlichen Lebens. Doch wenn diese Prozesse nur in einer Richtung arbeiteten, würde alles feste Land letztlich im Meer enden und das Leben würde aufhören. Zweifellos würde also eine weise Gottheit einen Ausgleichsmechanismus schaffen, um das Land zu erneuern und das Leben zu bewahren. Somit sollte die Erforschung der Natur jene Prozesse offenbaren, die immer wieder neues Festland hervorbringen.

Fossilien führende Schichten bilden sich am Meeresboden, doch der Schutt, aus dem sie bestehen, kommt vom Festland; folglich müssen gewisse kontinuierlich ablaufende Prozesse das lockere Material in festes Gestein umwandeln. Für Hutton waren dies Hitze und Druck, und so lag die Vermutung nahe, dass die Erde ein zentrales Feuer besaß, aus dem sich Erdbeben, Vulkane und Mineraladern gleichermaßen erklärten. Der alles umfassende Prozess ist ein stabiler „uniformitaristischer" Kreislauf, in dem neue Kontinente fortwährend aus dem Schutt vormaliger Landmassen gebildet werden. Die Erde gestaltet sich also immerzu um, mit »keiner Spur eines Anfangs und keiner Aussicht auf ein Ende«.

Ein schematischer Schnitt, der die bemerkenswerte Uneinheitlichkeit der Gesteinsschichten, wie sie Hutton sah, zeigt. ▶

Impfung

Edward Jenner 1749–1823

Aber warum bloß spekulieren? Warum nicht ein Experiment versuchen?« schrieb der schottische Chirurg John Hunter 1775 an seinen Schüler Edward Jenner. Und so inokulierte Jenner am 14. Mai 1796 dem achtjährigen James Phipps Eiter aus einer Kuhpockenpustel der Melkerin Sarah Nelmes. Nach Jenners Erfahrung blieben Melkerinnen, die sich mit der mild verlaufenden Rinderkrankheit Kuhpocken infiziert hatten, von den schrecklich entstellenden und oft tödlichen Pocken verschont. Konnte man, so fragte er sich, diese Immunität durch direkte Arm-zu-Arm-Inokulation von einer Kuhpockenpustel erzeugen?

Phipps entwickelte leichtes Fieber und einige Pusteln, die vollkommen abheilten. Sechs Wochen später inokulierte ihm Jenner Pockenmaterial. Phipps erkrankte nicht. Im Jahre 1798 verkündete Jenner die erfolgreiche „Vakzination" (nach dem lateinischen *vacca* für „Kuh") von 23 Patienten gegen Pocken. Seine Methode verbreitete sich schnell in ganz Europa, da sie viel sicherer war als die Inokulation mit Pockenmaterial, eine traditionelle asiatische Praxis, die von Lady Mary Wortley Montagu, der Gattin des britischen Konsuls in Konstantinopel, um 1720 nach England gebracht worden war.

Derweil diskutierten die Ärzte, ob Pocken und Kuhpocken zwei unterschiedliche Krankheiten waren oder dieselbe Krankheit mit unterschiedlicher Virulenz. Heute wissen wir, dass es sich um zwei Erkrankungen handelt, aber der Gedanke, dass die milde Form einer ernsten Krankheit Immunität verleihen kann, sollte Louis Pasteur ein halbes Jahrhundert zur Entwicklung seiner Keimtheorie der Krankheiten inspirieren. Er fand heraus, dass sich die Erreger der Geflügelcholera in Kultur abschwächen ließen, und dass Vögel, denen er diese „attenuierten" Bakterien injiziert hatte, von der Cholera verschont blieben. Daraufhin stellte er attenuierte Milzbrandbakterien und Tollwutviren her und demonstrierte in einer dramatischen Reihe von Tierversuchen in den Achtzigerjahren des 19. Jahrhunderts ihren erfolgreichen Einsatz als Impfstoffe. Die Abschwächung infektiöser Krankheitserreger ist auch heute noch ein Ziel der Impfstoffentwicklung.

Nach einer 14 Jahre dauernden Impfkampagne verkündete die Weltgesundheitsorganisation (WHO) 1980, die Pocken seien ein für alle Mal ausgerottet.

Siehe auch *Zelluläre Immunität* S. 204, *Antitoxine* S. 214, *Zauberkugeln* S. 262, *Biologische Selbsterkennung* S. 430, *Monoklonale Antikörper* S. 448, *Prionen* S. 466.

Gemälde aus dem 19. Jahrhundert, das einen Arzt bei der Pockenimpfung zeigt. ▶

Der Ursprung des Sonnensystems

Pierre-Simon Laplace 1749–1827

Die Bedeutung der Rotation für die Bildung von Planeten wurde von dem französischen Mathematiker und Astronomen Pierre-Simon (Marquis de) Laplace in seinem populären Buch *Exposition du Système du Monde* erhellt, das 1796 erschien. Mit seiner Theorie konnte Laplace wohlbekannte Regelmäßigkeiten erklären, beispielsweise, warum die Planeten auf etwa kreisförmigen Bahnen, in selber Richtung und in annähernd derselben Ebene um die Sonne liefen.

Laplaces Theorie zufolge war die Sonne aus einem riesigen, rotierenden Gasnebel entstanden. Als sich das Gas zusammenzog, beschleunigte sich die Rotation der Wolke, und der äußere Rand blieb aufgrund der Zentrifugalkräfte zurück. Turbulenzen führten zu einer Reihe von äquatorialen Ringen. In jedem Ring kondensierte die Materie dann langsam zu einem Planeten. Da die äußere Ringkante schneller rotierte als die innere, drehte sich der Planet in derselben Richtung um seine Achse wie der ursprüngliche Nebel. Schließlich kondensierte der Kern des Nebels zur heutigen Sonne.

Einer der Hauptnachteile dieser Nebularhypothese besteht darin, dass sich die Ursonne viel schneller als heute hätte drehen müssen — bis an die Grenze der Instabilität. Heute rotiert die Sonne alle 25 Tage einmal um sich selbst und ist von einem instabilen Zustand somit weit entfernt. Dank der Annahme, dass der Sonnenwind die Rotation der älter werdenden Sonne bremst, hat Laplaces Nebularhypothese den Test der Zeit bestanden und ist inzwischen sogar auf die Bildung von Monden um Riesenplaneten angewandt worden.

In demselben Buch von 1796 berechnete Laplace, wie groß die Sonne sein müsste, damit alles Licht, das von ihrer Oberfläche ausgesandt wird, von der Schwerkraft wieder „eingesogen" würde. Diese Berechnung eines „Schwarzen Loches" wurde in der 1808 erschienen Ausgabe fallen gelassen. Die Entdeckung, dass sich nichts schneller als Licht bewegen kann, lag noch ein Jahrhundert in der Zukunft.

Siehe auch *Die Ringe des Saturns* S. 68, *Die Entdeckung eines Asteroiden* S. 120, *Die Allgemeine Relativitätstheorie* S. 278, *Ein Kometenreservoir* S. 360, *Die Apollo-Mission* S. 424, *Die Verdampfung Schwarzer Löcher* S. 440, *Die Galileo-Mission* S. 514, *Wasser auf dem Mond* S. 522.

In René Descartes Konzept vom Universum war jeder Stern von einem Materiewirbel oder „Vortex" umgeben, in dem seine ▶ Planeten kreisen. Diese Illustration aus seinen Buch *Principia Philosophiae* (1644, *Die Prinzipien der Philosophie*) zeigt einen Kometen, der von einem Wirbel zum nächsten wandert.

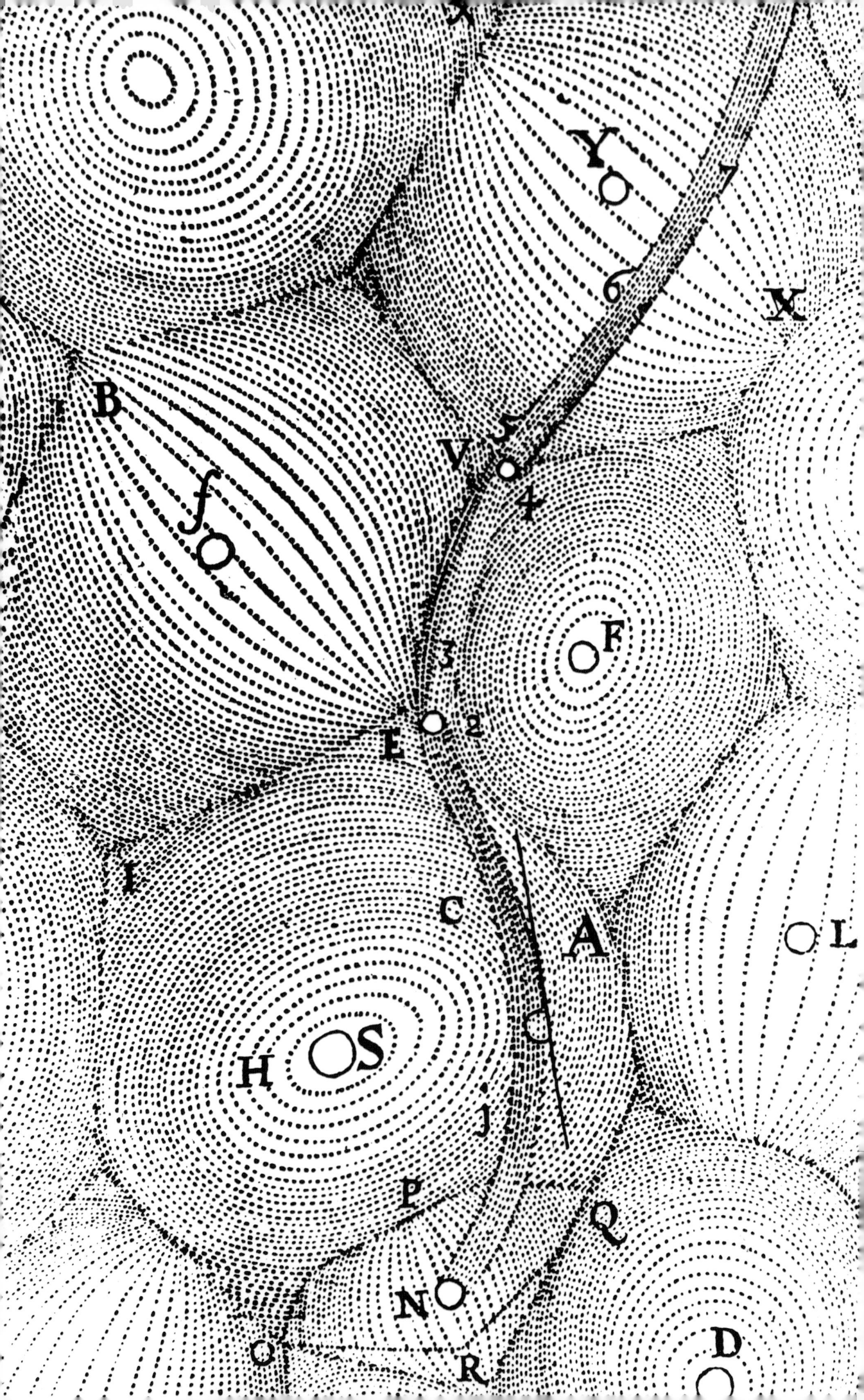

Vergleichende Anatomie

Georges Cuvier 1769-1832

Jean Léopold Nicholas Frédéric (später auch noch Dagobert) Baron Cuvier, besser bekannt als Georges Cuvier, überlebte die Französische Revolution und wurde im Jahre 1832 Minister des Innern. Er war einer der großen Naturforscher seiner Zeit und, wie so viele seiner Zeitgenossen, nicht an ein bestimmtes wissenschaftliches Fachgebiet gebunden. Er leistete wichtige Beiträge auf den Gebieten Geologie, Paläontologie und Zoologie. Zusammen mit Alexandre Brongniart entdeckte er etwa gleichzeitig mit dem englischen Landvermesser William Smith — aber unabhängig von diesem — das Prinzip der stratigraphischen Geologie. Am bekanntesten ist er jedoch als einer der Begründer der vergleichenden Anatomie.

Die Wissenschaft der vergleichenden Anatomie, unabhängig voneinander begründet von Cuvier und dem schottischen Chirurgen John Hunter (1728-1793), gestattete das Zusammenfügen fragmentarischer, unvollständiger und sogar durcheinander gebrachter fossiler Knochen ausgestorbener Arten zu anatomisch sinnvollen Formen. Grundlage für solche Rekonstruktionen war die Erkenntnis, dass die Skelette aller Wirbeltiere denselben Bauplan haben.

Cuvier schuf innovative und überraschende Rekonstruktionen einstiger Säugetiere und untermauerte die Auffassung, dass Arten tatsächlich aussterben können. Anhand eines fossilen Skelettfundes wies Cuvier 1796 nach, dass die ausgestorbene Spezies *Megatherium* aus Südamerika ein am Boden lebendes Riesenfaultier war. Er rekonstruierte einige der frühesten bekannten primitiven Säugetiere aus dem Tertiär, die aus den Schichten des Pariser Beckens stammten, darunter ein ausgestorbenes Beuteltier (1804) und das tapirähnliche *Palaeotherium* (1804). Obwohl er um die Gemeinsamkeiten der Wirbeltiere wusste, brachte ihn das keineswegs dazu, die Evolutionstheorie zu akzeptieren.

Cuvier war vielmehr ein erbitterter Gegner der Evolutionslehre und lehnte die Ideen, die seine französischen Zeitgenossen wie Jean-Baptiste Lamarck entwickelten, grundsätzlich ab. Cuvier vertrat die Katastrophentheorie. So schrieb er in seinem *Discours préliminaire* („Einleitender Diskurs") von 1812: »Das Leben auf der Erde wurde immer wieder durch schreckliche Ereignisse gestört: Katastrophen, die anfangs vielleicht die gesamte Erdkruste bis in große Tiefen erschütterten.«

Siehe auch *Fossilien* S. 46, *Geologische Schichten* S. 72, *Erdzyklen* S. 100, *Katastrophistische Geologie* S. 108, *Erworbene Merkmale* S. 128, *Fossilabfolgen* S. 132, *Lyells „Principles of Geology"* S. 146, *Die Erfindung des Dinosauriers* S. 154, *Archaeopteryx* S. 180, *Das Aussterben der Dinosaurier* S. 458.

Cuviers Rekonstruktion des Skeletts von *Megatherium*. Dieses Riesenfaultier war zwar so groß wie ein heutiger Elefant, konnte ▶ sich aber mithilfe seines dicken Schwanzes auf den Hinterbeinen aufrichten.

1.ᵃ

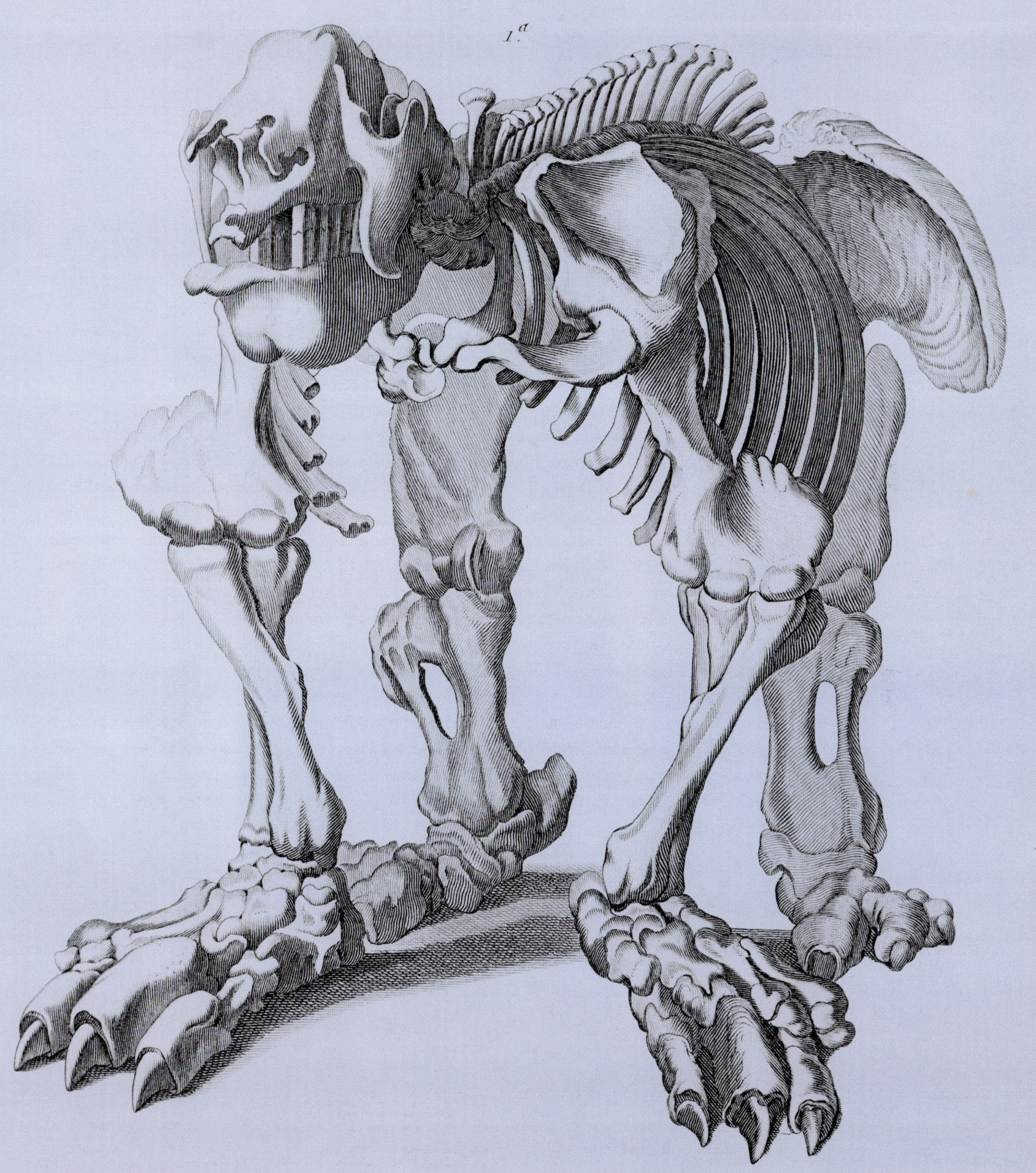

Katastrophistische Geologie

James Hall 1761–1832

Sir James Hall war ein Held in einem der weniger bekannten Konflikte des späten 18. Jahrhunderts: der Schlacht zwischen Neptunisten und Plutonisten. Diese gegnerischen Gruppen mit ihren Science-Fiction-Namen waren ernsthafte Gelehrte, Pioniere in der noch jungen Wissenschaft der Geologie. Die Neptunisten behaupteten, die Landoberfläche der Erde habe zuerst unter dem Meer gelegen, wäre dann exponiert worden und schließlich zu ihrer heutigen Gestalt verwittert. Nach Ansicht der Plutonisten war sie dagegen durch einen dynamischen Prozess geschaffen worden, der Erdbeben und die Gesteinsbildung durch Hitze und Druck einschloss.

Jahrelang argumentierte Hall gegen die Behauptungen, die sein Freund und Landsmann, der schottische Erzplutonist James Hutton, vertrat. Halls Einwände wurden jedoch schwächer, als er gehört hatte, dass eine Probe flüssiges Flaschenglas, die zufällig verschüttet worden und langsam abgekühlt war, »jeglichen Charakter von Glas verloren und gänzlich die Beschaffenheit eines Gesteins angenommen hatte«. Im Jahre 1797 entschloss sich Hall, Huttons Ideen zu überprüfen. Es gelang ihm, den Prozess der Kristallisation oder Entglasung unter kontrollierten Bedingungen zu wiederholen. Er entnahm aus einem Steinbruch in der Nähe von Edinburgh ein Stück Hornblende, ein dunkles, seidig glänzendes Eruptivgestein, und setzte es in einem eisernen Schmelzofen intensiver Hitze aus. »Ich nahm den Schmelztiegel heraus und ließ ihn rasch abkühlen«, schrieb er. »Das Ergebnis war ein schwarzes Glas mit einigermaßen sauberen Bruchstellen«. Dann erhitzte er Hornblende über dem offenen Feuer und ließ es langsam abkühlen. Dieses Mal war das Resultat »eine Substanz, in jeglicher Hinsicht verschieden von Glas … rau, steinartig und kristallin«.

Nachdem Hall verschiedene Gesteinsarten im Labor erzeugt hatte, wurde er als Begründer der experimentellen Geologie bekannt. In späteren Jahren wuchs sein Interesse am Vulkanismus »und den wahrhaft plutonischen Vorgängen, durch welche unsere Kontinente emporgehoben worden sind«. In mancher Hinsicht nahm er die Theorie der Kontinentaldrift vorweg, die der Deutsche Alfred Wegener im Jahre 1915 propagierte.

Siehe auch *Erdzyklen* S. 100, *Vergleichende Anatomie* S. 106, *Lyells „Principles of Geology"* S. 146, *Das Innere der Erde* S. 250, *Alte Gesteine* S. 252, *Die Kontinentaldrift* S. 270, *Plattentektonik* S. 414, *Der Ausbruch der Mount St. Helens* S. 462, *Die Galileo-Mission* S. 514.

Nach Ansicht der „Plutonisten" war bei der Formung von Gesteinen Hitze der Hauptmechanismus — eine Kraft, wie sie etwa bei den Ausbrüchen des Vesuv beobachtet wurde. Sir William Hamilton, einer der bedeutendsten Vulkanologen des 18. Jahrhunderts, bestieg jenen Vulkan mehr als 60-mal. Für ihn war er ein »ausgesprochen übellauniges Wesen«.

Bevölkerungswachstum

Thomas Robert Malthus 1766–1834

Am Ende der englischen Aufklärung stand nicht wie in Frankreich eine Revolution, sondern die wachsende Sorge über die zunehmende Zahl armer Menschen. Der Optimismus der politischen Philosophen William Godwin und Marquis de Condorcet, die beide an die Vervollkommnungsfähigkeit der Menschen glaubten, wurde von der Arbeit eines in Ruhestand tretenden Geistlichen in die Schranken gewiesen: Thomas Malthus. In seinem *Essay on the Principle of Population* (*Versuch über das Bevölkerungsgesetz*) von 1798 prophezeite er, dass Kampf und Auseinandersetzung letztlich das Schicksal aller Pflanzen- und Tierarten sei, auch des Menschen. Das Buch richtete sich vor allem an Sozialwissenschaftler und Politiker und war eine der ersten Arbeiten, die sich an eine systematische Untersuchung der menschlichen Gesellschaft wagten.

Malthus ging von zwei zentralen Postulaten aus – dass Nahrung für das menschliche Leben unerlässlich und dass sexuelles Begehren eine konstante Größe ist – und zog daraus einige beunruhigende Schlüsse. Weil die Bevölkerung schneller zunimmt als das Nahrungsangebot (erstere wächst geometrisch, letzteres dagegen arithmetisch), muss es zwangsläufig zu großen Hungersnöten kommen, wenn die Zahl der Menschen nicht in Grenzen gehalten wird. Mit Blick auf diese unerbittliche Gesetzmäßigkeit verwundert es nicht, dass die vier »natürlichen Hemmnisse«, die Malthus am Werke sah, wenig erfreulich waren: Säuglingssterblichkeit, Epidemien, Hungersnöte und Prostitution.

Malthus' zunächst anonym veröffentlichtes Buch fand sowohl glühende Anhänger als auch lautstarke Kritiker. Spätere, unter seinem Namen publizierte Auflagen ergänzte er um weitere Belege für seine früheren Behauptungen – auf Reisen in verschiedene Länder hatte er zusätzliche Daten gesammelt. Er entwickelte seine Argumentation aber weiter und erklärte, dass »moralische Hemmnisse« (spätere Eheschließung und sexuelle Enthaltsamkeit) ein möglicherweise geeigneteres Mittel seien, um das Bevölkerungswachstum zu bremsen. Im Jahre 1805 erhielt er am neu gegründeten East India College in Haileybury Englands erste Professur für politische Ökonomie. Die Politiker bedienten sich seiner Ideen, als sie 1834 das Poor Law Amendment Act (Novellierung des Armengesetzes) formulierten, mit dem die öffentliche Unterstützung von Arbeitslosen, Armen und Kranken außerhalb von Armen- und Arbeitshäusern (*outdoor relief*) aufgehoben wurde. Malthus' Essay beeinflusste auch Charles Darwin und Alfred Russel Wallace. In seinem Wettstreit um das Leben erkannten sie einen Mechanismus der Evolution: die natürliche Auslese (Selektion).

Siehe auch *Darwins „Entstehung der Arten"* S. 176, *Die Vielfalt der Kulturpflanzen* S. 292, *Die grüne Revolution* S. 428.

Karikatur von Thomas Hood über die barbarische Praxis, Eheleute getrennt voneinander in unterschiedlichen Teilen des ▶ Arbeitshauses unterzubringen (1832).

Die „Schwere" der Erde

Henry Cavendish 1731–1810

Der Reichste aller Gelehrten und sehr wahrscheinlich der Gelehrteste aller Reichen«, so beschrieb ein französischer Zeitgenosse einst den scheuen englischen Wissenschaftler Henry Cavendish, der erste Mensch, der die Erde „wog". Cavendish erbte im Alter von 40 Jahren ein Vermögen von seinem Vater, dennoch lebte er bescheiden und gab sein Geld nur für Bücher und wissenschaftliche Apparate aus. Er trug in seinem Leben Wesentliches zur Chemie und zum Verständnis der Elektrizität bei. Und im Jahre 1798, im Alter von 70 Jahren, führte er ein Experiment von solcher Präzision durch, dass spätere Wissenschaftler darin den Beginn eines neuen Zeitalters hinsichtlich der Messung kleiner Kräfte sahen.

Das Experiment maß die Gravitationskräfte zwischen eisernen Kugeln. Da Cavendish die Masse der Kugeln und deren Abstand voneinander kannte, konnte er einen Wert für die Gravitationskonstante G gemäß Newtons berühmter Gleichung $F = Gm_1m_2/r^2$ errechnen, wobei m_1 und m_2 die Massen der Kugeln und F und r die Kraft beziehungsweise die Entfernung zwischen den Kugeln sind. Cavendish benutzte eine Drehwaage, welche die Drehkraft auf einen Draht oder Faden misst, an dem eine horizontale Stange mit etwa tomatengroßen Eisenkugeln an beiden Enden befestigt ist. Wurde nun ein Paar größere Eisenkugeln von der Dimension einer Melone nahe an die Waage herangebracht, rotierte diese ein klein wenig infolge der gravitativen Anziehung zwischen den Kugeln.

Ausgehend von diesen Resultaten errechnete Cavendish, dass die Dichte der Erde 5,45-mal höher ist als die von Wasser — ein Ergebnis, das nur 1,3 Prozent unter dem heute anerkannten Wert liegt. Viele Wissenschaftler wiesen darauf hin, dass Cavendish in seinem Ergebnisbericht an die Royal Society ein simpler mathematischer Fehler unterlaufen war. Dort gab er den Wert der Dichte der Erde kurioserweise mit 5,48 an, während seine Berechnungen eindeutig zeigen, dass es 5,45 sein müssten. Selbst den klügsten Köpfen unterlaufen Fehler.

Siehe auch *Der Umfang der Erde* S. 24, *Fallende Körper* S. 60, *Newtons „Principia"* S. 78, *Das Innere der Erde* S. 250, *Alte Gesteine* S. 252.

Herkules, die Welt auf den Schultern tragend. Aus dem Fresco *Camerino* von Annibale Carracci, 1596. ▶

Humboldts Reise

Friedrich Wilhelm Heinrich Alexander von Humboldt 1769–1859

Im Jahre 1799 machte sich der deutsche Naturforscher Alexander von Humboldt in Begleitung des französischen Botanikers Aimé Bonpland zu einer Reise nach Amerika auf, von der beide — trotz verschiedentlicher Zeitungsberichte über ihren Tod — fünf Jahre später zurückkehrten. Sie betraten einen weithin unerforschten Kontinent und reisten den Orinoko in Venezuela flussaufwärts. In jener Zeit herrschte in Europa die Meinung vor, dass zwei große Flusseinzugsgebiete nicht miteinander verbunden sein könnten. Nachdem Humboldt und Bonpland die Wasserscheide zum Amazonasbecken überschritten hatten, kehrten sie entlang des noch strittigen Casiquiare-Laufes zum Orinoko zurück und erbrachten so den Beweis für die mysteriöse Verbindung zwischen Orinoko und Amazonas.

Humboldt setzte seine wissenschaftlichen Streifzüge durch Südamerika, Mexiko und schließlich die Vereinigten Staaten fort. Unterwegs sammelte er große Mengen pflanzlicher und geologischer Proben, er untersuchte die Vulkane Kolumbiens und Ecuadors, beobachtete Meteoritenschwärme, maß die Abweichung der Magnetstärke zwischen den Polen und dem Äquator, und erstieg sogar den Vulkan Chimborazo in Ecuador, der damals als höchster Berg der Erde galt. Diese große Leistung wurde ohne Bergausrüstung vollbracht — Humboldt wurde ohnmächtig, seine Lippen und sein Zahnfleisch bluteten — und setzte einen Höhenweitrekord, der bis zu Joseph Louis Gay-Lussacs Aufstieg in einem Heißluftballon im Jahre 1804 bestehen blieb.

Die beispiellos umfassende Reise Humboldts etablierte Südamerika als ein Gebiet wissenschaftlicher Forschungen und hatte großen Einfluss auf Charles Darwin, der eingestand: »Mein ganzer Lebenslauf beruht darauf, dass ich in meiner Jugend seine Reisetagebücher wieder und wieder gelesen habe«. Alexander von Humboldt schuf als Erster eine Verbindung zwischen bestimmten ökologischen Bedingungen und den daran angepassten Pflanzen und Tieren. Die moderne Ökologie rund 200 Jahre vorwegnehmend, hob er hervor, dass die Natur aus einer globalen Perspektive betrachtet werden müsse — deshalb seine Erfindung von Isothermen und Isobaren zur Kennzeichnung gleicher Temperaturen und Luftdruckniveaus auf der Weltkarte. Sein Einfluss auf die Wissenschaften war so weitreichend, dass viele seiner individuellen Beiträge heute als selbstverständlich gelten.

Siehe auch *Der natürliche Magnetismus* S. 50, *Der Luftdruck* S. 64, *Passatwinde* S. 86, *Gebirgsbildung* S. 206, *Wettervorhersage* S. 284, *Umpolungen des Erdmagnetfelds* S. 304, *Der Ausbruch des Mount St. Helens* S. 462.

Humboldts Forschungen warfen völlig neue wissenschaftliche Fragen auf. Als Forschungsreisender ebenso gefeiert wie als ▶ Wissenschaftler, übertraf ihn zu seinen Lebzeiten nur Napoleon an Ruhm.

Die elektrische Batterie

Alessandro Volta 1745–1827

Bis in die Neunzigerjahre des 18. Jahrhunderts war die einzige Form von Elektrizität, mit der man experimentieren konnte, die statische elektrische Ladung – also jene Elektrizität, die entsteht, wenn man Glas oder Bernstein mit einem Tuch reibt. Obwohl man die Ladung in einer Vorrichtung, einer so genannten Leidener Flasche, speichern konnte, erlegte die hohe Entladungsgeschwindigkeit den Experimenten starke Einschränkungen auf. Dennoch waren eindrucksvolle Demonstrationen möglich. Im Jahre 1746 entlud der Physiker und Abt Jean-Antoine Nollet vor den Augen von König Ludwig XV. eine Leidener Flasche, indem er einen Strom durch eine Kette von 180 Gardesoldaten schickte.

Eine praktische, dauerhafte Stromquelle wurde mit der Erfindung der Batterie durch den italienischen Physiker Alessandro Volta verfügbar. An dieser Entdeckung hatte Voltas Landsmann, der Anatom Luigi Galvani, großen Anteil. Bereits 1791 hatte Galvani festgestellt, dass man das Bein eines frisch toten Frosches zum Zucken bringen konnte, wenn man es mit einem Metallgegenstand berührte, und war zu dem Schluss gekommen, das Metall leite eine Flüssigkeit – „tierische Elektrizität" – vom Nerven zum Muskel. Volta erinnerte sich nun daran, wie er einmal eine Münze auf seine Zunge und eine Münze aus einem anderen Metall darunter gelegt hatte; als er beide Münzen dann mit einem Draht verband, schmeckten die Münzen plötzlich salzig. So machte er sich daran, Galvanis Experimente zu wiederholen, und kam rasch zu der Überzeugung, dass ein Strom floss, wenn zwei verschiedene, physikalisch verbundene Metalle mit einem feuchten Körper in Kontakt kommen – mit anderen Worten, dass die Präsenz der Metalle und nicht das Muskelgewebe des Frosches die Quelle der Elektrizität war.

Um 1799 konstruierte er Stapel alternierend angeordneter Scheiben aus Silber und aus Zink, die von in Salzlösung getränkten Pappschichten getrennt wurden. Diese „Voltasche Säule" stellte die erste kontrollierte Quelle für einen kontinuierlich fließenden elektrischen Strom dar. Sie öffnete die Tür für zahlreiche praktische Anwendungen, wie Telegrafie und Galvanisation, und bereitete den Weg für wichtige Fortschritte in der Theorie des elektrischen Stromes und der Elektrochemie.

Siehe auch *Neue Elemente* S. 122, *Elektromagnetismus* S. 134, *Die Maxwellschen Gleichungen* S. 186, *Energie aus dem Atomkern* S. 330, *Nervenimpulse* S. 366.

Die erste elektrische Batterie. Volta erkannte zwar, dass die kontinuierliche Produktion von elektrischem Strom eine Energiequelle erforderte; es gelang ihm jedoch nicht, diese Quelle als chemische Veränderungen in der Säule zu identifizieren. ▶

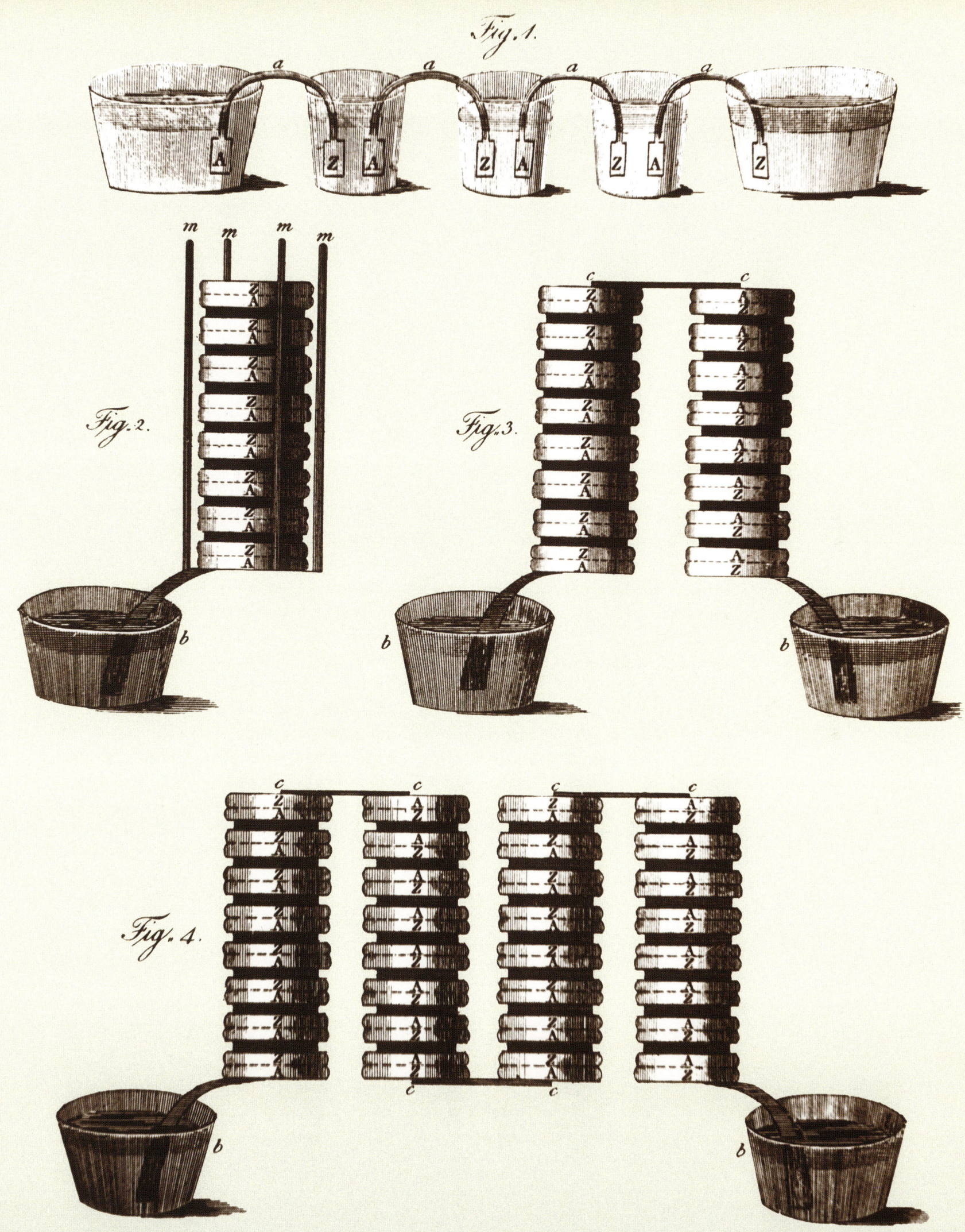

Fig. 1.

Fig. 2.

Fig. 3.

Fig. 4.

Die Wellennatur des Lichtes

Thomas Young 1773–1829

Die Natur des Lichtes war ein Thema, das Naturphilosophen schon seit Jahrhunderten beschäftigte. Im Jahre 1675 stellte Isaac Newton in einem Vortrag vor der Royal Society die These auf, Licht bestehe aus einem Strom winziger Teilchen. Sein Rivale, Christiaan Huygens, widersprach dieser „Korpuskulartheorie" und plädierte seinerseits für die Annahme, Licht beruhe auf Wellen, die durch ein alles erfüllendes Medium, den so genannten Äther, wanderten. Er formulierte seine Wellentheorie des Lichtes 1678, aber aufgrund seiner Zögerlichkeit wurde die Abhandlung *Traité de la Lumière* erst 1690 veröffentlicht. Inzwischen war — hauptsächlich aufgrund von Newtons überragendem Ruf — die Korpuskulartheorie zur vorherrschenden Theorie geworden.

Um 1800 begann der vielseitige Engländer Thomas Young — berühmt durch seine Entzifferung des Rosetta-Steins - mit einer Reihe von Experimenten, die Huygens' Wellentheorie wiederbelebten. Young schickte Licht durch zwei dünne Schlitze in einem Stück Pappkarton auf einen Schirm. Dort zeichnete sich daraufhin ein Muster aus hellen und dunklen Streifen ab, die er auf „Interferenz" zurückführte: Helle Bereiche entstehen, wo sich die Kämme der Wellen, die sich von den beiden Schlitzen ausgehend ausbreiten, verstärken, dunkle Bereiche dort, wo die Kämme der einen Welle von den Tälern der anderen kompensiert werden. Da sich dieses Muster mit Newtons Korpuskulartheorie kaum erklären ließ, war es ein Beweis, dass sich Licht wie eine Welle verhält.

Die Wellentheorie des Lichtes fand zu Beginn des 19. Jahrhunderts zunehmende Unterstützung, und floss schließlich in James Clerk Maxwells Theorie der elektromagnetischen Strahlung ein. Doch sie war nur die halbe Wahrheit, wie die revolutionäre Quantentheorie, die Anfang des 20. Jahrhunderts entwickelt wurde, zeigte: Albert Einstein erklärte 1905 den photoelektrischen Effekt damit, dass sich Licht wie ein Strom von Teilchen oder Photonen verhält. Zudem verhalten sich Elektronen, die früher als Teilchen angesehen wurden, manchmal wie Wellen. Offenbar brauchen wir beide Modelle. Wie Sir William Bragg in den 1920ern frotzelte: »Montags, mittwochs und freitags verhält sich Licht wie eine Welle, dienstags, donnerstags und samstags wie ein Teilchenstrom, und sonntags wie gar nichts.«

Siehe auch *Die Maxwellschen Gleichungen* S. 186, *Das Quant* S. 234, *Der Welle-Teilchen-Dualismus* S. 300.

Welleninterferenzmuster von Berenice Abbott, um 1958. Rund 150 Jahre nachdem Young die Lichtinterferenz demonstriert hatte, ▶ illustrierte Abbott das Phänomen anhand der Überlagerung zweier Systeme von Kreiswellen.

Die Entdeckung eines Asteroiden

Guiseppe Piazzi 1746–1826, Carl Friedrich Gauß 1777–1855

Kopernikus und Kepler nahmen beide an, es gebe ein „Loch" im Sonnensystem. Zwischen den Umlaufbahnen von Mars und Jupiter fehlte etwas. Dieser Verdacht verdichtete sich durch die Titus-Bode-Regel (1764), die eine eigenartige arithmetische Beziehung der Planetenentfernungen zur Sonne beschrieb und überraschend auch auf den Uranus passte, der erst 1781 entdeckt wurde. Daraufhin teilten 24 europäische Astronomen den Tierkreis auf und begannen mit der Suche.

Auch der italienische Astronom Guiseppe Piazzi gehörte zu diesen „Himmelspolizisten", doch er verbrachte den größten Teil seiner Zeit damit, seinen neuen Katalog von 6748 hellen Sternen zusammenzustellen. Er hatte insofern Glück, als sein Observatorium in Palermo auf Sizilien lag und damit der südlichste Beobachtungsposten war. Piazzi hatte für seine Beobachtungen ideale Bedingungen: einen klaren Himmel, ein exzellentes Klima und ein wunderbares Fernrohr vom Theodolittyp, das 1789 von Jesse Ramsden in London gebaut worden war.

Am Abend des 1. Januar 1801 entdeckte Piazzi einen „neuen" schwachen Stern im Sternbild Stier (Taurus). Als er seine Beobachtungen am nächsten Abend überprüfen wollte, hatte sich der Stern bewegt. Diese Bewegung setzte sich in der dritten und vierten Nacht fort. Nachdem Piazzi die Position des Sterns in 24 Nächten zwischen dem 1. Januar und dem 11. Februar bestimmt hatte, schrieb er an verschiedene Astronomen, um seine Entdeckung zu melden. Zunächst hielt er das Objekt für einen Kometen, doch gegen Ende Februar zeigten seine Berechnungen, dass die Umlaufbahn fast kreisrund war, was »keinen Zweifel daran lässt, dass dieser neue Stern ein Planet ist«.

Zu Ehren der Schutzpatronin von Sizilien nannte Piazzi seinen neuen Planeten „Ceres", doch es beunruhigte ihn, dass er so außerordentlich schwach leuchtend und klein war. Bald wurde deutlich, dass es sich um eine neue Art von Himmelskörper handelte — um das Bruchstück eines ausgewachsenen Planeten, einen so genannten Asteroiden.

Der deutsche Mathematiker Carl Gauß entwickelte eine neue Methode, um aus den mageren, von Piazzi in 41 Tagen gesammelten Daten die Umlaufbahn von Ceres zu berechnen. Innerhalb der Beobachtungsspanne hatte sich Ceres nur um drei Grad weiterbewegt, um dann vom Glanz der Sonne verschluckt zu werden. Gauß' Vorhersage ermöglichte Franz von Zach, den Asteroiden Ceres Ende 1801 wiederzuentdecken.

Jahrzehntelang erschienen Asteroiden in Listen von Planeten und in schematischen Darstellungen des Sonnensystems, wie in dieser Zeichnung von 1889 aus *Illustrated Astronomy* von Asa Smith.

Siehe auch *Die Entdeckung des Uranus* S. 96, *Die Entdeckung des Neptuns* S. 162, *Der Ursprung des Sonnensystems* S. 104.

Ceres, der größte der Asteroiden, hat einen Durchmesser von rund 940 Kilometern. Trotz des Eindrucks, den diese Computersimulation vermittelt, ist es alles andere als leicht, Einzelheiten der Oberfläche zu beobachten. ▶

Neue Elemente

Humphry Davy 1778-1829

Die Schwerkraft ist universell, doch chemische Affinität ist selektiv: Einige Substanzen reagieren miteinander, andere nicht. Um 1800 hatte die Chemie sich ein neues Vokabular zugelegt und dank Antoine Lavoisier eine neue Theorie des Verbrennungsprozesses bekommen, doch auf ihren Newton, der die Affinität mittels einfacher Kräfte zu erklären vermochte, wartete sie noch. Dann entdeckte Alessandro Volta, dass zwischen zwei unterschiedlichen Metallen, die durch feuchte Pappe getrennt werden, ein elektrischer Strom fließt. Humphrey Davy, ein junger Mann aus Cornwall, der im englischen Bristol arbeitete, war überzeugt, dass dieser Effekt nicht aus dem bloßen Kontakt resultieren konnte — eine chemische Reaktion musste die Elektrizität erzeugen.

Der 1801 zum Dozenten der Royal Institution in London ernannte Davy zog mit seinen Vorlesungen eine derart große zahlende Zuhörerschaft an, dass er dort ein Forschungslabor unterhalten konnte. Zunächst beschäftigte er sich mit Gerberei und Landwirtschaft, doch bereits 1806 hatte er sich der „reinen" Grundlagenforschung zugewandt. Als er die Drähte, die zu einer großen Version der Voltaschen Batterie verknüpft waren, in Wasser tauchte, stellte er fest, dass rund um sie herum Sauerstoff und etwa die doppelte Menge Wasserstoff aufperlte. Davy war fest davon überzeugt, dass dieses Verhältnis exakt so war, wie es für die Bildung von Wasser benötigt wurde, und dass keine Nebenprodukte auftraten. Mithilfe von Apparaten aus Silber, Gold und Achat bestätigte er diese Vermutung und schloss daraus, dass Elektrizität und chemische Affinität Manifestationen ein und derselben Kraft waren.

Im Herbst des folgenden Jahres versuchte er, elektrischen Strom dazu zu verwenden, andere Verbindungen zu zerlegen, insbesondere Pottasche (Kaliumcarbonat) und Ätznatron. Mit geschmolzener Pottasche und fliegenden Funken erhielt er Kügelchen einer leichten und hochreaktiven Substanz ähnlich dem lang gesuchten „Alkahest" der Alchemisten. Daraufhin tanzte Davy in ekstatischer Freude durch das Labor. Experimente mit dem weichen Material, das auf Wasser schwamm und in Flammen ausbrach, überzeugten ihn dann, dass es sich um ein Metall handeln müsse, welches er *potassium* (deutsch: Kalium) nannte. Aus Ätznatron gewann er auf analogem Wege das *sodium* (Natrium); später isolierte er Calcium und andere Metalle. Systematischer arbeitende Chemiker wie Jöns Jakob Berzelius und Davys Assistent Michael Faraday brachten eine neue Ordnung in die Chemie, indem sie Davys Newtonschen Ansatz, dass chemische Affinität ein elektrisches Phänomen ist, konsequent weiterentwickelten.

Siehe auch *Die Verbrennung* S. 94, *Wasserstoff und Wasser* S. 98, *Die elektrische Batterie* S. 116, *Die Atomtheorie* S. 124, *Elektromagnetismus* S. 134, *Das Periodensystem der Elemente* S. 196.

Davys Vorlesungen an der Royal Institution wurden äußerst populär; seine Beredsamkeit und die Neuartigkeit seiner Experimente ▶
zogen große Besucherströme an. Infolge dessen verdiente er genug, um seine elektrochemischen Forschungen zu finanzieren.

122

Die Atomtheorie

John Dalton 1766–1844

Die Vorstellung, Materie bestehe aus einer Ansammlung von kleinen, unteilbaren Partikeln, so genannten „Atomen", geht auf den griechischen Gelehrten Demokrit im 5. Jahrhundert v. Chr. zurück, doch vor dem 19. Jahrhundert wurde sie nicht allgemein akzeptiert. Selbst 1900 gab es noch bedeutende Wissenschaftler, die die Existenz dieser unsichtbaren Einheiten abschätzig infrage stellten: »Haben's schon eins gesehen?« wiederholte der deutsche Physiker Ernst Mach bei jeder sich bietenden Gelegenheit.

John Dalton musste kein Atom sehen, um dessen Existenz abzuleiten, und stellte statt dessen einige ganz einfache Fragen. Warum enthält Wasser stets dasselbe Verhältnis von Wasserstoff und Sauerstoff? Warum sind bei der Bildung von Kohlendioxid die Anteile von Sauerstoff und Kohlenstoff immer gleich? Die Antwort auf diese Fragen gab er 1808, als er den ersten Band seines Werkes *A New System of Chemical Philosophy* veröffentlichte. Atome (die Elemente Kohlenstoff, Wasserstoff, Sauerstoff und so weiter) bestehen demnach aus winzigen (unsichtbaren) runden Körpern einer bestimmten Masse; jedes chemische Element weist seinen eigenen Atomtyp auf, und Atome verbinden sich in bestimmten Verhältnissen, um Moleküle zu bilden (die Dalton als verbundene Atome bezeichnete). Das war die konzeptuelle Revolution, die das Modell etablierte, das Chemiker seitdem verwenden.

Daltons Welt konzentrierte sich auf die Industriestadt Manchester, wo er in einer Einrichtung, aus der später die Universität von Manchester hervorgehen sollte, Mathematik und Naturphilosophie lehrte. Er war zweifellos ein Mann der Provinz, und meinte nach einem seiner seltenen Besuche in London: »Es ist ein erstaunlicher Ort und durchaus wert, dass man ihn einmal besucht, doch für jemandem mit kontemplativem Gemüt der unangenehmste Ort auf Erden, um ständig dort zu wohnen.« Seine Ideen über die atomare Zusammensetzung der Materie waren jedoch wahrlich grenzübergreifend und bereiteten die Bühne für die großen Entdeckungen des 20. Jahrhunderts.

Siehe auch *Boyles „Sceptical Chymist"* S. 70, *Die Verbrennung* S. 94, *Wasserstoff und Wasser* S. 98, *Der Benzolring* S. 190, *Das Periodensystem der Elemente* S. 196, *Zustandsänderungen* S. 198, *Das Elektron* S. 228, *Das Quant* S. 234, *Das Atommodell* S. 272, *Der Welle-Teilchen-Dualismus* S. 300, *Das Buckminsterfulleren* S. 486, *Ein neuer Materiezustand* S. 510.

Daltons Liste der Atomgewichte. Auf der Liste stehen Verbindungen wie auch reine Elemente. Die chemischen Symbole, die er ▶ entwickelte, fanden zu keiner Zeit weite Verbreitung.

ELEMENTS.

Symbol	Element	W.t	Symbol	Element	W.t
☉	Hydrogen.	1		Strontian	46
	Azote	5		Barytes	68
	Carbon	54	I	Iron	50
	Oxygen	7	Z	Zinc	56
	Phosphorus	9	C	Copper	56
⊕	Sulphur	13	L	Lead	90
	Magnesia	20	S	Silver	190
	Lime	24	G	Gold	190
	Soda	28	P	Platina	190
	Potash	42		Mercury	167

Im Reich der Elemente

Peter Atkins

Willkommen im Königreich der Elemente. Dieses Land existiert nur in unserer Phantasie, und doch ist es der Wirklichkeit näher, als man glauben mag. Gebildet wird unser Reich von den chemischen Elementen – den Bausteinen der uns umgebenden, greifbaren, realen Welt. Es ist kein sehr großes Land: Es umfasst nur etwa hundert verschiedene Regionen, wie wir die Elemente hier bezeichnen werden. Und dennoch gibt es nichts Materielles in der uns bekannten Wirklichkeit, das seine Existenz nicht diesem Königreich verdankte. Die hundert Elemente, um die sich die folgende Erzählung rankt, formen im Zusammenspiel alle Planeten, alle Gesteine, alle Pflanzen und alle Tiere. Aus diesen Elementen besteht die Luft, das Meer, die ganze Erde. Wir laufen auf den Elementen, wir essen die Elemente, wird *sind* die Elemente. Und weil sich auch unsere Gehirne aus den Elementen aufbauen, basieren gewissermaßen unsere Gedanken auf den Eigenschaften der Elemente – und können somit als Bewohner des Königreiches gelten.

In unserem Königreich herrscht nicht etwa ein heilloses Durcheinander, sondern es ist straff organisiert. So unterscheiden sich die Eigenarten der einzelnen Regionen in der Regel nur geringfügig von denen ihrer Nachbarregionen. Wir finden nur wenige scharfe Wechsel – viel häufiger zeichnet sich die Landschaft durch sanften Wandel aus: Weitläufige Savannen gehen in geschwungene Täler über, die sich ab und zu in scheinbar grundlose Schluchten absenken; Hügelketten erheben sich aus den Ebenen, um sich schließlich zu imposanten Gebirgszügen aufzutürmen. Diese Bilder und Analogien sollten uns gegenwärtig sein, wenn wir uns auf die Reise durch das Königreich begeben. Und als Grundregel sollten wir in Erinnerung behalten, dass sich nicht nur die gesamte materielle Welt aus ungefähr hundert Elementen aufbaut, sondern dass diese Elemente auch in einer ganz bestimmten Art und Weise die Landschaft ihres Reiches formen. …

Unsere Welt erscheint uns als heilloses Durcheinander, ungeheuer komplex und doch von unbeschreiblichem Zauber erfüllt. Selbst die unbelebte, anorganische Welt der Felsen und Steine, Flüsse und Meere, von Luft und Wind gleicht einem grenzenlosen Wunder. Nimmt man noch das Leben hinzu, vervielfacht sich das Wunderbare bis fast jenseits der Grenzen unserer Vorstellungskraft. All dieser Zauber entspringt ungefähr hundert Komponenten, die aneinandergereiht, durchmischt, verdichtet und untereinander verbunden sind – so wie bestimmte Buchstaben unsere gesamte Literatur hervorbringen. Die uns umgebende Welt auf ihre Komponenten, die chemischen Elemente, zu reduzieren, zählt zu den großen Leistungen der frühen Chemiker – insbesondere, da sie nur über unausgereifte Methoden verfügten. Dieses Manko machten sie durch ihre geistige Größe wett, und ihre geistigen Leistungen sind denen der modernen Forscher durchaus ebenbürtig. Die Reduktion auf die Elemente zerstört keinesfalls den Zauber unserer Welt, sondern lässt uns die Wunder verstehen, und dieses Verständnis wiederum verstärkt unser Staunen.

Eine noch größere Entdeckung folgte. Obwohl diese Elemente Materie sind und nur wenige vermuteten, dass es unter ihnen Gemeinsamkeiten gäbe, sahen einige Chemiker durch die Oberfläche der Erscheinungen und entdeckten ein Reich voller Beziehungen, regiert von Familienbanden, bestimmt durch Bündnisse und Neigungen. Durch ihre Experimente und Forschungen erhob sich ein Kontinent aus dem Meer – die Elemente formten eine Landschaft. Man erkannte, dass diese Landschaft – je nachdem, in welchem Licht man sie betrachtete – wohlstrukturiert war und nicht nur eine zufällige Ansammlung von Schluchten und Gipfeln darstellte. Insbesondere wurde man auf die Periodizität bestimmter Eigenschaften aufmerksam. Dies war die erstaunlichste aller Entdeckungen, denn aus welchem Grund sollte die Materie irgendeine Art von Periodizität aufweisen?

Wie so oft in der Wissenschaft ermöglichen einfache Konzepte, die dicht unter der Oberfläche der Wirklichkeit verborgen liegen, ein tieferes Verständnis der Zusammenhänge. Sobald die Existenz von Atomen bekannt und ihre Strukturen durch die Quantenmechanik – dieser großartigen Errungenschaft des Geistes – erhellt waren, erkannte man den Aufbau des Königreiches. Einfache Prinzipien – insbesondere das rätselhafte Pauli-Verbot – führten zu der Erkenntnis, dass sich in der Periodizität des Königreiches die Periodizität der Elektronenstrukturen der Atome widerspiegelt.

Die Struktur, der Aufbau und mögliche Erweiterungen des Königreiches lassen sich heute vollständig erklären. Es existieren noch tiefere Zusammenhänge, als wir sie hier erörtert haben, aber auch diese sind uns bekannt. Doch trotz unseres Wissens bleibt das Königreich ein geheimnisvoller Ort. Die Eigenschaften der Regionen können wir verstehen, und in bestimmten Grenzen können wir die chemischen und physikalischen Eigenschaften eines Elements und seiner Verbindungen vorhersagen. Das Königreich – das Periodensystem der Elemente – ist die wichtigste und umfassendste Grundlage der Chemie: Überall in der Welt hängt es an den Wänden. Das Periodensystem zu verstehen und zu nutzen ist auch heute noch der beste Weg, ein Meister seines Faches zu werden und neue Forschungsansätze zu ersinnen. Doch es ist ein Land widerstreitender Kräfte, wie wir feststellen mussten. Die Eigenschaften einer bestimmten Region sind das Ergebnis eines Wettstreits, von Einflüssen, die in entgegengesetzte Richtungen wirken, manchmal sogar von mehreren verschiedenen Einflüssen. In der Regel sind diese Kräfte fein austariert, und es ist – sogar für erfahrene Chemiker – schwierig, mit absoluter Sicherheit auszuschließen, dass ein Element nicht doch noch eine besondere Laune birgt, die sich der Vorhersage entzieht und vielleicht sogar die Forschung in neue und aufregende Bahnen zu leiten vermag.

Ebenso wie in den Buchstaben des Alphabets endlose Möglichkeiten für Überraschungen und Entzückungen verborgen liegen, verhält es sich mit den Elementen des Königreiches. Im Gegensatz zu einem Alphabet, das keine innere Struktur aufweist, ist das Königreich ausreichend geordnet, um eine intellektuell befriedigende Ansammlung von Wesenheiten zu sein. Und weil diese Wesenheiten fein ausgewogene, lebendige Persönlichkeiten darstellen, mit launischen Charakterzügen und nicht immer offensichtlichen Neigungen, wird das Königreich immerzu ein Land unendlicher Bezauberung bleiben.

Erworbene Merkmale

Jean-Baptiste Pierre Antoine de Monet Lamarck 1744–1829

Wie die Namen von Darwin, Malthus und Newton hat auch der des Franzosen Lamarck Eingang in den Sprachgebrauch gefunden. Doch im Gegensatz zu den von ersteren abgeleiteten Begriffen bezieht sich „Lamarckismus" lediglich auf einen kleinen Ausschnitt seines Denkens: nämlich auf die Vererbung erworbener Merkmale. Lamarck war von dieser Lehre überzeugt, aber sie stellte nur einen Aspekt seiner Naturphilosophie dar, und er teilte sie mit praktisch all seinen Zeitgenossen. Seit Hippokrates bis zum Ende des 19. Jahrhunderts glaubten Naturforscher, dass von den Eltern erworbene Merkmale die grundlegende Natur ihrer Nachkommen verändern können.

Im Gegensatz zu den meisten seiner Kollegen nutzte Lamarck die Vorstellung einer solchen „weichen Vererbung" für eine Theorie des evolutionären Wandels. Er war 65 Jahre alt, als er im Jahre 1809 alle Elemente seiner langen und systematischen Erforschung der Welt mit dem Werk *Philosophie Zoologique* (*Zoologische Philosophie*) in eine endgültige Form brachte. Seine früheren Schriften über Chemie, Meteorologie, Geologie und wirbellose Tiere hatten bereits die Richtung gewiesen. Lamarcks ausgereifte Darstellung seiner lebenslangen Forschungen lieferte ein großartiges Bild von der Entwicklung der Welt. Tiere besaßen, so Lamarck, eine von ihm als *besoin* („Notwendigkeit", „Bedürfnis") bezeichnete Eigenschaft. Sein berühmtestes Beispiel dafür war der lange Hals der Giraffe, der aus der „Notwendigkeit" für diese Art entstanden war, Laub von den Baumwipfeln zu fressen. Über Generationen hatte sich der typische Körperbau der Giraffe entwickelt, die damit eine ökologische Nische füllen konnte.

Lamarcks Vorstellungen vom organischen Wandel im Verlauf der Zeit stellten Geologen und Biologen vor eine Herausforderung (er selbst prägte den Begriff „Biologie"), bis Darwin eine andere Version anbot. Lamarcks Theorien waren so gewichtig, dass viele Naturforscher, die in organischen Arten eher das Produkt einer besonderen Schöpfung als das der Zeit sehen wollten, seine Ideen zu widerlegen suchten. Obwohl die natürliche Selektion einen zwingenderen Mechanismus bot, griff auch Darwin auf Vorstellungen von „weicher Vererbung" zurück und war insofern selbst „Lamarckist".

Siehe auch *Darwins „Entstehung der Arten"* S. 176, *Mendels Gesetze der Vererbung* S. 192, *Die Vielfalt der Nutzpflanzen* S. 292, *Neutrale molekulare Evolution* S. 422, *Gerichtete Mutation* S. 494.

Im Jahre 1546 sah der französische Naturforscher und Reisende Pierre Belon gefangene Giraffen in Ägypten — »ein Tier von großer Schönheit und vom denkbar bezauberndsten Wesen«. ▶

Spektrallinien

Joseph von Fraunhofer 1787–1826

Isaac Newton hatte mit einem Prisma Licht in seine Spektralfarben zerlegt. Doch es war der bayrische Glasmacher und Linsenschleifer Joseph von Fraunhofer, der jene schmalen dunklen Spektrallinien, die Chemie und Astronomie revolutionieren sollten, quantitativ auswertete.

Fraunhofer war berühmt für seine fehlerlos geschliffenen, achromatischen Teleskoplinsen; 1814 benutzte er sie zur Entwicklung eines Spektroskops, mit dem sich in einem Lichtstrahl, der durch ein Prisma geschickt wurde, die Wellenlängen der verschiedenen Farben messen ließen. Statt sich das Licht mit bloßem Auge anzuschauen, wie es Newton getan hatte, sah Fraunhofer durch ein kleines Teleskop, das auf einer waagerechten, kreisförmigen Skala befestigt war. Der englische Chemiker William Hyde Wollaston hatte 1802 im Sonnenlichtspektrum sieben dunkle Linien gesehen; Fraunhofer zählte 574 und kartierte die Wellenlängen von 324 Linien. Er bezeichnete die dunkelsten und stärksten Linien mit den Buchstaben A bis K – ein System, das heute noch in Gebrauch ist.

Fraunhofer besaß noch keine Vorstellung, wie die Linien entstanden. Um 1859 zeigten dann zwei weitere deutsche Forscher, der Chemiker Robert Bunsen und der Physiker Gustav Kirchhoff, dass jedes chemische Element seine eigene, charakteristische Kombination von Wellenlängen absorbiert beziehungsweise emittiert, was zu einem typischen „Fingerabdruck" von Spektrallinien führt. Da die gasförmigen chemischen Elemente in der Sonnenatmosphäre daher Licht bestimmter Wellenlänge aus dem Sonnenspektrum absorbierten, konnten die beiden Forscher die chemische Zusammensetzung der Sonne analysieren. Die Spektralanalyse erlaubte den Wissenschaftlern auch, die chemische Zusammensetzung von Laborproben zu bestimmen, und führte schließlich zur Entdeckung von Cäsium, Rubidium, Neon und Argon, die bisher auf der Erde noch nicht nachgewiesen worden waren.

Diese spektroskopischen Untersuchungen wurden durch den Londoner William Huggins weiter vorangetrieben, der nach dem Verkauf des familieneigenen Tuchhandels im Jahre 1854 zum Amateurastronomen wurde. Er analysierte Linien im Licht von Sonne und Mond sowie von Planeten, Sternen, Kometen und Nebeln. Diese und andere Studien zeigten große Übereinstimmungen und bewiesen damit, dass das Universum aus denselben Elementen wie die Erde besteht. Es gab jedoch offenbar einige bemerkenswerte Ausnahmen – so wurde auf diese Weise erstmals Helium auf der Sonne entdeckt. Die wahren Mengenverhältnisse der stellaren Elemente fand man jedoch erst in den Zwanzigerjahren des 20. Jahrhunderts heraus.

Ein Spektroskop, das dazu dient, die Flamme eines Bunsenbrenners mit derjenigen einer Kerze zu vergleichen (1873).

Siehe auch *Die Entzauberung des Regenbogens* S. 36, *Der Dopplereffekt* S. 156, *Das Periodensystem der Elemente* S. 196, *Die Sternentwicklung* S. 286, *Das expandierende Universum* S. 306, *Planetenwelten* S. 512.

Spektren von verschiedenen Lichtquellen, darunter Sonne, Sterne und verschiedene Elemente; aus einer Lithographie, die 1872 in Paris veröffentlicht wurde. ▶

POLE NEGATIF — POLE POSITIF — IODE — CARBONE — AZOTE — HYDROGENE — OXYGENE — SIRIUS — SOLEIL

A a B C   D   E b   F   G   H   I J K M   N O   P

Fossilabfolgen

William Smith 1831–1914

William Smith, ein größtenteils autodidaktischer englischer Forscher und Kanalbauingenieur, entdeckte unabhängig von anderen die stratigrafische Methode der geologischen Kartierung und leistete Pionierarbeit hinsichtlich ihrer Anwendung. Wie seine französischen Zeitgenossen Georges Cuvier und Alexandre Brongniart erläuterte er zuerst die Abfolge von Fossilien und geologischen Schichten sowie die Art und Weise, in der man Fossilien für die stratigrafische Zuordnung verwenden konnte. Offenbar kam den Fossilien eine grundlegende Bedeutung für die relative Altersbestimmung geologischer Schichten zu. Dies barg enorme praktische Möglichkeiten für die Industrielle Revolution. Bausteine, Eisenerz und Kohle wurden in großen Mengen benötigt, und Grundeigentümer wollten wissen, ob solche wertvollen natürlichen Ressourcen unter ihren Äckern und Weiden verborgen lagen.

Als Kanalbauingenieur war Smith in die rasche Ausweitung des Kanalnetzes eingebunden. Die genaue Vorhersage des Gesteinsuntergrundes waren für jedes Kanalbauvorhaben wirtschaftlich entscheidend. Smith bestimmte die charakteristischen Fossilien geologischer Schichten, maß die Neigung dieser Schichten, zeichnete vertikale Schnitte, nahm Gesteinsaufschlüsse an der Oberfläche auf und steckte deren geographische Verbreitung ab. Dadurch war er in der Lage, die tatsächliche und erwartete Lage von Gesteinsschichten über große Landschaftsausschnitte hinweg zu entschlüsseln.

Über die Jahre weitete Smith seine geologischen Kartierungen über das ganze Land aus, und veröffentlichte im Jahre 1815 *Die Geologische Karte von England und Wales*, weltweit eine der frühesten detaillierten geologischen Karten eines größeren Gebiets. Für eine weitgehend individuelle Unternehmung war es eine bemerkenswerte Leistung.

Da Smith ein Mann mit relativ bescheidenem Hintergrund war, wurde sein Werk erst mit Verzögerung wahrgenommen. Die überwiegend die Mittelschicht vertretende Londoner Geologische Gesellschaft verlieh Smith im Jahre 1831 als Erstem die Wollaston-Medaille, und 1835 sicherte ihm sein Neffe, ein Professor der Geologie am Dubliner Trinity College, die Ehrendoktorwürde. Als letzten Akt der Anerkennung erhielt er 1832 eine Pension von König William IV.

Siehe auch *Fossilien* S. 46, *Geologische Schichten* S. 72, *Erdzyklen* S. 100, *Lyells „Principles of Geology"* S. 146, *Gebirgsbildung* S. 206, *Das Aussterben der Dinosaurier* S. 458.

Durch seine Geländeaufnahmen beim Bau von Schifffahrtskanälen lernte Smith eine Fülle von Gesteinsabfolgen ▶ unterschiedlichen Alters kennenlernen.

List of Strata, to the preceding		
	London Clay, forming Highgate, Harrow, Shooters, and other detached hills .... }	Septarium, from wh...
	Clay or Brick-earth, with interspersions of Sand and Gravel .. }	No building Stone... of materials w... island.
	Sand, or light Loam, upon a sandy or absorbent Substratum.. }	These strata con... different purpos...
1	Chalk { Upper Part, soft, contains Flints .... Under Part, hard, none.	Flints, the best roac... Good Lime for wate...
2	Green Sand, parallel to edge of Chalk	Firestone, and other...
3	Blue Marl, so kindly for the growth of oak as to be called in some places the oak-tree soil.	
	Purbeck Stone, Kentish Rag, and Limestone of the Vale of Pickering.	
	Iron Sand and Carstone, which, in Surry and Bedfordshire, contains Fuller's-earth, and, in some places, Yellow Ochre and Glass Sand .... }	Some Lime used on...
	Dark Blue Shale produces a strong clay soil, chiefly in pasture, in North Wilts and Vale of Bedford.	
	Cornbrash, a thin Rock of Limestone, chiefly arable	Makes tolerable roac...
5 6 }	Forest Marble Rock, thin beds, used for rough Paving and Slate.	
7	Great Oolyte, Rock, which produces the Bath Freestone ..... }	The finest buildin... architecture wh...
12 13 }	Under Oolyte, of the vicinity of Bath and the midland counties }	
14	Blue Marl, under the best pastures of the midland counties.	
15 16 }	Blue Lias Limestone, makes excellent Lime for water cements.	
	White Lias, now used for printing from MS. written on the stone. }	
18 19 }	Red Marl and Gypsum, soft Sandstone and Salt Rocks, and Springs.	
	{ Magnesian Limestone... ——— soft Sandstone }	Small quantities of C...
20 23 }	Coal districts, and the Rocks and Clays which accompany the Coal .... }	Grind-stones, Mill... clay from the C...
	——— Generally a Sandstone beneath.	
	Derbyshire Limestone.	Lead, Copper, and ...
	Red and Dun-stone, of the southern and northern parts, with interspersions of Limestone, marked blue. .... }	Some good building S...
	Various.	
	Killas, or Slate, and other strata, of the mountains on the western side of the island, with interspersions of Limestone, marked blue .... }	The Limestone polis... Tin, Copper, Lead, ...
	Granite, Sienite, and Gneiss	The finest building...

Part on which Lime is rarely used as a Manure.

Part on which Lime is generally used.

Elektromagnetismus

Hans Christian Ørsted 1777–1851, André Marie Ampère 1775–1836,
Michael Faraday 1791–1867

Am 21. Juli 1820 publizierte der dänische Physiker Hans Christian Ørsted einen sechsseitigen Artikel in lateinischer Sprache, in dem er die Entdeckung des Elektromagnetismus verkündete. Während er eine Gruppe Studenten unterrichtete, war ihm aufgefallen, dass eine Kompassnadel abgelenkt wird, wenn sie in die Nähe eines stromdurchflossenen Drahtes gebracht wird. Das war die erste Vereinigung von Grundkräften der Natur – ein Hauptanliegen der Naturphilosophie des 19. Jahrhunderts.

Der Artikel wurde rasch in verschiedene europäische Sprachen übersetzt und lenkte die Forschung fast augenblicklich in neue Richtungen. In Paris stellte André Marie Ampère die These auf, alle elektromagnetischen Phänomene ließen sich – in Einklang mit Newtons Vorstellungen – mithilfe elektrischer Kräfte erklären, die eine nur kurze Reichweite besaßen und sich gradlinig ausbreiteten. In London demonstrierte der damalige Chemieassistent an der Royal Institution, Michael Faraday, dass eine stromführende Drahtspule um einen Stabmagneten rotieren konnte (und umgekehrt). Damit war im Prinzip der erste Elektromotor realisiert. Überdies behauptete Faraday, die Kreisbewegung lasse sich nicht mit Ampères Theorie erklären.

1822 trug er in sein Tagebuch ein: »Magnetismus in Elektrizität übertragen!« Doch erst am 29. August 1831 führte Faraday, inzwischen Direktor des Laboratoriums, eine solche Umwandlung tatsächlich durch. Er umwickelte die gegenüberliegenden Seiten eines Weicheisenringes mit einigen Drahtwindungen. Als er Strom durch die Drahtspule auf der einen Seite schickte, wurde der Ring magnetisiert und induzierte daraufhin kurzfristig einen Strom in der anderen Drahtspule. Das war der erste elektrische Transformator. Innerhalb von sechs Wochen erfand Faraday auch den Dynamo. Dabei wird ein Dauermagnet in einer Spule hin- und herbewegt, um in der Wicklung einen elektrischen Strom zu erzeugen. Bis heute beruht die gesamte Elektrizitätserzeugung – gleichgültig, von welcher primären Energiequelle sie ausgeht – auf diesem Prinzip.

Siehe auch *Der natürliche Magnetismus* S. 50, *Die elektrische Batterie* S. 116, *Die Maxwellschen Gleichungen* S. 186, *Quantenelektrodynamik* S. 352, *Die Vereinheitlichung der Kräfte* S. 416.

Faraday in seinem Labor in der Royal Institution. Ohne formelle Ausbildung und ohne mathematische Kenntnisse schuf er das ▶
Fundament des Elektromagnetismus.

Die Entzifferung der Hieroglyphen

Jean François Champollion 1790–1832

Soldaten aus Napoleons Armee entdeckten 1799 bei Rosette in Ägypten eine Steinplatte mit eingeritzten Schriftzeichen; diese widerlegte den klassischen Mythos, die Hieroglyphen seien keine Schrift, sondern geheime Symbole, hinter denen sich ägyptische Weisheiten verbargen. Die alten Ägypter verwendeten drei Schriftsysteme: die Bildhieroglyphen, dann eine vereinfachte Version, Hieratisch, und schließlich als dessen Weiterentwicklung Demotisch. Um 600 v. Chr. war nur noch die demotische Schrift allgemein verbreitet; sie starb bis zum 5. Jahrhundert unserer Zeitrechnung ebenfalls aus. Mit diesen Schriften stellte man das alte Ägyptisch dar, welches wiederum der Vorläufer der koptischen Sprache war, die bis in das 17. Jahrhundert hinein überlebte – gerade lang genug, um von europäischen Gelehrten aufgezeichnet zu werden. Für die Entzifferung einer unbekannten Schrift ist die Kenntnis der Sprache, die sie abbildet, ein wichtiges Hilfsmittel – und eben das traf auf das Koptische zu.

Um 1799 war das Interesse an allem, was mit Ägypten zu tun hatte, außerordentlich groß, und man bemühte sich intensiv, die demotische Schrift zu entziffern. Der Stein von Rosette lieferte den Schlüssel hierfür. Der eingeritzte Text war in drei Schriften verfasst – in Griechisch, in Demotisch und in Hieroglyphenschrift. Aus dem Griechischen ließ sich die Bedeutung der demotischen Inschrift ableiten, und den Wissenschaftlern offenbarte sich Demotisch als eine großenteils phonetische Schrift, in der viele Zeichen einzelne Buchstaben repräsentierten. Königsnamen boten den Ausgangspunkt für die Zuweisung der Zeichen und bald war der Text erfolgreich entziffert.

Der englische Gelehrte Thomas Young ging noch ein paar Schritte weiter; er erkannte einige grundlegende Parallelen zwischen den demotischen Zeichen und den Hieroglyphen und folgerte daraus, dass die Hieroglyphen bei Namen phonetisch verwendet wurden. Doch erst dem jungen französischen Sprachgenie Jean François Champollion sollte im Jahre 1822 der entscheidende Durchbruch gelingen. Er setzte die griechischen Zeichen und die Hieroglyphen für den Namen Ptolemaios in die richtige Beziehung zueinander und konnte dadurch auch die Namen bekannter Herrscher in anderen Passagen lesen. Somit wies er die traditionelle Ansicht zurück, die Hieroglyphen seien rein symbolischer Natur, und belegte, dass die meisten Zeichen des Rosette-Textes auch einen phonetischen Gehalt hatten. 1824 hatte Champollion so viele Zeichen schlüssig identifiziert, dass er die Ergebnisse veröffentlichen konnte.

Siehe auch *Die Ursprünge des Zählens* S. 10, *Public-Key-Kryptographie* S. 454.

Der Stein von Rosette mit seinem in drei Schriften verfassten Text, der Schlüssel zur Entzifferung des alten Ägyptisch. ▶

Die Differenzmaschine

Charles Babbage 1791–1871

Zu Beginn des 19. Jahrhunderts wurden Zahlenwerte für trigonometrische Tabellen und Logarithmentafeln noch immer von Hand berechnet und dann vom Setzer gesetzt; sie waren daher in der Regel voller Ungenauigkeiten. Da diese Tabellen für die Navigation und im Finanzwesen gebraucht wurden, hatte dies schwerwiegende praktische Konsequenzen. Im Jahre 1819 stellte der englische Mathematiker Charles Babbage den ersten Entwurf seiner Differenzmaschine Nr. 1 vor, mit der er die Herstellunng solcher Tabellen durch wiederholte Addition, die mit Hilfe einer Reihe von Zahnrädern vorgenommen werden sollte, zu automatisieren hoffte. Er hatte sich vom Jacquard-Webstuhl inspirieren lassen, der den Prozess des Webens mittels Lochkarten automatisiert hatte. 1822 wurde ein Prototyp der Differenzmaschine fertiggestellt, und die britische Regierung sagte ihre finanzielle Unterstützung zum Bau einer ausgereiften, arbeitsfähigen Maschine zu. 1834 lag das Projekt jedoch bereits deutlich hinter dem Zeitplan zurück, während die Kosten davonliefen. Ende der Vierzigerjahre entwarf Babbage die Differenzmaschine Nr. 2, die mit einer Genauigkeit von 31 Stellen rechnete. Doch mittlerweile hatte die Regierung den Geldhahn zugedreht. (Die Rechenmaschine wurde schließlich 1991 vom Science Museum in London gebaut.)

Inzwischen hatte sich Babbage dem echten Vorgänger des modernen Computers zugewandt, seiner Analytischen Maschine. Dieses Allzweckgerät war darauf ausgelegt, nicht nur eine einzelne mathematische Funktion zu handhaben, sondern viele unterschiedliche Berechnungen durchzuführen. Die Eingabedaten und das Steuerwerk waren auf Lochkarten codiert, welche sich kaum von denjenigen unterschieden, die von IBM ein Jahrhundert später verwendet wurden; es gab ein separates Rechenwerk, das die arithmetischen Berechnungen durchführte, und ein Speicherwerk, das die Zahlen während der Kalkulation speicherte. Wie bei den vorangegangenen Maschinen war der ganze Vorgang mittels Dampfkraft voll automatisiert, und die Ergebnisse wurden ausgedruckt. Doch auch diese Maschine wurde niemals gebaut. Ein großer Teil von Babbages Werk ist in den Schriften von Ada Augusta, Gräfin von Lovelace, überliefert, der einzigen Tochter von Lord Byron und seiner Frau Annabella. Als begabte Mathematikerin war sie fasziniert von Babbages Arbeit, doch sie starb tragischerweise bereits mit 36 Jahren. Sie schrieb: »Wir können treffenderweise sagen, dass die Analytische Maschine algebraische Muster webt.« Die Muster wurden niemals realisiert.

Siehe auch *Logarithmen* S. 56, *Der Computer* S. 340.

Babbages Differenzmaschine, wie sie im Londoner Science Museum nachgebaut wurde. Einer der Gründe, warum es Babbage ▶ nicht gelang, seine Rechenmaschinen zu bauen, war, dass die mechanischen Teile, die er benötigte, nicht mit der nötigen Präzision hergestellt werden konnten.

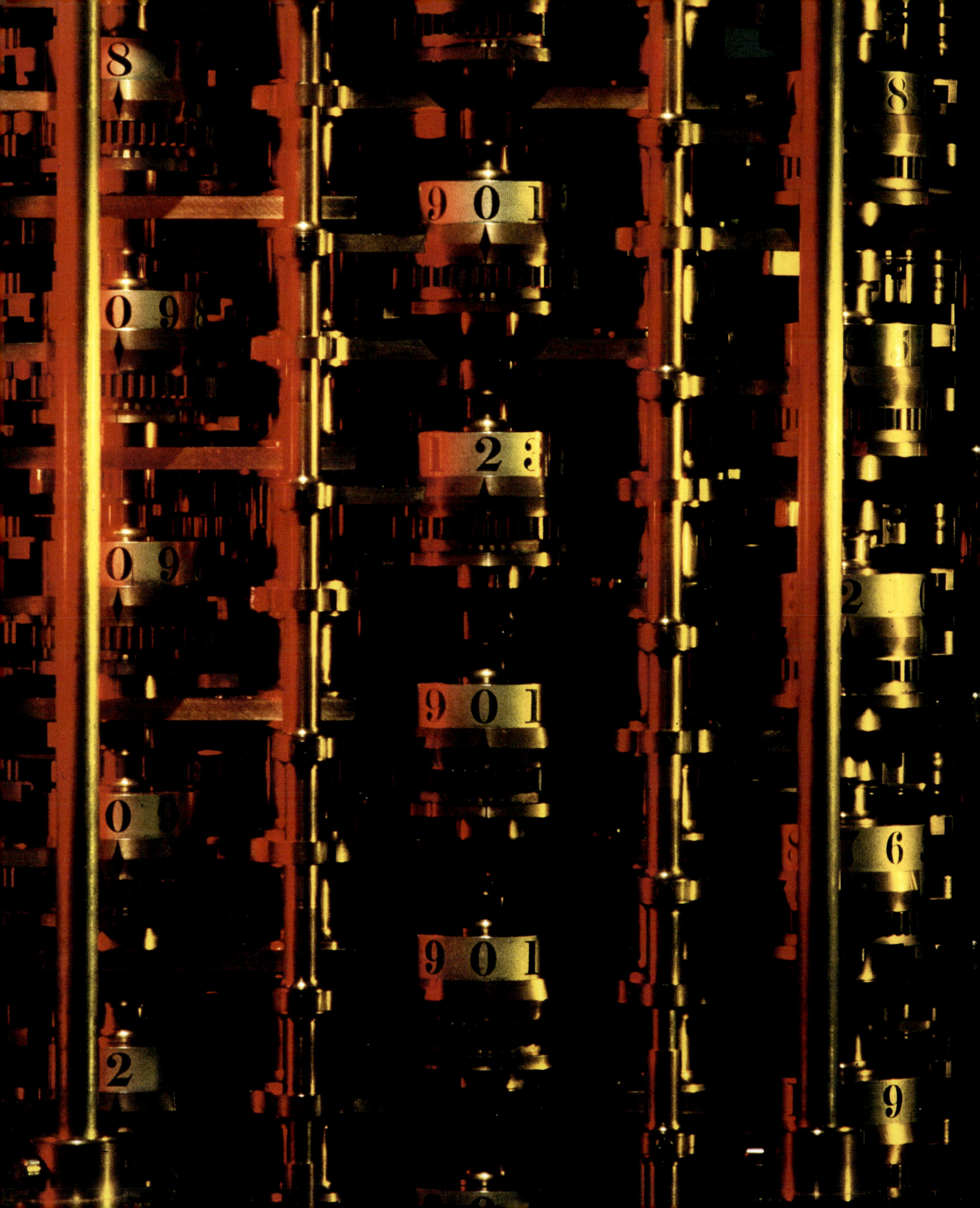

Eizellen und Embryonen

Karl Ernst von Baer 1792–1876

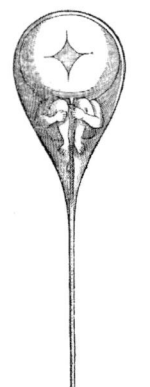

Bei der Fortpflanzung der Säugetiere sind die frühen Entwicklungsstadien nicht sichtbar, weil die Nachkommen relativ weit entwickelt zur Welt kommen — beim Menschen zum Beispiel nach neunmonatiger Schwangerschaft. Aristoteles hatte vermutet, dass der vom Mann stammende Samen im Körper der Frau eigenständig einen Embryo entstehen lässt. William Harvey focht diese Ansicht im 17. Jahrhundert mit seinem Lehrsatz *ex ovo omnia* an, demzufolge jedes Lebewesen aus einem Ei hervorgeht. Später bewiesen die Biologen, dass tatsächlich zahlreiche Lebewesen aus einem einzelligen Ei entstehen. Das ursprüngliche Ei lässt sich jedoch bei Säugetieren viel schwerer beobachten als bei Vögeln, Fischen oder Insekten, die ihre Eier außerhalb des Körpers ablegen. Insofern konnten die Säugetiere immer noch eine Ausnahme darstellen.

Schließlich entdeckte der deutsche Biologe Karl Ernst von Baer im Jahre 1826 das Säugetierei. Er fand die erste Eizelle bei der Hündin, die dem Leiter seiner Fakultät gehörte, und bestätigte seinen Befund später bei anderen Säugetierarten. Damit trug er die alte Vorstellung, das Leben beginne mit einer Art von formbildendem Fluidum, endgültig zu Grabe. Jedes Tier beginnt seine Entwicklung mit einer Eizelle. Diese Entdeckung war der Grundstein für die Zelltheorie, nach der Zellen die Bausteine des Lebens sind und jede Zelle stets aus anderen entsteht. Sie bereitete außerdem den Boden für unser heutiges Verständnis der Fortpflanzung von Säugetieren einschließlich des Menschen.

Darüber hinaus legte von Baer das Fundament der modernen Embryologie. Er beschrieb die Embryonalentwicklung verschiedener Wirbeltierspezies vom Ei bis zur Geburt beziehungsweise bis zum Schlüpfen. Er beschrieb die wichtigsten Zellgruppen (Keimblätter genannt), aus denen später die Organe entstehen. Und er vertrat die Meinung, die Entwicklung sei „epigenetisch", nicht „präformationistisch" — sie schreite also vom Homogenen zum Heterogenen voran und sei kein Wachstumsprozess einer winzigen Erwachsenenform innerhalb des Embryos. Der Präformationismus ließ sich nach von Baer in der Biologie nicht mehr halten.

Nicolaas Hartsoekers Holzschnitt von 1694 zeigt ein Spermatozoon mit einem Homunculus darin.

Siehe auch *Aristoteles' Vermächtnis* S. 16, *Leben unter dem Mikroskop* S. 76, *Zellgemeinschaften* S. 174, *Die Genetik der Embryonalentwicklung* S. 460.

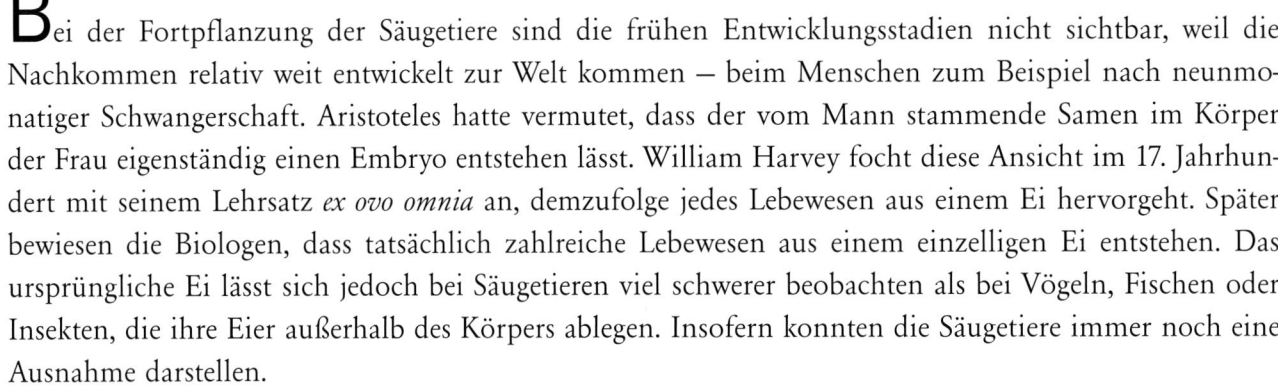

Der deutsche Zoologe Ernst Haeckel glaubte, die Embryonalentwicklung sei eine beschleunigte Wiederholung der Artevolution; von ▶ links nach rechts: Schwein, Rind, Kaninchen und Mensch (1891).

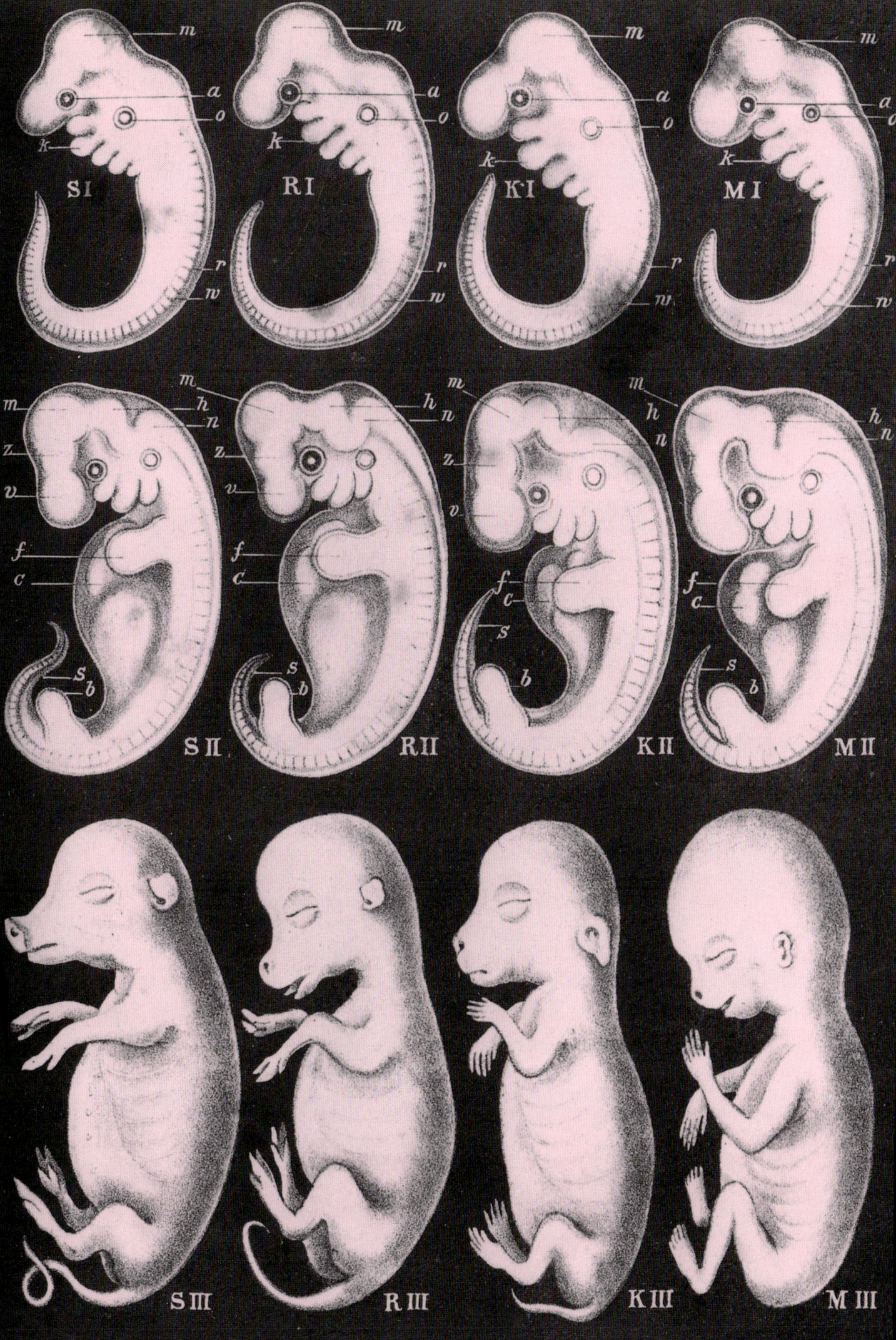

Die Harnstoffsynthese

Friedrich Wöhler 1800–1882

Die Überzeugung, dass sich lebende oder „organische" Materie fundamental von anorganischer Materie unterscheide und irgendeine „Lebenskraft" (*vis vitalis*) die belebte Welt erfülle, war weit verbreitet. Auch wenn die Idee des Vitalismus stärker auf religiösen Überzeugungen als auf wissenschaftlichen Belegen beruhte, schien es unmöglich, aus anorganischen Bestandteilen organische Materie herzustellen. Dieses Dogma fiel, als der deutsche Chemiker Friedrich Wöhler 1828 an seinen ehemaligen Lehrer Jöns Jakob Berzelius schrieb: »Ich ... muss Ihnen sagen, dass ich Harnstoff machen kann, ohne dazu Nieren oder überhaupt ein Tier, sei es Mensch oder Hund, nötig zu haben.« Harnstoff war biologischen Ursprungs, doch Wöhler hatte es aus Ammoniak und Blausäure (Cyansäure) hergestellt: Beides reagiert zu Ammoniumcyanat, aus dem beim Erhitzen eine Verbindung entsteht, die mit dem Naturprodukt identisch ist.

Wöhler selbst war vorsichtig, was die philosophischen Konsequenzen seines „epochalen" Experiments anging, wie andere es nannten, und meinte dazu: »Es ist auffallend, dass man für die Hervorbringung von Cyansäure (und auch von Ammoniak) immer doch ursprünglich eine organische Substanz haben muss, und ein Naturphilosoph würde sagen, dass sowohl aus der thierischen Kohle, als auch aus den daraus gebildeten Cyanverbindungen das Organische noch nicht verschwunden ist.« Berzelius vertrat unterdessen den Standpunkt, man solle Harnstoff als eine Substanz an der Grenze zwischen dem Organischen und dem Anorganischen betrachten.

Spätere Untersuchungen von Verdauung und Gärung durch Justus von Liebig und Louis Pasteur enthüllten noch mehr Gemeinsamkeiten zwischen den chemischen Prinzipien der organischen und der anorganischen Welt. Liebig argumentierte, man könne die Gärung (Fermentation) als rein chemischen Umwandlungsprozess betrachten; Pasteur war der Ansicht, Leben könne künstlich geschaffen werden, und vertrat die These, Chiralität (Händigkeit) — also die Existenz von Molekülen in spiegelbildlicher Form — sei für die Chemie des Lebens von grundlegender Bedeutung.

Den Beweis, dass chemische Lebensprozesse keine besondere Lebenskraft erfordern, lieferte Eduard Buchner 1897, als er den Gärungsprozess in Abwesenheit von lebenden Zellen demonstrierte. Er zermahlte und presste Hefezellen, um einen zellfreien Saft (ein „unorganisiertes Ferment") zu erhalten, der Zucker in Alkohol umwandelte, und zwar, so nahm man an, mit Hilfe chemischer Verbindungen, die 1876 von dem deutschen Physiologen Wilhelm Kühne als „Enzyme" bezeichnet worden waren.

Siehe auch *Die spontane Entstehung von Leben* S. 90, *Die Keimtheorie* S. 202, *Die Wirkung der Enzyme* S. 218, *Die Ammoniaksynthese* S. 256, *Der Ursprung des Lebens* S. 370.

Ein Harnstoffkristall, durch ein Polarisationsmikroskop betrachtet. Die Harnstoffsynthese war der Anfang vom Ende der Vorstellung, dass eine besondere „Lebenskraft" die belebte Welt erfüllt. ▶

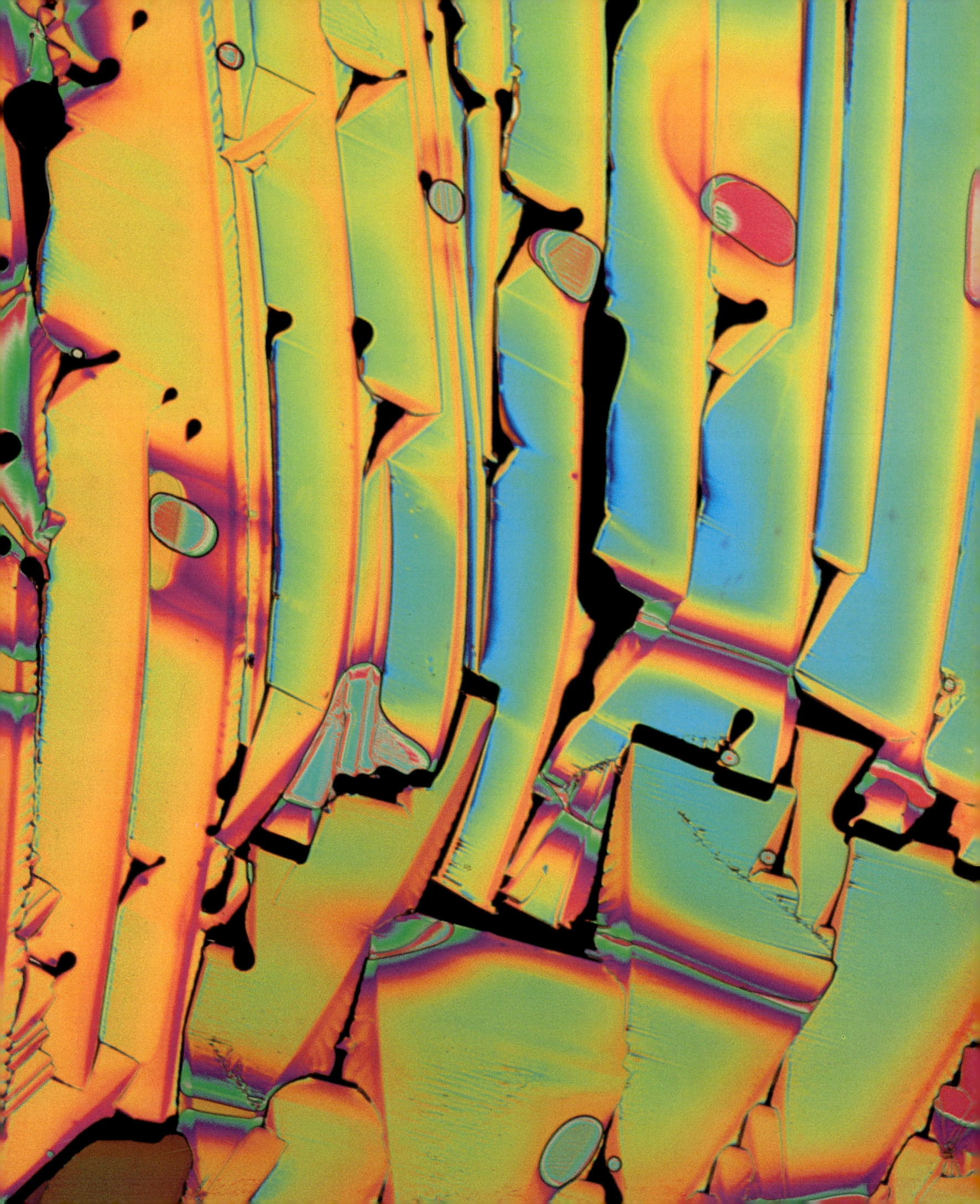

Nichteuklidische Geometrie

Nikolaj Iwanowitsch Lobatschewskij 1793–1856, János Bolyai 1802–1860,
Georg Friedrich Bernhard Riemann 1826–1866

Zweitausend Jahre lang galt die euklidische Geometrie als das logischste mathematische System und als wahre Beschreibung unserer dreidimensionalen Welt. Doch diese Festung hatte eine kleine Schwachstelle, an der Mathematiker nur kratzen mussten. Zu Euklids Axiomen gehörte das Postulat, dass sich zwei nichtparallele Geraden in einem Punkt schneiden. Das erschien zwar recht unstrittig, doch Mathematiker hielten die Aussage für zu komplex, um selbstverständlich zu sein und versuchten, sie mithilfe einfacherer Axiome zu beweisen. Doch erst im 19. Jahrhundert gelang zwei Mathematikern unabhängig voneinander der entscheidende Durchbruch.

Der russische Mathematiker Nikolaj Lobatschewskij war Professor an der Universität von Kasan. Neben seinen zusätzlichen Aufgaben als Museumskurator, Bibliotheksleiter und Rektor fand er noch die Zeit, 1829 ein Buch über die Prinzipien der Geometrie zu publizieren. Darin stellte er die These auf, Euklids Parallelenaxiom sei falsch, und konstruierte auf dieser Basis eine scheinbar bizarre und jeder Intuition widersprechende Geometrie, die nichtsdestotrotz mathematisch völlig konsistent war. Bereits 1823 hatte der ungarische Mathematiker, János Bolyai, dieselbe nichteuklidische Geometrie entwickelt, doch die Veröffentlichung seiner Abhandlung über die „absolute Wissenschaft des Raumes" verzögerte sich bis 1932. Selbst dann wäre sie der Nachwelt fast verloren gegangen, denn sie verbarg sich im Anhang eines einzigartig erfolglosen Lehrbuches, das von seinem Vater verfasst worden war.

Durch Modifikation von Euklids Ausgangspunkten hatten Lobatschewskij und Bolyai eine neue Art der Geometrie geschaffen. Im Jahre 1854 verallgemeinerte Bernhard Riemann ihre Befunde, indem er zeigte, dass verschiedene nichteuklidische Geometrien möglich sind, vorausgesetzt, eine geeignete Zahl von Dimensionen, ein geeignetes Koordinatensystem und eine geeignete Methode zur Entfernungsbestimmung sind gegeben. Im nachfolgenden Jahrzehnt führte die Untersuchung von räumlichen Konfigurationen und ihrer Beziehung zueinander („Topologie") zudem zu einer ganzen Menagerie exotischer Objekte wie etwa dem Möbiusband, das nur eine einzige Seite und eine einzige Kante aufweist. Diese Entdeckungen weckten neuerliches Interesse an der wahren Geometrie von Raum und Zeit.

Siehe auch *Euklids „Elemente"* S. 20, *Perspektive* S. 40, *Die Allgemeine Relativitätstheorie* S. 278, *Fraktale* S. 446.

Möbiusstreifen II von M. C. Escher. Durch „Verkleben" zweier Möbiusbänder lässt sich eine Kleinsche Flasche herstellen, ▶
die nur eine Oberfläche und keinen Rand hat.

144

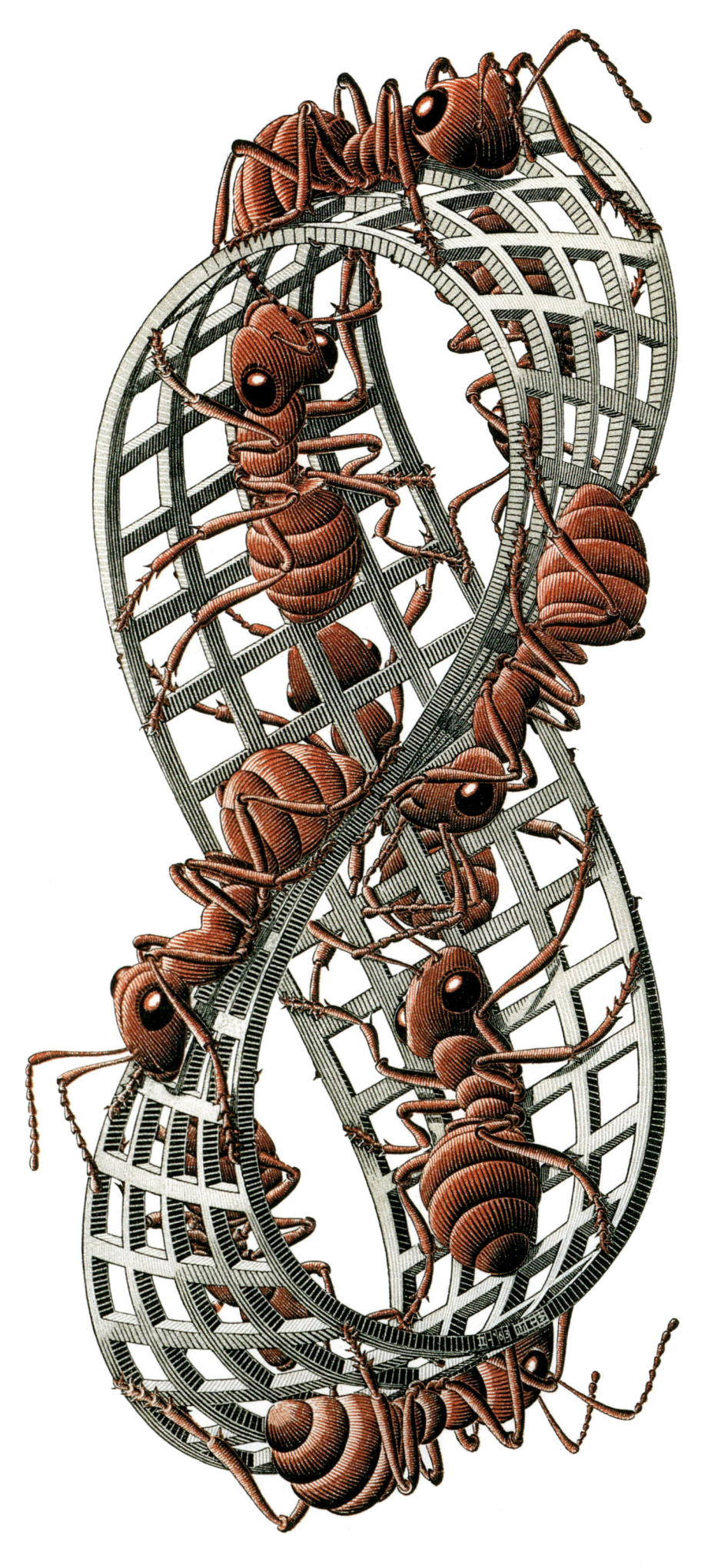

Lyells *Principles of Geology*

Charles Lyell 1797–1875

Der Name Lyell ist wahrscheinlich der bekannteste in den gesamten Erdwissenschaften. Der in Oxford ausgebildete Rechtsanwalt schottischer Herkunft war der Darwin der Geologie, dennoch beruht sein Ruhm nicht auf einer großen Theorie, sondern auf einem Buch.

Sein Werk *Principles of Geology*, das zwischen 1830 und 1833 zunächst in drei Bänden erschien, wurde in über 15 000 Exemplaren verkauft und erreichte elf Auflagen (die letzte 1872). Klar und fesselnd geschrieben, diente der erste Band als hervorragende Einführung in die Geologie für Charles Darwin, als dieser mit der *Beagle* am 27. Dezember 1831 in See stach.

Heute verbindet man den Namen Lyell mit dem Diktum »Die Gegenwart ist ein Schlüssel zur Vergangenheit«, auch bekannt als das Prinzip des „Uniformitarianismus". Er stand in Opposition zu Georges Cuviers katastrophistischen Auffassungen und folgte James Huttons Newtonischem Ansatz, dem zufolge Naturphänomene nur durch Kräfte sinnvoll erklärt werden können, die in ihren Wirkungen auch beobachtbar sind: das heißt durch gegenwärtige oder „aktuale" Ursachen. In Lyells eigenen Worten waren die *Principles* »ein Versuch, die früheren Veränderungen der Erdoberfläche durch den Bezug auf heute wirksame Ursachen zu erklären«.

Ursprünglich erstreckte sich Lyells Ansatz sogar auf die dokumentierten Fossilfunde. Er ging davon aus, dass noch in den ältesten Gesteinen fossile Vertreter aller Arten von Organismen zu finden seien, und zunächst schien es auch so, als habe er recht. Folglich brachte er Darwins Evolutionstheorie anfänglich nur wenig Sympathie entgegen. Jedoch hatten um die Mitte des Jahrhunderts Fossilfunde eine gewisse Entwicklung des Lebens im Verlauf der Erdgeschichte offenbart, und Lyell wurde durch T. H. Huxleys Eintreten für den Darwinismus überzeugt. In der Tat übertrug Lyell Darwins Ansichten auf das heikelste aller Gebiete: die Evolution und die Frühzeit des Menschen.

Siehe auch *Geologische Schichten* S. 72, *Erdzyklen* S. 100, *Katastrophistische Geologie* S. 108, *Fossilabfolgen* S. 132, *Eiszeiten* S. 152, *Darwins „Entstehung der Arten"* S. 176, *Gebirgsbildung* S. 206, *Alte Gesteine* S. 252, *Der Burgess-Schiefer* S. 260, *Das Aussterben der Dinosaurier* S. 458.

Die Gesteine entziffern: Lyells Arbeiten gründeten sich weitgehend auf eigene Erfahrungen, die er auf seinen Reisen durch ▸ Frankreich und Italien machte. Seine umfassenden Interessen reichten von der Gesteinsdatierung über die Entstehung von Kohle bis hin zu Vergletscherung und Vulkanismus.

Frühe Menschen

Edouard Lartet 1801-1871, Louis Lartet 1840–1899

Edouard Lartet war ein französischer Grundbesitzer, dessen Begeisterung für Fossilien durch Georges Cuviers Vorlesungen über Anatomie geweckt wurde. Im Jahre 1834 zeigte man ihm einen großen Zahn aus einer Grabung am Mont Sansan in der Gascogne; er identifizierte ihn als Zahn eines Mastodons, einer ausgestorbenen Elefantenart. Lartets weitere Ausgrabungen förderten zahllose Säugetierfossilien zutage, darunter einen eindeutig affenähnlichen Kieferknochen.

Dieses 1836 *Pliopithecus antiquus* genannte Exemplar war das erste entdeckte anthropoide Fossil – und zugleich ein Hinweis darauf, dass Affen und Menschen möglicherweise eine gemeinsame Vorgeschichte hatten. Edouard Lartet und sein Sohn Louis machten in der Folge einige der wichtigsten frühen Funde, die eine solche Vorgeschichte tatsächlich belegten. Im Jahre 1852 wurde aus einem Kaninchenbau an einem Hang nahe dem südfranzösischen Aurignac ein humanoider Knochen geborgen. Als man dort tiefer grub, stieß man auf den mit einer Kalksteinplatte verschlossenen Eingang zu einer Höhle, in der sich 17 Skelette befanden. Sie wirkten so neuzeitlich, dass man sie auf dem örtlichen Friedhof erneut bestattete. Lartet erfuhr 1860 von dem Fund, nahm im Höhlenboden Grabungen vor und fand weitere einzelne menschliche Knochen sowie Knochen ausgestorbener Tiere. Im Jahre 1863 wertete er dies als Beleg für das hohe Alter der Menschheit und ihre Koexistenz mit ausgestorbenen Tierarten, doch die meisten zeitgenössischen Gelehrten ließen sich davon nicht überzeugen. 1868 gelang Louis Lartet dann der Durchbruch.

Diesmal waren menschenähnliche Überreste offenbar bewusst mit persönlichem Schmuck beigesetzt worden. Ihr Fundort war eine natürliche Halbhöhle nahe Les Eyzies in der Dordogne, einem im örtlichen Dialekt „Cro-Magnon" genannten Gebiet. Es handelte sich um mindestens fünf Menschen, ein Kleinkind, eine junge Frau, zwei junge Männer und einen älteren Mann, daneben durchbohrte Muscheln und Tierzähne, Steinwerkzeuge sowie einzelne Löwen-, Rentier- und Mammutknochen. Im Jahre 1874 taufte man diese anatomisch modernen Menschen „Cro-Magnon-Menschen".

Siehe auch *Vergleichende Anatomie* S. 106, *Der Neandertaler* S. 170, *Der Mann aus dem Eis* S. 504.

Die kunstvollen Wandmalereien aus der Höhle von Lascaux in Frankreich ließen ihre modernen Entdecker kaum glauben, dass ▶ die Künstler „primitive" steinzeitliche Jäger waren.

Die Entfernung zu einem Stern

Friedrich Wilhelm Bessel 1784–1846

Seit Kopernikus 1543 gezeigt hatte, dass die Erde um die Sonne kreist und nicht etwa umgekehrt, hatten die Astronomen festgestellt, dass die Erde auf ihrer Umlaufbahn ihre Position alle sechs Monate um rund 300 Millionen Kilometer verändert. Nahe stehende Sterne schienen sich daher in Bezug auf die weiter entfernten Sterne zu bewegen — eine Verschiebung, die man als „Parallaxe" bezeichnet. Da die mittlere Entfernung zu den hellen, mit bloßem Auge sichtbaren Sternen jedoch — wie wir heute wissen — etwa das Zwanzigmillionenfache der mittleren Entfernung zwischen Erde und Sonne beträgt, ist diese Parallaxenbewegung leider sehr klein.

Durch Vergleich der relativen Helligkeit von Sonne, Sternen und Planeten waren die Astronomen um 1700 zu der Überzeugung gelangt, die Entfernungen zwischen den Sternen seien immens. Und in den Dreißigerjahren des 19. Jahrhunderts hatten sie erkannt, dass helle, sich rasch bewegende Sterne wahrscheinlich die erdnächsten waren. Ein aussichtsreicher Kandidat war der Stern 61 Cygni (im Sternbild Schwan). Er raste mit mehr als 0,14 Grad pro Jahrhundert über den Himmel. Die technische Stabilität der äquatorialen Montierung eines Teleskops war zu jener Zeit bereits hervorragend; zudem stellte man inzwischen auch ausgezeichnete zweigeteilte Objektivlinsen her. Die so konstruierten „Heliometer" (die im Prinzip auf der Zerlegung eines Objekts in zwei Bilder mit messbarem Abstand beruhten) waren speziell dazu entworfen, genaue Messungen des Winkelabstands naher Sterne zu ermöglichen.

Wie so oft in der wissenschaftlichen Forschung versuchten viele, den Durchbruch als Erste zu schaffen. Der deutsche Astronom Friedrich Bessel, der seine Beobachtungen von der Sternwarte in Königsberg aus betrieb, benutzte ein Heliometer mit einem Durchmesser von 16 Zentimetern, das von Joseph Fraunhofer konstruiert worden war. Ende 1838 verkündete er, 61 Cygni habe eine Parallaxe von einer Drittel Bogensekunde, was einer Entfernung von etwa zehn Lichtjahren entsprach. Nach fünf Jahren Arbeit im Dorpat-Observatorium in Estland gab der russische Astronom Wilhelm Struve 1840 bekannt, dass der Stern Vega 13 Lichtjahre entfernt war. Fast zur gleichen Zeit fand der schottische Astronom Thomas Henderson, königlicher Astronom am Kap der Guten Hoffnung heraus, dass die Entfernung zum Stern Alpha Centauri nur vier Lichtjahre betrug. Die praktische Astronomie hatte endlich den Maßstab des Universums ermittelt.

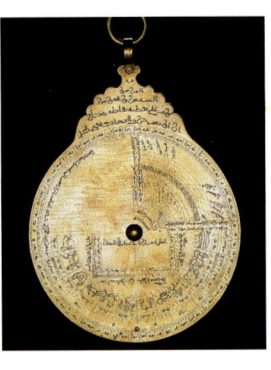

Mittelalterliches Astrolabium, wie es zur Positionsbestimmung von Himmelskörpern benutzt wurde.

Siehe auch *Kosmische Vorhersagen* S. 26, *Das geozentrische Weltbild* S. 30, *Der Venusdurchgang* S. 62, *Unser Platz im Kosmos* S. 280, *Planetenwelten* S. 512.

Das *Buch der Fixsterne* des persischen Astronomen al-Sufi aus dem 10. Jahrhundert verzeichnete mehr als 1 000 Sterne und Sternbilder, wie sie von der Erde aus zu sehen waren. ▶

صورة برساوش

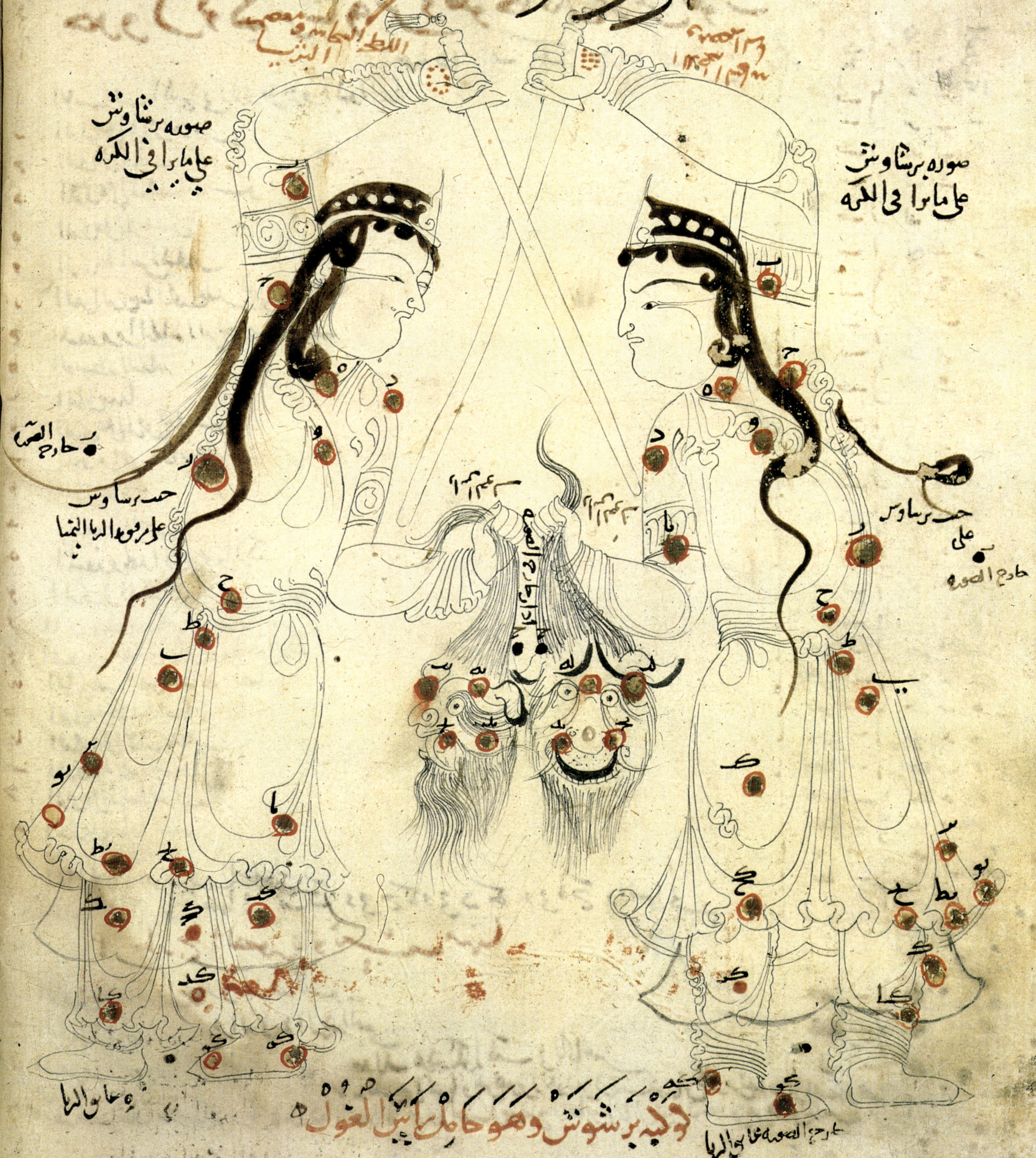

كوكبة برشاوش وهو حامل راس الغول

Eiszeiten

Dass die hohen Breiten einst von Gletschern bedeckt waren, zählt zu den großen wissenschaftlichen Entdeckungen des 19. Jahrhunderts. Viele Einzelpersonen leisteten dazu einen Beitrag, aber ein Name ist besonders eng mit der Theorie des Eiszeitalters verbunden: Louis Agassiz.

Der aus der Schweiz stammende Sohn eines protestantischen Pfarrers erwarb sich einen akademischen Grad in Medizin, bevor er über fossile Fische zu arbeiten begann (und letztendlich über 1700 neue Arten beschrieb). Daneben entwickelte er ein Interesse an Gletschern — in jener Zeit gab es Spekulationen, dass die in den Flachländern Nordeuropas verstreuten Gesteinsblöcke durch Gletschertätigkeit dorthin transportiert worden waren. Agassiz folgerte bald, dass ein Eisschild, das vor der Heraushebung der Alpen entstand, sich einst auch weit über die Gebirge hinaus erstreckt habe. Sein Mitarbeiter, der deutsche Botaniker Karl Schimper, warf Agassiz vor, seinen Beitrag zu dieser Idee nicht kenntlich gemacht zu haben, und ihre Freundschaft zerbrach.

Nach sorgfältigen Beobachtungen in der Mont-Blanc-Region veröffentlichte Agassiz die erste allgemeine Erörterung glazialer Erscheinungen in den Alpen, zusammen mit seiner eigenen Theorie der Eiszeit. Grundsätzlich nicht zur Untertreibung neigend, stellte er die Behauptung auf, dass das Eis vom Nordpol nach Süden über die Alpen hinweg bis zum Atlasgebirge sowie über Nordasien und Nordamerika gereicht habe. Bei einem Treffen der British Association in Glasgow im Jahre 1840 warb Agassiz für seine Theorie und besuchte gemeinsam mit dem einflussreichen englischen Geologen William Buckland das schottische Hochland. Er wies Buckland auf die weit verbreiteten glazialen Phänomene wie Schuttakkumulationen und gekritzte Gesteinsoberflächen hin und konnte ihn so davon überzeugen, dass Schottland einst vergletschert war. Buckland wiederum gewann Charles Lyell und Roderick Murchison für diese Idee.

Agassiz setzte seine Studien über die Eigenschaften von Gletschern mit dem Edinburgher Physiker James Forbes fort, der zum ersten Mal zeigte, dass die Oberfläche eines Gletschers schneller fließt als das Eis darunter. Ihre Forschungsergebnisse wurden im Jahre 1847 von Agassiz veröffentlicht, der nun seine Anschauungen über die Ausdehnung des großen Eisschildes und seine Dauer mäßigte. Heute wissen wir, dass es in der Erdgeschichte mehrere Eiszeiten gegeben hat.

Siehe auch *Der Treibhauseffekt* S. 184, *Gebirgsbildung* S. 206, *Klimazyklen* S. 276, *Das Ozonloch* S. 438.

Gletscher in den Schweizer Alpen, um 1815. Agassiz behauptete, dass ein Eisschild einst Nordeuropa bedeckt und wie ein ▶ gewaltiger und komplexer Gletscher gewirkt habe. Dies stand im Widerspruch zu der herkömmlichen Auffassung, dass die Erde sich allmählich abkühlt.

Die Erfindung des Dinosauriers

Richard Owen 1804–1892

Im Jahre 1842 prägte der britische Anatom Richard Owen den Begriff „Dinosaurier" („schreckliche Echse") und die wissenschaftliche Kategorie „Dinosauria", um die kurz zuvor gefundenen Fossilien der riesigen Reptilien *Iguanodon* und *Megalosaurus* von bekannten lebenden Reptilien abzugrenzen. Er ahnte kaum, was für ein Geschöpf er da von der Leine ließ. Seine Dinosaurier sind heute allbekannte Symbole, die Drachen und alle anderen mythischen Geschöpfe in den Schatten stellen. Owens Zeitgenossen sahen auch in ihm selbst eine Art Monster; so warnte man Charles Darwin, Owen sei »nicht nur ehrgeizig, sehr neidisch und arrogant, sondern auch unaufrichtig und unehrlich«.

Mit seinem taxonomischen Schachzug kam Owen den beiden Naturforschern Gideon Mantell und William Buckland zuvor, welche die riesigen Reptilfossilien als Erste entdeckt und beschrieben hatten. Damit landete Owen den größten wissenschaftlichen Coup der Mitte des 19. Jahrhunderts. Er definierte die ausgestorbene Tiergruppe neu und machte dabei aus Mantells „am Boden kriechenden", schlangenähnlichen Tieren viel gewaltigere und gebieterische Wesen, die den viktorianischen Wertvorstellungen und Owens fanatisch antievolutionären Ansichten entsprachen. Owen schätzte, dass seine Dinosaurier bis zu sechsmal größer waren als ein Elefant — und das lange vor Entdeckung der wirklich großen Sauropodenfossilien.

Owen war auch ein geschickter Publizist. Nach Ende der Londoner Weltausstellung 1851 baute man Joseph Paxtons spektakulären Bau aus Glas und Stahl in Sydenham als „Crystal Palace" („Kristallpalast") wieder auf. Das bot Owen eine günstige Gelegenheit, um für sein Dinosaurierkonzept zu werben. Er ließ den Künstler Benjamin Waterhouse Hawkins lebensgroße Dinosaurierfiguren aus Beton, Stein und Eisen anfertigen, die als Teil des weltweit ersten Themenparkes gezeigt werden sollten. Die feierliche Eröffnung durch Königin Victoria lockte Tausende von Besuchern an; ihr ging am Silvesterabend 1853 ein Abendessen für führende Wissenschaftler im Inneren des *Iguanodon* voraus. Die Modelle sind im Park immer noch zu bewundern, obwohl es den Palast schon lange nicht mehr gibt.

▲
Gegner der Evolutionstheorie: Owen glaubte, Darwins Werk werde »in zehn Jahren vergessen sein«.

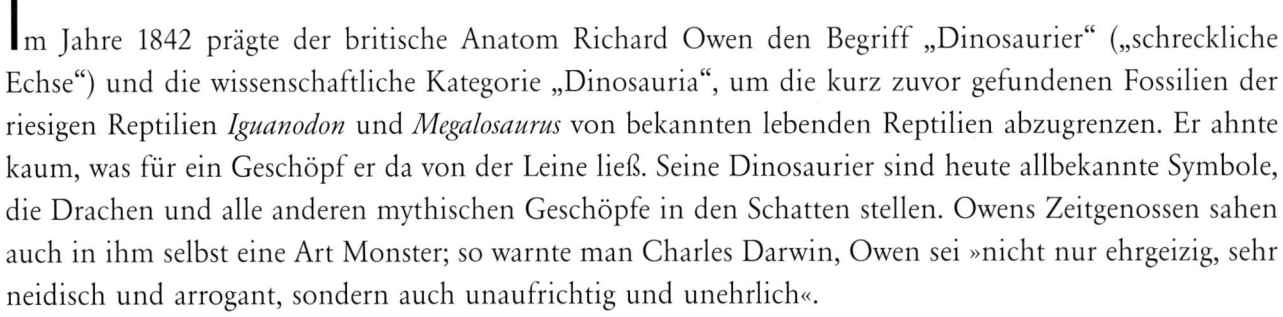

Siehe auch *Vergleichende Anatomie* S. 106, *Darwins „Entstehung der Arten"* S. 176, *Archaeopteryx* S. 180, *Das Aussterben der Dinosaurier* S. 458.

Benjamin Waterhouse Hawkins' „Saal für die Modelle ausgestorbener Tiere" im Crystal Palace in Sydenham. Die Tiere waren ▶ offenbar, wie die Wissenschaftler, stets kämpferisch gestimmt.

Der Dopplereffekt

Christian Johann Doppler 1803–1853

Eine Dampfmaschine, die mit einer Wagenladung spielender Trompeter an ihm vorüberzog, überzeugte den österreichischen Physiker Christian Johann Doppler, dass das Absinken der Höhe des Tones, den er beim Vorbeifahren vernahm, der Geschwindigkeit der Schallquelle direkt proportional war — ein Prinzip, das er erstmals 1842 formulierte.

Der Effekt ist jedermann aus dem täglichen Leben bekannt. Wenn sich ein Krankenwagen mit heulender Sirene rasch auf uns zu bewegt, werden die Schallwellen durch seine Bewegung zusammengedrückt (höhere Frequenz), während sie, wenn sich der Wagen von uns fortbewegt, auseinander gezogen werden (niedrigere Frequenz). Das Prinzip gilt auch für Licht und andere elektromagnetische Wellen. Die Sonnenrotation dehnt Lichtwellen, die von ihrem zurückweichenden westlichen Rand ausgehen, was zu größeren Wellenlängen und damit zu einer „Rotverschiebung" in ihrem Spektrum führt; andererseits drückt sie die Lichtwellen von ihrem sich nähernden östlichen Rand zusammen, sodass es zu einer „Blauverschiebung" kommt. Wie Vergleiche von Dopplereffekten zeigen, drehen sich Sterne, die massereicher sind als die Sonne, gewöhnlich hundertmal schneller als diese.

Im Jahre 1868 benutzte William Huggins sein Stellarspektroskop, um die „Radialgeschwindigkeit" von Sternen längst der Sichtlinie — auf uns zu kommend oder sich von uns weg bewegend — zu bestimmen. Um 1887 war man in der Lage, mittels Sternbeobachtungen die Geschwindigkeit zu messen, mit der sich die Erde um die Sonne bewegt. Die Radialgeschwindigkeit eines Sternes ließ sich zudem mit seiner Geschwindigkeit senkrecht zur Sichtlinie (erlangt aus jahrzehntelangen Beobachtungen seiner Bewegung über den Himmel) kombinieren, sodass man seine tatsächliche Geschwindigkeit durch den Raum bestimmen konnte. Diese Messungen offenbarten, dass die Sonne mit einer Umlaufzeit von rund 200 Millionen Jahren um das Zentrum der Galaxie kreist. Die Schwankungen der stellaren Umlaufgeschwindigkeiten in Abhängigkeit von der Entfernung vom galaktischen Zentrum zeigen, dass die Galaxie einen massiven sphärischen Halo aufweist.

Die Rotverschiebung des Lichtes von entfernten Galaxien führte Edwin Hubble 1929 zu dem Schluss, dass sich das Universum ausdehnt — ein sekundärer Dopplereffekt, der darauf zurückzuführen ist, dass der Raum selbst expandiert. Auch die heutige Suche nach Planeten außerhalb unseres Sonnensystems baut auf dem Dopplerprinzip auf, das uns ihre Masse und den Radius ihrer Umlaufbahn verrät. Bisher sind rund 60 Planeten von Jupitergröße entdeckt worden.

Siehe auch *Spektrallinien* S. 130, *Das expandierende Universum* S. 306, *Planetenwelten* S. 512.

Das Unsichtbare sehen: Hochgeschwindigkeitsaufnahme eines Projektils, das durch die heiße Luft über einer Kerzenflamme fliegt; ▶
zu sehen sind die Schockwellen, die von seinem Durchflug hervorgerufen werden sowie die Turbulenzen in seiner „Schleppe".

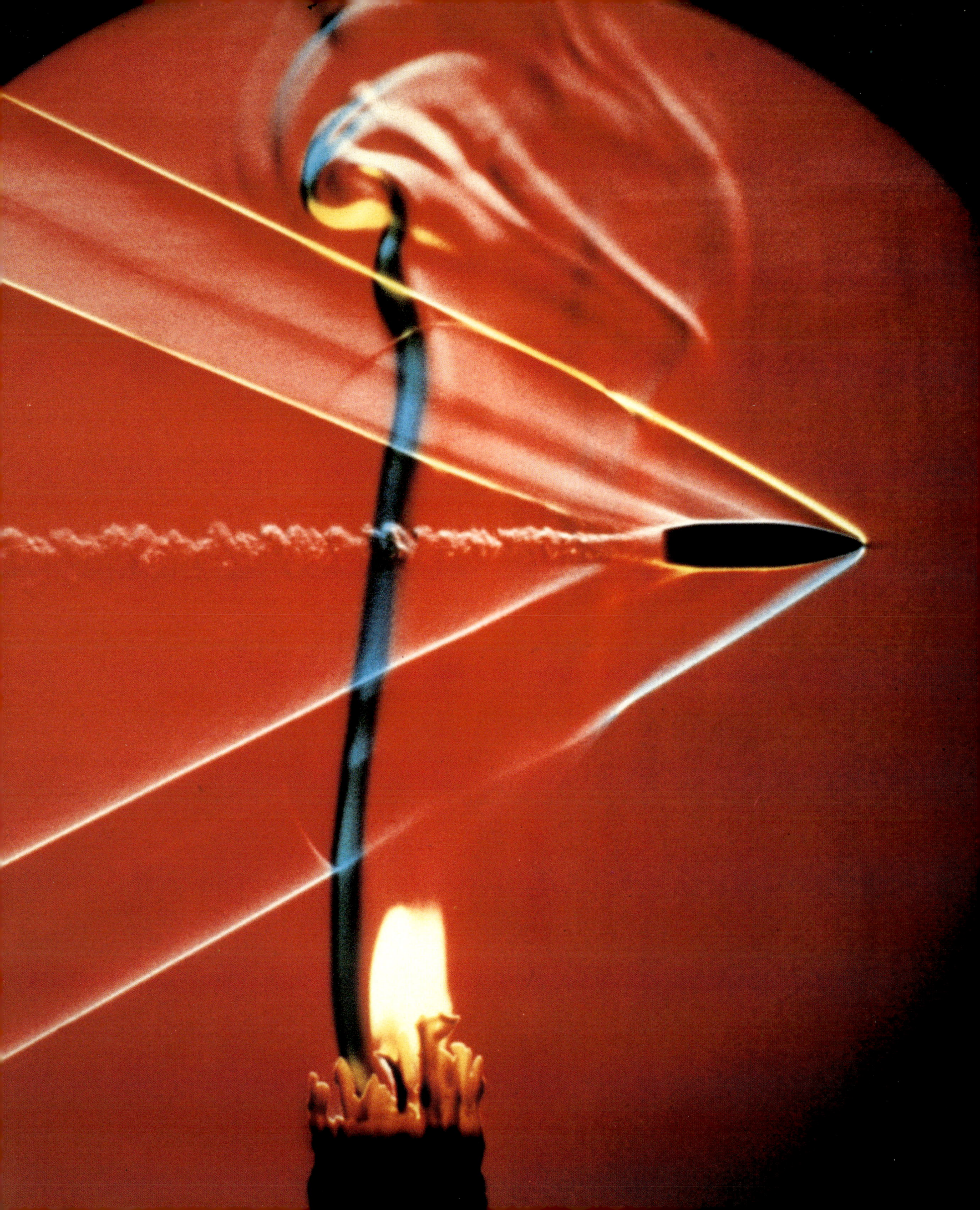

Der Sonnenfleckenzyklus

Heinrich Samuel Schwabe 1789–1875

Beobachtungen mit dem Fernrohr durch Galileo Galilei und Johannes Fabricius um 1610 hatten gezeigt, dass Sonnenflecken Erscheinungen der Sonnenoberfläche sind und nicht etwa in geringer Höhe um die Sonne kreisende Trabanten oder sich zwischen ihr und Betrachter schiebende Wolken in der Erdatmosphäre. Es dauerte bis zum Jahre 1843, ehe man entdeckte, dass sich das Fleckenmuster der Sonne periodisch verändert.

Heinrich Schwabe, Apotheker in Dessau, war von der Astronomie fasziniert. Da er sich sowohl astronomischen Studien als auch seinem Beruf, der Pharmazie, widmen wollte, beschloss er, sich auf einen Zweig der Astronomie zu konzentrieren, der ihn tagsüber beschäftigen würde. Sein erster Gedanke war, dass er durch Beobachtung der Sonne einen neuen Planeten innerhalb der Umlaufbahn des Merkurs während einem von dessen Durchgängen durch die Sonnenscheibe finden könnte.

▲

Sonnenflecken, wie sie 1875 von Etienne Trouvelot gezeichnet worden sind, einem der wissenschaftlich beschlagensten Künstler in der Zeit vor Erfindung der Fotografie.

Schwabe konnte nicht umhin, mit seinem kleinen Fünf-Zentimeter-Teleskop auch die Sonnenflecken wahrzunehmen. Bald machte er tägliche Auszählungen. Von 1825 an beobachtete er die Sonne mit großer Gewissenhaftigkeit, und nachdem er seine Ergebnisse sorgfältig zusammengetragen hatte, gab er im Jahre 1843 bekannt, dass die Zahl der Flecken auf der Sonnenscheibe mit einer Periodizität von zehn Jahren zu- und abnimmt. Im Jahre 1851 trug der Schweizer Astronom Rudolf Wolf eine größere Datenmenge zusammen und kam so auf eine genauere Periode von 11,1 Jahren.

Wie man bald herausfand, spiegelt sich die Periodizität der Sonnenflecken in der Periodizität von Magnetstürmen und Polarlichtern auf der Erde wider. Manche Astronomen glaubten sogar, dass sie die Periodizität im Wettergeschehen wie auch in den Wachstumsraten von Pflanzen und Tieren entdecken könnten. Im Jahre 1858 berichtete der vermögende englische Hobbyastronom R. C. Carrington, dass sich die Breitenlage der Flecken im Verlauf des Zyklus verändert, nämlich ausgehend von ungefähr 40 Grad langsam zum Sonnenäquator. Die Sonnenflecken ließen außerdem erkennen, dass sich die Regionen nahe am Äquator der Sonne schneller drehen als die der Pole. Das führte 1961 zu der Vermutung, die magnetischen Feldlinien am Sonnenäquator würden so stark in die Länge gezogen, dass sie magnetische „Röhren" bilden, welche die Sonnenoberfläche durchstoßen und Fleckenpaare hervorrufen.

Siehe auch *Der natürliche Magnetismus* S. 50, *Spektrallinien* S. 130, *Klimazyklen* S. 276, *Umpolungen des Erdmagnetfeldes* S. 304, *Sonnenwind* S. 388.

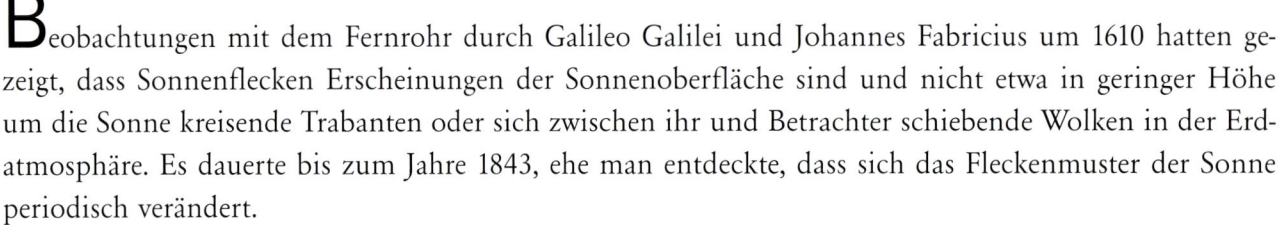

Wie diese Aufnahme zeigt, weist jeder Sonnenfleck eine dunkle Kernzone oder Umbra auf, die von einer helleren ▶
Penumbra umgeben ist. Ihr Verhalten deutet darauf hin, dass es sich eher um Senken auf der Sonnenoberfläche als um
Materieklumpen handelt.

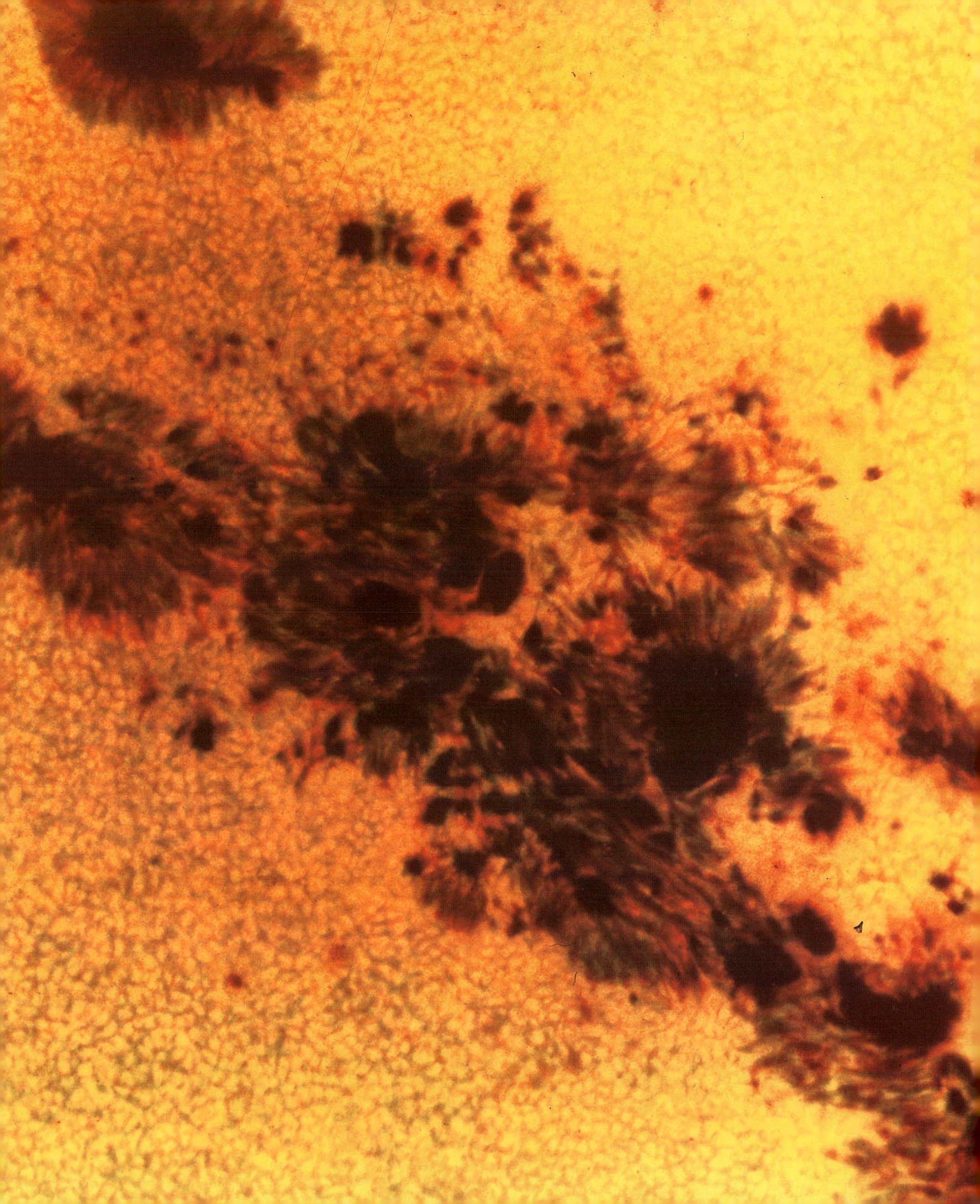

Spiralgalaxien

William Parsons, 3. Earl of Rosse 1800–1867

Verstreut zwischen den Sternen liegen verschwommene Lichtflecke, so genannte „Nebel". Ptolemäus zählte im 2. Jahrhundert v. Chr. sieben solcher Nebel. Charles Messier registrierte zu Beginn der Siebzigerjahre des 18. Jahrhunderts mit seinem Teleskop 103 Nebel; er sah sie vornehmlich als Objekte an, die er bei seiner Suche nach Kometen zu meiden hatte. Die meisten Nebel katalogisierte William Herschel, der bis 1802 2 500 Exemplare aufgelistet hatte. Doch die Astronomen waren sich über deren Natur noch immer nicht einig. Bei manchen handelte es sich zweifellos um Wolken aus Staub und Gas, während andere den Eindruck machten, sie bestünden aus Sternen, einige innerhalb, andere weit außerhalb unserer Galaxie.

Im Jahre 1845 baute William Parsons, 3. Earl of Rosse, an seinem irischen Stammsitz in Parsonstown (heute Birr Castle) ein riesiges Teleskop. Dieser „Leviathan", wie er genannt wurde, hatte einen Metallspiegel von 1,83 Metern Durchmesser, was Parsons erlaubte, Nebel genauer zu beobachten als je zuvor. Viele von ihnen besaßen eine komplexe Struktur, die Parsons in detaillierten Bleistiftzeichnungen festhielt. Insbesondere war er der Erste, der entdeckte, dass einige Nebel spiralförmig sind.

Im Jahre 1864 fand William Huggins heraus, dass die Spektren heller Nebel, wie des Orionnebels, typisch für ein leuchtendes Gas waren (Emissionstyp), während andere, wie der Andromedanebel (M31), Spektren aufwiesen, die typisch für Sternenlicht waren (Absorptionstyp). Doch falls es dort Sterne gab, waren sie so weit entfernt, dass niemand sie einzeln ausmachen konnte. Dann, im Jahre 1885, flammte ein Stern im Nebel M31 auf; 1917 folgten vier weitere, schwächere Novae.

Die wahre Natur der Spiralnebel wurde schließlich von Edwin Hubble enthüllt. Im Jahre 1924 fotografierte er mit dem Hooker-Teleskop (Durchmesser 2,54 Meter) auf dem Mount Wilson den Andromedanebel, und es gelang ihm, einige riesige Sterne auszumachen, darunter die Cepheiden-Veränderlichen. Diese „Leuchtturm"-Sterne ermöglichten ihm, die Entfernung des Andromedanebels zu bestimmen: Sie betrug fast eine Million Lichtjahre, das Achtfache der Distanz zum entferntesten Stern in unserer Galaxie; zudem war der Andromedanebel groß genug, um eine eigene Galaxie zu sein. Bald wurde deutlich, dass das Universum aus zahlreichen, möglicherweise aus hundert Milliarden Galaxien besteht.

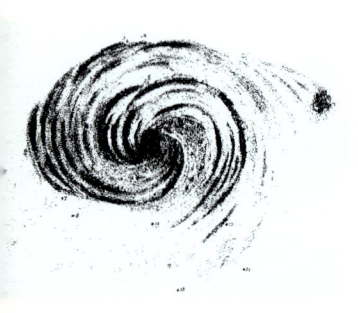

Rosses Zeichnung eines wunderbaren Spiralnebels – später als Galaxie M51 im Sternbild Canes Venatici identifiziert (1850).

Siehe auch *Spektrallinien* S. 130, *Unser Platz im Kosmos* S. 280, *Das expandierende Universum* S. 306, *Das Echo des Urknalls* S. 412, *Der Große Attraktor* S. 498.

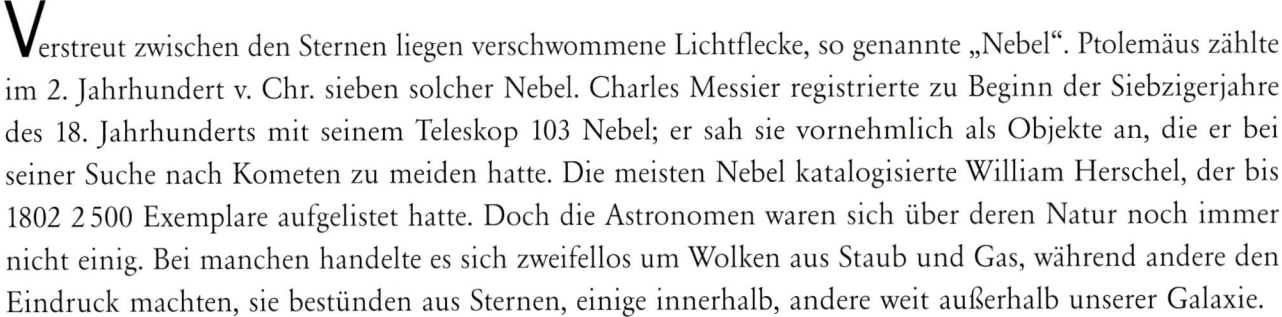

Eine Spiralgalaxie, von der man annimmt, dass sie 10–20 Millionen Lichtjahre entfernt liegt. Hubble erarbeitete ein umfassendes ▶ Klassifikationssystem für Galaxien, die er in normale Spiralgalaxien, Balkenspiralen, elliptische und irreguläre Galaxien einteilte.

Die Entdeckung des Neptuns

John Couch Adams 1819-1892, Urbain Jean Joseph Le Verrier 1811-1877,
Johann Gottfried Galle 1812-1910

Im frühen 19. Jahrhundert stellte sich heraus, dass der neu entdeckte Planet Uranus sich recht eigentümlich verhielt. Im Jahre 1832 befand er sich eine ganze Bogenminute von der Position entfernt, die er Berechnungen seiner Umlaufbahn zufolge hätte einnehmen sollen. Mehrere Astronomen vermuteten, dass ein unbekannter Planet jenseits des Uranus einen gravitativen Einfluss ausübt. Aber wie diesen finden?

Es gab drei nahe liegende Anhaltspunkte. An erster Stelle den, dass sich Uranus bis 1822 beschleunigt hatte, dann jedoch langsamer geworden war; die Kenntnis seiner damaligen Position ergab die Sternbildkonstellation des postulierten Planeten. Außerdem sprach die Titius-Bode-Regel dafür, dass der Planet von der Sonne ungefähr 38-mal weiter entfernt sein dürfte als die Erde. Den letzten Hinweis lieferte die Beschleunigung des Uranus, aus der sich die wahrscheinliche Masse und Helligkeit des neuen Planeten ableiten ließ.

John Couch Adams, ein junger, in Cambridge tätiger Astronom, errechnete im Jahre 1845 eine ungefähre Position des neuen Planeten. Er teilte seine Ergebnisse dem Leiter der Königlichen Sternwarte von Greenwich, George Airy, mit, der sie ignorierte, bis er durch die Veröffentlichung einer ähnlichen Vorhersage von Urbain Jean Joseph Le Verrier vom Pariser Observatorium aufgerüttelt würde. Da in Greenwich kein geeignetes Fernrohr zur Verfügung stand, bat Airy James Challis, mit dem 28,9-Zentimeter-Teleskop am Cambridge-Observatorium Ausschau zu halten. Am 29. Juli begann der unermüdlich arbeitende Challis mit akribischen Beobachtungen — jedoch unglücklicherweise in der Annahme, dass das gesuchte Objekt 20-mal blasser war, als sich später herausstellen sollte.

Le Verrier, der ein anderes Berechnungsverfahren benutzte, wandte sich an Johann Gottfried Galle von der Königlichen Sternwarte Berlin mit der Bitte, an einem bestimmten Punkt am Himmel nach dem neuen Planeten zu suchen. Glücklicherweise hatte Galle eine neue Himmelskarte des Gebiets zur Hand. Er hatte kaum zu suchen begonnen, als am 23. September 1846 die Entdeckung eines vormals unbekannten „Sternes" gelang, der sich zudem als schwach leuchtende Scheibe zeigte. England war geschlagen, auch wenn Challis später herausfand, dass er Neptun tatsächlich dreimal gesehen hatte, ohne ihn jedoch als solchen zu identifizieren.

Siehe auch *Die Gesetze der Planetenbewegung* S. 52, *Die Entdeckung des Uranus* S. 96, *Der Ursprung des Sonnensystems* S. 104, *Die Entdeckung eines Asteroiden* S. 120, *Planetenwelten* S. 512.

Planetensucher: Französische Karikaturen zeigen „Monsieur Adams auf der Suche nach Le Verriers Planeten" (oben) und ▶
„Monsieur Adams, den neuen Planeten im Bericht von Monsieur Le Verrier entdeckend" (unten).

Die Hauptsätze der Thermodynamik

Benjamin Thompson, Count Rumford 1753–1814, Sadi Carnot 1796–1832,
James Prescott Joule 1818–1889, Rudolf Clausius 1822–1888

Joules mit Schaufeln ausgestattetes Flüssigkeitsrührwerk wandelte durch kräftiges Umrühren von Wasser mechanische Arbeit direkt in Wärme um.

Der Erste Hauptsatz der Thermodynamik beschreibt den Zusammenhang zwischen Wärme und Arbeit und besagt, dass die Gesamtmenge an Energie im Universum stets erhalten bleibt. Anfang des 19. Jahrhunderts hielt man Wärme für einen gewichtslosen Stoff (Caloricum genannt), die — wie eine Flüssigkeit, die abwärts strömt — von einem wärmeren auf einen kälteren Körper fließen konnte, ohne erzeugt oder vernichtet zu werden. Viele Forscher zweifelten an dieser Caloricumtheorie, darunter auch Count Rumford, der sich fragte, woher die beim Ausbohren von Kanonenrohren produzierte Wärme herrührte — offensichtlich doch aus der an der Kanone verrichteten Arbeit. Wärme konnte demnach erzeugt werden, und 1847 bestimmte der britische Naturphilosoph James Prescott Joule durch sorgfältige Messungen, wie viel Wärmeenergie von einer bekannten Menge mechanischer Arbeit erzeugt wird. Er gilt heute als Entdecker des Ersten Hauptsatzes der Thermodynamik.

Den Zweiten Hauptsatz fand ein junger französischer Militäringenieur, Sadi Carnot. Analog zu Wasserkraftmaschinen stellte er sich Wärmekraftmaschinen vor, die statt von Wasser von einem Wärmestoff angetrieben wurden, der „bergab" von hohen zu niedrigen Temperaturen strömte und dabei Arbeit verrichtete (der Carnot-Kreislauf beschreibt die Maschine mit dem höchsten denkbaren Wirkungsgrad). Daher spielte nicht nur die Wärmemenge, sondern auch deren Temperatur eine Rolle. Rudolf Clausius, der mit seinem berühmten Artikel aus dem Jahre 1850 Carnots Arbeit vor dem Vergessen rettete, prägte für den Quotienten aus Wärmemenge und absoluter Temperatur den Begriff „Entropie". Eine gegebene Wärmemenge weist demnach bei hohen Temperaturen eine geringe Entropie auf; gleichzeitig besitzt sie ein hohes Arbeitspotenzial. Einmal abgekühlt, hat sich die Entropie in einem abgeschlossenen System erhöht, ob sie nun unterwegs Arbeit geleistet — eine Maschine angetrieben — oder lediglich die Temperaturunterschiede im System ausgeglichen hat, ohne dass dabei Arbeit geleistet worden wäre.

Clausius fasste die beiden Hauptsätze so zusammen: Die Energie des Universums ist konstant, und seine Entropie strebt einem Maximum zu. Heute verbinden wir den Begriff Entropie mit molekularer Unordnung. Wenn wir Kohle verbrennen, wird Energie aus einer hoch geordneten chemischen Form, wie sie in der Kohle herrscht, in eine bestimmte Menge Wärme von hoher Temperatur umgewandelt, die irgendwann zwangsläufig in der gleichen Menge Wärme von Umgebungstemperatur endet. Dadurch steigt ihre Entropie auf ein Maximum. Wenn das einmal geschehen ist, hat sich die Entropie des Systems „Universum" für immer erhöht.

Siehe auch *Informationstheorie* S. 354, *Das Echo des Urknalls* S. 412, *Die Verdampfung Schwarzer Löcher* S. 440.

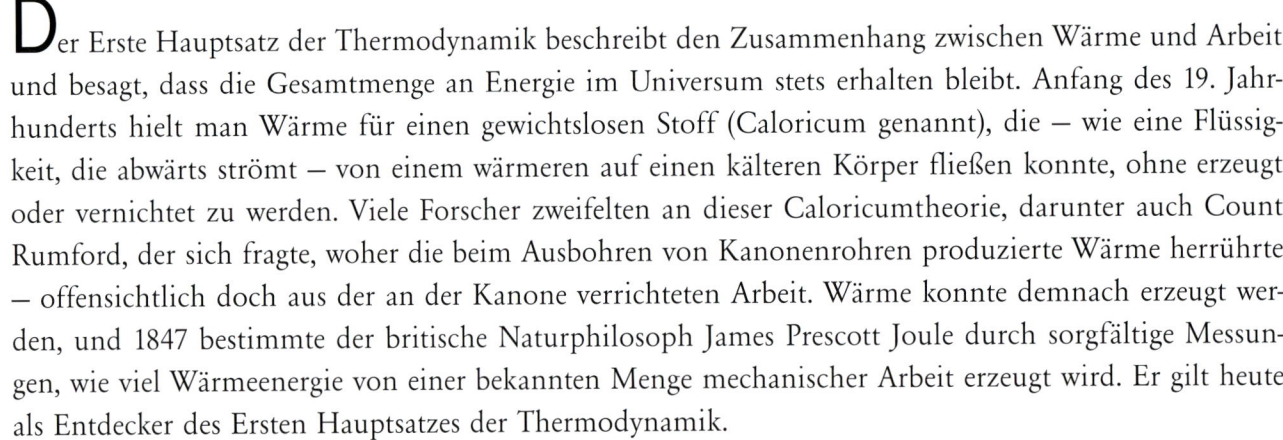

Count Rumford, ein in Massachusetts geborener Amerikaner (und ehemaliger britischer Spion) suchte stets nach Möglichkeiten, wissenschaftliche Ideen im Alltag anzuwenden. Hier wärmt er sich an einem von ihm selbst entwickelten Ofen. ▶

Das Foucaultsche Pendel

Jean Bernard Léon Foucault 1819–1868

Im Jahre 1851 führte der Physiker Jean Bernard Léon Foucault im Pariser Panthéon, das den französischen Geistesgrößen gewidmet ist, ein ungewöhnliches Experiment durch. Er hängte unter der Decke des Gebäudes einen kürbisgroßen Eisenball an einem 67 Meter langen, dünnen Stahlseil auf und ließ die Vorrichtung dann wie ein riesiges Pendel vor- und zurückschwingen. Anschließend registrierte er sorgfältig die Ebene, in der die Schwingung erfolgte. Im Verlauf eines Tages veränderte sich diese Schwingungsebene allmählich und drehte sich mit einer Geschwindigkeit von 11 Grad pro Stunde im Uhrzeigersinn. Daraufhin lud Foucault Wissenschaftler ein, sich diesen Effekt anzusehen, und erklärte ihnen, sein seltsames Experiment beweise, dass sich die Erde tatsächlich um ihre eigene Achse dreht.

Um zu verstehen, warum das so ist, stellen Sie sich Foucaults Pendel am Nordpol vor. Einmal in Bewegung versetzt, ist die Schwingung des Pendels völlig unabhängig von der Erdbewegung, und der Planet dreht sich einfach unter ihm hindurch. Für einen Beobachter am Pol würde sich die Ebene der Pendelbewegung im Uhrzeigersinn drehen und alle 24 Stunden einen Vollkreis von 360 Grad beschreiben. Doch diese Winkelgeschwindigkeit hängt vom Breitengrad ab, an dem das Pendel schwingt: In Paris beschreibt das Pendel alle 32 Stunden einen Vollkreis, am Äquator verändert sich die Schwingungsebene gar nicht und auf der südlichen Hemisphäre dreht sie sich gegen den Uhrzeigersinn.

Wissenschaftler erklären die Bewegung des Pendels manchmal mit der Vorstellung, eine Scheinkraft, die so genannte Coriolis-Kraft, würde auf das Pendel einwirken. Die Coriolis-Kraft ist keine echte Kraft, wie das Gedankenexperiment am Nordpol zeigt, erscheint jedoch Beobachtern, die sich im selben Bezugsrahmen wie die Erde bewegen, real. Die Coriolis-Kraft erklärt auch, warum Wetterphänomene, wie etwa die Passatwinde, auf der Nordhemisphäre dazu tendieren, im Uhrzeigersinn zu rotieren, sich auf der Südhalbkugel jedoch gegen den Uhrzeigersinn drehen.

Viele Museen in aller Welt stellen den Foucaultschen Pendelversuch nach, um ihren Besuchern diesen Effekt zu demonstrieren.

Siehe auch *Der Umfang der Erde* S. 24, *Die Passatwinde* S. 86, *Die „Schwere" der Erde* S. 112, *Wettervorhersage* S. 284.

Foucaults Pendel im Pariser Panthéon (1851). Für die Beobachter sah es so aus, als ob sich die Schwingungsebene des Pendels ▶ innerhalb von 32 Stunden einmal um 360 Grad bewegte, doch diese scheinbare Drehung beruht darauf, dass sich die Erde unter dem schwingenden Pendel hinwegdreht.

Die Cholera und die Wasserpumpe

John Snow 1813–1858

Die asiatische Cholera wütete 1832 in Großbritannien und verschwand dann wieder. Viele hielten sie für eine „Schmutzkrankheit", verursacht durch schädliche Ausdünstungen faulender pflanzlicher und tierischer Materie. Andere vertraten die Auffassung, sie sei ansteckend, durch persönlichen Kontakt übertragbar und durch Quarantänemaßnahmen zu vermeiden. Während der Streit über die Ursache und Ausbreitung der Krankheit sich ausweitete, verschaffte die Rückkehr der Krankheit dem Anästhesisten John Snow Gelegenheit, die moderne Wissenschaft der Epidemiologie zu begründen.

Auf der Grundlage seiner Erfahrungen mit dem Choleraausbruch von 1848 — dieser hatte in einem Monat 7 000 Londoner das Leben gekostet — vertrat Snow in einer Schrift die Auffassung, die Krankheit könne sich nicht durch ein Gift in der Luft ausbreiten, da sie den Darm befiele und nicht die Lunge. Er sah die Ursache eher in infizierten Abwässern, die in Brunnen oder Flüsse gelangten, aus denen man Trinkwasser entnahm. Ein weiterer Ausbruch im Londoner Stadtteil Soho 1854 lieferte ihm dafür dramatische Beweise. Snow lebte in der Nähe, und sein Verdacht fiel sofort auf die örtliche Wasserversorgung — genauer gesagt, auf die Pumpe in der Broad Street (heute Broadwick Street). Als er den Todesfällen durch Cholera nachging, stellte er fest, dass sie sich im Umkreis von rund 230 Metern um die Pumpe häuften. Snow war überzeugt, dass das Entfernen des Pumpenschwengels die Epidemie beenden würde — und so war es auch.

Nach Aussagen der Anwohner in der Broad Street hatten eindeutig fast alle Opfer Wasser von der Pumpe getrunken. Darüber hinaus waren Besucher, welche die Pumpe benutzt hatten, gestorben, während es in einem nahe gelegenen Gefängnis mit eigenem Brunnen deutlich weniger Tote gegeben hatte. Auch Brauereiarbeiter, die oft Freibier statt Wasser tranken, waren gesund geblieben. Snow führte daraufhin eine Untersuchung in ganz London durch und bestätigte mit einfachen statistischen Mitteln seine Theorie, dass die Cholera eine spezifische, durch Wasser übertragene Krankheit sei. Wirklich anerkannt wurde seine Leistung allerdings erst mit Robert Kochs Identifizierung des Choleraerregers im Jahre 1884.

Siehe auch *Impfung* S. 102, *Bevölkerungswachstum* S. 110, *Die Keimtheorie* S. 202, *Antitoxine* S. 214, *Zauberkugeln* S. 262, *Prionen* S. 466, *Das AIDS-Virus* S. 472.

Die Cholera wütet in der türkischen Armee während des Balkankrieges 1912. Die Krankheit kostete täglich bis zu ▶ 100 Soldaten das Leben.

Der Neandertaler

Hermann Schaaffhausen 1816-1893

Die Entdeckung menschenähnlicher Knochen in einer Höhle oberhalb des Neandertales nahe Düsseldorf im Jahre 1856 blieb zunächst relativ unbeachtet, veränderte aber letztlich das Bild, das wir Menschen von uns selbst haben. Die westliche Welt, die noch fest an die jüdisch-christliche Version der Schöpfungsgeschichte glaubte, wurde durch die wissenschaftlichen Entdeckungen des frühen 19. Jahrhunderts zunehmend beunruhigt. Man fand fossile menschliche Überreste wie die des Neandertalers neben bearbeiteten Steinwerkzeugen und den Knochen ausgestorbener eiszeitlicher Tiere wie Mammut, Riesenhirsch und Wollnashorn. Die Menschheit war offenbar weit älter als zuvor angenommen, und unsere Abstammungsgeschichte wich deutlich von der biblischen Version ab.

Die erste Beschreibung der Neandertalerüberreste durch den deutschen Anatomen Hermann Schaaffhausen erklärte die typischen Oberaugenwülste und dickwandigen, gewölbten Knochen schlichtweg als Kennzeichen eines »rohen und wilden Volkes« aus vorrömischer Zeit. Erst 1863 erkannte man, worum es sich bei den Fossilien wirklich handelt: die Knochen einer ausgestorbenen Menschenart. William King, Geologieprofessor im irischen Galway, gab ihr den Namen *Homo neanderthalensis*. Damit erkannte man erstmals an, dass der *Homo sapiens* menschliche — wenn auch ausgestorbene — Verwandte hatte.

Heute wissen wir, dass der Neandertaler über große Teile Europas verbreitet war — von Wales bis nach Gibraltar im Süden und bis an den Kaukasus im Osten. Er ging vor mehr als 200 000 Jahren aus einem noch älteren Verwandten des Menschen, dem *Homo heidelbergensis*, hervor und überdauerte die dramatischen Klimaveränderungen in der Endphase der Eiszeit im Quartär, ehe er dann vor rund 28 000 Jahren ausstarb. In den letzten 12 000 Jahren seiner Existenz lebte der Neandertaler neben dem modernen Menschen, *Homo sapiens*, der vor etwa 150 000 Jahren erstmals aus Afrika ausgewandert war. Trotz der Überschneidung lassen jüngste Analysen von Neandertaler-DNA vermuten, dass sich beide nicht miteinander kreuzten.

Siehe auch *Frühe Menschen* S. 148, *Eiszeiten* S. 152, *Der Java-Mensch* S. 216, *Das „Kind von Taung"* S. 298, *Die Olduvai-Schlucht* S. 392, *DNA aus alter Zeit* S. 476, *Der „Junge von Turkana"* S. 480, *Urheimat Afrika* S. 492, *Der Mann aus dem Eis* S. 504.

Der Neandertaler in einer Abbildung aus H. G. Wells' *Outline of History* (1920, *Die Grundlinien der Weltgeschichte*). Die kräftigen ▶ Oberaugenwülste und die fliehende Stirn des Neandertalers werfen noch immer Fragen danach auf, wer diese Menschen waren und was aus ihnen wurde.

Mauvein

William Henry Perkin 1838–1907

Im Jahre 1856 begann William Henry Perkin, ein 18-jähriger Student am Royal College of Chemistry in London, seine Karriere unter dem deutschen Chemiker August Wilhelm Hofmann. Hofmann war der weltweit führende Experte auf dem Gebiet des Steinkohleteers, der klebrigen, schwarzen Reste, die in Gaswerken anfielen. Wenn Steinkohleteer destilliert wird, setzt er Kohlenwasserstoffe frei — insbesondere die stark riechenden „Aromaten" wie Benzol, Toluol, Naphthalin und Anthracen. Die Synthese von Phenol (einem häufig verwendeten Desinfektionsmittel) aus Benzol und die Synthese des gelben Farbstoffes Pikrinsäure aus Phenol offenbarten in den Vierzigerjahren des 19. Jahrhunderts das kommerzielle Potenzial von Steinkohleteerprodukten.

Ein noch lohnenderes Ziel war es, das Antimalariamedikament Chinin herzustellen, das traditionell aus der Rinde des peruanischen Chinarindenbaumes gewonnen wurde. Hofmann vermutete nun, man könne Chinin billiger aus Steinkohleteerextrakten herstellen. Daher versuchte Perkin 1856 in seinem heimischen Labor, Chinin aus einen Anthracenderivat zu synthetisieren. Das Ergebnis war ein brauner Niederschlag, den die meisten Chemiker wohl weggeworfen hätten. Aber Perkins Neugier war geweckt, und er versuchte dieselbe Reaktion mit Anilin, einem Benzolderivat. Daraufhin erhielt er eine schwarze Substanz, die, in methyliertem Spiritus gelöst, eine wunderbare purpurne Färbung ergab. Wie Perkin feststellte, nahm Seide sein „Anilin-Purpur" gut an. Er wandte sich daher an die renommierten Stofffärber in Schottland und bat sie, seine Substanz zu testen. Deren Gefühle waren gemischt, da zu dieser Zeit vor allem Baumwollfarbstoffe gefragt waren. Dennoch überredete Perkin seinen Vater und seinen Bruder, ein Unternehmen zur Herstellung des neuen Farbstoffes zu gründen, und ab 1857 begann ihre Fabrik mit der Produktion von „Mauvein" oder „Mauve" (dem französischen Namen für die Malve mit ihren rosavioletten Blüten).

Damit begann der Siegeszug der Anilinfarbstoffe — Fuchsin oder Magenta, Anilinblau, Anilinviolett, Schwarz- und Grüntöne —, und die Nachfrage seitens der Mode beflügelte die Entdeckung neuer Klassen von synthetischen Farbstoffen, wie den Azofarbstoffen. Im Jahre 1868 synthetisierten zwei deutsche Chemiker Alizarin, den natürlichen roten Farbstoff der populären Krapppflanze (Färberröte). Bis Ende des Jahrhunderts hatten die Farbstoffunternehmen stark expandiert und sich in die bedeutenden chemischen Großfirmen aufgezweigt, die auch heute noch existieren: Hoechst, BASF, Bayer, Agfa, Ciba und Geigy.

Siehe auch *Der Benzolring* S. 190, *Dynamit* S. 194, *Die Ammoniaksynthese* S. 256, *Zauberkugeln* S. 262, *Nylon* S. 316.

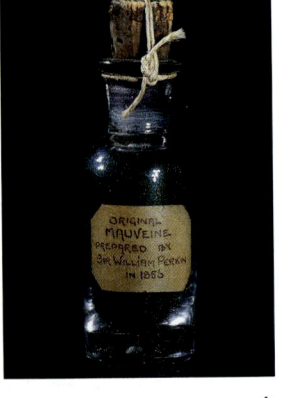

Originales Mauvein, von Perkin präpariert. Bereits 1875 konnte sich Perkin — gerade 35 Jahre alt — dank seiner Fabrik und seiner Patente „ins Privatleben" zurückziehen.

Ein Seidenkleid aus dem Jahre 1862, gefärbt mit Perkins Mauve — einer Farbe, »die bei Gütern aller Art sehr begehrt ist und ▸ auf Seidenstoffen nicht leicht zu erhalten ist«.

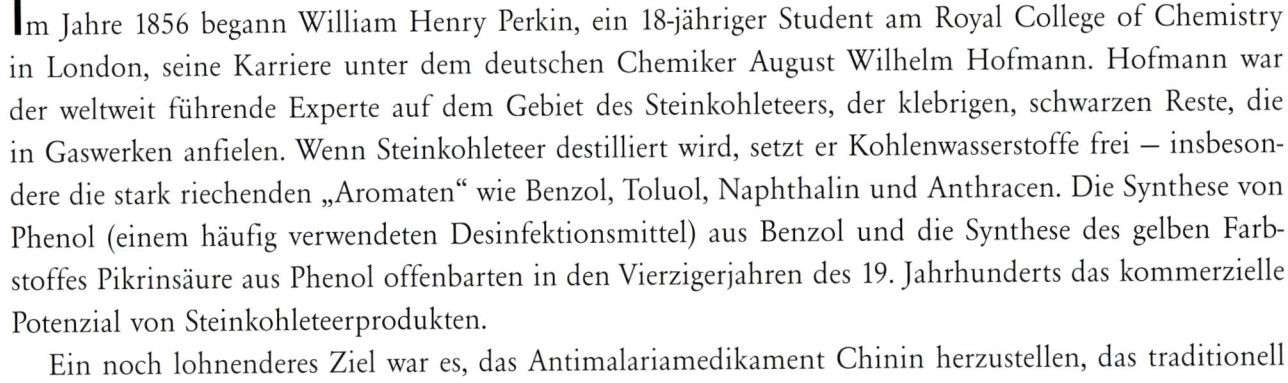

Zellgemeinschaften

Rudolf Virchow 1821–1902

Die Wissenschaft befand sich auf der Suche nach immer kleineren Einheiten der biologischen Analyse. Giovanni Battista Morgagni wies nach, dass Krankheiten in bestimmten Organen des Körpers angesiedelt sind (1761), und Marie François Xavier Bichat betonte die zentrale Bedeutung der Gewebe (1799). Aber obwohl Zellen bereits identifiziert waren, erkannte man ihre Bedeutung nicht. Das änderte sich, als Theodor Schwann im Jahre 1839 seine „Zelltheorie" postulierte. Angeregt durch den deutschen Botaniker Matthias Jakob Schleiden behauptete er, Zellen seien die strukturellen und funktionellen Bausteine aller Pflanzen und Tiere. Schwann vermutete auch ganz richtig, dass Eier Zellen seien und dass alles Leben als einzelne Zelle beginne. Allerdings nahm er fälschlich an, dass bei der Embryonalentwicklung und bei bestimmten pathologischen Zuständen wie der Eiterbildung neue Zellen aus der die Zellen umgebenden Flüssigkeit (dem „Cytoblastem") entstehen könnten – bis zum Verständnis der Zellteilung sollten noch einige Jahrzehnte vergehen.

Ein starker Verfechter der Zelltheorie war der deutsche Pathologe Rudolf Virchow. In seinem Klassiker *Die Cellularpathologie* (1858) äußerte er deutlich sein Credo *omnis cellula e cellula* („jede Zelle entsteht aus einer Zelle"). Die Vorstellung von der zellulären Kontinuität wurde zu einem Lehrsatz der Biologie im späten 19. Jahrhundert. Virchow griff auf eine politische Analogie zurück und sprach von Zellen, die in einem „Zellenstaat" lebten. Zudem behauptete er, jede Krankheit entstehe aus Störungen der normalen Lebensprozesse der Zellen.

Obwohl seine dynamische Sicht der Pathologie Krankheiten mit äußeren Ursachen vernachlässigte – Virchow war gegenüber Pasteurs Keimtheorie skeptisch –, bot sie eine unfehlbare Erklärung für den Krebs. Tumoren waren demnach abnorme Zellen, die sich durch anhaltende Teilung gegen den Körper auflehnen. Virchow erklärte auch die Ausbreitung von Krebszellen in entfernt liegende Organe. Dabei griff er auf seine Arbeit über die Bildung von Blutgerinnseln zurück, die sich lösen und dann „Emboli" (ein von ihm geprägter Begriff) bilden konnten. Virchows unkontrollierte Krebszellen haben mit der Molekularbiologie eine moderne Interpretation erfahren. Viele Krebsgeschwulste sind Klone einer abtrünnigen Zelle, bei der die Zellteilung außer Kontrolle geraten ist.

Siehe auch *Leben unter dem Mikroskop* S. 76, *Eizellen und Embryonen* S. 140, *Die Regulation des Körpers* S. 188, *Die Keimtheorie* S. 202, *Das Hayflick-Limit* S. 394, *Menschliche Krebsgene* S. 456.

Zellteilung in Zellen der Wurzelspitze vom Knoblauch (*Allium sativum*). In Virchows „Zellenstaat" sind Zellen soziale Klassen ▶ und die Organe und Gewebe ihr Staatsgebiet.

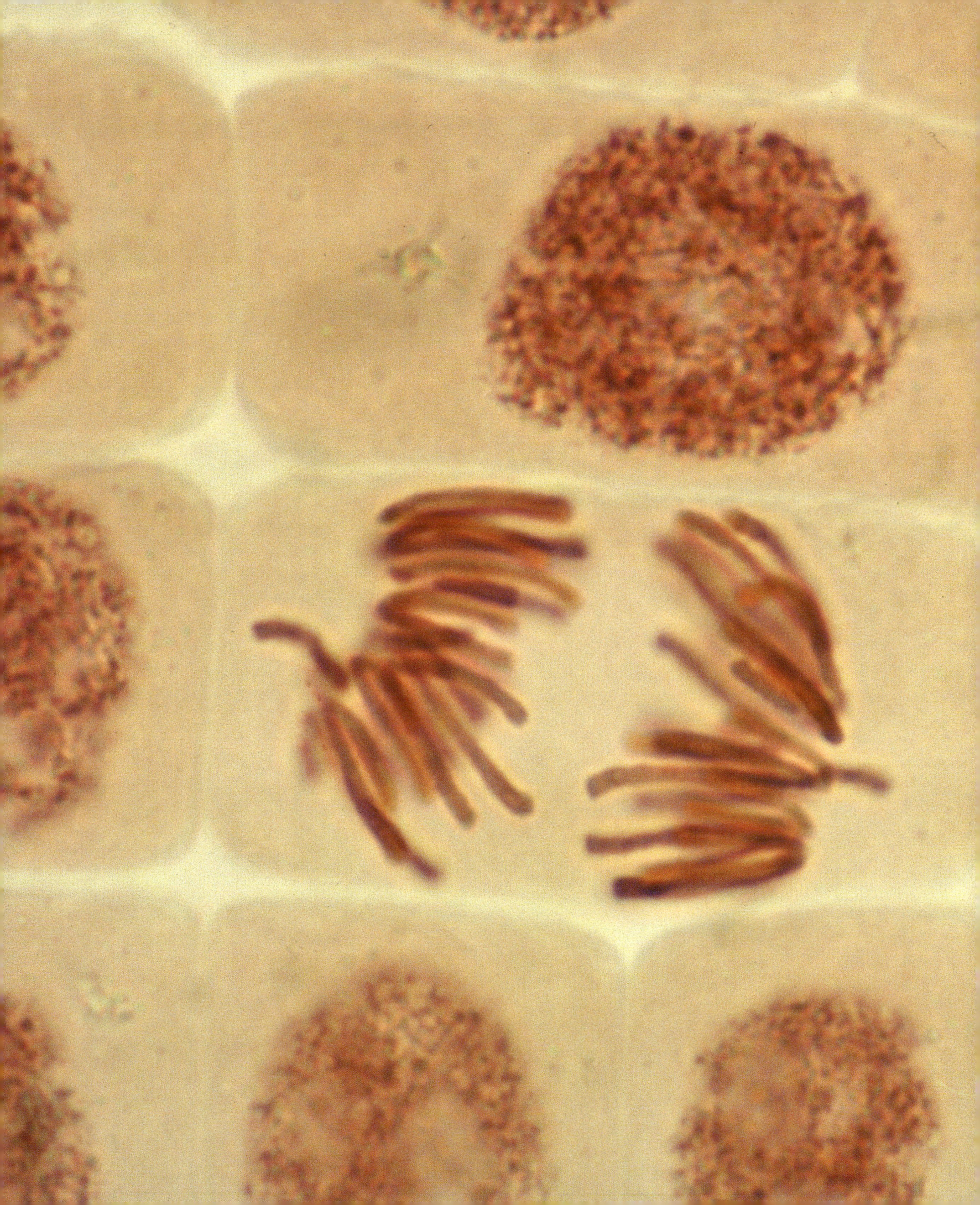

Darwins *Entstehung der Arten*

Charles Robert Darwin 1809-1882

Über *Die Entstehung der Arten* sagte Darwin: »Ich kann keinen Grund erkennen, weshalb die geäußerten Ansichten irgendjemandes religiöse Gefühle verletzen sollten.«

Darwins *On the Origin of Species* (*Über die Entstehung der Arten*), eines der wichtigsten Bücher aller Zeiten, enthält zwei Haupttheorien. Die eine besagt, dass alle Arten auf der Erde durch Evolution aus anderen, bereits existierenden Arten entstanden sind. Dies widersprach der christlichen Lehre, nach der jede Art ihren eigenen Ursprung hat und ihre Grundgestalt nicht verändert. Der zweiten Theorie zufolge wird die Evolution durch natürliche Auslese (Selektion) angetrieben: Einige Individuen einer Population haben mehr Nachkommen als andere; die Nachkommen erben weitgehend die Eigenschaften ihrer Eltern; spätere Generationen weisen daher mehr Eigenschaften jener Individuen auf, die sich zuvor erfolgreicher fortpflanzten.

Die meisten Nachkommen hinterlassen allgemein jene Individuen, die am besten an die örtlichen Bedingungen angepasst sind. Die natürliche Selektion lässt also besonders lebensfähige Lebewesen entstehen. Auch diese Folgerung widersprach dem religiösen Glauben, denn die Anpassung (und den „Bauplan") von Lebewesen hatte man bisher übernatürlich mit göttlicher Einwirkung erklärt. Mit der natürlichen Selektion bekam die Anpassung nun eine natürliche Erklärung.

Manche Merkmale wie der Schwanz des Pfaues oder das Geweih des Hirsches scheinen ihren Besitzern weniger im Überlebenskampf gegen die Widrigkeiten der Umwelt zu helfen als vielmehr im Wettbewerb um die Aufmerksamkeit des anderen Geschlechts. Darwin veröffentlichte ein weiteres Buch, in dem er diese Merkmale mit der Theorie der sexuellen Selektion erklärte — einem Sonderfall der natürlichen Selektion. Individuen (meist Männchen) konkurrieren dabei miteinander um eine begrenzte Zahl von Sexualpartnern, nicht um begrenzte Umweltressourcen.

Darwin kam der Gedanke der natürlichen Selektion schon in den Dreißigerjahren des 19. Jahrhunderts, aber erst 20 Jahre später veröffentlichte er ihn — weil damals ein anderer britischer Naturforscher, Alfred Russel Wallace, unabhängig von ihm eine sehr ähnliche Theorie entwickelt und sie Darwin vorgestellt hatte. Darwin und Wallace publizierten die Theorie 1858 gemeinsam, aber Evolution und natürliche Selektion fanden kaum Beachtung, bis ein Jahr später Darwins *Die Entstehung der Arten* erschien. Die Erstauflage belief sich auf nur 1250 Exemplare, die allesamt schon am Erscheinungstag vergriffen waren.

Siehe auch *Bevölkerungswachstum* S. 110, *Erworbene Merkmale* S. 128, *Mendels Gesetze der Vererbung* S. 192, *Der Burgess-Schiefer* S. 260, *Gene und Vererbung* S. 264, *Neodarwinismus* S. 282, *Die Doppelhelix* S. 374, *Die Evolution der Kooperation* S. 406, *Neutrale molekulare Evolution* S. 422, *Leben unter Extrembedingungen* S. 452, *Gerichtete Mutation* S. 494.

Spektakulärer Tintenfisch: Kostümentwurf für eine Karnevalsparade in New Orleans zum Thema „Fehlende Zwischenglieder oder ▶ Darwins *Entstehung der Arten*".

Archaeopteryx

Richard Owen 1804-1892, Thomas Henry Huxley 1825-1895

Als man 1860 im Solnhofener Plattenkalk in Bayern eine einzige fossilisierte Feder entdeckte, veränderte sich dadurch unser Verständnis der Evolution, denn dies war das erste überzeugende *missing link* (fehlende Bindeglied) zwischen zwei großen Tiergruppen: den Reptilien und den Vögeln.

Bayerns feinkörniger Jura-Kalkstein wurde als hochwertiger Stein für Lithographien abgebaut, und oft enthüllte das gebrochene Gestein auch hervorragend erhaltene Fossilien, welche die Steinbrucharbeiter an Sammler verkauften. Damals nahm man noch an, ein Federkleid sei ausschließlich Vögeln vorbehalten. Wo eine Feder war, musste demnach auch ein Vogel sein. Sechs Monate später, im Jahre 1861, fand man dann auch ein fast vollständiges Vogelskelett mit Abdrücken asymmetrischer Flugschwingen um die Flügelknochen.

Das Exemplar wurde 1862 von Richard Owen erworben, einem der großen Anatomen seiner Zeit und erbittertem Gegner von Darwins Evolutionsgedanken, der damals Leiter der naturhistorischen Sammlung des Britischen Museums in London war. Dennoch belegte Owens meisterhafte Beschreibung des 170 Millionen Jahre alten Fossils, dass es zwar »eindeutig ein Vogel« war, aber auch Merkmale aufwies, die sich nach Owens Ansicht nur bei Embryonen heutiger Vögel fanden.

Der englische Biologe Thomas Henry Huxley erkannte jedoch im *Archaeopteryx* (griechisch für „uralter Flügel") mit seiner Mischung aus Reptilien- und Vogelmerkmalen ein hervorragendes Beispiel für Darwinsche Evolution. Durch den Fund eines kleinen, etwa 60 Zentimeter großen Dinosauriers (*Compsognathus*) in denselben Ablagerungen wie die des *Archaeopteryx*, der diesem auch ähnelte, wurde seine Folgerung bestätigt. Huxley sah kein Problem darin, verschiedene Tierklassen zu verknüpfen, auch wenn sie anatomische und physiologische Unterschiede aufwiesen. Nachdem einmal ein gemeinsamer Vorfahre gefunden war, ließen sich andere Lücken schließen, und Owens embryologischer Beleg stützte diese Theorie noch — damals glaubte man, die Embryonalentwicklung sei eine beschleunigte Wiederholung der Speziesevolution.

Gefiederte Dinosaurier hat man inzwischen auch im chinesischen Liaoning gefunden, und viele Fachleute sehen in Vögeln eine Gruppe raptorähnlicher Dinosaurier.

Siehe auch *Vergleichende Anatomie* S. 106, *Die Erfindung des Dinosauriers* S. 154, *Ein lebendes Fossil* S. 324, *Das Aussterben der Dinosaurier* S. 458.

Der *Archaeopteryx*, eines der weltweit bekanntesten Fossilien, hat viele Merkmale eines kleinen Dinosauriers, etwa den langen ▶
Schwanz und die bezahnten Kiefer. Seine Federn lassen aber vermuten, dass er ein Vogel war und fliegen konnte.

Die ersten Menschen
Richard Leakey

Anthropologen sind seit langen fasziniert von den besonderen Fertigkeiten des *Homo sapiens*, wie Sprache, großem technischem Geschick und der Fähigkeit, moralisch zu urteilen. Doch zu den bedeutendsten Wandlungen, die die Anthropologie in den letzten Jahren durchgemacht hat, gehört die Erkenntnis, wie außerordentlich nahe wir trotz dieser Fähigkeiten den afrikanischen Menschenaffen stehen.

In seinem 1859 erschienenen Buch *On the Origin of Species* (*Über die Entstehung der Arten*) vermied es Darwin, die Folgerungen, die sich aus seiner Evolutionstheorie ergaben, auf den Menschen zu auszudehnen. In späteren Ausgaben kam der folgende vorsichtige Satz hinzu: »Licht wird auch fallen auf den Ursprung des Menschen und seine Geschichte.« In einem späteren Buch, *The Descent of Man* (*Die Abstammung des Menschen*), das 1871 veröffentlicht wurde, arbeitete Darwin diesen kurzen Satz sorgfältig aus. Indem er sich dieses immer noch sensiblen Themas annahm, errichtete er zwei Grundpfeiler im Denkgebäude der Anthropologie. Erstens ging es um die Frage, wo sich die Menschheit ursprünglich entwickelt hatte (anfangs glaubten ihm nur wenige, doch seine Vermutung sollte sich später als richtig erweisen), zweitens um die Art und Weise dieser Evolution. Darwins These zum Verlauf der Evolution dominierte die Anthropologie bis vor wenigen Jahren, stellte sich aber dann doch als falsch heraus.

Die Wiege der Menschheit, meinte Darwin, stand in Afrika. Seine Begründung war einfach:

In jeder großen Region der Erde sind die dort lebenden Säugetiere nahe mit den ausgestorbenen Arten derselben Region verwandt. Es ist daher wahrscheinlich, dass Afrika früher von jetzt ausgestorbenen Affen bewohnt wurde, welche dem Gorilla und dem Schimpansen nahe verwandt waren; und da diese beiden Species jetzt die nächsten Verwandten des Menschen sind, so ist es noch etwas wahrscheinlicher, dass unsere früheren Urerzeuger auf dem afrikanischen Festland lebten.

Man darf nicht vergessen, dass zu dem Zeitpunkt, als Darwin diese Zeilen schrieb, noch nirgendwo Fossilien von frühen Menschen gefunden worden waren; seine Schlüsse beruhten vollständig auf theoretischen Überlegungen. Zu seiner Zeit waren die einzigen bekannten menschlichen Fossilien solche des europäischen Neandertalers, und dieser stellt ein relativ spätes Stadium in der Entwicklungsgeschichte des Menschen dar.

Bei Anthropologen stieß Darwins Theorie auf heftige Ablehnung, nicht zuletzt deshalb, weil man auf das tropische Afrika mit kolonialer Verachtung herabsah; der schwarze Kontinent galt nicht als geeigneter Ort für den Ursprung eines so noblen Geschöpfs wie *Homo sapiens*. Als man um die Wende vom 19. zum 20. Jahrhundert in Europa und Asien weitere menschliche Fossilien entdeckte, wurde die Idee vom afrikanischen Ursprung des Menschen noch stärker belächelt und verspottet als zuvor. Diese Haltung blieb jahrzehntelang unverändert. Im Jahre 1931, als mein Vater seinen intellektuellen Lehrern in Cambridge von seinem Plan berichtete, in Ostafrika nach den Ursprüngen des Menschen zu suchen, sah er sich massivem Druck ausgesetzt, sich stattdessen auf Asien zu konzentrieren. Louis Leakeys Überzeugung fußte teilweise auf Darwins Argumentation, teilweise aber zweifellos auch auf der Tatsache, dass er in Kenia geboren und aufgewachsen war. Er ignorierte die Ratschläge der Cambridge-Gelehrten und machte sich daran nachzuweisen, dass Ostafrika in unserer Frühgeschichte eine entscheidende Rolle gespielt hat. Die Vehemenz antiafrikanischer Gefühle bei den Anthropologen jener Tage erscheint uns heute seltsam, wenn man an die große Zahl frühmenschlicher Fossilien denkt, die in den letzten Jahren auf diesem Kontinent entdeckt worden sind. Die Episode erinnert uns aber auch daran, dass sich Wissenschaftler häufig ebenso sehr von ihren Gefühlen und Vorurteilen wie von ihrem Verstand leiten lassen.

Darwins zweite wesentliche Schlussfolgerung in *Die Abstammung des Menschen* war, dass sich die charakteristischen Merkmale, die den Menschen von anderen Tieren unterscheiden — Zweibeinigkeit, Technologie und ein vergrößertes Gehirn —, gemeinsam entwickelt haben. Er schrieb dazu:

> *War es ein Vorteil für den Menschen, seine Hände und Arme frei zu haben und fest auf seinen Füßen zu stehen, ... dann kann ich keinen Grund sehen, warum es für die Urerzeuger des Menschen nicht hätte vorteilhafter gewesen sein sollen, immer mehr und mehr aufrecht oder zweifüßig zu werden. ... Die Hände und Arme hätten aber kaum hinreichend vollkommen werden können, Waffen zu fabrizieren oder Steine und Speere nach einem bestimmten Ziel zu werfen, wenn, solange sie gewohnheitsmäßig zur Lokomotion benutzt worden wären ... oder solange sie speziell zum Erklettern von Bäumen angepasst waren.*

Hier stellte Darwin die These auf, die Evolution unserer ungewöhnlichen Fortbewegungsweise sei unmittelbar mit der Herstellung von Steinwerkzeugen und Waffen verknüpft gewesen. Er ging noch weiter und zog eine Verbindung zwischen diesen evolutionären Veränderungen und der Ausformung der Eckzähne beim Menschen, die im Vergleich zu den dolchartigen Eckzähnen von Menschenaffen ungewöhnlich klein sind. »Die frühen männlichen Vorfahren des Menschen ... waren wahrscheinlich mit großen Eckzähnen versehen«, schrieb er in *Die Abstammung des Menschen*, »in dem Maße aber, wie sie allmählich die Fähigkeit erlangten, Steine, Keulen oder andere Waffen im Kampf mit ihren Feinden oder Rivalen zu gebrauchen, werden sie auch ihre Kinnladen und Zähne immer weniger und weniger gebraucht haben. In diesem Fall werden die Kinnladen in Verbindung mit den Zähnen an Größe reduziert worden sein.«

Diese waffenherstellenden, zweibeinigen Geschöpfe entwickelten intensivere soziale Beziehungen, die höhere geistige Fähigkeiten erforderten, argumentierte Darwin weiter. Und je intelligenter unsere Vorfahren wurden, desto schneller und weiter entwickelten sich ihre technischen und sozialen Fertigkeiten, was wiederum einen noch höheren Intellekt erforderte. Und da die Evolution eines jeden Merkmals die der anderen vorantrieb, setzte sich dieser Prozess immer weiter fort. Diese Hypothese von der verknüpften Evolution machte die Ursprünge des Menschen sehr anschaulich und spielte für die Entwicklung der anthropologischen Wissenschaft eine wichtige Rolle.

Diesem Szenario zufolge war die früheste menschliche Spezies mehr als lediglich ein zweibeiniger Affe: Sie besaß bereits einige der Merkmale, die wir als typisch für *Homo sapiens* ansehen. Das Bild war derart eindrucksvoll und plausibel, dass es den Anthropologen sehr lange Zeit gelang, ein Gebäude aus durchaus überzeugend erscheinenden Hypothesen darum aufzubauen. Doch das Szenario ging über das, was wissenschaftlich war, hinaus: Wenn die evolutionäre Differenzierung des Menschen aus den Menschenaffen sowohl schlagartig als auch bereits sehr früh erfolgt war, dann tat sich zwischen uns und der übrigen Natur eine beträchtliche Lücke auf. Für diejenigen, die davon überzeugt waren, *Homo sapiens* sei etwas ganz und gar Einzigartiges, war diese Sichtweise tröstlich.

Archaeopteryx

Richard Owen 1804–1892, Thomas Henry Huxley 1825–1895

Als man 1860 im Solnhofener Plattenkalk in Bayern eine einzige fossilisierte Feder entdeckte, veränderte sich dadurch unser Verständnis der Evolution, denn dies war das erste überzeugende *missing link* (fehlende Bindeglied) zwischen zwei großen Tiergruppen: den Reptilien und den Vögeln.

Bayerns feinkörniger Jura-Kalkstein wurde als hochwertiger Stein für Lithographien abgebaut, und oft enthüllte das gebrochene Gestein auch hervorragend erhaltene Fossilien, welche die Steinbrucharbeiter an Sammler verkauften. Damals nahm man noch an, ein Federkleid sei ausschließlich Vögeln vorbehalten. Wo eine Feder war, musste demnach auch ein Vogel sein. Sechs Monate später, im Jahre 1861, fand man dann auch ein fast vollständiges Vogelskelett mit Abdrücken asymmetrischer Flugschwingen um die Flügelknochen.

Das Exemplar wurde 1862 von Richard Owen erworben, einem der großen Anatomen seiner Zeit und erbittertem Gegner von Darwins Evolutionsgedanken, der damals Leiter der naturhistorischen Sammlung des Britischen Museums in London war. Dennoch belegte Owens meisterhafte Beschreibung des 170 Millionen Jahre alten Fossils, dass es zwar »eindeutig ein Vogel« war, aber auch Merkmale aufwies, die sich nach Owens Ansicht nur bei Embryonen heutiger Vögel fanden.

Der englische Biologe Thomas Henry Huxley erkannte jedoch im *Archaeopteryx* (griechisch für „uralter Flügel") mit seiner Mischung aus Reptilien- und Vogelmerkmalen ein hervorragendes Beispiel für Darwinsche Evolution. Durch den Fund eines kleinen, etwa 60 Zentimeter großen Dinosauriers (*Compsognathus*) in denselben Ablagerungen wie die des *Archaeopteryx*, der diesem auch ähnelte, wurde seine Folgerung bestätigt. Huxley sah kein Problem darin, verschiedene Tierklassen zu verknüpfen, auch wenn sie anatomische und physiologische Unterschiede aufwiesen. Nachdem einmal ein gemeinsamer Vorfahre gefunden war, ließen sich andere Lücken schließen, und Owens embryologischer Beleg stützte diese Theorie noch — damals glaubte man, die Embryonalentwicklung sei eine beschleunigte Wiederholung der Speziesevolution.

Gefiederte Dinosaurier hat man inzwischen auch im chinesischen Liaoning gefunden, und viele Fachleute sehen in Vögeln eine Gruppe raptorähnlicher Dinosaurier.

Siehe auch *Vergleichende Anatomie* S. 106, *Die Erfindung des Dinosauriers* S. 154, *Ein lebendes Fossil* S. 324, *Das Aussterben der Dinosaurier* S. 458.

Der *Archaeopteryx*, eines der weltweit bekanntesten Fossilien, hat viele Merkmale eines kleinen Dinosauriers, etwa den langen ▸ Schwanz und die bezahnten Kiefer. Seine Federn lassen aber vermuten, dass er ein Vogel war und fliegen konnte.

Die Kartierung der Sprache

Pierre Paul Broca 1824–1880

Die Vorstellung, dass unterschiedliche Hirnregionen mit unterschiedlichen psychologischen Funktionen verknüpft sind, gewann zu Beginn des 19. Jahrhunderts mit den Arbeiten von Franz Joseph Gall an Bedeutung. Er vermutete, dass sich geistige Fähigkeiten möglicherweise in der Form des Gehirns und somit des Schädels widerspiegelten; diese Auffassung fand allgemein Verbreitung duch die „Phrenologen", die behaupteten, der Charakter eines Menschen ließe sich durch Abtasten der Unebenheiten auf seinem Kopf ableiten. Die Phrenologie wurde von den orthodoxen praktischen Ärzten bald aufgegeben und entwickelte sich zu einem Betätigungsfeld für Quacksalber.

Das Konzept der „zerebralen Lokalisation" wurde 1861 von Paul Broca, einem Pariser Chirurgen, Pathologen und Anatom, rehabilitiert. Aufgrund klinischer Erfahrungen mit Aphasiepatienten und durch anschließende Autopsien stellte er eine Verbindung zwischen dem Verlust der Sprechfähigkeit und Schädigungen bestimmter Bereiche der Hirnrinde her. 1861 behauptete er, das Zentrum der Sprachproduktion liege in der dritten frontalen Windung der linken Hirnhemisphäre („Broca-Zentrum").

Leider mussten Brocas Angaben zur Lokalisation des Sprachzentrums im Laufe der Zeit revidiert werden. Dennoch wurde mit seiner Arbeit zum ersten Mal eindeutig bewiesen, dass spezifische Funktionen bestimmten Hirnbereichen zugewiesen werden können, was bald darauf durch John Hughlings Jackson in Untersuchungen von Epilepsiepatienten bestätigt wurde. In der Neurochirurgie erwiesen sich diese und weitere Lokalisationsforschungen als nützlich. So operierte John Rickman Godlee 1884 einen Patienten, um einen walnussgroßen Tumor zwischen Frontal- und Parietallappen zu entfernen. Er befand sich genau an der Stelle, wo man ihn aufgrund der Symptome des Patienten vermutet hatte. Im 20. Jahrhundert wandten sich die Neurowissenschaftler der Identifikation von Hirnbereichen zu, die mit verschiedenen Verhaltensmustern und Emotionen verknüpft waren. Dies führte logischerweise zu chirurgischen Eingriffen bei psychiatrischen Krankheiten, wie sie vor allem der portugiesische Arzt Antonio Egaz Moniz durchführte. Im Jahre 1949 gewann er den Nobelpreis für seine Pionierarbeiten bei der präfrontalen Lobotomie – der Kappung der Verbindungen zwischen den Frontallappen und dem restlichen Gehirn –, mit der man Schizophrenie und andere Geisteskrankheiten therapieren wollte. Mittlerweile ist die „Psychochirurgie" allerdings in Misskredit geraten.

Siehe auch *Der Sprachinstinkt* S. 386, *Die rechte und die linke Hirnhälfte* S. 400, *Bilder des Geistes* S. 478.

Ein Plätzchen für alles und alles an seinem Platz: Auch wenn die Phrenologie Mitte des 19. Jahrhunderts ihre wissenschaftliche ▶ Glaubwürdigkeit einbüßte, blieb sie doch eine beliebte Kunst, wie dieses englische Schaubild von 1923 zeigt. Wahrnehmungs- und reflektive Fähigkeiten sind darin ebenso spezifischen Hirn- beziehungsweise Schädelarealen zugeordnet wie Moral, Selbstvervoll-kommnung, Strebsamkeit, häuslich-familiäre und animalische Eigenschaften (um nur die größeren Einheiten zu erwähnen).

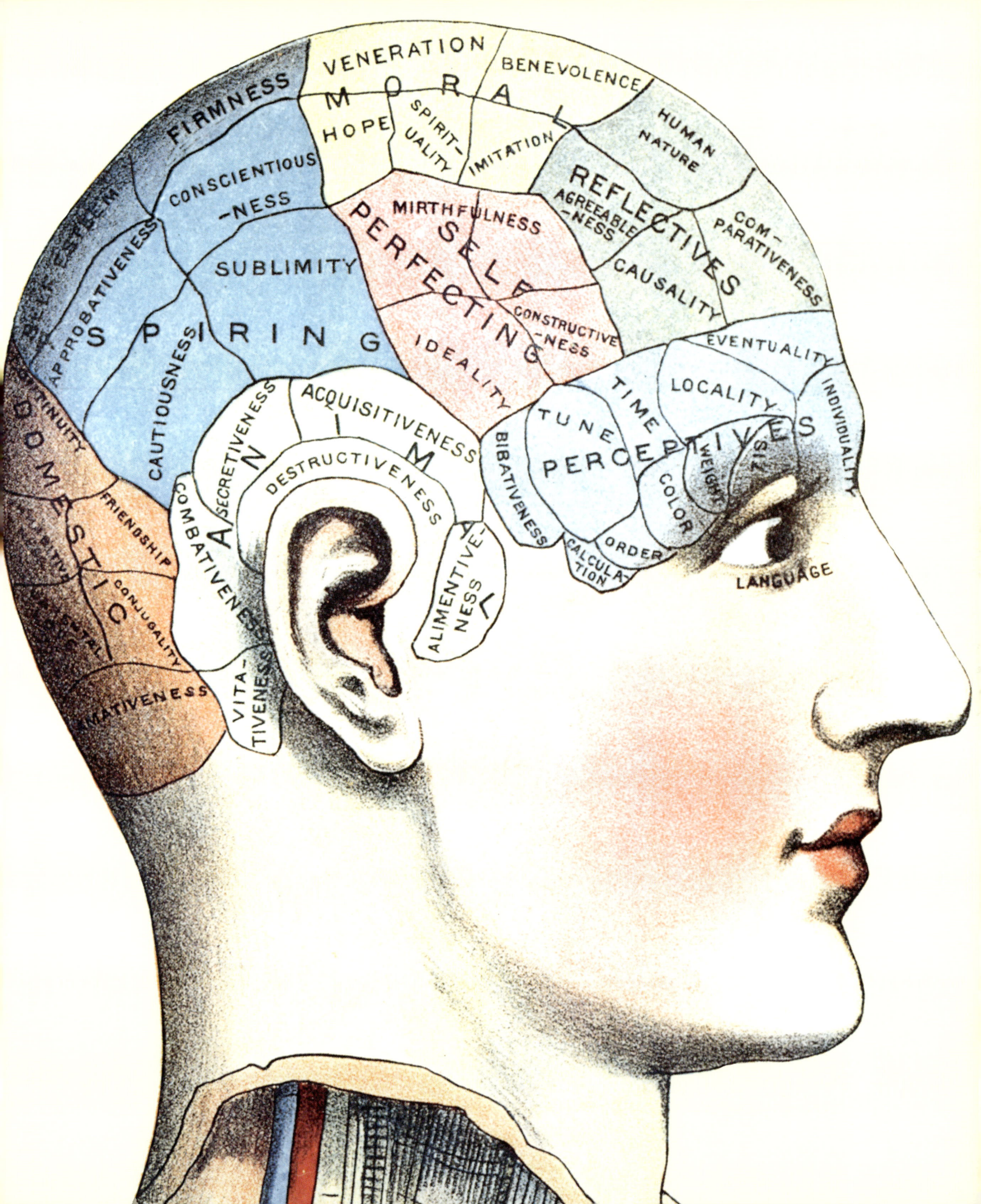

Der Treibhauseffekt

John Tyndall 1820–1893

Der erste Mann, der das Weißhorn in den Alpen erklomm, und fast der Erste auf dem Matterhorn – seine Führer weigerten sich, ihm die letzten Steigungen hinauf zu folgen – war auch der Erste, der den Treibhauseffekt voraussagte. Im Jahre 1863 berichtete der britische Physiker, Zeichner, Geologe und Bergsteiger John Tyndall von seinen Experimenten über die Strahlungseigenschaften von Gasen wie Sauerstoff, Stickstoff und Kohlendioxid (oder „Kohlensäure", wie Tyndall es nannte). Er entdeckte, dass es in der Fähigkeit dieser Gase, Wärme zu absorbieren oder abzustrahlen, enorme Unterschiede gab, und stellte fest, dass Sauerstoff und Stickstoff für Wärme fast völlig durchlässig, Dampf, Kohlendioxid und Ozon hingegen beinahe wärmeundurchlässig waren.

Dieses seltsame Verhalten von ansonsten farblosen und unsichtbaren Gase führte ihn zu einer überraschenden Schlussfolgerung: Wasserdampf war in der Erdatmosphäre so häufig und ein derart effizienter Wärmeabsorber, dass er eine wichtige Rolle bei der Regulierung der Temperatur auf der Erdoberfläche spielen musste. Ohne diesen Wasserdampf würde die Erde »fest im eisernen Griff des Frostes« stecken. Tyndall beschrieb weiter, wie Veränderungen im Wasserdampf- und Kohlendioxidgehalt zu einer Klimaveränderung führen könnten, dem inzwischen berühmten Treibhauseffekt. (Im Jahre 1896 wies der schwedische Chemiker Svante Arrhenius ebenfalls darauf hin, dass atmosphärisches Kohlendioxid eine „Wärmefalle" ist, und spekulierte, ein leichtes Absinken seiner Konzentration könne zu einer Eiszeit führen.)

Tyndall erklärte auch, warum der Himmel blau ist: Große Moleküle in der Atmosphäre streuen blaues Licht stärker als andere Farben im Sonnenspektrum. Dasselbe Phänomen ist auch der Grund dafür, dass die Sonne rot erscheint, wenn sie untergeht. In der Nähe des Horizonts muss das Sonnenlicht weiter durch die Atmosphäre wandern, um ins Auge des Beobachters zu gelangen. Auf dieser Reise werden blaues Licht und andere Farben gestreut, sodass nur das rote Licht übrig bleibt. Das ist der so genannte „Tyndall-Effekt".

Siehe auch *Die Entzauberung des Regenbogens* S. 36, *Eiszeiten* S. 152, *Stickstofffixierung* S. 208, *Klimazyklen* S. 276, *Energie aus dem Atomkern* S. 330, *Die Gaia-Hypothese* S. 432, *Das Ozonloch* S. 438.

Schornsteine einer Fabrik in Pittsburgh, Pennsylvania, schleudern gegen Ende des 19. Jahrhunderts schwarze Rauchwolken in die ▶
Atmosphäre. Kohlendioxidemissionen aus der Verbrennung fossiler Brennstoffe tragen in hohem Maße zum Treibhauseffekt bei.

Die Maxwellschen Gleichungen

James Clerk Maxwell 1831–1879

Der schottische Physiker James Clerk Maxwell führte Elektrizität und Magnetismus zusammen — und heraus kam Licht. Dass die elektrischen und die magnetischen Kräfte irgendwie zusammenhingen, war bereits bekannt. Im frühen 19. Jahrhundert hatte Hans Christian Ørsted beobachtet, dass elektrischer Strom eine Kompassnadel ablenken kann, und Michael Faraday entdeckte den umgekehrten Effekt: Ein bewegter Magnet induziert in einer Drahtspule einen elektrischen Strom. Faraday war überzeugt, dass alle derartigen Phänomene auf die magnetischen und elektrischen Kraftfelder zurückzuführen seien, die Magneten und elektrische Ladungen umgäben. In den Sechzigerjahren des 19. Jahrhunderts entwickelte Maxwell aus dieser Vorstellung ein Gleichungssystem, das beide Kräfte vollständig beschrieb und sie zu einem einzigen Kraftfeld vereinigte: Elektromagnetismus.

Eine der Lösungen seiner Gleichungen war, wie er herausfand, eine Welle. Die Welle besteht aus schwingenden elektromagnetischen Feldern und breitet sich im leeren Raum mit der atemberaubenden Geschwindigkeit von 300 Millionen Metern pro Sekunde aus. Das war eine Schlüsselentdeckung. Bereits 1676 hatte der dänische Astronom Olaus Rømer erstmals die Lichtgeschwindigkeit gemessen. Er hatte bemerkt, dass der Jupitermond Io der berechneten Position auf seiner Umlaufbahn immer ein wenig vorauszueilen schien, wenn der Abstand zwischen Jupiter und Erde klein war, und leicht „nachging", wenn der Abstand groß war. Eine mögliche Erklärung war, dass das Licht eine gewisse Zeit brauchte, um uns zu erreichen. Rømer kam auf eine Geschwindigkeit von gut 200 Millionen Metern pro Sekunde, ein Wert, der später auf etwa 300 Millionen korrigiert wurde. Für Maxwell lag der Schluss auf der Hand: Licht war eine elektromagnetische Welle. Seine Gleichungen erklärten sogar, warum sich Licht in durchsichtigen Materialien wie Wasser oder Glas verlangsamte.

Andere Naturwissenschaftler taten sich schwer, dies zu akzeptieren. Aber 1888 entdeckte Heinrich Hertz schließlich jene von Maxwells Theorie vorhergesagten elektromagnetischen Wellen mit einer viel größeren Wellenlänge als Licht, die wir heute Radiowellen nennen. Mittlerweile kennen wir Radiowellen, Mikrowellen, Millimeterwellen, Infrarot, das sichtbare Licht, Ultraviolett, Röntgenstrahlen und Gammastrahlen: das ganze Spektrum der elektromagnetischen Wellen, die allesamt Maxwells vereinheitlichter Theorie gehorchen.

Siehe auch *Die Entzauberung des Regenbogens* S. 36, *Die elektrische Batterie* S. 116, *Die Wellennatur des Lichtes* S. 118, *Röntgenstrahlen* S. 220, *Der Sonnenwind* S. 388, *Das Echo des Urknalls* S. 412, *Die Vereinheitlichung der Kräfte* S. 416, *Gammastrahlenausbrüche* S. 434.

Maxwells Darstellung eines gleichförmigen, durch einen elektrischen Strom gestörten Magnetfeldes. Er verlieh Faradays intuitiver ▶ Einsicht, dass Elektrizität und Magnetismus Kraftfelder hervorbringen, eine mathematische Form.

Die Regulation des Körpers

Claude Bernard 1813-1878

Der französische Physiologe Claude Bernard kehrte der klinischen Medizin den Rücken, um sich der Forschung im Labor zu widmen. Er tat die Forschung am Krankenbett als passive Übung ab, bei der die Beobachtung und nicht das Experiment im Mittelpunkt standen. Zudem führe sie nicht zu präzisen wissenschaftlichen Erkenntnissen, da sie sich unweigerlich mit der Krankheit im Endstadium auseinander setzt. Seiner Meinung nach erforschte man Krankheitsprozesse am besten unter kontrollierten Laborbedingungen.

Bernard skizzierte sein Manifest für die wissenschaftliche Medizin in dem Werk *Introduction à l'étude de la médecine expérimentale* (1865, *Einführung in das Studium der experimentellen Medizin*). Das Buch war keine gewöhnliche Polemik, sondern beruhte auf den hervorragenden und weit reichenden Experimenten, die er in den Vierziger- und Fünfzigerjahren des 19. Jahrhunderts durchgeführt hatte. Er war ein kühner Vivisektor und entschlüsselte die Verdauungsfunktion der Pankreassekrete, die Rolle der Leber bei der Bildung von Glucose mithilfe einer von ihm „Glycogen" genannten Substanz (zuvor dachte man, Tiere könnten Fette, Zucker und Proteine nur abbauen, aber nicht bilden), die Steuerung der Blutgefäße (und damit des Blutflusses) durch Nerven, den Sauerstofftransport durch rote Blutkörperchen und dessen Blockade durch Kohlenmonoxid sowie das Wesen der Curarevergiftung und deren Verbindung zur Steuerung der Muskeln durch Nerven.

All dies führte ihn zu dem Postulat, der Körper schaffe für die Gesamtheit seiner Zellen sein eigenes, unveränderliches inneres Milieu (*milieu intérieur*). Durch komplexe physiologische Mechanismen werden Blut und Gewebeflüssigkeiten trotz äußerer Veränderungen stabil gehalten — Wassergehalt, Temperatur, Sauerstoffversorgung, Druck und chemische Zusammensetzung bleiben also konstant. Im Jahre 1902 prägte der Physiologe Walter Cannon von der Harvard-Universität dafür den Begriff „Homöostase". Seine Forschungen über den Schock bei Soldaten im Ersten Weltkrieg zeigten, wie wichtig es ist, dem Körper beim Erhalt seines Gleichgewichtes zu helfen, etwa durch Flüssigkeitsersatz zur Stabilisierung des Blutdruckes. Diese Prinzipien bilden noch heute den Kern von Chirurgie und Notfallmedizin.

Siehe auch *Der Blutkreislauf* S. 58, *Zellgemeinschaften* S. 174, *Die Wirkung der Enzyme* S. 218, *Bedingte Reflexe* S. 242, *Der Zitronensäurezyklus* S. 320, *Stickoxid* S. 496.

Bernard viviseziert ein Kaninchen. Im Jahre 1870 trennte er sich von seiner Frau — einer engagierten Tierschützerin. ▶

Der Benzolring

Friedrich August Kekulé 1829–1896

Im Jahre 1890 hat Friedrich Kekulé erzählt, wie er 25 Jahre zuvor die Struktur des Benzolmoleküls entdeckte. Er war damals Chemieprofessor an der Universität Gent, und eines Abends im Jahre 1865 schlief er auf seinem Stuhl vor dem Kaminfeuer ein und hatte einen Traum, in dem sich eine Schlange in den eigenen Schwanz biss und so einen Kreis bildete. Beim Erwachen erkannte Kekulé, dass er die Antwort auf die Formel für Benzol — C_6H_6 — gefunden hatte. Damals waren die Chemiker ratlos, wie diese Formel zu der Tatsache passte, dass ein Kohlenstoffatom gewöhnlich vier Wasserstoffatome bindet. Wenn das Benzolmolekül jedoch aus einem Ring von sechs Kohlenstoffatomen bestand, von denen jedes ein Wasserstoffatom trug, und der Kohlenstoffring alternierende Doppelbindungen aufwies, dann war das Problem gelöst.

Kekulés Formel für Benzol löste zudem ein weiteres Rätsel: Warum waren alle Kohlenstoffatome im Molekül identisch? Wenn man eines der Wasserstoffatome im Benzol durch ein anderes Atom ersetzte, kam jedes Mal dasselbe Produkt heraus. Falls nun das Molekül ein perfekt symmetrischer Ring war, so mussten die Kohlenstoffatome natürlich alle gleichwertig, alle Produkte identisch sein.

In den Jahren nach dieser Entdeckung entschlüsselte Kekulé die Struktur weiterer derartiger organischer Verbindungen und hob damit das Studium der „aromatischen" Verbindungen (so genannt wegen ihres typischen Geruchs) aus der Taufe. Aus diesem Grund wird Kekulés Name für immer mit der Struktur von Benzol und ähnlicher ringförmiger Verbindungen verknüpft sein. Doch fand er die Antwort wirklich im Traum? Oder hatte er das bemerkenswerte Büchlein eines österreichischen Chemikers, Johann Josef Loschmidt, gelesen, das ein paar Jahre zuvor publiziert worden war? Darin hatte Loschmidt für Benzol genau dieselbe Art der Molekülanordnung vorgeschlagen. Anscheinend kannte Kekulé Loschmidts Ideen zur chemischen Bindung, wenngleich er niemals zugab, dass diese die Quelle für seine Inspiration gewesen sein könnten.

Siehe auch *Die Atomtheorie* S. 124, *Mauvein* S. 172, *Das Atommodell* S. 272.

»Eifrige Atomschlangen, die sich hinein- und hinauswinden und, den Schwanz in der Schnauze, Walzer tanzen« — der Dichter ▶
Robert Graves über die Struktur des Benzolmoleküls.

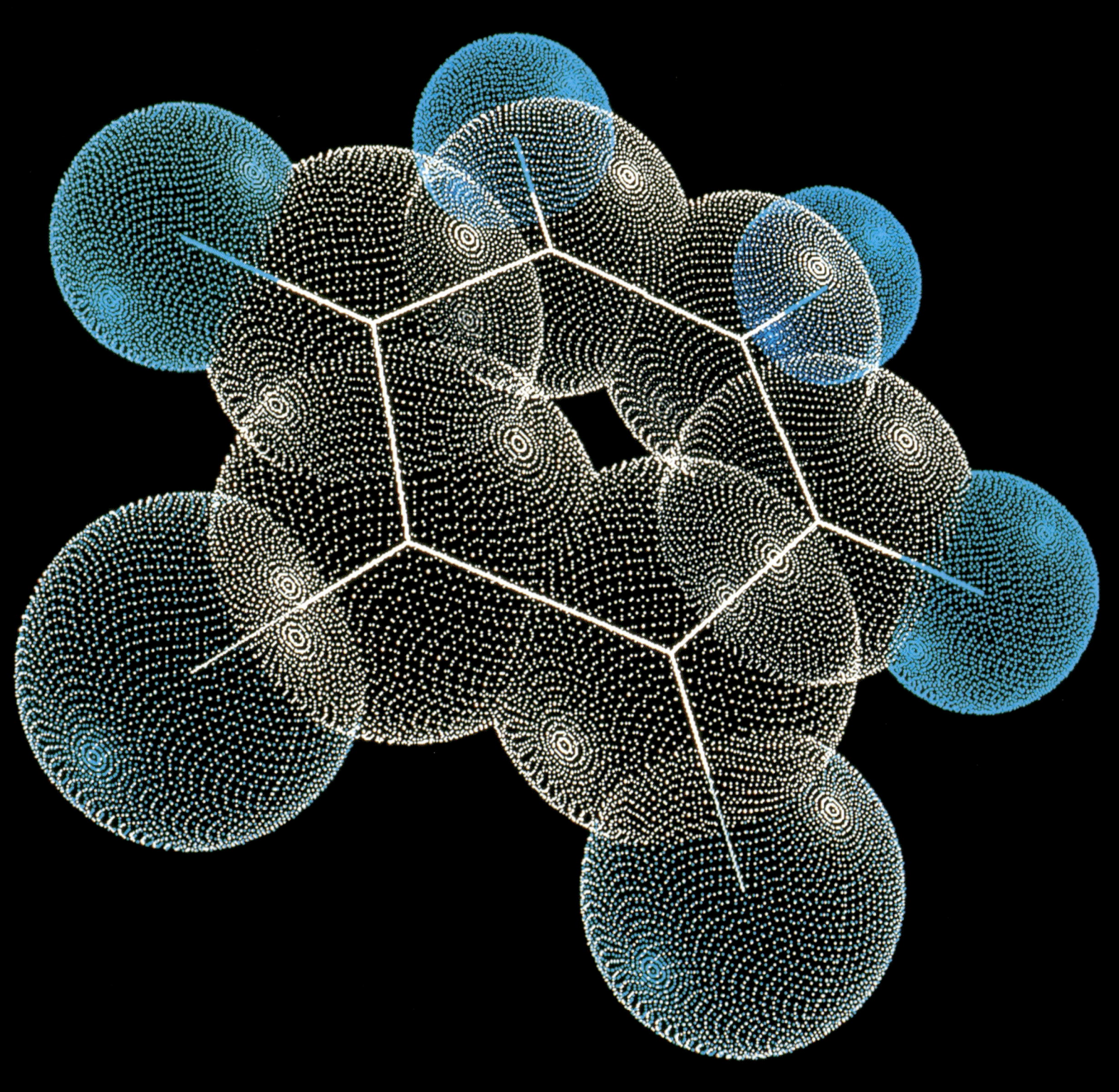

Mendels Gesetze der Vererbung

Gregor Mendel 1822–1884

Nachkommen ähneln eindeutig ihren Eltern. Schon diese Tatsache bedeutet, dass es einen biologischen Mechanismus der Vererbung geben muss. Unser heutiges Wissen um diesen Mechanismus beruht auf Kreuzungsversuchen mit der Gartenerbse. Diese Versuche wurden von dem österreichischen Mönch Gregor Mendel in seinem Kloster in Brünn (heute Brno in Tschechien) durchgeführt.

Mendel begann mit zwei Erbsenlinien, die sich in einem sichtbaren Merkmal wie der Blütenfarbe unterschieden (eine Linie hatte violette, die andere weiße Blüten). Er kreuzte sie, und ihre Nachkommen hatten durchweg violette Blüten. Dann kreuzte er die Nachkommen untereinander und fand heraus, dass die nächste Generation violette und weiße Blüten im Verhältnis drei zu eins aufwies. Dies erklärte er damit, dass die Färbung durch zweierlei „Faktoren" gesteuert werde; die Erbsenpflanze erbe von jedem Elternteil je einen Faktor. Der Violett-Faktor war „dominant" gegenüber dem Weiß-Faktor, und so hatten alle Pflanzen der ersten Nachkommengeneration violette Blüten. Ein Viertel der Pflanzen der zweiten Generation jedoch erbte zwei Weiß-Faktoren und hatte weiße Blüten. Mendel veröffentlichte seine Befunde 1865 in einer unbekannten Zeitschrift. Heute wissen wir, dass die Vererbung zu einem großen Teil durch Genpaare bestimmt wird, die Mendels Faktoren ähneln.

Warum konnte Mendel die Vererbung sinnvoll erklären, was anderen nicht gelungen war? Einer der Gründe war das quantitative Arbeiten und die Verwendung der Wahrscheinlichkeitstheorie (etwa um das Verhältnis drei zu eins zu erklären). Zudem konzentrierte er sich auf diskrete Merkmale wie violette und weiße Blüten. Andere hatten Merkmale wie die Größe untersucht, die nicht so deutlich abgrenzbar sind. Die Größen der Nachkommen liegen meist zwischen denen ihrer Eltern, und die Vererbungsgesetze lassen sich anhand solcher stets variierender Merkmale viel schwerer bestimmen.

Mendels Theorie wurde 35 Jahre lang kaum beachtet, weil man darin eher ein Regelwerk für ein paar Eigenschaften von Erbsen sah als eine allgemeine Vererbungstheorie. Im Jahre 1900 entschlüsselten drei Biologen — Hugo de Vries, Karl Correns und Erich Tschermak von Seysenegg — unabhängig voneinander die Mendelschen Regeln; allerdings würdigten alle drei später Mendel als deren Entdecker.

Biologen haben seit Mendels Zeit immer wieder mit Vorliebe seine Züchtungsversuche mit Erbsen untersucht, die seine Theorien oft allzu gut zu stützen scheinen.

Siehe auch *Erworbene Merkmale* S. 128, *Ein Maß für Streuung* S. 212, *Angeborene Stoffwechselstörungen* S. 258, *Gene und Vererbung* S. 264, *Neodarwinismus* S. 282, *Die Sichelzellenanämie* S. 358, *Die Doppelhelix* S. 374.

Nach seiner Ernennung zum Abt im Jahre 1868 wurde Mendel zunächst Verwalter und erst in zweiter Linie Gärtner. Erst lange ▶ nach seinem Tod wurde er als Wissenschaftler anerkannt.

Dynamit

Alfred Bernhard Nobel 1833–1896

Alfred Nobel stammte aus einer Familie schwedischer Wissenschaftler und Ingenieure, und sein Vater leitete eine Maschinenfabrik im russischen St. Petersburg. Im Jahre 1863 begannen die beiden Männer, mit Nitroglycerin zu experimentieren, einer explosiven öligen Flüssigkeit, die erstmals 1847 von dem italienischen Chemiker Ascanio Sobrero hergestellt worden war. Er hatte Glycerin zu einer Mischung aus konzentrierter Salpeter- und Schwefelsäure zugegeben. Unter diesen Bedingungen lagert sich an jedes Kohlenstoffatom eine Nitratgruppe (NO_3) an. Dank seiner Nitratgruppen ist die Verbindung höchst reaktiv und zersetzt sich bei Erschütterung oder leichter Erwärmung mit großer Heftigkeit, wobei lauter gasförmige Produkte entstehen.

Nitroglycerin war also ein potenter Sprengstoff – allerdings mit dem Nachteil, dass er leicht ohne Vorwarnung explodierte: Eine Fabrik, die Alfred Nobel 1864 in Schweden zur Nitroglycerinherstellung errichtet hatte, flog in die Luft und riss fünf Menschen in den Tod, darunter auch Alfreds jüngeren Bruder Emil. Die schwedische Regierung untersagte ihm anschließend, die Fabrik wieder aufzubauen. Daraufhin begann er zu erforschen, wie man Nitroglycerin in der Handhabung sicherer machen konnte; seine Versuche führte er aus Sicherheitsgründen auf einem Hausboot aus. Wenn die ölige Flüssigkeit von einem porösen und fein zermahlenen Gestein, Kieselgur, absorbiert wurde, so ließ sie sich, wie er feststellte, sicher handhaben und nur mithilfe eines Zünders zur Explosion bringen. (Nobel hatte eine solche Zündvorrichtung, die auf Quecksilberfulminat basierte, 1863 zum Patent angemeldet.) Sein neuer Sprengstoff, der zu Stangen verarbeitet und in Ölpapier gewickelt werden konnte, wurde 1867 patentiert, und er nannte ihn „Dynamit". Nobel erfand auch das Gelatinedynamit, das ebenfalls aus Nitroglycerin bestand, aber mit Nitrocellulose und Natriumnitrat gelatiniert wurde, was die Sprengwirkung erhöhte und gleichzeitig die Lagerung sicherer machte.

Dynamit und Gelatinedynamit waren bestens für Sprengungen in Steinbrüchen oder beim Eisenbahnbau geeignet, und Alfred Nobel wurde steinreich. Er hinterließ seinen Reichtum einer Stiftung, die alljährlich die weltberühmten und höchst angesehenen Nobelpreise vergibt.

Siehe auch *Mauvein* S. 172, *Die Ammoniaksynthese* S. 256, *Nylon* S. 316.

Obwohl Nobel in weiten Kreisen als verrückter Wissenschaftler galt, der bösartig Zerstörung schuf, war er selbst der Meinung, seine Sprengstoffe würden den Krieg für immer ausmerzen, weil sie seine Folgen derart verschärften. ▸

Das Periodensystem der Elemente

Dimitrij Iwanowitsch Mendelejew 1834–1907, Julius Lothar Meyer 1830–1895

Im Jahre 1858 veröffentlichte der italienische Chemiker Stanislao Cannizzaro die erste zuverlässige Liste von Atomgewichten. Bald nutzten andere Chemiker diese Information, um die Elemente nach steigendem Atomgewicht anzuordnen. Dabei stellten sie fest, dass sich ähnliche Eigenschaften in regelmäßigen Abständen periodisch wiederholten. (Der 27-jährige englische Chemiker John Newlands entwarf 1865 eine grobe Periodentafel, doch seine Zeitgenossen nahmen sie nicht ernst.)

Die Ehre, die erste weithin akzeptierte Periodentafel entwickelt zu haben, gebührt dem russischen Chemiker Dimitrij Mendelejew, Chemieprofessor an der Universität von St. Petersburg, der ihre wahre Bedeutung verstand. Im Jahre 1869 schrieb er gerade an einem Chemielehrbuch und fragte sich, wie er die damals bekannten 69 Elemente am besten diskutieren könnte. Er hatte ihre Namen, ihr Atomgewicht und einige ihrer Eigenschaften auf 65 Karten geschrieben, und eines kalten Wintertages blieb er zu Hause und begann, sie ähnlich wie bei einem Patiencespiel in Zeilen und Spalten anzuordnen.

Plötzlich sah er, dass es in seinem Arrangement ein grundlegendes Muster gab, und erkannte überdies, dass die Anordnung Lücken aufwies, die eines Tages von zum damaligen Zeitpunkt noch unbekannten Elementen gefüllt werden würden. Mendelejew war sich seiner Sache so sicher, dass er die Eigenschaften mehrerer der fehlenden Elemente voraussagte. (Als diese in den folgenden Jahren entdeckt wurden, wiesen sie tatsächlich die von ihm postulierten Merkmale auf.) Rasch veröffentlichte Mendelejew seine Periodentafel samt seiner Voraussagen. Etwa um die gleiche Zeit machte der deutsche Chemiker Julius Lothar Meyer eine Entdeckung, die ebenfalls das Muster der Elemente enthüllte. Er hatte das Atomgewicht graphisch gegen das Atomvolumen aufgetragen, und die resultierende Kurve zeigte dieselbe periodische Beziehung zwischen den Elementen; ein Gutachter verzögerte jedoch die Veröffentlichung des Artikels, und so wurde Mendelejews Arbeit zuerst publiziert.

Obwohl wir inzwischen 115 Elemente kennen und ein modernes Periodensystem viel mehr Zeilen und Spalten aufweist als Mendelejews Tafel, ist das Muster, das er entdeckt hat, noch immer ein erkennbarer Teil des heutigen Schemas.

Siehe auch *Boyles „Sceptical Chymist"* S. 70, *Die Atomtheorie* S. 124, *Spektrallinien* S. 130, *Radioaktivität* S. 224, *Das Atommodell* S. 272, *Das Neutron* S. 312, *Energie aus dem Atomkern* S. 330.

Mendelejew wurde von dem schottischen Chemiker Sir William Ramsay als »ein seltsamer Ausländer, bei dem jedes Haar auf dem Kopf unabhängig von allen anderen agierte« beschrieben.

Mendelejews erstes publiziertes Periodensystem. In seinen eigenen Worten: »Ich sah in einem Traum eine Tafel, wo alle Elemente ihren angemessenen Platz fanden. Als ich aufwachte, schrieb ich dies sofort nieder.«

но въ ней, мнѣ кажется, уже ясно выражается примѣнимость вы
ставляемаго мною начала ко всей совокупности элементовъ, пай
которыхъ извѣстенъ съ достовѣрностію. На этотъ разъ я и желалъ
преимущественно найдти общую систему элементовъ. Вотъ этотъ
опытъ:

				Ti = 50	Zr = 90	? = 180.
				V = 51	Nb = 94	Ta = 182.
				Cr = 52	Mo = 96	W = 186.
				Mn = 55	Rh = 104,4	Pt = 197,4
				Fe = 56	Ru = 104,4	Ir = 198.
				Ni = Co = 59	Pl = 106,6	Os = 199.
H = 1				Cu = 63,4	Ag = 108	Hg = 200.
	Be = 9,4	Mg = 24	Zn = 65,2	Cd = 112		
	B = 11	Al = 27,4	? = 68	Ur = 116	Au = 197?	
	C = 12	Si = 28	? = 70	Sn = 118		
	N = 14	P = 31	As = 75	Sb = 122	Bi = 210	
	O = 16	S = 32	Se = 79,4	Te = 128?		
	F = 19	Cl = 35,5	Br = 80	I = 127		
Li = 7	Na = 23	K = 39	Rb = 85,4	Cs = 133	Tl = 204	
		Ca = 40	Sr = 87,6	Ba = 137	Pb = 207.	
		? = 45	Ce = 92			
		?Er = 56	La = 94			
		?Yt = 60	Di = 95			
		?In = 75,6	Th = 118?			

а потому приходится въ разныхъ рядахъ имѣть различное измѣненіе разностей,
чего нѣтъ въ главныхъ числахъ предлагаемой таблицы. Или же придется предпо-
лагать при составленіи системы очень много недостающихъ членовъ. То и
другое мало выгодно. Мнѣ кажется притомъ, наиболѣе естественнымъ составить
кубическую систему (предлагаемая есть плоскостная), но и попытки для ея образо-
ванія не повели къ надлежащимъ результатамъ. Слѣдующія двѣ попытки могутъ по-
казать то разнообразіе сопоставленій, какое возможно при допущеніи основнаго
начала, высказаннаго въ этой статьѣ.

Li	Na	K	Cu	Rb	Ag	Cs	—	Tl
7	23	39	63,4	85,4	108	133		204
Be	Mg	Ca	Zn	Sr	Cd	Ba	—	Pb
B	Al	—	—	—	Ur	—	—	Bi?
C	Si	Ti	—	Zr	Sn	—	—	—
N	P	V	As	Nb	Sb	—	Ta	—
O	S	—	Se	—	Te	—	W	—
F	Cl	—	Br	—	J	—	—	—
19	35,5	58	80	190	127	160	190	220.

Zustandsänderungen

Johannes Diederik van der Waals 1837–1923

Die Beschreibung des Verhaltens von vielen Teilchen — Atomen oder Molekülen in Gasen, Flüssigkeiten und Feststoffen oder Elektronen in Metallen — gehört in das Gebiet der Statistik. Sie gründet sich auf Arbeiten aus dem 19. Jahrhundert, in denen es darum ging, eine „mikroskopische" Sicht, bei der sich Gasteilchen in Einklang mit den Newtonschen Gesetzen bewegen, mit einer „makroskopischen" Sicht zu verbinden, bei der die Beziehung zwischen Druck, Temperatur und Volumen eines Gases von empirischen „Gasgesetzen" beschrieben wird.

Temperatur ist ein Maß für die kinetische Energie — die Bewegungsenergie — der Gasteilchen. Druck resultiert aus Zusammenstößen der Teilchen mit den Wänden des sie umschließenden Gefäßes. In den Sechzigerjahren des 19. Jahrhunderts leitete James Clerk Maxwell her, mit welcher Wahrscheinlichkeit ein zufällig ausgewähltes Teilchen in einem Gas bei einer gegebenen Temperatur eine bestimmte Geschwindigkeit hat. Die so gewonnene Verteilung bestimmt das grundlegende Verhalten eines Gases; daraus leiten sich alle anderen Eigenschaften ab. Im Jahre 1872 zeigte Ludwig Boltzmann, wie diese „Wahrscheinlichkeitsverteilung" zwangsläufig aus der zufälligen Bewegung der Teilchen folgt.

Die kinetische Gastheorie nimmt an, dass die Gaspartikel unendlich klein sind und stets so weit voneinander entfernt bleiben, dass sie einander nicht beeinflussen. Das funktioniert bei stark verdünnten Gasen gut, bei dichteren Gasen jedoch weniger gut. In seiner 1873 fertig gestellten Doktorarbeit widmete sich der niederländische Wissenschaftler Johannes Diederik van der Waals der Aufgabe, die Theorie so zu modifizieren, dass sie diese Abweichungen berücksichtigte. Ausgehend von der Annahme, dass Gaspartikel eine geringe, aber endliche Größe haben und dass auf kurze Entfernungen Anziehungskräfte zwischen ihnen wirken, erarbeitete er eine einfache „Zustandsgleichung", die Druck, Temperatur und Volumen verknüpfte. Doch statt vorherzusagen, dass der Druck kontinuierlich mit dem Volumen (oder der Dichte) variiert, implizierte die Gleichung, dass die allermeisten Teilchen unterhalb einer gewissen „kritischen Temperatur" einen von zwei stabilen Zuständen einnehmen, die sich in ihrer Dichte unterscheiden. Der dichtere Zustand entspricht dem flüssigen Aggregatzustand, und Kompression oder Expansion können einen Phasenübergang von einem Zustand in den anderen bewirken: Kondensation (also der Übergang in einen dichteren Materiezustand: gasförmigen in den flüssigen Zustand) beziehungsweise Evaporation (Verdunstung).

Siehe auch *Wasserstoff und Wasser* S. 98, *Die Brownsche Molekularbewegung* S. 254, *Am Rande des Chaos* S. 490, *Ein neuer Materiezustand* S. 510.

Heike Kamerlingh Onnes (rechts) wählte aufgrund der Arbeiten seines Landsmannes van der Waals (links) die Tieftemperaturphysik als Arbeitsgebiet. Das führte zur Produktion von flüssigem Helium und zur Entdeckung der Supraleitfähigkeit.

1910 erhielt van der Waals den Nobelpreis für Physik. Die Rückseite dieser Gedenkmünze illustriert seine „Zustandsgleichung". ▶

Kanäle auf dem Mars

Giovanni Virginio Schiaparelli 1835–1910

Christiaan Huygens war der Erste, dem gewisse Besonderheiten auf der Marsscheibe auffielen. Im Jahre 1659 bemerkte er einen ausgedehnten dreieckigen Bereich (der später als Syrtis Major bezeichnet wurde) und ermittelte, dass die Dauer einer Umdrehung des Planeten um seine Achse der Dauer der Erdumdrehung entspricht. Sechs Jahre darauf entdeckte Giovanni Domenico Cassini Polarkappen. Bald wurden die dunklen Bereiche als ehemalige, nun von Vegetation bedeckte Ozeanbecken und die helleren orangefarbenen Regionen als Kontinente angesehen.

Beobachtungen mit modernen Teleskopen begannen mit Giovanni Virginio Schiaparelli, dem Direktor des Brera-Observatoriums in Mailand. Zwischen 1877 und 1890 zeichnete er die Marsoberfläche und stellte sie als kreuz und quer von Rinnen durchzogen dar. Unglücklicherweise bedeutet das italienische Wort *canali* auch „Kanäle", und diese Übersetzung prägte die Erforschung des Mars in den darauffolgenden vier Jahrzehnten. Manche „Kanäle" erschienen doppelt und zudem veränderlich. Schon bald sprach man von künstlichen Wasserwegen, intelligenten Marsbewohnern und den Planeten umspannenden Bewässerungssystemen.

Hauptverfechter der These von Leben auf dem Mars war der Bostoner Geschäftsmann Percival Lowell. Von 1895 an erstellte er in seinem privaten Observatorium in Flagstaff im US-Bundesstaat Arizona eine Karte des Mars nach der anderen, wobei jede ein ausgeklügeltes und sich veränderndes Geflecht von Kanälen zeigte. Diese und die jahreszeitliche Variabilität der Farben des Mars brachten ihn zu der Überzeugung, dass dort Leben zu finden sei und es sich um einen landwirtschaftlich genutzten Planeten handele. Lowell vermutete, dass die Polarkappen aus Wasser bestehen; wie wir heute wissen, werden sie hauptsächlich aus gefrorenem Kohlendioxid gebildet. Lowell hielt sich von trockenen wissenschaftlichen Zeitschriften fern und veröffentlichte seine Ergebnisse in einer Reihe von Büchern, die sich sehr gut verkauften. Zu einem guten Teil beruht die Begeisterung der USA für die Raumfahrt und die Erforschung der Planeten auf seinen Bemühungen.

Als die US-Raumsonde Mariner 4 im Jahre 1965 den Mars überflog, waren allerdings nirgendwo Kanäle zu sehen. Das menschliche Auge hatte offenbar beim Blick auf Details an der Grenze der Wahrnehmbarkeit einfach unzusammenhängende, dunkle Bereiche zu linearen Formen verbunden.

Siehe auch *Der Himmel im Fernrohr* S. 54, *Außerirdische Intelligenz* S. 398, *Planetenwelten* S. 512, *Die Galileo-Mission* S. 514, *Mikrofossilien vom Mars* S. 518, *Wasser auf dem Mond* S. 522.

▲

Gesamtansicht des Mars mit dem Canyon-System des Valles Marineris im Zentrum, das sich über fast 4800 Kilometer erstreckt.

Ausschnitt aus Schiaparellis Skizze des Mars, auf der die von ihm als „Doppelkanäle" bezeichneten Spuren dargestellt sind. ▶

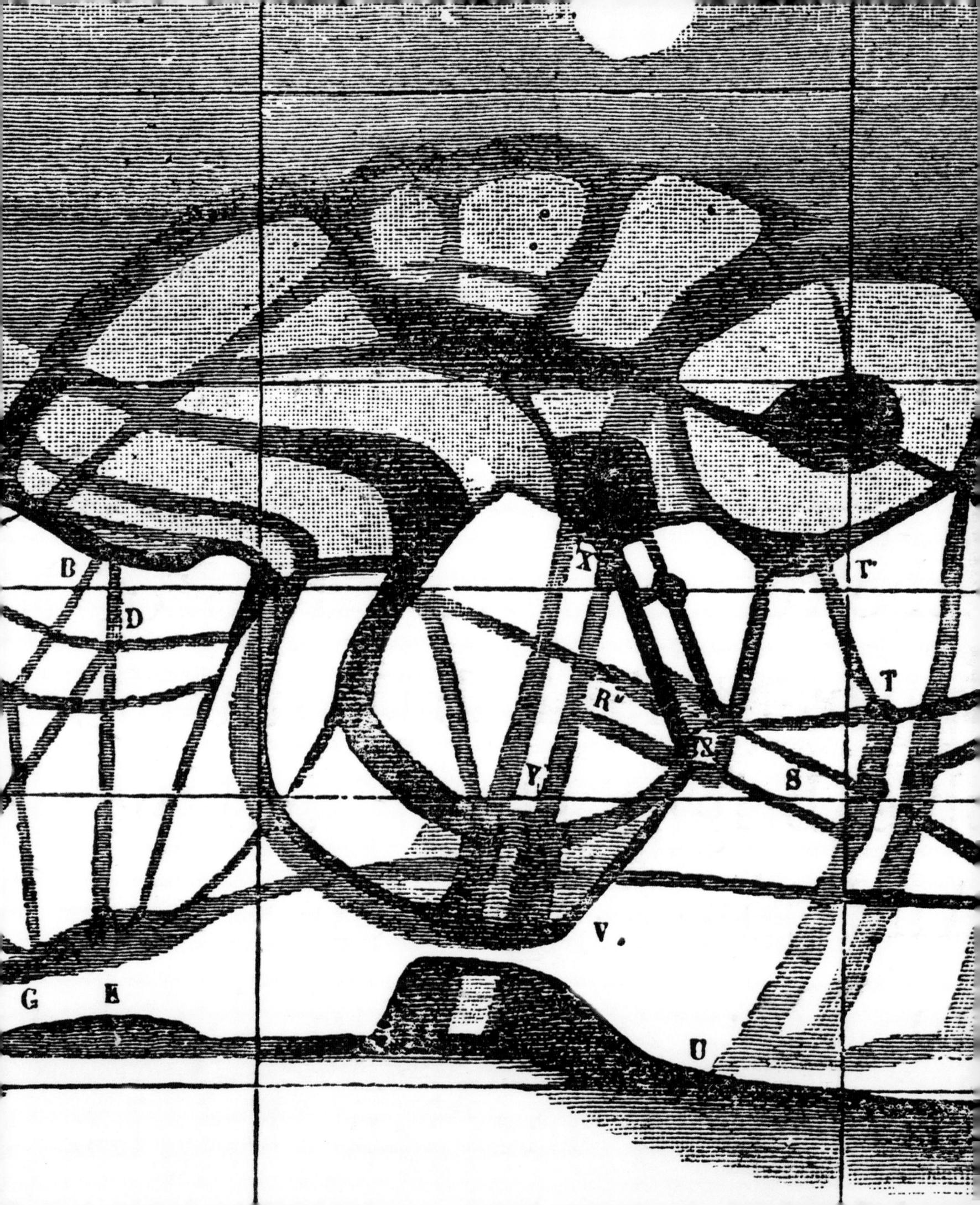

Die Keimtheorie

Louis Pasteur 1822–1895

Jahrhundertelang glaubte man, Infektionskrankheiten würden durch Miasmen (Gifte in der Luft) verursacht. Obwohl es die Vermutung gab, dass Mikroorganismen als Krankheitserreger wirkten, wurde dies erst 1878 von dem französischen Chemiker Louis Pasteur endgültig bestätigt. Mit einer Reihe spektakulärer Experimente hatte er nachgewiesen, dass Fermentation, Fäulnis und Infektion allesamt auf die Kontamination mit lebenden Mikroorganismen zurückgingen — dass also Mikroorganismen die Ursache und nicht die Folge dieser Prozesse waren. Seine Forschung führte sofort zu praktischen Ergebnissen: Er rettete die französische Seidenindustrie, indem er den winzigen Parasiten identifizierte, der die Seidenraupen befiel; er stärkte die französische Weinindustrie, indem er die Hitzesterilisation oder das „Pasteurisieren" einführte, um ein Vergären zu verhindern, und er bewies die Wirksamkeit von Impfungen gegen Milzbrand bei Tieren und gegen Tollwut bei Menschen.

Während Pasteur nachwies, dass Mikroorganismen allgemein Krankheiten hervorrufen konnten, oblag es dem deutschen Arzt Robert Koch zu demonstrieren, welcher besondere Mikroorganismus welche spezifische Krankheit hervorrief. Koch entwickelte Labortechniken wie die Kultur auf festen Nährböden und Fotoaufnahmen mit dem Mikroskop, um verschiedene Mikroorganismen zu unterscheiden. Zu Beginn der Achtzigerjahre des 19. Jahrhunderts isolierte und identifizierte er die Erreger von Tuberkulose und Cholera. Außerdem stellte er Regeln auf, um eine Krankheit einem bestimmten Mikroorganismus zuzuschreiben: Dieser muss stets mit der Krankheit assoziiert sein, er muss isoliert und in Reinkultur erhalten werden, und Mikroorganismen aus dieser Reinkultur müssen die Krankheit bei Versuchstieren hervorrufen und aus den infizierten Geweben wiederum gewonnen werden. Diese Bedingungen waren zuvor bereits von Jacob Henle beschrieben worden, aber erst Koch zeigte, wie sie umzusetzen waren. Heute kennen wir sie als „Kochsche Postulate".

Die antiseptische Chirurgie erweiterte das Anwendungsgebiet von Pasteurs Keimtheorie. Aus seinen Untersuchungen zu Fäulnis und Infektion leitete der englische Chirurg Joseph Lister ab, dass Wundinfektionen auf Bakterienkontamination zurückgingen. Im Jahre 1867 begann er, seine Instrumente und Verbände mit Karbolsäure, einem sehr bekannten Desinfektionsmittel, zu benetzen. Drei Jahre später führte er das Karbolspray ein, und schon bald folgte die aseptische Chirurgie, bei der Keime vom Operationsfeld ganz fern gehalten wurden.

Pasteur in einer Würdigung durch das französische Magazin *Le Petit Journal* (1895). Das Band des Engels trägt die Aufschrift „von einem dankbaren Universum".

Siehe auch *Leben unter dem Mikroskop* S. 76, *Die spontane Entstehung von Leben* S. 90, *Impfung* S. 102, *Die Cholera und die Wasserpumpe* S. 168, *Zelluläre Immunität* S. 204, *Antitoxine* S. 214, *Penicillin* S. 302, *Prionen* S. 466, *Das AIDS-Virus* S. 472.

Politiker und Mikroorganismen: bizarre Lebensformen in einem Wassertropfen, die sich von der Welt des Menschen abheben. ▶
Karikaktur aus dem englischen Satiremagazin *Punch*, 1883.

ESSENCE OF PARLIAMENT.

EXTRACTED FROM

THE DIARY OF TOBY, M.P.

HOUSE of Commons, Thursday (anticipatory). — Members all back as delighted as if they were going away. Everybody shaking hands with everybody else. PETER RYLANDS doing the honours of the place, as it were; quite in boisterous spirits.

"Another good Under-Secretaryship gone wrong," DRUMMOND-WOLFF slily whispers in his ear. "You'd better come over and join us."

"Thanks; but I'll wait a bit longer," PETER says. "CHILDERS was all very well at the War Office; it's different at the Treasury. I give him six months there, then there may be a call for a man who has finance at his finger's ends, is trusted by the country, and is a pretty fair speaker."

BRADLAUGH in high spirits. Tells me he's been round spending half an hour with GOSSET practising the steps. Sergeant-at-Arms, it seems, who has not forgotten his old skill, wants to reverse when they waltz backward from the Mace. After the practice of three Sessions, BRADLAUGH can do the forward step well enough, but finds it hard to reverse. Still means to try.

"The eyes of the country are upon us," he says, "and we must do the thing well."

Black Rod arrived shortly after two o'clock. Door shut in his face as he

Zelluläre Immunität

Ilja Iljitsch Metschnikow 1845–1916

Im Jahre 1882, während einer Reise nach Messina auf Sizilien, betrachtete der russische Zoologe Ilja Iljitsch Metschnikow durchsichtige Seesternlarven unter dem Mikroskop und sah, wie in deren Körperinneren kleine Fremdkörper von bestimmten frei beweglichen Zellen „gefressen" wurden. Er taufte diese Zellen „Phagocyten" (griechisch für „Fresszellen"). Das Phänomen erinnerte ihn an einen Prozess, den er schon früher beobachtet hatte. Fast 20 Jahre zuvor hatte er einen ähnlichen Vorgang in Spulwurmzellen gesehen und ihn mit dem Verdauungsmechanismus einzelliger Lebewesen wie der Protozoen verglichen. Als überzeugter Darwinist wollte er die Verbindung zwischen einfachen und komplexeren Lebewesen anhand gemeinsamer Eigenschaften ihrer Embryonalentwicklung und grundlegenden Lebensprozesse nachweisen.

Metschnikow interessierte sich auch sehr für Fragen zu Altern und Tod und empfahl, große Mengen Joghurt zu essen, um die Gesundheit zu fördern.

Metschnikow kam zu dem Schluss, dass Phagocyten zwar bei einfachen Organismen eindeutig eine direkte Rolle bei der Verdauung spielen, bei komplexeren Lebewesen aber möglicherweise beim Bekämpfen von Eindringlingen wie Bakterien mitwirken. Als Beleg für seine „Theorie der zellulären Immunität" verglich er die Aktivität der Seesternzellen mit der von weißen Zellen im tierischen (und auch menschlichen) Blut: Mikroskopische Untersuchungen zeigten, dass sich weiße Blutzellen immer am Ort einer Entzündung durch eine Wunde oder Infektion ansammelten, schädliche Bakterien angriffen und diese aufnahmen. Metschnikows Behauptung, die Phagocyten seien die Grundlage der Immunität, stieß auf anhaltende Kritik. Die meisten Bakteriologen glaubten, weiße Blutzellen nähmen infektiöse Partikel nur auf, um sie weiter im Körper zu verteilen. Sie bevorzugten die Alternativtheorie, nach der die Immunität allein auf die nicht zellulären Bestandteile des Blutes zurückging. Diese Serum- oder Humoraltheorie ließ zwar noch viele Fragen offen, sollte aber bald durch die Entdeckung chemischer „Antitoxine" gestützt werden.

Metschnikow mühte sich sehr, seine Kritiker – darunter sogar Dramatiker – zufrieden zu stellen. In George Bernard Shaws Stück *The Doctor's Dilemma* (1906, *Der Arzt am Scheideweg*) fordert der wichtigtuerische Chirurg Sir Colenso Ridgeon wiederholt von seinen Patienten, »die Bildung der weißen Blutkörperchen anregen!«, damit er Honorare für unnötige Operationen einstecken konnte. Die immunologische Bedeutung der weißen Blutkörperchen wurde jedoch schließlich akzeptiert, und Metschnikow erhielt 1908 den Nobelpreis für Physiologie oder Medizin.

Siehe auch *Die Keimtheorie* S. 202, *Antitoxine* S. 214, *Transplantatabstoßung* S. 356, *Biologische Selbsterkennung* S. 430, *Monoklonale Antikörper* S. 448, *Das AIDS-Virus* S. 472.

Diese elektronenmikroskopische Aufnahme zeigt zwei Makrophagen in der menschlichen Lunge. Die untere streckt sich in die Länge, um einen kleinen runden Partikel aufzunehmen. ▶

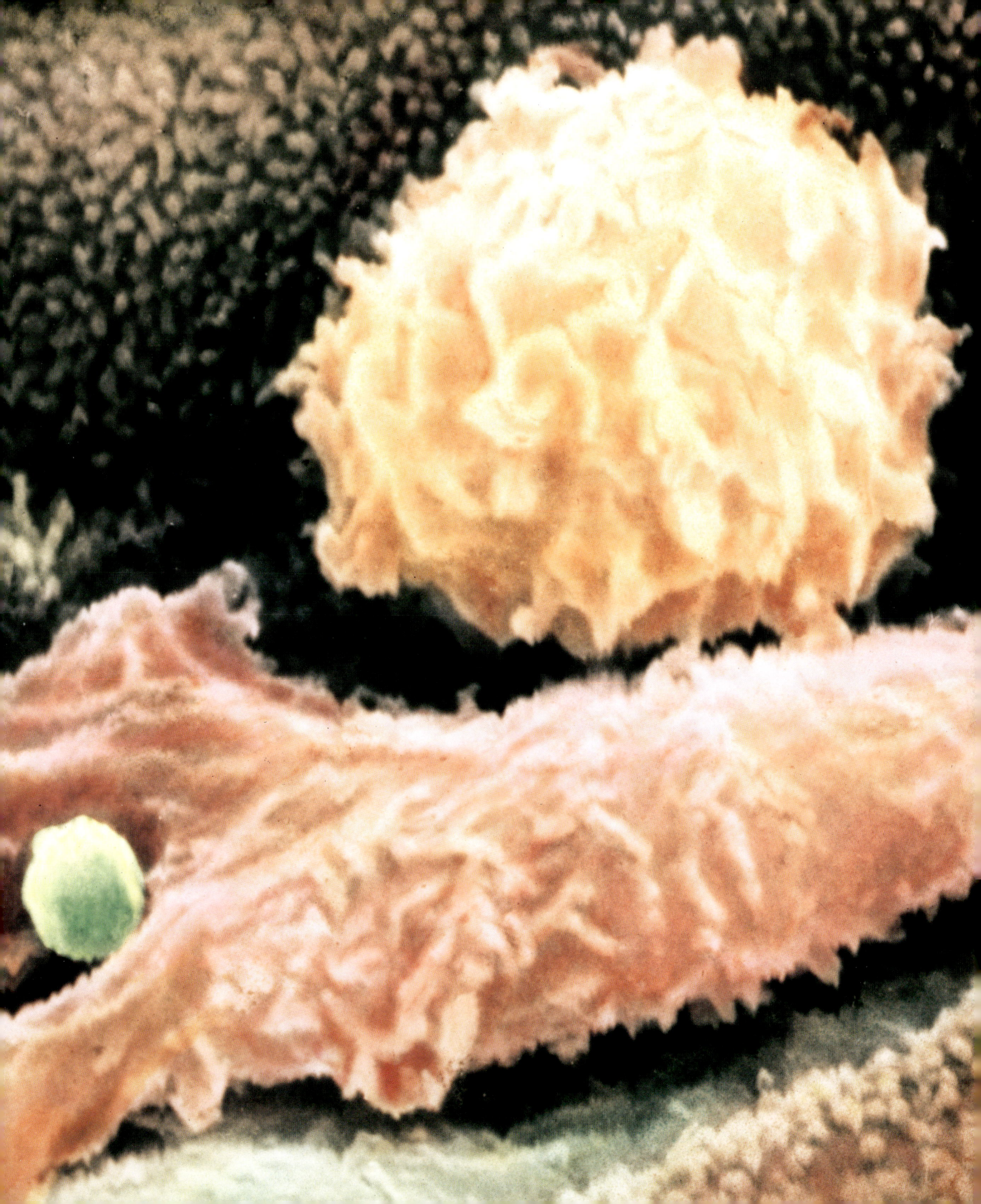

Gebirgsbildung

Eduard Suess 1831-1914

Das Erscheinen des ersten der insgesamt fünf Bände umfassenden Abhandlung *Das Antlitz der Erde* (1885-1909) des Wiener Geologen Eduard Suess markierte eine neue Sicht der Entstehung von Gebirgen. Suess erkannte in den großen Gebirgsketten der Alpen gemeinsame Merkmale und war der Erste, der sie zusammenbrachte und einen Gebirgsgürtel als geologische Einheit betrachtete. Er besaß eine globale Sichtweise und bemerkte zum Beispiel Ähnlichkeiten zwischen den Alpen und dem Himalaja. Dies führte ihn zu der These, dass es auf der Südhalbkugel einst einen Superkontinent gegeben habe, der in die heutigen Kontinente zerbrochen sei.

Dieser Schritt nach vorn war Teil eines plötzlich ansteigenden Interesses an Gebirgen. Arnold Escher dokumentierte in den Schweizer Alpen das gewaltige Ausmaß der Faltung und die Existenz großer flacher Verwerfungen, entlang derer Gesteinsschichten über die darunter liegenden geschoben wurden; in Nordamerika beschrieben die Brüder Rodgers eng gefaltete und verworfene Gesteine in den Bergen der Appalachen; im Schottischen Hochland offenbarten minutiöse Kartierungen ähnliche Falten und Verwerfungen, die Gesteine zum Teil kilometerweit über die Landschaft verschoben hatten. Um 1896 war eine solche Überschiebung aus Skandinavien beschrieben worden, die eine Gesteinsdecke 130 Kilometer weit versetzt hatte.

All das implizierte große horizontale Bewegungen der Erde – so groß, dass Gebirge nach oben gepresst wurden. Dies war eine revolutionäre Idee, die oft als lächerlich abgetan wurde, weil ein entsprechender Mechanismus fehlte. Der kam erst fast ein Jahrhundert später hinzu, mit den Anfängen der Theorie der Plattentektonik, der zufolge der Zusammenprall von Kontinenten Gebirgsketten formt. Suess' Triumph war es, Gebirgsketten auf dem gesamten Globus nach ihrem Entstehungsalter zusammenzufassen. So wurden zum Beispiel die Appalachen Nordamerikas mit den Erhebungen Schottlands und Skandinaviens zum Kaledonischen Gebirge vereint, als gäbe es keinen Atlantik.

Siehe auch *Erdzyklen* S. 100, *Lyells „Principles of Geology"* S. 146, *Eiszeiten* S. 152, *Alte Gesteine* S. 252, *Die Kontinentaldrift* S. 270, *Plattentektonik* S. 414.

Dieser weite Blick auf den Himalaja schließt die Hochebenen Nepals und Chinas ein. Das Gebirge entstand, als vor mehr als ▶ 400 Millionen Jahren das heutige Indien auf die Landmasse Asiens prallte.

Stickstofffixierung

Hermann Hellriegel 1831–1895, Hermann Wilfarth

Seit der griechischen Antike wissen Landwirte, dass Feldfrüchte auf Äckern, auf denen zuvor Bohnen gewachsen sind, bessere Ernten einbringen; Theophrast machte als Erster auf diesen positiven Effekt aufmerksam. Eine vollständige Erklärung des Phänomens — die Wurzeln der Bohnen haben Knöllchen mit Bakterien darin, die atmosphärischen Stickstoff in eine für das Pflanzenwachstum nutzbare Form umwandeln — ließ jedoch noch mehr als 2000 Jahre auf sich warten. Im Jahre 1886 identifizierten die deutschen Agrikulturchemiker Hermann Hellriegel und Hermann Wilfarth *Rhizobium* als das Bakterium, das den Stickstoff „fixiert".

Die Leguminosen, zu denen Bohnen, Klee und Luzerne zählen, sind eine für beide Seiten nützliche Symbiose mit *Rhizobium* eingegangen, das ihnen eine Energiequelle und kohlenstoffhaltige Moleküle im Austausch für stickstoffhaltige Bestandteile einbringt. So gelangt auch löslicher Stickstoff in den Boden, besonders wenn die Wurzeln der Bohnen nach der Ernte zerfallen; alle nachfolgenden Feldfrüchte profitieren also von dem verbleibenden Stickstoff. Dies macht sich der organische Landbau zunutze. Luzerne kann dem Boden 350 Kilogramm Stickstoff pro Hektar zuführen; weltweit werden durch die Symbiose von Leguminosen und Knöllchenbakterien bis zu 200 Millionen Tonnen atmosphärischer Stickstoff gebunden. Der Prozess ist für fast alle Nahrungsketten auf der Erde von grundlegender Bedeutung.

Es besteht eine besondere Beziehung zwischen verschiedenen Stämmen von *Rhizobium* und ihren pflanzlichen Symbionten, aber nicht alle Kombinationen sind gleich effizient. Das Impfen von Samen mit hochwertigeren *Rhizobium*-Stämmen kann daher das Ernteergebnis optimieren. Langfristig könnte die Gentechnik durch den Transfer von Genen für diese Symbiose auf Getreide die Abhängigkeit von energieaufwendigen und umweltbelastenden Stickstoffdüngern verringern; dies betrifft aber eine Vielzahl von Genen und wird nicht einfach sein. Zudem sind die ökologischen Folgen zu bedenken, die eine größere Zahl stickstofffixierender Pflanzenfamilien nach sich zieht.

Siehe auch *Die Geburtsstunde der Botanik* S. 18, *Die Ammoniaksynthese* S. 256, *Die Vielfalt der Kulturpflanzen* S. 292, *Der Zitronensäurezyklus* S. 320, *Die Photosynthese* S. 344, *Die grüne Revolution* S. 428, *Die Gaia-Hypothese* S. 432.

Ein stickstofffixierendes Knöllchen auf der Wurzel des Weißklees (*Trifolium repens*). Das Knöllchen — hier eine elektronenmikroskopische Aufnahme — wird in Assoziation mit dem Bakterium *Rhizobium trifolii* gebildet. ▶

Das Nervensystem

Camillo Golgi 1843–1926, Santiago Ramón y Cajal 1852–1934

Zellen waren zum zentralen Objekt biologischer Forschung geworden, doch man brauchte neue Techniken, um die Zellbestandteile zu identifizieren und nachzuweisen, wie einzelne Zellen zusammen ein funktionierendes System bildeten. Verbesserungen in der Mikroskoptechnik waren unerlässlich, doch die Feinstruktur des Lebens wurde erst enthüllt, als die Zellfärbung in den Vordergrund trat.

Der italienische Histologe Camillo Golgi war hier wegbereitend; er führte den Gebrauch von Silbersalzen ein. Die Erforschung von Gehirn und Rückenmark war bis dahin schleppend verlaufen, weil deren dichte und komplexe Struktur Forscher abgeschreckt hatte. Im Jahre 1873 wandte Golgi seine Methoden bei Gehirngewebe an und entdeckte, dass er einzelne Nervenzellen absondern und ihre Merkmale, wie den Zellkörper und einige feine Fortsätze (kurze Dendriten und den längeren Axon), in nie dagewesener Detailgenauigkeit darstellen konnte. Er nahm an, die zarten Endverzweigungen der Axone bildeten zusammen mit denen anderer ein zusammenhängendes Kommunikationsnetzwerk („Reticulartheorie"), und wies nach, dass das Gehirn Informationen über die sensorischen Körpernerven empfing und über die motorischen Nerven aussandte.

Der spanische Mediziner Santiago Ramón y Cajal verbesserte Golgis Silbernitratfärbung und untersuchte mit ihrer Hilfe die Verbindungen zwischen Nervenzellen. Im Jahre 1889 entschlüsselte er die streng festgelegten Verbindungsmuster der Zellen in der Grauen Substanz von Gehirn und Rückenmark und postulierte, dass die Dendriten Informationen empfangen, die dann durch den Axon weitergeleitet werden. Er widerlegte die Reticulartheorie, indem er nachwies, dass die Endverzweigungen der Axone keine Verbindung mit Teilen anderer Zellen eingehen. Seine Beobachtungen stützten die Neuronentheorie, nach der Nervenzellen unabhängige Einheiten waren, die über Verbindungen miteinander kommunizierten. Charles Sherrington bezeichnete diese Verbindung (ein Spalt, wie sich später herausstellte) als Synapse.

Im Jahre 1906 erhielten Golgi und Ramón y Cajal zusammen den Nobelpreis für Physiologie oder Medizin. Golgi nutzte seinen Vortrag, um die Reticulartheorie zu verteidigen und Ramón y Cajal anzugreifen.

Siehe auch *Leben unter dem Mikroskop* S. 76, *Zellgemeinschaften* S. 174, *Bedingte Reflexe* S. 242, *Neurotransmitter* S. 274, *Künstliche neuronale Netze* S. 334, *Das Wachstum von Nervenzellen* S. 368, *Die chemische Basis des Sehens* S. 382, *Gedächtnismoleküle* S. 470.

Ramón y Cajals mikroskopische Zeichnung von Nervenzellen im Gehirn einer Taube. Er galt in seiner Kindheit als faul, und sein ▶ Vater, selber ein Arzt, schickte ihn zum Friseur und zum Schuster in die Lehre.

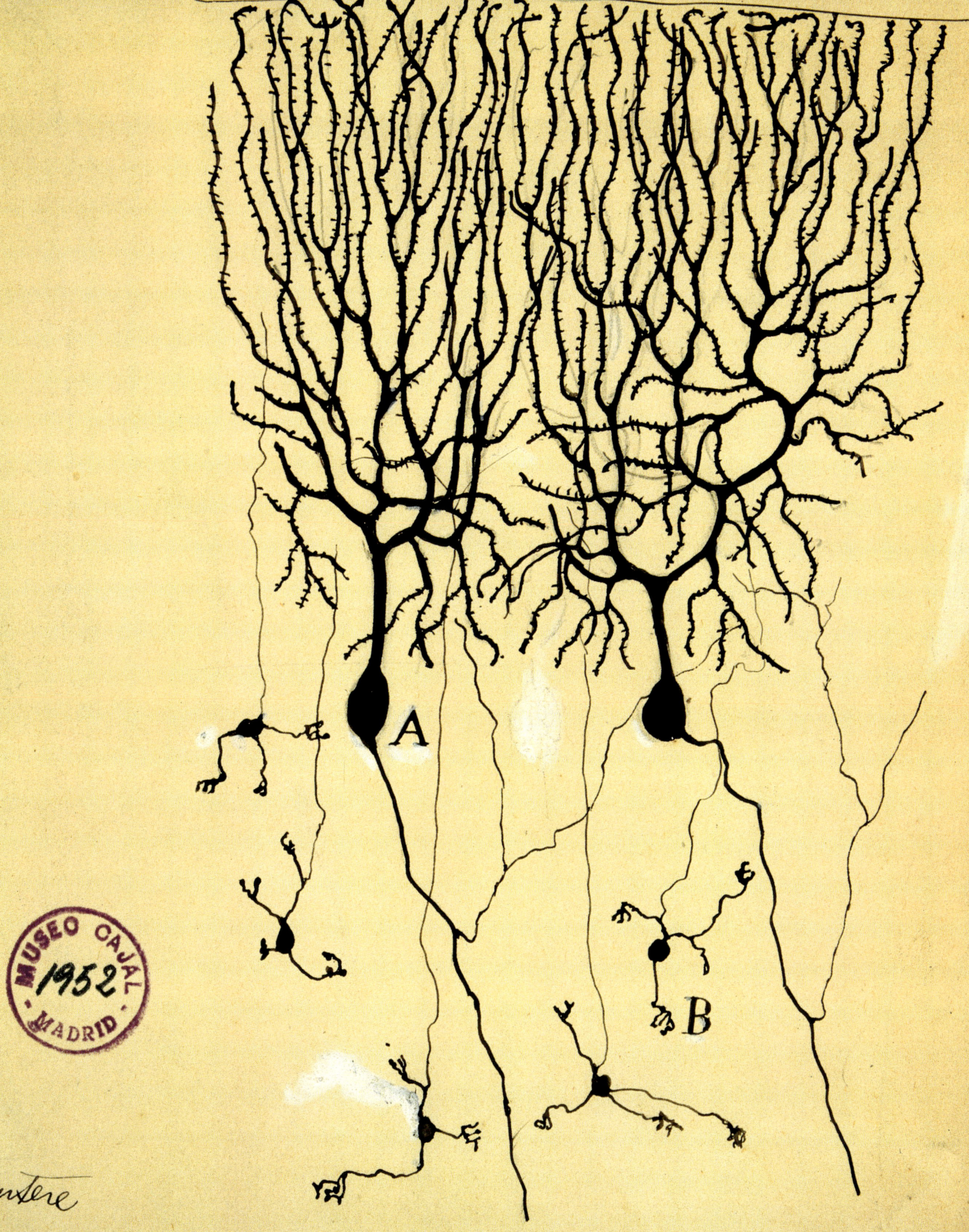

Ein Maß für Streuung

Francis Galton 1822–1911

Biologen teilen die Unterschiede, die man zwischen den Individuen einer biologischen Art entdecken kann, in zwei Kategorien ein: diskret und kontinuierlich. Manche Merkmale, wie etwa die Augenfarbe, weisen diskrete Erscheinungsformen auf: Einige Menschen haben blaue, andere braune Augen. Dagegen sind Merkmale wie die Körpergröße mehr oder weniger kontinuierlich verteilt. Die meisten Eigenschaften von Lebewesen variieren innerhalb der Art kontinuierlich; diskrete Merkmale sind seltener. Wie stark die Streuung ist und wie sie vererbt wird, ist nicht nur deshalb eine so wichtige Frage, weil wir die Evolution verstehen möchten, sondern auch, weil wir mit diesem Wissen Ernten und Erträge in der Landwirtschaft und Viehzucht optimieren können. Auch in der Politik spielt dieser Aspekt eine Rolle, etwa um die Ungleichheit von Menschen zu erfassen. Die moderne naturwissenschaftliche Erforschung kontinuierlicher Variation (auch „Biometrie" genannt) geht zum großen Teil auf die Arbeit des viktorianischen Universalgelehrten Francis Galton zurück, der ein Cousin von Charles Darwin war.

Galton fand heraus, dass ein Merkmal in einer Population häufig „glockenförmig" verteilt ist. So gibt es zum Beispiel viele Menschen von mittlerer Körpergröße, und zu beiden Enden der Größenverteilung hin nimmt die Anzahl der Individuen ab. Galton berichtete 1889 in seinem Buch *Natural Inheritance* („Natürliche Vererbung") über seine Befunde und nannte diese Verteilung „Normalverteilung". (Nach dem deutschen Mathematiker Carl Friedrich Gauß, der sie zuvor bereits mathematisch beschrieben hatte, heißt sie auch Gaußsche Glockenkurve oder Gauß-Verteilung.) Eine Normalverteilung kommt zustande, wenn etwas durch eine Vielzahl unabhängiger Faktoren beeinflusst wird, die jeweils schwache Effekte haben. Die Körpergröße beispielsweise hängt von vielen genetischen Faktoren, von der Ernährung und den Krankheiten während der Wachstumsphase ab. Jeder dieser Faktoren hat ein Vorzeichen, das heißt, er wirkt sich positiv oder negativ auf die Größe des Individuums aus. Wenn in einer Population zahlreiche positive und negative Faktoren wirksam sind, werden stets einige wenige Individuen besonders groß beziehungsweise besonders klein sein. Bei den meisten anderen Individuen gleichen sich die positiven und negativen Faktoren hingegen ungefähr aus, sodass sie letzten Endes in etwa die Durchschnittsgröße ihrer genetischen Gruppe erreichen.

Galtons Erklärung für die Vererbung kontinuierlicher Variation hat sich als falsch erwiesen. Die richtige Lösung des Problems zeichnete sich erst ab, als die Biologen Mendels Theorie auf Galtons biometrische Beobachtungen anwandten.

Siehe auch *Mendels Gesetze der Vererbung* S. 192, *Gene und Vererbung* S. 264, *Neodarwinismus* S. 282.

Galtons Credo lautete: »Zähle alles, was sich zählen lässt.« Diese Fotografie aus dem frühen 20. Jahrhundert zeigt „Professor James Ricallini mit Männern aus Kaschmir" und demonstriert die große Variabilität der menschlichen Körpergröße. ▶

Antitoxine

Emil von Behring 1854–1917, Shibasaburo Kitasato 1852–1931

Goethe schreibt im *Faust*, Blut sei »ein ganz besondrer Saft«. Emil von Behring und Shibasaburo Kitasato entdeckten 1890 eine rätselhafte schützende Eigenschaft im Serum von Tieren, die gegen Diphtherie und Tetanus immun waren – ein starker Beweis dafür, dass Goethe Recht hatte.

Behring, Assistent von Robert Koch in Berlin, suchte damals nach einem körpereigenen Desinfektionsmittel, um Infektionen zu heilen. Ihm war bekannt, dass Émile Roux und Alexandre Yersin, die in Pasteurs Pariser Labor arbeiteten, die von Diphtherie- und Tetanuserregern abgegebenen Gifte oder „Toxine", die für viele schwere Symptome dieser Krankheiten verantwortlich waren, isoliert hatten. Zwei Jahre später wies von Behring zusammen mit Kitasato nach, dass infizierte Tiere Substanzen („Antitoxine") bilden, die diese Toxine neutralisieren und Immunität gegenüber Diphtherie und Tetanus verleihen können. Sie entdeckten, dass diese Immunität über das Serum auf andere Tiere übertragbar war, wodurch diese auch vor einer Infektion geschützt wurden.

Das machte den Weg frei für die Serumtherapie. Von Behrings erste Versuche verliefen enttäuschend, da seine Serumvorräte unzureichend waren. Roux benutzte jedoch Pferde zur Produktion großer Mengen Antidiphtherieserum und behandelte damit im Jahre 1894 erfolgreich einige Kinder. Die Serumtherapie setzte sich auch bei anderen Krankheiten wie Lungenentzündung, Beulenpest und Cholera durch. Sie lieferte zwar nie ein Wundermittel, gab aber Kritikern der „Theorie der zellulären Immunität" Beweise dafür an die Hand, dass der Krieg gegen die Keime weniger von den Blutzellen als vielmehr von den Serum-Antitoxinen geführt wurde – oder von den „Antikörpern", wie man sie später nannte. Diese alternative „Humoraltheorie" wurde noch weiter gestützt, als Paul Ehrlich 1899 die Wechselwirkungen zwischen Zellen, Antikörpern und Antigenen chemisch mit seiner „Seitenkettentheorie" erklärte. Doch erst in den Dreißigerjahren des 20. Jahrhunderts identifizierte man die Antikörper als Proteine, und in den Fünfziger- und Sechzigerjahren wiesen Gerald Edelman und Rodney Porter nach, dass es sich um große, ypsilonförmige Moleküle aus schweren und leichten Aminosäurenketten handelte.

Siehe auch *Impfung* S. 102, *Die Cholera und die Wasserpumpe* S. 168, *Die Keimtheorie* S. 202, *Zelluläre Immunität* S. 204, *Die Blutgruppen* S. 236, *Transplantatabstoßung* S. 356, *Biologische Selbsterkennung* S. 430, *Monoklonale Antikörper* S. 448.

Inokulation eines Pferdes bei der Herstellung von Antidiphtherieserum im Institut Pasteur, nach 1890. ▸

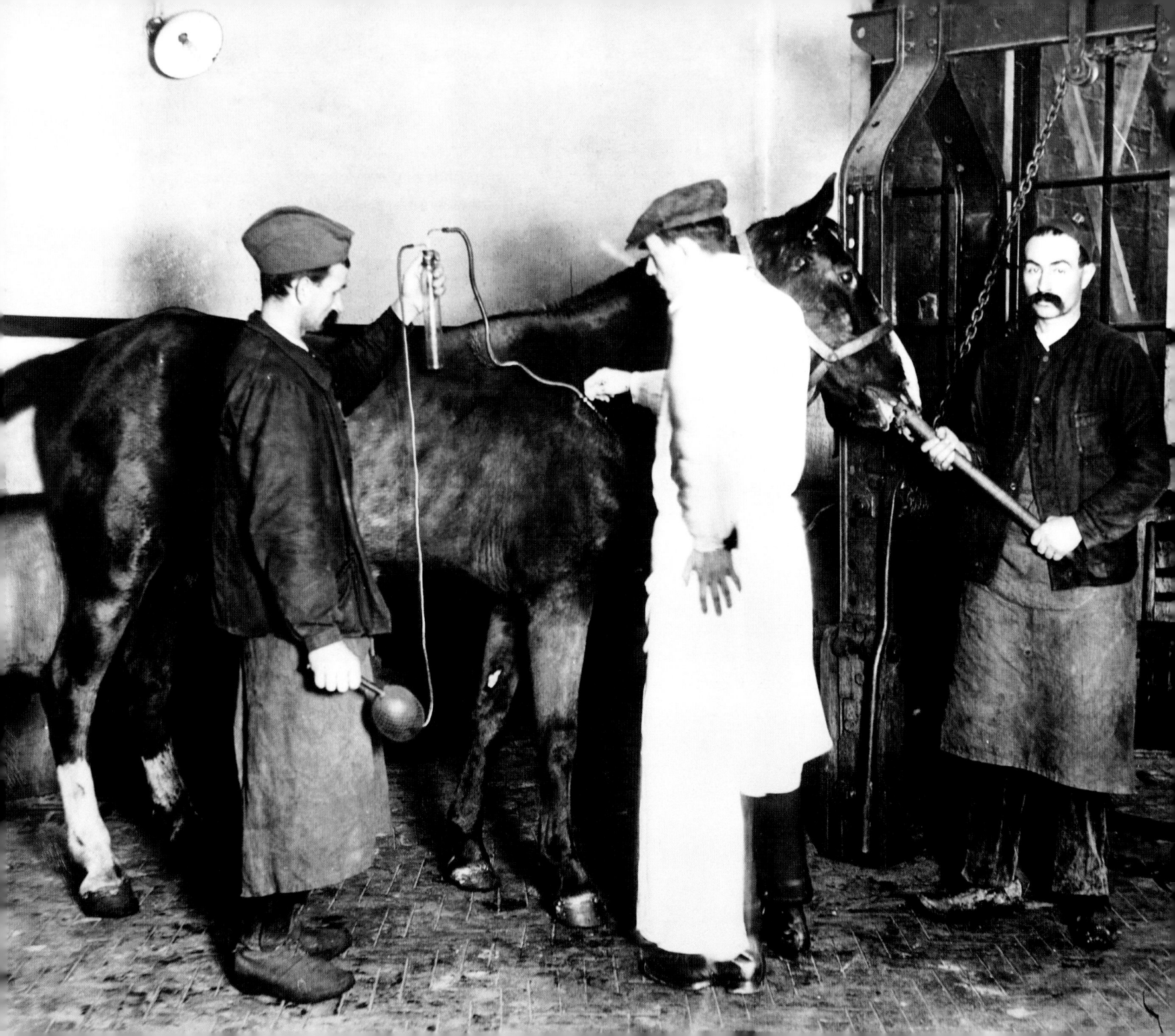

Der Java-Mensch

Eugène Dubois 1858–1940

Im September 1891 fand Eugène Dubois, ein niederländischer Militärarzt, in der Uferregion des Flusses Solo nahe Trinil auf der indonesischen Insel Java den fossilisierten Zahn eines menschenähnlichen Affen. Weitere Grabungen förderten ein Schädeldach (Kalotte) und einen Oberschenkelknochen zutage. Dubois glaubte damit Ernst Haeckels Theorie vom Ursprung der Menschheit in Südostasien bewiesen zu haben. Haeckel, ein deutscher Biologe und glühender Verfechter des Darwinismus, behauptete, dass unter den existierenden Primaten der indonesische Orang-Utan der nächste Verwandte des *Homo sapiens* sei und unsere menschlichen Vorfahren deshalb dort zu finden seien.

Während seiner Lehrtätigkeit in Amsterdam wurde Dubois von Alfred Russel Wallace' Schriften über den Malaiischen Archipel inspiriert. Er verpflichtete sich bei der Armee und ließ sich nach Sumatra versetzen, um dort nach Haeckels „fehlendem evolutionären Zwischenglied" in der Abstammungslinie von Affen und Mensch zu suchen. Er fand zahlreiche Fossilien, aber keine menschenähnlichen Überreste. Nach einem Malariaanfall im Jahre 1890 wurde er auf die Nachbarinsel Java in den passiven Dienst versetzt; dort sicherte er sich von den Kolonialbehörden Unterstützung für groß angelegte Grabungsarbeiten.

Aus Tonnen von Sedimenten bargen strafgefangene Arbeiter über 12 000 Tierfossilien — darunter ausgestorbene Elefanten, Hyänen und Großkatzen —, bis sie endlich fanden, was Dubois zum „fehlenden Zwischenglied" erklärte. Er nannte es zunächst *Anthropithecus* und später *Pithecanthropus erectus* (heute *Homo erectus*), was so viel bedeutet wie „aufrecht gehender Affenmensch".

Nach seiner Rückkehr in die Niederlande 1895 versuchte Dubois, europäische Archäologen von der Bedeutung seines Fundes zu überzeugen. Doch erst in den Zwanzigerjahren des 20. Jahrhunderts wurde der „Java-Mensch" schließlich als ausgestorbene Menschenart akzeptiert, deren Urspung allerdings nicht in Südostasien lag. Der *Homo erectus* stammte Charles Darwins Vermutung entsprechend aus Afrika und verließ den Kontinent vor rund zwei Millionen Jahren. Vor etwa 1,7 Millionen Jahren gelangte er ans Schwarze Meer und vor 800 000 Jahren nach Java; dort konnte er sich möglicherweise noch bis vor 27 000 Jahren neben dem modernen Menschen halten.

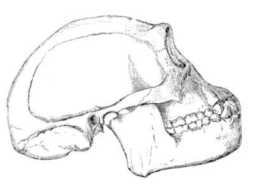

▲
Haeckels Zeichnung vom Schädel eines Java-Menschen. Haeckel hatte das „fehlende Zwischenglied" schon *Pithecanthropus* genannt, lange bevor Dubois es tatsächlich fand.

Siehe auch *Frühe Menschen* S. 148, *Der Neandertaler* S. 170, *Das „Kind von Taung"* S. 298, *Die Olduvai-Schlucht* S. 392, *DNA aus alter Zeit* S. 476, *Der „Junge von Turkana"* S. 480, *Urheimat Afrika* S. 492, *Der Mann aus dem Eis* S. 504.

Rekonstruktion des Java-Menschen (*Pithecanthropus erectus*) auf Grundlage der von Dubois gefundenen Knochen. Er nahm die ▶ Knochen zu wissenschaftlichen Treffen in ganz Europa mit und vergaß sie einmal sogar in einem Café.

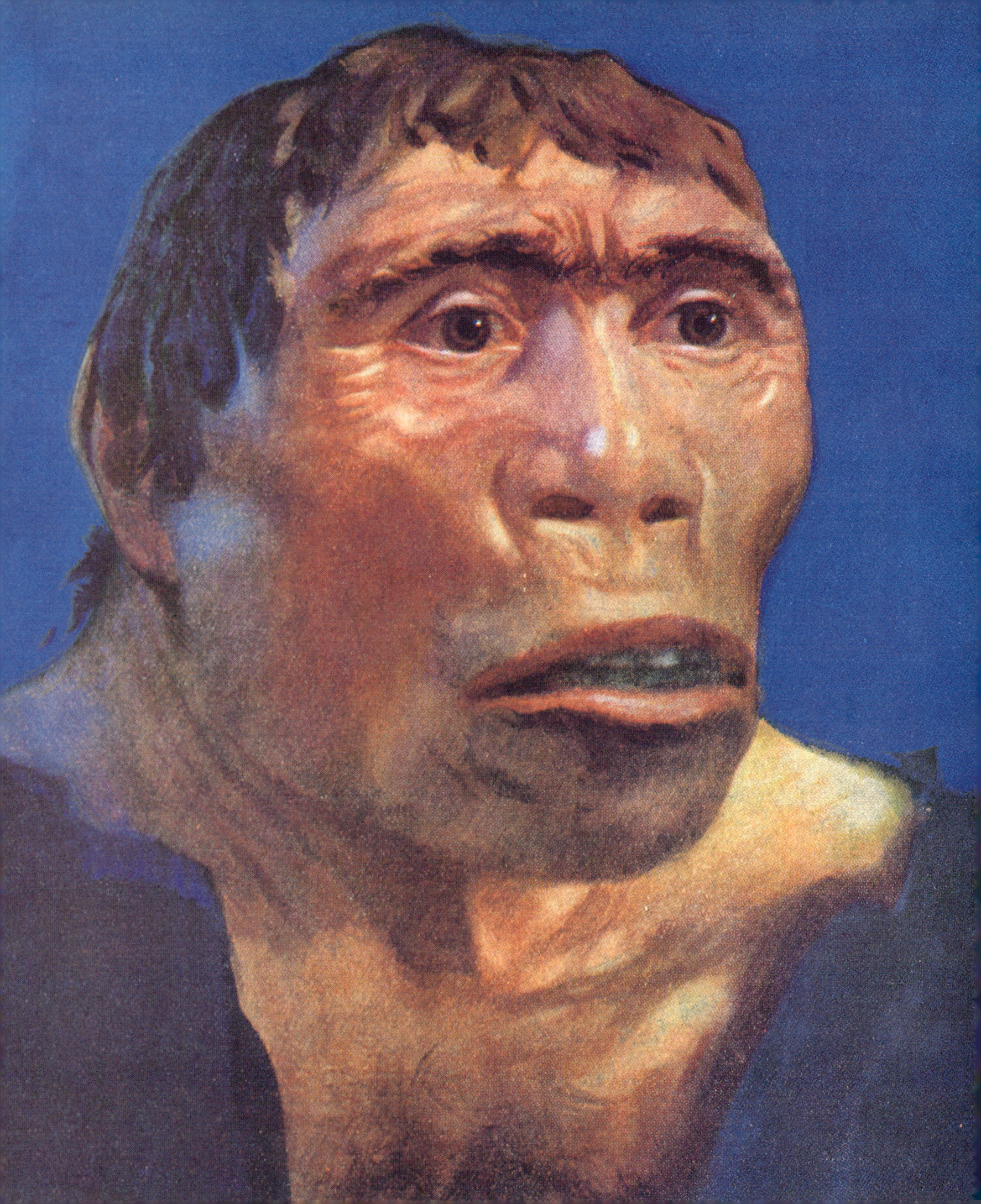

Die Wirkung der Enzyme

Emil Hermann Fischer 1852-1919

Enzyme sind natürliche Katalysatoren, welche die chemische Reaktionsrate erhöhen. Das bekannteste Beispiel bietet die Brauindustrie, in der Zucker mithilfe von Hefeenzymen in Ethanol (Ethylalkohol) und Kohlendioxid umgewandelt wird. Lange Zeit wusste niemand genau, woraus diese Katalysatoren bestanden oder wie sie wirkten — solange das Bier schmeckte und genügend Alkohol enthielt, scherte man sich nicht besonders um die chemischen Einzelheiten.

Gegen Ende des 19. Jahrhunderts beschäftigte sich der weltbekannte deutsche Biochemiker Emil Fischer, der sich offenbar wenig für das Brauen interessierte, mit einem altehrwürdigen Forschungsanliegen aller Biochemiker: dem Ermitteln der Struktur spezifischer chemischer Bestandteile. Fischer erforschte zehn Jahre lang die Strukturen von Zuckern und verwandten Substanzen. Die Hexose etwa, ein Zucker bestehend aus sechs Kohlenstoff-, zwölf Wasserstoff- und sechs Sauerstoffatomen, hat 16 verschiedene Formen — Stereoisomere — von unterschiedlicher Gestalt. Bei seinen Forschungen benutzte Fischer verschiedene Enzyme, um Zucker in Alkohol umzuwandeln; dabei entdeckte er, dass jedes Enzym eine eigene Spezifität aufwies und jeweils nur einen Zucker erkannte. Um 1894 nannte er dieses Phänomen „Schlüssel-Schloss-Prinzip" und postulierte, dass alle Enzyme eine besondere Struktur aufwiesen, um eine bestimmte chemische Substanz zu erkennen und andere auszuschließen. Das wiederum bedeutete, dass alle lebenden Zellen über eine Vielzahl von Enzymen verfügen, die jeweils auf eine bestimmte katalytische Funktion zugeschnitten sind.

Fischer hatte schon vor dieser zufälligen Entdeckung Großes auf dem Gebiet der Chemie geleistet und erhielt zu Recht 1902 einen Nobelpreis. Die jahrelange Arbeit mit giftigen Chemikalien aber forderte ihren Tribut, ebenso wie die Belastung durch den Ersten Weltkrieg, den er zunächst unterstützt hatte, später aber als deutschen Irrsinn ansah. Im Jahre 1919 nahm er sich — schwer depressiv und krank — das Leben.

Siehe auch *Die Regulation des Körpers* S. 188, *Der Benzolring* S. 190, *Angeborene Stoffwechselstörungen* S. 258, *Der Zitronensäurezyklus* S. 320.

Zu der Zeit, als er den Nobelpreis erhielt, befasste sich Fischer mit der Chemie der Proteine, was sich als ebenso bedeutend ▶ herausstellte wie seine frühere Arbeiten zu Zuckern und Purinen.

Röntgenstrahlen

Wilhelm Conrad Röntgen 1845–1923

Am 8. November 1895 experimentierte der deutsche Physiker Wilhelm Röntgen mit einer Kathodenstrahlröhre. Einen überzähligen Fluoreszenzbildschirm hatte er etwas abseits auf einen anderen Labortisch gestellt. Dennoch leuchtete eben dieser Bildschirm auf, als er die Kathodenstrahlröhre anschaltete. Röntgen erkannte, dass aus der Röhre irgendetwas herauskam, irgendeine unsichtbare Strahlung, die der Wissenschaft neu war. Er fand heraus, dass diese Strahlung Materie aller Art durchdringen konnte – Holz, Glas, Gummi, Aluminium und andere Metalle. Und als er seine Hand in den Strahlengang hielt, sah er einen Schatten seiner Knochen.

Die Röntgenstrahlen („X-Strahlen") waren eine Sensation. Ihre Eigenschaft, die es dem Betrachter ermöglichte, durch feste Materie zu sehen, erschien wie Zauberei – für einige wie schwarze Magie, daher die Erfindung von bleiausgekleideter Unterwäsche, um jedweder lüsternen Anwendung einen Riegel vorzuschieben.

Ärzte machte sich die neue Fähigkeit, ins menschliche Innere zu sehen, rasch zunutze und experimentierten mit Röntgenstrahlen als Heilmittel für alle möglichen Krankheiten. Doch mit der Zeit wurden die Gefahren der Röntgenstrahlung deutlich – bei starker Exposition kam es zu Verbrennungen und Haarausfall, und 1904 starb Clarence Dally, ein Assistent des amerikanischen Erfinders Thomas Edison, nach schweren Röntgenverbrennungen an Krebs. Röntgenstrahlen werden auch heute noch zur Bekämpfung von Tumoren eingesetzt, doch inzwischen wird die Strahlungsdosis sorgfältig kontrolliert.

Unterdessen versuchten die Forscher verbissen herauszufinden, was Röntgenstrahlen eigentlich waren. Die Strahlen pflanzten sich gradlinig fort wie sichtbares Licht, wurden aber weder im Spiegel reflektiert noch an Objekten gebeugt. Handelte es sich um Wellen im Äther oder um geschossartige Korpuskeln? Die Frage wurde erst 1912 beantwortet, als sich in einem von Max von der Laue vorgeschlagenen Experiment zeigte, dass ein Röntgenstrahl beim Durchtritt durch einen Kristall gestreut wird und ein komplexes Beugungsmuster zeigt. Folglich handelte es sich bei Röntgenstrahlen wie beim Licht um elektromagnetische Wellen, jedoch mit einer sehr kurzen Wellenlänge, vergleichbar dem Abstand von Atomen in einem Kristall. Die Röntgenbeugung wurde zu einem wichtigen Werkzeug bei der Untersuchung von Kristallen, Werkstoffen und der Struktur biologischer Moleküle, wie der DNA.

Siehe auch *Die Maxwellschen Gleichungen* S. 186, *Radioaktivität* S. 224, *Das Elektron* S. 228, *Kosmische Strahlung* S. 268, *Die Doppelhelix* S. 374, *Die Struktur des Hämoglobins* S. 390, *Quasare* S. 404.

Eine helfende Hand: Röntgen nahm dieses Röntgenbild von der Hand seiner Frau auf; deutlich ist der Ring zu sehen, den sie trägt. ▶

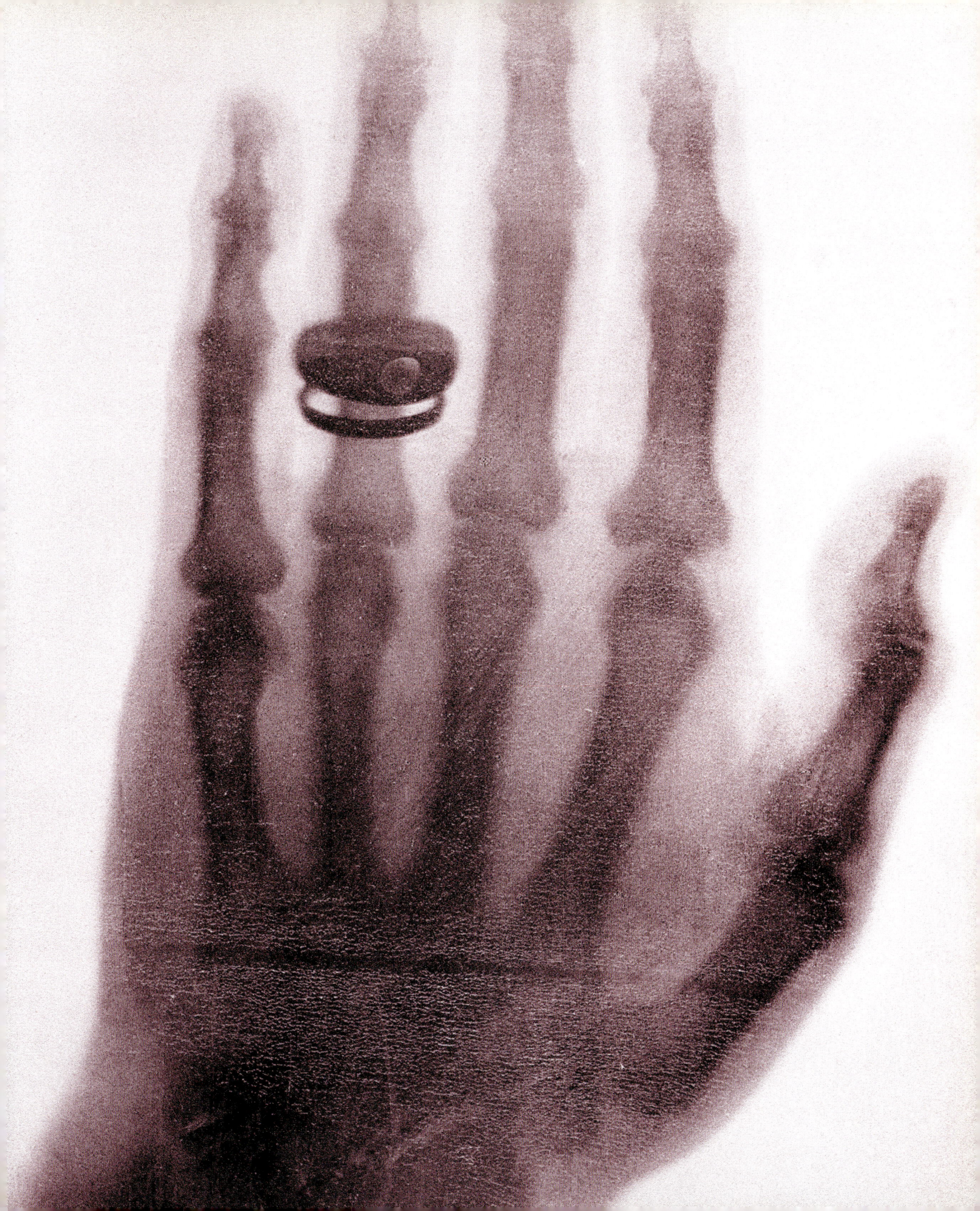

Das Unterbewusstsein

Sigmund Freud 1856–1939

Die „Hysterie" als Krankheitsbild kennt man bereits seit der Antike. 1895 legten Sigmund Freud und Josef Breuer den Grundstein für eine neue Interpretation und Therapie. In ihren *Studien über Hysterie* präsentierten sie die Früchte ihrer gemeinsamen Bemühungen um das Verstehen und Behandeln junger Wienerinnen aus der Mittelschicht, die eine Vielzahl komplexer physiologischer und psychologischer Symptome aufwiesen. Sie nutzten die gebräuchliche Therapieform der Hypnose, gingen aber bald getrennte Wege, weil Freud immer mehr zu der Überzeugung gelangte, dass die Ursache der Hysterie stets ein (wirkliches oder phantasiertes) sexuelles Trauma in der Kindheit sei. Im Verlauf seiner ersten Psychoanalyse (die über eine vertrauliche Korrespondenz mit dem Berliner Arzt Wilhelm Fliess erfolgte) erkundete Freud seine eigene psychosexuelle Entwicklung und entdeckte darin den Schlüssel zum Verständnis aller Neurosen.

Dieser Schlüssel, der in einer Reihe von Veröffentlichungen, vor allem *Die Traumdeutung* (1900) und *Drei Abhandlungen zur Sexualtheorie* (1905), mehr und mehr ausgefeilt wurde, lag in der Rolle der Sexualität sowohl in der normalen wie auch in einer anormalen Entwicklung. Freud behauptete, die Sexualität bestimme unser Leben von frühester Kindheit an und sowohl bei Jungen als auch bei Mädchen (hier war er weniger erfolgreich) forme sich die sexuelle Identität in einem komplizierten Prozess, der die reife Persönlichkeit dauerhaft präge. Seine Vorstellungen des Ödipuskomplexes und der unbewussten und dreigeteilten Natur geistiger Strukturen („Es", „Ich" und „Über-Ich") erarbeitete Freud allmählich über den Kontakt mit seinen Patienten, denen seiner Ansicht nach am besten über die freie Assoziation zu helfen war, wenn sie also einfach ohne Hemmungen erzählten, was ihnen in den Sinn kam. Später übertrug er seine Ideen auch auf Anthropologie, Religion und Geschichte.

Freud sah in seinen Methoden stets eher wertvolle Werkzeuge, um psychologische Erkenntnisse zu gewinnen, als nur Mittel zur Behandlung von Patienten. Die Psychoanalyse dominierte die Psychiatrie, vor allem in den USA, ein halbes Jahrhundert lang. Inzwischen hat sie an Bedeutung verloren, doch im Bewusstsein der breiten Öffentlichkeit sind wir immer noch Freuds Kinder.

Viele Patienten Freuds wurden auf dieser Couch behandelt, die in seinem letzten Haus in London steht.

Siehe auch *Die Entwicklung des Kindes* S. 294, *REM-Schlaf* S. 372, *Bilder des Geistes* S. 478.

Freud: »Meine Lebensarbeit war auf ein einziges Ziel eingestellt: Ich wollte erschließen — oder erraten — wie der Apparat gebaut ist, der den seelischen Leistungen dient, und welche Kräfte in ihm zusammen- und gegeneinanderwirken.«

Radioaktivität

Antoine Henri Becquerel 1852-1908, Marie Sklodowska Curie 1867-1934, Pierre Curie 1859-1906, Ernest Rutherford 1871-1937, Frederick Soddy 1877-1956

Die Röntgenstrahlen waren nur die erste Überraschung der Neunzigerjahre des 19. Jahrhunderts. Bald wurden weitere Strahlentypen entdeckt, die sich für die damalige Wissenschaft als noch fremdartiger erweisen sollten.

Der französische Physiker Antoine Henri Becquerel war der Meinung, Röntgenstrahlen entstünden durch Fluoreszenz. Daher nahm er verschiedene fluoreszierende Verbindungen und legte sie auf eine in schwarzes Papier gehüllte Fotoplatte. Dieses Arrangement ließ er draußen stehen, weil er hoffte, intensive Sonnenbestrahlung würde die Verbindungen dazu anregen, zu fluoreszieren und Röntgenstrahlen zu produzieren, die durch das Papier dringen und die Platte schwärzen würden. Im Februar 1896 hatte er mit einer Verbindung scheinbar Erfolg: Uransulfat.

Doch dann legte er an einem sonnenlosen Tag ein solches Paket in eine Schublade. Wochen später, als er die Platte entwickelte, färbte sie sich ebenfalls dunkel. Becquerel hatte sich mit der Fluoreszenz geirrt. Stattdessen sandte Uran spontan eine durchdringende Strahlung aus; andere Elemente verhielten sich ebenso. Im Jahre 1898 entdeckten Marie und Pierre Curie zwei neue radioaktive Elemente, Polonium und das sehr stark aktive Radium. Radium strahlt so viel radioaktive Energie ab, dass das Wasser in einem Eimer zu kochen beginnt, wenn man einen Brocken Radium hineinwirft. Woher kam diese ganze Energie?

Ein noch schlimmerer Schock sollte folgen. Ernest Rutherford und Frederick Soddy fanden heraus, dass Radioaktivität eine Art Alchemie war: Angeblich unwandelbare Elemente wandelten sich in andere Elemente um. Ohne Kenntnisse über Relativitätstheorie, Quantenmechanik und Kernphysik waren dies unergründliche Rätsel.

Die Physiker identifizierten drei Hauptformen der Radioaktivität: Alphateilchen sind „nackte" Heliumkerne, Betastrahlung besteht aus sehr energiereichen Elektronen, und Gammastrahlung entspricht hochenergetischen elektromagnetischen Wellen. Anfangs war die Begeisterung für den Einsatz radioaktiver Strahlung in der Medizin groß, doch sie verblasste, als die Gefahren von Strahlenerkrankungen und Krebs deutlich wurden. Heute nutzt man Radioaktivität erfolgreich zur medizinischen Bildgebung (etwa zur Sichtbarmachung der Schilddrüse) und zur Tumorbekämpfung; darüber hinaus wird sie auf vielerlei andere Weise eingesetzt, zum Beispiel bei der Datierung alter Gesteine und Artefakte, als Energiequelle in der Raumfahrt oder beim Haltbarmachen von Obst und Gemüse.

Siehe auch *Elektromagnetismus* S. 134, *Die Maxwellschen Gleichungen* S. 186, *Das Elektron* S. 228, *Alte Gesteine* S. 252, *Das Neutron* S. 312, *Antimaterie* S. 314, *Die Radiokarbondatierung* S. 346, *Gammastrahlenausbrüche* S. 434, *Bilder des Geistes* S. 478, *Der Mann aus dem Eis* S. 504.

Pierre und Marie Curie in ihrem Labor. Diese Zeichnung aus dem Jahre 1904 suggeriert nicht nur fälschlicherweise, ▶ Radioaktivität breite sich „strahlenartig" aus, sondern verdeutlicht überdies, dass Pierre anfangs als der führende Forscher des Gespanns angesehen wurde.

Aspirin

Felix Hoffmann 1868–1946, Arthur Eichengrün 1867–1949

Die Acetylsalicylsäure ist eines der Allheilmittel des 20. Jahrhunderts, aber ihre Geschichte steckt voller Widersprüche. Sie wurde 1897 in den Labors der deutschen Pharmafirma Bayer synthetisiert und zwei Jahre später als „Aspirin" auf den Markt gebracht, und so kennen wir sie bis heute. Es ist umstritten, welcher der beiden Bayer-Chemiker Felix Hoffmann und Arthur Eichengrün für die Synthese 1897 verantwortlich war; außerdem war die Substanz – allerdings nicht chemisch rein – ohnehin schon in den Fünfzigerjahren des 19. Jahrhunderts von dem französischen Chemiker Charles Frederick Gerhardt hergestellt und in den Achtzigerjahren sogar vermarktet worden. Der erste Anlauf von Aspirin schlug fehl, aber Bayers Forschungsleiter Friedrich Carl Duisberg wusste, dass er auf dem richtigen Weg war.

Anfangs führte man nur nachlässig Tests mit Tieren und Menschen durch. Das Mittel hatte so viele Nebenwirkungen (Magenreizung und starke Beeinträchtigungen der Lunge bei zu langer Einnahme), dass es heute wohl kaum die Zulassung erhielte. Zum Glück wurde es zu einer festen Größe im Arzneischrank, bevor die modernen Arzneimittelgesetze erlassen wurden. Aspirin lindert Schmerzen, Entzündungen und Fieber; für Kranke mit Arthritis und anderen schmerzhaften Erkrankungen war es ein Gottesgeschenk. Weil seine chemische Struktur Joseph Listers chirurgischem Desinfektionsmittel, der Karbolsäure, ähnelt, glaubten die Ärzte, es sei eine Art „inneres Desinfektionsmittel". Dieser Glaube wurde noch dadurch gestützt, dass junge Patienten mit rheumatischem Fieber gut auf das Mittel ansprachen.

Aspirin ist als schneller Schmerzstiller seit einiger Zeit in der Gunst der medizinischen Behörden gesunken, obwohl die Entschlüsselung seines möglichen Wirkungsmechanismus als Hemmer der Prostaglandine (natürliche Hormone) John Vane 1982 den Nobelpreis für Physiologie oder Medizin einbrachte. Ergebnis dieser Hemmung ist die Blockade der Blutplättchenaggregation bei der Blutgerinnung. Aspirin wird heute zur Nachbehandlung von Herzinfarkten und in niedrigen Dosen zur Prophylaxe gegen die Folgen der Arteriosklerose eingesetzt.

Siehe auch *Arzneipflanzen* S. 28, *Die Keimtheorie* S. 202, *Zauberkugeln* S. 262, *Penicillin* S. 302.

Seit seiner Einführung im Jahre 1899 wurde Aspirin zum populärsten Medikament aller Zeiten. Allein die USA verbrauchen im Jahr rund 10 000 bis 20 000 Tonnen davon. ▶

Das Elektron

Joseph John Thomson 1856–1940

Das erste Stück der modernen Welt fand sich 1897 im Inneren einer Kathodenstrahlröhre. Dieses Gerät, eines der Lieblingsspielzeuge der Physiker im 19. Jahrhundert und die Basis der meisten Fernsehbildschirme, ist recht einfach gebaut. An dem einen Ende einer luftleeren Glasröhre befindet sich eine heiße Metallelektrode. Diese sendet beim Anlegen einer hohen Spannung eine Form von Strahlung aus, die solange unsichtbar ist, bis sie auf das fluoreszierende Material trifft, mit der das andere Ende der Röhre beschichtet ist. Dieser Fluoreszenzfarbstoff leuchtet und schuf in den Kathodenstrahlröhren des 19. Jahrhunderts oft seltsame, geisterhafte Muster.

Die Physiker arbeiteten schon seit Jahrzehnten mit Kathodenstrahlen, doch niemand wusste, was sich dahinter eigentlich verbarg. Eine weit verbreitete Ansicht war, es handele sich um Wellen im Äther – einem hypothetischen Fluidum, das angeblich den ganzen Raum erfüllte. Joseph John Thomson war hingegen der Meinung, bei den Kathodenstrahlen handele es sich um »negativ geladene Körper, die mit hoher Geschwindigkeit von der Elektrode abgeschossen werden«. Mit anderen Worten: Materieteilchen.

Thomson wusste, dass sich die Bahn der Teilchen durch Magneten beeinflussen ließ und dass die Teilchen, wenn man sie in einem Metallbehälter einfing, eine Ladung zurückließen. Indem er genau beobachtete, wie sich die Teilchen durch elektrische und magnetische Felder bewegten, fand er heraus, dass diese Teilchen allesamt identisch waren, ganz gleichgültig, von welchem Metall sie emittiert wurden. Sie alle besaßen dasselbe Verhältnis von elektrischer Ladung zu Masse. Thomson war nicht der Einzige, der dies bemerkte, doch er las aus dieser Erkenntnis viel mehr heraus als andere. Er stellte die These auf, diese „Korpuskeln" seien die universellen Träger der Elektrizität und die Grundbausteine der Materie.

Thomson nahm an, Atome bestünden aus einer Vielzahl von Elektronen, eingebettet in eine kugelförmige positive Ladung. Dieses Modell hatte einigen Erfolg, wurde jedoch schon verworfen, bevor Ernest Rutherford den Atomkern entdeckte.

Dank Rutherford wissen wir heute, dass Elektronen nicht die einzigen Elementarteilchen sind, dennoch gelten sie nach wie vor als fundamentale und allgegenwärtige Bausteine der Welt. Elektronen bilden alle chemischen Bindungen und halten die Materie zusammen.

Siehe auch *Die Wellennatur des Lichtes* S. 118, *Röntgenstrahlen* S. 220, *Das Quant* S. 234, *Supraleitfähigkeit* S. 266, *Das Atommodell* S. 272, *Der Welle-Teilchen-Dualismus* S. 300, *Antimaterie* S. 314, *Der Transistor* S. 350, *Quantenelektrodynamik* S. 352, *Quarks* S. 408, *Pulsare* S. 420, *Die Verdampfung Schwarzer Löcher* S. 440, *Superstrings* S. 474.

Die Erforschung von elektrischen Entladungen in gasgefüllten Röhren wie diesen führte zur Entdeckung von ▶ Röntgenstrahlen und Elektronen.

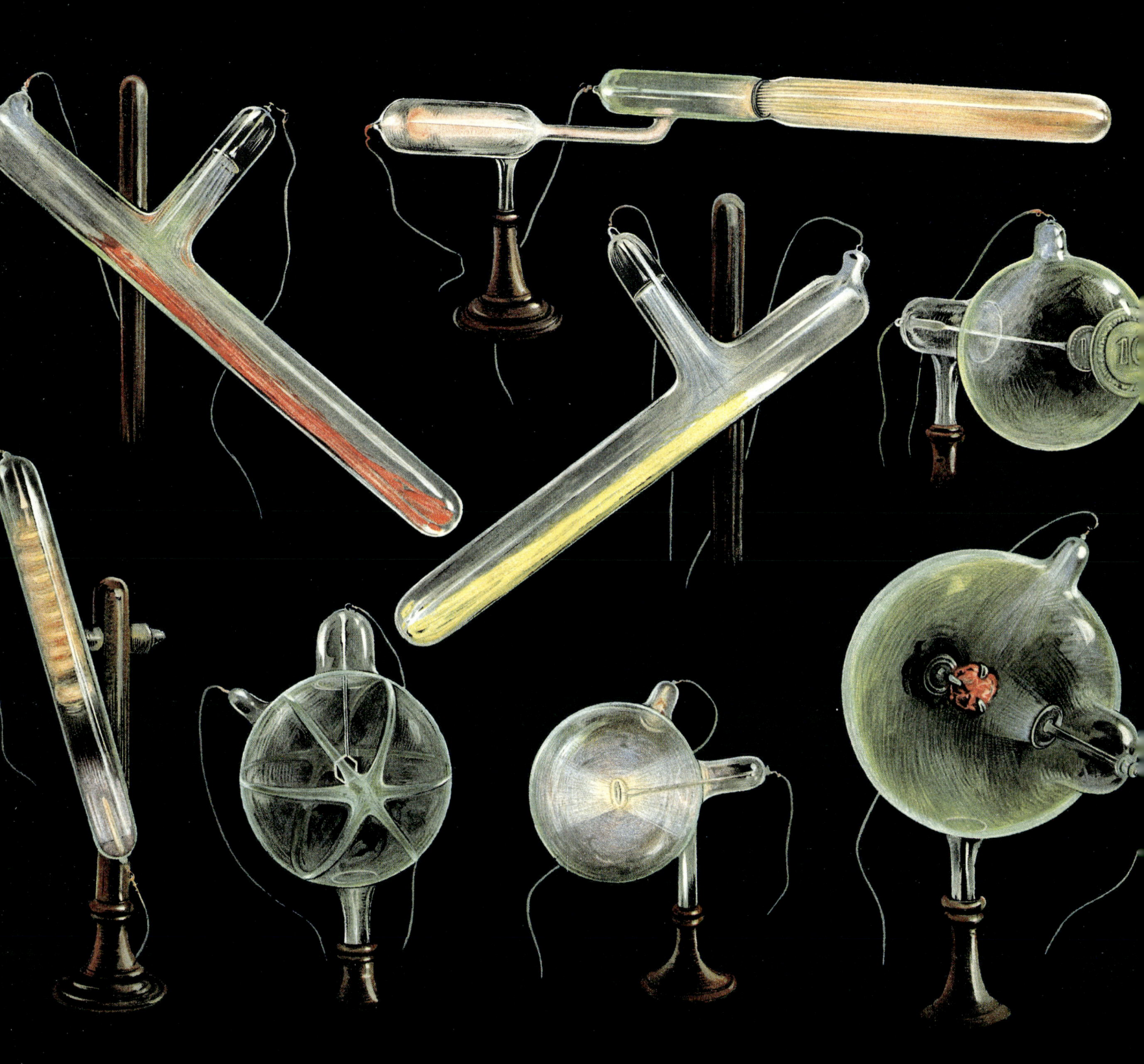

Der Malariaerreger

Ronald Ross 1857–1932

Von allen Infektionskrankheiten hat die Malaria (von italienisch *mal' aria* für „schlechte Luft") die meisten Menschen betroffen. Die wahre Ursache dieser Krankheit – der man den Untergang des römischen Reiches zuschreibt – wurde jedoch erst im 19. Jahrhundert ermittelt. Der erste Schritt war 1880 die Entdeckung des Malariaparasiten (*Plasmodium*, ein Einzeller oder „Protozoon") durch Alphonse Laveran. Im Jahre 1894 äußerte Patrick Manson die Vermutung, dass die Infektion durch Stechmücken übertragen werde. 1897 lokalisierte schließlich Ronald Ross, ein in Indien stationierter britischer Armeechirurg, in der Magenwand einer *Anopheles*-Stechmücke die Oocysten, die ein Zwischenstadium im Entwicklungszyklus von *Plasmodium* darstellen. Er verbrachte ein weiteres Jahr damit, Stechmücken zu sammeln, sie zu füttern und zu sezieren, und verfolgte so die komplette Entwicklung des Parasiten bis zum reifen Sporozoiten in der Speicheldrüse der Mücke. Dort bleibt der Parasit, bis er bei der Blutmahlzeit einer weiblichen Mücke in die Blutbahn seines menschlichen Wirts gelangt.

Wenig mitfühlende Arbeitgeber erschwerten Ross' Arbeit in Indien. Da er in eine Gegend versetzt wurde, in der die menschliche Malaria selten vorkam, unternahm er bahnbrechende Forschungen über den Malariaerreger von Vögeln. Derweil stahl ihm der Italiener Giovanni Battista Grassi die Schau, indem er den gesamten Übertragungsweg der Malaria beim Menschen aufdeckte. Inmitten hässlicher Streitigkeiten um den Vorrang erhielt dann Ross 1902 den Nobelpreis für Physiologie oder Medizin. Seine Arbeit lieferte den wissenschaftlichen Rahmen für die Etablierung der Tropenmedizin als eigenständige Fachrichtung und regte die Suche nach weiteren Parasit-Vektor-Paaren an, die oft für verbreitete Krankheiten in warmen Klimazonen verantwortlich sind.

Ross war einer von vielen, die Bekämpfungsmaßnahmen gegen die Malaria durch Ausrottung der Stechmücken entwickelten. Die Einführung des Insektizids DDT während des Zweiten Weltkrieges war ein großer Segen. Die Weltgesundheitsorganisation (WHO) schätzte 1955 den Sieg über die Malaria als erreichbares Ziel ein. Aber die Kampagne war kein Erfolg. Die Stechmücken wurden schnell gegen DDT resistent, während das Insektizid sich als umweltbelastend erwies.

Siehe auch *Leben unter dem Mikroskop* S. 76, *DDT* S. 326.

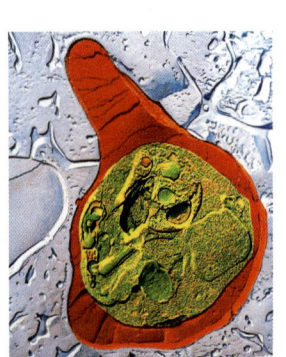

▲
Querschnitt durch ein deformiertes rotes Blutkörperchen voller Malariaerreger.

Die tödliche Heimsuchung Malaria wird durch weibliche Stechmücken übertragen. Ross lokalisierte in der Magenwand ▶ einer *Anopheles*-Stechmücke die Oocysten, die ein Zwischenstadium im Entwicklungszyklus des krankheitsverursachenden Parasiten darstellt.

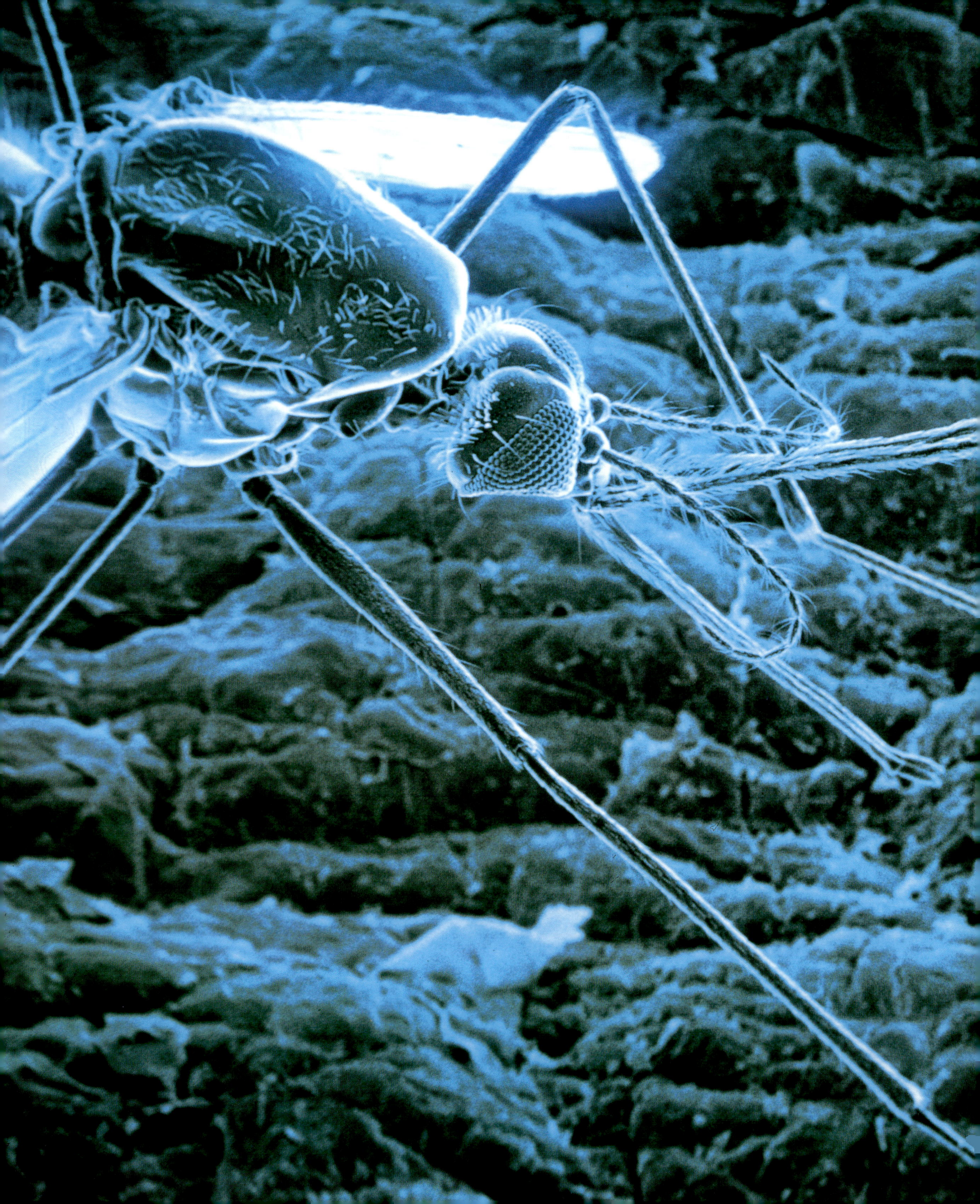

Viren

Martinus Beijerinck 1851–1931

Im Laufe der Zeit erkannten die Begründer der Keimtheorie, dass Bakterien vielleicht nicht die einzigen Organismen waren, die Krankheiten erregen konnten. So hatte Louis Pasteur keinen Erreger für die Tollwut gefunden und die Existenz von Keimen vermutet, die zu klein waren, als dass sie unter dem Mikroskop erkennbar wären.

Im Jahre 1895 wandte sich der niederländische Botaniker Martinus Beijerinck der Tabakmosaikkrankheit zu, die das Wachstum der Tabakpflanzen hemmt und ihre Blätter fleckig werden lässt. Er zermahlte die Blätter einer erkrankten Pflanze, filterte den Saft durch den feinporigsten Porzellanfilter und stellte fest, dass gesunde Pflanzen durch das Filtrat infiziert wurden. Was auch immer das infektiöse Agens war, es ließ sich nicht kultivieren und auch nicht durch Chemikalien oder Erhitzen abtöten. Es war auch kein Toxin, denn es schien sich zu vermehren: Es konnte eine gesunde Pflanze infizieren, von dieser aus dann eine andere und so fort. Beijerinck nannte das Agens „Virus" (lateinisch für „Gift") und wies nach, dass es nur innerhalb lebender Zellen leben und sich vermehren konnte. Er gab zu, dass seine Resultate erstaunlich waren, hielt aber in einer Publikation 1898 daran fest. Im selben Jahr entdeckten Friedrich Loeffler und Paul Frosch das für die Maul- und Klauenseuche der Tiere verantwortliche Virus und 1901 identifizierte man als erste menschliche Viruskrankheit das Gelbfieber. Im Jahre 1909 fand Francis Peyton Rous bei Hühnern das erste Tumorvirus, aber erst in den Sechzigerjahren wurden Viren entdeckt, die beim Menschen Krebs erzeugen.

Spezifische Viren, die Bakterien befielen, wurden 1915 von Frederick Twort und 1917 von Felix d'Hérelle entdeckt. Zwar entspannte sich ein Prioritätenstreit, aber die so genannten „Bakteriophagen" wurden als Revolution bei der Behandlung von Infektionen wie Typhus und Cholera angekündigt. Obwohl davon in Sinclair Lewis' Roman *Dr. med. Arrowsmith* (1925) die Rede ist, hat man die Phagentherapie nie erprobt, und als Penicillin allgemein verfügbar wurde, geriet sie schnell in Vergessenheit. Die Erforschung der Bakteriophagen ging jedoch weiter und lieferte grundlegende Erkenntnisse auf dem Gebiet der Molekularbiologie. So enthüllte sie, wie Gene aktiviert und deaktiviert werden, und lieferte ein Transportmittel, um Bakterien Fremdgene einzupflanzen.

▲
Bakteriophagen haben verschiedene Größen und Formen. Hier ein Phage mit langem, eikosaedrischem Kopf.

Siehe auch

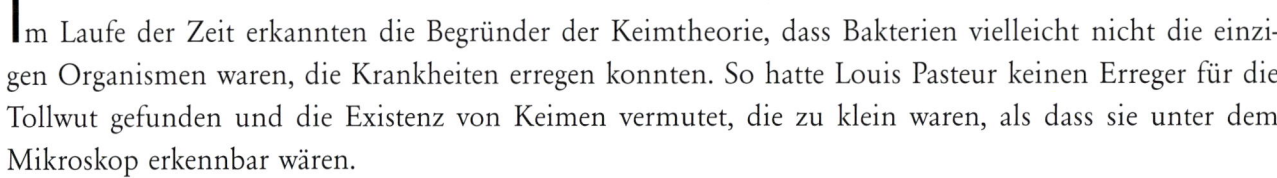

Elektronenmikroskopische Aufnahme stabförmiger Partikel des Tabakmosaikvirus. Die Querstreifung spiegelt die helikale ▶
Symmetrie der Untereinheiten wider, welche die Proteinhülle bilden.

Das Quant

Max Planck 1858–1947, Albert Einstein 1879–1955

Die Quantentheorie war von Anfang an eine heiße Sache. Im Jahre 1900 versuchte der deutsche Physiker Max Planck zu erklären, warum heiße Körper, wie ein glühender Schürhaken, bestimmte Farben annehmen: von rot- bis weißglühend. Er wollte nicht nur die ungefähre Farbe, sondern die genaue Lichtmenge bestimmen, die solche Körper bei verschiedenen Wellenlängen emittieren.

Er idealisierte heiße Objekte als innen geschwärzte Hohlkörper mit einer kleinen Öffnung (so genannte Schwarze Körper). Mithilfe der gewöhnlichen klassischen Physik konnte Planck die Energieverteilung des Lichtes, das aus dem Hohlkörper kam, beinahe erklären — aber nicht ganz. Experimente ergaben, dass es bei großen Wellenlängen etwas mehr Strahlung gab, als Plancks Gleichungen vorhersagten. Um dies zu korrigieren, musste er eine sonderbare Annahme machen, nämlich die, dass die Energie den Hohlkörper nicht kontinuierlich, sondern in Form von einzelnen Energiepaketen oder „Quanten" verließ.

Als er diese These am 14. Dezember 1900 vortrug, war sich Planck nicht sicher, was diese Energiequanten bedeuteten. Doch 1905 zeigte Einstein, dass Licht tatsächlich in „Paketen" oder diskreten Energieeinheiten daherkommt — die wir heute als Lichtquanten oder Photonen kennen.

Planck war ein ausgezeichneter Musiker, der manchmal von Einstein auf seiner Violine begleitet wurde.

Einstein benutzte diese Vorstellung, um zu erklären, wie Licht Elektronen aus einer Metalloberfläche herausschlägt. Philipp Lenard hatte 1902 bemerkt, dass die Energie der herausgeschlagenen Elektronen nicht davon abhing, wie hell das Licht war. Wenn Licht nichts anderes als eine glatte, klassische Welle wäre, sollte helleres (energiereicheres) Licht auch energiereichere Elektronen bedeuten. Doch wenn jedes Elektron von genau einem Photon aus dem Metall geschlagen wurde, dann musste es — so erkannte Einstein — denselben Stoß erhalten, gleichgültig, wie viele Photonen gerade in der Nähe waren.

Es dauerte Jahre, bis die Idee der Lichtquanten allgemein akzeptiert wurde, doch schließlich eroberte die Quantentheorie die Welt. Physiker nehmen inzwischen an, dass alles in nicht weiter teilbaren Quanten daherkommt — nicht nur Energie, sondern auch elektrische Ladung, Impuls und Spin, ja sogar Raum und Zeit.

Siehe auch *Die Wellennatur des Lichtes* S. 118, *Das Elektron* S. 228, *Supraleitfähigkeit* S. 266, *Das Atommodell* S. 272, *Der Welle-Teilchen-Dualismus* S. 300, *Quantenelektrodynamik* S. 352, *Quantenseltsamkeit* S. 464, *Ein neuer Materiezustand* S. 510.

Diese Aufnahme, die mit einem Rastertunnelmikroskop gemacht wurde, zeigt Goldatome auf einem Graphitsubstrat. Der Quantentheorie zufolge ist jedes schwingende Atom durch einen bestimmten diskontinuierlichen Satz von Energiezuständen gekennzeichnet.

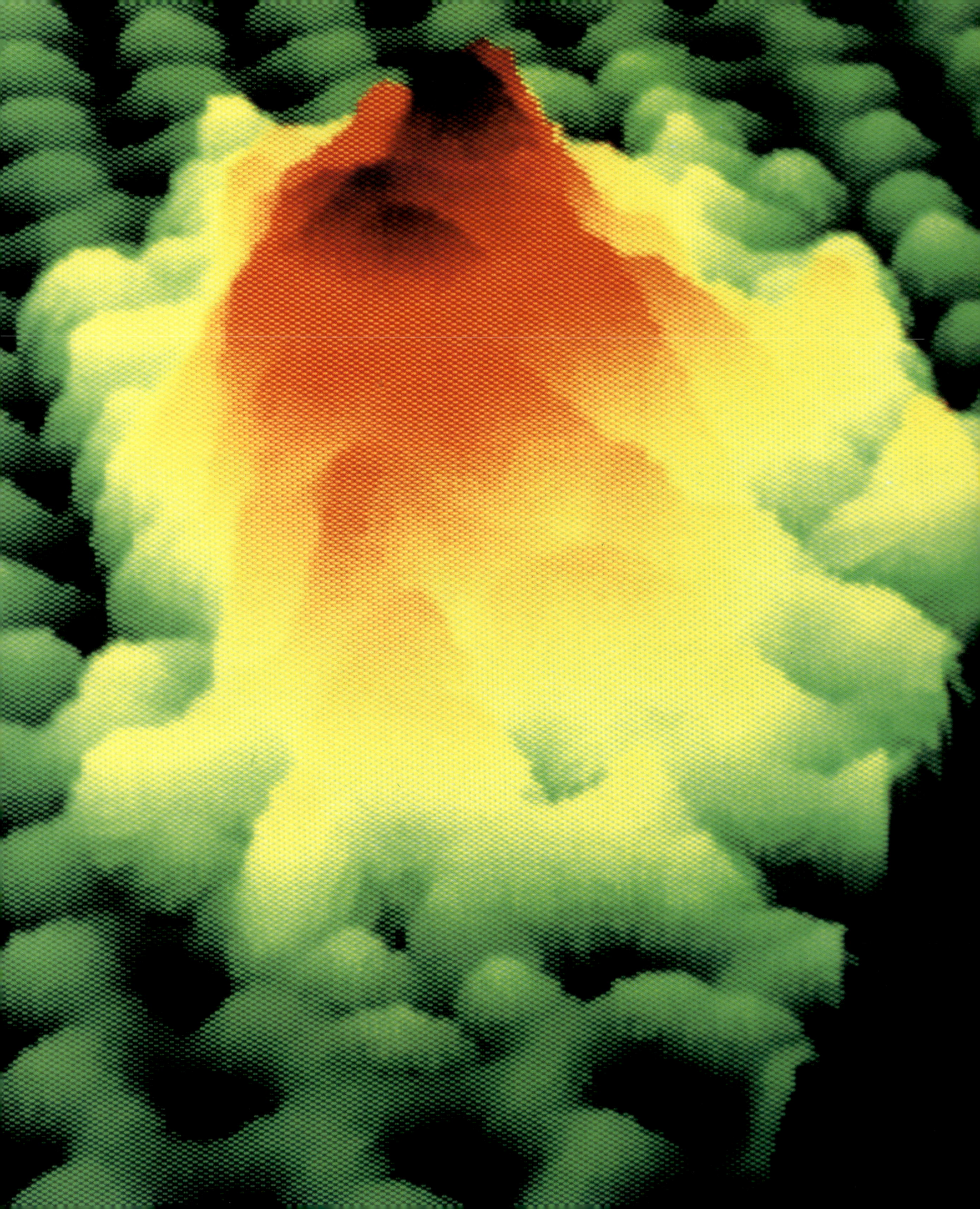

Die Blutgruppen

Karl Landsteiner 1868–1943

Nach der Entdeckung des Blutkreislaufes durch William Harvey 1628 wies der Architekt Christopher Wren nach, dass man Arzneimittel direkt in die Venen applizieren konnte. Zwei andere frühe Mitglieder der Royal Society, John Wilkins und Richard Lower, demonstrierten eine Bluttransfusion zwischen zwei Hunden, während Jean-Baptiste Denys in Frankreich erfolgreich Schafblut auf einen kranken Jungen übertrug. Kurz darauf starb jedoch ein anderer Patient, und Denys kam wegen Mordes vor Gericht. Man sprach ihn zwar frei, aber die Praxis der Transfusion wurde in den meisten europäischen Ländern verboten, und 150 Jahre lang gab es keine weiteren Versuche damit. Dann wies James Blundell vom Londoner Guy's Hospital nach, dass Blut nicht gefahrlos von einer Spezies auf die andere übertragbar war. Er verabreichte mehreren seiner Patienten menschliches Blut, und die Transfusion wurde zu einer anerkannten Behandlungsmethode. Viele der Patienten zeigten jedoch schwere, manchmal tödliche Reaktionen; daher blieb die Prozedur für Notfälle vorbehalten.

Der österreichische Arzt Karl Landsteiner machte Transfusionen sicher. Im Jahre 1900 bemerkte er, dass eine Probe menschlichen Serums die roten Blutkörperchen mancher Personen „verklumpen" ließ und die von anderen nicht. Er äußerte 1901 die Vermutung, das Verklumpen gehe auf die Reaktion von „Antikörper"-Molekülen (Antikörper sind Proteine, die den Körper vor Fremdsubstanzen schützen) im Empfängerserum mit „Antigen"-Molekülen auf der Oberfläche der roten Blutkörperchen des Spenders zurück. Landsteiner folgerte, dass es zwei verwandte Antigene gebe, A und B. Manche Zellen trugen Antigen A, andere B, andere beide und wieder andere keine – daher die vier Blutgruppen A, B, AB und 0.

Transfusionen ließen sich bei bestimmten Kombinationen von Blutgruppen erfolgreich durchführen, während bei anderen die zugeführten roten Blutkörperchen von den Antikörpern als „fremd" behandelt wurden und verklumpten, was gefährliche Folgen hatte. Im Jahre 1910 entdeckte man, dass die AB0-Blutgruppen nach den Mendelschen Gesetzen vererbt werden. Somit konnte man mit ihrer Hilfe Vaterschaftsstreitigkeiten beilegen, frühmenschliche Wanderungen kartieren und sie zudem als Marker für vermutete Erbkrankheiten benutzen. Inzwischen sind zahlreiche weitere Blutgruppensysteme beschrieben worden.

Siehe auch *Der Blutkreislauf* S. 58, *Mendels Gesetze der Vererbung* S. 192, *Antitoxine* S. 214, *Transplantatabstoßung* S. 356, *Biologische Selbsterkennung* S. 430.

Früher Versuch einer Bluttransfusion vom Schaf auf den Menschen, um 1692. Obwohl Transfusionen vom Tier auf den Menschen ▶ anfangs, wenn auch durch Glück, erfolgreich waren, kam es zu vielen Todesfällen und die Maßnahme wurde verboten.

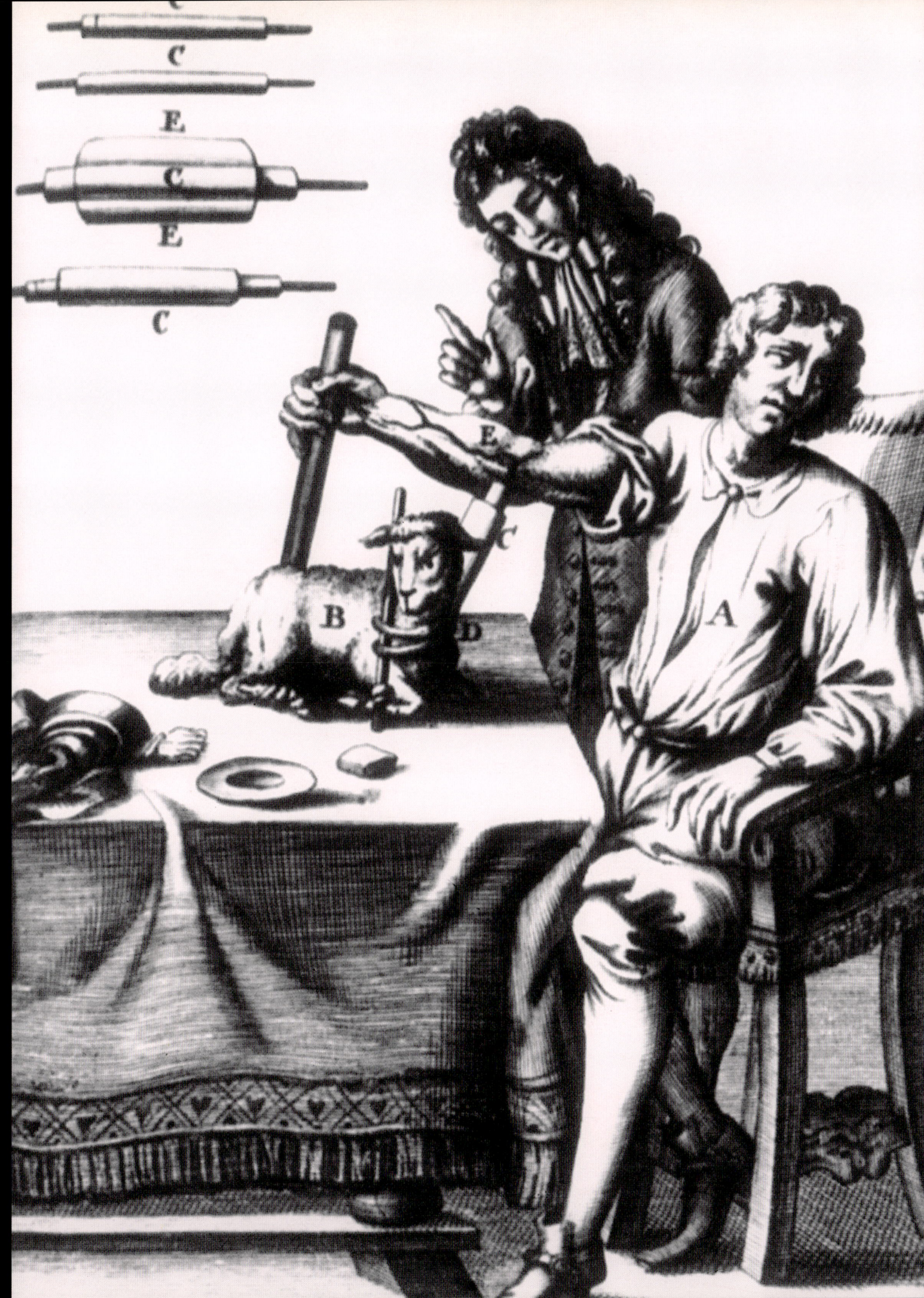

Die Chaostheorie

Jules Henri Poincaré 1854–1912

Ein Dogma der wissenschaftlichen Revolution war, dass die Welt vorhersagbar ist. Die korrekte mathematische Repräsentation eines physikalischen Systems vorausgesetzt, waren die Wissenschaftler überzeugt, sie könnten dessen Zukunft und Vergangenheit kartieren. Doch gegen Ende des 19. Jahrhunderts begannen sich ernste Zweifel an dieser Sicht eines uhrwerkartig funktionierenden Universums zu regen. Henri Poincaré, Professor für mathematische Physik an der Pariser Sorbonne, untersuchte die Bewegung eines vereinfachten Sonnensystems, das nur aus Sonne, Erde und Mond bestand — das so genannte Dreikörperproblem. Im Jahre 1903 zeigte er, dass sich selbst dieses einfache dynamische System, für das die Newtonschen Gesetze von Gravitation und Bewegung galten, auf komplexe und unvorhersehbare Weise verhalten konnte. Die Vorstellung, dass kleine Veränderungen in den Anfangsbedingungen zu enormen Unterschieden beim Endresultat führen können, wurde zum Grundpfeiler der Chaostheorie.

Im Jahre 1961 entdeckte Edward Lorenz per Zufall in einem Computermodell der Atmosphäre ein mathematisches System mit chaotischem Verhalten. Geringfügige Veränderungen der Anfangsbedingungen führten zu ganz unterschiedlichen und daher in der Praxis völlig wertlosen, langfristigen Wettervorhersagen — ein Phänomen, das als „Schmetterlingseffekt" bekannt wurde. Auf diese Arbeit aufbauend, entwickelte Benoît Mandelbrot in den Siebzigerjahren die fraktale Geometrie als eigenständigen Zweig der Mathematik. In der klassischen Physik ist die elliptische Umlaufbahn eines Planeten als „Attraktor" bekannt, doch in einem chaotischen System ist die Form des Attraktors ein Fraktal, was die fraktale Geometrie mit chaotischer Bewegung verknüpft.

Der Computer war zum Labor und zur Leinwand einer Mathematik geworden, welche die reale Welt besser widerspiegelte als alles zuvor Gesehene. Tatsächlich zeigt der größte Teil der wirklichen Welt ein chaotisches Verhalten. Das heißt nicht, dass der Zufall regiert; nur sind die zugrunde liegenden Muster weitaus komplexer, als wir bisher angenommen haben. Die Theorie der Fraktale und des Chaos sind nun ein Zweig des größeren Feldes der komplexen Systeme; dazu gehören unter anderem künstliche Intelligenz, zelluläre Automaten und genetische Algorithmen. Und Computersimulationen liefern Einblicke in scheinbar so verschiedene Phänomene wie Luftturbulenzen und Kursschwankungen an der Börse. Chaotische Systeme bleiben deterministisch, sind jedoch gleichzeitig unvorhersagbar — wir werden die Zukunft erst dann kennen, wenn wir dort angelangt sind.

Siehe auch *Euklids „Elemente"* S. 20, *Wettervorhersage* S. 284, *Fraktale* S. 446, *Am Rande des Chaos* S. 490.

Computerdarstellung eines chaotischen Systems, das als „Lyapunov-Raum" bekannt ist. Ordnung ist durch die farbigen Formen, Chaos durch die schwarzen Regionen symbolisiert. ▶

Intelligenztests

Alfred Binet 1857-1911

Intelligenztests sind uns heutzutage als Werkzeug der angewandten Psychologie ebenso geläufig wie als beliebter Zankapfel, der immer wieder Stoff für hitzige Diskussionen liefert. Doch bis zu Beginn des 20. Jahrhunderts gab es noch keine Methode, Intelligenz zu messen. Man hatte sich bereits intensiv bemüht, Intelligenz zu definieren und sie in Beziehung zu jeweils unterschiedlich ausgeprägten Fähigkeiten zu setzen, die man mit psychologischer Überlegenheit assoziierte, wie Reaktionszeit, Unterscheidungsfähigkeit in der Wahrnehmung oder Kurzzeitgedächtnis. Dieser Ansatz scheiterte jedoch und rückte durch eine simple Erkenntnis des Franzosen Alfred Binet in den Hintergrund.

Binet war von seiner Ausbildung her Jurist, interessierte sich dann aber für Psychologie. In den Neunzigerjahren des 19. Jahrhunderts arbeitete er an einer verbesserten Definition der Intelligenz und entwickelte 1904 und 1905 schließlich praktische Methoden zu ihrer Anwendung im französischen Bildungssystem. Er stellte fest, dass Kinder mit zunehmendem Alter immer schwierigere Aufgaben lösen können, aber nicht alle Kinder im gleichen Tempo Fortschritte machen. Nach langen und sorgfältigen Beobachtungen erarbeitete er einfache Aufgaben, wie das Wiederholen eines kurzen Satzes oder das Zählen bis zu einer bestimmten Zahl, mit denen man Kinder in verschiedene Altersstufen einteilen konnte, und ordnete diese Aufgaben in einer speziellen Reihenfolge an. Indem er Kindern die Aufgaben stellte und herausfand, an welchem Punkt sie an deren Lösung scheiterten, definierte er ihr „Intelligenzalter" – das typische Alter, in dem 50 bis 75 Prozent der Kinder ähnliche Leistungen vollbringen. Die Kinder, deren Intelligenzalter über ihrem Lebensalter lag, wurden als intelligenter eingestuft, die Kinder, deren Intelligenzalter unter ihrem Lebensalter lag, als weniger intelligent.

So begann man, Intelligenz über beobachtbare Verhaltensunterschiede zu definieren, wobei der Versuch, ihre Ursachen zu erklären, in den Hintergrund trat und die praktischen Einzelheiten der Testentwicklung und -durchführung in den Mittelpunkt rückten. Binets Methode stützte auch die Vorstellung, weniger intelligente Kinder seien „retardiert" oder „zurückgeblieben" – ein Begriff, der noch bis vor wenigen Jahren gebräuchlich war. Binet war allerdings nicht der Erfinder des Intelligenzquotienten oder IQ. Dieser Begriff wurde ein Jahr nach Binets Tod von dem deutschen Psychologen Wilhelm Stern vorgeschlagen und bezeichnet das Verhältnis von Intelligenzalter zu Lebensalter multipliziert mit 100.

Siehe auch *Die Entwicklung des Kindes* S. 294, *Künstliche neuronale Netze* S. 334, *Der Sprachinstinkt* S. 386.

Lange Leitung. Obwohl Binets Intelligenztests für französische Schulkinder entwickelt wurden, kamen sie zuerst in den USA ▶ und dem Vereinigten Königreich zum Einsatz. Seine einfache Erkenntnis gab den Anstoß zur Entwicklung und Vermarktung psychometrischer Tests, obgleich seitdem noch zahlreiche technische Verfeinerungen vorgenommen worden sind.

Bedingte Reflexe

Iwan Petrowitsch Pawlow 1849–1936

Ursprünglich galt das Interesse des russischen Physiologen Iwan Pawlow der Funktion des Verdauungssystems, insbesondere der Steuerung der Speichel- und Magensaftsekretion. Bei Experimenten, in denen er Hunden künstliche Magenausgänge (Fisteln) legte, stellte er zu seinem Erstaunen fest, dass Speichelfluss und Magensekretion bereits durch den bloßen Anblick von Futter oder sogar allein durch den Klang seiner Schritte ausgelöst wurden. In den darauf folgenden Jahren erforschte er diese „psychische Erregbarkeit" eingehender. Er fand heraus, dass der Speichelfluss bei seinen Hunden nicht nur durch unmittelbar mit Fressen verknüpfte Reize auslösbar war, sondern durch jeden beliebigen Reiz (wie das Klingeln einer Glocke oder Lichtblitze), den die Tiere mit Futter zu assoziieren gelernt hatten. Dies bezeichnete Pawlow als „bedingten Reflex".

Danach konzentrierte er sich auf die Entwicklung der besten Methoden, bedingte Reflexe auszulösen oder auch wieder rückgängig zu machen, wobei er seine Ergebnisse zu Charles Sherringtons Arbeiten über die „Reflexbögen" in Beziehung setzte; unter einem Reflexbogen versteht man den Weg, den sensorische Signale bei der direkten Übermittlung zu Bewegungsnerven im Rückenmark nehmen, wie beispielsweise beim Kniesehnenreflex. Für seine Forschungen zur Verdauung erhielt Pawlow 1904 den Nobelpreis für Physiologie oder Medizin.

In der zweiten Hälfte seiner Karriere erweiterte er seine Entdeckungen durch die Behauptung, angeborene und bedingte physische Reflexe könnten das gesamte menschliche Lernen und Verhalten, einschließlich der Persönlichkeit und psychischer Erkrankungen, erklären. Diese physiologische Psychologie wurde bald von John B. Watson, Edward Thorndike und B. F. Skinner auf die Theorie des „Behaviorismus" angewandt — einen Zweig der Psychologie, der nicht auf Introspektion, sondern auf objektiven Beobachtungen beruht. Das bleibende Vermächtnis von Pawlows Werk besteht jedoch in seiner Idee, verbreitete Neurosen wie Phobien und Ängste entstünden aus fehlgeleiteten bedingten Reflexen; diese Vorstellung machten sich in der zweiten Hälfte des 20. Jahrhunderts viele Psychiater zu eigen.

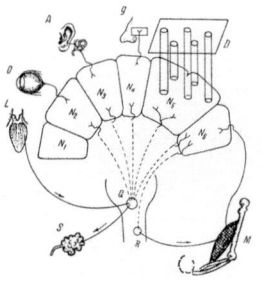

Der bedingte Speichelflussreflex, wie ihn Pawlow beschrieben hat.

Siehe auch *Das Nervensystem* S. 210, *Die Entwicklung des Kindes* S. 294, *Verhaltensverstärkung* S. 322, *Künstliche neuronale Netze* S. 334, *Gedächtnismoleküle* S. 470.

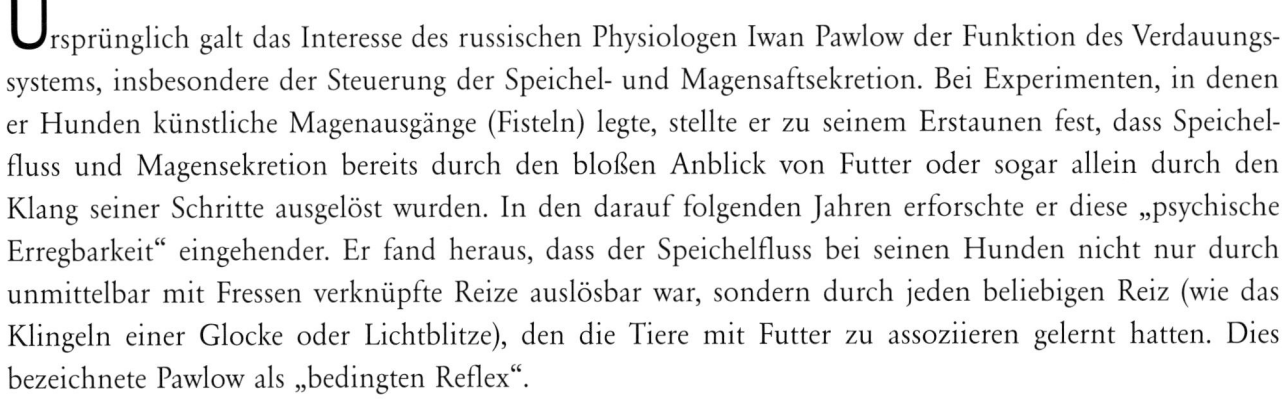

Pawlowsche Hunde bei einem Experiment zur Verdauung. Der Dramatiker George Bernard Shaw behauptete, Pawlow würde auch ▶ »Babys bei lebendigem Leibe kochen, nur um zu sehen, was dann passiert«.

Die Spezielle Relativitätstheorie

Albert Einstein 1879–1955

Im Jahre 1905 schaffte Albert Einstein Raum und Zeit ab. Und zwar, indem er zwei Tatsachen zusammenführte. Die erste Tatsache ist, dass Leute, die sich mit verschiedenen Geschwindigkeiten bewegen, dieselben physikalischen Gesetze vorfinden – ihre Versuche führen zum selben Ergebnis. Das bestätigt unsere Erfahrung. Wir „spüren" auf der Erde unsere Bewegung um die Sonne nicht direkt, und wir können problemlos in einem fliegenden Flugzeug herumspazieren.

Die zweite Tatsache lässt sich jedoch nicht so leicht mit unserer Alltagserfahrung in Einklang bringen. Wenn ein durch das All jagendes Raumschiff einen Laserstrahl abfeuert, könnte man erwarten, dass sich das Licht schneller bewegt, als wenn das Raumschiff stillsteht. Doch das ist nicht der Fall. Die Lichtgeschwindigkeit ist stets dieselbe, ganz gleichgültig, woher das Licht kommt oder wer seine Geschwindigkeit misst.

Um diesen beiden Tatsachen Rechnung zu tragen, musste Einstein Newtons absoluten Raum und seine absolute Zeit aufgeben. Längen und Zeiten müssen davon abhängen, wer sie misst. Für Sie als ruhenden Beobachter erscheinen die Insassen des dahinjagenden Raumschiffes als zusammengequetschte Geschöpfe – ein Phänomen, das als „Lorentzkontraktion" bekannt ist. Und sie bewegen sich unnatürlich langsam, was eine Folge der Zeitdehnung (Zeitdilatation) ist. Doch den Raumschiffinsassen erscheinen Sie gleichermaßen zusammengedrückt und verlangsamt. Alle Bewegung ist der Speziellen Relativitätstheorie zufolge relativ; es gibt keinen ausgezeichneten „Bezugsrahmen".

Zeitdehnung und Lorentzkontraktion werden extrem, wenn sich die relativen Geschwindigkeiten der Lichtgeschwindigkeit annähern – der Theorie zufolge der ultimativen Geschwindigkeitsgrenze. Teilchenphysiker sehen jeden Tag, wie sich die schnellen Partikel in ihren Beschleunigern nach den Vorhersagen der Relativitätstheorie bewegen, und Astronomen beobachten, wie sich ferne Galaxien, die sich rasch von uns entfernen, so bewegen, als ob sie verlangsamt würden.

Anschließend wandte Einstein seine Relativitätstheorie auf eine weitere physikalische Größe an, die Energie. Das führte zur Entdeckung seiner berühmtesten Gleichung, $E = mc^2$. Sie besagt, dass in Materie verborgene Energie (E) steckt – eine riesige Menge, die gleich der Masse des Objekts (m) mal der zum Quadrat erhobenen Lichtgeschwindigkeit (c) ist. Ein Kilogramm eines beliebigen Stoffes enthält genug Energie, um in hundert Milliarden Kesseln das Wasser zum Kochen zu bringen. Oder um eine Stadt zu zerstören.

Siehe auch *Newtons „Principia"* S. 28, *Die Maxwellschen Gleichungen* S. 186, *Die Allgemeine Relativitätstheorie* S. 278, *Die Sternentwicklung* S. 286, *Das expandierende Universum* S. 306, *Energie aus dem Atomkern* S. 330.

Einstein: »Wenn ein Mann mit einem hübschen Mädchen eine Stunde lang zusammensitzt, scheint es wie eine Minute. Aber lass ihn eine Minute auf einem heißen Ofen sitzen ... und es scheint länger als eine Stunde. Das ist Relativität.« ▶

Vitamine

Frederick Gowland Hopkins 1861–1947

Das Leben auf See zeigte seine schreckliche Seite an dem blutenden Zahnfleisch, der Haut und den Gelenken skorbutkranker Seeleute. James Lind, schottischer Arzt und früherer Chirurgengehilfe bei der britischen Marine, bewies im Jahre 1747 durch kontrollierte Versuche mit verschiedenen Lebensmitteln, dass die Krankheit durch Citrusfrüchte heilbar war. Er empfahl der Marine 1758, Citrusfrüchte als Verpflegung mitzuführen. Wo man seiner Empfehlung folgte, blieb der Skorbut aus. Bis zum Ende des 19. Jahrhunderts wurden keine weiteren „Mangelkrankheiten" erkannt; damals entdeckte man den positiven Zusammenhang zwischen der Krankheit Beriberi und geschältem Reis sowie Rachitis und Lebertran. Doch erst der englische Biochemiker Frederick Gowland Hopkins unterzog mit seiner Arbeit solche Krankheiten einer eingehenden wissenschaftlichen Untersuchung.

Im Jahre 1900 zeigte Hopkins, dass Tryptophan, eine Aminosäure und Baustein der Proteine, nicht im Körper synthetisiert werden kann und mit der Nahrung zugeführt werden muss. Das weckte sein Interesse an „synthetischer Nahrung", die angeblich die lebenswichtigen Nährstoffe wie gereinigte Aminosäuren, Kohlenhydrate, Fette und Salze enthielt. Er kam 1906 zu dem Ergebnis, dass synthetische Nahrung unzureichend war. Mit seiner Behauptung stieß er auf Skepsis — schließlich zählten Kalorien und nicht, wie er vorbrachte, Spuren irgendwelcher „zusätzlicher Nahrungsfaktoren". Im Labor untersuchte er die Entwicklung und Gesundheit von Ratten, die er mit der synthetischen Nahrung fütterte. Einigen dieser Tiere gab er zusätzlich etwas Milch. Seine These wurde gestützt durch seine peinlich genau geführten Untersuchungen und die Vermeidung von Fehlern durch ungenaue Kontrollen oder unvollständige Verdauung oder Absorption.

Im Jahre 1912, als Hopkins seine Ergebnisse veröffentlichte, taufte Casimir Funk die Faktoren „Vitamine" (von englisch *vital amines* für „lebenswichtige Amine"). Jedes neu entdeckte und isolierte Vitamin wurde mit einem eigenen Buchstaben bezeichnet, obwohl manche Vitamine eigentlich Gruppen oder Komplexe mit mehreren Bestandteilen sind. Skorbut ist die Folge eines Mangels an Vitamin C (Ascorbinsäure).

Kristalle des *alpha*-Tocopherols, der wirksamsten Substanz aus der Vitamin-E-Gruppe.

Siehe auch *Die Keimtheorie* S. 202, *Angeborene Stoffwechselstörungen* S. 258, *Die chemische Basis des Sehens* S. 382.

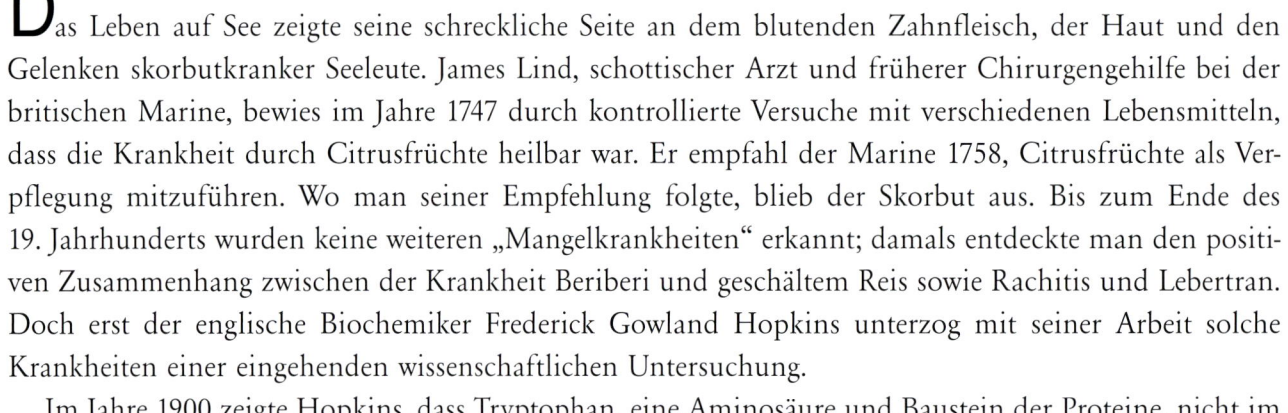

Reklame für ein Nahrungsergänzungsmittel auf Lebertranbasis, um 1890. Darin äußert ein zufriedener Kunde: »Wir können ▶ Ihre Nahrung nicht hoch genug loben, denn wir haben vier wunderbare Kinder damit großgezogen.« Lebertran ist reich an den Vitaminen A und D.

Das Innere der Erde

Richard Dixon Oldham 1858–1936, Andrija Mohorovičić 1857–1936

Katastrophale Erdbeben erinnern uns immer wieder an die im Erdinnern aufgestauten dynamischen Kräfte. Erdbeben selbst töten nicht, aber sie rufen Stoßwellen hervor, die in der Erde weitergeleitet werden und letztlich Häuser zum Einsturz bringen sowie tödliche Erdrutsche auslösen. Häufige Erdbeben und eine große Zahl von Todesopfern in China waren Anlass zu den ersten Versuchen im Jahre 132 n. Chr., seismische Aktivität aufzuspüren. Seit der Zerstörung von Lissabon im Jahre 1755 versuchten auch europäische Wissenschaftler Erdbeben zu verstehen und vorherzusagen – mit mäßigem Erfolg. Doch ein Nebenprodukt der seismischen Forschungen war die Entdeckung, dass die Erde einen geschichteten inneren Aufbau besitzt.

Nach dem Erdbeben in Assam im Jahre 1897 fand der britische Geologe Richard Dixon Oldham heraus, dass sich anhand von Messungen mit einem neuen, 1880 von John Milne erfundenen Seismographen zwei Arten von Wellen unterscheiden lassen. Die Existenz dieser primären oder Kompressionswellen (P) und sekundären oder Scherwellen (S) war bereits 1829 von dem französischen Mathematiker Siméon Denis Poisson vorausgesagt worden. Im Jahre 1906 zeigte Oldham, dass P-Wellen durch die Erde hindurchlaufen und die dem Epizentrum des Erdbebens gegenüberliegende Seite später erreichen, als es der Fall sein müsste, wenn man von einem relativ homogenen tieferen Erdinnern ausgeht. Er schloss daraus, dass ein dichter Kern (annähernd 7000 Kilometer im Durchmesser) für die Verlangsamung von einigen der P-Wellen verantwortlich sein musste.

Innerhalb von drei Jahren entdeckte der kroatische Geophysiker Andrija Mohorovičić geringfügige Geschwindigkeitsänderungen bei P- und S-Wellen, die zeigten, dass auch der äußere Bereich der Erde geschichtet ist. Eine dünne äußere Kruste (durchschnittlich 30 Kilometer dick) überlagert einen dichteren und heißeren Mantel (2900 Kilometer dick) und ist von diesem durch eine seismische Trennzone, die so genannten Mohorovičić-Diskontinuität, getrennt. Heute weiß man, dass deren Tiefe zwischen 20 bis 80 Kilometer unter den Kontinenten und rund sieben Kilometer unter den Ozeanen variiert. In den Sechzigerjahren des 20. Jahrhunderts gab es Pläne – die man später verwarf –, ein „Moho-Loch" durch die feste Kruste zu bohren, um die Diskontinuität zu erreichen und die darunter liegende Schicht zu erkunden.

Siehe auch *Erdzyklen* S. 100, *Katastrophistische Geologie* S. 108, *Lyells „Principles of Geology"* S. 146, *Eiszeiten* S. 152, *Alte Gesteine* S. 252, *Die Kontinentaldrift* S. 270, *Umpolungen des Erdmagnetfeldes* S. 304, *Plattentektonik* S. 414, *Der Ausbruch des Mount St. Helens* S. 462.

Verborgener Schmelztiegel: Die Erde, wie man sie im 17. Jahrhundert sah, als einen Ball aus festem Material, durchzogen von ▶ Röhren, die eine zentrale Quelle geschmolzenen Gesteins mit vulkanischen Öffnungen an der Erdoberfläche verbinden.

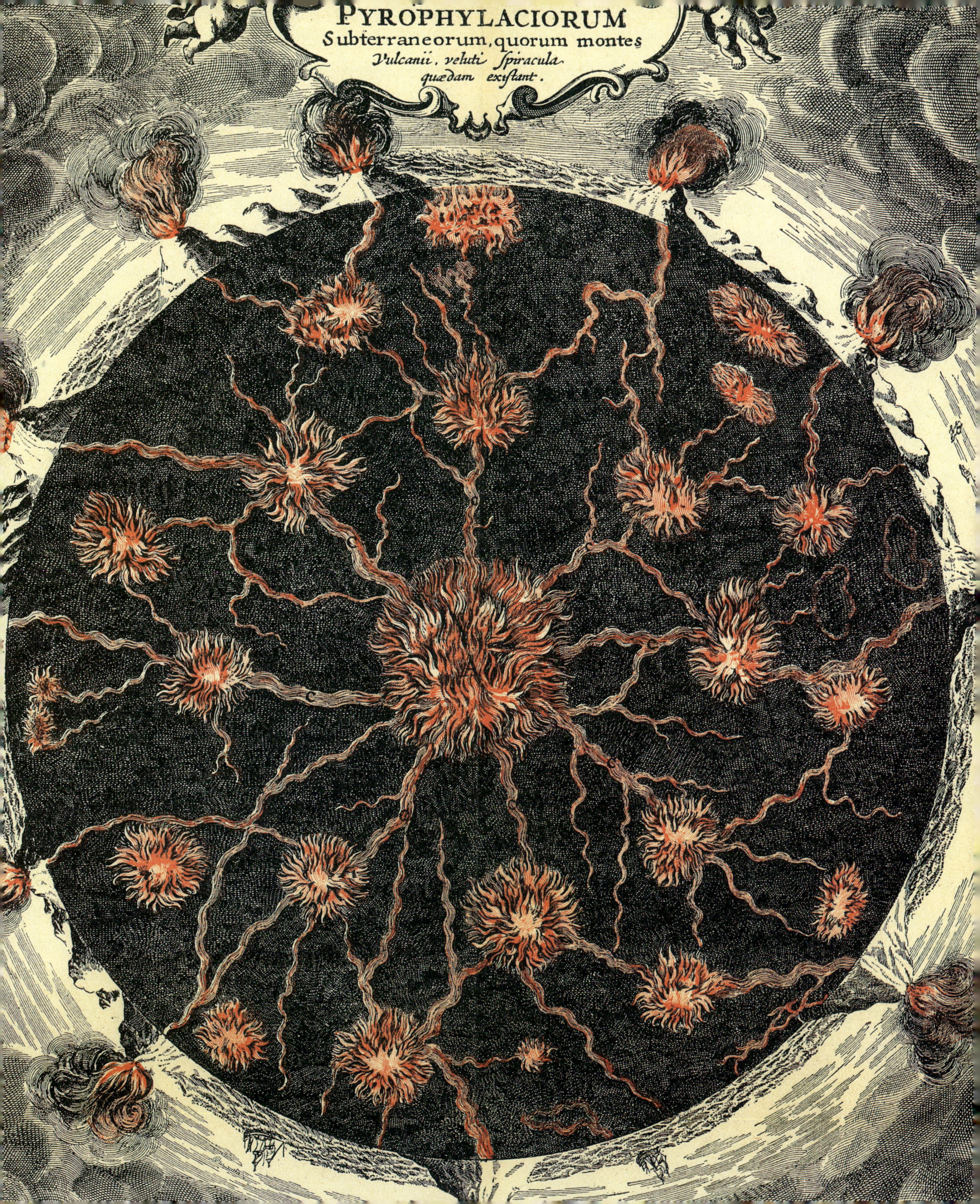

PYROPHYLACIORUM
Subterraneorum, quorum montes
Vulcanii, veluti spiracula
quædam exiſtant.

Alte Gesteine

Bertram Boltwood 1870–1927

Im Jahre 1907 maß der amerikanische Chemiker Bertram Boltwood in einem Mineral aus Glastonbury in Connecticut den Anteil radioaktiver Formen oder Isotope von Uran und Blei, und errechnete daraus, dass das Mineral vor 410 Millionen Jahren gebildet worden war (was später auf 265 Millionen Jahre vor heute neu datiert wurde). Er hatte die Arbeiten von Ernest Rutherford weiterentwickelt, um zu zeigen, dass uranreiche Gesteine große Mengen Blei, zusammen mit Helium, enthalten. Boltwood postulierte, dass das Blei ein stabiles Endprodukt des spontanen Zerfalls von Uran war, der über eine Reihe radioaktiver Isotope erfolgt. Erstmals war damit eine hinreichend genaue Methode zur Datierung der Vulkangesteine der Erde verfügbar.

Zweihundert Jahre zuvor hatten Gelehrte wie James Ussher, der Erzbischof von Armagh in Irland, jüdisch-christliche Texte herangezogen, um die Schöpfung auf das Jahr 4004 v. Chr. zu datieren. Das Datum wurde weithin akzeptiert und als historische Wahrheit sogar in der Bibel abgedruckt. Selbst im berüchtigten Scopes-Gerichtsverfahren im Jahre 1925 (John T. Scopes, Lehrer in Tennessee, hatte sich gegen das Verbot gestellt, die Evolutionstheorie in der Schule zu lehren) wurde es noch zitiert.

Doch im späten 18. Jahrhundert gab es dann wissenschaftlichere Versuche, das Alter der Erde zu ermitteln. James Hutton zeigte, dass geologische Prozesse so langsam ablaufen, dass 6 000 Jahre völlig unangemessen sind und George Buffon kam als Ergebnis seiner Untersuchungen von Abkühlungsraten auf 75 000 Jahre. Ein Jahrhundert später glaubten Charles Lyell und Charles Darwin, dass die Erde Hunderte von Millionen Jahre alt ist. Der Physiker William Thomson (Lord Kevin) lehnte solche Schätzungen entschieden ab. Aus den bekannten Schmelzpunkten von Gesteinen berechnete er, dass die Wärmediffusion ungefähr 20 Millionen Jahre benötigen würde, um die Erde von einem anfänglich geschmolzenen Zustand abzukühlen. Da die Rolle der Radioaktivität als eine innere Hitzequelle damals nicht bekannt war, handelte es sich hier um eine beträchtliche Unterschätzung.

Heute wissen wir, dass die Erde vor 4,57 Milliarden Jahren entstanden ist und dass ihre gegenwärtige Masse bis 4,51–4,45 Milliarden vor heute nicht erreicht war. Das älteste bekannte Gesteinsmaterial der Erde ist ein Zirkonkorn aus Australien, das im Januar 2001 nach dem Uran-Blei-Verfahren auf 4,4 Milliarden Jahre datiert wurde.

Siehe auch *Erdzyklen* S. 100, *Katastrophistische Geologie* S. 108, *Lyells „Principles of Geology"* S. 146, *Radioaktivität* S. 224, *Die Sternentwicklung* S. 286, *Das expandierende Universum* S. 306, *Die Radiokarbondatierung* S. 346, *Die ältesten Fossilien* S. 410.

Zirkone gehören zu den frühesten kontinentalen Mineralen. Da sie höchst verwitterungsresistent sind, überdauern sie geologische ▶ Kreisläufe. Man hat Körner gefunden, die 4,4 Milliarden Jahre alt sind.

Brownsche Molekularbewegung

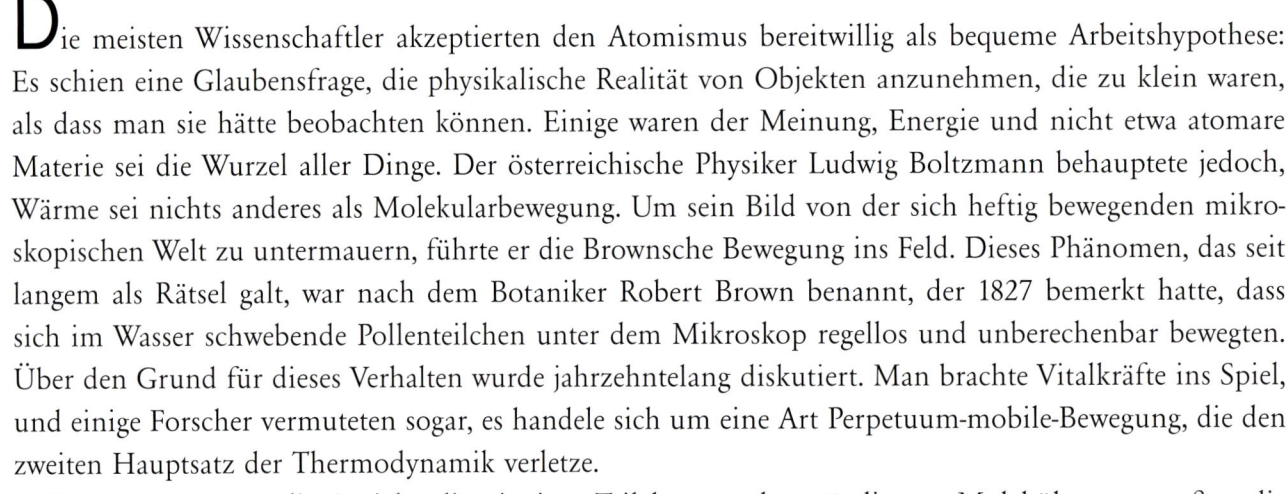

Robert Brown 1773–1858, Ludwig Eduard Boltzmann 1844–1906,
Albert Einstein 1879–1955, Jean Baptiste Perrin 1870–1942

Die meisten Wissenschaftler akzeptierten den Atomismus bereitwillig als bequeme Arbeitshypothese: Es schien eine Glaubensfrage, die physikalische Realität von Objekten anzunehmen, die zu klein waren, als dass man sie hätte beobachten können. Einige waren der Meinung, Energie und nicht etwa atomare Materie sei die Wurzel aller Dinge. Der österreichische Physiker Ludwig Boltzmann behauptete jedoch, Wärme sei nichts anderes als Molekularbewegung. Um sein Bild von der sich heftig bewegenden mikroskopischen Welt zu untermauern, führte er die Brownsche Bewegung ins Feld. Dieses Phänomen, das seit langem als Rätsel galt, war nach dem Botaniker Robert Brown benannt, der 1827 bemerkt hatte, dass sich im Wasser schwebende Pollenteilchen unter dem Mikroskop regellos und unberechenbar bewegten. Über den Grund für dieses Verhalten wurde jahrzehntelang diskutiert. Man brachte Vitalkräfte ins Spiel, und einige Forscher vermuteten sogar, es handele sich um eine Art Perpetuum-mobile-Bewegung, die den zweiten Hauptsatz der Thermodynamik verletze.

Die atomare Oberfläche eines Siliciumkristalls, gesehen durch ein Transmissionselektronenmikroskop.

Boltzmann vertrat die Ansicht, die winzigen Teilchen würden ständig von Molekülen angestoßen, die – wenn auch zu klein, um sichtbar zu sein – genug Impuls hatten, um den Teilchen eine Richtungsänderung aufzuzwingen. Da die Molekülbewegungen zufällig erfolgten, variierte die Bewegung der suspendierten Teilchen auf unregelmäßige und nicht voraussagbare Weise. Im Jahre 1905 nutzte Albert Einstein diese Vorstellung, um eine streng theoretische Erklärung anzubieten. Er erkannte, dass es fruchtlos war zu versuchen, die Geschwindigkeiten der einzelnen Teilchen zu bestimmen, weil diese praktisch unmessbar waren. Stattdessen leitete er ab, in welcher Weise die mittlere Entfernung, die Teilchen von ihrem Startpunkt zurücklegen, in Abhängigkeit der Zeit variiert. Obwohl die Teilchen ständig zufällig ihre Richtung ändern, bewegen sie sich doch allmählich durch das Medium, in dem sie schweben. Einstein erkannte, dass dies die Ursache der Diffusion war, jenes Prozesses, der dazu führt, dass sich Flüssigkeiten mischen, und er zeigte, dass seine Theorie »eine neue Methode zur Bestimmung der tatsächlichen Größe von Atomen« lieferte.

Die Experimentatoren griffen seine Herausforderung, die Bewegungen von Schwebeteilchen präzise zu messen, sofort auf. Bereits Ende 1908 hatte der französische Chemiker Jean Perrin fast alle Voraussagen Einsteins bestätigt und die Größe eines Wassermoleküls berechnet. Der Atomismus stand endlich auf festem Boden.

Siehe auch *Die Atomtheorie* S. 124, *Zustandsänderungen* S. 198, *Das Atommodell* S. 272.

Eine Laserfalle sperrt eine Wolke von Atomen ein, hier durch ein rotes Glühen dargestellt. Boltzmanns Streit mit den „Energisten" über die Realität von Atomen hat möglicherweise zu seinem Freitod beigetragen. ▶

Die Ammoniaksynthese

Fritz Haber 1868–1934

Zwar besteht die Erdatmosphäre zu 80 Prozent aus Stickstoff, doch dieses Gas ist sehr reaktionsträge, und nur wenige Lebewesen, wie Bakterien und andere Mikroorganismen, können es mittels eines Prozesses, der als „Stickstofffixierung" bekannt ist, in Form von Ammoniak (NH_3) beziehungsweise Ammoniumionen (NH_4^+) nutzbar machen. Andere Organismen sind von diesem Prozess abhängig, um etwa Aminosäuren zu produzieren, auf denen alles Leben basiert. Doch die Menge an Stickstoff, den Mikroorganismen fixieren können, ist begrenzt.

Die Chemiker des 19. Jahrhunderts versuchten, Ammoniak direkt aus Stickstoffgas (N_2) und Wasserstoffgas (H_2) herzustellen, doch die beiden Gase reagierten einfach nicht miteinander, wie stark man auch die Temperatur oder den Druck erhöhte. Schließlich ließ im Jahre 1904 der deutsche Chemiker Fritz Haber eine Mischung der heißen Gase durch einen Katalysator aus Eisenspänen strömen und stellte fest, dass dabei eine kleine Menge Ammoniak entstanden war, auch wenn nur 0,01 Prozent des Stickstoffgases auf diese Weise reagiert hatte. Dieses Ergebnis war kaum geeignet, das Interesse der chemischen Industrie zu wecken, so meinte Haber jedenfalls, als er in dieser Frage von der BASF, einem der führenden chemischen Unternehmen seiner Zeit, zu Rate gezogen wurde. Doch er erhielt den Auftrag, den Prozess genauer zu untersuchen, und 1908 hatte er einen Weg gefunden, die Ammoniakausbeute auf sechs Prozent zu erhöhen.

Eine derartige Ausbeute erschien dem BASF-Chemiker Carl Bosch kommerziell interessant. Man konnte das Ammoniak abtrennen und das Stickstoff/Wasserstoff-Gemisch, das noch nicht reagiert hatte, den Prozess wieder und wieder durchlaufen lassen. Bosch ermutigte Haber daher, seine Forschungsarbeiten in größere Maßstäbe zu übertragen, und am 3. Juli 1909 nahm eine Versuchsanlage die Ammoniakproduktion auf, auch wenn es anfangs lediglich 80 Gramm pro Stunde waren. Bald darauf wurde in Ludwigshafen-Oppau eine große Ammoniakfabrik gebaut, die eine Tonne Ammoniak pro Stunde lieferte. Heute werden in Tausenden von Fabriken rund um die Welt pro Jahr mehr als 150 Millionen Tonnen Ammoniak nach dem Haber-Bosch-Verfahren produziert; er dient als Grundlage für die Stickstoffdünger, auf denen die Nahrungsmittelversorgung der Welt beruht.

Haber, ein glühender Patriot, beschäftigte sich im Ersten Weltkrieg zunehmend mit chemischer Kriegsführung und bereitete den ersten militärischen Einsatz von Chlor- und Senfgas vor.

Siehe auch *Die Harnstoffsynthese* S. 142, *Stickstofffixierung* S. 208, *Die Vielfalt der Kulturpflanzen* S. 292, *Die grüne Revolution* S. 428, *Die Gaia-Hypothese* S. 432.

Eine britische Ammoniakfabrik, 1928. Im Ersten Weltkrieg verfügte Deutschland dank der frühen Entwicklung des Haber-Bosch-Verfahrens stets über ausreichende Vorräte an Nitraten, einem notwendigen Rohmaterial für die Munitionsproduktion.

Angeborene Stoffwechselstörungen

Archibald Garrod 1857–1936

Um 1897 diagnostizierte der britische Kinderarzt Archibald Garrod bei mehreren seiner Patienten eine Alkaptonurie – eine Krankheit, bei welcher der Urin dunkel verfärbt ist und die oft zu Gelenkentzündungen führt. Bereits 1859 hatte man die für die Urinverfärbung verantwortliche Substanz entdeckt und später nachgewiesen, dass es sich um eine mit der Aminosäure und dem Proteinbaustein Tyrosin verwandte Säure handelte.

Garrods biochemische Untersuchungen ließen vermuten, dass die Krankheit auf eine angeborene Stoffwechselstörung zurückging, also erblich war. Er fand heraus, dass drei der vier Kinder mit Alkaptonurie, deren Eltern nicht betroffen waren, aus Ehen zwischen Cousin und Cousine hervorgegangen waren. Im Jahre 1901 hatte William Bateson, Genetiker und Mendel-Übersetzer, dieses Schema als charakteristisch für ein rezessiv vererbtes Merkmal beschrieben – beide Eltern sind Träger des Gendefekts, und es besteht die Wahrscheinlichkeit von 1:4, dass ihre Nachkommen klinisch erkranken. In seinem Buch *Inborn Errors of Metabolism* (1909, „Angeborene Stoffwechselstörungen") beschrieb Garrod den eigentlichen Defekt als Fehlen eines Enzyms, das beim Tyrosinabbau benötigt wird. Die resultierende Stoffwechselblockade führt dazu, dass ein Zwischenprodukt des Abbaus mit dem Urin ausgeschieden wird und diesen an der Luft tief dunkel werden lässt.

Garrod war mit seiner Arbeit einer der ersten, der die Mendelsche Genetik anwandte, und nahm das rund drei Jahrzehnte später von George Beadle und Edward Tatum aufgestellte Postulat vorweg, nach dem jedes Gen die Bildung eines einzigen Enzyms steuert. Beadle erforschte ursprünglich Augenpigmente der Taufliege, von denen er annahm, dass sie durch eine Reihe von Enzymreaktionen entstünden, aber das System erwies sich für weitere Forschungen als zu kompliziert. Zusammen mit Tatum wandte er sich einem noch einfacheren Organismus zu – dem Brotschimmel *Neurospora*. Da man diesen auf einem Medium mit wenigen Nährstoffen züchten konnte, ließen sich bestimmte Stoffwechselmutationen leicht entdecken. Indem sie nach Garrods Vorbild Genetik und Biochemie miteinander kombinierten, konnten Beadle und Tatum nachweisen, dass jeder Stoffwechselschritt bei der Bildung der Aminosäure Tryptophan von einem anderen Gen gesteuert wird.

Siehe auch *Die Regulation des Körpers* S. 188, *Mendels Gesetze der Vererbung* S. 192, *Die Wirkung der Enzyme* S. 218, *Gene und Vererbung* S. 264, *Der Zitronensäurezyklus* S. 320, *Die Sequenz des menschlichen Genoms* S. 524.

Menschlicher, männlicher Fetus im Mutterleib, 19. Woche. ▶

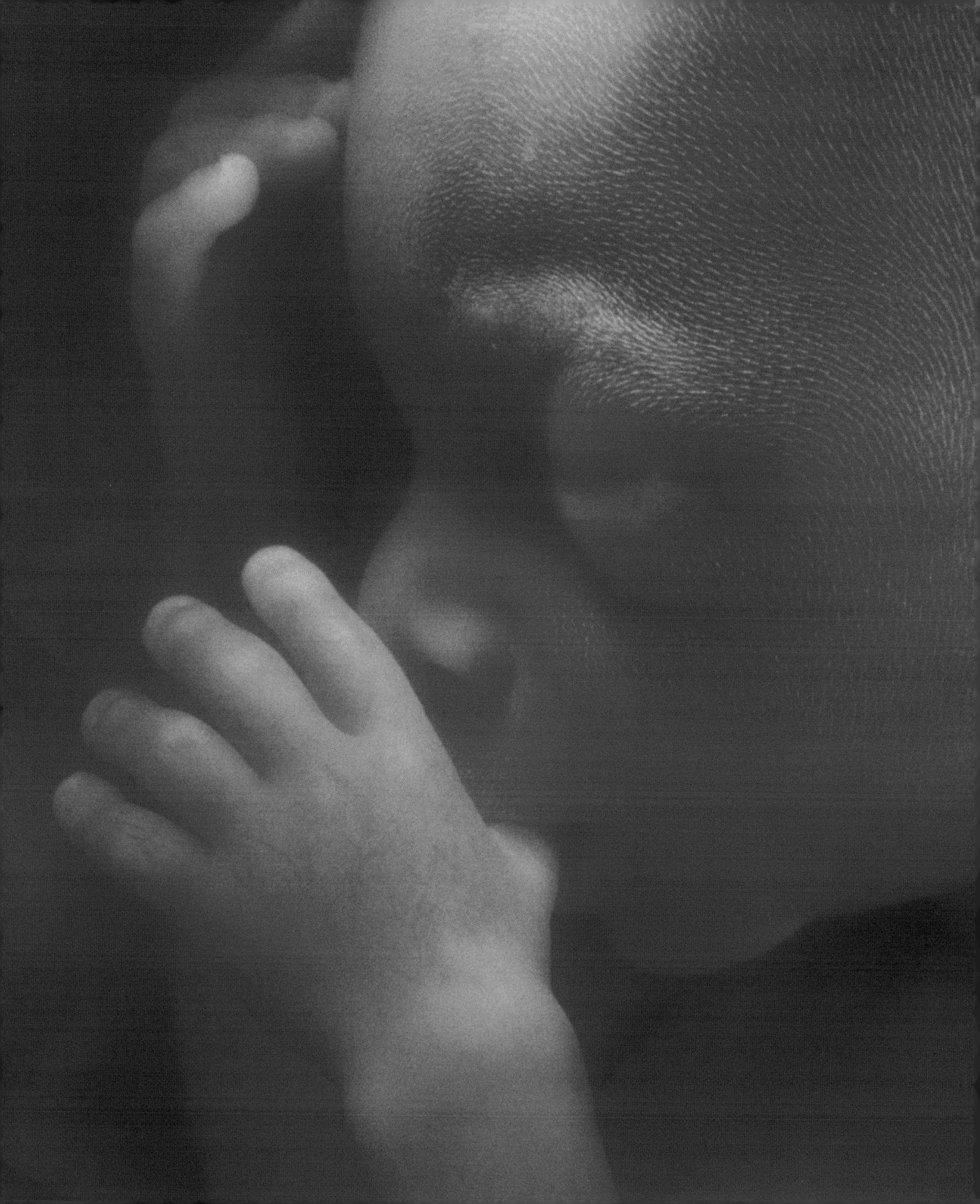

Der Burgess-Schiefer

Charles Doolittle Walcott 1850–1927

Als der amerikanische Paläontologe Charles Doolittle Walcott hoch in den kanadischen Rocky Mountains ein 520 Millionen Jahre altes fossilführendes Gestein entdeckte, öffnete er damit eines der weltweit berühmtesten „Fenster" in die ferne Vergangenheit. Die als Burgess-Schiefer bekannten urzeitlichen Meeresbodensedimente gaben Tausende bemerkenswerter Fossilien preis, bei denen oftmals sogar noch die Weichteile erhalten sind. Sie zeichnen ein lebhaftes Bild vom Leben im kambrischen Meer, als die frühen Arthropoden — Vorläufer von Wirbellosen wie den Krebsen — die Herrschaft antraten und unsere entferntesten Wirbeltierurahnen bloß winzige, den Neunaugen ähnliche Lebewesen waren. Die Fundstätte im Yoho-Nationalpark in British Columbia ist heute als Weltkulturerbe geschützt.

Obwohl man schon im Jahre 1884 Trilobitenfossilien in der Gegend gefunden hatte, entdeckte Walcott den Burgess-Schiefer am 31. August 1909 rein zufällig auf dem Weg vom Mount Field zum Wapta Mountain. Er stieß in einem Geröllstück auf Fossilien und erkannte sogleich ihre Bedeutung. In den folgenden acht Jahren barg er rund 70 000 Exemplare und sandte sie an die Smithsonian Institution in Washington DC, wo er arbeitete. Verwaltungsaufgaben hielten ihn jedoch davon ab, seinen Fund angemessen auszuwerten. Dessen wahrer Reichtum wurde vor allem durch die Arbeit des britischen Paläontologen Harry Whittington, seiner Studenten und kanadischer Paläontologen enthüllt.

Im Burgess-Meer herrschten offensichtlich die Arthropoden vor (wir kennen mehr als 20 verschiedene Arten), aber daneben gab es Schwämme, Stachelhäuter, Priapswürmer, Armkiemer, Weichtiere und ein seltsames schwimmendes Wesen names *Pikaia*, das einer unserer frühesten Wirbeltiervorfahren sein könnte. Die Vielfalt der Lebewesen legt nahe, dass sich bereits damals eine ähnliche „Arbeitsteilung" entwickelt hatte wie in heutigen marinen Ökosystemen. Diese Vielfalt und hohe ökologische Entwicklungsstufe zu einem so frühen Zeitpunkt der Evolution weckt Zweifel an der scheinbar explosiven Zunahme der Komplexität des Lebens am Übergang vom Präkambrium zum Kambrium. Wahrscheinlicher ist wohl, dass eine länger andauernde, frühere Entwicklung vielzelliger Tiere schon tief im Präkambrium einsetzte.

Siehe auch *Fossilien* S. 46, *Geologische Schichten* S. 72, *Die ältesten Fossilien* S. 410, *Die fünf Reiche des Lebens* S. 426, *Das Aussterben der Dinosaurier* S. 458, *Die Vielfalt des Lebens* S. 468.

Tiergesellschaft des Burgess-Schiefers. Von der am Boden abgebildeten Art *Hallucigenia* glaubte man zunächst, sie wäre auf ihren ▶ sieben stelzenartigen Stachelpaaren gelaufen. Heute nimmt man an, dass diese Stacheln das Tier schützten.

Zauberkugeln

Paul Ehrlich 1854–1915

Man stelle sich ein Heilmittel vor, das die für eine bestimmte Krankheit verantwortlichen Mikroorganismen abtötet, ohne die umgebenden Körperzellen zu schädigen. Der deutsche Arzt Paul Ehrlich war von dem Wunsch beseelt, eine solche „Zauberkugel" zu finden. Er hatte bemerkt, dass nur bestimmte zelluläre Strukturen von den neuen synthetischen Farbstoffen in der Textilindustrie angefärbt wurden – in den Achtzigerjahren des 19. Jahrhunderts hatte er selbst das gerade entdeckte Tuberkulosebakterium so gefärbt. Und in den Neunzigerjahren vertrat er die Vorstellung, das Wechselspiel zwischen Antikörpern und Antigenen sei chemischer Natur und beziehe Gruppen von „Seitenketten"-Molekülen ein, die wie Schlüssel und Schloss zueinander passten. Könnten nicht bestimmte Farbstoffe ebenso selektiv Mikroorganismen zerstören, wie sich die Antikörper eines Individuums auf eindringende Bakterien einschießen?

Er begann, die Wirkung organischer Arsenverbindungen auf Trypanosomen (Parasiten, welche die Schlafkrankheit verursachen) zu untersuchen. Nachdem aber 1905 der Erreger der Syphilis entdeckt wurde, die winzige Spirochäte *Treponema pallidum*, wandte er sich mit seinem Forschungsteam der Suche nach einem Heilmittel gegen diese Krankheit zu. Sorgfältig synthetisierte und prüfte er 606 Arsenverbindungen, ehe er zufrieden feststellte, dass er eine zwar für *Treponema pallidum* tödliche, nicht aber für deren Wirt schädliche Verbindung entdeckt hatte. Am 19. April 1910 veröffentlichte er seine Befunde beim Kongress für innere Medizin in Wiesbaden.

Anfangs herrschte großer Mangel an dem zunächst „Arsphenamin", bald aber „Salvarsan" genannten Mittel, und seine unbekümmerte Injektion zeigte manch schlimme Folgen. Die später entwickelte, sicherere Form Neosalvarsan markierte den Beginn der Chemotherapie und läutete die Suche nach anderen synthetischen Arzneimitteln gegen infektiöse oder bösartige Krankheiten ein. Im Jahre 1935 betrat eine neue Gruppe von antimikrobiellen Wirkstoffen die Bühne, die Sulfonamide, und nach dem Zweiten Weltkrieg konnten Ärzte auf Antibiotika und eine Reihe zunehmend wirksamer Mittel gegen den Krebs zurückgreifen – obwohl sich keines davon als die von Ehrlich erhoffte Zauberwaffe erwiesen hat.

Siehe auch *Mauvein* S. 172, *Die Keimtheorie* S. 202, *Antitoxine* S. 214, *Penicillin* S. 302, *Menschliche Krebsgene* S. 456.

Der von jüngeren Kollegen verehrte Ehrlich rauchte täglich 25 dicke Zigarren und vergaß oft zu essen.

Mann mit Syphilis im Tertiärstadium in einer Darstellung aus einem französischen Medizinlehrbuch (um 1890). Die Franzosen ▶ nannten die Syphilis die „italienische Krankheit", und die Italiener erwiderten das Kompliment.

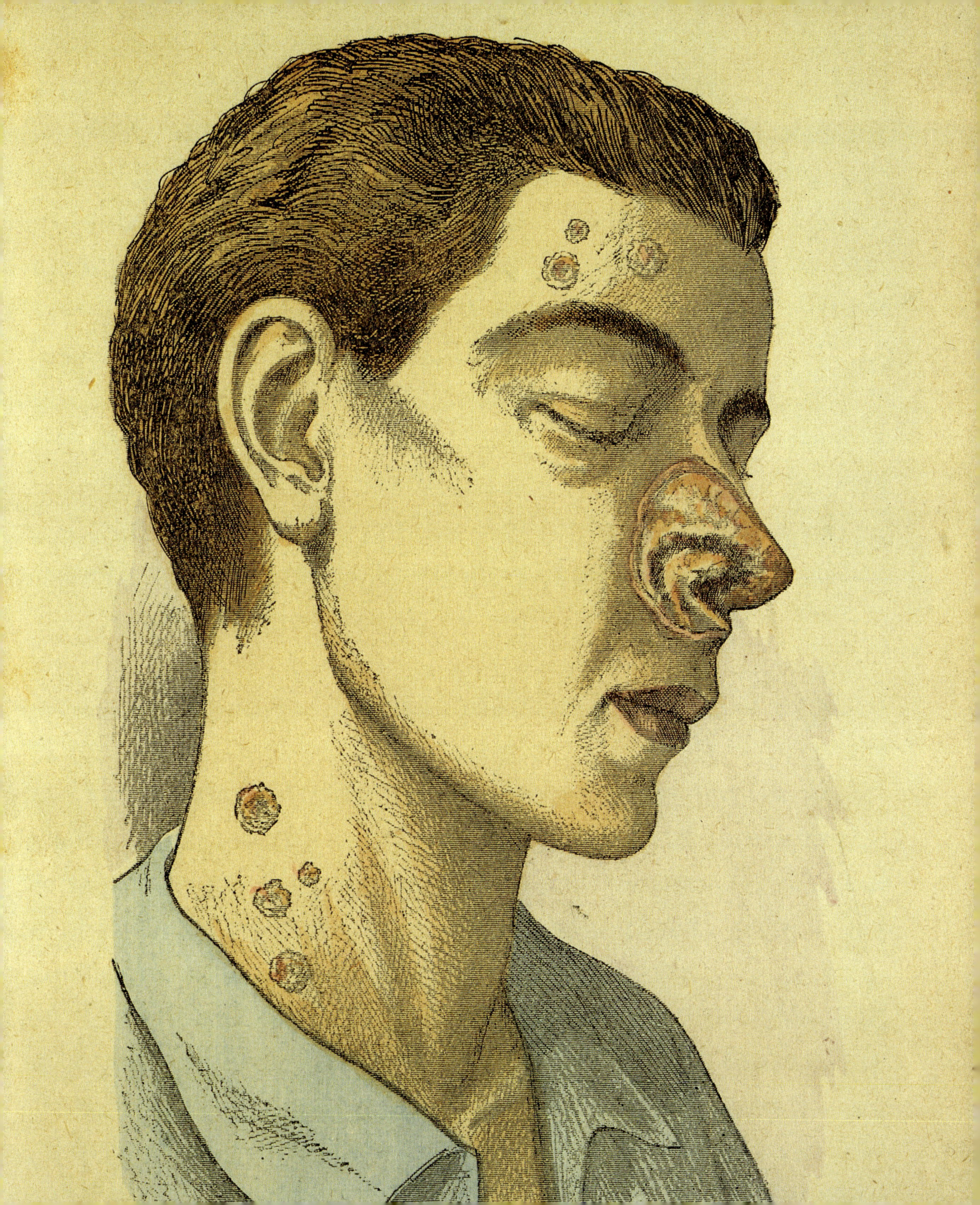

Gene und Vererbung

Thomas Hunt Morgan 1866-1945, Alfred Henry Sturtevant 1891-1970, Calvin Bridges 1889-1938, Hermann Joseph Muller 1890-1967

Was ist es, das von den Eltern an die Nachkommen weitergegeben wird und dazu führt, dass diese später ihren Eltern ähneln? Die Biologen haben das Erbmaterial nach und nach immer genauer lokalisiert – zunächst in den Zellen, dann in Strukturen im Zellinneren, dann in Molekülen. Gegen Ende des 19. Jahrhunderts schienen die Chromosomen, jene stabförmigen Strukturen, die manchmal im Zellkern sichtbar wurden, als Vehikel der Vererbung identifiziert. Mikroskopische Untersuchungen enthüllten, dass sich die Chromosomen den Mendelschen Gesetzen der Vererbung folgend in den elterlichen Zellen teilen und in den Nachkommenzellen neu kombinieren.

Die nächsten Fortschritte verdanken wir dem „Fliegenzimmer" der Columbia University in New York. Thomas Hunt Morgan leitete das dortige Labor, aber seine Studenten Alfred Sturtevant, Calvin Bridges und Hermann Muller machten Entdeckungen, die so bedeutend waren wie die von Morgan selbst. Die Forscher wiesen nach, dass die Vererbung auf bestimmte, als „Gene" bezeichnete Einheiten zurückgeht, die auf den Chromosomen liegen. Der erste Durchbruch gelang Morgan im Jahre 1910. Er bewies, dass eine weißäugige Mutante der Taufliege *Drosophila* auf einem der Chromosomen (dem X-Chromosom) ein abnormes Gen aufwies. Ein Jahr darauf zeigte Sturtevant, immer noch als Student, dass man feststellen konnte, auf welchen Chromosomen sich die für bestimmte Merkmale der Taufliege verantwortlichen Gene befinden. Er nutzte die Ergebnisse zahlloser Kreuzungen zwischen Taufliegen mit unterschiedlichen Kombinationen dieser Merkmale. So schuf Sturtevant die erste „Genkarte". Seit jener Zeit ist es ein wichtiges Ziel der Genforschung, die für bestimmte Merkmale verantwortlichen Gene zu identifizieren und auf den Chromosomen zu lokalisieren.

Im Jahre 1927 demonstrierte Muller, dass sich Gene durch Bestrahlung mit Röntgenstrahlen zur Mutation anregen lassen. Damit konnte man zusätzliche Taufliegenvarianten für die genetische Forschung herstellen; dies war der Beginn der wissenschaftlichen Mutationsforschung.

Siehe auch *Eizellen und Embryonen* S. 140, *Mendels Gesetze der Vererbung* S. 192, *Angeborene Stoffwechselstörungen* S. 258, *Bakteriengene* S. 332, *Die Sichelzellenanämie* S. 358, *Springende Gene* S. 362, *Die Doppelhelix* S. 374, *Menschliche Krebsgene* S. 456, *Die Genetik der Embryonalentwicklung* S. 460, *Das Männlichkeitsgen* S. 502, *Die Sequenz des menschlichen Genoms* S. 524.

Über die Taufliege *Drosophila melanogaster* sind mehr als 100 000 wissenschaftliche Arbeiten erschienen, und ein Großteil davon ▶ befasst sich mit Mutanten. Bei der Mutante links ist die Anordnung der Einzelaugen im Komplexauge des Insekts beeinträchtigt.

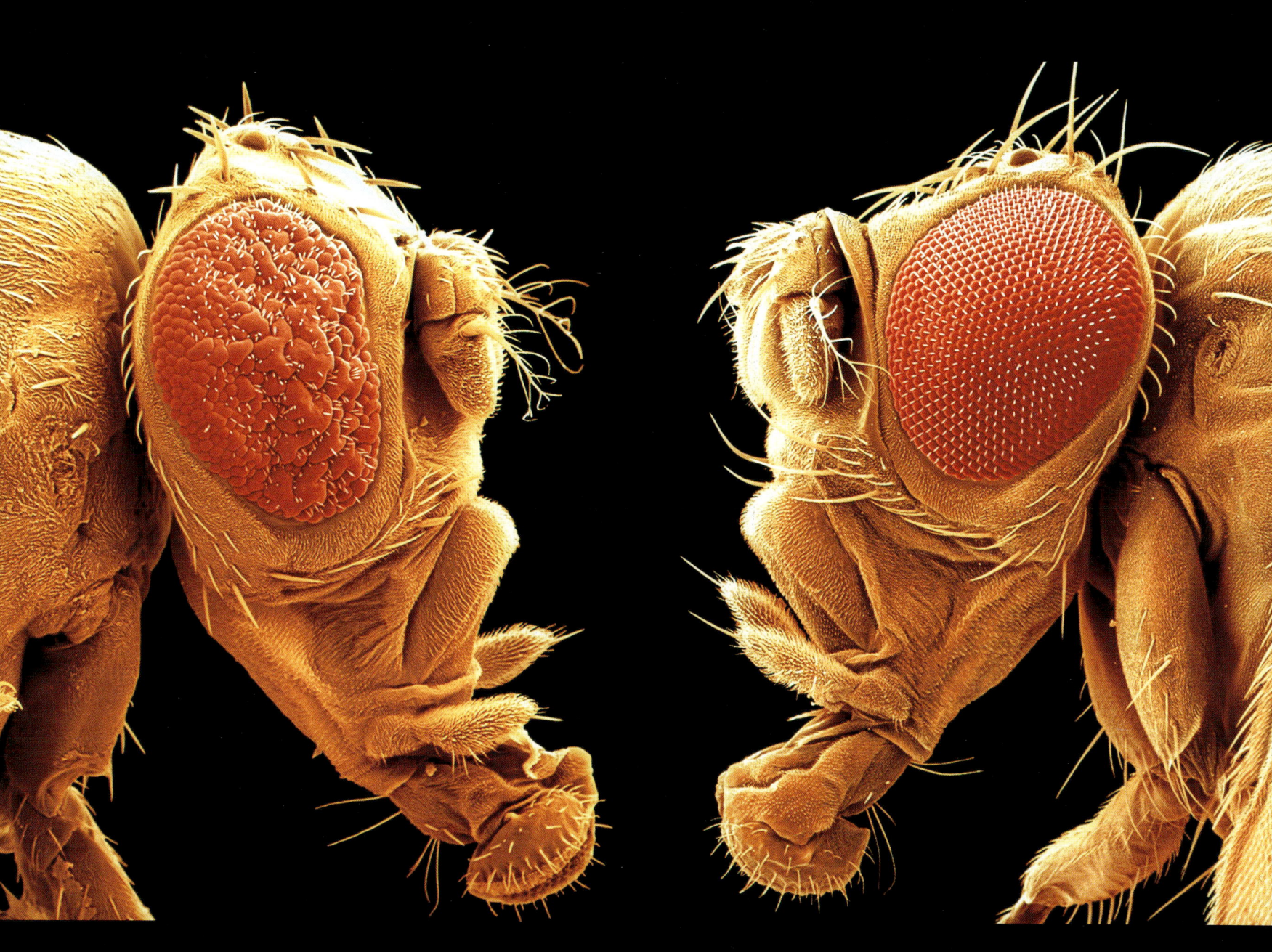

Supraleitfähigkeit

Heike Kamerlingh Onnes 1853–1926

Während es Amundsen und Scott in die frostigsten Regionen der Erde zog, kämpften sich Physiker an ein viel grundlegenderes Kälteextrem heran. Der absolute Nullpunkt ist unerreichbar, wir können uns nur immer näher an ihn herantasten, ohne jemals dort anzugelangen. Doch diese kalte Sphären hielten so manche Überraschung bereit.

Heike Kamerlingh Onnes entdeckte das erste dieser seltsamen Phänomene. 1908 war der niederländische Physiker der Erste gewesen, der Helium verflüssigte, indem er es auf –269 Grad Celsius, also vier Grad über dem absoluten Nullpunkt abkühlte. Doch dann, im Mai 1911 — im selben Jahr, als Amundsen den Südpol erreichte — stieß Kamerlingh Onnes auf etwas außerordentlich Seltsames. Er hatte zwei Kollegen in seinem Leidener Labor dazu angeregt, mit kalten Metallen zu experimentieren und den Widerstand zu messen, den sie einem Stromfluss entgegensetzen. Als sie eine Quecksilberprobe auf 4,2 Grad über dem absoluten Nullpunkt abkühlten, fiel deren elektrischer Widerstand plötzlich auf null.

Das war aufregend. Wenn der elektrische Widerstand null ist, kann ein Strom auf ewig durch eine Leiterschleife kreisen. Was konnte das bedeuten? Rasch kam Kamerlingh Onnes der Gedanke, dieser neuartige Zustand von Metallen, den er als „Supraleitfähigkeit" bezeichnete, könne etwas mit der neuen Quantentheorie zu tun haben, doch erst 1957 ließ sich das Phänomen vollständig erklären. John Bardeen, Leon Cooper und Robert Schreiffer fanden heraus, wie sich Elektronen miteinander verbinden und durch eine Laune der Quantenmechanik das Metall rund um sie herum ignorieren konnten.

Supraleiter könnten sehr viel Energie sparen, Züge oder Autos über Schienen oder Straßen schweben lassen und zu schnelleren, kleineren Computern und Elektromotoren führen — wenn sie dazu nur nicht so kalt sein müssten. Das Traumziel ist, einen Supraleiter zu finden, der bei Raumtemperatur oder darüber arbeitet. 1986 entdeckten Georg Bednorz und Alex Müller ein Keramikmaterial, das immerhin bei –238 Grad Celsius supraleitend war, und seitdem hat man Keramikstoffe gefunden, die schon bei Temperaturen arbeiten, die nahe an heimelige –100 Grad herankommen. Doch niemand weiß bisher genau, wie solche Hochtemperatursupraleiter funktionieren.

Siehe auch *Das Quant* S. 234, *Der Welle-Teilchen-Dualismus* S. 300, *Ein neuer Materiezustand* S. 510.

Ein Magnet schwebt frei über einem Keramiksupraleiter, der mit flüssigem Stickstoff gekühlt wird. Ingenieure hoffen diesen Effekt ▶ eines Tages nutzen zu können, um Züge so über Schienen schweben zu lassen, dass keinerlei Reibung auftritt.

Kosmische Strahlung

Viktor Franz Hess 1883-1964

Ständig bombardieren Killerstrahlen aus dem Weltall die Erde. In den ersten Jahren des 20. Jahrhunderts mutete diese Vorstellung noch abenteuerlich an. Wissenschaftler hatten Ionen entdeckt — elektrisch geladene Atome und Moleküle —, die spontan in der Luft auftauchten, und nahmen an, diese würden von radioaktiven Mineralien in der Erde erzeugt, deren Strahlung Elektronen aus den Atomen herausschießt, sodass geladene Teilchen zurückbleiben.

Falls das die einzige Ionenquelle war, dann sollten Ionen seltener werden, wenn man sich weiter von der Erdoberfläche wegbewegt und die Atmosphäre allmählich die Strahlung absorbiert. Zwischen 1911 und 1913 unternahm der österreichische Physiker Viktor Franz Hess eine Reihe von Ballonflügen, um diese These zu testen. Er hatte dazu ein Elektroskop bei sich — ein Gerät, das die elektrische Ladungsmenge misst.

Hess' Elektroskop zeigte, dass die Zahl der Ionen zunächst abnahm, als er aufwärts flog — doch dann, in rund 1 500 Metern Höhe, begann sie wieder anzusteigen. Er kam zu dem Schluss, dass die Ionen von etwas erzeugt wurden, das von oben kam, irgendeiner Art von Strahlung, die tief in die Atmosphäre eindringen konnte. Hess hatte die kosmische Strahlung entdeckt.

Kosmische Strahlung besteht aus außerordentlich energiereichen geladenen Teilchen, vorwiegend Protonen. Man nimmt an, dass sie fast alle von innerhalb unserer Galaxie stammen. Einige Sterne sterben in gigantischen Explosionen — als so genannte Supernovae —, die zu riesigen expandierenden Schockwellen führen. Im Verlauf von Jahrtausenden könnten diese Schockwellen Protonen und andere Teilchen auf enorme Energien beschleunigen.

Aber die energiereichste kosmische Strahlung, die wir kennen, ist eine Milliarde Mal energiereicher als Protonen aus irgendeinem Teilchenbeschleuniger auf Erden. Um solche Extreme zu erreichen, sind selbst Supernovae zu schwach. Diese Strahlen stammen wahrscheinlich aus Regionen außerhalb unserer Galaxie, vielleicht von Quasaren, kosmischen Strings oder exotischen Partikeln, die vom Urknall übrig geblieben sind. Astrophysiker zerbrechen sich darüber noch immer den Kopf.

Und sie sind tatsächlich Killer. Die kosmische Strahlung ist für etwa 15 Prozent der natürlichen Strahlendosis verantwortlich, der eine Durchschnittsperson ausgesetzt ist, und verursacht wahrscheinlich jedes Jahr mehr als 100 000 tödliche Krebsfälle.

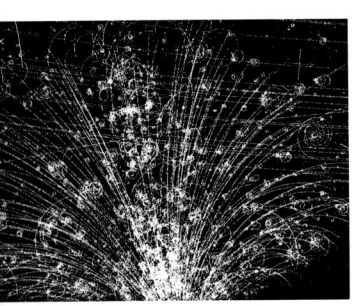

Bahnspuren von Teilchen aus einer Kollision kosmischer Strahlung, registriert in einer Blasenkammer.

Siehe auch *Radioaktivität* S. 224, *Die Radiokarbondatierung* S. 346, *Quasare* S. 404, *Das Echo des Urknalls* S. 412, *Superstrings* S. 474, *Die Supernova 1987A* S. 488, *Wasser auf dem Mond* S. 522.

Um die Wechselwirkungen der kosmischen Strahlung mit der Erdatmosphäre zu untersuchen, muss man Ausrüstung und Geräte in ▶ höchste Höhen schaffen, oftmals mithilfe von Ballons.

Die Kontinentaldrift

Alfred Lothar Wegener 1880–1930

Seit es die ersten Karten der Länder zu beiden Seiten des Atlantiks gab, sah man, dass die Küstenlinie des amerikanischen Doppelkontinents der von Afrika und Europa irgendwie ähnelte; so hob in den Zwanzigerjahren des 18. Jahrhunderts Francis Bacon die puzzleartige Passform hervor. Aber noch bis ins 20. Jahrhundert gab es keinen wirklichen Beleg dafür, dass es sich hier um mehr als einen bloßen Zufall handelt. Im Jahre 1911 formulierte der deutsche Meteorologe und Polarforscher Alfred Wegener erstmals seine Theorie der Kontinentalverschiebung, die er mit einer Vielzahl von Belegen aus verschiedenen Quellen untermauerte.

Wegeners Karte von 1915 zeigt die Aufspaltung des Superkontinents Pangaea im Eozän vor rund 50 Millionen Jahren.

Nach seiner Rückkehr von einer Grönlandexpedition im Jahre 1908 übernahm Wegener eine Privatdozentur für Meteorologie und praktische Astronomie an der Universität Marburg. Interessiert an Klimaten der Vorzeit, verblüffte ihn das über die Südkontinente Indien, Südamerika, Afrika und Australien verstreute Auftreten fossiler Pflanzen derselben Gattungen. Geologen wie Eduard Suess hatten die Vereinigung der Südkontinente als „Gondwanaland" bezeichnet, und sie versuchten, die Verbreitung von Pflanzen verschiedentlich mit der Vorstellung von Landbrücken oder durch eine Kontraktion oder Expansion der Erde zu erklären. Doch auch die Existenz fossiler tropischer Pflanzen in Kohleflözen auf Spitzbergen und von Gletscherablagerungen in Südafrika bedurften einer Erklärung.

Wegener fand im Jahre 1911 als Erster eine Lösung, stellte aber erst 1912 seine Theorie vor, dass alle Kontinente einst in einem großen Superkontinent, den er Pangaea nannte (vom griechischen *pan gaia* für „ganze Erde"), vereinigt und von einem Ozean, Panthalassa (*pan thalassa*, „ganzer Ozean"), umgeben waren. Pangaea bewegte sich von Norden nach Süden, bevor es in die heutigen Kontinente zerfiel; was jedoch den Mechanismus betrifft, blieb Wegener vage: Vielleicht hatten sich die Ozeanböden „wie Gummi gedehnt", oder sie waren durch irgendwelche Zentrifugalkräfte oder die Gravitation des Mondes gezogen worden. Das Konzept löste viele geologische Probleme, doch ein plausibler Mechanismus — die Plattentektonik — wurde erst in den Sechzigerjahren des 20. Jahrhunderts, lange nach Wegeners Tod, vorgeschlagen.

Siehe auch *Erdzyklen* S. 100, *Katastrophistische Geologie* S. 108, *Lyells „Principles of Geology"* S. 146, *Gebirgsbildung* S. 206, *Das Innere der Erde* S. 250, *Plattentektonik* S. 414, *Der Ausbruch des Mount St. Helens* S. 462.

Im Jahre 1920 lehnte ein Geologe die Kontinentaldrift als »eine Erklärung, die nichts von dem erklärt, was wir erklären wollen« ab. ▶
Er wusste nicht, dass sie für das verheerende Erdbeben in San Francisco im Jahre 1906 verantwortlich war.

Das Atommodell

Ernest Rutherford 1871–1937, Niels Bohr 1885–1962

Es war fast so unglaublich, als wenn jemand eine 15-Zoll-Granate auf ein Stück Seidenpapier abgefeuert hätte, und sie wäre zurückgekommen und hätte ihn getroffen.« So beschrieb Ernest Rutherford das Phänomen, das ihn zu seinem Modell des Atomkerns führte.

Im Jahre 1907 hatte einer von Rutherfords Studenten einen Strahl von Alphateilchen auf eine dünne Goldfolie gerichtet. Alphateilchen stellen eine schwergewichtige Form von Radioaktivität dar, und wie erwartet, durchschlugen die meisten Teilchen die dünne Folie. Doch einige wenige prallten geradewegs zurück. Das ergab keinen Sinn, wenn die Atome in der Folie nur Anordnungen von leichten Elektronen waren, die von einer diffusen positiven Ladung zusammengehalten wurden, wie man damals annahm. Rutherford kam stattdessen zu dem Schluss, die positive Ladung müsse in einem Kern im Zentrum eines jeden Atoms konzentriert sein. Dann würden die meisten Alphateilchen diesen Kern verfehlen, doch die wenigen, die das Pech hatten, ihn direkt zu treffen, würden zurückprallen. Rutherford entwickelte daher ein Modell, demzufolge das Atom aus einem winzigen dichten Kern besteht, um den eine Reihe viel kleinerer (negativ geladener) Elektronen kreist.

Dieses neue Atommodell warf nicht nur die bisherige Vorstellung vom Atom über den Haufen, sondern führte den dänischen Physiker Niels Bohr 1913 zu einer noch radikaleren Theorie. Er griff Rutherfords Idee auf und brachte zugleich Erkenntnisse aus der neue Quantentheorie ein. In Bohrs Modell umkreisen die Elektronen den Kern auf Bahnen, die bestimmten, festgelegten Energieniveaus entsprechen. Das erklärte, warum das Atom stabil ist — die Elektronen können nicht all ihre Energie verlieren und in den Kern stürzen, sondern dürfen es sich lediglich im so genannten Grundzustand bequem machen.

Diese festen Elektronenumlaufbahnen erklärten zudem, warum Atome Licht in einzelnen, scharfen Farben, so genannten Spektrallinien, abgaben: Wenn ein Elektron von einer Bahn zur anderen wechselt, geht die dabei frei werdende Energie in ein Lichtteilchen (Photon) genau definierter Energie und damit ganz bestimmter Farbe über. So beherrschte nun das scheinbar unerklärliche Quant nicht nur das flüchtige Reich des Lichtes, sondern auch die fassbare Welt, die Materie, aus der wir bestehen.

Siehe auch *Die Atomtheorie* S. 124, *Spektrallinien* S. 130, *Das Periodensystem der Elemente* S. 196, *Radioaktivität* S. 224, *Das Elektron* S. 228, *Das Quant* S. 234, *Der Welle-Teilchen-Dualismus* S. 300, *Das Neutron* S. 312, *Energie aus dem Atomkern* S. 330, *Quarks* S. 408, *Die Vereinheitlichung der Kräfte* S. 416, *Superstrings* S. 474.

Das klassische Atommodell, wie es Rutherford und Bohr entwickelten: Die Elektronen kreisen um den Kern, der, wie sich später ▶ herausstellte, aus Protonen (rot) und Neutronen (grün) besteht.

Neurotransmitter

Henry Hallett Dale 1875-1968, George Barger 1878-1939, Otto Loewi 1873-1961

Die Frage, wie die Bestandteile des Nervensystems miteinander kommunizieren, beschäftigte die Wissenschaft schon lange. Die Annahme einer unmittelbaren Beziehung zwischen Denken und Handeln wurde im 19. Jahrhunderts von Physiologen entkräftet, welche die Impulsgeschwindigkeit entlang der peripheren Nerven maßen. Man rätselte unter anderem, was an den Verbindungsstellen der Nervenenden vor sich ging, die Charles Sherrington als „Synapsen" bezeichnet hatte.

Die meisten Wissenschaftler hielten elektrische Vorgänge für wahrscheinlich, aber Henry Dale in England und Otto Loewi in Deutschland suchten nach chemischen Erklärungen. Dale untersuchte zusammen mit dem Chemiker George Barger physiologisch aktive Substanzen im Körper, darunter auch Histamin (sie wiesen nach, dass dessen Freisetzung Allergiesymptome hervorruft) und Mutterkornextrakte, die bei verspätet einsetzenden oder zu schwachen Wehen die Gebärmutterkontraktionen beschleunigen. Im Jahre 1914 isolierten sie aus Zubereitungen des Mutterkornpilzes Acetylcholin und zeigten, dass es eine ähnliche Wirkung hatte wie das parasympathische Nervensystem (jener Teil des autonomen Nervensystems, der unwillkürliche Nervenfunktionen wie Blutdruck, Verdauung und Schwitzen steuert). Mit einer Reihe klassischer Versuche demonstrierten Dale und seine Kollegen in den späten Zwanzigerjahren, dass Acetylcholin an parasympathischen Nervenendigungen freigesetzt wird (wie auch an den Nervenenden der willkürlichen Muskulatur).

Unabhängig davon führte Loewi Experimente an isolierten Herzen mit und ohne Verbindung zu ihrer normalen Nervenversorgung durch. Er bewies, dass Nerven bei Reizung eine Substanz freisetzen, die – wenn man sie in die Gefäße eines von seinen Nerven abgelösten Herzens einbrachte – den Herzschlag beschleunigen oder verlangsamen konnten, je nachdem, ob sympathische (beschleunigende) oder parasympathische (verlangsamende) Nerven aktiv waren. Dale und Loewi etablierten gemeinsam die Vorstellung von der chemischen Impulsübermittlung an der Synapse und erhielten dafür 1936 zusammen den Nobelpreis für Medizin oder Physiologie.

Acetylcholin und Noradrenalin waren die ersten entdeckten Neurotransmitter. Inzwischen kennen wir etliche weitere, darunter Serotonin, Dopamin und natürliche, opiatähnliche Substanzen, die Endorphine, welche schmerzleitende Fasern hemmen und so Schmerz lindern.

Siehe auch *Die Regulation des Körpers* S. 188, *Das Nervensystem* S. 210, *Nervenimpulse* S. 366, *Stickoxid* S. 496.

Eine Synapse. Nervenimpulse überqueren den synaptischen Spalt durch Freisetzung chemischer Neurotransmitter am Ende der ▶ Nervenzelle. Die Neurotransmitter warten in Päckchen oder „Vesikeln" auf ihren Einsatz (hier als kleine rote Kreise erkennbar).

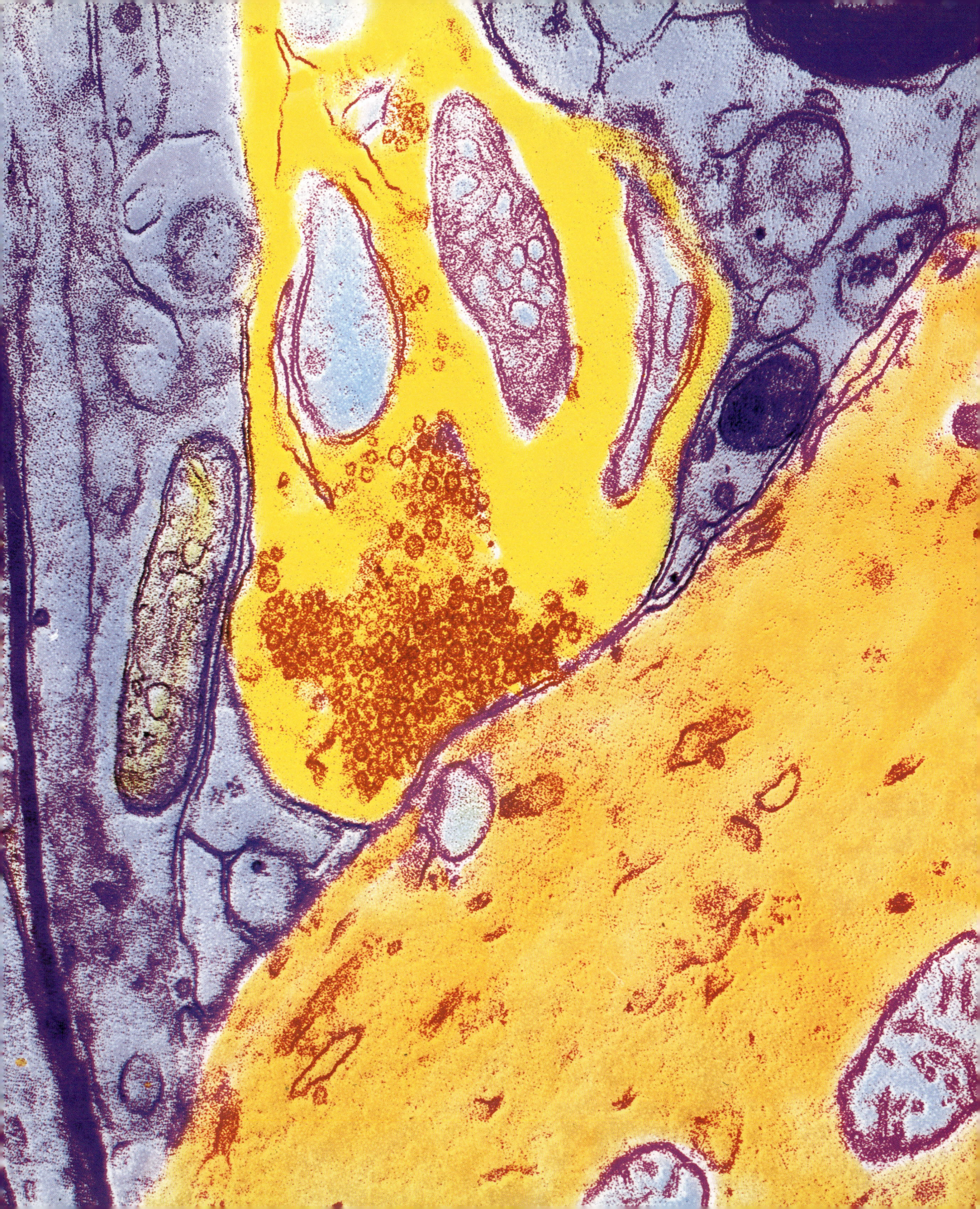

Klimazyklen

Milutin Milankovitch 1879–1958

Bei seinen Arbeiten in den Jahren 1914 bis 1918, die Milutin Milankovitch als Kriegsgefangener in Budapest verbrachte, gelangte der jugoslawische Geophysiker zu der Überzeugung, dass der Schlüssel zu den Klimaveränderungen der Vergangenheit in der Art und Weise lag, wie sich die Sonneneinstrahlung auf der Erde mit der Zeit und mit der geographischen Breite veränderte.

Es gibt drei Hauptvariablen. Erstens ändert sich die Erdumlaufbahn von kreisförmig zu mehr elliptisch und wieder zurück mit einer Periodizität von etwa 100 000 Jahren. Obwohl die mittlere Entfernung von der Erde zur Sonne 150 Millionen Kilometer beträgt, schwankt der Abstand bei der am stärksten elliptischen Umlaufbahn in jedem Jahr innerhalb der Grenzen von 140 und 160 Millionen Kilometern. Da die von der Erde empfangene Wärme bedingt durch ihre Entfernung von der Sonne rasch wieder verloren geht, kann diese Schwankung eine starke Veränderung bewirken. Zweitens „taumelt" die Erdachse wie bei einem schwankenden Kreisel, sodass die Polstellung alle 26 000 Jahre einen vollständigen Kreis beschreibt. Gegenwärtig ist der Winter der Nordhalbkugel milder, als er sein könnte, weil die Nordpolarregion von der Sonne wegweist, wenn der Abstand der Erde zur Sonne am kleinsten ist. Drittens verändert sich der Winkel zwischen der Äquatorebene und der Ebene der Erdumlaufbahn alle 40 000 Jahre um wenige Grad. Bei kleineren Werten sind die Unterschiede zwischen den Jahreszeiten geringer ausgeprägt als bei größeren.

Diese drei Zyklen mit unterschiedlichem Rhythmus überlagern einander. Milankovitch erkannte, dass die resultierenden Veränderungen der Sonneneinstrahlung sich in einigen geographischen Zonen in Schwankungen des Klimas zwischen Eiszeiten und gemäßigten Perioden widerspiegeln. Verringert sich der durchschnittliche Sonnenschein in einem bestimmten Gebiet, fällt und sammelt sich dort mehr Schnee.

In den Siebzigerjahren wurden die Arbeiten Milankovitchs von Anandu Vernekar an der Universität von Maryland weitergeführt. Die heutige Kenntnis über die Umkehr des Erdmagnetfeldes versetzt uns in die Lage, frühere Phasen der Vergletscherung genauer zu datieren. Milankovitchs Theorie ist bis heute beeindruckend schlüssig, und wir erfreuen uns gegenwärtig einer leichten globalen Erwärmung, während wir gleichzeitig unerbittlich auf die nächste Eiszeit zusteuern. Von ähnlichen Zyklen ist auch unser Nachbarplanet Mars betroffen.

Siehe auch *Kosmische Vorhersagen* S. 26, *Eiszeiten* S. 152, *Der Sonnenfleckenzyklus* S. 158, *Der Treibhauseffekt* S. 184, *Die Gaia-Hypothese* S. 432, *Das Ozonloch* S. 438.

Eisbrocken stürzen von einem Gletscher ins Meer. Eiszeiten enden erst, wenn die verschiedenen Klimazyklen zusammenwirken und die Sommer ungewöhnlich warm machen, sodass das Eis abschmilzt. ▶

Die Allgemeine Relativitätstheorie

Albert Einstein 1879–1955

Ein Cartoon aus der *Washington Post* zu Einsteins Tod. Die Erde trägt ein Schild mit der Aufschrift: Hier lebte Albert Einstein.

Nachdem Einstein bereits den absoluten Raum und die absolute Zeit abgeschafft hatte, nahm er sich das Universum vor und bog es in eine völlig neue Form. Gemäß Newtons Gravitationsgesetz wirken Kräfte verzögerungsfrei über beliebig große Entfernungen. Doch der Speziellen Relativitätstheorie zufolge kann sich nichts schneller als das Licht bewegen. Einstein bemühte sich nun, diesen Widerspruch zu beseitigen. Der Augenblick der Inspiration kam im Jahre 1907, als er in seinem Berner Patentbüro saß. Er erkannte, dass eine fallende Person ihr eigenes Gewicht nicht spürt, also mussten Schwerkraft und Beschleunigung auf irgendeine Weise äquivalent sein. Um 1915 hatte ihn diese Idee zu der vielleicht revolutionärsten Theorie in der Geschichte des Physik geführt.

In der Welt der Allgemeinen Relativitätstheorie sind Raum und Zeit gekrümmt. Alle Objekte verursachen eine Delle in der ansonsten flachen Ausdehnung der Raumzeit – die Erde, die Sonne, ja sogar dieses Buch. Und wenn sich Objekte durch diese Wellenlandschaft bewegen, sehen wir, wie sich ihre Bahnen krümmen. Aus diesem Grund kreist die Erde um die Sonne. Einsteins Theorie sagt voraus, dass auch das Licht durch die Schwerkraft abgelenkt wird. Als Arthur Eddington daher 1919 verkündete, Sterne zu sehen, deren Position durch die Schwerkraft der Sonne verschoben schien, etablierte dies die Allgemeine Relativitätstheorie in den Köpfen der Wissenschaftler und in der Phantasie der Öffentlichkeit.

Es gibt jedoch noch viel schockierendere Voraussagen. Wenn genügend Materie sehr dicht zusammengedrückt wird, wird der Raum bis zum Zerreißen gedehnt. Es entsteht ein unendlich tiefer Krater im Raumzeit-Kontinuum, und die Schwerkraft wird so stark, dass ihr nichts entkommen kann. Das ist ein Schwarzes Loch. Astronomen nehmen inzwischen an, dass das Universum voll von diesen Monstern ist und dass auch im Zentrum unserer Galaxie ein gigantisches Schwarzes Loch liegt. Neue Experimente halten nach anderen seltsamen und unheimlichen Effekten Ausschau. Riesige unterirdische Detektoren suchen nach Gravitationswellen, Kräuselungen in der Raumzeit, die von katastrophalen Ereignissen, wie der Bildung eines Schwarzen Loches, erzeugt wurden. Und ein Raumschiff namens Gravity Probe B (Schwerkraftsonde B), das bald starten soll, wird zu beobachten versuchen, wie die Raumzeit von der Erdrotation mitgezogen wird wie Sirup von einem sich drehenden Löffel. Die Allgemeine Relativitätstheorie kann sogar Form und Evolution des gesamten Universums beschreiben. Eine simple Konstante in ihren Gleichungen könnte erklären, warum sich den jüngsten Messungen zufolge die Expansion des Universums offenbar beschleunigt.

Siehe auch *Fallende Körper* S. 60, *Newtons „Principia"* S. 78, *Der Ursprung des Sonnensystems* S. 104, *Nichteuklidische Geometrie* S. 144, *Das Quant* S. 234, *Die Spezielle Relativitätstheorie* S. 244, *Das expandierende Universum* S. 306, *Gammastrahlenausbrüche* S. 434, *Die Verdampfung Schwarzer Löcher* S. 440, *Superstrings* S. 474, *Der Große Attraktor* S. 498.

Die Gravitation eines massereichen Galaxienhaufens (Mitte) lenkt das Licht einer noch weiter entfernten Galaxie ab und teilt ▶ es in fünf getrennte Bilder (blau). Derartige „Gravitationslinsen" wurden von Einstein aufgrund seiner Allgemeinen Relativitätstheorie vorausgesagt.

Unser Platz im Kosmos

Henrietta Swan Leavitt 1868-1921, Harlow Shapley 1885–1972, Walter Baade 1893-1960

Im Universum früher Astronomen, von William Herschel bis Jacobus Kapteyn, stand die Sonne im Zentrum eines einzigen flachen Sternensystems, das von der Erde als milchiges Sternenband erschien und die Himmelssphäre umgürtete. Die Dimensionen unserer Galaxie waren jedoch unbekannt, und es war eine offene Frage, ob es — abgesehen von zwei unregelmäßigen Sternansammlungen, den Magellanschen Wolken — irgendetwas jenseits davon gab.

Henrietta Swan Leavitt hatte Sterne untersucht, deren Helligkeit sich periodisch verändert, insbesondere die so genannten Cepheiden-Veränderlichen in den Magellanschen Wolken. Dabei entdeckte sie eine interessante Beziehung: Je heller der Cepheide, desto länger war die Periode der Helligkeitsschwankung. Da alle Sterne in den Magellanschen Wolken etwa gleich weit von uns entfernt sind, schlug sie 1912 vor, man könne diese Beziehung — zwischen Periode und absoluter Helligkeit — mithilfe nahe gelegener Cepheiden eichen und damit Entfernungen im Raum bestimmen.

Der kugelförmige Sternhaufen M13 enthält etwa eine halbe Million Sterne.

Harlow Shapley nahm die Herausforderung an. Die kugelförmigen Cluster oder Kugelhaufen — dicht gepackte Ansammlungen von Sternen — waren eine ergiebige Quelle für Cepheiden. Er bestimmte die Entfernung zu den Clustern, indem er die geeichte absolute Helligkeit der Cepheiden, wie sie sich anhand der Veränderungsperiode zeigte, mit ihrer scheinbaren Helligkeit verglich. 1918 kam er zu dem Schluss, die Cluster seien physikalisch ein Teil der Milchstraße und nahe ihrem Zentrum in einer lockeren kugelförmigen Anordnung symmetrisch verteilt. Shapleys Befunde waren nicht nur ein Hinweis auf die wahrhaft enorme Größe unserer Galaxie, sondern sie verwiesen die Sonne auch auf einen Platz 60 000 Lichtjahre entfernt vom Zentrum unserer Galaxie.

Im Jahre 1945 nutzte Walter Baade die erzwungenen Verdunklungen des Zweiten Weltkrieges und entdeckte, dass es zwei Sternpopulationen gab. Junge Sterne der Population I enthalten viel mehr schwere Elemente als die älteren Sterne der Population II. Bedauerlicherweise war zuvor die falsche Cepheiden-Population herangezogen worden, um die Beziehung zwischen Periode und absoluter Helligkeit zu eichen. Die Korrektur, die Baade 1952 vornahm, verdoppelte die Größe des Universums auf einen Schlag.

Siehe auch *Der Himmel im Fernrohr* S. 54, *Spiralgalaxien* S. 160, *Das expandierende Universum* S. 306, *Der Große Attraktor* S. 498.

Das Zentrum der Milchstraße. Die Ebene, in der die Scheibe unserer Galaxie liegt, ist voller dunkler Wolken und Gas, die die Sicht ▶ erschweren, wenngleich die Bahn des Halleyschen Kometen auf dieser Aufnahme mit Langzeitbelichtung deutlich zu sehen ist.

Neodarwinismus

Ronald Aylmer Fisher 1890-1962, John Burdon Sanderson Haldane 1892-1964,
Sewall Wright 1889-1988

Nachdem Charles Darwin im Jahre 1859 seine Theorie von der Evolution durch natürliche Selektion veröffentlicht hatte, setzte sich der Evolutionsgedanke bald allgemein durch, während die natürliche Selektion fast ebenso durchgängig abgelehnt wurde. Sie schien zu viele Probleme aufzuwerfen, darunter nicht zuletzt die Vermutungen darüber, wie es zur Vererbung kommt. Die biologische Vererbung war 1859 noch immer ein Rätsel, aber mit der Wiederentdeckung von Mendels Gesetzen der Vererbung im Jahre 1900 hätten die Probleme der natürlichen Selektion eigentlich gelöst sein müssen. Dies war jedoch nicht der Fall: Die frühen Anhänger Mendels waren durchweg heftige Gegner Darwins.

Eine Schwierigkeit bestand darin, dass Mendels Theorie offenbar nur für diskrete Merkmale wie das Geschlecht galt, während Evolution hauptsächlich die Veränderung kontinuierlich variabler Merkmale wie der Größe bedeutet. Erst nach 1910 kamen Biomathematiker zu dem Ergebnis, dass Mendels Theorie alles, was man seit Francis Galton über kontinuierliche Merkmale wusste, erklären konnte. Damit konnten sie zeigen, wie gut sich natürliche Selektion und Mendelsche Vererbung vereinen ließen. Diese Arbeit wurde Anfang der Zwanzigerjahre vor allem durch die britischen Biologen Ronald Fisher und John Haldane sowie den amerikanischen Biologen Sewall Wright geleistet. Sie waren so erfolgreich, dass — im Nachhinein betrachtet — Mendels Theorie gewissermaßen Darwins Theorie der natürlichen Selektion gerettet hat. Die Kombination von Mendels und Darwins Theorien wird auch als Neodarwinismus oder Synthetische Theorie der Evolution bezeichnet.

Nach 1930 hielt die Synthetische Theorie in sämtliche Bereiche der Biologie Einzug. So entwickelte im Jahre 1942 Ernst Mayr, ein in die USA emigrierter deutscher Biologe, beispielsweise eine Theorie über die Entstehung neuer Arten. Seiner These zufolge entstehen neue Arten, wenn eine Unterpopulation einer Stammspezies geographisch isoliert wird; in diesem Fall entwickelt sie sich anders als die ursprüngliche Spezies. Mayrs „geographische" Theorie der Speziation (Artbildung) wird heute durch zahlreiche Beweise gestützt.

Siehe auch *Erworbene Merkmale* S. 128, *Darwins „Entstehung der Arten"* S. 176, *Mendels Gesetze der Vererbung* S. 192, *Ein Maß für Streuung* S. 212, *Gene und Vererbung* S. 264, *Neutrale molekulare Evolution* S. 422, *Gerichtete Mutation* S. 494.

Mimikry bei Schmetterlingen, 1862 von William Bates beschrieben. Die neodarwinistische Genanalyse bestätigte, dass sich die ▶
zunehmende Ähnlichkeit zwischen giftigen und ungefährlichen Arten schrittweise durch natürliche Selektion entwickelte.

Wettervorhersage

Vilhelm Friman Koren Bjerknes 1862-1951, Jacob Aall Bonnevie Bjerknes 1897-1975

Vilhelm Bjerknes wurde 1862 im norwegischen Christiania (dem heutigen Oslo) geboren. Der Sohn eines Mathematikers an der örtlichen Universität war vom Wetter fasziniert und kam zu der Überzeugung, dass man es durch ein mathematisches Modell genau beschreiben könnte. Wenn man mit einem ausreichend guten Bild des aktuellen Wetters startet und diese Daten dann in das Modell überträgt, sollte es seiner Meinung nach möglich sein, das Wettergeschehen vorherzusagen. Aufgrund dieser Erkenntnis wird er oft als der „Vater" der modernen Meteorologie angesehen.

Doch Bjerknes stand vor einer großen Herausforderung. Die konventionelle Hydrodynamik — die Theorie fluider Stoffe wie Gase oder Flüssigkeiten — vermochte die Wettervorgänge nicht zu beschreiben, denn sie setzt voraus, dass die Dichte der Fluide (in diesem Fall der wasserhaltigen Atmosphäre oder des Ozeans) ausschließlich von deren Druck abhängt. In Wirklichkeit wird sie jedoch von mehreren Faktoren bestimmt, unter anderem von der Temperatur und von der Zusammensetzung, die von Ort zu Ort variieren können.

Im Jahre 1904 stellte Bjerknes eine neue Theorie vor, in der er Hydrodynamik und Thermodynamik miteinander kombinierte, um den realen Luftdruckunterschieden Rechnung zu tragen. Mit dem daraus resultierenden mathematischen Modell begründete er eine Disziplin, die heute als numerische Wettervorhersage bezeichnet wird. Seine Gleichungen waren allerdings zu schwierig, um „von Hand" gelöst werden zu können, und erst sehr viel später standen die Möglichkeiten des Computers zur Verfügung, um ihnen gerecht zu werden.

Nach dem Ersten Weltkrieg, im Jahre 1920, entwickelte Bjerknes zusammen mit seinem Sohn Jacob eine Theorie, die beschreibt, wie warme und kalte Luftmassen so interagieren, dass sie Tiefdruckgebiete in den mittleren Breiten der Erde bilden. In Anlehnung an den Militärjargon benutzten sie die Ausdrücke „Kaltfront" und „Warmfront", um die Grenzen zwischen diesen Luftmassen zu kennzeichnen. Sie waren auch die Ersten, die erkannten, dass der größte Teil des Wettergeschehens sich entlang dieser Grenzen abspielt. Die Theorie wurde als „Polarfront-Theorie" bekannt und bildet die Grundlage jeder modernen Wettervorhersage.

Siehe auch *Passatwinde* S. 86, *Das Foucaultsche Pendel* S. 166, *Der Treibhauseffekt* S. 184, *Die Chaostheorie* S. 238, *Klimazyklen* S. 276, *Die Gaia-Hypothese* S. 432, *Das Ozonloch* S. 438.

Satellitenaufnahme des Hurrikans „Fran", der sich am 4. September 1996 vom Karibischen Meer dem amerikanischen Kontinent ▶ näherte. Die Arbeiten von Vater und Sohn Bjerknes führten zu einem besseren Verständnis der Entstehung von Zyklonen.

Die Sternentwicklung

Arthur Stanley Eddington 1882-1944, Hans Bethe *1906, Carl Friedrich von Weizsäcker *1912, Ejnar Hertzsprung 1873-1967, Henry Russell 1877-1957

Am Ende des 19. Jahrhunderts war die Quelle der stellaren Energie ein großes Rätsel. Radioaktive Datierungen hatten ergeben, dass die Erde und damit auch die Sterne mindestens 2000 Millionen Jahre alt waren. Daher konnten einfache Vorstellungen zur Brennstoffversorgung eines Sternes — sei es durch herabstürzenden kosmischen Staub oder Kometen, durch Verbrennen sterneigener Kohlevorräte oder durch Umwandlung von potenzieller in kinetische Energie via Schrumpfung — nicht funktionieren.

Im Jahre 1920 schlug Arthur Eddington einen anderen Prozess vor. Er argumentierte, unter den extremen Temperatur- und Druckverhältnissen, die im Zentrum eines Sternes herrschen, könnte sich Wasserstoff langsam in Helium umwandeln. Die Sonne war demnach nichts anderes als eine Wasserstoffbombe, die von ihrer Schwerkraft an der Explosion gehindert wurde, und da rund 70 Prozent der Sonne aus Wasserstoff bestehen, besaß sie genügend „Brennstoff", weitere 10000 Millionen Jahre mit ihrer gegenwärtigen Leuchtkraft zu strahlen.

Die Sonne ist ein gewöhnlicher Stern, der etwa die Hälfte seines Lebens hinter sich hat.

Da ein Heliumatom weniger Masse hat als vier Wasserstoffatome, würde der Fusionsprozess die überschüssige Materie entsprechend Einsteins Formel $E = mc^2$ in Energie (in Form von Strahlung) verwandeln. Der genaue Umwandlungsmechanismus wurde 1938 unabhängig voneinander von Hans Bethe und Carl Friedrich von Weizsäcker ausgearbeitet, und bis Mitte der Fünfzigerjahre hatte man gezeigt, wie Sterne alle schweren Elemente herstellen.

Der Lebenszyklus der Sterne war nun deutlich besser zu verstehen. Um 1910 hatten Ejnar Hertzsprung und Henry Russell unabhängig voneinander Kurvendarstellungen veröffentlicht, die zeigten, dass die absolute Helligkeit oder Eigenhelligkeit eines Sternes mit seiner Oberflächentemperatur variiert. Diese „Hertzsprung-Russell-Diagramme" gehören inzwischen zu den nützlichsten Darstellungen in der ganzen Astronomie. Die Sterne sind nicht zufällig über das Diagramm verteilt, sondern liegen in ihrer Mehrzahl auf einer Diagonalen, der „Hauptreihe", die von kühlen, schwach leuchtenden Sternen bis zu heißen, hellen Sternen reicht. Diese „Zwergsterne" werden von einer Gruppe von „Riesen" begleitet, die in der Regel 10–100 Mal größer sind. Astronomen wissen inzwischen, dass die Hauptreihensterne stabil sind, weil sie allesamt aufgrund desselben Wasserstoff-zu-Helium-Prozesses leuchten. Wenn der Wasserstoff zur Neige geht, kollabiert der Kern des Sternes und heizt sich auf; dann wird das Helium in Kohlenstoff und in andere massereiche Atomkerne umgewandelt. Das führt dazu, dass sich der Stern ausdehnt und zu einem Roten Riesen wird. Letztlich verwandeln sich die meisten Sterne in Weiße Zwerge.

Siehe auch *Spektrallinien* S. 130, *Die Spezielle Relativitätstheorie* S. 244, *Alte Gesteine* S. 252, *Weiße Zwerge* S. 310, *Energie aus dem Atomkern* S. 330, *Pulsare* S. 420, *Gammastrahlenausbrüche* S. 434, *Die Supernova 1987A* S. 488.

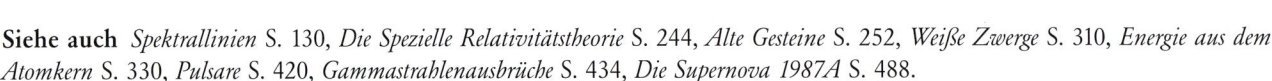

Der Orionnebel (Mitte unten) ist 1500 Lichtjahre von der Erde entfernt und hat einen Durchmesser von 2,5 Lichtjahren. ▸
Er leuchtet, weil junge heiße Sterne, die in sein Wasserstoffgas eingebettet sind, dieses ionisieren. Eddington erkannte, dass die Helligkeit eines Sternes fast ausschließlich von dessen Masse abhängt.

Insulin

Frederick Banting 1891-1941, Charles Best 1899-1978

Die ältesten Berichte über Diabetessymptome stammen von Aretaios aus dem 2. Jahrhundert, während der süße Geschmack des Urins Diabeteskranker erstmals im 17. Jahrhundert von Thomas Willis entdeckt wurde. Um 1775 fand Matthew Dobson Zucker im Blut, was vermuten ließ, dass Diabetes den gesamten Körper betraf und nicht nur die Nieren, wie man bis dahin angenommen hatte. In den Vierzigerjahren des 19. Jahrhunderts erforschte Claude Bernard Verdauung und Zuckerstoffwechsel und nahm die Entwicklung der Endokrinologie vorweg, indem er den Einfluss der „inneren Sekrete" des Körpers (chemischer Botenstoffe, die Ernest Starling 1905 „Hormone" taufte) auf diese Prozesse nachwies.

Ausgehend von Bernards Arbeit entfernten Joseph von Mering und Oscar Minkowski im Jahre 1899 die Bauchspeicheldrüse eines Hundes, woraufhin das Tier binnen weniger Wochen an Diabetes starb. Somit war der Zusammenhang der Krankheit mit einer Schädigung dieses Organs nachgewiesen. Therapieversuche mit Extrakten aus Pankreasgewebe blieben jedoch erfolglos. Dieses gilt auch für die „Langerhansschen Inseln", kleine Verbände von Pankreaszellen, die bei Diabetikern degenerieren und von denen man deshalb annahm, dass sie eine den Zuckerhaushalt regulierende Substanz sezernierten.

Der kanadische Chirurg Frederick Banting führte den Misserfolg früherer Forscher darauf zurück, dass diese Sekretion durch Pankreassaft deaktiviert wurde. Zusammen mit dem amerikanischen Physiologen Charles Best unterband er bei einem Hund den Ausführungsgang der Bauchspeicheldrüse, sodass deren exokriner Teil atrophierte und nur die Langerhansschen Inseln intakt blieben. Dann injizierten sie einen Extrakt dieser Inseln einem diabetischen Hund, der mit dem Tode rang. Innerhalb weniger Stunden war das Tier wieder gesund.

Banting und Best sowie John Macleod, in dessen Labor sie arbeiteten, wandten sich nun der Herstellung einer sicheren Form des zunächst „Isletin" (vom englischen *islet* für „Inselchen") genannten Insulins für die klinische Anwendung zu. Der Biochemiker James Collip wurde beauftragt, Insulin aus Bauchspeicheldrüsen von Rinderfeten zu isolieren, die fast ausschließlich aus Langerhansschen Zellen bestehen. Nach erfolgreichen klinischen Studien nahm der Arzneimittelhersteller Eli Lilly 1923 die Produktion von Insulin im größeren Rahmen auf. Seit den Achtzigerjahren wird menschliches Insulin mit gentechnischen Mitteln hergestellt. Eine eklatante Fehlentscheidung führte dazu, dass im Jahre 1923 nur Banting und Macleod mit dem Nobelpreis für Physiologie oder Medizin ausgezeichnet wurden.

Siehe auch *Die Regulation des Körpers* S. 188, *Gentechnik* S. 436.

Elektronenmikroskopische Aufnahme vom Querschnitt einer Zelle der Insulin bildenden Langerhansschen Inseln ▶ im Säugetierpankreas.

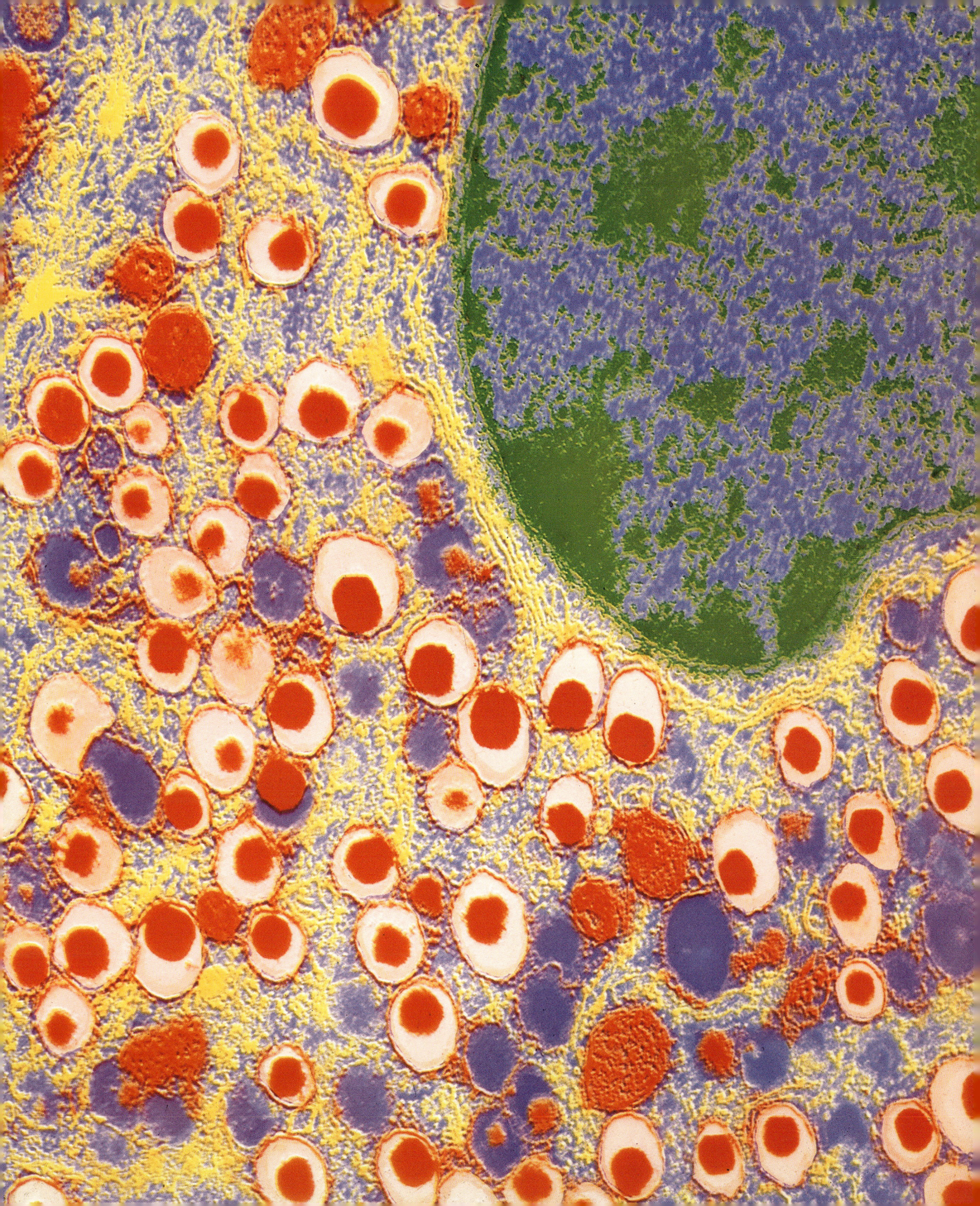

Die Wanderung der Aale

Johannes Schmidt 1877–1933

Nach heutigem Forschungsstand wandern Tiere in erster Linie, um sich die jahreszeitlichen Klimawechsel für ihre Reproduktion, Ernährung oder Überwinterung zunutze zu machen. Viele Arten orientieren sich dabei, wie man mittlerweile weiß, am Erdmagnetfeld. Einige Aspekte der Wanderungen des Europäischen Flussaals harren jedoch immer noch der wissenschaftlichen Aufklärung.

Aristoteles glaubte, Aale entstünden spontan im feuchten Boden, während andere Naturforscher spekulierten, sie bildeten sich aus Pferdeschweifhaaren. Erst im Jahre 1893 erkannte der italienische Zoologe Giovanni Batista Grassi, dass es sich bei den winzigen, weidenblattförmigen, fast durchsichtigen Fischen, die man als eigene Gattung *Leptocephalus* klassifiziert hatte, in Wirklichkeit um die ozeanischen Larvenstadien der Aale handelt. 1922 entdeckte der dänische Meeresbiologe Johannes Schmidt die Laichgründe der Aale, indem er die atlantischen Verbreitungsgebiete unterschiedlich großer Leptocephali kartierte, bis er die Sargassosee als ihr Schlupfgebiet ausmachen konnte. Allmählich zeichnete sich ein Bild vom Lebenszyklus dieser Tiere ab. In den ersten Lebensjahren treiben sie mit dem Golfstrom von der Sargassosee bis an die Mündungen ihrer Heimatflüsse, wo sie sich in Glasaale verwandeln. Diese schwimmen die Flüsse hinauf und entwickeln sich dort in gut zehn Jahren zu ausgewachsenen Aalen. Dann kehren sie in die Mündungen zurück, ihr Verdauungstrakt verkümmert, und mithilfe ihrer Fettreserven schwimmen sie in die Sargassosee, wo sie sich paaren und dann sterben. Allerdings wurde bis heute noch nie ein Aal auf der Reise von seinem Heimatfluss in die Laichgründe gefangen, niemand hat je einen Aal laichen sehen, und ihr Navigationssystem ist immer noch unbekannt: Die Frage, ob sie sich an den Sternen, am Magnetfeld oder an ozeanischen Geruchsspuren orientieren, bleibt vorerst offen.

Warum wandern Aale? Früher glaubte man, sie würden ihre Flüsse verlassen und sich versammeln, um sich zu kreuzen, also die genetische Vielfalt in den Populationen zu maximieren. Aber die kanadischen Biologen Thierry Wirth und Louis Bernatchez konnten kürzlich durch molekulargenetische Analysen nachweisen, dass Aale aus unterschiedlichen Flüssen auch in der Sargassosee getrennte Fortpflanzungsgruppen bilden. Wie sie die Sargassosee erreichen, warum sie dorthin wandern und was genau sie dort tun, zählt zu den ältesten ungelösten Rätseln der Wissenschaftsgeschichte.

Siehe auch *Der natürliche Magnetismus* S. 50, *Tierische Instinkte* S. 318, *Die Tanzsprache der Bienen* S. 338.

Der Europäische Flussaal, *Anguilla anguilla*. Im Herbst, für gewöhnlich in Neumondnächten, wandern geschlechtsreife Aale die ▶
Flüsse hinab zum Meer — wobei sie gelegentlich sogar kurze Strecken an Land zurücklegen.

290

Die Vielfalt der Kulturpflanzen

Nikolai Iwanowitsch Wawilow 1887–1943

Das Ende von Nikolai Wawilow wirkt wie eine furchtbare Ironie des Schicksals: Er, der sein Leben dem Studium der Feldfrüchte widmete, ist in einem stalinistischen Gefängnis in Saratow verhungert.

Als Abteilungsleiter am Institut für angewandte Botanik und neue Kulturen in St. Petersburg hat Wawilow auf über einhundert Expeditionen in 64 Ländern Kulturpflanzen gesammelt. Er legte die weltgrößte Saatgutsammlung an, die ungefähr 200 000 Proben umfasst, darunter allein über 40 000 Weizensorten. Im Jahre 1923 gründete er in der ganzen Sowjetunion 115 Versuchsstationen, in denen diese Saaten erprobt wurden. Sein Konzept der „Genzentren" der Kulturpflanzen, demzufolge sie in jenen Gegenden entstanden sind, wo wir ihre größte Sortenvielfalt finden, spiegelt sich auch in jüngeren Bemühungen wider, möglichst viele Sorten zu sammeln und zu erhalten, obwohl diese Zentren der Vielfalt wohl eher menschliche Einflüsse offenbaren als die biogeographischen Ursprünge der Wildarten.

Nach der grünen Revolution der Siebzigerjahre hat man erkannt, dass das Verschwinden unberührter Lebensräume und alter Kultursorten die Ernährungssituation der Menschheit gefährden kann. Wie weit Wawilow seiner Zeit voraus war, zeigte sich in den späteren Kampagnen zur Sammlung von Saatgut, die unter der Schirmherrschaft des Internationalen Instituts für Pflanzengenetische Ressourcen in Rom stattfanden. Die Samen werden in Saatgutbanken in oder in der Nähe von Wawilows Genzentren aufbewahrt.

In den Dreißigerjahren fiel Wawilow bei seinem ehemaligen Studenten Trofim Denissowitsch Lyssenko in Ungnade, dessen lamarckistische Vorstellungen zur Vererbung erworbener Eigenschaften besser mit dem kommunistischen Dogma harmonierten als Wawilows Mendelsche Vererbung, bei der die Gene das Schicksal eines Organismus besiegeln. Lyssenko denunzierte Wawilow wegen antisowjetischer Umtriebe bei Stalin. 1940 wurde Wawilow festgenommen; er starb 1943 in der Haft.

Das Andenken Wawilows, der in den Fünfzigerjahren rehabilitiert wurde, wird im Wawilow-Institut für Pflanzenproduktion in St. Petersburg hochgehalten, das eine der weltgrößten Kulturpflanzen-Samenbanken beherbergt. Solche Zentren in aller Welt sind lebenswichtige Quellen für die Züchtung neuer Sorten, mit denen die rasch wachsende Weltbevölkerung ernährt werden kann.

Wawilow baute seine Suche nach den Ursprüngen des Ackerbaus auf der Untersuchung heute existierender Pflanzen auf.

Siehe auch *Bevölkerungswachstum* S. 110, *Erworbene Merkmale* S. 128, *Mendels Gesetze der Vererbung* S. 192, *Die grüne Revolution* S. 428, *Die Vielfalt des Lebens* S. 468.

Eine sowjetische Postkarte aus dem Jahre 1946 mit der Aufschrift »Ein guter Sommer wird uns ein Jahr lang ernähren!«. Als den Bauern jedoch die Kultivierungsmethode des Scharlatans Lyssenko aufgezwungen wurde, kam es zur Hungersnot.

ДЕНЬ ЛЕТНИЙ ГОД КОРМИТ!

Die Entwicklung des Kindes

Jean Piaget 1896–1980

Jean Piaget war ein Schweizer Psychologe, dessen Ideen unser Verständnis von der kindlichen Entwicklung stark beeinflusst haben. Nach anfänglichen Beobachtungen seiner eigenen Kinder begann er sich für die Art von Fehlern zu interessieren, die kleine Kinder in verschiedenen Altersstufen machen, sowie für die dahinter liegenden Muster. In gewisser Weise verfolgte er damit den umgekehrten Ansatz wie Alfred Binet, der die Altersstufen untersuchte, in denen Kinder bestimmte Aufgaben richtig zu lösen beginnen, obwohl Piaget zu Beginn seiner Laufbahn in Paris mit Binets Mitarbeiter Theodore Simon zusammengearbeitet hatte.

Piaget stellte fest, dass Kinder manchmal einen Entwicklungsrückschritt zu machen scheinen — so kommt es vor, dass sie zunächst richtig „ich ging" sagen, aber dann plötzlich „ich gehte". Piaget interpretierte dies als Erwerb der Erkenntnis, dass Wörter keine isolierten Einheiten sind, sondern übergeordneten Regeln unterliegen. „Ich ging" entspricht nicht der Standardregel und muss als Ausnahme neu gelernt werden. Außerdem müssen Kinder beispielsweise lernen, dass sich die Wassermenge in einem Glas nicht verändert, wenn man das Wasser in ein anders geformtes Glas gießt. Dass auch viele Erwachsene ein hohes, schmales Glas mit Bier einem niedrigen, breiten vorziehen, lässt vermuten, dass wir diese Einsicht nicht immer nachhaltig erwerben.

Die Intelligenz der Kinder wächst, indem sie „Schemata" entwickeln, das heißt Strukturen von Regelsystemen, die es ihnen ermöglichen, sich immer effektiver mit der Welt auseinander zu setzen. Von einer Weltsicht, die sich ganz um ihre eigenen sensomotorischen Erfahrungen dreht, gelangen sie über verschiedene Stufen der „Akkomodation" und „Assimilation" zu der Erkenntnis, dass die Welt um sie herum unabhängig nach objektiven Prinzipien existiert.

Piagets Schriften sind dicht und philosophisch. Seine klassischen Arbeiten wie *Le language et la pensé chez l'enfant* (1923; *Sprechen und Denken des Kindes*) gewannen in der englischsprachigen Welt eigentlich erst in den späten Fünfziger- und den Sechzigerjahren des 20. Jahrhunderts zunehmend an Einfluss. Obwohl man kritisierte, dass sich seine weit reichenden Schlussfolgerungen auf die Beobachtung nur weniger Kinder stützten, waren seine Erkenntnisse von großer Bedeutung für die pädagogische Theorie und Praxis.

Siehe auch *Das Unterbewusstsein* S. 222, *Intelligenztests* S. 240, *Der Sprachinstinkt* S. 386.

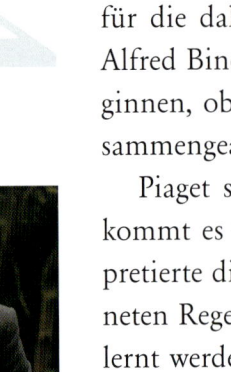

▲
Der charismatische und freundliche Piaget löste manch intellektuelle Debatte aus.

Kinderspiel: Ein Schimpanse, der angeblich die geistigen Fähigkeiten eines fünfjährigen Kindes besitzt, stattet 1925 einem ▶ New Yorker Kinderkrankenhaus einen Besuch ab.

Das „Kind von Taung"

Raymond Arthur Dart 1893–1988

Obwohl Darwin prophezeit hatte, dass man die Wiege der Menschheit in Afrika finden würde, war es doch Ernst Haeckels alternative Asien-Theorie, die seit Eugène Dubois' Entdeckung des „Java-Menschen" 1891 in Europa vorherrschte. Im Jahre 1925 analysierte jedoch Raymond Dart, ein australischer Anatomieprofessor in Südafrika, einen fossilen Schädel, der Darwin rehabilitieren sollte.

Nach seinem medizinischen Dienst im Ersten Weltkrieg wurde Dart zunächst Anatom am Londoner University College, übernahm dann aber bald einen neuen Lehrstuhl an der Witwatersrand University in Südafrika. Da ihm anschauliche Unterrichtsmaterialien fehlten, bot er Studenten, die ihm interessante Knochen beschaffen konnten, kleine Geldsummen an. Im Jahre 1924 brachte ihm Josephine Salmons einen fossilisierten Pavianschädel. Dart wurde neugierig und bat, ihm alle Fossilien von dieser Fundstelle – einem Kalksteinbruch bei Taung in Botswana – zuzusenden.

Kurze Zeit später traf eine Kiste ein, als Dart gerade zu einer Hochzeitsfeier aufbrechen wollte. Er konnte der Versuchung nicht widerstehen, öffnete sie und fand zu seinem Erstaunen einen natürlichen Gehirnausguss sowie Gesichtsknochen, Zähne und Kiefer. Im Jahre 1925 veröffentlichte Dart seine Beschreibung des kleinen südlichen Affen, *Australopithecus africanus*. Er sah in dem Fund mit seinem senkrechten Gesichtsschädel und den kleinen Zähnen das fehlende Zwischenglied (*missing link*) zwischen Affen und Menschen. Die Reaktionen waren zunächst enthusiastisch, aber schon bald behauptete Arthur Keith, der die Piltdown-„Fossilien" für das fehlende Zwischenglied hielt, Darts Exemplar sei lediglich ein junger Affe. (Die Piltdown-„Fossilien" erwiesen sich allerdings später als Fälschung.)

In der Hoffnung, dort Unterstützung zu finden, traf Dart 1930 in London ein, wurde jedoch von Davidson Black und seinem „Peking-Menschen" vollständig in den Schatten gestellt. Entmutigt ließ Dart die Arbeit am Taung-Kind jahrelang ruhen. Der in Südafrika arbeitende schottische Arzt Robert Broom war jedoch nach wie vor von Darts Arbeit überzeugt. Broom fand schließlich im Jahre 1936 weitere Fossilien von Australopithecinen im südafrikanischen Sterkfontein. Dennoch wurde Dart erst in den Fünfzigerjahren durch die Entdeckungen von Louis und Mary Leakey endgültig rehabilitiert.

Siehe auch *Frühe Menschen* S. 148, *Der Neandertaler* S. 170, *Der Java-Mensch* S. 216, *Die Olduvai-Schlucht* S. 392, *DNA aus alter Zeit* S. 476, *Der „Junge von Turkana"* S. 480, *Urheimat Afrika* S. 492, *Der Mann aus dem Eis* S. 504.

Der *Australopithecus africanus* war ein aufrecht gehender „Affenmensch". Viele Experten sehen in den Australopithecinen ▶
die Vorfahren des modernen Menschen.

Der Welle-Teilchen-Dualismus

Werner Karl Heisenberg 1901–1976, Erwin Schrödinger 1887–1961,
Louis-Victor de Broglie 1892–1987

Die Quantenmechanik hob das deterministische, uhrwerkartig funktionierende Universum aus den Angeln und ersetzte es durch ein subtiler funktionierendes System. Warum? Wir wissen, dass Licht sich wie eine Welle verhält: Es erzeugt Interferenzmuster, genau wie kleine Wellen auf einer Wasseroberfläche. Max Planck und Albert Einstein hatten andererseits gezeigt, dass Licht in Paketen daherkommt, in Teilchen, die wir Photonen nennen. Wie konnte Licht sich manchmal wie eine Welle, manchmal wie ein Teilchen verhalten? Diese und viele andere Ungereimtheiten der frühen Quantentheorie spornten Physiker dazu an, nach einer umfassenderen Beschreibung der mikroskopischen Welt zu suchen. Zwei von ihnen hatten damit Erfolg.

Werner Heisenberg gab den Versuch auf, sich die ablaufenden Prozesse bildlich vorzustellen. Stattdessen entwickelte er im Jahre 1925 eine Reihe von mathematischen Gleichungen, die beobachtbare Phänomene miteinander verknüpften. Im darauf folgenden Jahr wählte Erwin Schrödinger einen anderen Weg. Er machte sich eine Vorstellung zunutze, die auf Louis de Broglie zurückging; dieser hatte vermutet, dass Materieteilchen, wie etwa Elektronen, gleichzeitig auch Wellen sind. Schrödingers Wellengleichung beschreibt, wie sich diese „Materiewellen" bewegen.

Die beiden Theorien stellten sich als verschiedene Möglichkeiten heraus, dieselbe seltsame Mikrowelt zu beschreiben. Der Quantenmechanik zufolge ist alles gleichzeitig Welle und Teilchen und auch keines von beiden. Ein Quantengebilde kann sich in einem verschwommenen Flecken Unsicherheit ausbreiten, an zwei Orten zugleich sein und sogar Interferenzmuster mit sich selbst bilden. Nur dann, wenn man nachschaut, wo es ist, nimmt es einen bestimmten Ort ein, der zufällig aus den vorhandenen Möglichkeiten ausgewählt wird. Daher haben einige Wirkungen keine Ursachen; der Zerfall eines instabilen Atomkernes kann jederzeit erfolgen — wir können nur die Wahrscheinlichkeit für dieses Ereignis bestimmen.

Das mag eine schwer zu verdauende Weltsicht sein, doch sie funktioniert. Sie erklärt die irdischen Eigenschaften von Atomen, Atomkernen und Molekülen, sie steckt hinter dem seltsamen Phänomen der Supraleitfähigkeit, der Bose-Einstein-Kondensation, von Weißen Zwergen und Neutronensternen. Vielleicht werden wir schon in nicht allzu ferner Zukunft Quantencomputer benutzen (deren „Bits" gleichzeitig den Wert 0 und 1 annehmen können), um Berechungen mit heute noch unvorstellbaren Geschwindigkeiten durchzuführen.

Siehe auch *Die Wellennatur des Lichtes* S. 118, *Radioaktivität* S. 224, *Das Quant* S. 234, *Supraleitfähigkeit* S. 266, *Weiße Zwerge* S. 310, *Quantenelektrodynamik* S. 352, *Informationstheorie* S. 354, *Ein neuer Materiezustand* S. 510.

Mithilfe des Rastertunnelmikroskops und dem Trick der quantenmechanischen Unschärferelation können Physiker den Ort einzelner Atome messen und die dreidimensionale Oberflächentopographie chemischer Elemente und Verbindungen rekonstruieren. ▶

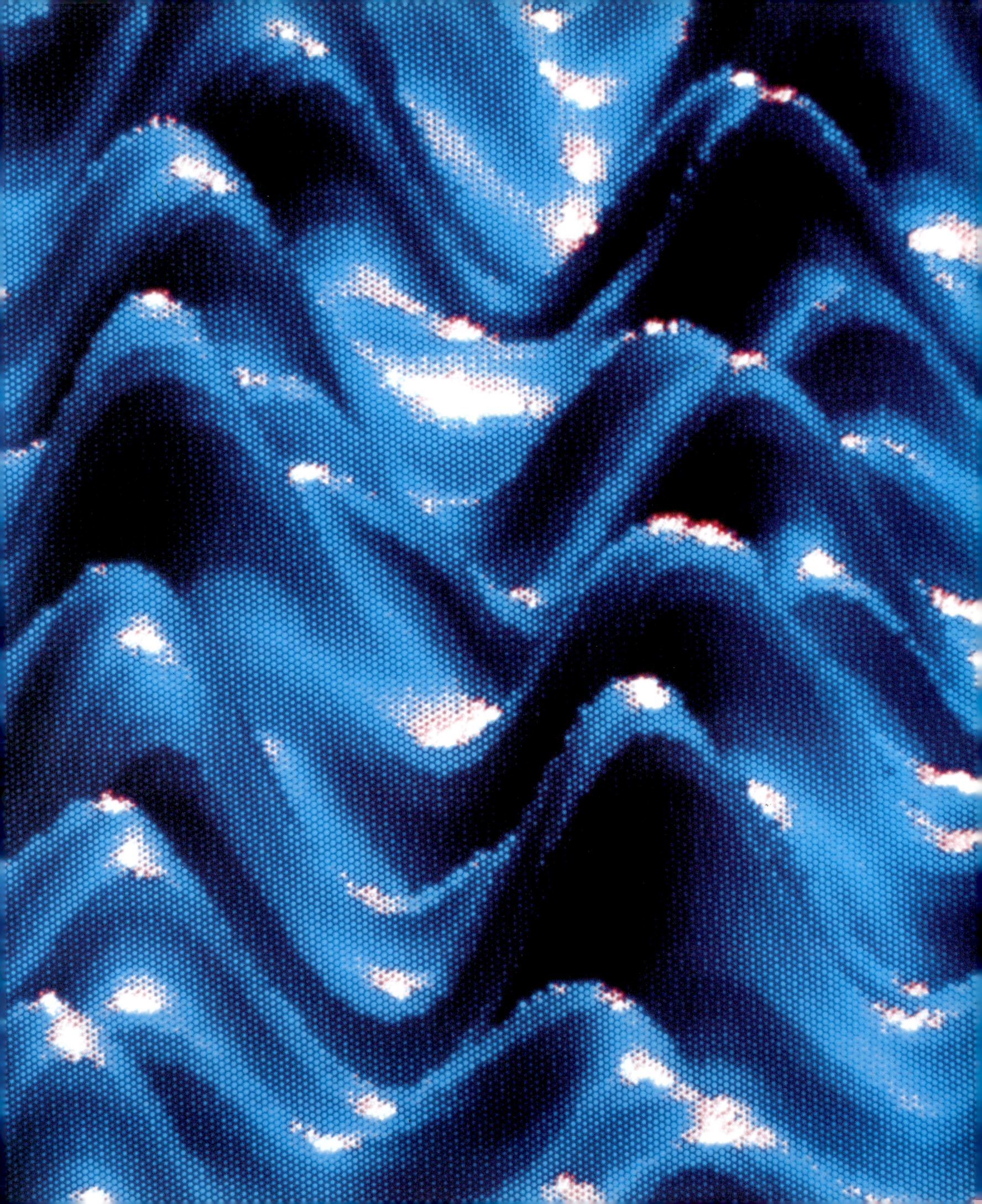

Penicillin

Alexander Fleming 1881–1955

Der Zufall begünstigt nur den vorbereiteten Geist.« Dieses Zitat von Louis Pasteur beschreibt recht zutreffend Alexander Flemings zufällige Entdeckung des Antibiotikums Penicillin. Er war sicher darauf vorbereitet, zumal er bereits im Jahre 1921 eine ähnliche bakteriolytische Substanz in einer Kultur von Nasenschleim gefunden hatte. Diese von ihm „Lysozym" genannte Substanz ließ sich jedoch weder für den klinischen Gebrauch in Reinform gewinnen, noch war sie besonders wirksam gegen bakterielle Krankheitserreger.

Sieben Jahre später bemerkte Fleming, dass auf einem versehentlich mit dem Schimmelpilz *Penicillium notatum* verunreinigten Kulturmedium keine Staphylokokken wuchsen – die Bakterienkolonien, die den Pilz umgaben, waren transparent und wässrig. Offenbar bildete der Pilz ein gegen die Bakterien wirksames Gift, das Fleming Penicillin taufte. Eine verdünnte Schimmelpilzlösung hemmte das Wachstum einer ganzen Reihe von Bakterien – Staphylokokken, Streptokokken und Pneumokokken – und schien dabei weder gesunde Gewebe zu schädigen noch die Abwehr der weißen Blutkörperchen zu beeinträchtigen. Obwohl aber das Penicillin hochwirksam und sicher schien, ließ es sich nur schwer herstellen, war instabil und blieb für Fleming nicht mehr als ein Laborhilfsmittel.

Der australische Pathologe Howard Florey und der emigrierte deutsche Biochemiker Ernst Boris Chain machten aus Penicillin ein Antibiotikum. Wie Fleming war auch Florey am Lysozym interessiert. Er wies nach, dass es sich um ein Enzym handelte, welches die Zuckerketten in der Zellwand von Bakterien auflöste, und beschloss, sämtliche bekannten Substanzen zu untersuchen, die Pilze oder Bakterien zur Abwehr anderer bilden. Florey und Chain hatten im Jahre 1940 zusammen mit dem britischen Chemiker Norman Heatley eine für Tierversuche ausreichende Menge konzentriertes Penicillin (etwa 100 Milligramm) produziert und bereits 1941 erste Tests an Menschen abgeschlossen. Die Ergebnisse waren beeindruckend. Als die USA gegen Ende des Jahres 1941 in den Zweiten Weltkrieg eintraten, stiegen sie auch in den Wettstreit um die Massenproduktion von Penicillin ein. Schon bald kam dank neuer Fermentationsmethoden das erste Wundermittel auf den Markt. Fleming, Florey und Chain erhielten 1945 gemeinsam den Nobelpreis für Physiologie oder Medizin.

Siehe auch *Leben unter dem Mikroskop* S. 76, *Die Cholera und die Wasserpumpe* S. 168, *Die Keimtheorie* S. 202, *Zauberkugeln* S. 262, *Bakteriengene* S. 332, *Gerichtete Mutation* S. 494.

Zufällige Entdeckung: Foto der Originalkultur, auf der Fleming *Penicillium notatum* wachsen ließ. ▶

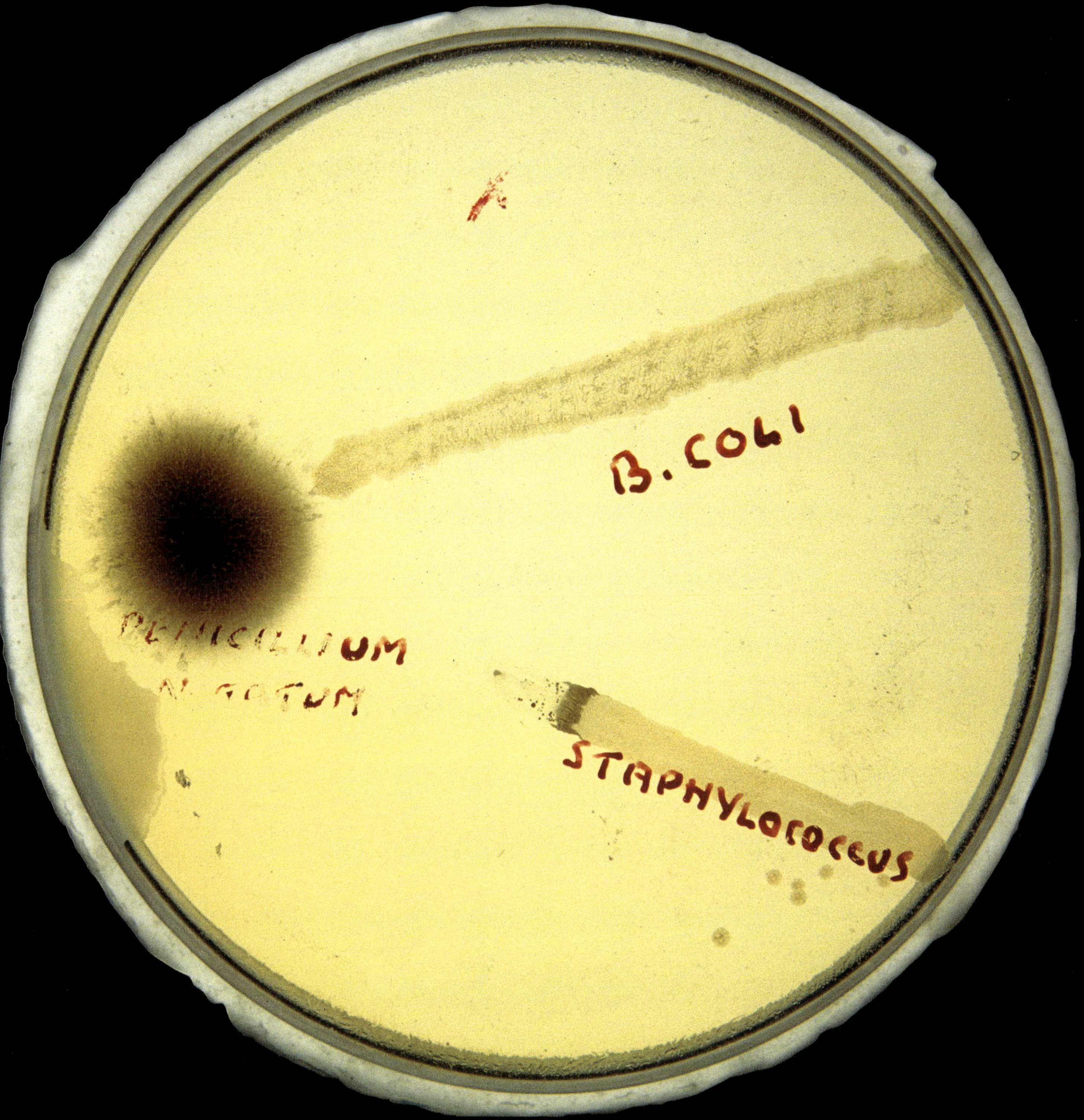
B. COLI
PENICILLIUM
STAPHYLOCOCCUS

Umpolungen des Erdmagnetfeldes

Motonori Matuyama 1884-1985

In Form von Magnetstein (dem Eisenmineral Magnetit) war der natürliche Magnetismus schon den Griechen bekannt, und um 300 v. Chr. hatten die Chinesen Magnetstein als „Süd-Zeiger", den ersten Kompass, beschrieben. Wie sie heraus fanden, wies ein Löffelstiel aus Magnetstein, fein ausbalanciert auf einer blank polierten Platte, immer nach Süden, und zu Beginn des ersten Jahrtausends hatten sie den ersten Navigationskompass erfunden.

Allerdings dauerte es noch bis ins 17. Jahrhundert, ehe man das Wesen des Erdmagnetfeldes verstand. In seiner Abhandlung *De Magnete* aus dem Jahre 1600 stellte William Gilbert, Arzt am Hofe Königin Elisabeths I., die These auf, dass die Erde selbst ein riesiger kugelförmiger Magnet sei und dass die Kompassnadel sich nicht an den magnetischen Polen des Himmels, sondern an denen des Planeten ausrichte. Um 1635 war bekannt, dass dieses Magnetfeld nicht überall auf dem Globus konstant ist, sondern vielmehr in seiner Stärke und Richtung variiert.

Im frühen 20. Jahrhundert fand man dann heraus, dass viele vulkanische Gesteine, wenn sie abkühlen und kristallisieren, parallel zum Magnetfeld der Erde magnetisiert werden. Die Magnetisierung von Gesteinen wurde erstmals von Bernard Brunhes im Jahre 1906 gemessen. Aber erst 1929 konnte der japanische Geologe Motonori Matuyama nachweisen, dass die Polung des Magnetfeldes sich in den letzten zwei Millionen Jahren umgekehrt hat. Als er die Restmagnetisierung von Basalt maß, der das Feld besonders gut konserviert, registrierte er etliche Wechsel der Polarität in einer Abfolge geschichteter Lavagesteine. Mit anderen Worten, magnetisches Nord wurde zu magnetischem Süd und umgekehrt. Diese Entdeckung sollte später eine Schlüsselrolle bei der Entwicklung der Theorie der Plattentektonik spielen.

In den Sechzigerjahren ermittelten Geologen mehr als 20 Umpolungen für die letzten fünf Millionen Jahre. Der Ursprung des Magnetfeldes und seiner Umkehrungen ist noch nicht vollständig geklärt, aber wahrscheinlich haben sie etwas damit zu tun, wie das elektrisch leitende Material des flüssigen äußeren Erdkernes tief im Innern der Erde herumwirbelt.

Viele Vulkangesteine werden beim Abkühlen und Auskristallisieren durch das Magnetfeld der Erde magnetisiert. Basalt, wie er hier gezeigt ist, bewahrt das Feld besonders gut.

Siehe auch *Der natürliche Magnetismus* S. 50, *Humboldts Reise* S. 114, *Das Innere der Erde* S. 250, *Alte Gesteine* S. 252, *Klimazyklen* S. 276, *Plattentektonik* S. 414.

Ein riesiger Magnet: Bis zur Mitte des 19. Jahrhunderts hatte man den irdischen Magnetismus über großen Teilen der ▶ Erdoberfläche erfasst.

MAGNÉTISME.

Das expandierende Universum

Edwin Powell Hubble 1889–1953

Der amerikanische Astronom Edwin Hubble profitierte sehr von der Fertigstellung des Hooker-Teleskops im Mount-Wilson-Observatorium in Pasadena, das kurz nach dem Ersten Weltkrieg in Betrieb genommen wurde. Mithilfe dieses wunderbaren Spiegelteleskops (mit einem Durchmesser von 2,5 Metern das größte seiner Zeit) konnte er die spektroskopischen Daten von Vesto Melvin Slipher aus dem Jahre 1914 bestätigen, die nahelegten, dass viele der verschwommenen Lichtflecke, die man als Nebel bezeichnete, in Wirklichkeit Galaxien wie unsere Milchstraße waren, jedoch viel weiter entfernt. Hubble machte sich nun daran, die Galaxien zu klassifizieren — als normale Spiralen, Balkenspiralen, elliptische und irreguläre Typen. Zunächst nahm er an, sein Schema stelle eine Entwicklungsreihe dar, doch später begann er an dieser These zu zweifeln — zu Recht, wie wir heute wissen.

Slipher hatte viele hundert Stunden damit verbracht, Lichtspektren schwacher, weit entfernter Spiralnebel zu vermessen. Die „Dopplerverschiebung" der Spektrallinien zum roten Ende des Spektrums sprach dafür, dass sich fast alle Nebel von uns fortbewegten, und um 1925 hatte er mithilfe dieser „Rotverschiebung" 44 Radialgeschwindigkeiten berechnet. Da die größten Geschwindigkeiten mehr als 1 000 Kilometer pro Sekunde betrugen, wusste Slipher, dass sich die Nebel weit jenseits der Milchstrasse befanden. Hubble konzentrierte sich nun darauf, ihre Entfernung zu schätzen. Um 1929 hatten er und sein Kollege Milton Humason Daten von 49 Spiralnebeln gesammelt (die heute als Galaxien bezeichnet werden). Wie Hubble zu seinem Erstaunen feststellte, war die Rotverschiebung einer Galaxie (und damit die Geschwindigkeit, mit der sie sich von uns fortbewegt) umso größer, je weiter entfernt sie war. Diese Beziehung führte zu dem Schluss, dass sich das Universum ausdehnte — und zu einem bestimmten Zeitpunkt einen definitiven Ursprung besessen hatte; so hatten es die Kosmologen Georges Lemaître und Alexander Friedmann aus Einsteins Allgemeiner Relativitätstheorie vorhergesagt.

Der Gradient der Geschwindigkeits-Entfernungs-Beziehung wurde unter dem Namen Hubble-Konstante bekannt: Sie kennzeichnet die Expansionsrate des Universums. Ihr Kehrwert ist ein Maß für dessen Alter: die Zeit, die seit dem Urknall verstrichen ist. Leider ergab Hubbles anfänglicher Wert ein Alter des Universums von nur einigen Milliarden Jahren, jünger als die Erde selbst. Die galaktischen Entfernungen sind seitdem neu geschätzt worden, und die Diskrepanz ist verschwunden. Heute geht man allgemein davon aus, dass das Universum 13 Milliarden Jahre alt ist.

Siehe auch *Spektrallinien* S. 130, *Der Dopplereffekt* S. 156, *Spiralgalaxien* S. 160, *Alte Gesteine* S. 252, *Unser Platz im Kosmos* S. 280, *Das Echo des Urknalls* S. 412, *Die Vereinheitlichung der Kräfte* S. 416, *Der Große Attraktor* S. 498.

Ein Auge zum Universum: Hubble schaut durch den Newtonfokus des 2,5-Meter-Spiegelteleskops am Mount Wilson (um 1922). ▶
Hubble, der in Oxford Rhodes-Stipendiat gewesen war, gab eine verheißungsvolle juristische Karriere auf, um Astronomie zu studieren.

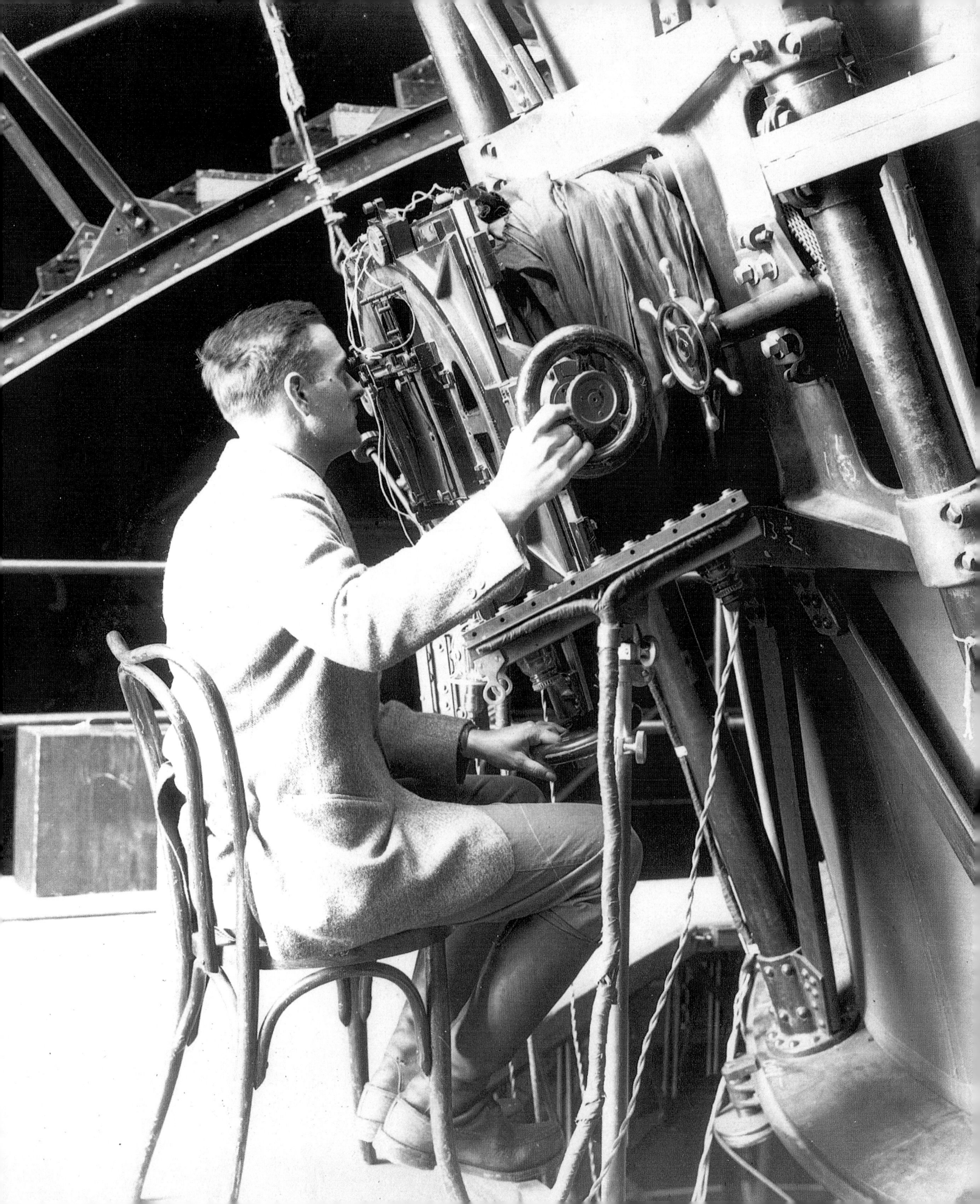

Die Grenzen der Mathematik

Kurt Gödel 1906–1978

Überzeugt, seine Ärzte würden ihn vergiften, starb Gödel an „Mangelernährung und Auszehrung aufgrund einer Persönlichkeitsstörung".

Die Mathematik galt schon immer als das präziseste und logischste menschliche Unterfangen. Warum sollte man dann nicht danach streben, die ganze Mathematik auf eine formale logische Basis zu stellen und sie vollständig exakt zu machen? Zu Beginn des 20. Jahrhunderts versuchten Mathematiker, die symbolische Logik auf das elementarste mathematische System – die Arithmetik – anzuwenden und damit alle anderen Zweige der Mathematik, einschließlich des Konzepts der Zahl, auf ein solides Fundament zu stellen. Der spektakulärste Versuch war das monumentale Werk *Principia Mathematica* (1910–1913) von Bertrand Russell und Alfred North Whitehead. Und im Jahre 1900 hatte David Hilbert der Hoffnung Ausdruck verliehen, jemand könne beweisen, dass die Arithmetik sowohl vollständig als auch widerspruchsfrei ist – dass jede mathematische Aussage eindeutig beweisbar oder widerlegbar ist.

Im Jahre 1931 versetzte der österreichische Mathematiker und Logiker Kurt Gödel beiden ehrgeizigen Bestrebungen einen schweren Schlag. Gödel war Professor an der Universität von Wien, bis er 1938, kurz nach seiner Heirat, über Russland und Japan nach Amerika emigrierte und an das Institute for Advanced Study in Princeton ging. Sein Artikel aus dem Jahre 1931 bewies zwei klassische Resultate, die heute als „Unvollständigkeitssätze" bekannt sind. Dem ersten Satz zufolge enthält jedes beliebige axiomatische System – selbst ein so grundlegendes wie die Arithmetik – Aussagen, die sich innerhalb des Systems nicht als richtig oder falsch klassifizieren lassen. Derartige Aussagen sind der Behauptung „Dieser Satz ist falsch" analog, bei dem sich nicht entscheiden lässt, ob er nun zutrifft oder nicht. Der zweite Satz zeigt, dass jedes beliebige logische System, wie die Arithmetik, auch unvollständig ist. Es kann seine innere Widerspruchsfreiheit nicht ohne Beistand von außen beweisen.

Doch Unvollständigkeit bedeutet natürlich nicht, dass die Mathematik entwertet wäre. Mit dem Aufkommen von Computern – im Grunde arithmetischen Maschinen – wandten sich Mathematiker stärker der praktischen Suche nach dem zu, was sich berechnen ließ, statt sich in das zu verbeißen, was nur philosophisch entschieden werden kann. Doch solange Computer noch nicht alle mathematischen Fragen beantworten können, wird die Mathematik eine im Wesentlichen kreative menschliche Beschäftigung bleiben.

Siehe auch *Euklids „Elemente"* S. 20, *Der Computer* S. 340, *Der Vierfarbensatz* S. 450.

Auf schwankendem Grund: Eine Illustration der Beziehung zwischen den verschiedenen Zweigen der Mathematik aus der im Jahre 1543 veröffentlichten Ausgabe von Luca Paciolis *Summa de Arithmetica*. ▶

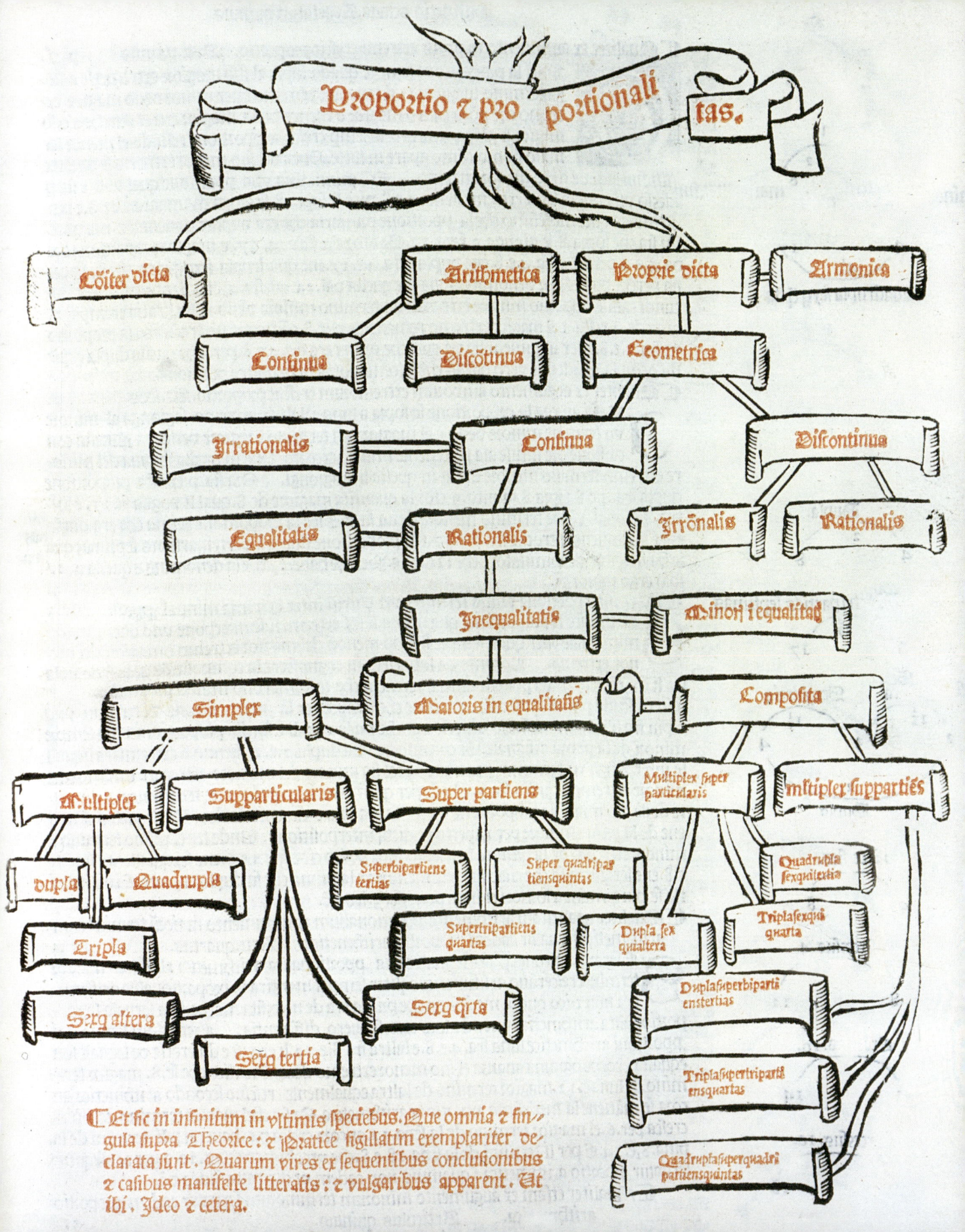

Proportio ⁊ proportionalitas.

Coiter dicta   Arithmetica   Proprie dicta   Armonica

Continua   Discotinua   Geometrica

Irrationalis   Continua   Discontinua

Equalitatis   Rationalis   Irronalis   Rationalis

Inequalitatis   Minoris i equalitas

Simplex   Maioris in equalitatis   Composita

Multiplex   Supparticularis   Super partiens   Multiplex super particularis   Multiplex suppartiés

Dupla   Quadrupla   Superbipartiens tertias   Super quadripartiensquintas   Quadrupla sexquilextia

Tripla   Supertripartiens quartas   Dupla sex quialtera   Triplasexqui quarta

Sexq altera   Sexq qrta   Duplasuperbiparti enstextias

Sexq tertia   Triplasupertriparti ensquartas

Quadruplasuperquadri partiensquintas

⸿ Et sic in infinitum in ultimis speciebus. Que omnia ⁊ singula supra Theorice: ⁊ ipratice sigillatim exemplariter declarata sunt. Quarum vires ex sequentibus conclusionibus ⁊ casibus manifeste litteratis: ⁊ vulgaribus apparent. Ut ibi. Ideo ⁊ cetera.

Weiße Zwerge

Subrahmanyan Chandrasekhar 1910–1995

Der Helixnebel zeigt die Ergebnisse der Kollision zweier Gaswolken in der Nähe eines sterbenden Sternes. Die gasförmigen, kaulquappenartigen Objekte werden als „Kometenknoten" bezeichnet.

Im Jahre 1844 stellte man fest, dass Sirius, der hellste Stern der nördlichen Hemisphäre, hin- und hertorkelte, während er sich über den Himmel bewegte. Er wurde von der Schwerkraft eines Begleitsternes angezogen, der zu schwach leuchtete, um sichtbar zu sein. Nach seiner Umlaufbahn zu urteilen, musste dieser Begleitstern (der zur Unterscheidung von dem hellen Sirius A als Sirius B bezeichnet wurde) etwa dieselbe Masse wie die Sonne besitzen, und man nahm an, er müsse auch ungefähr dieselbe Größe haben, wenngleich viel kühler und schwächer leuchtend sein. Im Jahre 1915 ermittelte Walter Sydney Adams jedoch ein Spektrum, welches zeigte, dass Sirius B ebenso heiß war wie Sirius A und damit heißer als die Sonne. Wenn man diese Tatsache mit seiner schwachen Leuchtkraft verknüpfte, so konnte dies nur heißen, dass es sich um einen sehr kleinen Stern handeln musste – eher so groß wie die Erde.

Solche „Weißen Zwerge" bilden sich beim Kollaps von Sternen wie der Sonne am Ende ihres Lebens, wenn sie keine Kernfusion mehr aufrecht erhalten können. Arthur Stanley Eddington berechnete in den Zwanzigerjahren des 20. Jahrhunderts, dass ihre Dichte mehr als das Hunderttausendfache von Wasser beträgt. In diesem seltsamen physikalischen Zustand sind die Atome so dicht gepackt, dass sie alle ihre Elektronen abgestreift haben. Schließlich verhindern Quanteneffekte, dass diese „entarteten" Elektronen weiter zusammengepresst werden, was zu einem nach außen gerichteten Druck führt, der den Stern stabilisiert.

Doch manchmal kann der Druck den weiteren schwerkraftbedingten Kollaps nicht aufhalten. Der brillante indische Astrophysiker Subrahmanyan Chandrasekhar war fasziniert von der Tatsache, dass massereichere Weiße Zwerge kleiner sind als masseärmere. Im Jahre 1931 legte er fest, dass ein Stern von mehr als 1,44 Sonnenmassen nicht stabil sein kann. Entweder sprengt er die überschüssige Masse in einer Supernovaexplosion von seiner Oberfläche ab, oder die Elektronen werden von Protonen eingefangen und erzeugen Neutronen sowie Neutrinos. Ein Stern mit 1,44 bis 3,2 Sonnenmassen kann einen stabilen Neutronenstern bilden. Oberhalb von 3,2 Sonnenmassen kollabiert der Stern weiter und wird schließlich zu einem Schwarzen Loch.

Siehe auch *Die Sternentwicklung* S. 286, *Pulsare* S. 420, *Gammastrahlenausbrüche* S. 434, *Die Verdampfung Schwarzer Löcher* S. 440, *Die Supernova 1987A* S. 488.

Der Sanduhr-Nebel MyCn18 bietet eine majestätische, fremdartige Ansicht; wir blicken auf die leuchtenden Überreste eines sterbenden sonnenähnlichen Sternes. Der helle weiße Punkt in der Nähe der Bildmitte ist der Weiße Zwerg, der von dem ursprünglichen Stern übrig geblieben ist. ▶

Das Neutron

James Chadwick 1891–1974

In den Zwanzigerjahren des 20. Jahrhunderts nahmen Physiker an, Materie bestehe aus nur zwei Komponenten: Elektronen und Protonen. Die herrschende Theorie besagte, dass in jedem Atom leichte, negativ geladene Elektronen um einen winzigen dichten Kern sausten, der schwere positive Protonen und weitere Elektronen enthielt.

Anfang der Dreißigerjahre kam es jedoch zu einer überraschenden Entdeckung. Physiker stellten fest, dass Proben des leichten Elements Beryllium unter Einfluss von Alphateilchenstrahlung eine andere Form von Strahlung emittierten — eine, die mit großer Effizienz Protonen aus anderen Elementen schlug. Im Jahre 1932 wiederholte der englische Physiker James Chadwick in Cambridge diese Experimente und stellte fest, dass er den Effekt erklären konnte, wenn er annahm, dass die Alphateilchen andere Teilchen — jedes etwa so schwer wie ein Proton, aber ohne elektrische Ladung — aus dem Berylliumkern herausschlugen. Diese neutralen Teilchen konnten dann ihrerseits Protonen aus anderen Elementen freisetzen.

Eine Zeit lang nahm Chadwick an, sein „Neutron" sei kein Elementarteilchen, sondern eine enge Verbindung von Proton und Elektron. Im Jahre 1934 zeigten jedoch Messungen, dass das Neutron dafür einfach zu schwer war. Die Physiker mussten mit einem neuen fundamentalen Bestandteil der Materie rechnen. Atomkerne bestehen nicht aus Protonen und Elektronen, sondern aus Protonen und Neutronen. Die verschiedenen Isotope (oder Versionen) eines bestimmten Elements, die sich chemisch gleich verhalten, aber unterschiedliche Gewichte aufweisen, enthalten alle die gleiche Anzahl von Protonen, aber unterschiedlich viele Neutronen.

Diese Entdeckung trug dazu bei, die bemerkenswerten Fortschritte der Kernphysik in den Dreißigerjahren voranzutreiben. Das Neutron war der Schlüssel zur nuklearen Kettenreaktion, die Kernkraftwerke arbeiten und Atombomben explodieren lässt: Wird ein Atomkern gespalten, so fliegen Neutronen wie Schrapnells heraus, treffen auf andere Kerne und führen dazu, dass sich diese ebenfalls teilen. Heute werden Neutronen auch zu anderen Zwecken eingesetzt, beispielsweise als Sonden zur Aufklärung der Materiestruktur, die wegen ihrer elektrischen Neutralität von den Ladungen rund um die Atome nicht abgelenkt werden.

Siehe auch *Die Atomtheorie* S. 124, *Das Periodensystem der Elemente* S. 196, *Radioaktivität* S. 224, *Das Elektron* S. 228, *Das Quant* S. 234, *Das Atommodell* S. 272, *Energie aus dem Atomkern* S. 330, *Quarks* S. 408, *Die Vereinheitlichung der Kräfte* S. 416, *Superstrings* S. 474.

Eine fundamentale Kraft: Ernest Rutherford (mit Zigarette) im Cavendish Laboratory, Cambridge. Die Tür führt zu dem Labor, ▶ in dem Chadwick das Neutron entdeckte.

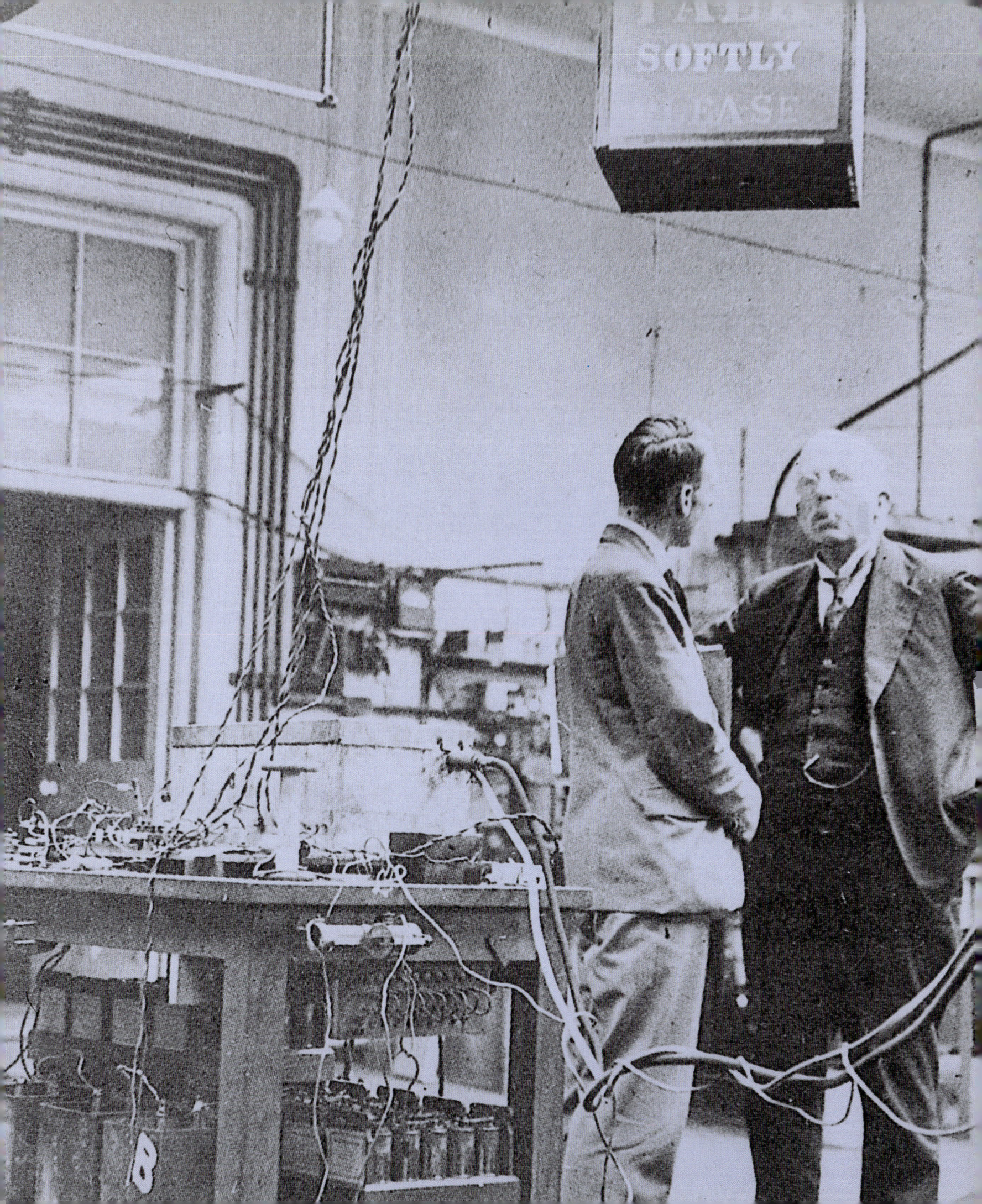

Antimaterie

Paul Adrien Maurice Dirac 1902–1984, Carl David Anderson 1905–1991

Paul Dirac erfand die Antimaterie. Im Jahre 1928 suchte er nach einer neuen Version der Quantenmechanik, weil Schrödingers Wellengleichung in Widerspruch zu Einsteins Spezieller Relativitätstheorie stand. Dirac stieß auf eine kompliziertere Gleichung, welche die Spezielle Relativitätstheorie erfüllte – aber sie enthielt implizit auch weitere Aussagen über das Elektron.

Zum einen erforderte sie, dass diese Teilchen eine Eigendrehung haben. Zum Glück war gerade zwei Jahre zuvor der Elektronenspin entdeckt worden. Die andere Forderung bereitete ihm mehr Kopfzerbrechen. So, wie Dirac seine Gleichung interpretierte, musste es noch eine andere Art von Elektron geben, ein Teilchen mit einer positiven statt einer negativen elektrischen Ladung. Doch dann entdeckte Carl Anderson dieses Teilchen 1932 bei einer Kollision kosmischer Strahlen. Er nannte es Positron.

Dirac nahm an, dass es vom Proton ebenfalls eine Antimaterieversion gibt, und schließlich fand man auch das Antiproton. Wie sich herausstellte, haben die meisten Teilchen tatsächlich Antimateriependants. Dirac spekulierte sogar, es könnte ganze Sterne und Sonnensysteme aus Antimaterie geben. Doch damit irrte er sich wahrscheinlich. Wenn ein Teilchen auf sein Antiteilchen trifft, vernichten sie einander und senden dabei einen Explosionsschauer von Strahlung aus. Den Astronomen würde diese verräterische Strahlung an der Grenze zwischen Materie- und Antimaterieregionen wohl kaum entgehen. Offenbar besteht also das Universum aus irgendeinem Grund ganz überwiegend aus Materie.

Doch eine gewisse Menge von Antimaterie gibt es auf Erden. Positronen werden von bestimmten radioaktiven Atomen emittiert; die charakteristische Strahlung, die entsteht, wenn sie vernichtet werden, wird von Medizinern bei der Positronenemissionstomographie (PET) eingesetzt. Und Physiker am CERN, dem europäischen Labor für Hochenergie- und Kernphysik in Genf, stellen eine etwas substanziellere Form von Antimaterie her, indem sie Positronen und Antiprotonen kombinieren und damit einige wenige Antiwasserstoffatome erzeugen. Antiwasserstoff dürfte genauso aussehen wie Wasserstoff. Sollte das nicht der Fall sein, brauchen wir vielleicht eine völlig neue Physik, um dies zu erklären.

Siehe auch *Radioaktivität* S. 224, *Die Spezielle Relativitätstheorie* S. 244, *Der Welle-Teilchen-Dualismus* S. 300, *Das linkshändige Universum* S. 380, *Quarks* S. 408, *Gammastrahlenausbrüche* S. 434, *Die Verdampfung Schwarzer Löcher* S. 440, *Superstrings* S. 474, *Bilder des Geistes* S. 478.

Unsichtbare Gammastrahlenphotonen erzeugen in einer Blasenkammer Paare von Elektronen (grün) und Positronen (rot). ▶

Nylon

Wallace Hume Carothers 1896–1937

Der Chemiker Wallace Carothers stieß 1928 zur DuPont Company in Wilmington im US-Bundesstaat Delaware und wurde dort Leiter einer Gruppe, die neue Polymere erforschte. Polymere sind Substanzen, die aus vielen Zehntausenden sich wiederholender Moleküleinheiten bestehen. Zu den organischen Polymeren gehören Cellulose, Kautschuk und Wolle. Im Jahre 1931 synthetisierte Carothers Neopren, einen synthetischen Kautschuk, den er durch Polymerisation eines einfachen Kohlenwasserstoffes herstellte — das heißt dadurch, dass er kurze Kohlenwasserstoffmoleküle zu (bis zu einer Million Atome) langen Ketten vereinigte.

Carothers war davon überzeugt, dass sich auch die Enden unterschiedlicher Moleküle miteinander zu Polymeren verbinden ließen. 1934 wandte er sich Molekülen zu, die chemische Bindungen eingehen würden, wie sie für einige Naturfasern, beispielsweise Seide — ein Polymer mit Amidbindungen — typisch sind. Wenn ein Amin mit einer Säure reagiert, entsteht ein Amid. Carothers wies nach, dass sich aus Molekülen mit Ketten aus sechs Kohlenstoffatomen ein gutes Polymer herstellen ließ. Die Aminversion mit je einer Aminogruppe an beiden Kettenenden sollte mit einer Säureversion mit je einer Säuregruppe an den Enden reagieren. Als diese Verbindungen gemischt wurden, reagierten sie auch sofort. Das Ergebnis war 6,6'-Polyamid, ein bemerkenswert starkes Polymer, das sich zu feinen, seidenartigen Fäden ausziehen ließ.

Im Jahre 1939 wurde die kommerzielle Produktion des neuen Stoffes, genannt Nylon 66, aufgenommen. Der Name leitet sich nicht, wie oft angenommen, von den Städtenamen New York und London ab. Das Unternehmen wollte das neue Material ursprünglich Nulon oder Nilon nennen; da diese Bezeichnungen jedoch bereits registrierte Markennamen waren, entschied man sich schließlich für Nylon. Öffentliches Aufsehen erregte Nylon erstmals in Form von glamourösen Strümpfen, die auf der Internationalen Ausstellung in San Francisco und auf der New Yorker Weltausstellung 1939 Furore machten. Leider war Carothers zu diesem Zeitpunkt bereits tot; er hatte sich — Opfer einer schweren Depression — zwei Jahre zuvor das Leben genommen.

Bald darauf eroberten Nylonstrümpfe die Kaufhäuser. Sie waren jedoch nur kurze Zeit allgemein erhältlich, da im Zweiten Weltkrieg nahezu die gesamte Nylonproduktion auf die Herstellung von Fallschirmen umgestellt wurde.

Siehe auch *Mauvein* S. 172, *Der Benzolring* S. 190.

Die Entwicklung von Nylon gab nicht nur der Strumpfindustrie Auftrieb, sondern läutete auch eine neue Ära der Synthetikfasern ein, als Chemiker lernten, wie man „Designerpolymere" herstellt. ▸

Tierische Instinkte

Karl von Frisch 1886–1982, Konrad Zacharias Lorenz 1903–1989,
Nikolaas Tinbergen 1907–1988

Die Erforschung tierischen Verhaltens ist ein relativ neuer Zweig der Biologie. Mit der Anatomie des gesamten Körpers beschäftigt man sich schon seit Jahrhunderten, Mikroanatomie und molekulare Vorgänge wurden erforscht, sobald geeignete Techniken zur Verfügung standen. Bevor jedoch das Verhalten wissenschaftlich untersucht werden konnte, galt es, zwei Probleme zu überwinden. Der Anthropomorphismus war eines davon: Erklärungen von Verhalten mit Motiven, die ausschließlich auf den Menschen anwendbar scheinen (Beispiel: „Warum gehst du hier entlang?" Antwort: „Weil ich nach Hause gehen will."). Die inneren Motive von Tieren sind nicht sichtbar und lassen sich schwer beziehungsweise gar nicht wissenschaftlich untersuchen.

Das zweite Problem war die Ambivalenz des Begriffs „Verhalten"; man kann es kaum so eindeutig definieren, wie dies bei Beinen, Händen oder Augen der Fall ist. In den Dreißigerjahren des 20. Jahrhunderts begannen drei Wissenschaftler (die beiden Österreicher Karl von Frisch und Konrad Lorenz sowie der Niederländer Nikolaas Tinbergen) unabhängig voneinander, tierisches Verhalten zu erforschen. Dabei vermieden sie den Anthropomorphismus und wandten die in der Wissenschaft üblichen, objektiven Beobachtungs- und Versuchstechniken an.

Karl von Frischs große Entdeckung war die Tanzsprache der Bienen. Bienen teilen ihren Stockgenossinnen die Richtung, Entfernung und Qualität von Nahrungsquellen mit. Das tun sie mithilfe eines besonderen Schwänzeltanzes, den von Frisch durch sorgfältige Beobachtung und Experimente, bei denen er Nahrung an unterschiedlichen Stellen platzierte, entschlüsselte.

Lorenz und Tinbergen verbindet man nicht mit einzelnen großen Entdeckungen, vielmehr führte jeder eine Reihe beispielhafter Untersuchungen durch. Lorenz arbeitete vor allem mit zahmen Tieren, die er ganz aus der Nähe beobachtete. Er erforschte die „Prägung", bei der ein Jungtier lernt, einem bestimmten Objekt zu folgen, meist der Mutter — es konnte aber auch Lorenz selbst sein, wenn er sich rechtzeitig einschaltete. Tinbergen arbeitete hauptsächlich mit Wildtieren in der Natur. Er beherrschte wie kein Zweiter das unbeeinflusste Experiment, welches die Mechanismen hinter dem Verhalten enthüllte. Berühmt sind seine Versuche mit künstlichen Möwenschnäbeln, mit denen er herausfinden wollte, welche Stimuli Jungvögel nutzen, um Futter von ihren Eltern zu erbetteln.

Siehe auch *Bedingte Reflexe* S. 242, *Verhaltensverstärkung* S. 322, *Die Spieltheorie* S. 336, *Die Tanzsprache der Bienen* S. 338, *Die Kultur der Schimpansen* S. 396, *Die Evolution der Kooperation* S. 406, *Gedächtnismoleküle* S. 470.

In der Mutterrolle: Lorenz fand heraus, dass frisch geschlüpfte Gänseküken jedem sich bewegenden Objekt folgen, es als ihre ▶
Mutter annehmen und daran emotional gebunden bleiben – auch wenn es sich bei dem Objekt um ihn selbst handelte.

Der Zitronensäurezyklus

Hans Adolf Krebs 1900–1981

Dass Tiere ihre Nahrung „verbrennen", um Energie zu gewinnen, ist schon lange bekannt. In der zweiten Hälfte des 18. Jahrhunderts hatte Antoine Lavoisier eine überzeugende Analyse der tierischen Kohlendioxid- und Wasserproduktion bei der „Atmung" vorgelegt. Im 19. Jahrhundert bestimmte der deutsche Chemiker Justus von Liebig die Zufuhr an Fetten, Eiweißen und Kohlenhydraten sowie die Menge des freigesetzten Wassers, Kohlendioxids und Harnstoffs. Doch was zwischen der Aufnahme und der Abgabe genau geschieht, interessierte ihn nicht sonderlich.

Liebigs Vorstellungen führten zu dem Glauben, organische Moleküle würden von Pflanzen synthetisiert und von Tieren lediglich abgebaut. Allmählich mussten die Wissenschaftler aber erkennen, dass auch Tiere komplizierte Moleküle synthetisieren können und dass in ihren Zellen viel mehr geschieht, als sich mit Ausgangsstoff- und Endproduktbilanzen erfassen ließ. Mit Fragen des „Intermediärstoffwechsels" befassten sich gegen Ende des 19. Jahrhunderts zahlreiche Biochemiker, darunter Otto Warburg, einer von Hans Krebs' Lehrern. Mit dem Warburg-Manometer, einem einfachen Laborgerät, konnte man die kleinen Volumina von gasförmigen Abfallprodukten messen, die aus lebenden Gewebeproben entwichen, welche man variierenden Versuchsbedingungen und verschiedenen chemischen Substanzen aussetzte.

Krebs setzte das Warburg-Manometer zur Untersuchung vieler unterschiedlicher Stoffwechselwege ein; nach den Nazi-Säuberungen 1933 setzte er diese Arbeiten in England fort. Er war der Erste, der den Harnstoff- oder Ornithinzyklus beschrieb, eine zyklische Reaktionsfolge, in der das Abfallprodukt Harnstoff gebildet wird. Dann wandte er sich dem Kohlenhydratstoffwechsel zu. Vom Ende der Dreißigerjahre an wies er in einer Reihe sorgfältiger Experimente nach, dass die Zitronensäure und ihr Abbau dabei eine Schlüsselrolle spielen. Weitere Arbeiten zeigten, dass viele komplexe Moleküle in Tieren entlang dieses Reaktionsweges verstoffwechselt werden. Der Zitronensäure- oder Citratzyklus (auch als Krebs-Zyklus bekannt) ist prinzipiell umkehrbar und war somit ein wichtiger Schlüssel zum Verständnis sowohl anabolischer als auch katabolischer Reaktionen in Lebewesen. Krebs erhielt 1953 gemeinsam mit Fritz Lipmann, der eines der zentralen Enzyme dieses Kreislaufs entdeckt hatte, den Nobelpreis für Physiologie oder Medizin.

Siehe auch *Die Verbrennung* S. 94, *Wasserstoff und Wasser* S. 98, *Die Harnstoffsynthese* S. 142, *Die Regulation des Körpers* S. 188, *Stickstofffixierung* S. 208.

Energieumwandlung: Der Brite Roger Bannister lief 1954 erstmals die Meile in weniger als vier Minuten. Ein Jahr zuvor hatte Krebs ▶ für die Klärung der Frage, wie Lebewesen aus ihrer Nahrung Energie gewinnen, den Nobelpreis gewonnen.

Verhaltensverstärkung

Burrhus Frederic Skinner 1904–1990

B. F. Skinner war der Vorreiter der Idee, dass unser Verhalten großenteils nach strikten Gesetzen „geformt" und „verstärkt" wird. Er war ein strenger „Behaviorist", der sich nicht mit den psychologischen, physiologischen und neurologischen Grundlagen des Verhaltens beschäftigte, sondern nur mit den Beziehungen zwischen den Handlungen eines Individuums und deren Konsequenzen. Bei seinen Experimenten arbeitete er vor allem mit Ratten und Tauben; berühmt wurde sein Beweis, dass dressierte Tauben helfen könnten, Bomben ins Ziel zu lenken. Außerdem erfand er die „Skinner-Box"; in diesem Käfig konnten Tauben oder Ratten auf Tasten picken oder Hebel drücken, es gab Lampen, die in verschiedenen Kombinationen ein- oder auszuschalten waren, und einen Mechanismus, der Futterbröckchen oder Elektroschocks austeilte.

Skinner zeigte, dass ein Tier lernen konnte, ein bestimmtes Verhalten zu zeigen, indem es für Annäherungen an das gewünschte Verhalten selektiv belohnt oder bestraft wurde oder, anders formuliert, positive beziehungsweise negative „Verstärkung" erfuhr. Dabei entdeckte er komplexe Gesetze der Beziehungen zwischen Verstärkung und Verhalten, die zuweilen der Intuition widersprechen. So braucht ein Verhalten, das lediglich über eine partielle Verstärkung hervorgerufen, also nur manchmal belohnt wurde, normalerweise länger, bis es nach dem Entzug der Belohnung wieder verschwindet, als ein Verhalten, das über konstante Verstärkung hervorgerufen wurde. Dieses Phänomen ist als „Effekt der Extinktion der partiellen Verstärkung" (*partial reinforcement extinction effect*) bekannt.

Skinners Methode der „operanten Konditionierung", die er 1938 in seinem Buch *The Behavior of Organisms* („Das Verhalten der Organismen") einführte, unterscheidet sich von Pawlows so genannter „klassischer Konditionierung". Im ersten Fall erwirbt ein Organismus ein neues Verhalten über selektive Belohnung und Bestrafung, während im zweiten Fall ein Organismus auf eine bereits bekannte Weise auf einen neuen Reiz reagiert. Die Pawlowschen Hunde lernten beim Klang einer Glocke Speichel abzusondern, Skinners Tauben lernten nach komplizierten Mustern auf Tasten zu picken, um Futter zu erhalten. Skinners Ideen waren von sehr großem Einfluss und prägten das Denken der Allgemeinheit, während sich seine Methoden in einer Vielzahl von Lernsituationen als praktisch erwiesen. Später entbrannte eine hitzige Debatte zwischen ihm und Noam Chomsky über die Frage, ob Menschen angeborene sprachliche Fähigkeiten besitzen oder ob die Sprache, wie Skinner behauptete, allein durch Erfahrung geformt und verstärkt wird.

Siehe auch *Bedingte Reflexe* S. 242, *Tierische Instinkte* S. 318, *Der Sprachinstinkt* S. 386, *Die Psychologie des Gehorsams* S. 402, *Gedächtnismoleküle* S. 470.

Eine Ratte in einer Skinner-Box lernt mit der Zeit, den Hebel zu drücken und dann mit Futter belohnt zu werden, wodurch ▶ ihr Verhalten verstärkt wird.

Ein lebendes Fossil

Marjorie Courtenay-Latimer *1907, James Leonard Brierley Smith 1898–1968

Die Entdeckung von *Latimeria chalumnae*, einem heute existierenden Coelacanthen (Quastenflosser), ist sicher eine der größten biologischen Entdeckungen des 20. Jahrhunderts. Coelacanthen wurden erstmals im Jahre 1839 von Louis Agassiz als ausgestorbene Gruppe primitiver Knochenfische beschrieben. Man nahm lange Zeit an, sie seien vor 80 Millionen Jahren in der Kreidezeit ausgestorben.

Doch dann erhielt Marjorie Courtenay-Latimer, Kuratorin des East London Museum in Südafrika, kurz vor Weihnachten 1938 einen Anruf. Ein Kapitän namens Hendrik Goosens hatte einige Fische, die sie sich ansehen sollte. Später berichtete sie: »Ich schob die Fische beiseite, und es kam der schönste Fisch zum Vorschein, den ich je gesehen hatte.« Auch Goosens fand den anderthalb Meter langen, blassblauen Fisch mit seinen großen Schuppen, zwei Paar beinähnlichen Flossen und der seltsamen, dreilappigen Schwanzflosse beeindruckend. So etwas war ihm in 30 Jahren Fischerei auf dem Indischen Ozean zwischen Südafrika, Madagaskar und den Komoren noch nicht begegnet.

Courtenay-Latimer konnte einen so großen Fisch nicht vor dem Zerfall retten und ließ ihn von einem Dermoplastiker häuten. Glücklicherweise blieb genug erhalten, sodass der Ichthyologe James Smith ihn als Quastenflosser, als lebendes Fossil identifizieren und seine mögliche Bedeutung für die Evolutionsgeschichte erkennen konnte. Er hoffte, anhand seiner Anatomie klären zu können, welche Fischgruppe die ersten sich an Land bewegenden, vierbeinigen Wirbeltiere hervorbrachte. In der gedrückten Stimmung am Vorabend des Zweiten Weltkrieges sorgte die Geschichte 1939 in aller Welt für Schlagzeilen.

Da keine Weichteile erhalten waren, erfüllte sich Smiths Hoffnung jedoch erst im Jahre 1952, als man ein besseres Exemplar fing. Dieser Fisch verdeutlichte, dass „Old Fourlegs" (das „Alte Vierbein"), wie Smith den Quastenflosser nannte, nicht unser vierbeiniger Vorfahre war. Im Jahre 1987 zeigten Filmaufnahmen von Quastenflossern, dass diese mit ihren Flossen ihre Position im Wasser steuern und nicht auf dem Meeresboden laufen. Eine zweite, 1998 in indonesischen Gewässern entdeckte Population von Quastenflossern lässt vermuten, dass diese lebenden Fossilien uns noch lange erhalten bleiben werden.

Siehe auch *Vergleichende Anatomie* S. 106, *Archaeopteryx* S. 180.

Ein viel beachteter Fang: der „zweite Quastenflosser", gefangen im Jahre 1952 vor den Komoren. Im Volksglauben enthält ▶ er ein Lebenselixier, tatsächlich aber ist diese langlebige Art nur der letzte Überlebende einer erstaunlich unverändert gebliebenen Abstammungslinie.

DDT

Paul Hermann Müller 1899–1965

Die schon seit dem 19. Jahrhundert bekannte Substanz DDT (Dichlor-diphenyl-trichlorethan) wurde 1939 von dem Schweizer Chemiker Paul Müller, der damals für das Unternehmen J. R. Geigy arbeitete, als hoch aktives Insektizid (Insektengift) identifiziert. Müller wies nach, dass die neue Substanz gegen Läuse, Kartoffelkäfer, Stechmücken und mehrere andere Schadinsekten wirkte. Und noch wichtiger: DDT schien für den Menschen ungiftig zu sein und war darüber hinaus billig und leicht herzustellen. In den folgenden 30 Jahren wurden drei Millionen Tonnen davon produziert.

Den ersten großen Erfolg verbuchte DDT, als man es im Zweiten Weltkrieg zur Bekämpfung einer schlimmen Typhusepidemie unter den amerikanischen Truppen einsetzte. Typhus ist eine lebensbedrohliche Infektion, die von Läusen übertragen wird und in Kriegszeiten schon immer häufig war. Bei dieser Gelegenheit funktionierten die üblichen Entlausungsmethoden nicht. Im Januar 1944 wurden mehr als eine Million Menschen mit DDT behandelt, und innerhalb von drei Wochen hatte man die Typhusepidemie unter Kontrolle – das erste Mal, dass so etwas jemals im Winter gelungen war. DDT wurde zudem erfolgreich gegen die verschiedenen Stechmückenarten eingesetzt, die Malaria verbreiten. Auch die Hausfliege reagierte, wie sich zeigte, empfindlich auf DDT, was zu einem Rückgang von Magen-Darm-Erkrankungen, wie Paratyphus und Paradysenterie (Bakterienruhr), führte.

Müller erhielt 1948 für den Beitrag, den DDT zur öffentlichen Gesundheit geleistet hatte, den Nobelpreis für Physiologie oder Medizin. Doch 1962 warnte Rachel Carson in ihrem aufwühlenden Buch *The Silent Spring* (*Der stumme Frühling*) vor den Folgen eines ungehemmten DDT-Einsatzes. Dieser Einsatz forderte seinen Preis von der Umwelt. Die chemische Stabilität von DDT, die zunächst als wünschenswert angesehen worden war, ließ die Verbindung im Boden und im Wasser lange überdauern. Alle Arten von Wildtieren litten unter der toxischen Wirkung dieses Insektengiftes, wie Carson schrieb. Später hegte man den Verdacht, dass sich DDT auch im menschlichen Gewebe ansammelt und zu Erkrankungen führen kann. Daher wurde die Substanz in den USA und in anderen Industrieländern ab 1972 verboten, wird aber in Entwicklungsländern noch immer zur Malariakontrolle eingesetzt. Allerdings haben viele Insekten inzwischen Resistenzen gegen DDT entwickelt, und die Suche nach sichereren und wirksameren Alternativen geht weiter.

Siehe auch *Der Treibhauseffekt* S. 184, *Der Malariaerreger* S. 230, *Die grüne Revolution* S. 428, *Das Ozonloch* S. 438.

Strandbesucher auf Long Island, New York, werden beim Test einer neuen Maschine zur Ausbringung von DDT mit ▶ dem Insektizid besprüht (1945).

D.D.T.
Powerful Insecticide
Harmless to Humans
Applied by
TODD Insect Fog Applicator
Cooperating with
Nassau County Extermination Comm.
L. I. State Park Comm.

Die Echoortung bei Fledermäusen

Donald Griffin *1914, Robert Galambos *1915

Fledermäuse sind nicht die einzigen Tiere, die sich zur Orientierung und zur Jagd bei Dunkelheit auf akustische statt auf optische Signale verlassen, aber bei ihnen ist die Evolution dieses Ortungssystems zur Vollendung gekommen.

Gegen Ende des 18. Jahrhunderts konnte der italienische Naturforscher und Geistliche Lazzaro Spallanzani anhand geblendeter Fledermäuse nachweisen, dass diese Tiere auch in völliger Dunkelheit nicht mit Hindernissen in ihrer Flugbahn kollidieren; wenn er ihnen hingegen den Kopf umhüllte, büßten sie diese Fähigkeit ein — offenbar war also ein anderes Sinnesorgan involviert. Die ersten Hinweise auf den Gehörsinn lieferte der schweizerische Zoologe Charles Jurine, ein Zeitgenosse Spallanzanis, als er feststellte, dass Fledermäuse, denen er ein Ohr verstopfte, Zusammenstöße im Dunkeln nicht mehr vermeiden konnten. Jurine wies auch nach, dass die Schnecke (Cochlea) im Ohr einer Fledermaus auf Geräuschfrequenzen anspricht, die jenseits des menschlichen Hörvermögens liegen.

Die starke Vermutung, dass Fledermäuse Schall einsetzen, um ihre Umgebung zu sondieren, wurde schließlich im Jahre 1940 zur Gewissheit, als Donald Griffin und Robert Galambos zeigen konnten, dass Fledermäuse für uns unhörbare Ultraschallwellen aussenden und die Richtung und Entfernung von Objekten anhand des Echos abschätzen. Sie wiesen auch nach, dass die Tiere mittels der Echoortung im Dunkeln Nachtfalter fangen; diese Technik entpuppte sich allerdings in späteren Forschungsarbeiten als keineswegs unfehlbar: Manche Falter haben ihrerseits die Fähigkeit entwickelt, die Fledermaus-Ultraschallwellen zu orten und ihren Häschern auszuweichen, während andere selbst hochfrequente Geräusche produzieren, die das Echolotsystem der Fledermäuse stören — klassische Beispiele eines evolutionären „Wettrüstens" zwischen Räubern und ihrer Beute.

Nicht alle Fledertiere beherrschen die Echoortung: Bis auf wenige Ausnahmen verfügen nur die Insektenfresser der Unterordnung Microchiroptera (Fledermäuse) über ein gut ausgebildetes Peillautsystem, nicht dagegen die Flughunde. Unabhängig von den Fledermäusen haben auch einige andere Säugetiere und Vögel Echolotsysteme entwickelt, darunter die in Höhlen lebenden Fettschwalme und Salanganen, einige nachtaktive Spitzmäuse sowie Zahnwale und Tümmler, die sich allesamt in einer Signalwelt bewegen, die der menschlichen Erfahrung verschlossen bleibt.

Siehe auch *Tierische Instinkte* S. 318, *Die Tanzsprache der Bienen* S. 338.

Von wegen „stille Nacht": Eine Große Hufeisennase (*Rhinolophus ferrumequinum*) setzt Peillaute von konstanter Frequenz ein, ▶ um einen Nachfalter im Flug zu fangen.

Energie aus dem Atomkern

Otto Hahn 1879-1968, Fritz Strassmann 1902-1980, Lise Meitner 1878-1968,
Otto Robert Frisch 1904-1979, Enrico Fermi 1901-1954

Einige Monate vor Ausbruch des Zweiten Weltkriegs fanden Physiker einen Weg, die Energie des Atomkernes freizusetzen. Als die deutschen Wissenschaftler Otto Hahn und Fritz Strassmann ein Stück Uran mit Neutronen beschossen, entstanden offenbar einige Atome Barium — ein Element, das viel leichter ist als Uran. Anfang 1939 erkannten Lise Meitner und Otto Frisch, dass der Urankern in zwei Stücke zerbrochen sein musste. Sie errechneten, dass bei dieser Kernspaltung enorme Energiemengen frei werden.

Aber nicht nur Energie wurde frei. Bald stellte sich heraus, dass der Urankern bei der Spaltung auch zwei oder drei Neutronen emittiert — Neutronen, die davonfliegen und weitere Urankerne spalten können, welche ihrerseits wiederum weitere Neutronen abgeben. Eine solche Kettenreaktion konnte dazu führen, dass ganze Uranbrocken ihre Energie freisetzten.

Im Krieg befürchteten die Alliierten, Hitlerdeutschland könne sich die Kernspaltung zunutze machen, um eine furchtbare Waffe herzustellen. Aus diesem Grund steckten sie enorme Ressourcen in die Entwicklung einer eigenen Bombe, um den Wettlauf gegen die Zeit zu gewinnen. Am 2. Dezember 1942 gelang es Enrico Fermi und seinem Team an der Universität von Chicago, die erste sich selbst erhaltende Kernreaktion zu realisieren. Fermis Reaktor war darauf ausgelegt, Plutonium herzustellen — ein künstliches Element, das ebenfalls spaltbar ist.

Die erste Atombombe basierte auf Plutonium. Sie explodierte am 16. Juli 1945 auf dem Atomtestgelände Trinity (New Mexico) mit einer Gewalt, die der Sprengkraft von 18 000 Tonnen TNT entsprach. Zwei weitere Bomben, Little Boy und Fat Man, wurden im August desselben Jahres über den japanischen Städten Hiroshima und Nagasaki abgeworfen, wobei Hunderttausende den Tod fanden.

Kernreaktoren liefern heute weltweit etwa ein Fünftel des Strombedarfs. Die meisten Länder bauen den Kernenergieanteil ihrer Energieversorgung jedoch nicht aus, teils aus Sicherheitsbedenken, teils wegen der Entsorgungskosten und nicht zuletzt aus Furcht vor Katastrophen wie derjenigen von Tschernobyl 1986. Die Angst vor Klimaveränderungen durch das Verbrennen fossiler Brennstoffe könnte die Kernkraft allerdings künftig wieder attraktiver erscheinen lassen.

Siehe auch *Elektromagnetismus* S. 134, *Der Treibhauseffekt* S. 184, *Radioaktivität* S. 224, *Die Spezielle Relativitätstheorie* S. 244, *Das Atommodell* S. 272, *Die Sternentwicklung* S. 286, *Das Neutron* S. 312.

Die Atombombe ist ein ausgezeichnetes Beispiel dafür, wie physikalische Grundlagenforschung innerhalb weniger Jahrzehnte in ▶ einer Art und Weise anwendbar wurde, die niemand hätte vorhersehen können.

Bakteriengene

Salvador Edward Luria 1912–1991, Max Delbrück 1906–1981

Bakterien sind allgegenwärtige einzellige Lebensformen: Sie leben auf unserer Haut, in unseren Gedärmen, im Meer, im Boden, ja sogar in festem Gestein. Manche sind nützlich, andere verursachen Krankheiten, aber ihre Bedeutung für die Wissenschaft liegt nicht zuletzt darin begründet, dass man an ihnen herausgefunden hat, wie Gene funktionieren. Das meiste, was wir heute über die molekularen Mechanismen wissen, durch die Gene in Aktion treten, hat man zunächst in Versuchen mit Bakterien — in aller Regel *Escherichia coli* — entdeckt.

Bis 1940 war nicht einmal bekannt, dass Bakterien überhaupt Gene haben. Bakterienzellen besitzen, anders als tierische und pflanzliche Zellen, keine Zellkerne, und da man wusste, dass die Gene der Tiere und Pflanzen in diesen Kernen liegen, schien es möglich, dass Bakterien eine Lebensform darstellen, bei der die Vererbung ganz anders abläuft. Doch dann führten der Exildeutsche Max Delbrück und der Exilitaliener Salvador Luria in den USA 1943 ein klassisches Experiment durch. Sie gaben Bakterienproben auf einen neuartigen Nährboden. Um unter diesen Bedingungen zu gedeihen, mussten sich die Bakterien neue Stoffwechselmechanismen aneignen. Luria und Delbrück konnten nachweisen, dass diese neuen Eigenschaften durch Mutationen zustande kamen, ganz wie man es von den Tieren und Pflanzen kannte. Also besaßen Bakterien — genau wie alle anderen Lebensformen — vermutlich auch Gene. Dies war nur der Auftakt zu einer Reihe bahnbrechender Experimente, die bis zum Ende der Fünfzigerjahre Bakterien als die besten Studienobjekte zur Erforschung von Erbmolekülen etablierten.

Tatsächlich läuft die Vererbung bei Bakterien etwas anders ab als bei Pflanzen und Tieren, was schon in den Vierzigerjahren klar wurde, als die Antibiotika aufkamen, mit denen sich bakterielle Infektionen bekämpfen lassen. Rasch traten danach die ersten Bakterienstämme auf, die gegen Antibiotika resistent waren. Ein Grund hierfür ist die Fähigkeit vieler Bakterien, Gene untereinander auszutauschen, ohne sich zu reproduzieren. Durch diesen „horizontalen" Gentransfer, der bei Tieren und Pflanzen nicht vorkommt, breiten sich Eigenschaften wie Antibiotikaresistenzen schnell in einer Bakterienpopulation aus.

Siehe auch *Leben unter dem Mikroskop* S. 76, *Die spontane Entstehung von Leben* S. 90, *Die Keimtheorie* S. 202, *Viren* S. 232, *Penicillin* S. 302, *Die Doppelhelix* S. 374, *Die symbiontische Zelle* S. 418, *Die fünf Reiche des Lebens* S. 426, *Gerichtete Mutation* S. 494, *Mikrofossilien vom Mars* S. 518.

Gentransfer zwischen drei Bakterien unter dem Elektronenmikroskop. Die „männliche Zelle" links im Bild lässt den anderen beiden durch Röhren (so genannte Pili) — die hier, um sie sichtbar zu machen, mit Bakteriophagen bedeckt sind — Gene zukommen. ▶

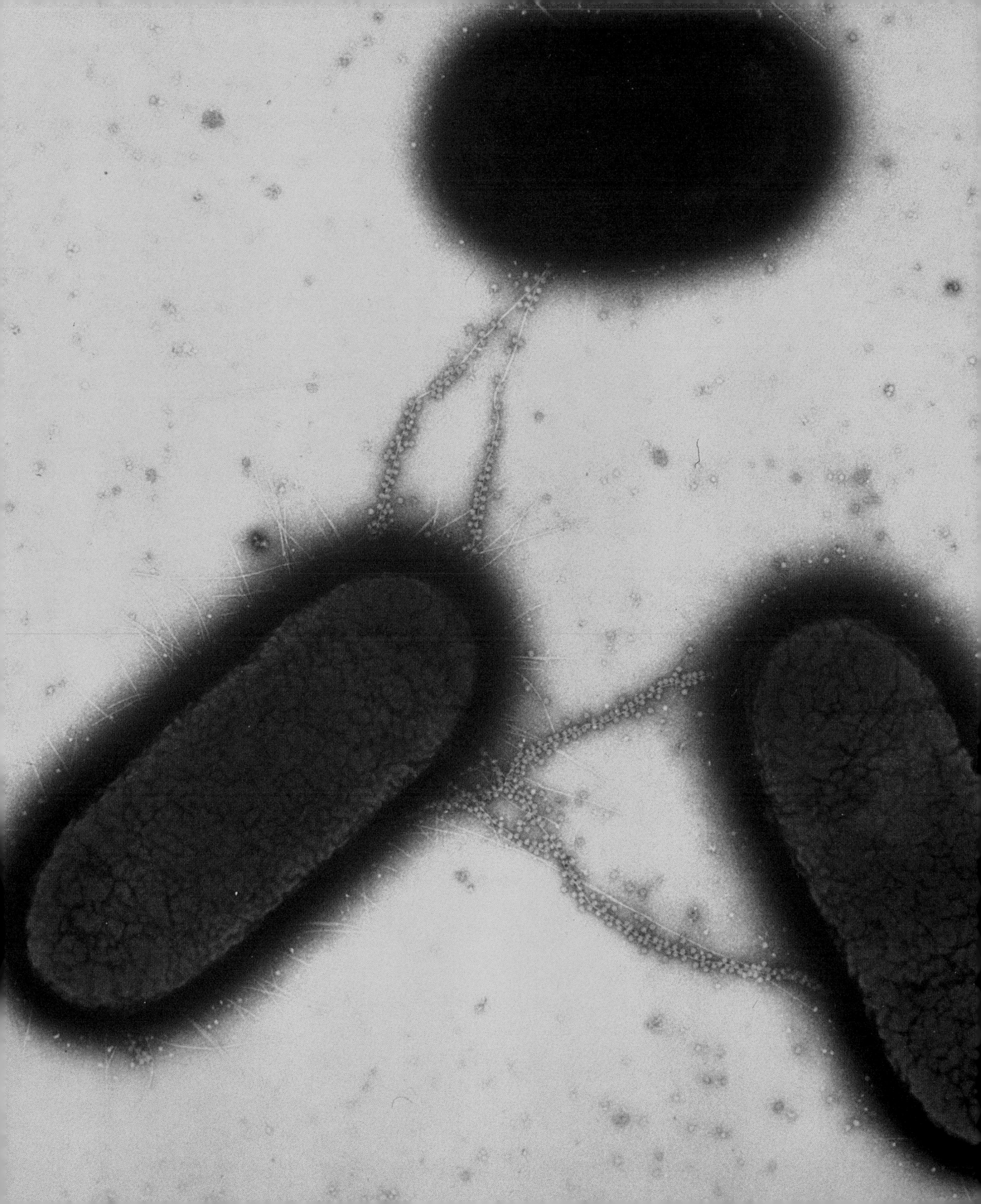

Künstliche neuronale Netze

Warren McCulloch 1898–1972, Walter Pitts *1924

Anders als das menschliche Gehirn führen herkömmliche Computer einfach vorgegebene Befehle aus und lernen nicht durch Erfahrung. Künstliche neuronale Netze hingegen imitieren die Informationsverarbeitung des Gehirns.

Im Gehirn tauschen Milliarden von Nervenzellen (Neuronen) über ihre Endigungen, die so genannten Synapsen, Informationen aus. Da viele Neuronen stark verzweigt sind und mit Tausenden anderer Nervenzellen verschaltet sein können, sind echte Neuronennetzwerke ungeheuer komplex und rechenstark.

Der Neurobiologe Warren McCulloch hat 1943 in den USA zusammen mit dem Logiker Walter Pitts die ersten künstlichen Neuronen entworfen. Ironischerweise entwickelte sich das Fachgebiet nur schleppend, bis in den Siebzigerjahren die kostengünstigen konventionellen Digitalrechner ihren Siegeszug antraten. Man kann die Eigenschaften individueller Recheneinheiten als Pendants zu Neuronen programmieren und die Einheiten gemäß einer bestimmten Netzwerkarchitektur miteinander verschalten. Künstliche neuronale Netze haben normalerweise eine Eingabeschicht, eine Ausgabeschicht und mindestens eine „verborgene" Schicht. In einfachen Netzen wandern die Signale nur in eine Richtung, und die Outputs werden mit bestimmten Inputs verknüpft, wie es etwa für Aufgaben aus dem Gebiet der Mustererkennung notwendig ist. Komplexere Aufgaben, Stimmerkennung zum Beispiel, erfordern ein Netzwerkdesign mit Rückkopplung zwischen den Schichten. In diesem Fall verändert sich das Verknüpfungsschema so lange, bis sich ein Gleichgewicht eingestellt hat; ein solcher Endzustand stellt eine Lösung der Aufgabe dar.

Künstliche neuronale Netze sind sehr anpassungsfähig. Genau wie wir ein Bild auch dann als „Gesicht" einordnen, wenn wir die Person noch nie gesehen haben, können künstliche neuronale Netze aus repräsentativen Beispielen Verallgemeinerungen ableiten. Folglich lassen sie sich überall dort einsetzen, wo in komplexen, variablen Daten Muster erkannt werden sollen. In der Medizin kann man sie beispielsweise nutzen, um anhand von Elektrokardiogrammen Herzerkrankungen zu diagnostizieren oder anhand der Digitalbilder von Gewebeproben Tumoren ausfindig zu machen. Auch in der Hirnforschung kommen sie zum Einsatz. Ob sie aber jemals „Bewusstsein" erlangen werden, ist unter Philosophen und Naturwissenschaftlern immer noch heiß umstritten.

Siehe auch *Das Nervensystem* S. 210, *Verhaltensverstärkung* S. 322, *Der Computer* S. 340, *Informationstheorie* S. 354, *Nervenimpulse* S. 366.

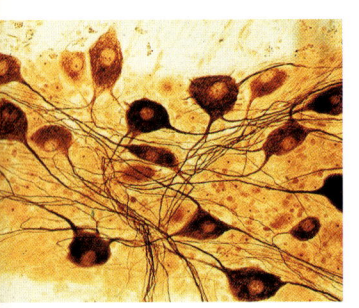

Das neuronale Netz der Natur. Das menschliche Gehirn enthält Milliarden von Nervenzellen, die allesamt komplexe Berechnungen anstellen und jeweils mit Tausenden anderer Nervenzellen kommunizieren.

Der humanoide Roboter Cog, der am Massachusetts Institute of Technology (MIT) entwickelt wurde, beherbergt ein großes ▶ neuronales Netz. Hat er Bewusstsein? Seine Konstrukteure sagen: »Fürs Protokoll: nein.«

Die Spieltheorie

John von Neumann 1903-1957, Oskar Morgenstern 1902-1977

Bei sozialen Wechselwirkungen zwischen Menschen hängt es normalerweise auch von den Entscheidungen des Gegenübers ab, ob man sein Ziel erreicht. So hat im Kalten Krieg vermutlich deshalb niemand auf den roten Knopf gedrückt, weil jede Seite befürchten musste, dass die andere entweder einen Präventivschlag starten oder jeden Angriff mit einem massiven nuklearen Vergeltungsschlag beantworten würde.

Spieltheoretiker versuchen, vielfältige Fragestellungen auf ihren Kern zu reduzieren und so Grundelemente dingfest zu machen, die zahlreichen zwischenmenschlichen Konflikten und Verhandlungen gemein sind. Aus der Taufe gehoben wurde die Spieltheorie von John von Neumann und Oskar Morgenstern am Institute for Advanced Study im amerikanischen Princeton. In ihrem Standardwerk von 1944 haben sie Spiele unter dem strategischen Gesichtspunkt der Risikominimierung und Gewinnmaximierung analysiert, wobei sie sich auf Spiele konzentrierten, in denen ein Spieler nur auf Kosten des anderen gewinnen kann. Für solche Spiele lassen sich Strategien finden, die den Mindestgewinn eines Spielers maximieren.

Aber die Spieler können auch gemeinsame Interessen haben. Im „Gefangenendilemma" beispielsweise stehen die beiden Spieler vor der Wahl, miteinander zu kooperieren oder gegen ihren Spielpartner zu agieren. Der höchste Gesamtgewinn wird erzielt, wenn beide sich für die Kooperation entscheiden — aber den höchsten Einzelgewinn ergattert jener, der einem kooperativen „Einfaltspinsel" ein Bein stellt. Gibt es nur eine Spielrunde, so ist ein derartiger „Treuebruch" die beste Strategie. Erstreckt sich das Spiel jedoch über viele Runden, so erzielt derjenige den höchsten Gewinn, der seine Strategie an das bisherige Verhalten seines Gegenübers anpasst: Neigt der andere zur Kooperation, so ist es nicht allzu riskant, ebenfalls zu kooperieren. Das so genannte „iterierte Gefangenendilemma" wird, wenn es mehr als zwei Spieler mit unterschiedlich guten Kenntnissen über die potenziellen Gegenspieler umfasst, schnell sehr komplex und führt zum Teil zu Ergebnissen, die der Intuition zuwiderlaufen.

Die Spieltheorie ist bei weitem nicht nur für die Soziologie und die Ökonomie von Bedeutung. So hat die evolutionäre Spieltheorie, deren Vorreiter der britische Biologe John Maynard Smith ist, viele Aspekte tierischen Verhaltens aufklären können. Daraus ist das Konzept der „evolutionär stabilen Strategie" entstanden, jener Strategie also, die sich in einer Population langfristig durchsetzen wird, weil sie einen hohen mittleren Gewinn und eine geringe Empfindlichkeit gegen die Verdrängung durch alternative Strategien in sich vereint.

Siehe auch *Tierische Instinkte* S. 318, *Die Evolution der Kooperation* S. 406.

Die Amerikaner haben die Spieltheorie 1962 zur Analyse der Kuba-Krise eingesetzt. Präsident John F. Kennedy (rechts) konnte ▶ Chruschtschow davon überzeugen, dass die USA nicht einmal vor einem Nuklearkrieg zurückschrecken würden.

Der Computer

Alan Mathison Turing 1912–1954, John von Neumann 1903–1957

Im Jahre 1890 entwickelte der amerikanische Ingenieur Herman Hollerith, ein Sohn deutscher Einwanderer, eine elektromechanische Maschine, um die Daten der US-amerikanischen Volkszählung jenes Jahres zu tabellieren. Das Hollerith-Lochkartensystem war ein großer Erfolg und wurde zur Keimzelle der Büromaschinen- und Datenverarbeitungsindustrie. Die Produktion von programmierbaren Computern mit mechanischen Teilen und elektromechanischen Relais in den Vierzigerjahren zeigte, dass automatische Berechnungen in großem Maßstab prinzipiell möglich waren; für wissenschaftliche und militärische Zwecke war die Technologie jedoch zu langsam.

Mit der Entwicklung der Radioröhren wurden rein elektronische Maschinen möglich. Der erste programmierbare elektronische Allzweckcomputer war ENIAC (Electronic Numerical Integrator and Computer), der von J. W. Mauchly und J. P. Eckert in der Moore School of Electric Engineering der Universität von Pennsylvania gebaut wurde. Ursprünglich geplant zur raschen Produktion von ballistischen Tabellen in Kriegszeiten, wurde er erst 1946 fertiggestellt. Drei Jahre zuvor hatten sich die Briten im Rahmen ihrer Kriegsanstrengungen entschlossen, Colossus zu bauen, einen digitalen programmierbaren elektronischen Computer, der speziell dazu entworfen war, deutsche Codes zu knacken. Der theoretische Hintergrund zu Colossus war 1936 von dem Mathematiker Alan Turing ausgearbeitet worden; er zeigte, dass jedes Problem mechanisch lösbar war, wenn es sich in Form einer endlichen Zahl von Rechenoperationen ausdrücken ließ, die von der Maschine durchgeführt werden konnten.

Turing hatte in Princeton studiert und dort den anderen Pionier der Computertheorie, John von Neumann, getroffen. Die beiden arbeiteten im Zweiten Weltkrieg zusammen, um für die Alliierten die verschlüsselten Botschaften des Deutschen Oberkommandos zu knacken. Zudem machte sich von Neumann große Hoffnungen, ENIAC könne bei den notwendigen Berechnungen zum Bau einer Atombombe helfen. Mit seinen 18 000 Vakuumröhren konnte ENIAC bis zu 5 000 Operationen pro Sekunde bewältigen. Allerdings war sein Programm fest im Prozessor verankert und musste je nach Aufgabe per Hand geändert werden. Von Neumann machte sich daran, eine verbesserte Version zu entwickeln, und veröffentlichte im Jahre 1945 einen zukunftsweisenden Artikel, in dem er einen modernen speicherprogrammierten Allzweckcomputer beschrieb, in dem Steuerwerk, Speicher, Datenein- und Datenausgabe getrennt waren. ENIAC wurde am 2. Oktober 1955 um 11:45 Uhr schließlich abgeschaltet.

Siehe auch *Logarithmen* S. 58, *Die Differenzmaschine* S. 138, *Der Transistor* S. 350, *Der Vierfarbensatz* S. 450, *Public-Key-Kryptographie* S. 454, *Fermats letzter Satz* S. 506.

ENIAC, der erste elektronische Allzweckrechner, enthielt nicht weniger als 18 000 Vakuumröhren und verbrauchte bis zu ▶ 100 Kilowatt pro Stunde.

Der Computer

Alan Mathison Turing 1912–1954, John von Neumann 1903–1957

Im Jahre 1890 entwickelte der amerikanische Ingenieur Herman Hollerith, ein Sohn deutscher Einwanderer, eine elektromechanische Maschine, um die Daten der US-amerikanischen Volkszählung jenes Jahres zu tabellieren. Das Hollerith-Lochkartensystem war ein großer Erfolg und wurde zur Keimzelle der Büromaschinen- und Datenverarbeitungsindustrie. Die Produktion von programmierbaren Computern mit mechanischen Teilen und elektromechanischen Relais in den Vierzigerjahren zeigte, dass automatische Berechnungen in großem Maßstab prinzipiell möglich waren; für wissenschaftliche und militärische Zwecke war die Technologie jedoch zu langsam.

Mit der Entwicklung der Radioröhren wurden rein elektronische Maschinen möglich. Der erste programmierbare elektronische Allzweckcomputer war ENIAC (Electronic Numerical Integrator and Computer), der von J. W. Mauchly und J. P. Eckert in der Moore School of Electric Engineering der Universität von Pennsylvania gebaut wurde. Ursprünglich geplant zur raschen Produktion von ballistischen Tabellen in Kriegszeiten, wurde er erst 1946 fertiggestellt. Drei Jahre zuvor hatten sich die Briten im Rahmen ihrer Kriegsanstrengungen entschlossen, Colossus zu bauen, einen digitalen programmierbaren elektronischen Computer, der speziell dazu entworfen war, deutsche Codes zu knacken. Der theoretische Hintergrund zu Colossus war 1936 von dem Mathematiker Alan Turing ausgearbeitet worden; er zeigte, dass jedes Problem mechanisch lösbar war, wenn es sich in Form einer endlichen Zahl von Rechenoperationen ausdrücken ließ, die von der Maschine durchgeführt werden konnten.

Turing hatte in Princeton studiert und dort den anderen Pionier der Computertheorie, John von Neumann, getroffen. Die beiden arbeiteten im Zweiten Weltkrieg zusammen, um für die Alliierten die verschlüsselten Botschaften des Deutschen Oberkommandos zu knacken. Zudem machte sich von Neumann große Hoffnungen, ENIAC könne bei den notwendigen Berechnungen zum Bau einer Atombombe helfen. Mit seinen 18 000 Vakuumröhren konnte ENIAC bis zu 5 000 Operationen pro Sekunde bewältigen. Allerdings war sein Programm fest im Prozessor verankert und musste je nach Aufgabe per Hand geändert werden. Von Neumann machte sich daran, eine verbesserte Version zu entwickeln, und veröffentlichte im Jahre 1945 einen zukunftsweisenden Artikel, in dem er einen modernen speicherprogrammierten Allzweckcomputer beschrieb, in dem Steuerwerk, Speicher, Datenein- und Datenausgabe getrennt waren. ENIAC wurde am 2. Oktober 1955 um 11:45 Uhr schließlich abgeschaltet.

Siehe auch *Logarithmen* S. 58, *Die Differenzmaschine* S. 138, *Der Transistor* S. 350, *Der Vierfarbensatz* S. 450, *Public-Key-Kryptographie* S. 454, *Fermats letzter Satz* S. 506.

ENIAC, der erste elektronische Allzweckrechner, enthielt nicht weniger als 18 000 Vakuumröhren und verbrauchte bis zu ▶
100 Kilowatt pro Stunde.

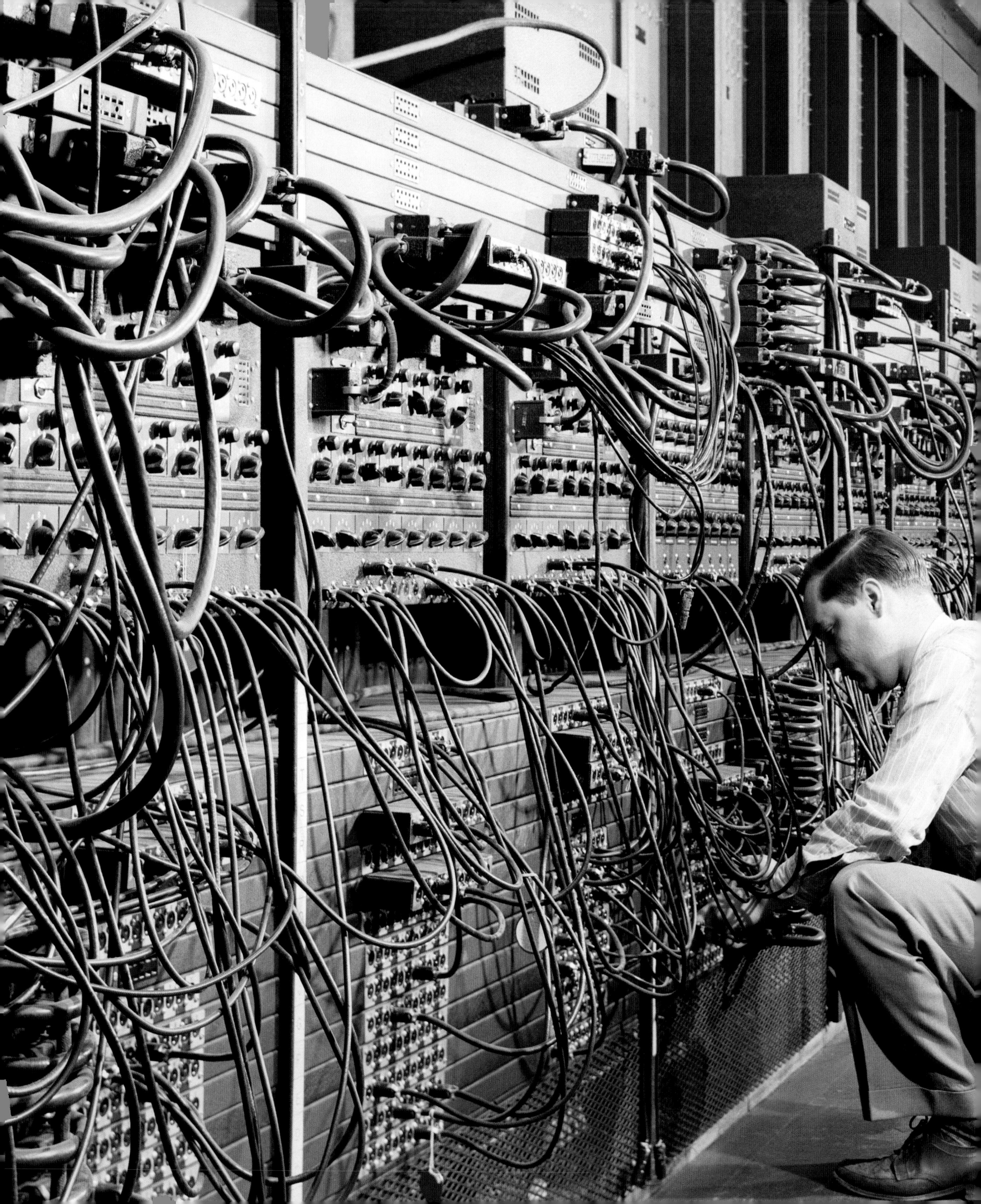

Turing-Maschinen
W. Daniel Hillis

Computer sind zu allerlei Leistungen fähig, die stark an menschliches Denken erinnern, daher sorgt sich mancher, sie könnten unsere einzigartige Stellung als vernunftbegabte Wesen bedrohen und sucht Trost in mathematischen Beweisen für die Grenzen von Computern. Ähnliche Kontroversen hat es in der menschlichen Geschichte schon häufig gegeben. Früher war es den Menschen wichtig, dass die Erde im Mittelpunkt des Universums steht; diese vermeintliche zentrale Stellung war für sie ein Sinnbild ihres Wertes. Die Entdeckung, dass wir keine derart zentrale Position einnehmen — dass unser Planet nur einer von mehreren ist, die die Sonne umkreisen — war damals für viele Menschen zutiefst verstörend, und die philosophischen Konsequenzen der Astronomie wurden Gegenstand heftiger Debatten. Ähnlich vehement war die Kontroverse um die Evolutionstheorie, die ebenfalls als Bedrohung der Einzigartigkeit des Menschen angesehen wurde. Diese früheren philosophischen Krisen wurzelten in irrigen Vorstellungen darüber, was den Wert des Menschen ausmacht. Ich bin davon überzeugt, dass die gegenwärtigen philosophischen Diskussionen über die Beschränkungen von Computern größtenteils auf ähnlichen Fehlurteilen beruhen.

Die zentrale Idee in der Computertheorie ist die eines „universellen Computers" — das heißt, eines Computers, der so leistungsfähig ist, dass er jede andere Rechenmaschine nachahmen kann. Der Allzweckcomputer ist ein Beispiel für einen derart universellen Computer; tatsächlich gehören die meisten Computer, denen wir im Alltag begegnen, dazu. Mit der richtigen Software, genügend Zeit und ausreichend viel Speicherplatz kann jeder universelle Computer jeden anderen Computertyp simulieren, beziehungsweise (soweit wir wissen) überhaupt jede andere informationsverarbeitende Maschine.

Aus diesem Universalitätsprinzip folgt, dass der einzig wichtige Leistungsunterschied zwischen zwei Computern ihre Geschwindigkeit und ihre Speicherkapazität ist. Computer können sich zwar in der Art der an sie angeschlossenen Ein- und Ausgabeeinrichtungen unterscheiden, doch zählen diese so genannten Peripheriegeräte ebenso wenig zu den wesentlichen Merkmalen eines Computers wie seine Größe, seine Betriebskosten oder die Farbe seines Gehäuses. Hinsichtlich ihrer grundlegenden Fähigkeiten sind alle Computer (und alle anderen Typen von Universalrechnern) grundsätzlich identisch.

Die Idee eines universellen Computers wurde 1937 von dem britischen Mathematiker Alan Turing entwickelt und beschrieben. Wie so viele Computerpioniere interessierte sich Turing für das Problem, eine denkfähige Maschine zu bauen, und er entwarf ein Konzept für eine Allzweckrechenmaschine. Turing bezeichnete diese abstrakte Konstruktion als „universelle Maschine", da sich der Begriff „Computer" („Rechner") damals noch auf eine Person bezog, die Berechnungen durchführt.

Um sich eine Turing-Maschine zu veranschaulichen, stellen Sie sich einen Mathematiker vor, der Berechnungen auf einer Papierrolle durchführt. Stellen Sie sich weiterhin vor, die Rolle sei unendlich lang, sodass wir keine Sorgen haben müssen, uns könne der Platz zum Niederschreiben ausgehen. Der Mathematiker ist in der Lage, jedes lösbare Rechenproblem zu lösen, ganz gleichgültig wie viele Rechenoperationen dazu erforderlich sind, auch wenn es ihn vielleicht enorm viel Zeit kostet. Wie Turing zeigte, lässt sich jede Berechnung, die von einem schlauen Mathematiker gelöst werden kann, auch von einem dummen, aber eifrigen Gehilfen durchführen, der beim Ablesen der Information und beim Niederschreiben auf die Papierrolle einfache Regeln befolgt. Überdies konnte er nachweisen, dass sich der menschliche Gehilfe wiederum durch einen „endlichen Automaten" ersetzen lässt. Dieser endliche Automat schaut sich jeweils nur ein Symbol auf der Rolle einzeln an, daher stellt man sich die Rolle am besten als schmales Papierband mit einem einzigen Symbol pro Zeile vor. (Ein endlicher Automat hat einen festen Satz möglicher Zustände, einen Satz erlaubter Eingangsgrößen, die den Zustand ändern, und einen Satz möglicher Ausgangsgrößen. Die Ausgangsgrößen hängen nur vom Zustand ab, der seinerseits nur von der vorangegangenen Reihenfolge der Ereignisse abhängt.)

Heute nennen wir die Kombination aus einem endlichen Automaten und einem unendlich langen Band eine „Turing-Maschine". Das Band einer Turing-Maschine ist dem Speicher eines modernen Computers analog und erfüllt auch eine sehr ähnliche Funktion. Der endliche Automat tut nichts anderes, als ein Symbol vom Band abzulesen oder aufs Band zu schreiben und dieses gemäß einem festgelegten einfachen Satz von Regeln vor- und zurückzubewegen. Wie Turing nun zeigte, lässt sich jedes Rechenproblem dadurch lösen, dass man Symbole auf das Band einer Turing-Maschine schreibt – Symbole, die nicht nur das Problem exakt beschreiben, sondern auch die Lösungsmethode. Die Turing-Maschine berechnet die Antwort, indem sie das Band vor- und zurückbewegt sowie Symbole liest und schreibt, bis die Lösung auf dem Band steht.

Ich habe Schwierigkeiten, mir Turings spezielle Konstruktion genau vorzustellen. Der herkömmliche Computer, der anstelle eines Bandes einen Speicher hat, ist meines Erachtens ein besser verständliches Beispiel für eine universelle Maschine. So kann ich mir beispielsweise leichter vorstellen, wie man einen herkömmlichen Computer so programmiert, dass er wie eine Turing-Maschine funktioniert, als umgekehrt. Überraschend ist für mich nicht so sehr die von Turing ersonnene Konstruktion, sondern seine Hypothese, dass es nur eine Art von universeller Rechenmaschine gibt. So weit wir wissen, kann man im physikalischen Universum keinen Apparat bauen, der eine höhere Rechenleistung erbringt als eine Turing-Maschine. Genauer gesagt: Jede Berechnung, die von einem beliebigen physikalischen Rechenapparat durchgeführt werden kann, kann auch von einem beliebigen universellen Computer durchgeführt werden, solange dieser über genügend Zeit und Speicherkapazität verfügt. Das ist eine bemerkenswerte Behauptung, besagt sie doch, dass ein universeller Computer bei geeigneter Programmierung in der Lage sein sollte, die Funktion eines menschlichen Gehirns nachzuahmen.

Die Photosynthese

Melvin Calvin 1911–1997

Manche Meilensteine der experimentellen Naturwissenschaften wirken im Nachhinein so elegant und einfach, dass man dazu neigt, ihre Bedeutung zu unterschätzen. Dazu gehört auch der Nachweis der Hauptschritte der Kohlenstofffixierung bei der Photosynthese, der dem amerikanischen Chemiker Melvin Calvin gelang. Immerhin steht die Photosynthese am Anfang der Nahrungsketten aller höheren Lebensformen auf Erden und sorgt dafür, dass das Klima unseres Planeten halbwegs konstant bleibt, indem sie ständig Kohlendioxid aus der Atmosphäre entfernt.

Bereits 1779 hatte Jan Ingenhousz nachgewiesen, dass grüne Pflanzenteile unter Sonneneinstrahlung Kohlendioxid absorbieren. Diesen Photosynthese genannten Prozess, in dem Grünpflanzen das atmosphärische Kohlendioxid für den Aufbau komplexer Moleküle auf Kohlenstoffbasis wie Glucose und Stärke – und damit für ihr Wachstum – nutzen, hat die Wissenschaft in den folgenden zweihundert Jahren nach und nach in seine wichtigsten Teilschritte untergliedern können. Jedoch gelang es erst Calvin, einem Sohn russischer Einwanderer, die Details des komplizierten biochemischen Reaktionszyklus aufzuklären, der das Kohlendioxid in Zucker umwandelt.

Als Calvin 1946 zum Leiter des Lawrence-Strahlungslaboratoriums der Universität von Kalifornien in Berkeley ernannt wurde, war die technische Entwicklung so weit gediehen, dass das radioaktive Kohlenstoffisotop C-14 in ausreichenden Mengen verfügbar war. Calvin erkannte sofort, dass man mit dessen Hilfe beobachten konnte, welche Stoffwechselwege die Kohlenstoffatome in den Chloroplasten der Grünpflanzen einschlagen. Er gab radioaktives C-14 in Kulturgefäße mit der Grünalge *Chlorella* und stoppte die biochemischen Reaktionen nach unterschiedlich langen Zeitintervallen ab, beginnend mit wenigen Sekunden. Je länger er die Intervalle wählte, desto mehr Stoffwechselzwischenprodukte hatten den radioaktiven Kohlenstoff eingebaut, sodass Calvin rekonstruieren konnte, entlang welcher metabolischer Pfade die Pflanzen das Kohlendioxid in Zucker verwandeln.

Diese Reaktionen wurden später nach Melvin Calvin (und seinem Mitarbeiter Andrew Benson) als Calvin-(Benson-)Zyklus bezeichnet. Im Jahre 1961 erhielt Calvin für seine Entdeckungen den Nobelpreis für Chemie. In seiner späteren Schaffensphase setzte sich Calvin sehr dafür ein, bei der Energiegewinnung die fossilen Brennstoffe um umweltfreundliche pflanzliche Kohlenwasserstoffe zu ergänzen, die auf photosynthetischem Wege von Wüstensträuchern in sonnigen Regionen produziert werden sollten.

Siehe auch *Der Treibhauseffekt* S. 184, *Stickstofffixierung* S. 208, *Die Vielfalt der Kulturpflanzen* S. 292, *Der Zitronensäurezyklus* S. 320, *Die symbiontische Zelle* S. 418, *Die grüne Revolution* S. 428, *Die Gaia-Hypothese* S. 432.

Doppelmembran-Stapel in einem Chloroplasten aus einer Maisblattzelle. Diese so genannten Grana, in denen sich bei den ▸ höheren Pflanzen die Photosynthese abspielt, enthalten das Licht absorbierende, grüne Pigment Chlorophyll.

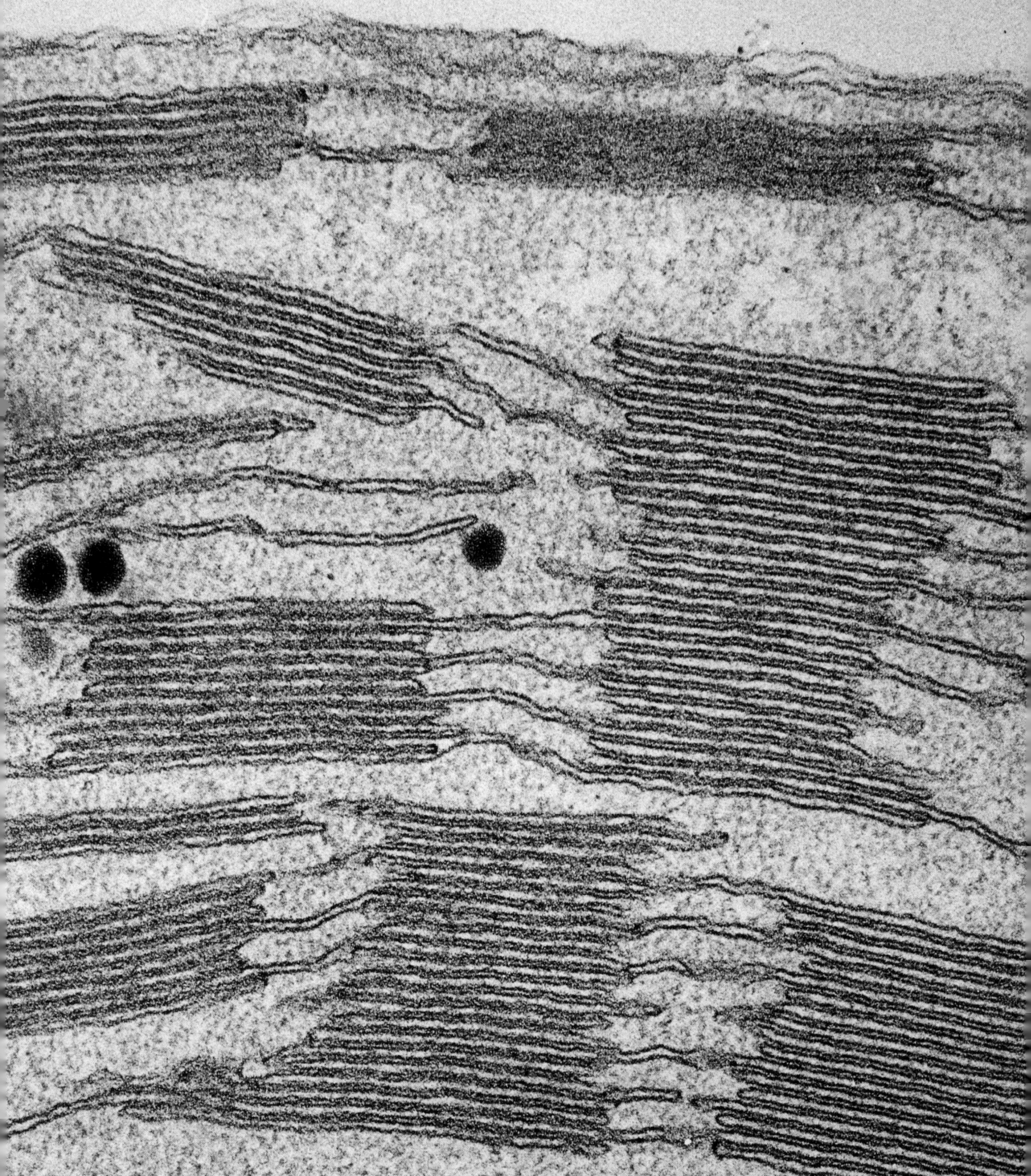

Die Radiokarbondatierung

Willard Frank Libby 1908–1980

Im Jahre 1947 entwickelte Frank Libby das Verfahren der Radiokarbon- oder C-14-Datierung, um das Alter verschiedenster organischer Materialien, von Knochen über Holz bis hin zu Textilien, nachzuweisen. In jüngerer Zeit hat die Beschleuniger-Massenspektrometrie die Möglichkeiten dieser Technik erweitert und sie als ein unverzichtbares Hilfsmittel in der Geologie, Anthropologie, Archäologie und Paläontologie verankert.

Heute benötigt man nur noch kleine Proben, um unschätzbar wertvolle Gegenstände wie das Turiner Grabtuch zu datieren. 1988 durchgeführte Radiokarbonanalysen dieses Leichentuches ergaben, dass der Flachs, aus dem es gemacht wurde, um das Jahr 1325 (plus/minus 33 Jahre) geerntet wurde. Damit war der Beweis erbracht, dass die Reliquie aus dem Mittelalter stammt und nicht das einst um den Leib Christi gewundene Tuch ist, wie man gemeinhin glaubte.

Libby, ein amerikanischer Chemiker, war während des Zweiten Weltkriegs am „Manhattan-Projekt" beteiligt gewesen und hatte an der Spaltung von Uranisotopen für die Entwicklung der Atombombe gearbeitet. Nach dem Krieg wechselte er an das Institut für Kernforschung der Universität von Chicago und erkannte bald, dass radioaktiver Kohlenstoff oder Kohlenstoff-14 (C-14) zur Datierung von organischem Material verwendet werden konnte – eine Entdeckung, die ihm 1960 den Nobelpreis für Chemie einbrachte.

Im Jahre 1939 stellte sich heraus, dass Kohlenstoff-14 durch die Einwirkung kosmischer Strahlung auf atmosphärischen Stickstoff gebildet wird. Kohlendioxid, das Spuren dieses Isotops enthält, wird von allen lebenden Organismen ständig aufgenommen und in organische Substanz überführt. Mit dem Tod endet der Einbau von Kohlenstoff-14, und der in einem Lebewesen enthaltene radioaktive Kohlenstoff beginnt auf natürlichem Wege in das stabile Kohlenstoff-12-Isotop zu zerfallen. Da die Zerfallsrate bekannt ist, ergibt sich aus der Messung des neuen Verhältnisses der beiden Formen von Kohlenstoff die Zeit, die seit dem Tod verstrichen ist. Mit 5 730 Jahren ist die Halbwertzeit von radioaktivem Kohlenstoff jedoch relativ kurz, sodass die Methode vor allem zur Datierung von Materialien dient, die weniger als 40 000 Jahre alt sind. Die Entdeckung von Fluktuationen der kosmischen Strahlung hat eine geringfügige Neukalibrierung von Radiokarbondaten notwendig gemacht.

Siehe auch *Radioaktivität* S. 224, *Alte Gesteine* S. 252, *Kosmische Strahlung* S. 268, *Das Neutron* S. 312, *Die Photosynthese* S. 344, *Der Mann aus dem Eis* S. 504.

Die Radiokarbondatierung wurde 1988 eingesetzt, um zu zeigen, dass das Turiner Grabtuch in Wahrheit eine kunstvolle Fälschung ▸ aus dem Mittelalter ist, die aus dem 13. Jahrhundert datiert. Wie es hergestellt wurde, bleibt allerdings ein Rätsel.

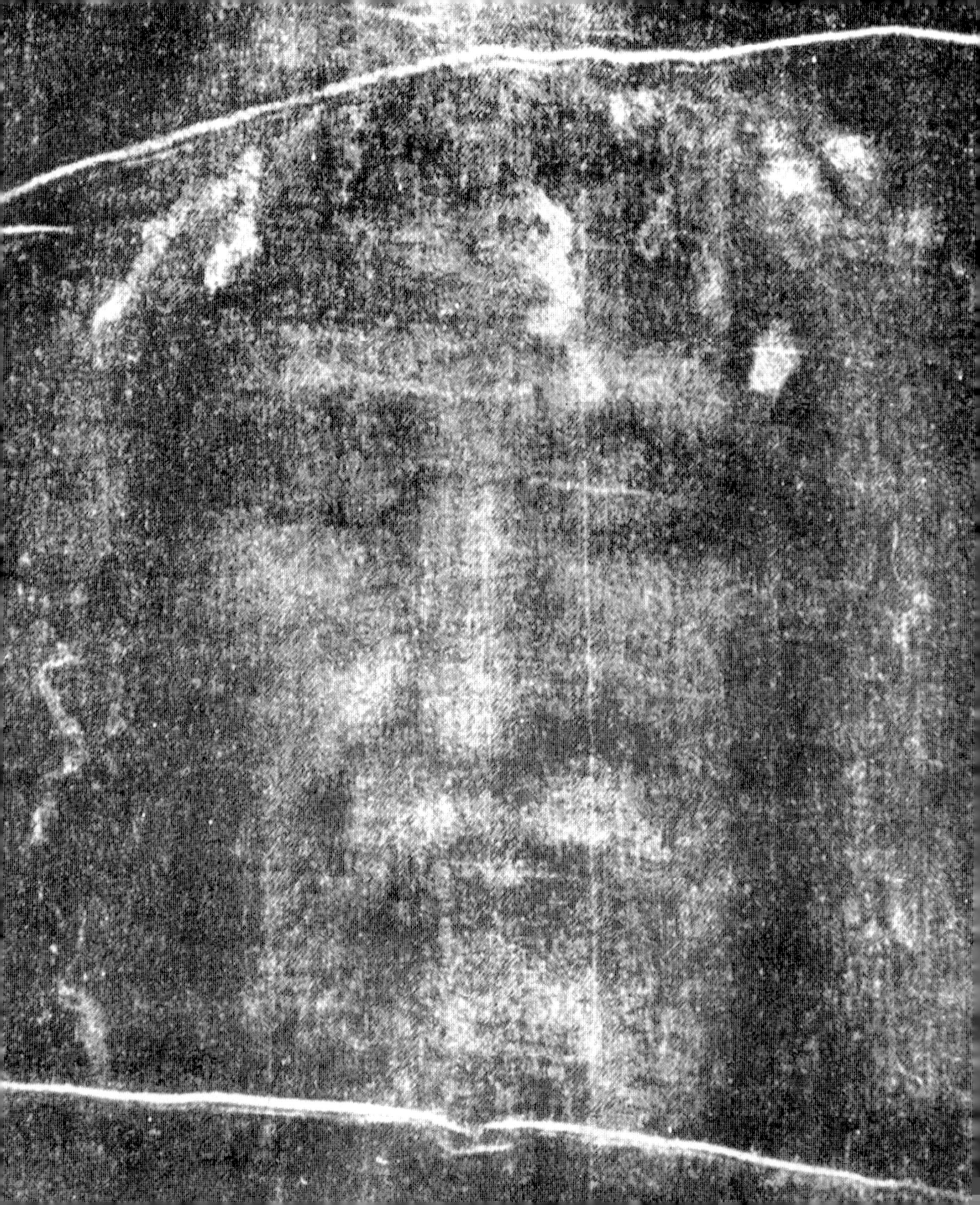

Schleimpilzaggregation

John Tyler Bonner *1920

Seit Beginn des 20. Jahrhunderts hat *Dictyostelium discoideum* den Biologen Rätsel aufgegeben. Obwohl die Art oft zu den „zellulären Schleimpilzen" gezählt wird, ist sie weder ein Pilz noch immer schleimig. Besser bezeichnet man sie als „kollektive Amöbe". Sie zeichnet sich durch einen erstaunlichen Entwicklungszyklus aus. In der ersten Phase lebt *Dictyostelium* als Einzeller: Amöben, die auf morschem Holz herumkriechen, Bakterien vertilgen und sich durch Zweiteilung vermehren, genau wie die meisten anderen einzelligen Tiere. Sobald aber die Nahrung knapp wird, kriechen Abertausende dieser völlig autonomen Zellen auf Aggregationszentren zu, wo sie einen durchscheinenden, entfernt wie eine Nacktschnecke aussehenden Zellverband von etwa einem Millimeter Länge formen. Diese „Schnecke" kriecht ans Licht, richtet sich auf und bildet allmählich einen Fruchtkörper aus: einen dünnen, konischen Stiel und ein kugelförmiges Köpfchen, das aus robusten, celluloseumhüllten Sporen besteht. Der Kopf trocknet dann aus und fällt auseinander, die Zellwände der fortgewehten Sporen brechen auf und aus ihnen schlüpfen neue Amöben, mit denen sich der Lebenszyklus schließt.

Auf diese Weise verwandelt sich ein lockerer Verband individueller Zellen in einen einzigen strukturierten, vielzelligen Organismus: ein erstaunliches Selbstorganisationsphänomen. Die Pionierarbeit bei der Erforschung des Schleimpilzverhaltens wurde vor allem von dem amerikanischen Biologen John Tyler Bonner geleistet, der 1947 herausfand, dass die Ausschüttung eines chemischen Botenstoffes – zyklisches Adenosinmonophosphat (cAMP) – den ersten Impuls zur Aggregation gibt. Wenn die einzelligen Amöben einige Stunden lang gehungert haben, fangen sie an, rhythmisch cAMP abzusondern, was zu schönen spiralförmigen oder federartigen Zellmustern führt, in deren Zentren schließlich die „Schnecke" entsteht.

Die an einem Konzentrationsgefälle einer chemischen Substanz in der Umgebung ausgerichtete Bewegung wird „Chemotaxis" genannt und stellt vermutlich die älteste Form der Kommunikation zwischen Zellen dar. Viele weitere Prozesse in der Natur laufen nach demselben Mechanismus ab; vielleicht spielt er sogar eine Schlüsselrolle bei der Morphogenese, in deren Verlauf sich eine kugelförmige, undifferenzierte befruchtete Eizelle in einen komplexen, ausdifferenzierten tierischen oder menschlichen Organismus verwandelt.

Siehe auch *Chemische Oszillationen* S. 364, *Das Wachstum von Nervenzellen* S. 368, *Die Genetik der Embryonalentwicklung* S. 460, *Am Rande des Chaos* S. 490.

Fruchtkörper des Schleimpilzes *Dictyostelium discoideum*. Diese rasterelektronenmikroskopische Aufnahme zeigt den zarten, konischen Stiel von gut einem Millimeter Länge und das Köpfchen, das aus Tausenden von Sporen besteht.

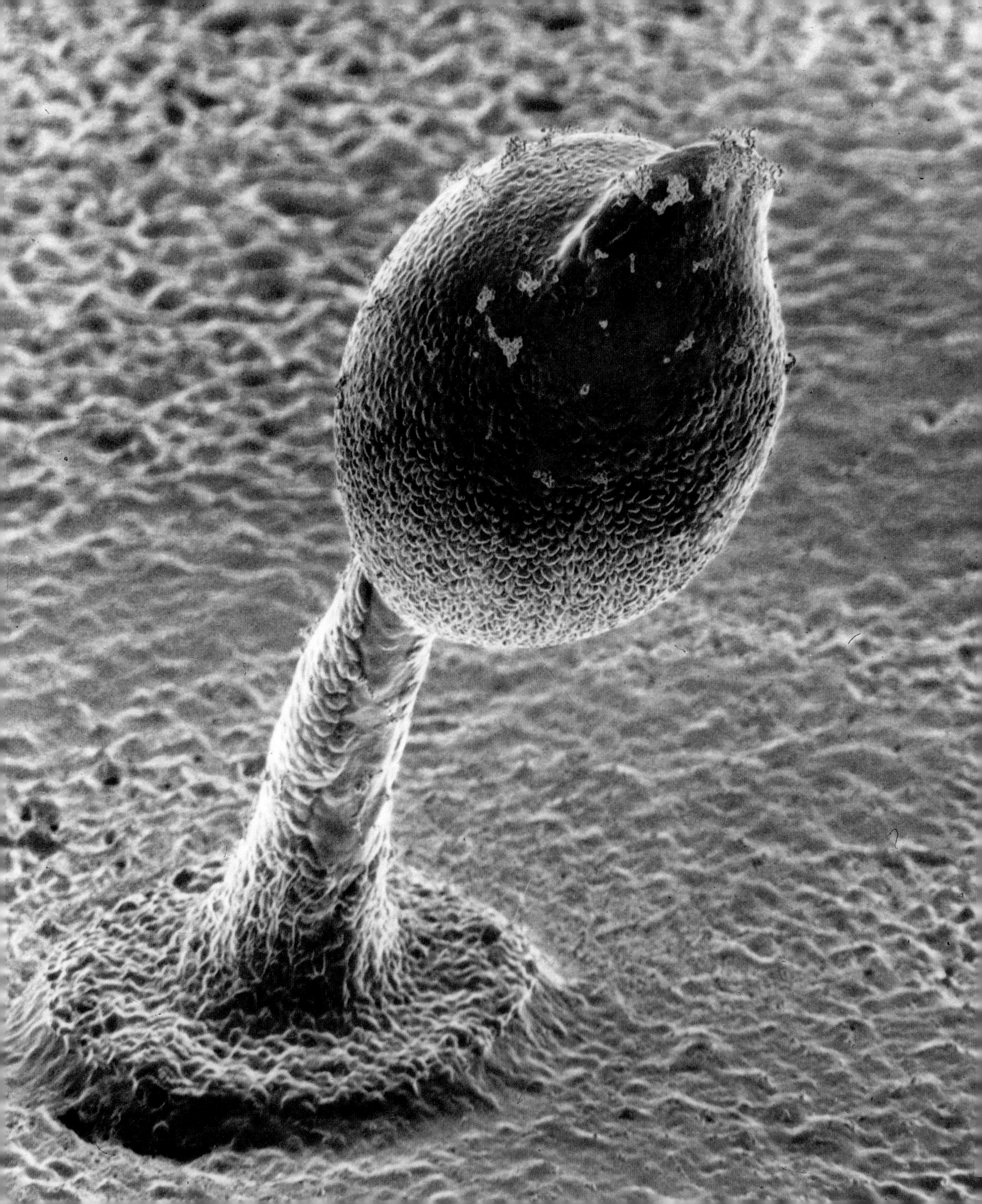

Der Transistor

William Bradford Shockley 1910-1989, Walter Houser Brattain 1902-1987,
John Bardeen 1908-1991

In der Frühzeit des Radios dienten Kristalle als „Gleichrichter", die den Wechselstrom nur in eine Richtung passieren lassen. Sie waren jedoch unzuverlässig und wurden bald durch Elektronenröhren ersetzt, die einen Strom sowohl gleichrichten als auch verstärken können. Doch auch diese Röhren hatten Nachteile: Es waren kurzlebige, klobige Energiefresser.

In den Dreißigerjahren des 20. Jahrhunderts hatte John Bardeen an den Bell Telephone Laboratories in den USA die Eigenschaften von Halbleitern untersucht — kristallinen Feststoffen mit einer elektrischen Leitfähigkeit, die zwischen der von Metallen (niedriger Widerstand) und Isolatoren (hoher Widerstand) liegt — und gezeigt, dass Oberflächeneffekte zu einer Gleichrichtung des Stroms führen konnten. Um die Dominanz der Bell-Laboratorien auf dem Telekommunikationsmarkt nach dem Zweiten Weltkrieg weiterhin zu sichern, machte sich Bardeen zusammen mit William Shockley und Walter Brattain daran, einen Halbleiter zu finden, der die Radioröhre ersetzen konnte. Bis zum 23. Dezember 1947 hatten sie entdeckt, dass ein Germaniumkristall mit gewissen Verunreinigungen nicht nur ein viel besserer Gleichrichter war als die früheren Kristalle oder Röhren, sondern auch als Verstärker dienen konnte. Da dieses Kristall mittels Umwandlung (englisch *transformation*) eines Stromes über einem Widerstand (*resistor*) funktionierte, nannten sie es „Transistor".

Die Originalversion — ein Punktkontakttransistor — war „verrauscht" und konnte nur Eingangsgrößen mit niedriger Leistung kontrollieren. Sie wurde rasch durch den Flächentransistor ersetzt, der aus einem dünnen Siliciumplättchen mit Verunreinigungen besteht, sodass verschiedene Bereiche mit unterschiedlichen elektrischen Eigenschaften auftreten. In der Regel liegt eine „Basisregion", die überschüssige positive Ladungsträger (Löcher) aufweist, eingekeilt zwischen einer „Emitter-" und einer „Kollektorregion", die beide reich an negativen Ladungsträgern (Elektronen) sind. Wenn eine geringe Spannung an die Basis angelegt wird, sammeln sich die überschüssigen Löcher an der Kontaktstelle von Basis und Kollektor, und Strom fließt von einer Seite des Halbleiter-Sandwiches zur anderen. Im Gegensatz zu den alten Röhren benötigt der Transistor wenig Energie und lässt sich, da er auf molekularem Niveau arbeitet, leicht miniaturisieren. Heute werden Millionen winziger Transistorschaltkreise auf nicht einmal fingernagelgroße Siliciumchips geätzt und überall eingesetzt, vom Hörgerät bis zum Supercomputer.

Siehe auch *Supraleitfähigkeit* S. 266, *Der Computer* S. 340, *Ein neuer Materiezustand* S. 510.

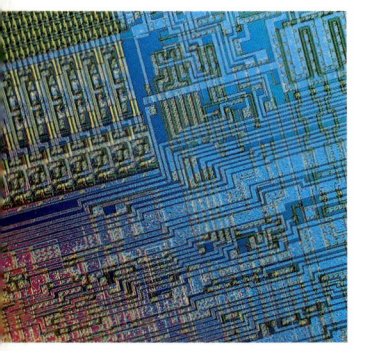

Mikrochips können auf einer dünnen, gerade fingernagelgroßen Siliciumschicht eine Million Transistoren in einen einzigen integrierten Schaltkreis enthalten.

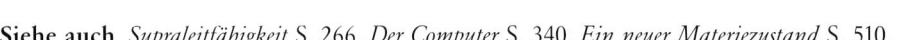

Nachbildung des ersten funktionierenden Transistors, der von Bardeen, Shockley und Brattain gebaut und am Weihnachtsabend 1947 vorgeführt wurde. ▶

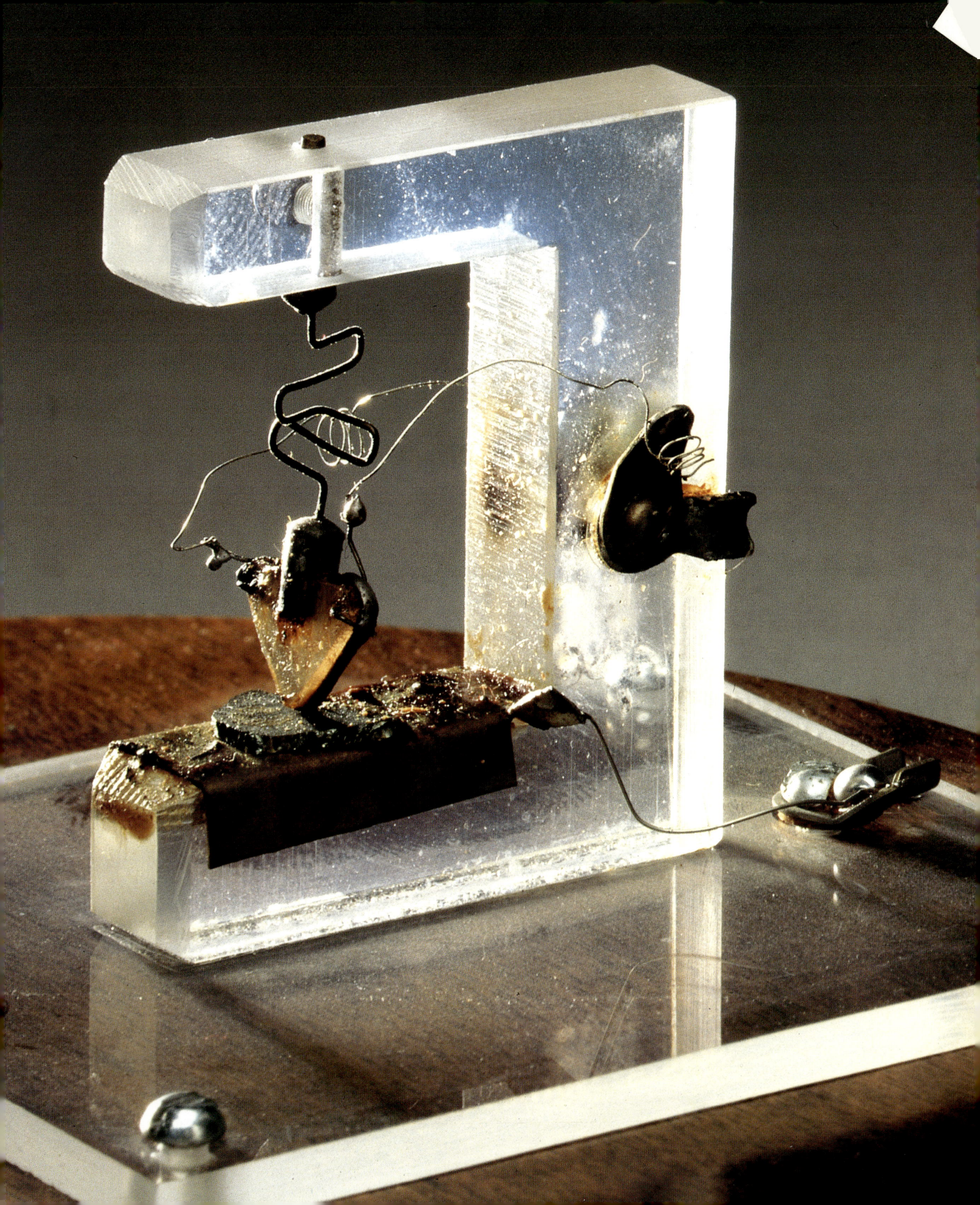

Quantenelektrodynamik

Julian Seymour Schwinger 1918–1994, Sin-Itiro Tomonaga 1906–1979,
Freeman John Dyson *1923, Richard Phillip Feynman 1918–1988

Gleichnamige Ladungen stoßen sich ab. Bringt man zwei Elektronen eng zusammen, so versuchen sie, auseinander zu fliegen. Warum? Wie üben sie diese geheimnisvolle Kraft der elektrischen Abstoßung aus? Die Theorie der Quantenelektrodynamik, kurz QED, beschreibt den Prozess, als handele es sich um ein Kinderspiel wie „Fangen“.

Die Theorie wurde Ende der Vierzigerjahre von Julian Schwinger, Sin-Itiro Tomonaga, Freeman Dyson und Richard Feynman ausgearbeitet; letzterer entwarf Diagramme, die zeigten, wie zwei geladene Teilchen miteinander in Wechselwirkung treten können. Das einfachste Feynman-Diagramm für zwei Elektronen zeigt, wie eines von ihnen ein Photon auf das andere abfeuert. Das erste Elektron prallt dadurch zurück, und das zweite erfährt einen Rückstoss, wenn es das Photon absorbiert. Wenn sich dieser Prozess wiederholt, werden die beiden Elektronen immer weiter auseinandergedrückt, wie zwei Leute auf Rollschuhen, die mit einer Bowlingkugel Fangen spielen. In diesem Spiel kann man seinen Partner aber auch zu sich heranziehen, daher lässt sich mit der Theorie die Anziehung zwischen entgegengesetzten Ladungen ebenfalls erklären.

Das scheint eine seltsame Art und Weise zu sein, um eine Kraft zu beschreiben – und es wird noch seltsamer. Das Photon, das die Kraft vermittelt, kann selbst von jedem der beiden Elektronen angezogen beziehungsweise abgestoßen werden oder sich sogar kurzzeitig in andere geladene Teilchen verwandeln, die ihrerseits kräftevermittelnde Photonen aussenden können. Der QED zufolge ereignet sich jede mögliche Komplikation sofort, doch die verwickelteren Prozesse leisten nur einen relativ kleinen Beitrag zur Kraft. Schlimmer noch, die QED basiert auf einem komplizierten mathematischen Kniff, der „Renormierung“, mit deren Hilfe man auftretende Unendlichkeiten aus einer Rechnung eliminieren kann.

Doch die QED funktioniert. Mit dieser Theorie lassen sich alle Manifestationen elektromagnetischer Kräfte handhaben, und zwar mit großer Präzision. Beispielsweise hat das Licht, das von Wasserstoffatomen ausgesandt wird, genau die Wellenlänge, die von den „Quantenschnörkeln“ der QED vorausgesagt worden ist. Die QED sagt auch, dass selbst der leere Raum von herumschwirrenden „virtuellen“ Teilchen erfüllt ist. Doch hier funktionieren die Zahlen nicht: Der Theorie zufolge sollte das Vakuum völlig von diesen Teilchen erfüllt sein, was das Universum so dicht machen würde, dass es schon vor langer Zeit unter seiner eigenen Schwerkraft hätte kollabieren müssen. Irgendetwas muss noch fehlen.

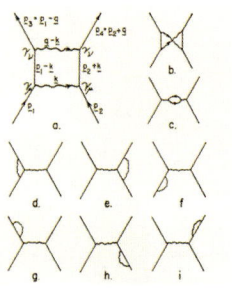

Nach Feynmans eigenen Worten stellen seine berühmten Diagramme »physikalische Prozesse und die mathematischen Ausdrücke, mit denen sie beschrieben werden« dar.

Siehe auch *Elektromagnetismus* S. 134, *Die Maxwellschen Gleichungen* S. 186, *Das Elektron* S. 228, *Die Vereinheitlichung der Kräfte* S. 416, *Superstrings* S. 474.

Feynman meinte einmal, die Theorie der Quantenelektrodynamik passe so gut zu den Daten, als habe man die Entfernung ▶ zwischen Los Angeles und New York vorausgesagt und lediglich um die Dicke eines menschlichen Haares danebengelegen.

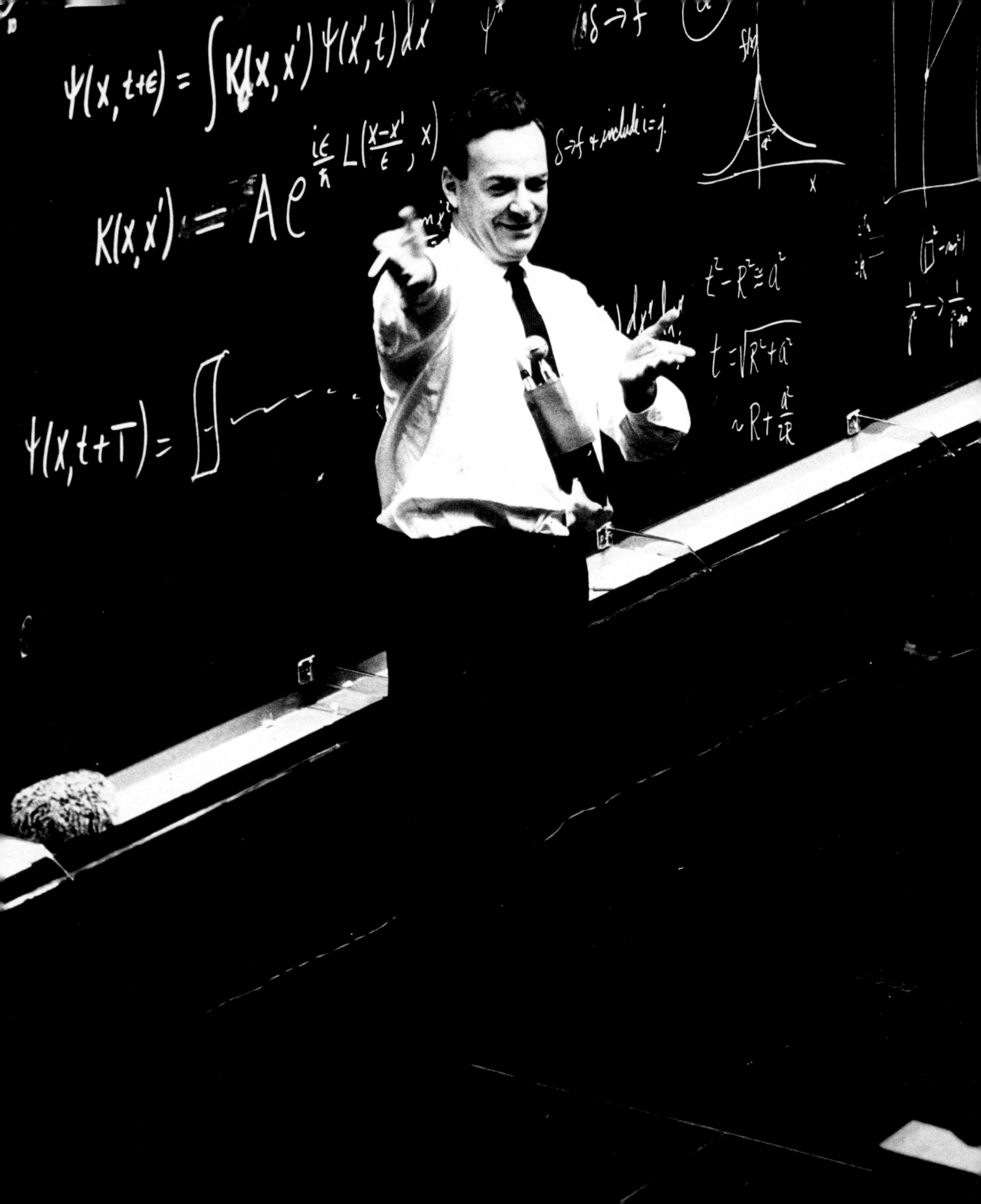
ψ(x, t+ε) = ∫K(x, x') ψ(x', t) dx'
K(x, x') = A e^{iε/ħ L((x−x')/ε, x)}
ψ(x, t+T) =
t² − R² = a²
t = √(R² + a²)
≈ R + a²/2R

Informationstheorie

Claude Elwood Shannon 1916–2001

Während wir über die Datenautobahn rasen, uns in der Informationsgesellschaft einrichten und ständig den Neuerungen der Informationstechnologie entgegenfiebern, denken die wenigsten von uns an den Mann, der das Fundament für das Informationszeitalter geschaffen hat: den amerikanischen Mathematiker Claude Shannon, der im Jahre 1948 eine mathematische Theorie der Nachrichtenübertragung veröffentlichte, die wir heute als Informationstheorie bezeichnen.

Shannon fasste den Informationsbegriff in eine klare mathematische Definition. Am Anfang seiner epochalen Abhandlung stand die Beobachtung, dass »das grundlegende Problem der Kommunikation darin besteht, eine Nachricht, die an einem Punkt zusammengestellt wurde, an einem anderen Punkt entweder exakt oder näherungsweise zu reproduzieren«. Seinem Ansatz zufolge besteht der Informationsgehalt einer Nachricht aus einer Kombination der Binärziffern (*binary digits = bits*) 0 und 1. Man kann dies als Darstellung einer Reihe von Ja-Nein-Entscheidungen auffassen. Heute wird die Durchsatzrate von Informationskanälen stets in Bits pro Sekunde angegeben, ein Maß, das Shannon ursprünglich „Kanalkapazität" genannt hat. Er wies nach, dass sich die Wahrscheinlichkeit von Störungen der Information als Verlust von Bits, Bit-Vertauschung, Auftauchen überschüssiger Bits und so weiter ausdrücken lässt. So konnte man die Obergrenzen der Ausbreitungsgeschwindigkeit von Nachrichten abschätzen und Konzepte wie Redundanz, Rauschen und sogar Entropie (als ein Maß für die Informationsmenge) mit mathematischer Genauigkeit definieren. Dies erlaubte es den Ingenieuren, in allen möglichen Anwendungsgebieten — von der Weltraumforschung über das Internet bis zu CD-Laufwerken und Mobiltelefonen — die Zuverlässigkeit und Geschwindigkeit der Nachrichtenübermittlung zu verbessern.

Die Bedeutung von Shannons Arbeit wurde sofort erkannt, und schon bald bereicherte die Informationstheorie auch andere Wissenschaften wie die Biologie, Linguistik, Psychologie, Ökonomie, Physik, ja sogar die bildenden Künste und die Literatur. Die Zeitschrift *Fortune* schrieb 1953: »Vermutlich ist es keine Übertreibung zu behaupten, dass der Fortschritt der Menschheit in Friedens- wie in Kriegszeiten stärker von den reichhaltigen Anwendungen der Informationstheorie abhängt als von den physikalischen Umsetzungen von Einsteins berühmter Gleichung — seien es Bomben oder Kraftwerke.«

Siehe auch *Der Welle-Teilchen-Dualismus* S. 300, *Der Computer* S. 340, *Die Doppelhelix* S. 374, *Quantenseltsamkeit* S. 464.

Shannon war für seine breit gefächerten Interessen bekannt. Er entwarf und baute Maschinen, die Schach spielen, Labyrinthe durchsuchen, jonglieren und „Gedanken lesen" konnten.

Gute Verbindungen: Diese französische Vision aus dem Jahre 1883 charakterisiert das 20. Jahrhundert durch Abertausende von ▶ Drähten ganz richtig als Informationszeitalter, wenngleich sich die Kommunikationstechniken anders entwickelt haben.

Transplantatabstoßung

Peter Medawar 1915-1987, Frank Macfarlane Burnet 1899-1985

Die Übertragung von Gewebe oder Organen von einer Person auf eine andere war ein jahrhundertealter Traum. Dank der Nahttechniken, die Alexis Carrel und Charles Guthrie zu Beginn des 20. Jahrhunderts entwickelt hatten, waren Verpflanzungen von Organen wie Niere, Herz und Milz technisch machbar. Aber die Organe anderer Personen erwiesen sich oft als inkompatibel; eine Transplantatabstoßung trat häufig auf und war stets tödlich.

Zum Ende des Zweiten Weltkrieges nahm allmählich das Wissen um den Abstoßungsprozess und seine Unterdrückung zu. Der britische Zoologe Peter Medawar hatte Brandopfer des „Blitzkrieges" behandelt und führte nach dem Krieg streng kontrollierte Tierversuche mit Hauttransplantationen durch. Seine Erfahrungen lehrten ihn, dass die Transplantatabstoßung die direkte Folge eines Angriffs des Empfänger-immunsystems auf das Transplantat war: Das Immunsystem des Empfängers erkennt Antigene des Transplantats als fremd und bildet Antikörper, die das neue Gewebe angreifen und für die Zerstörung durch weiße Blutzellen vorbereiten. Die Auswirkungen der Abstoßungsreaktion wurden im Jahre 1950 nach der ersten Nierenverpflanzung beim Menschen in den USA drastisch verdeutlicht. Nach acht Monaten stellten Chirurgen fest, warum die neue Niere versagte. Sie fanden ein winziges, geschrumpftes Organ vor, das vom Immunsystem des Empfängers zerstört worden war.

Medawars Untersuchungen zum Abstoßungsmechanismus waren von dem australischen Biologen Frank Macfarlane Burnet beeinflusst, der 1949 die Vermutung äußerte, die Fähigkeit eines Individuums, Zellen oder Gewebe als „eigen" zu erkennen, werde während der Embryonalentwicklung erworben („erworbene Immunität"). In den frühen Fünfzigerjahren wies Medawar nach, dass Mäuse Hauttransplantate tolerierten, wenn sie als Embryonen mit Zellen des Spenders oder des Transplantats in Kontakt gekommen waren („erworbene Immuntoleranz"). Für eine erfolgreiche Transplantation muss demnach bei Erwachsenen eine Toleranz herbeigeführt oder das Immunsystem unterdrückt werden. Im Jahre 1962 setzte Roy Calne Immunsuppressiva ein, um das Leben eines Patienten mit einer transplantierten Niere zu verlängern. Der eigentliche Durchbruch gelang jedoch erst Ende der Siebzigerjahre mit der Einführung des hochwirksamen Immunsuppressivums Cyclosporin (Ciclosporin).

Siehe auch *Zelluläre Immunität* S. 204, *Antitoxine* S. 214, *Die Blutgruppen* S. 236, *Biologische Selbsterkennung* S. 430, *Monoklonale Antikörper* S. 448.

Eine Krankenschwester versorgt den ersten Empfänger eines Spenderherzens (1967). Leider starb er 18 Tage nach der Operation ▶ an einer Lungenentzündung. Das Herz war nicht abgestoßen worden — es arbeitete bis zuletzt zuverlässig.

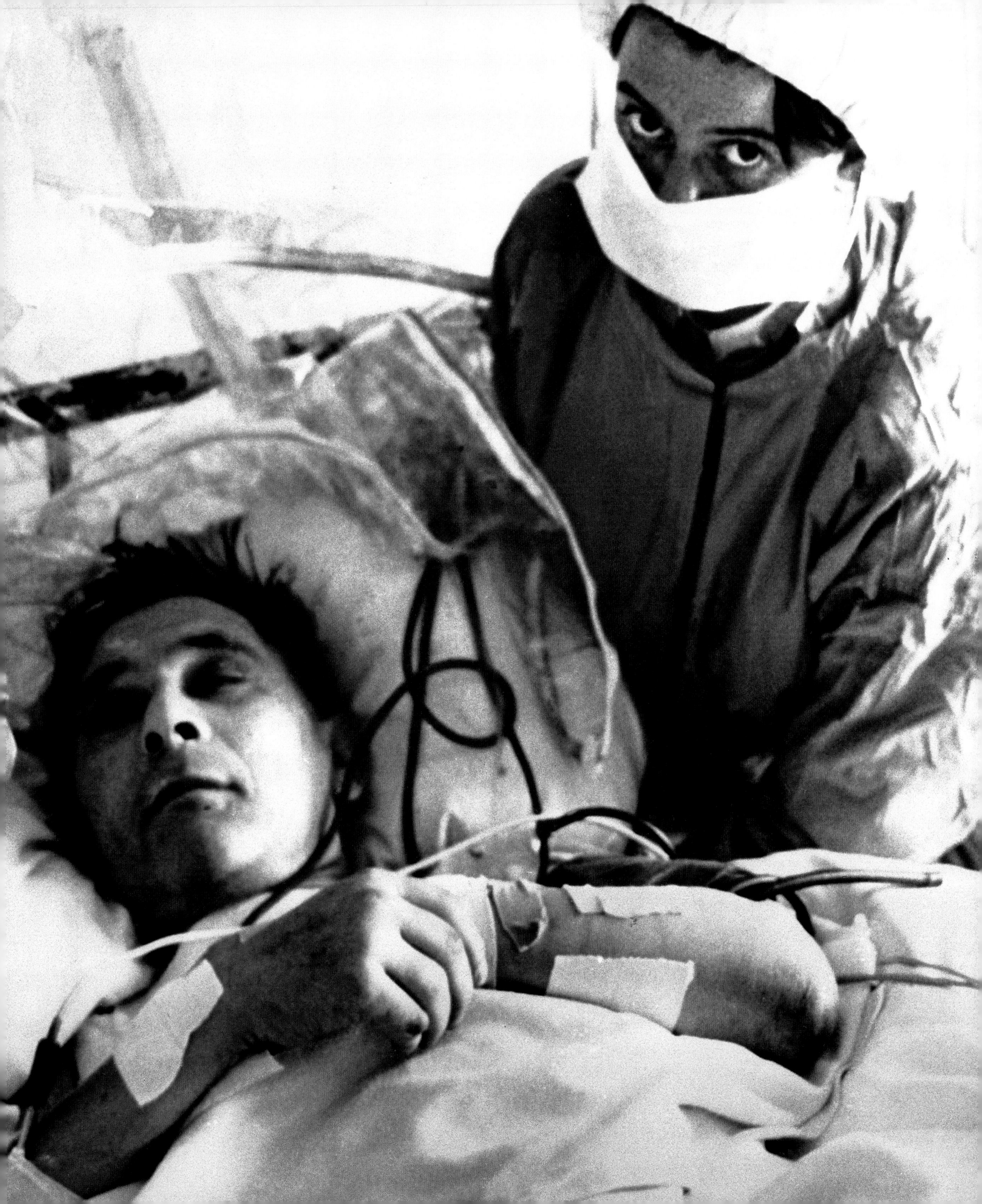

Die Sichelzellenanämie

Linus Carl Pauling 1901-1994

Ein gesundes rotes Blutkörperchen (Erythrocyt) ist scheibenförmig und auf beiden Seiten konkav gewölbt. Bei Personen mit der genetisch bedingten Krankheit Sichelzellenanämie sind diese Blutkörperchen oft stark deformiert und sehen aus wie ein Halbmond (oder eine Sichel). Diese deformierten Zellen verstopfen die Blutgefäße, was zu Kreislaufproblemen sowie Nieren- und Herzversagen führt. Sie können schlechter Sauerstoff transportieren und freisetzen als normale Erythrocyten und habe eine kürzere Lebensdauer — all dies führt zu einer schweren Anämie. Die 1910 erstmals von dem amerikanischen Arzt James Bryan Herrick beschriebene Krankheit ist vor allem in Afrika verbreitet, kommt aber auch in Indien und einigen südeuropäischen Ländern vor.

Die Entdeckung der Ursache der Sichelzellenanämie war ein Meilenstein in der Geschichte der Molekularmedizin. Im Jahre 1949 wies der amerikanische Chemiker Linus Pauling nach, dass sich die Hämoglobinmoleküle — Sauerstoff transportierende Proteine, die dem Blut seine rote Farbe verleihen — bei Menschen mit Sichelzellenanämie grundlegend von denen Gesunder unterschieden. Den Grund für diese Abweichung entdeckte 1954 ein anderer Chemiker, Vernon Ingram. Dieser trennte mit einem chromatographischen Verfahren Proteine nach ihren chemischen Eigenschaften und enthüllte, dass sich das Sichelzellen-Hämoglobin in nur einem Aminosäurenbaustein vom normalen Hämoglobin unterschied. Diese Abweichung ist wiederum die Folge einer so genannten „Punktmutation" im Hämoglobingen auf Chromosom 11. Das Verändern nur eines „Buchstabens" in der DNA kann also für einen Menschen lebenslanges Leiden bedeuten.

Die Sichelzellenanämie ist noch aus einem anderen Grund von wissenschaftlichem Interesse. Personen mit zwei mutierten Hämoglobingenen entwickeln das klinische Krankheitsbild, während diejenigen mit einem mutierten und einem normalen Gen — die nur Träger des Krankheitsgens sind — ein halbwegs normales Leben führen können und gegen Malaria relativ resistent sind. Das erklärt wahrscheinlich, weshalb sich die Mutation in Populationen erhalten hat, bei denen Malaria besonders oft auftritt: Die Vorteile eines einzelnen Sichelzellengens gleichen womöglich die Nachteile der doppelten Genausstattung (Reinerbigkeit) aus.

Siehe auch *Der Blutkreislauf* S. 58, *Mendels Gesetze der Vererbung* S. 192, *Angeborene Stoffwechselstörungen* S. 258, *Die Struktur des Hämoglobins* S. 390.

Die Sichelzellenmutation führt dazu, dass sich die Erythrocyten bei Sauerstoffmangel verformen. Die Krankheit ist der Preis, der ▶
für die Entwicklung einer relativen Malariaresistenz zu zahlen ist.

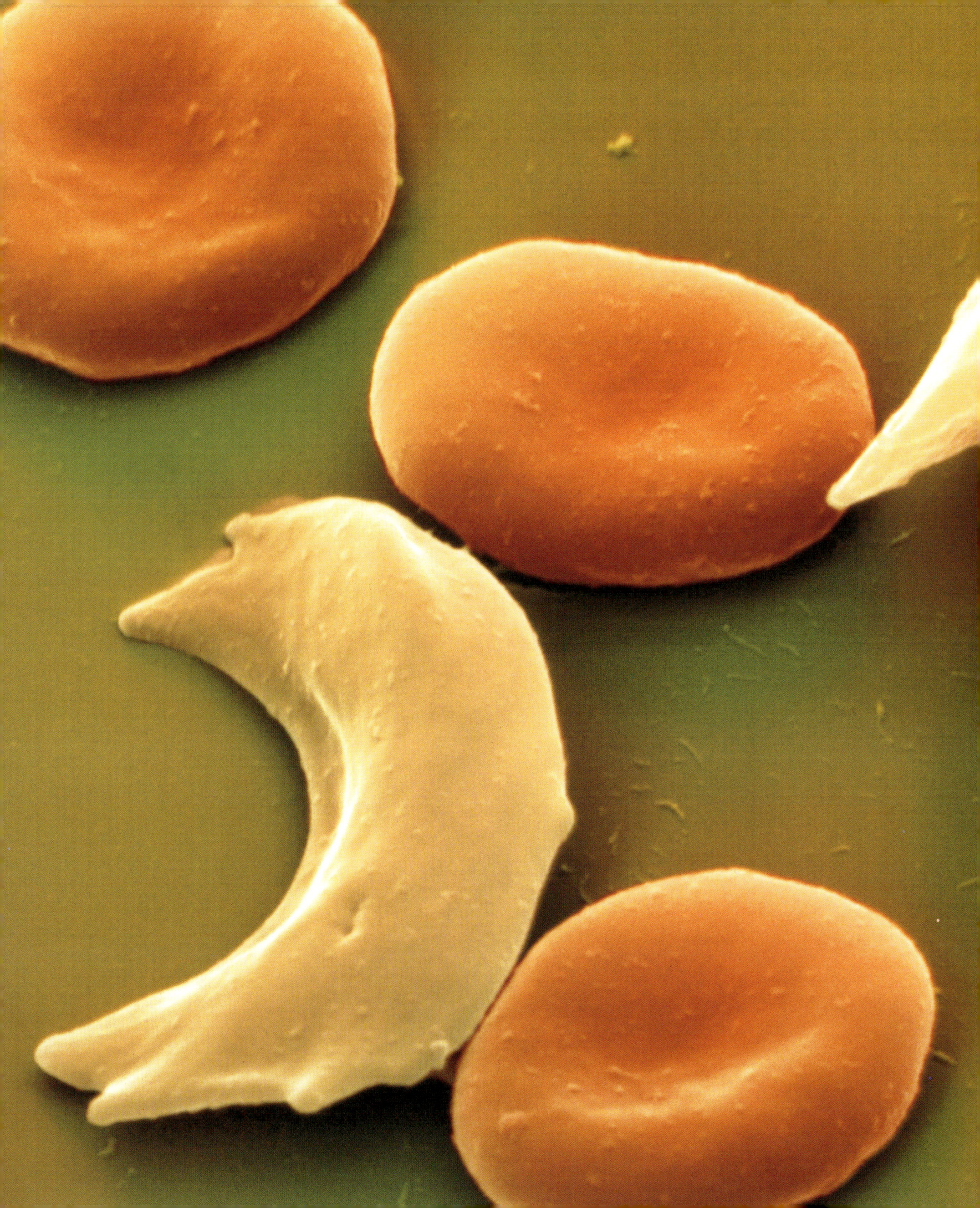

Ein Kometenreservoir

Jan Hendrik Oort 1900-1992

Astronomen teilen Kometen nach der Zeit, die sie für ihren Umlauf um die Sonne benötigen, in zwei Gruppen ein. Langperiodische Kometen haben Umlaufzeiten von mehr als 200 Jahren, kurzperiodische solche von weniger als 200 Jahren. Planetarische Störungen sollten eigentlich dafür sorgen, dass Kometen sich gleichmäßig in zufälliger Streuung auf größere und kleinere Umlaufbahnen verteilen. Der holländische Astronom Jan Oort jedoch stieß auf eine dramatische Häufung von Kometen mit Perioden von mehr als einer Million Jahre. Im Jahre 1950 äußerte er die Vermutung, dass deren Quelle eine gewaltige kugelförmige Wolke sei, welche das Sonnensystem umschließt und 10 000 bis 100 000 astronomische Einheiten von der Sonne entfernt liegt (der nächstgelegene Stern ist rund 270 000 astronomische Einheiten weit weg, wobei eine astronomische Einheit der mittleren Entfernung zwischen Erde und Sonne entspricht). Er errechnete, dass die Wolke ungefähr 1 012 Kometen enthalten müsse.

Nahe vorüberfliegende Sterne stören die Oortsche Wolke durch den Einfluss ihrer Schwerkraft oder sogar durch Kollisionen, wodurch einige Kometen aus dem Sonnensystem hinausgestoßen und andere in Richtung auf die Sonne zu auf sehr lange Umlaufbahnen gelenkt werden. Von Letzteren passieren manche die größeren Planeten in geringem Abstand und werden im inneren Sonnensystem gefangen. Da kurzperiodische Kometen nun auf neuen Umlaufbahnen festgehalten sind, zerfallen sie recht schnell und bilden Meteoritenschwärme. Wenn die Erde einen dieser Schwärme passiert, sehen wir Sternschnuppen in der höheren Atmosphäre. Möglicherweise gibt es zwischen lang- und kurzperiodischen Kometenpopulationen eine Zwischenstufe.

Im Jahre 1951 vermutete Gerard Kuiper, dass das Sonnensystem nicht abrupt an der Umlaufbahn des Pluto endet. Jenseits davon bewegen sich vielleicht einige Planetesimals vom Typ „schmutziger Schneeball", also Stücke zu Eis gefrorener Materie ähnlich dem Halleyschen Kometen, auf nahezu kreisförmigen Umlaufbahnen. Diese kleinen Körper sind so dünn gesät, dass sie sich nicht zu einem Planeten zusammenballen können. Physikalisch und chemisch lassen sie sich von Kometenkernen praktisch nicht unterscheiden. Der erste Vertreter dieses so genannten Kuiper-Gürtels wurde im August 1992 entdeckt. Der Gürtel umfasst viele Millionen Objekte von zehn bis 1 000 Kilometern Durchmesser, welche den Nachschub für die kurzperiodische Kometenpopulation liefern.

Siehe auch *Ein neuer Stern* S. 48, *Der Halleysche Komet* S. 84, *Der Ursprung des Sonnensystems* S. 104, *Der Komet Shoemaker-Levy 9* S. 508, *Wasser auf dem Mond* S. 522.

Diese Illustration aus dem 18. Jahrhundert zeigt die beobachteten Bahnen periodischer Kometen und legt die Kometentheorien von Astronomen wie Kepler, Cassini und Halley dar. ▶

THEORIA COMETARVM.

...qua præcipua eorum Phænomena ex recentiorum Astronomorum Observationibus secundum ill. Newtoni et cel. Whistoni Hypothesin geometrice deductà cum aliis exhibentur à IOH. GABR. DOPPELMAIERO, Acad. Cæs. Leopoldina Carol. Nat. Cur. Regiarum Societatum Britanicæ et Boruss. Sodali, et Math. Prof. Publ. Sumptibus Heredum Homannianorum, Noribergæ.

Hypothesis Kepleriana.

Fig. 3.

De Cometis in genere.

Cometæ præstantissimarum Observationum testimonio, in orbitis moventur ellipticis, oblongis, vel quo-dammodo parabolicis, valdè eccentricis, in quarum foco est sol, et describunt areas, cum lineâ ad cen-trum illius ducuntur, instar planetarum, temporibus proportionales. In hujus demonstrationem exhiben-tur in Fig. 1. orbita cometæ, quæ circa finem ani 1680. et ad sequentis ani 1681. initium apparuit, me-thodo geometricâ, ex observationibus definitâ, in x transitum, aliàquam plurima cometarum per aliquot sæcula spectatorum orbita ex celeb Whistoni designatione editâ. Hanc hypothesin præcipuè extoluit ill. Newtonus, eûm verò cel. Halleius præcepta dedit, quomodo loca cometarum in parabolica orbita per calculum elici possint. Hisce suppositis, facile perspicimus, quod cometæ per breve tantum tempus appa-reant, et ulterius in remotas orbitarum partes delati per longissimum temporis spatium lateant; quod magnitudo capitis et caudæ, quæ plerunque, eâdem semper à sole aversâ, cometæ instructi, variationem perpe-tuo sit obnoxia; porro quocauda, respectu nostri, sensim obscure videatur magnitudine, et tandem evanescat. (vid. fig. q. 10.) Sed hic etiam leges Opticæ in subsidium vocandæ erunt, si variationem præictorum con-grue monstrare velimus. Quod denique ad numerum horum corporum cometicorum attinet, Keplerus mag-num illorum numerum statuit, sed Halleius omnes, qui per varias temporum periodos circumvoluti, redeus se iterum, tanquam corpora perennia spectandos, præbent; ad 24 reducit; ex quibus in genere patet, cometas cum planetis multam intercessaffinitatem habere.

Hypothesis Heveliana.

Fig. 4.

Fig. 1.

Orbita Mercurii
Orbita Veneris
Orbita Terræ
Orbita Martis

Fig. 2.

orb. ♄

orb. ♃

De hypothesibus Ioh. Kepleri, Ioh. Hevelii, P. Petiti, et I. D. Cassini.

Doctissimus Keplerus cum Galilæo, Cassato &c. Cometarum motus in lineis rectis, (vid. Fig. 3.) quæ tangunt circulos per æquales harum partes, nobis è terra inæquales fieri olim statuit, sed cel. Hevelius plurium observationum apparatu instructus, postea illas trajectorias magis parabolicas, quam rectas esse asseruit, in quibus cometæ, cum eosdem ex concursu planetarum effluviorum intra atmo-sphæras orin et in molem insignem concrescere æstimaret, per lineas spirales (vid. Fig. 4 ad A D.) sensim elati in altum, porro à vorticibus abrepti ferantur, ut lapis è funda, per lineas B. K et quidem circa verticem Parabolæ ad F, motu velocissimo, in distantius verò à F. remotioribus, exempli gratia R et B. motu tardiore et tardissimo Hanc hypothesin plures amplexi et præcipuè in Gallia P. Petitus, sed tandem illam non omnino Phænomenis cometicis ex voto responderi deprehendit, hinc cometas mundo coævos esse potius affirmavit, qui in circulis intra Satur-num et stellas fixas sitis, (vid. Fig. 5.) vel Systema nostrum planetarum ambientibus, prout portio circumferentiæ R. P. G. indicat, vel quadam circumferentiæ parte ad orbitam Satur-ni ut in ♀ accedentibus, moventur, ita ut ad B. in Perigæo consistuti, videantur maximi et celerrimi, ante verò et post illud tempus in X. V. I. et C. D. E. minores et tardiores, hinc in motu quoque inæquales, eô spatio TV. VI. CD. IIE. sint æqualia; tandem verò cometa in vastissi-mis circulis per remotiores partes delati, ut oculi nostri surripiantur, post multorum annorum inter valla, ratione habita ad magnitudines orbitarumquia vel breviora, vel longiora, iterum apparebunt. Post hæc cel. Cassinus novam methodum exhibuit, qua scil. ratione supposito mo-tus medii cometici circulo circa Terram (vid. Fig. 8.) valde eccentrico exilia et tempora et loca cometarum sint definienda; de quibus alibi plura.

Hypothesis Petri Petiti

Fig. 5.

Oriens
Occid.
Orbita Saturni

Phænomenon in Oriente à Chr. Huygenio A. 1618. detectum.

Fig. 7.

Hypothesis I. D. Cassini.

Dom. in Oriente Phænomenon quod Picardus A. 1680. deprehendere inusititum.

Fig. 6.

Fig. 8.

Springende Gene

Barbara McClintock 1902–1992

Nachdem sie 1927 an der amerikanischen Cornell-Universität in Botanik promoviert hatte, wandte sich Barbara McClintock der Genetik der Maispflanze zu. Damals war die Taufliege der meistverwendete „Modellorganismus" der Genetik, aber an der Cornell-Universität wurde bevorzugt an Mais gearbeitet. Die Farben der Körner an einem Kolben sind gute Anzeiger des in der Pflanze aktiven Erbgutes, und ihre großen Chromosomen, also die Träger der Gene, lassen sich unter dem Mikroskop bequem untersuchen. Schließlich gibt die lange Reifungszeit von Mais den Forschern ausreichend Zeit für die durchdachte Planung ihrer genetischen Experimente.

Bis 1931 hatte McClintock nachgewiesen, dass der genetische Austausch während der Produktion der Keimzellen — der so genannten „Meiose" — mit einem Materialaustausch zwischen den Chromosomen einhergeht. Diese Experimente gelten als Meilensteine in der Geschichte der Genetik, da sie den Zusammenhang zwischen den Chromosomen und der Vererbung der Gene nachwiesen.

McClintock ist jedoch vor allem für ihre Arbeiten über „springende Gene" bekannt geworden. Im Jahre 1941 wechselte sie zum Cold Spring Harbor Laboratory im Bundesstaat New York, das zu einem berühmten Sammelplatz für Pioniere der Molekularbiologie avancieren sollte. Als ihr aufgefallen war, dass auf den Blättern und Körnern ihrer Maispflanzen ab und an seltsam gefärbte Punkte und Flecken auftauchten, wandte sie sich den Kontrollmechanismen für die Gene zu, welche die Farben festlegen. Sie entwickelte die Vorstellung, dass es bewegliche genetische Einheiten geben muss, die ihre Position innerhalb eines Chromosoms verändern können. Wenn sie mitten in ein Gen springen, verhindern sie unter Umständen, dass es ein- oder abgeschaltet wird. Das Genom — die Gesamtheit des Genbestands einer Zelle — erwies sich als viel veränderlicher, als es selbst die kühnsten Köpfe bis dahin angenommen hatten.

Als McCintock ihre Befunde 1951 der Genetiker-Gemeinde vorstellte, begegnete man ihr mit Unverständnis und Ablehnung; es gab sogar Gemunkel über ihren Geisteszustand. Im Laufe der Siebzigerjahre jedoch entdeckte man McClintocks bewegliche genetische Elemente, die „Transposons", auch in etlichen anderen Organismen. Für ihre Pionierarbeit wurde sie 1983 mit dem Nobelpreis für Physiologie oder Medizin ausgezeichnet.

Siehe auch *Gene und Vererbung* S. 264, *Bakteriengene* S. 332, *Die Doppelhelix* S. 374, *Neutrale molekulare Evolution* S. 422, *Die grüne Revolution* S. 428, *Gentechnik* S. 436, *Gerichtete Mutation* S. 494.

Barbara McClintock im Jahre 1983, als sie im Alter von 81 Jahren den Nobelpreis erhielt. An solchen mehrfarbigen Maiskolben ▶ hatte sie ihre Untersuchungen über bewegliche genetische Elemente durchgeführt.

Chemische Oszillationen

Boris Pawlowitsch Belousov 1893–1970, Anatol M. Zhabotinsky *1938

Im Jahre 1951 beobachtete der sowjetische Biochemiker Boris Belousov eine oszillierende chemische Reaktion. Er versuchte gerade, eine „Reagenzglasversion" eines Stoffwechselprozesses auszuführen. Seine Lösung aus anorganischen Komponenten, die zunächst gelb war, wurde klar. Doch wenige Augenblicke später wurde sie wieder gelb, dann erneut klar. Sie schien nicht in der Lage, zu einem stabilen Zustand zu finden. Seine Beschreibung des Vorgangs stieß auf Unglauben, und das mit gutem Grund. Das Fehlen einer bevorzugten Richtung — gewissermaßen eines Zeitpfeiles — implizierte eine Verletzung des Zweiten Hauptsatzes der Thermodynamik, dem zufolge die Entropie stets zunehmen muss.

Allerdings hatte auch der amerikanische Chemiker William Bray schon 1921 eine oszillierende Reaktion beobachtet. Und er hatte versucht, dieses Phänomen mithilfe der Arbeiten des Mathematikers Alfred Lotka zu erklären, die theoretisch zeigten, wie eine chemische Reaktion temporäre gedämpfte Oszillationen entwickeln könnte. Doch erst in den Sechzigerjahren belegten die sorgfältigen Experimente von Anatol Zhabotinsky, einem Biochemiker in Moskau, dass Belousovs Oszillationen real waren. Er modifizierte die Reaktionsmischung so, dass der Farbwechsel dramatischer verlief, nämlich von Rot nach Blau.

Westliche Wissenschaftler wurden 1968 auf diese so genannte Belousov-Zhabotinsky-Reaktion (BZ-Reaktion) aufmerksam, und sie wurde zu einem Thema internationaler Forschung. Lotkas Ansatz beinhaltete das entscheidende Element der Rückkopplung — eines der Reaktionsprodukte katalysierte seine eigene Bildung (Autokatalyse). Dieses „nichtlineare" Verhalten (das heißt, dass sich Wirkungen nicht direkt proportional zu ihren Ursachen verhalten) kann verblüffende Folgen haben. Wie Forscher zeigten, lässt sich die BZ-Reaktion mit einer hypothetischen autokatalytischen Reaktion erklären. Der Zweite Hauptsatz bleibt unverletzt, da die chemischen Oszillationen aus dem Gleichgewichtszustand heraus erfolgen: Sie verschwinden schließlich, es sei denn, die Mischung wird mit frischen Reagenzien gespeist und die Endprodukte werden entfernt.

Unter bestimmten Bedingungen kann sich die Farbveränderung in kleinen konzentrischen Wellen durch das Medium ausbreiten. Diese Wellen können zu Spiralen mutieren oder auch stationäre Muster bilden. Ein ähnlicher chemischer Prozess könnte bei Tieren im Verlauf der Embryonalentwicklung zu einem gefleckten oder gestreiften Fell führen. Die BZ-Reaktion ist zudem der Art und Weise analog, wie elektrische Signale die Muskelkontraktion im schlagenden Herzen koordinieren.

Siehe auch *Die Hauptsätze der Thermodynamik* S. 164, *Schleimpilzaggregation* S. 348, *Die Genetik der Embryonalentwicklung* S. 460.

Chemische Wellen bei der BZ-Reaktion. Belousovs Befunde, die zunächst als Artefakte und Folge einer schlampigen Experimentiertechnik abgetan wurden, wären fast in den Tiefen obskurer Konferenzprotokolle begraben und vergessen worden. ▶

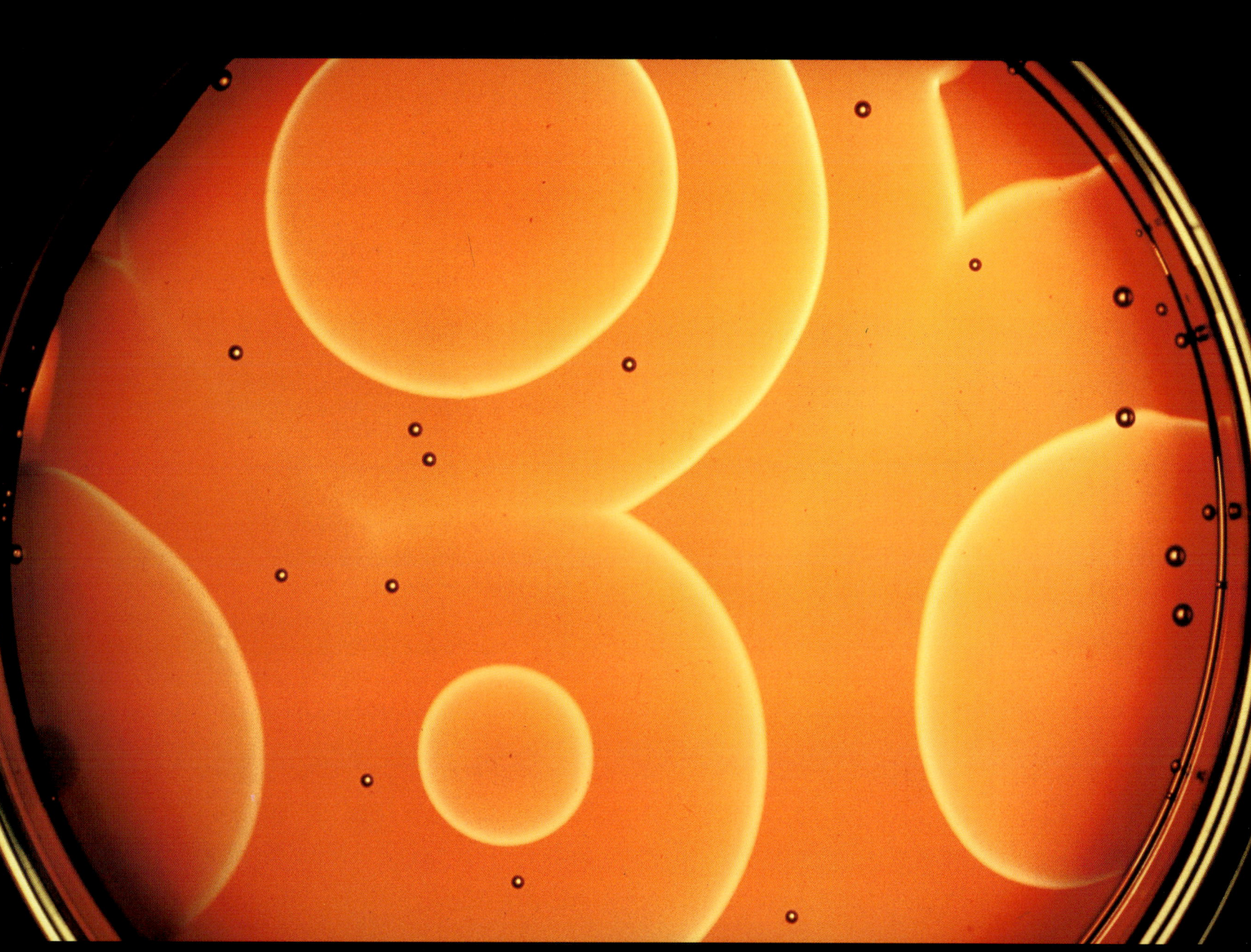

Nervenimpulse

Alan Lloyd Hodgkin 1914–1998, Andrew Fielding Huxley ∗1917

In den Nervenfasern oder Axonen werden Signale in Form elektrischer Impulse, so genannter „Aktionspotenziale", weitergeleitet. Wie diese Aktionspotenziale entstehen und sich in den Axonen fortsetzen, wurde 1952 von den englischen Physiologen Alan Hodgkin und Andrew Huxley (einem Enkel von „Darwins Bulldogge" Thomas Henry Huxley) aufgeklärt. Gemeinsam mit John Eccles erhielten die beiden dafür 1953 den Nobelpreis für Physiologie oder Medizin.

Hodgkin und Huxley arbeiteten am Riesenaxon des Tintenfisches, das aufgrund seiner Größe und leichten Präparierbarkeit ein ideales Modell für Untersuchungen der elektrischen und physiologischen Veränderungen während eines Aktionspotenzials darstellte. Während des Ruhezustands ist die Membran des Axons polarisiert: Seine Innenseite ist gegenüber der Außenseite leicht negativ geladen. Bei einer Depolarisierung der Membran strömen positiv geladene Natriumatome (Natriumionen) durch spezifische Ionenkanäle in der Membran in die Nervenfasern hinein. Kurzfristig sorgt ein positiver Rückkopplungsmechanismus dafür, dass sich weitere Natriumkanäle öffnen und noch mehr positive Ionen in die Zelle einströmen. Während die Depolarisierung fortschreitet, schließen sich die Natriumkanäle wieder; dafür öffnen sich andere Kanäle, die Kaliumionen aus der Zelle herauspumpen, wodurch sich allmählich wieder ein Ruhepotenzial über die Membran aufbaut. Die Kanäle, die an diesem Vorgang beteiligt sind, öffnen und schließen sich entsprechend der jeweils aktuellen Membranspannung.

Hodgkin und Huxley konnten aus ihren Messungen Gleichungen ableiten, die sowohl die Stärke der Aktionspotenziale als auch die Geschwindigkeit, mit der sie sich in den Axonen fortpflanzen, nahezu perfekt simulieren. Ihre Untersuchungen haben auch zur Lösung der Frage beigetragen, warum die Aktionspotenziale verlustfrei auch über größere Entfernungen wandern, eine Eigenschaft, ohne die das Nervensystem Informationen nicht hinreichend zuverlässig übertragen könnte. Ihr Modell ist sehr allgemein gehalten, also nicht nur auf Tintenfisch-Riesenaxone anwendbar, sondern auch auf viele weitere erregbare Zelltypen und auf andere Teile der Nervenzellen, nämlich die Dendriten und Synapsen.

Siehe auch *Das Nervensystem* S. 210, *Neurotransmitter* S. 274, *Das Wachstum von Nervenzellen* S. 368, *Stickoxid* S. 496.

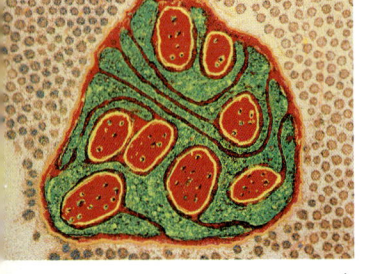

Elektronenmikroskopische Aufnahme eines Querschnitts durch Nervenfasern (rot).

„Tierische Elektrizität": Wenngleich ihm ein eindeutiger experimenteller Nachweis noch nicht gelang, lag der italienische ▶ Anatom Luigi Galvani im 18. Jahrhundert mit seiner Überzeugung, dass im Gewebe eines Frosches elektrische Ströme fließen, welche die Muskeln erregen, im Prinzip richtig.

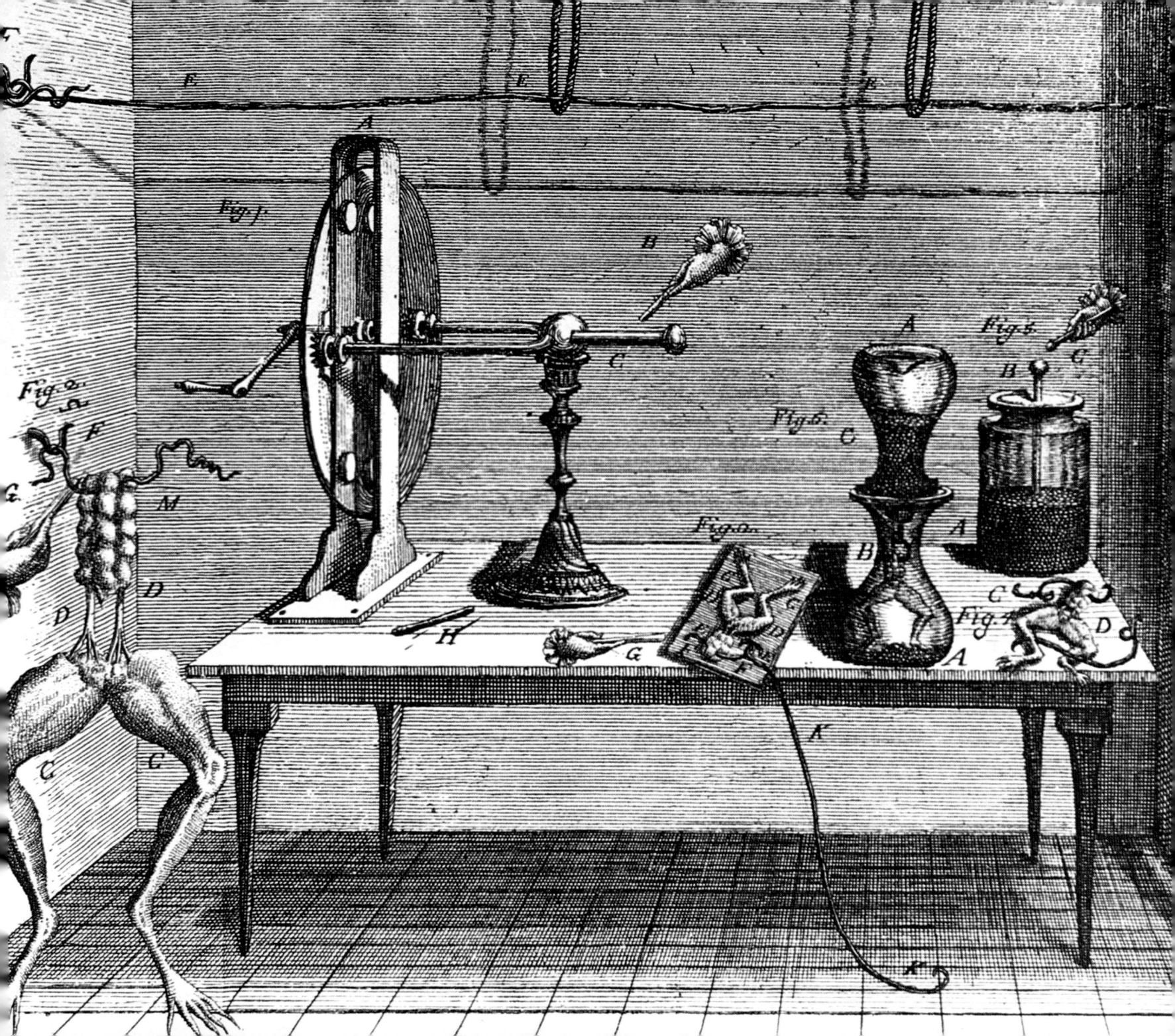

Das Wachstum von Nervenzellen

Rita Levi-Montalcini *1909, Stanley Cohen *1922

Den Zweiten Weltkrieg in ständiger Furcht vor antisemitischer Verfolgung in einem italienischen Privatlaboratorium durchzustehen, zumal als Frau, war sicherlich kein idealer Startpunkt für eine wissenschaftliche Karriere, die schließlich in einem Nobelpreis gipfeln sollte. Die brillante Wissenschaftlerin Rita Levi-Montalcini, die vor dem Krieg an der Universität von Turin in Medizin promoviert hatte und heute für ihre Arbeiten über das Wachstum von Nervenzellen bekannt ist, hat es dennoch geschafft.

Während die Zellen des peripheren Nervensystems wachsen, strecken sie ihre langen Ausläufer, die so genannten Axone, unter dem Einfluss von Botenstoffen und Wachstumsfaktoren nach spezifischen Zielen aus — Muskeln zum Beispiel. Die chemische Natur dieser Signalsubstanzen war bis weit in die Vierzigerjahre des 20. Jahrhunderts hinein völlig unbekannt. In ihren heimlichen Experimenten, für deren Aufbau sie manchmal Küchenutensilien zweckentfremden musste, untersuchte Levi-Montalcini, wie das Wachstum der peripheren Nervenzellen in Hühnerembryonen durch die Amputation von Gliedmaßen beeinflusst wurde — ein Forschungsprojekt, das sie nach dem Krieg im Labor von Viktor Hamburger an der Washington-Universität in St. Louis fortsetzte. Ihr gelang die wichtige Entdeckung, dass zur normalen Embryonalentwicklung nicht nur das Wachstum und die Differenzierung von Nervenzellen gehören, sondern auch deren planmäßiges Absterben, und dass die Anzahl der überlebenden Zellen mit der Größe des Zielgewebes zusammenhängt. Wird beispielsweise eine Gliedmaße des Embryos entfernt, so sterben im dorsalen Wurzelganglion viel mehr Nervenzellen als üblich — in jenem embryonalen Nervenknoten also, aus dem bei der normalen Entwicklung Nervenfasern in die Gliedmaße hineinwachsen.

Im Jahre 1952 war Levi-Montalcini der Nachweis gelungen, dass in Hühnerembryonen transplantierte Mäusetumoren eine diffusionsfähige Substanz ausschütten, die in der Umgebung der Tumoren das Nervenwachstum anregt: ein Phänomen, das sich auch in Nervenzellkulturen reproduzieren ließ. Die Substanz — der so genannte Nervenwachstumsfaktor — wurde 1954 von Stanley Cohen isoliert und chemisch analysiert. Cohen und Levi-Montalcini erhielten 1986 den Nobelpreis für Physiologie oder Medizin.

Der Nervenwachstumsfaktor gehört zu den so genannten „neurotrophen Faktoren", die jeweils an spezifische Rezeptoren auf der Zelloberfläche andocken. Behandlungen mit solchen Faktoren könnten in Zukunft Schäden am ausgereiften menschlichen Nervensystem heilen.

Siehe auch *Das Nervensystem* S. 210, *Neurotransmitter* S. 274, *Schleimpilzaggregation* S. 348, *Chemische Oszillationen* S. 364, *Die Genetik der Embryonalentwicklung* S. 460.

Eine reife Nervenzelle aus einer Zellkultur. Unter dem Einfluss des Nervenwachstumsfaktors bilden unreife Nervenzellen ein dichtes Netz von Fortsätzen aus. ▶

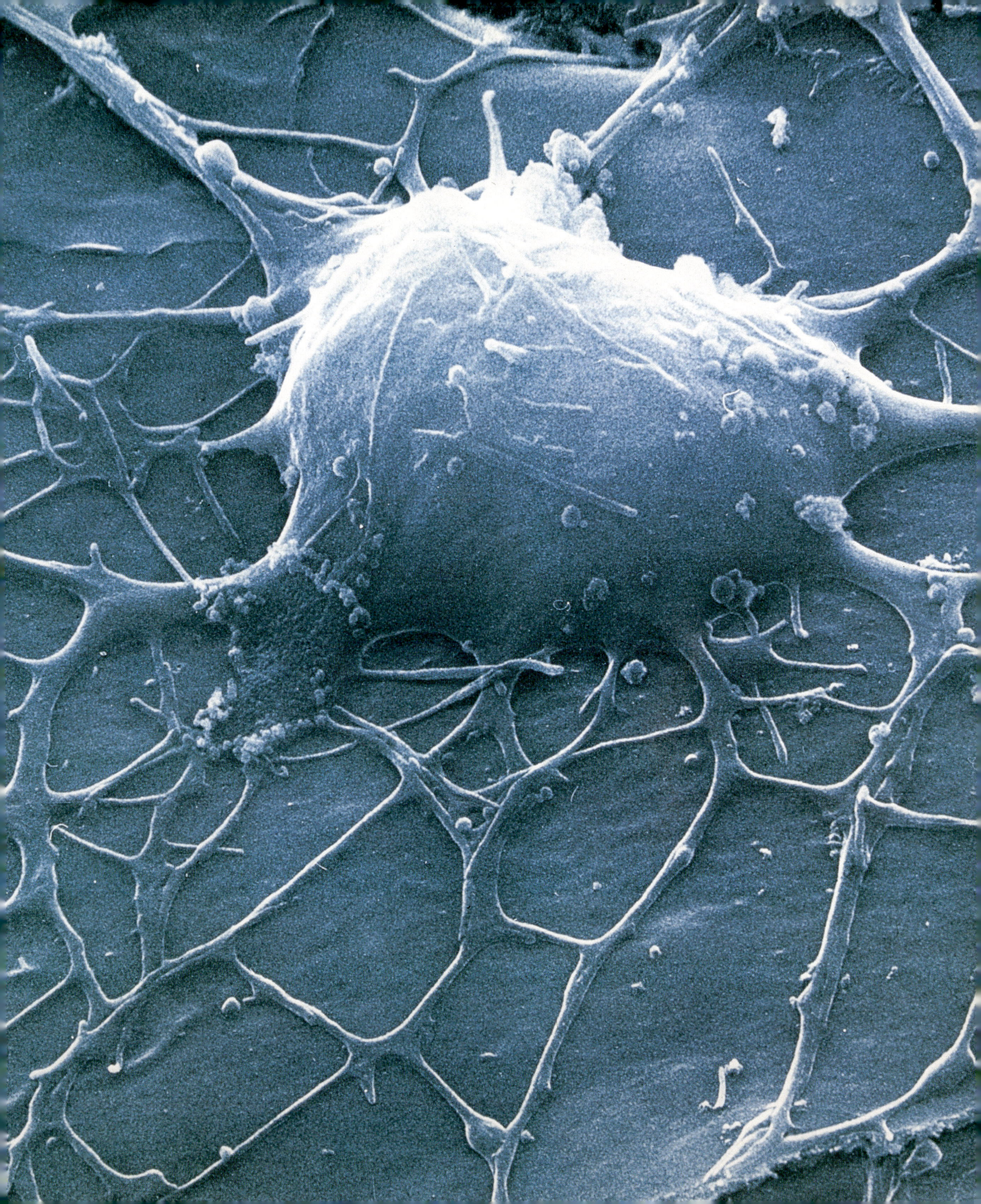

Der Ursprung des Lebens

Stanley Lloyd Miller *1930, Harold Clayton Urey 1893-1981

Lebewesen werden seit jeher von anderen Lebewesen hervorgebracht, aber wie entstand das Leben ursprünglich? Der russische Biologe Aleksandr Iwanowitsch Oparin stellte im Jahre 1924 Thesen auf, wie sich die molekularen Bausteine des Lebens aus einfacheren Substanzen gebildet haben könnten. Mit diesen Ideen beschäftigte sich dann der amerikanische Chemiker Harold Urey. Nach Ureys Vermutung war die frühe, präbiotische Atmosphäre der Erde zwar sauerstoffarm, enthielt aber Ammoniak, Methan, Wasserdampf und Wasserstoff. Elektrische Entladungen durch Blitzschlag oder ultraviolette Bestrahlung konnten aus diesen präbiotischen Vorläufermolekülen einfache organische Moleküle entstehen lassen – Moleküle wie Aminosäuren und Zucker, die heute von Lebewesen genutzt werden. Urey beließ es jedoch bei der Theorie. Erst 1953 fragte ihn der Student Stanley Miller, ob er seine Ideen im Rahmen einer Doktorarbeit experimentell überprüfen dürfe. Ureys Interesse galt inzwischen anderen Dingen, aber er gestattete Miller, die Arbeit in seinem Labor durchzuführen.

Binnen weniger Monate gelangen Miller spektakuläre Erfolge. Er erzeugte in einer Reagenzglas-„Atmosphäre" eine Vielzahl organischer Moleküle aus einfacheren Substanzen. Seine Ergebnisse erregten Aufsehen, weil er eine der letzten religiösen Herausforderungen an die wissenschaftliche Weltsicht angegangen war. Anhänger der Evolutionstheorie hatten vor Miller vielleicht immer noch geglaubt, dass Gott als Schöpfer organische Moleküle aus anorganischen geschaffen hatte. Miller aber bewies, dass dies auf natürlichem Wege erfolgen konnte, und trug somit dazu bei, die Grenze zwischen belebt und unbelebt neu zu definieren.

Seither hat man den Urspung des Lebens nach Millers Vorbild eingehend erforscht und alle Bausteine so synthetisiert. Doch die Forschung ist noch nicht am Ende. Es gilt noch herauszufinden, wie die (bei Millers Experimenten entstehenden) molekularen Bausteine des Lebens zusammen ein sich selbst reproduzierendes System bilden konnten. Diese Frage ist bis heute unbeantwortet.

Siehe auch *Die spontane Entstehung von Leben* S. 90, *Die Harnstoffsynthese* S. 142, *Außerirdische Intelligenz* S. 398, *Die ältesten Fossilien* S. 410, *Die symbiontische Zelle* S. 418, *Die fünf Reiche des Lebens* S. 426, *Mikrofossilien vom Mars* S. 518, *Wasser auf dem Mond* S. 522.

Lebensfunke: Miller wiederholt sein berühmtes Experiment zur Entstehung des Lebens. Millers wissenschaftlicher Berater Urey ▶ sagte dazu: »Wenn Gott es nicht auf diese Weise gemacht hat, dann ist ihm eine gute Möglichkeit entgangen.«

REM-Schlaf

Nathaniel Kleitman 1895–1999, Eugene Aserinski 1921–1998,
William Charles Dement *1928

In den Sechzigerjahren des 19. Jahrhunderts beobachtete der deutsche Arzt und Psychiater Wilhelm Griesinger nicht nur, dass bei schlafenden Menschen und Tieren die Augenlider zuckten, er glaubte überdies, dass diese Bewegungen in irgendeiner Weise mit dem Träumen zusammenhingen. George T. Ladd stellte 1892 die Vermutung auf, dass sich unsere Augäpfel im tiefen, traumlosen Schlaf nach oben und innen drehten – in die Position, die »für das Verschwinden aller störenden visuellen Bilder aus dem Bewusstsein am günstigsten« sei –, dass sie sich jedoch bei lebhaften Traumbildern »sanft in den Höhlen« bewegten und dabei verschiedene Positionen einnähmen, die »von retinalen Phantasmen hervorgerufen« würden.

E. Jacobson, der 1938 ein populäres Buch über das „ABC des erholsamen Schlafes" veröffentlichte, behauptete als Erster, diese Augenbewegungen ließen sich elektrisch messen und fotografisch aufzeichnen. Doch erst 1953 begann mit Nathaniel Kleitman aus Chicago und seinen Mitarbeitern Eugene Aserinski und William Dement das Zeitalter der Labortechniken zur Erforschung von Träumen. In einer Serie von Experimenten entdeckten sie einen Zusammenhang zwischen typischen Mustern elektrischer Hirnaktivität, charakteristischen schnellen Augenbewegungen (REM – von *rapid eye movement*) und Träumen. Weckte man die Versuchspersonen in REM-Schlafphasen auf, in denen die Gehirnströme von niedriger Spannung und hoher Frequenz waren, so berichteten sie mit viel größerer Wahrscheinlichkeit als sonst, sie hätten geträumt. Während dieser Phasen erreichten Atmung, Puls und Blutdruck gleiche Werte wie im Wachzustand.

In jeder Nacht erlebt eine schlafende Person mehrere REM-Schlafphasen von jeweils zehn bis zwanzig Minuten Dauer. Wird sie in diesen Phasen immer wieder gestört, so gerät sie zunehmend in psychischen Stress, und in den darauf folgenden Nächten nimmt die Zahl der REM-Schlafphasen zu, um für die verlorenen Träume einen Ausgleich zu schaffen. Sogar die so genannten „Nicht-Träumer" erleben REM-Phasen, genau wie die „Träumer"; als Erster erkannte wohl Aristoteles, dass Schläfer immer träumen und sich die „Nicht-Träumer" nur schlechter an ihre Träume erinnern können. Die Tatsache, dass alle Säugetiere und Vögel träumen – und sogar schon Föten im Mutterleib –, spricht dafür, dass das Träumen im Schlaf von großer evolutionärer Bedeutung ist, auch wenn diese Bedeutung noch geklärt werden muss.

Siehe auch *Aristoteles' Vermächtnis* S. 16, *Die Regulation des Körpers* S. 188, *Das Unterbewusstsein* S. 222.

Der Traum der Vernunft gebiert Monster von Francisco de Goya, 1799. Francis Crick und Graeme Mitchison haben die These ▶ aufgestellt, dass Träume ungewollte Assoziationen und Gedächtnisspuren löschen.

El sueño de la razon produce monstruos.

Die Doppelhelix

Francis Harry Compton Crick *1916, James Dewey Watson *1928

Dass die Desoxyribonucleinsäure (DNS oder DNA) das wichtigste Molekül unserer Zeit ist, verdanken wir vor allem einer großen Entdeckung: der Aufklärung der DNA-Struktur. Zu wissen, wie ein Molekül aussieht, führt nicht immer zu einem besseren Verständnis seiner Funktionsweise, aber bei der DNA war genau das der Fall. James Watson, ein junger Amerikaner, kam 1951 ins englische Cambridge und arbeitete dort mit dem britischen Doktoranden Francis Crick am Problem der DNA-Struktur. Dieses Forschungsthema war brandaktuell, da erst kurz zuvor nachgewiesen worden war, dass DNA das Trägermolekül der biologischen Erbinformation ist.

Watson und Crick leiteten die Struktur aus einem chemischen Hinweis und dem Röntgenstrahlbeugungsmuster der DNA ab. Für die direkte Untersuchung sind DNA-Moleküle zu klein, und bei solchen Substanzen hatte sich die Röntgenstrukturanalyse als indirekte Aufklärungsmethode bewährt. Der chemische Hinweis bestand in einer von Erwin Chargaff entdeckten Regelmäßigkeit: DNA ist aus vier verschiedenen Untereinheiten aufgebaut, die man mit den Buchstaben A, C, G und T bezeichnet. Chargaff war aufgefallen, dass in der DNA stets ebenso viel C wie G und ebenso viel A wie T vorkommt. Das brachte Watson und Crick auf die Idee, dass DNA zweisträngig ist, wobei jedem C im einen Strang ein G im anderen gegenüberliegt und analog jedes A mit einem T verknüpft ist. Die Röntgenbeugungsdaten verrieten ihnen, dass die Stränge wie Wendeltreppen gewunden sind: DNA ist eine Doppelhelix.

Die Struktur, die Watson und Crick 1953 in *Nature* bekannt gaben, wies unmittelbar darauf hin, wie sich das Molekül verdoppeln kann (indem die Stränge sich entwinden und beide als Vorlagen für den Kopiervorgang dienen) und wie die Erbinformation in ihnen codiert ist (nämlich in der Abfolge der Buchstaben A, C, G und T, die eine Art Text bildet). Es dauerte dann noch ungefähr ein Jahrzehnt, bis die Biologen diesen Code geknackt und damit die Grundlage für die moderne Molekulargenetik geschaffen hatten.

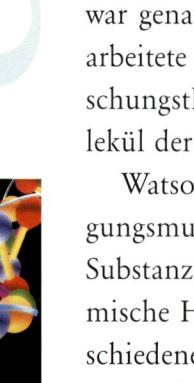

DNA besteht aus einem Zucker-Phosphat-Rückgrat (hellblau) und Sprossen aus vier verschiedenen Untereinheiten oder „Basen" (Kugeln), deren Abfolge den genetischen Code ausmacht.

Siehe auch *Röntgenstrahlen* S. 220, *Gene und Vererbung* S. 264, *Bakteriengene* S. 332, *Informationstheorie* S. 354, *Die Sichelzellenanämie* S. 358, *Die Struktur des Hämoglobins* S. 390, *Neutrale molekulare Evolution* S. 422, *Gentechnik* S. 436, *Menschliche Krebsgene* S. 456, *Die Genetik der Embryonalentwicklung* S. 460, *Gerichtete Mutation* S. 494, *Das Männlichkeitsgen* S. 502, *Die Sequenz des menschlichen Genoms* S. 524.

James Watson (links) und Francis Crick mit ihrem DNA-Modell. Dem Biologen Max Perutz zufolge war 1953 »das *annus mirabilis*: ▶ Die Königin wurde gekrönt, der Everest bezwungen, die DNA-Struktur aufgeklärt.«

Die „Pille"

Gregory Pincus 1903–1967, Min-Chueh Chang 1908–1991, John Rock 1890–1984

In der ersten Hälfte des 20. Jahrhunderts entschlüsselten Biologen die komplizierten hormonellen Vorgänge, welche die Fortpflanzung der Säugetiere steuern. Gleichzeitig nahm die therapeutische Nutzung von Steroiden mit der Massenproduktion von Cortison deutlich zu. Das neue Wissen um den weiblichen Menstruationszyklus ließ die Wissenschaftler in der oralen Gabe von Geschlechtshormonen eine Lösung für Probleme wie Zyklusstörungen, Prämenstruelles Syndrom (PMS) und Unfruchtbarkeit erkennen. Um aber die Forschung fortführen zu können, brauchten sie preiswerte, zuverlässige synthetische Geschlechtshormone wie das Progesteron, denn die Gewinnung reiner Hormone aus Tierovarien erwies sich als teuer und ineffizient.

Im Jahre 1943 extrahierte Russell Marker aus der mexikanischen Yamswurzel das Steroid Diosgenin und wandelte es im Labor in Progesteron (oder „Progestogen", wie man die synthetische Variante nannte) um. Allerdings benötigte man enorme Mengen, um bei oraler Aufnahme eine wirksame Dosis zu erreichen. Der unter Carl Djerassi arbeitende Luis Miramontes entwickelte 1951 aus Progesteron das Norethisteron (in den USA „Norethindron"), das bei oraler Einnahme weit wirksamer war als menschliches Progesteron. Ein Jahr später entwickelte Frank Colton eine ähnliche Verbindung, das Norethynodrel. Beide Produkte wurden zur Behandlung gynäkologischer Leiden auf den Markt gebracht.

Im Jahre 1951 wiesen der amerikanische Biologe Gregory Pincus und seine Kollegen nach, dass die neu synthetisierten Progesterone den Eisprung (Ovulation) verhindern konnten. Die Bedeutung dieser Arbeit wurde schon bald von der Frauenrechtlerin und Vorkämpferin der amerikanischen Geburtenkontrollbewegung Margaret Sanger erkannt. Mit Unterstützung der wohlhabenden Katherine McCormick sorgte Sanger dafür, dass Pincus, Min-Chueh Chang und John Rock umfangreiche finanzielle Mittel zur Erforschung einer wirksamen Empfängnisverhütung auf Hormonbasis erhielten. Mitte der Fünfzigerjahre begann man mit einer groß angelegten klinischen Studie unter der armen Bevölkerung von Rio Pedras auf Puerto Rico. Im Mai 1960 ließ die US-amerikanische Gesundheitsbehörde Norethynodrel unter dem Namen Enovid als orales Kontrazeptivum (Verhütungsmittel) zu. Schon im Jahre 1965 war die sexuelle Revolution weit fortgeschritten, und mehr als 6,5 Millionen Amerikanerinnen nahmen die „Pille".

Siehe auch *Die Regulation des Körpers* S. 188, *Insulin* S. 288, *Stickoxid* S. 496, *Das Männlichkeitsgen* S. 502.

Paradiesische Verhältnisse: Dank der „Pille" konnten die Frauen in den „Swinging Sixties" die Verhütung selbst in die Hand nehmen. ▸

Das linkshändige Universum

Tsung Dao Lee *1926, Chen Ning Yang *1922

Warum können wir Erkenntnisse über die Natur verallgemeinern? Weil manche Dinge keine Rolle spielen. Oft kann man gewisse Parameter, wie Ort oder Richtung, ändern, und die Objekte benehmen sich noch immer wie zuvor — wenn Ihr Wagen 170 Kilometer pro Stunde erreichen kann, wenn Sie nach Norden fahren, dann erwarten Sie, dass er bei einer Fahrt nach Osten auf dieselbe Geschwindigkeit kommt. Ebenso erscheint es gesunder Menschenverstand, dass die Welt spiegelsymmetrisch sein sollte: Wenn Sie eine Münze im Uhrzeigersinn rotieren lassen können, sollte es auch möglich sein, sie gegen den Uhrzeigersinn rotieren zu lassen.

Und doch gibt es einen Punkt, an dem der Spiegel quasi einen Sprung bekommt. Im Jahre 1956 erkannten Tsung Dao Lee und Chen Ning Yang, dass einige Reaktionen zwischen subatomaren Teilchen den Anschein erweckten, als ob eine der Naturkräfte, die schwache Kernkraft (die für den Zerfall von Neutronen verantwortlich ist), die Spiegelsymmetrie verletzt. Bald zeigten Experimente, dass die beiden Recht hatten. Neutronen können spontan in Gruppen von drei Teilchen zerfallen: in ein Proton, ein Elektron und ein Neutrino. Wenn das geschieht, ist das Neutrino stets linkshändig, das heißt, es dreht sich um seine Fortbewegungsrichtung wie ein gegen den Uhrzeigersinn gedrehter Korkenzieher. Von diesem Ergebnis überrascht, begannen die Physiker, andere Symmetrien der Natur in Frage zu stellen. Wie sie bald herausfanden, bricht die schwache Kernkraft eine weitere alte Regel, denn sie wirkt auf Materie und auf Antimaterie in etwas anderer Weise. So unerwartet, wie dies war, könnte es eine profunde Bedeutung haben.

Ohne eine gewisse natürliche Schieflage zwischen Materie und Antimaterie sollten wir gar nicht hier sein. Schon vor langer Zeit wäre alle Materie im Universum auf alle Antimaterie getroffen, und beide wären in einem gigantischen Strahlenschauer explodiert. Aber wenn im Hexenkessel des Urknalls aus der ständigen Kollision subatomarer Teilchen mit einer etwas größerer Wahrscheinlichkeit Materie hervorging, dann muss ein Teil davon übrig geblieben sein, nachdem die gesamte Antimaterie vernichtet war. Dieser Rest sind wir.

Siehe auch *Das Elektron* S. 228, *Das Neutron* S. 312, *Antimaterie* S. 314, *Ein subatomarer Geist* S. 384, *Das Echo des Urknalls* S. 412, *Die Vereinheitlichung der Kräfte* S. 416, *Superstrings* S. 474.

Perfekte Symmetrie: eine Aufnahme, welche die sechsfache Symmetrie verschiedener Schneeflocken zeigt (1959). Eine Schneeflocke illustriert den Bruch einer kontinuierlichen Symmetrie, wenn Wasser von der flüssigen in die feste Phase übergeht. ▶

Die chemische Basis des Sehens

George Wald 1906–1997

Wenn Lichtpakete – so genannte Photonen – ins Auge eintreten und auf die Netzhaut (Retina) treffen, muss die Energie, die sie enthalten, über eine Reihe komplexer Schritte in ein elektrisches Signal umgewandelt werden, das von der Retina zum Sehnerv und dann weiter ins Gehirn wandert. Am ersten Teil dieses Prozesses sind Sehfarbstoffe (Pigmente) in den Stäbchen und Zapfen, den Lichtrezeptoren der Netzhaut, beteiligt.

Im Jahre 1956 wurde der chemische Mechanismus, der dem Sehvorgang zugrunde liegt, von dem Biochemiker George Wald geklärt, dessen Vater aus Polen in die USA emigriert war. Im Ersten Weltkrieg hatte man festgestellt, dass ein Mangel an Vitamin A zu Blindheit führte, was für eine entscheidende Rolle dieses Vitamins beim Sehen sprach. Im Jahre 1933 gelang es Wald an der Harvard-Universität, aus der Netzhaut Vitamin A zu isolieren. In der Netzhaut dient das Vitamin dazu, Rhodopsin sowie andere verwandte Sehpigmente zu bilden. Diese bestehen stets aus zwei Teilen: einem farblosen Eiweiß namens Opsin, das die Membranen scheibenförmiger Strukturen in den Stäbchen und Zapfen durchspannt, sowie einem tief im Opsin gelegenen und damit verbundenen Vitamin-A-Derivat, dem Retinal.

Wenn Retinal von einem Photon getroffen wird, absorbiert es die Lichtenergie und ändert seine Form (Konformationsänderung). Dadurch wandelt sich der Opsinteil des Moleküls in ein aktives Enzym um und setzt eine Reaktionskette in Gang, die im Kontaktbereich zwischen Lichtrezeptor- und Sehnervenzelle zur Ausschüttung eines neuronalen Botenstoffes (Neurotransmitter) führt.

Bei Belichtung trennt sich das Retinal rasch vom Opsin. Da ein Teil des Retinals zerstört und nicht recycelt wird, muss es aus gespeicherten Vitamin-A-Vorräten ersetzt werden. Menschen können kein eigenes Vitamin A herstellen, doch Pflanzen produzieren es als Teil des Carotinmoleküls. Das erklärt, warum sich der Verzehr von Möhren positiv auf das Sehvermögen auswirkt, und auch, warum ein Mangel an frischem Gemüse zu einem Vitamin-A-Defizit und zu Blindheit führen kann.

Siehe auch *Das Nervensystem* S. 210, *Vitamine* S. 248, *Neurotransmitter* S. 274, *Nervenimpulse* S. 366, *Die rechte und die linke Hirnhälfte* S. 400, *Stickoxid* S. 496.

Stäbchen in der menschlichen Netzhaut. Die rund 130 Millionen Stäbchen reagieren auch noch auf Dämmerlicht und gelten daher ▶ als die Rezeptoren, die das Nachtsehen ermöglichen.

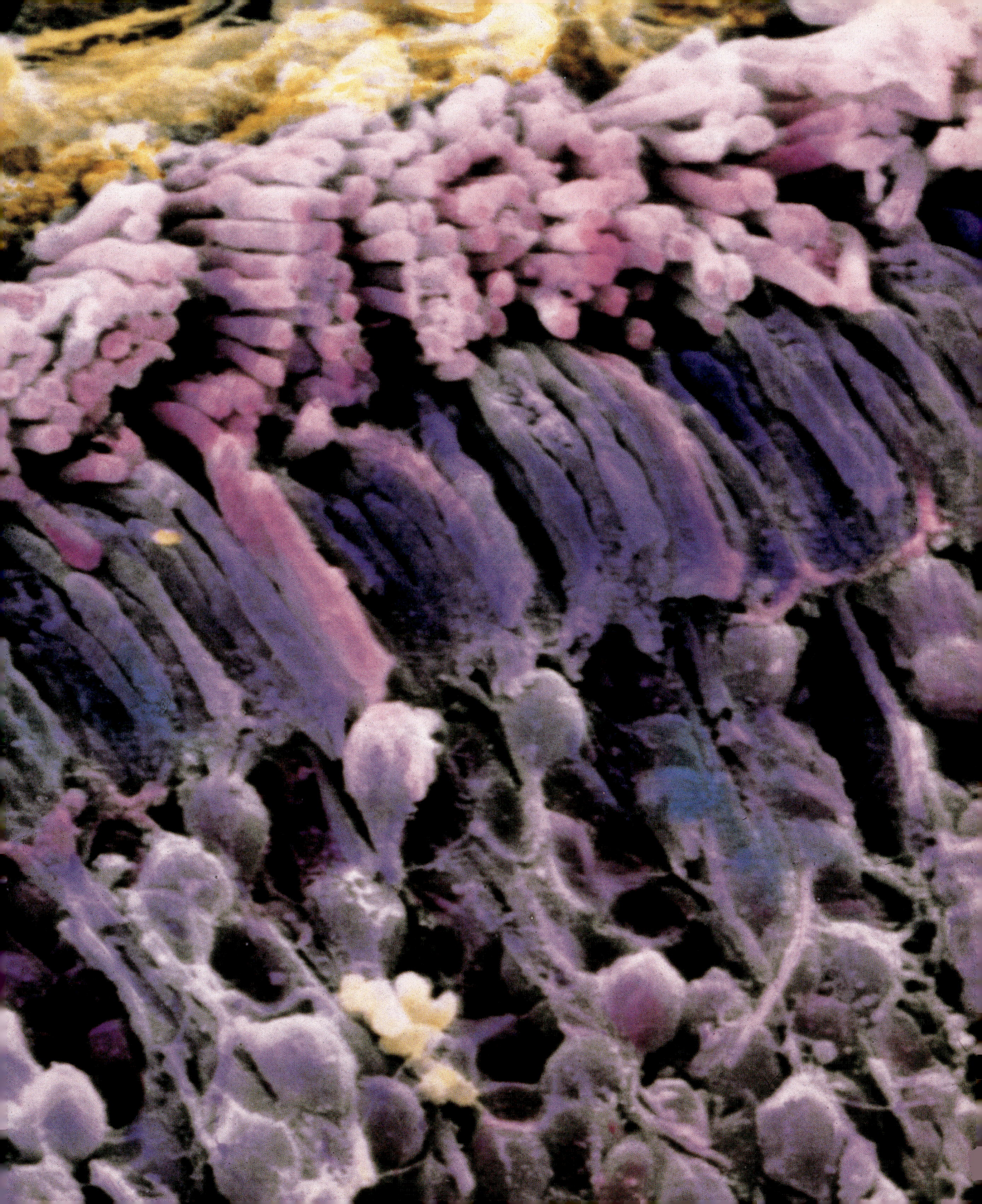

Ein subatomarer Geist

Wolfgang Pauli 1900-1958, Frederick Reines 1918-1998, Clyde Cowan 1919-1974

Wenn ein Atomkern zerfällt, indem er ein Elektron emittiert, verschwindet Energie. Oder zumindest sieht es so aus. Das war für die Physiker derart beunruhigend, dass Wolfgang Pauli im Jahre 1930 ein neues subatomares Teilchen erfand, um diesem Phänomen Rechnung zu tragen. Das neue Teilchen vermochte die Energie aus diesem Betazerfall mitgehen zu lassen. Das klingt wie ein abgekartetes Spiel, doch es funktionierte.

Enrico Fermi taufte das Teilchen Neutrino, was italienisch ist und soviel wie „kleines neutrales Ding" bedeutet. Er entwickelte eine detaillierte Theorie des Betazerfalls, welche eine völlig neue fundamentale Kraft erforderte, die so genannte schwache Kernkraft. Das Neutrino ist insofern ungewöhnlich, als es nur die Schwerkraft und die schwache Kernkraft fühlt; für die elektromagnetische Kraft und die starke Kernkraft ist es unempfindlich. Das macht das Neutrino so „schlüpfrig", dass es einfach durch die Erde hindurchzufliegen vermag – daher kann es sich leicht unbemerkt mit der überschüssigen Energie aus dem Betazerfall davonstehlen.

Nichtsdestotrotz führt die schwache Kernkraft dazu, dass Neutrinos gelegentlich mit anderen Teilchen kollidieren. Als Fred Reines und Clyde Cowan ihren Detektor neben einem Kernreaktor aufbauten, konnten sie typische Gammastrahlenmuster beobachten, die durch den Zusammenprall von Neutrinos mit Protonen hervorgerufen worden waren.

Neutrinoteleskope – große unterirdische, flüssigkeitsgefüllte Tanks zur Detektion der Nebenprodukte dieser schwachen Wechselwirkungen – registrieren inzwischen regelmäßig Neutrinos, die von Fusionsreaktionen im Sonneninneren erzeugt werden. Allerdings sind es weniger, als die Astrophysiker vorausgesagt haben – ein Defizit, das noch immer nicht erklärbar ist. 1987 entdeckte man mit denselben Detektoren in einer nahe gelegenen Galaxie eine riesige Sternenexplosion, eine Supernova. Der damalige Neutrinoschauer bestätigte die Theorie, dass bei der Explosion ein sehr kleiner, superdichter Neutronenstern entstanden war.

Nach dem Standardmodell der Teilchenphysik haben Neutrinos keine Masse. 1998 lieferte der Super-Kamiokande-Neutrinodetektor in Japan aber Belege dafür, dass sie doch eine kleine Masse aufweisen. Das könnte ein Zeichen für eine völlig neue Physik sein und bedeuten, dass die Schwerkraft der Neutrinos die Bildung von Galaxien beeinflusst hat.

Siehe auch *Radioaktivität* S. 224, *Das linkshändige Universum* S. 380, *Quarks* S. 408, *Das Echo des Urknalls* S. 412, *Die Vereinheitlichung der Kräfte* S. 416, *Gammastrahlenausbrüche* S. 434, *Die Supernova 1987A* S. 488, *Der Große Attraktor* S. 498.

Einen Kilometer tief unter einem Berg in der Nähe von Tokio liegt der Super-Kamiokande-Neutrinodetektor, der mehr als 50 000 ▶
Tonnen gereinigtes Wasser sowie 13 000 Sensoren enthält, welche die typischen Lichtstöße von Neutrinokollisionen einfangen.

384

Der Sprachinstinkt

Noam Chomsky *1928

Der auch für sein politisches Engagement bekannte Amerikaner Noam Chomsky entwickelte Ideen über Sprache, die für Psychologie und Linguistik von großer Tragweite waren. Konträr zu den Behauptungen von Behavioristen wie B. F. Skinner — denen zufolge wir Sprache über die Erfahrung zahlreicher Beispiele lernen — versuchte Chomsky zu zeigen, dass Sprache eine Fertigkeit ist, zu deren Erwerb die Menschen von Geburt an ausgerüstet sind.

Mit der Veröffentlichung seines Buches *Syntactic Structures* (*Strukturen der Syntax*) im Jahre 1957 begründete er die Disziplin der „generativen Linguistik", nach der wir Sprache gemäß bestimmten Regeln verstehen und erzeugen, welche auf ihrer fundamentalsten Stufe allen menschlichen Sprachen gemeinsam sind. Trotz der scheinbar immensen Unterschiede zwischen beispielsweise Deutsch und Chinesisch haben diese Sprachen eine gemeinsame „Tiefenstruktur", und aus diesem Grunde kann auch jedes Kind jede menschliche Sprache lernen. Gravierende Unterschiede zwischen den Sprachen finden sich nur auf der Ebene der „Oberflächenstruktur".

Chomskys „generative Grammatiken" sollten erklären, wie wir in der Lage sind, zahllose Sätze, die wir nie zuvor gehört haben, zu erkennen, zu verstehen oder zu erzeugen, Sätze mit uns unbekannten Wörtern zumindest teilweise richtig zu interpretieren sowie zu erkennen, dass manche Wörter vermutlich erfunden sind, wie „fteggrup" oder „nganga". Wir können einen wohlgeformten deutschen Satz erkennen und die Beziehungen zwischen seinen Teilen durchschauen, auch wenn es sich um einen vollkommen bedeutungslosen Satz handelt: „Blunderanden agern kontornistisch zwanger bemungten Scharnwickeln und geflinnten Mesterlangen."

Chomsky konstruierte Regelsysteme, die relativ einfach erklären, nach welchen Gesetzmäßigkeiten Laute Kombinationen bilden und sich wandeln oder Wörter ihre Form verändern — selbst die so genannten „unregelmäßigen" Verben. Umstritten ist das Ausmaß, in dem nach Chomsky die Grundlagen der Sprache angeboren sind, statt gelernt zu werden — dieser Punkt ist, nicht zuletzt von Behavioristen wie Skinner, immer wieder heftig angegriffen worden. Auch wenn bestimmten Hirnbereichen spezielle Funktionen zugewiesen werden können, muss ein „Sprachorgan", das den sprachlichen Input strukturiert, erst noch gefunden werden.

Siehe auch *Die Kartierung der Sprache* S. 182, *Tierische Instinkte* S. 318, *Verhaltensverstärkung* S. 322, *Künstliche neuronale Netze* S. 334, *Die rechte und die linke Hirnhälfte* S. 400, *Bilder des Geistes* S. 478.

Turmbau zu Babel von Pieter Brueghel d. Ä., 1563. Chomsky strebte eine „Universalgrammatik" an, die in der Lage ist, die ganze ▶ Bandbreite möglicher Variationen der menschlichen Sprache zu erklären.

Sonnenwind

Eugene Parker *1927

Im Jahre 1958 formulierte Eugene Parker die These, dass die bis zu zwei Millionen Grad Celsius heiße Korona der Sonne sich in alle Richtungen ausdehnt und dabei einen Strom elektrisch geladener Partikel (Plasma) — vor allem Elektronen und Protonen — erzeugt, die durch das gesamte Planetensystem geschossen werden. Stieß seine „Sonnenwind"-Theorie zunächst auf erhebliche Skepsis, so war sie bald als astronomische Tatsache anerkannt. Aber das Thema hat eine lange Vorgeschichte. Zu Beginn des 20. Jahrhunderts gaben George FitzGerald und Oliver Lodge den Hinweis, dass Magnetstürme, wie sie die Erde erlebt, mit verstärkten Sonnen-Flares (plötzlichen Eruptionen von ungeheurer Gewalt) und erhöhter Sonnenfleckentätigkeit einige Tage vor Einsetzen der Stürme zusammenhängen. Es schien, als würde durch die Flares etwas ausgestoßen, das schließlich auch die Erde erreicht; FitzGerald schätzte anhand der Zeitverzögerung, dass dieses „Etwas" ungefähr 500 Kilometer in der Sekunde zurücklegen muss.

Spätere Resultate sprachen für die Sonnenwindtheorie. Fred Hoyle zeigte, dass die magnetischen Wechselwirkungen zwischen einem expandierenden Solarplasma und den umgebenden galaktischen Magnetfeldern die Rotation der Sonne verlangsamen und dadurch ein lange bestehendes Problem der Nebularhypothese des Planetenursprungs lösen würden; Sydney Chapman schlug vor, dass das Auftreffen eines Stroms solarer Materie auf die offenen Feldlinien der Erdmagnetosphäre (die tatsächlich Gürtel hoher Konzentration geladener Teilchen darstellen, die sich bis in den Weltraum erstrecken) die Aurorae, also die nördlichen und südlichen Polarlichter, hervorrufen würde; Cuno Hoffmeister berechnete die Geschwindigkeit eines mutmaßlichen Sonnenwindes aus dem Winkel von Kometenschweifen; und Ludwig Biermann postulierte, dass der Sonnenwind durch die Erzeugung sich beschleunigender Plasmaknoten (vor allem elektrisch geladenes Kohlenmonoxid) für das Aufbrechen von Kometenschweifen verantwortlich sei.

Parkers Sonnenwind zieht in Verbindung mit der Sonnenrotation die Feldlinien des solaren Magnetfeldes zu einer archimedischen Spirale aus. Beginnend mit den sowjetischen Weltraumraketen Lunik 3 und Venus 1 des Jahres 1959 erforschten eine große Zahl von Raumsonden die Wechselbeziehungen zwischen dem Sonnenwind und den Magnetosphären der Planeten. Die stetige Ausweitung der Sonnenkorona ist mitunter begleitet von energiereichen Massenauswürfen im Zuge solarer Strahlungsausbrüche (Flares).

Siehe auch *Der natürliche Magnetismus* S. 50, *Der Ursprung des Sonnensystems* S. 104, *Der Sonnenfleckenzyklus* S. 158, *Spiralgalaxien* S. 160, *Kosmische Strahlung* S. 268, *Umpolungen des Erdmagnetfeldes* S. 304, *Die Apollo-Mission* S. 424.

Aurora borealis oder Nordlicht über der Bodenstation eines Satelliten. Polarlichter entstehen durch das Zusammenwirken von Sonnenwind und Gasmolekülen in der höheren Atmosphäre. ▶

Die Struktur des Hämoglobins

Max Ferdinand Perutz 1914–2002

Die Röntgenstrukturanalyse ist eine sehr effektive Technik zur Ermittlung der räumlichen Gestalt eines Moleküls. Die Probe, die in kristallisierter Form vorliegen muss, wird dafür mit Röntgenstrahlen beschossen. Während die Strahlen die Probe durchdringen, werden sie an den regelmäßig angeordneten Atomschichten des Kristalls gebeugt, ähnlich wie sichtbares Licht, das ein feinmaschiges Gitter passiert. Aus dem Beugungsmuster, das auf eine Fotoplatte gebannt wird, lässt sich die Lage der einzelnen Atome berechnen.

Diese Methode wurde zwischen 1912 und 1915 von Max von der Laue sowie William Henry Bragg und seinem Sohn William Lawrence Bragg entwickelt. Der in Österreich geborene Biochemiker Max Perutz gehörte zu den Ersten, die das Verfahren auf Proteine anwandten, die aus Tausenden von Atomen bestehen und erheblich komplizierter aufgebaut sind als Mineralien. Im englischen Cambridge wandte er sich 1937 dem Hämoglobin zu, jenem Protein in den roten Blutkörperchen, das den Sauerstoff von den Lungen ins Gewebe transportiert. Während sich sein Kollege John Kendrew an dem verwandten, aber einfacher gebauten Myoglobin versuchte, erzeugte Perutz möglichst große Kristalle aus Pferdehämoglobin.

Allmählich gelang es Perutz und Kendrew, ihre Verfahren zu verbessern. Der Durchbruch kam mit der Erkenntnis, dass sich die Qualität der Röntgenbeugungsbilder durch die Einlagerung von Schwermetallatomen wie Gold oder Quecksilber in die Moleküle verbessern ließ. 1957 hatte Kendrew die Myoglobinstruktur aufgeklärt, und zwei Jahre später folgte Perutz mit der Hämoglobinstruktur. Anschließend konnte er zeigen, wie die vier Untereinheiten des Hämoglobins ihre Gestalt verändern, wenn sie Sauerstoff aufnehmen. Er entdeckte auch, dass die Sichelform der roten Blutkörperchen bei der Sichelzellenanämie auf eine entsprechende Deformation der Hämoglobinmoleküle zurückzuführen ist. Perutz' und Kendrews Forschung eröffnete das weite Feld der Struktur- und Funktionsanalyse von Proteinen – der wichtigsten Substanzklasse in der Zellbiologie –, und ihre Methoden kommen noch heute oft zur Anwendung. Im Jahre 1962 teilten sich die beiden Wissenschaftler den Nobelpreis für Chemie.

Siehe auch *Antitoxine* S. 214, *Röntgenstrahlen* S. 220, *Die Sichelzellenanämie* S. 358, *Die Doppelhelix* S. 374.

Computergrafik des Hämoglobinmoleküls. Wie Perutz rückblickend schrieb, »enthüllten die ersten Proteinstrukturen herrliche neue Seiten der Natur«. ▶

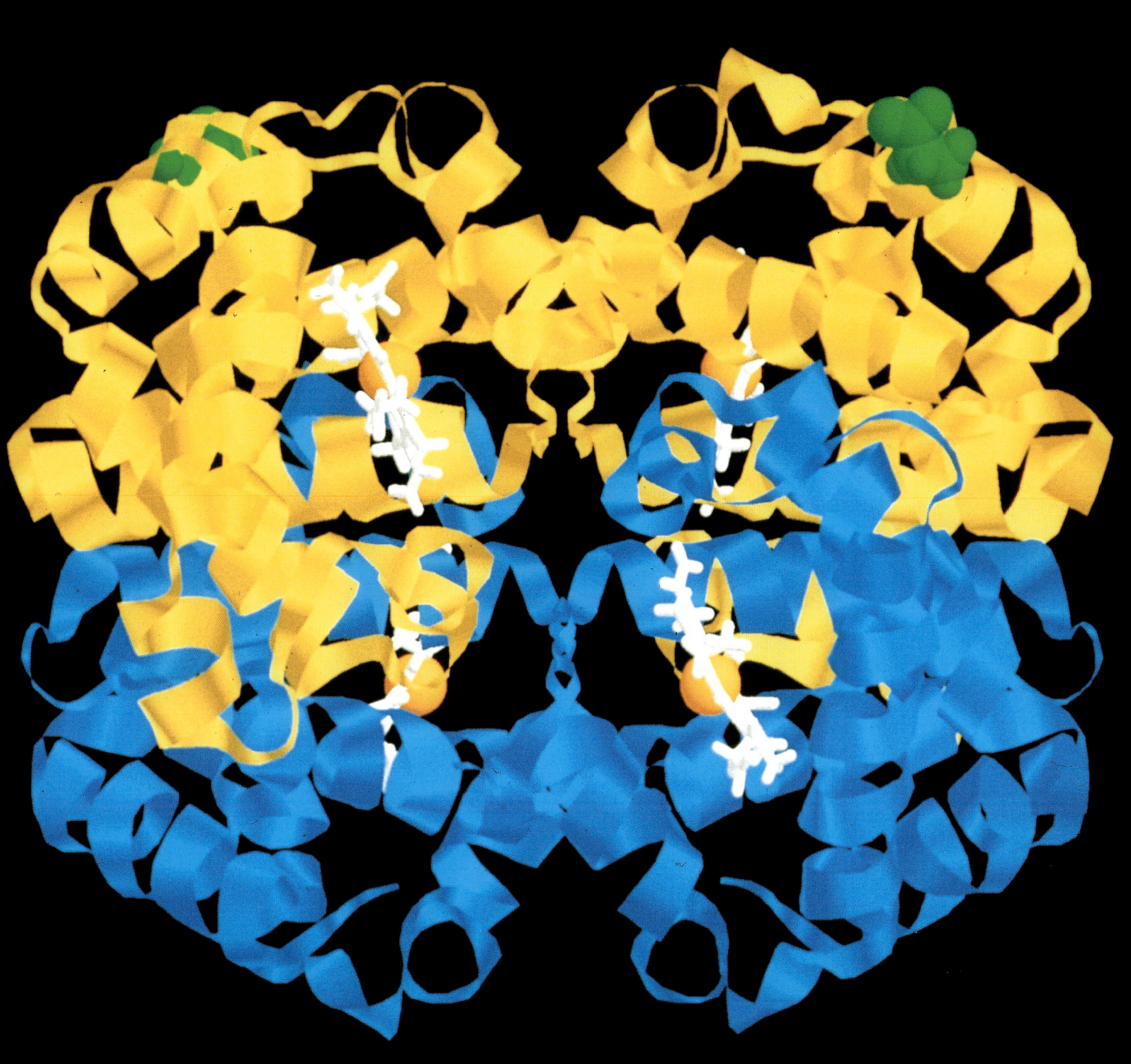

Die Olduvai-Schlucht

Louis Leakey 1903–1972, Mary Leakey 1913–1996

Fußabdrücke von Hominiden, fossilisiert in Vulkanasche. Diese 70 Meter lange Spur wurde von Mary Leakeys Expedition nahe Laetoli in Tansania entdeckt. Sie ist 3,75 Millionen Jahre alt.

Im Jahre 1959 fanden Louis Leakey und seine zweite Ehefrau Mary Leakey in der Olduvai-Schlucht in Tanganyika (heute Tansania) einen 1,75 Millionen Jahre alten Schädel des *Zinjanthropus* (heute *Paranthropus*) *boisei*. Louis Leakey studierte an der Universität Cambridge Französisch und Kikuyu, aber auch Anthropologie und nahm an einer Expedition des British Museum nach Tanganyika teil. Er glaubte fest an Darwins Prognose, Belege für die Herkunft des Menschen seien in Afrika zu finden, und verbrachte über 30 Jahre mit der Suche nach menschlichen Fossilien in Ostafrika, bis er den von ihm „Nussknacker" genannten robusten Australopithecinen fand. Mary Leakey interessierte sich ebenfalls für Archäologie und studierte am Londoner University College, bevor sie sich 1935 Louis Leakeys Expedition nach Olduvai anschloss.

Ihr Fund von 1959 bestätigte Raymond Dart, der 1924 dem Schädel des „Kindes von Taung" (*Australopithecus africanus*) hohe Bedeutung beigemessen hatte, und auch Robert Brooms spätere Funde von Australopithecinen (*Australopithecus africanus* und *Paranthropus robustus*) in südafrikanischen Höhlen. In den Fünfzigerjahren vertrat Broom die Auffassung, der 2,5 bis 3 Millionen Jahre alte *Australopithecus africanus* sei knapp über 1,20 Meter groß gewesen und zudem aufrecht gegangen.

Bedeutend war der Umstand, dass die Funde der Leakeys in Ostafrika aus geschichteten Sedimenten stammten, deren relatives Alter sich anhand begleitender Tierfossilien, später auch durch Radiokarbondatierung vulkanischer Laven und Aschen zwischen den Schichten bestimmen ließ. Brooms Fund des *Paranthropus robustus* in Olduvai war der erste Hominide, der zuverlässig mit der Kalium-Argon-Methode datiert wurde. Die Grabungen in der Olduvai-Schlucht förderten 1960 zudem noch die Überreste eines weiteren Hominiden sowie primitive Steinwerkzeuge zutage. Dieser 1964 von Louis Leakey, Phillip Tobias und John Napier *Homo habilis* genannte Fund war der erste bekannte Hominide, der Werkzeuge herstellte und ein relativ großes Gehirn besaß.

Mary Leakey leitete 1976 die Expedition nahe Laetoli in Tansania, bei der die ältesten bekannten Fußabdrücke von Hominiden (entstanden vor rund 3,75 Millionen Jahren) gefunden wurden, und bestätigte so Brooms Vermutung über den aufrechten Gang bei Australopithecinen.

Siehe auch *Frühe Menschen* S. 148, *Der Neandertaler* S. 170, *Der Java-Mensch* S. 216, *Das „Kind von Taung"* S. 298, *Radiokarbondatierung* S. 346, *DNA aus alter Zeit* S. 476, *Der „Junge von Turkana"* S. 480, *Urheimat Afrika* S. 492, *Der Mann aus dem Eis* S. 504.

Was vom Tage übrig blieb: Mary und Louis Leakey untersuchen fossilisierte Schädelfragmente in Tanganyika, 1959. ▶

Das Hayflick-Limit

Leonard Hayflick *1920

Lange Zeit glaubten die Biologen, Zellen könnten im Prinzip ewig leben und müssten nur sterben, weil sie Teile eines Organismus sind. Diese Vorstellung ging auf die Arbeiten des französischen Chirurgen Alexis Carrel zurück, der aus Hühnerherzzellen eine Kultur anlegte, um herauszufinden, wie lange sie außerhalb des Körpers überleben würden. Sie hielten länger durch als Carrel, der 1944 starb, und wurden zwei Jahre später schließlich weggeworfen.

Im Jahre 1961 postulierte der amerikanische Biologe Leonard Hayflick jedoch, dass Carrel sich geirrt habe und Zellen doch nur eine begrenzte Lebensspanne hätten. Er hatte Zellkulturen aus verschiedenen menschlichen Gewebetypen angelegt und nachgewiesen, dass sie allesamt nach etwa 50 Teilungen starben. Je älter die Zellen zu Beginn des Kultivierungsversuchs bereits waren, desto weniger Zyklen blieben ihnen, bevor sie eingingen. Spätere Studien ergaben, dass die Anzahl der Teilungen, die eine Zelle durchläuft, mit der Lebensspanne des Organismus zusammenhängt. Zellen aus Mäusen, die höchstens dreieinhalb Jahre alt werden, kommen auf 14 bis 28 Teilungen. Bei Galapagosschildkröten hingegen, deren Lebensspanne 175 Jahre beträgt, liegt der Wert bei 90 bis 120. Dieses so genannte „Hayflick-Limit" begrenzt das theoretische Höchstalter des Menschen auf etwa 120 Jahre. Die wenigsten von uns werden wirklich so alt, da unsere Zellen mit den Jahren immer stärker beschädigt werden. Die Enden der Chromosomen – die Telomere – werden bei jeder Zellteilung etwas kürzer. Die Forschung sucht derzeit nach Wegen, diese Verkürzung zu blockieren, um die Lebensspanne der Zellen – und damit auch die menschliche Lebenserwartung – zu erhöhen. Interessanterweise hatte das Klonschaf Dolly, das 1996 aus einer bereits ausgereiften Zelle gewonnen wurde, überraschend kurze Telomere.

Der Tod ist also unvermeidlich. Unsterblich sind allein Tumorzellen, die sich unkontrolliert vermehren. Im Normalzustand sind die Gene darauf programmiert, beschädigte Zellen auszuschalten: ein Vorgang, den man Apoptose oder programmierten Zelltod nennt. Viele Forscher versuchen Therapien zu entwickeln, bei denen die Apoptose kontrolliert und so zum Beispiel die Gewebeschädigung nach einem Schlaganfall begrenzt werden kann.

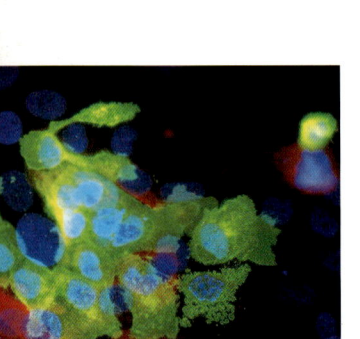

Bei der „Apoptose" löst sich der Zellkern auf und das Cytoplasma zerfällt zu traubenförmigen Blasen.

Siehe auch *Zellgemeinschaften* S. 174, *Menschliche Krebsgene* S. 456, *Das Klonschaf Dolly* S. 516.

HeLa-Zellen. Die krebskranke Henrietta Lacks starb 1951 im Alter von 31 Jahren in Baltimore. Aus ihren Tumoren wurden Zellen gewonnen, die seither kontinuierlich kultiviert und zur Krebsforschung eingesetzt werden.

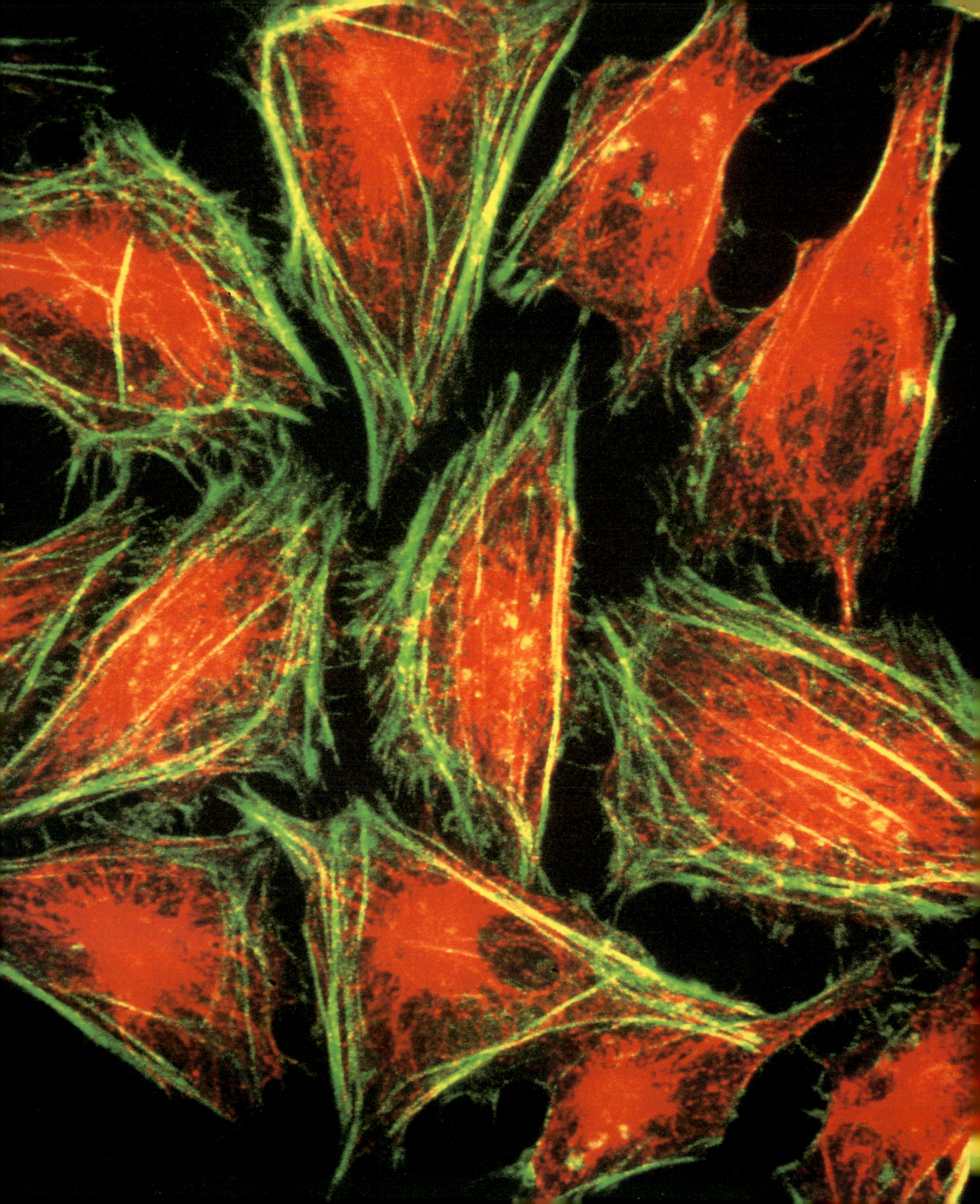

Die Kultur der Schimpansen

Jane Goodall *1934

Menschen und Schimpansen stammen von einem gemeinsamen Vorfahren ab, der vor rund fünf Millionen Jahren lebte. Trotz ihrer jahrtausendelangen gemeinsamen Existenz aber wussten die Menschen bis Mitte des 20. Jahrhunderts nahezu nichts über das tägliche Leben ihrer nächsten Verwandten. Dann schlug Jane Goodall 1961 ihr Lager im Gombe-Stream-Reservat in Tansania auf. Mit viel Zeit und Geduld gewöhnte sie die Schimpansen von Gombe an ihre Anwesenheit und führte genau Buch über ihr Verhalten. Ihre Arbeit verschaffte uns nicht nur Wissen über Schimpansen, sondern stellte auch unsere von uns selbst empfundene Einzigartigkeit in Frage. Die verblüffendsten Entdeckungen waren vielleicht, dass Schimpansen nicht nur verschiedene Werkzeuge zum Fischen und für die Futtersuche benutzen, sondern diese auch herstellen, dass sie in Gruppen jagen und die Beute teilen und dass die Männchen tödliche, kriegsähnliche „Feldzüge" gegen benachbarte Populationen führen.

Nach Goodalls Vorbild wurden Langzeitstudien in verschiedenen Teilen Afrikas durchgeführt, und man erkannte, über welch vielfältige Verhaltensweisen Schimpansen verfügen. Die jüngste Arbeit fasst insgesamt 151 Jahre der Beobachtung aus sieben Langzeitstudien zusammen und verdeutlicht, dass Schimpansen — wie wir Menschen — große kulturelle Schwankungen aufweisen. So verwenden beispielsweise die verschiedenen Populationen unterschiedliche Werkzeuge. In Westafrika benutzen Schimpansen Steine als Hammer, um Nüsse zu knacken. Diese Technik lässt sich hingegen in Ostafrika nicht beobachten, obwohl dort dieselben Materialien zur Verfügung stehen. Zu den mehr als 40 örtlichen Gebräuchen zählen verschiedene Partnerwerbungs- und Sozialpflegemuster.

Untersuchungen mit gefangenen Schimpansen zeigen, dass sie sich selbst im Spiegel erkennen — eine Fähigkeit, die sie mit anderen Menschenaffen (Gorillas und Orang-Utans) teilen. Ihr hoher geistiger Entwicklungsstand, den Befunde in der freien Natur und in Gefangenschaft belegen, und insbesondere ihre Ähnlichkeit zu unserer eigenen Psyche haben dazu geführt, dass Menschenaffen in manchen Ländern per Gesetz vor Tierversuchen im Bereich der Biomedizin geschützt wurden. Es gibt sogar eine Bewegung, die ihnen sozusagen „Menschenrechte" zuerkennen will. Damit hatte vor einem halben Jahrhundert gewiss niemand gerechnet.

Siehe auch *Unsere nächsten Verwandten* S. 442.

Jane Goodall und ein neugieriger Schimpanse im Gombe-Stream-Forschungszentrum (1972). ▸

Außerirdische Intelligenz

Frank Drake *1930

Im Jahre 1961 organisierte Frank Drake, ein Radioastronom am National Radio Astronomy Observatory in Green Bank (US-Bundesstaat West Virginia), ein kleineres Treffen von Wissenschaftlern, um zu diskutieren, wie Radioastronomen mit einer neuen 26 Meter großen Teleskopschüssel nach außerirdischen Zivilisationen suchen könnten. Das Projekt wurde „OZMA" genannt, nach der Königin der fiktionalen Stadt Oz. Drake erstellte die Agenda des Treffens auf der Grundlage einer einfachen Gleichung.

Die Gleichung ergab die Anzahl nachweisbarer Zivilisationen in unserer Milchstraßengalaxie. Diese Zahl entspricht einfach dem Produkt einer Reihe von jeweils gleichwertigen Faktoren: Beginne mit der Rate, mit der Sterne in der Galaxie gebildet werden, und multipliziere diese mit dem Anteil der Sterne, die ein Planetensystem aufweisen. Multipliziere das Ergebnis anschließend mit dem Anteil derjenigen Sterne, die Leben ermöglichen könnten, und mit dem Anteil der Planeten, auf denen sich Leben nachweisbar entwickelt hat. Multipliziere diesen Wert wiederum mit dem Anteil „lebender" Planeten, die intelligente Lebensformen hervorbringen, und mit dem Anteil intelligenter Lebensformen, die kommunizieren wollen und dazu in der Lage sind. Multipliziere schließlich mit der Zeitdauer, die eine solche kommunizierende Zivilisation auffindbar bleibt. (Die Entwicklung der Wasserstoffbombe in jüngerer Zeit erfüllte viele Teilnehmer mit der Sorge, dass eine zur Kommunikation fähige Zivilisation auch die Mittel zu ihrer Selbstzerstörung besäße.)

Das Ergebnis dieser Multiplikation war ein Minimum von tausend und ein Maximum von einhundert Millionen Zivilisationen. Der Pionier Drake vermutete, dass eine extraterrestrische Lebensform eine Botschaft aussenden würde, indem sie eine der ruhigeren Bereiche des Radiospektrums zwischen der so genannten Wasserstofflinie (1 420 Megahertz) und der Hydroxyllinie (1 665 Megahertz) benutzen würde. Diese Spanne wurde als das „Wasserloch" bekannt. Die Form der Kommunikation könnte eine Reihe von Punkten und Strichen ähnlich dem Morsecode sein. Man richtete Teleskope auf mögliche Kandidaten (sonnenähnliche Sterne) und zeichnete Stunden von Radiorauschen auf. Eine Nachricht ist bislang nicht eingegangen ... noch nicht.

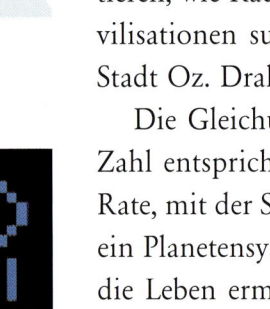

Ausschnitt einer piktographischen Radiobotschaft, die 1974 ins Weltall ausgesandt wurde. Eine Antwort wird, wenn überhaupt, frühestens in 50 000 Jahren erwartet.

Siehe auch *Kanäle auf dem Mars* S. 200, *Der Ursprung des Lebens* S. 370, *Planetenwelten* S. 512, *Die Galileo-Mission* S. 514, *Mikrofossilien vom Mars* S. 518, *Wasser auf dem Mond* S. 522.

Die rechte und die linke Hirnhälfte

Roger Wolcott Sperry 1913–1994

Das menschliche Gehirn sieht symmetrisch aus, und viele Jahre war man der Meinung, dass die beiden Hirnhälften (Hemisphären) ungefähr die gleichen Funktionen erfüllen. Doch von 1962 an führte der amerikanische Neurowissenschaftler Roger Sperry als Erster Untersuchungen an Menschen durch, die auf verblüffende Weise zeigten, dass bestimmte Funktionen überwiegend in der einen oder anderen Hirnhemisphäre lokalisiert sind. Für diese Arbeit erhielt er im Jahre 1981 gemeinsam mit zwei Kollegen den Nobelpreis für Medizin oder Physiologie.

Die Hemisphären sind durch zwei Stränge von Nervenfasern verbunden, von denen das eine als *Corpus callosum* oder Balken bezeichnet wird. Um die Funktionen dieser Nervenfasern bei Tieren zu untersuchen, durchtrennten Ronald Myers und Roger Sperry das *Corpus callosum* und schränkten den visuellen Input der Hemisphären dadurch ein, dass sie die Verbindung der Nervenfasern von einem Auge zur gegenüberliegenden Hirnhälfte kappten. Die Tiere, die darauf dressiert waren, auf ein Merkmal zu reagieren, das dem einen Auge dargeboten wurde, reagierten nicht, wenn sie mit dem anderen Auge getestet wurden. Ganz offensichtlich diente das *Corpus callosum* dazu, visuelle Informationen von der einen Hemisphäre zur anderen zu transportieren.

Sperry und seine Kollegen weiteten ihre Forschungsarbeit auf Menschen aus und untersuchten Epilepsiepatienten, bei denen man die Nervenfaserverbindung zwischen den Hirnhälften durchtrennt hatte, um zu verhindern, dass sich die epileptischen Anfälle über das Gehirn ausbreiteten. Auf den ersten Blick schien das Verhalten dieser Patienten normal zu sein, und zuvor hatten Forscher angenommen, dass die Hemisphären im Grunde unabhängig voneinander funktionierten. Sperry aber zeigte nicht nur, dass das *Corpus callosum* bei Menschen und Tieren eine ähnliche Funktion erfüllte, sondern auch, dass bestimmte geistige Aktivitäten besser von der einen als von der anderen Hirnhälfte ausgeführt wurden.

Obwohl die beiden Hirnhemisphären tatsächlich viele gemeinsame Funktionen haben, ist die linke offenbar auf Sprache spezialisiert, während die rechte eher für raum-zeitliche Probleme zuständig ist, wie zum Beispiel die mentale Rotation geometrischer Formen. Es ist fast so, als hätten wir zwei Gehirne — ein verbales und ein nonverbales —, die jeweils in einer Hemisphäre sitzen. Daraus ergeben sich tief greifende Schlussfolgerungen für die Natur des Bewusstseins und unsere Vorstellung vom „Selbst".

Siehe auch *Die Kartierung der Sprache* S. 182, *Das Nervensystem* S. 210, *Künstliche neuronale Netze* S. 334, *Die chemische Basis des Sehens* S. 382, *Bilder des Geistes* S. 478.

Eine Zeichnung des menschlichen Gehirns und der Wirbelsäule, um 1714. Die Psyche von Sperrys Patienten schien im täglichen ▶ Leben als Einheit zu funktionieren, doch in gezielten Experimenten arbeiteten ihre getrennten Hemisphären wie zwei Gehirne.

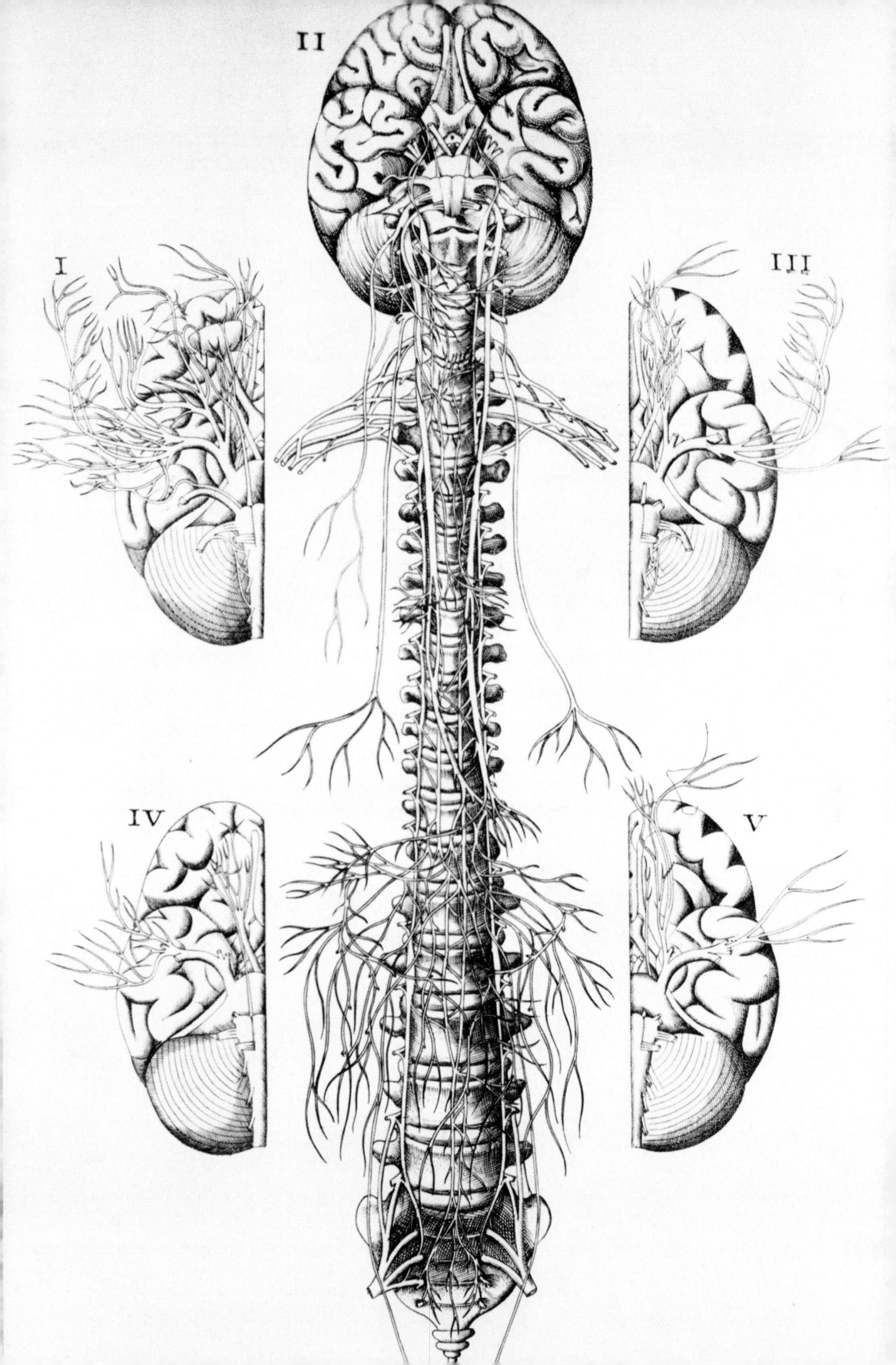

Die Psychologie des Gehorsams

Stanley Milgram 1933-1984

Der Gehorsam gegenüber Autoritäten wird uns von Kindheit an eingeimpft – Gehorsam gegenüber unseren Eltern, unseren Lehrern, unseren Chefs und gegenüber dem Gesetz. Eigentlich ist er eine Vorbedingung für das Funktionieren jeder menschlichen Gesellschaft. Doch kann diese Neigung, zu gehorchen und sich konform zu verhalten, erklären, warum zum Beispiel so viele sonst anständige und gesetzestreue deutsche Bürger im Zweiten Weltkrieg Gräueltaten begangen haben? Lässt ihr Verhalten auf ein Gewaltpotenzial in uns allen schließen?

In den Jahren 1961 und 1962 untersuchte der amerikanische Psychologe Stanley Milgram auf geniale Weise, wie ganz normale Menschen auf moralisch verwerfliche Befehle reagieren. Versuchspersonen nahmen an einem Experiment teil, in dem es angeblich darum ging, die Auswirkung von Strafen auf das Lernverhalten zu untersuchen. Die Versuchsperson wurde als Lehrer in einen Raum gebracht, wo eine andere Person – als Schüler – mit Elektroden an den Handgelenken an einen Stuhl geschnallt war. Der Lehrer erhielt dann die Anweisung, eine Liste von Wortpaaren vorzulesen, den Schüler aufzufordern, sich diese zu merken, und ihm jedes Mal, wenn er einen Fehler machte, einen zunehmend stärkeren Elektroschock zu versetzen. Natürlich erhielten die Schüler in Wirklichkeit keine Elektroschocks, sondern waren Helfer des Versuchsleiters, die nur vorgaben, Qualen zu leiden.

Erschreckenderweise teilten beim ersten Experiment 25 von 40 Lehrern Schocks aus, bis sie die höchste Stufe von 450 Volt erreichten, die mit „Gefahr: Schwerer Schock" gekennzeichnet war. Häufig wandten sich Lehrer besorgt an den Versuchsleiter und fragten, ob sie für ihr Tun verantwortlich seien. Sobald ihnen gesagt wurde, sie seien nicht dafür verantwortlich, schienen sie weniger Skrupel zu haben, das Experiment fortzuführen, obwohl viele im Verlauf des Experiments immer nervöser und gestresster reagierten und schließlich den Versuchsleiter baten, das Experiment abzubrechen. Nachfolgeexperimente zeigten, dass die Lehrer weniger gehorsam waren, wenn sie sich im selben Raum wie der Schüler befanden oder wenn sich der Versuchsleiter in einem anderen Raum aufhielt. Und Frauen waren genauso gehorsam wie Männer.

Es sieht so aus, als hätten viele Menschen nicht die Kraft, der Autorität zu widerstehen – und dies sogar dann, wenn sie sich einem unschuldigen Opfer gegenüber gefühllos und unmenschlich verhalten sollen. Hier handelt es sich um blinden Gehorsam, bei dem das Gewissen als moralische Instanz ausgeblendet wird. Damit erhebt sich die uralte Frage: Wie findet man das richtige Gleichgewicht zwischen persönlicher Initiative und gesellschaftlicher Autorität?

Siehe auch *Das Unterbewusstsein* S. 222, *Verhaltensverstärkung* S. 322.

Milgrams Versuchspersonen gehorchten dem Versuchsleiter ohne Rücksicht darauf, wie flehentlich die bestrafte Person um Gnade ▶
bat oder wie schmerzhaft die Elektroschocks zu sein schienen.

l'Étonnement

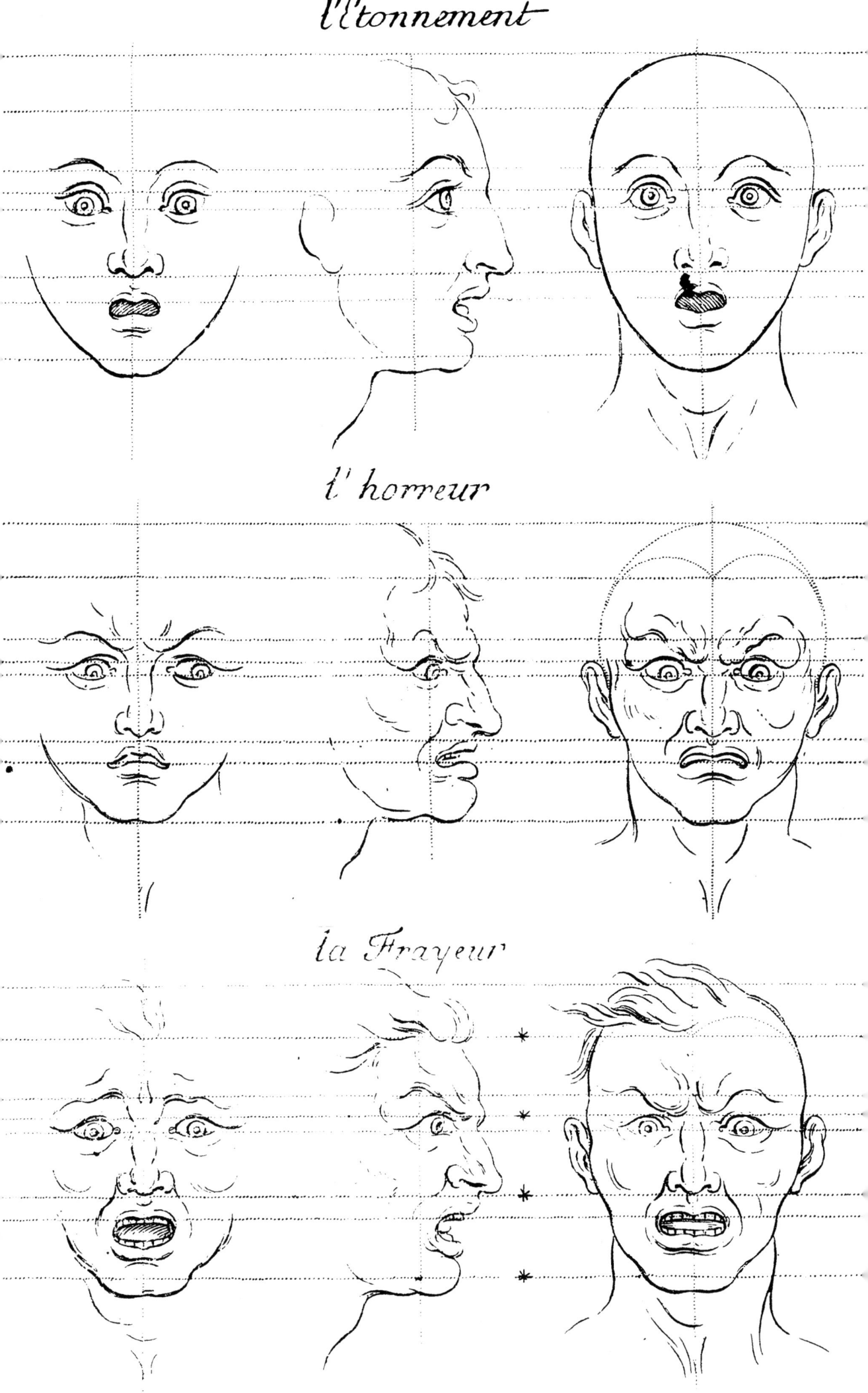

l'horreur

la Frayeur

Quasare

Maarten Schmidt *1929

Mitte der Fünfzigerjahre des 20. Jahrhunderts hatten Radioastronomen eine immer länger werdende Liste von Radioquellen, die sie nicht identifizieren konnten. Fotografische Platten, die man mithilfe der größten Spiegelteleskope der Welt angefertigt hatte, wurden sorgfältig nach entsprechenden sichtbaren Sternen oder Galaxien abgesucht. Im Jahre 1960 machten Thomas Matthews und Allan Sandage einen merkwürdigen, schwach blauen variablen „Stern" auf der Position der Quelle 3C 48 aus. Drei Jahre später wurde ein weiterer blasser „Stern" mit einem von diesem ausgehenden Materiestrahl als 3C 273 identifiziert. Diese ungewöhnlichen Objekte wurden „quasi-stellare Radioquellen" oder kurz „Quasare" genannt.

Die Spektren der Quasare waren rätselhaft: Die breiten Emissionslinien kannte man so bisher nicht. Im weiteren Verlauf des Jahres 1963 fand der aus Holland gebürtige amerikanische Astronom Maarten Schmidt heraus, dass die Linien von nichts anderem als Wasserstoff hervorgerufen werden, die jedoch zum roten Ende des Spektrums hin verschoben waren. Diese beträchtliche Rotverschiebung bedeutete, dass 3C 273 und 3C 48 Geschwindigkeiten von 15 und 30 Prozent derjenigen des Lichtes aufweisen und somit außerordentlich weit weg (und alt) sind. Um trotzdem sichtbar zu sein, müssen die optischen Quellen überaus lichtstark sein. Wir wissen heute, dass sie etwa das 100 000fache der Energie der gesamten Milchstraßengalaxie abstrahlen müssen. Quasare sind Bestandteile extrem aktiver Galaxien. Tatsächlich sind sie die ungemein energiereichen Zentren oder Kerne dieser Galaxien und werden als „aktive galaktische Kerne" bezeichnet.

Zwei Hinweise auf ihren Aufbau erhalten wir von nahe gelegenen Objekten. Die merkwürdige Galaxie Centaurus A mit ihrer dicken Staubschleppe und den auffälligen, Radiowellen aussendenden Regionen ist das uns am nächsten befindliche Exemplar eines aktiven galaktischen Kernes. Wie Martin Ryle festgestellt hat, treten die Radioquellen der Quasare häufig paarweise auf, wobei ihr sichtbarer Teil zwischen den emittierenden Bereichen liegt. Die sichtbare Region ist der Ort energetischer Explosionen, und diese schleudern gewaltige Materiewolken (von 200 000 Sonnenmassen) in diametral entgegengesetzte Richtungen aus. Wenn die Wolken mit dem umgebenden Medium in Wechselwirkung treten, erzeugen sie Radiowellen. Die emittierenden Regionen haben − ähnlich wie die intensive Röntgenstrahlung aussendenden Bereiche − einen Durchmesser von ungefähr einem Lichttag, gegenüber den Zehntausenden von Lichtjahren einer typischen Galaxie.

Siehe auch *Spektrallinien* S. 130, *Der Dopplereffekt* S. 156, *Die Sternentwicklung* S. 286, *Die Verdampfung Schwarzer Löcher* S. 440, *Der Große Attraktor* S. 498.

Quasare bilden die Kerne sehr aktiver Galaxien und werden wahrscheinlich von massiven Schwarzen Löchern im Zentrum ▶ angetrieben. Die Aufnahme zeigt das uns am nächsten gelegene Beispiel einer aktiven Galaxie, Centaurus A.

Die Evolution der Kooperation

William Donald Hamilton 1936–2000

Wie kann sich nach der Darwinistischen Weltsicht ein Tier so entwickeln, dass es anderen Tieren hilft? Die natürliche Selektion begünstigt die Individuen mit den meisten Nachkommen. Hilft aber ein Tier einem anderen, so wird das helfende Tier weniger, das Hilfe erhaltende Tier hingegen mehr Nachkommen hinterlassen. Offenbar wirkt also die natürliche Selektion jeglicher Form altruistischen oder kooperativen Verhaltens entgegen.

Dennoch lässt sich nicht bestreiten, dass Tiere einander helfen. Ameisen, Bienen und Wespen sind in diesem Zusammenhang beeindruckende Beispiele. Eine Honigbiene stirbt, sobald sie ihren Stachel eingesetzt hat. Das Hinterende ihres Körpers wird bei diesem Vorgang herausgerissen und pumpt noch nach ihrem Tod Gift in ihr Opfer. Die Stockgenossinnen der toten Biene profitieren von dieser selbstmörderischen Tat. „Altruistisches" Verhalten dieser Art blieb für Darwinisten lange Zeit ein Rätsel.

Dieses Rätsel wurde 1964 von William Hamilton gelöst, einem englischen Biologen, der damals gerade mit seiner Doktorarbeit begann. Er erkannte, dass es für ein Individuum von Nutzen sein kann, sich für andere zu opfern — solange dies genetisch Verwandten zum Vorteil gereicht. Jedes Gen eines Individuums kann auch bei dessen Brüdern und Schwestern vorkommen. Die natürliche Selektion fördert dann aktiv den Altruismus, wenn die mit der altruistischen Handlung einhergehenden Vorteile für den Nutznießer im Vergleich zu den Nachteilen, die der Altruist erleidet, überwiegen.

Mit Hamiltons Theorie gelingt es bis heute erfolgreich vorherzusagen, wann sich Tiere altruistisch verhalten werden. Die Theorie lässt sich besonders gut auf Ameisen, Bienen und Wespen anwenden, weil diese Insekten ein besonderes System der genetischen Vererbung aufweisen. Eine Ameise kann unter Umständen mehr Gene mit ihrer Schwester gemeinsam haben als mit ihren eigenen Nachkommen, was das hoch entwickelte Sozialverhalten (unter Schwestern) bei diesen Insekten erklärt. Hamiltons Theorie ist die Grundlage aller heutigen Forschungsarbeiten zum Sozialverhalten. Inzwischen wurde sie auch auf menschliches Verhalten (dem sich Hamilton nie mit besonderem Interesse widmete) angewandt, vor allem seitdem Edward O. Wilson in den Siebziger- und Achtzigerjahren seine umstrittene Theorie der menschlichen Soziobiologie in die Forschung einbrachte.

Siehe auch *Darwins „Entstehung der Arten"* S. 176, *Tierische Instinkte* S. 318, *Die Spieltheorie* S. 336, *Die Tanzsprache der Bienen* S. 338.

Teamwork: Eine Blattschneiderameise trägt ein Blattstück zum Nest, während mehrere kleinere Arbeiterameisen sie gegen parasitische Fliegen verteidigen. ▶

Quarks

Murray Gell-Mann *1929

Bis zu den Dreißigerjahren des 20. Jahrhunderts hatten die Physiker gelernt, alle Materie aus nur drei Arten von Teilchen aufzubauen: Elektronen, Protonen und Neutronen. Doch dann tauchte nach und nach eine ganze Prozession von unerwünschten Neuzugängen auf — Neutrinos, Positronen und Antiprotonen, Pionen und Myonen, Kaonen, Lambdas und Sigmas —, sodass bis Mitte der Sechzigerjahre rund hundert mutmaßliche Elementarteilchen entdeckt worden waren. Es war ein fürchterliches Durcheinander.

Durch Einführung einer neuen, tieferen Ebene der Existenz brachte der amerikanische Physiker Murray Gell-Mann Ordnung in dieses Chaos. Im Jahre 1961 entdeckte er in den Eigenschaften vieler dieser Teilchentypen Muster, die auf eine zugrunde liegende Struktur hinwiesen, nämlich auf eine Handvoll noch elementarerer Teilchen, die er 1964 „Quarks" taufte. Heute nimmt man an, dass es sechs verschiedene Arten von Quarks gibt, die als „up", „down", „strange", „charm", „bottom" und „top" bezeichnet werden. Protonen bestehen aus einem down- und zwei up-Quarks, Neutronen aus einem up- und zwei down-Quarks. Zusammengehalten werden sie von anderen Teilchen, so genannten „Gluonen" (vom englischen *to glue* für „kleben"). Kombinationen der übrigen Quarks ergeben all diejenigen exotischen, kurzlebigen zusammengesetzten Teilchen, die man inzwischen kennt. Sie alle werden von einer außerordentlich starken Kraft von jedoch nur sehr geringer Reichweite zusammengehalten, der so genannten Farbkraft, die von den Gluonen vermittelt wird.

Weniger als eine Sekunde nach dem Urknall war das Universum so heiß und dicht, dass es eine amorphe Masse aus Quarks und Gluonen war — ein Zustand, den Physiker heute mit ihren Teilchenbeschleunigern zu erreichen suchen.

Nicht alles besteht aus Quarks. Elektronen und Neutrinos sowie zwei elektronenartige Teilchen, Myon und Tau, gehören zu einer anderen Klasse von Elementarteilchen, den so genannten Leptonen. Und dann gibt es noch die Teilchen, die Kräfte vermitteln: Photonen, Gluonen, W-, Z- und Higgs-Teilchen. Zusammen machen diese drei wichtigsten Teilchentypen, Quarks, Leptonen und kräftevermittelnde Teilchen, alles aus, was existiert — soweit wir wissen. Doch wahrscheinlich ist dieses „Standardmodell" der Teilchenphysik nicht das letzte Wort. Es gibt wohl noch mehr Ebenen der Realität, die ihrer Erforschung harren.

Siehe auch *Das Neutron* S. 312, *Antimaterie* S. 314, *Das Echo des Urknalls* S. 412, *Die Vereinheitlichung der Kräfte* S. 416, *Superstrings* S. 474.

Die Blasenkammer wurde in den Sechzigerjahren des 20. Jahrhunderts zum wichtigsten Werkzeug bei der Erforschung sub-atomarer Teilchen. Durch Interpretation der Bahnspuren mit ihren wunderbaren Kreisen, gekrümmten Linien und Spiralen entwickeln Physiker Theorien, die das Verhalten der Teilchen und der sie kontrollierenden Kräfte beschreiben.

Die ältesten Fossilien

Elso Barghoorn 1915-1984

Die 4,6 Milliarden Jahre zurückreichende Geschichte der Erde teilt sich in zwei große Zeitalter: das Phanerozoikum (was so viel bedeutet wie „sichtbares Leben") und das Präkambrium oder Kryptozoikum („verborgenes Leben"). Für die Zeit des 545 Millionen Jahre währenden Phanerozoikums sind vielfältige Lebensformen durch Fossilien belegt. Aus den mehr als vier Milliarden Jahren des Präkambriums schienen dagegen lange Zeit jegliche Lebensspuren zu fehlen. In den Sechzigerjahren des 20. Jahrhunderts entdeckte jedoch Elso Barghoorn in einer frei liegenden Gesteinsschicht des Gunflint Ironstone im Westen von Ontario (Kanada) zwei Milliarden Jahre alte präkambrische Mikrofossilien. Schon Charles Darwin war sich der fehlenden Lebensspuren aus dem Präkambrium nur allzu bewusst. Er rätselte über »die Art und Weise, in der zu verschiedenen Hauptabteilungen des Tierreichs gehörende Arten plötzlich in den ältesten der bekannten (kambrischen) fossilführenden Schichten auftreten«, und konnte hierfür »keine befriedigende Antwort« liefern.

Annähernd organische Strukturen, die man im uralten laurentischen Kalkgestein des kanadischen Schildes gefunden hatte, wurden 1865 von dem kanadischen Geologen John W. Dawson „Eozoon" („Tier der Morgendämmerung") genannt. Sie galten als Beleg für präkambrisches Leben, waren jedoch — wie später nachgewiesen wurde — anorganisch. Dennoch war es kanadisches Gestein, das die ersten der breiten Öffentlichkeit präsentierten, genuin präkambrischen Fossilien aufwies. Man hatte allerdings schon früher fast unbemerkt in Russland sporenähnliche präkambrische Fossilien gefunden.

Mit Aufkommen des Transmissionselektronenmikroskops enthüllte man gut erhaltene Mikrofossilien im Kieselschiefer (feinkörnigen Quarz) des Gunflint Ironstone. Diese Mikroben wurden 1965 von Elso Barghoorn und Stanley Tyler beschrieben und fanden sich in lamellenartigen, etwa 2 000 Millionen Jahre alten wulstigen Strukturen, die man „Stromatolithen" nannte.

Heute wissen wir, dass das mikrobielle Leben vor rund 3,8 Milliarden Jahren mit phyotosynthetisierenden Prokaryoten begann, die in einer sauerstofffreien Atmosphäre überlebensfähig waren. Einige bildeten Stromatolithen, und vor etwa 2,1 Milliarden Jahren führte der gestiegene Sauerstoffgehalt dazu, dass sich komplexere Eukaryoten entwickeln konnten. Sich sexuell fortpflanzende, vielzellige Tiere (Metazoen) traten erstmals vor 1,2 Milliarden Jahren auf, während vor 610 Millionen Jahren bereits verschiedene größere marine Organismen mit weichen Körpern existierten. Zu dieser so genannten Ediacara-Fauna gehören auch Vorläufer der wichtigsten kambrischen Fossilgruppen.

Siehe auch *Alte Gesteine* S. 252, *Der Burgess-Schiefer* S. 260, *Gene und Vererbung* S. 264, *Der Ursprung des Lebens* S. 370, *Die symbiontische Zelle* S. 418, *Die fünf Reiche des Lebens* S. 426, *Leben unter Extrembedingungen* S. 452, *Mikrofossilien vom Mars* S. 518.

Von Bakterienmatten — der ältesten Lebensgemeinschaft — gebildete Stromatolithen. Das Foto zeigt heutige Stromatolithen, ▶
die in Shark Bay im Westen Australiens entstehen.

Das Echo des Urknalls

Arno Allan Penzias *1933, Robert Woodrow Wilson *1936

Im Jahre 1917 führte Albert Einstein eine Konstante in seine Allgemeine Relativitätstheorie ein, die das Universum „zwingen" sollte, statisch zu sein, doch die Beobachtungen, die Edwin Hubble in den Zwanzigerjahren machte, zeigten, dass Einstein sich irrte. Das Universum begann sehr, sehr klein und wurde dann größer. 1931 stellte George Lemaître die Hypothese auf, der gesamte Inhalt des Universums sei ursprünglich in einen runden „Uratom" verpackt gewesen, das etwa die 30fache Größe unserer Sonne gehabt habe.

George Gamow, Ralph Alpher und Robert Herman untersuchten Temperatur und Energie dieses superdichten Anfangszustands. 1949 kamen sie zu dem Schluss, das Universum verdanke seine Entstehung einer riesigen, heißen Explosion. Sie zeigten, wie Kernreaktionen in diesem urtümlichen Feuerball Wasserstoffkerne (Protonen) und Neutronen zu Helium verschmolzen haben könnten, legten dar, wie dies die anteiligen Verhältnisse dieser Elemente in sehr alten Sternen erklärte, und sagten voraus, dass sich die damals erzeugte Strahlung während der Expansion des Universums abgeschwächt und abgekühlt hat, sodass der Himmel heute nur noch mit einer schwachen Mikrowellen-Hintergrundstrahlung von etwa 5 Kelvin (K), also –268 Grad Celsius, „nachglüht".

1950 wies der britische Astronom Fred Hoyle diese Theorie als „Urknall" zurück. Er unterstützte ein Fließgleichgewichts-(steady state-)Modell des Universums, bei dem die ständige Bildung neuer Galaxien lokale Expansionsbereiche speist, und fast 15 Jahre lang wogte der Streit um diese beiden kosmologischen Modelle hin und her. Der Konflikt endete 1965, als Arno Penzias und Robert Wilson bei dem Versuch, das störende Rauschen bei ihren radioastronomischen Messungen zu eliminieren, zufällig auf die Mikrowellen-Hintergrundstrahlung, also gewissermaßen das Echo des Urknalls, stießen. Wie sich herausstellte, betrug deren Temperatur 2,7 K.

Im Jahre 1992 bestimmte der als *Cosmic Background Explorer* (COBE) bezeichnete Satellit die Hintergrundstrahlung auf fast exakt 2,726 K, doch sein Differenzialmikrowellenradiometer offenbarte leichte „Kräuselungen" in dieser Strahlung — Temperaturabweichungen in der Größenordnung von einem Hunderttausendstel. Wäre die Strahlung völlig einheitlich gewesen, hätte man schwer erklären können, wie sich die Materie im frühen Universum rund 300 000 Jahre nach dem Urknall zu einzelnen Sternen und Galaxien verdichtet hat.

Siehe auch *Die Allgemeine Relativitätstheorie* S. 278, *Das expandierende Universum* S. 306, *Ein subatomarer Geist* S. 384, *Quarks* S. 408, *Die Vereinheitlichung der Kräfte* S. 416, *Der Große Attraktor* S. 498.

Die berühmten „Raumkräuselungen" wurden 1992 von dem COBE-Satelliten entdeckt. In dieser Ansicht des ganzen ▶
Himmels zeigen die kühlen (blauen) Flecken, wo sich Gaswolken unter Einfluss der Schwerkraft zusammenballen,
um die Kerne von Galaxien zu bilden.

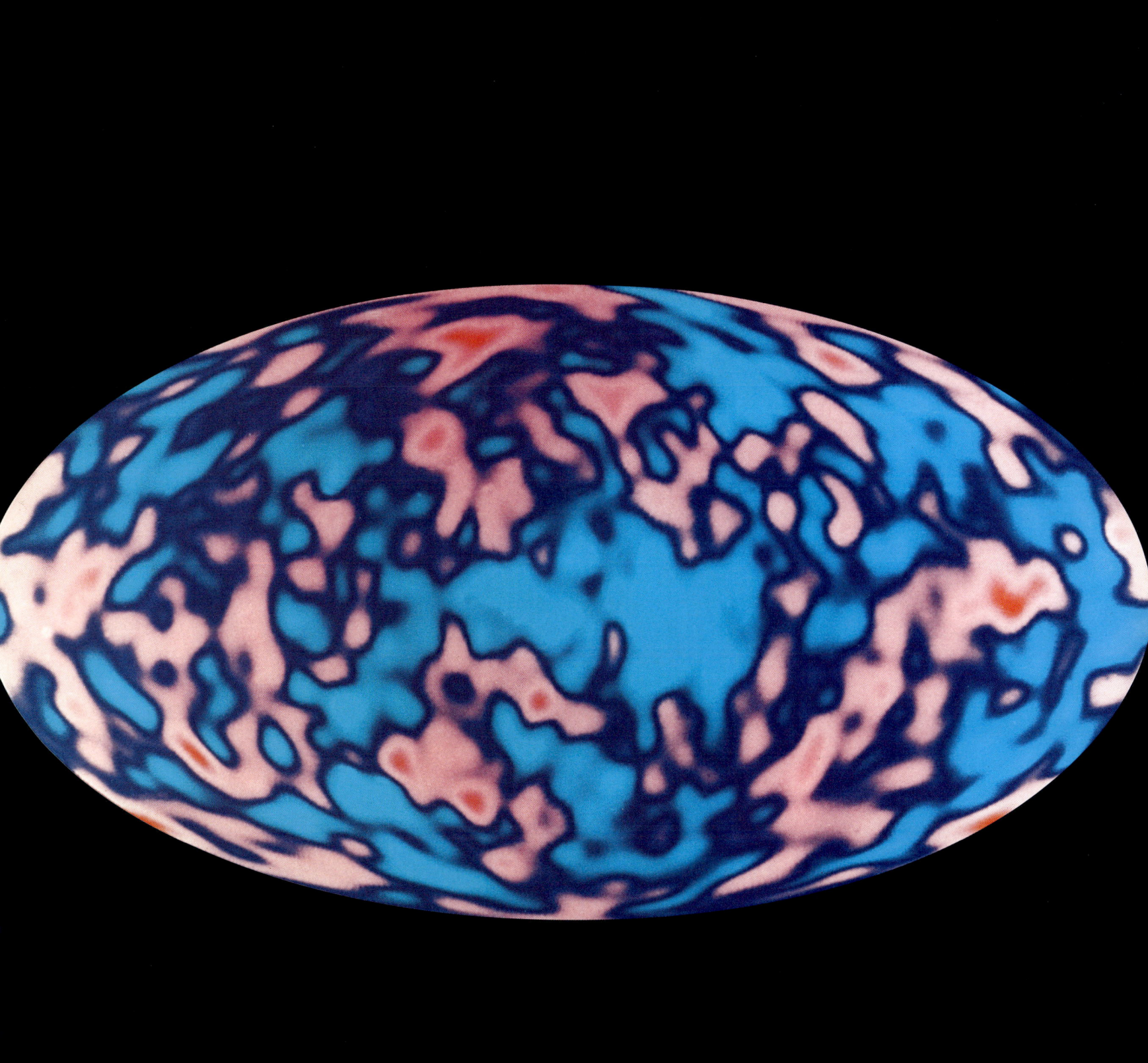

Plattentektonik

Drummond Hoyle Matthews 1931–1999, Frederick John Vine 1939–1988,
Dan Peter McKenzie *1942

Von 1925 bis 1927 durchkreuzte das deutsche Vermessungs- und Forschungsschiff *Meteor* den Atlantik und führte mit dem Sonar Echolotungen des Meeresbodens durch. Dabei entdeckte man den Mittelatlantischen Rücken, eine untermeerische Gebirgskette, die den Ozean der Länge nach durchzieht; seine Bedeutung erkannte man aber erst nach dem Zweiten Weltkrieg.

Der amerikanische Geologe Maurice Ewing bereitete den Weg für die Verfahren der marinen Seismik, die zeigten, dass die ozeanische Kruste sehr viel dünner (sieben Kilometer) ist als die kontinentale Kruste (20 bis 80 Kilometer). Im Jahre 1953 entdeckten Ewing und der amerikanische Ozeanograph Bruce Heezen die weltweite Ausdehnung mittelozeanischer Gebirgssysteme und später dann eine zentrale Eintiefung im Mittelatlantischen Rücken. Diese Spalte fiel zusammen mit ungewöhnlich starken Seebeben und submariner Vulkantätigkeit, was nahelegte, dass der Rücken hier auseinander gezogen wird.

Eine vollständige Erklärung kam erst mit den Arbeiten ihres Kollegen Harry Hess, eines amerikanischen Geologen, der aufgrund von Untersuchungen des pazifischen Ozeanbodens seine Theorie des *seafloor spreading* („Meeresbodenspreizung") entwickelte. Im Jahre 1962 stellte er die These auf, dass mittelozeanische Rücken dort entstehen, wo im Untergrund Konvektionsströme im heißen Mantel aufsteigen und geschmolzenes Gestein nach oben befördern. Dieses tritt an den Zentralspalten aus, verteilt sich in alle Richtungen und bildet neues Ozeanbodenmaterial. Je weiter vom Rücken entfernt, desto älter ist der Ozeanboden.

Ein Jahr darauf fanden zwei britische Geologen, Drummond Matthews und Frederick Vine, sich wiederholende symmetrische Muster magnetischer Umpolungen in magnetisierter Lava zu beiden Seiten der mittelozeanischen Rücken. Die Muster zeichneten die Geschichte der Umpolungen des Erdmagnetfeldes auf. Diese Symmetrie stützte Hess' Theorie der Meeresbodenspreizung. Schließlich, im Jahre 1967, vereinte der britische Geophysiker Dan McKenzie Kontinentaldrift und *seafloor spreading* zu einer Theorie der globalen Plattentektonik, nach der die Erdkruste in große bewegliche Platten zerbrochen ist: Die meisten Vulkane und Erdbeben gibt es an den Plattengrenzen, und wo die Platten zusammenprallen, entstehen Gebirge.

Siehe auch *Erdzyklen* S. 100, *Katastrophistische Geologie* S. 108, *Lyells „Principles of Geology"* S. 146, *Gebirgsbildung* S. 206, *Das Innere der Erde* S. 250, *Alte Gesteine* S. 252, *Die Kontinentaldrift* S. 270, *Umpolungen des Erdmagnetfeldes* S. 304, *Der Ausbruch des Mount St. Helens* S. 462.

Der San-Andreas-Graben verläuft dort, wo der Rand des nordamerikanischen Kontinents an der Platte vorbeigleitet, die den Ozeanboden des Pazifiks bildet. Die Platten bewegen sich relativ zueinander mit einer Geschwindigkeit von einem Zentimeter pro Jahr. ▶

Die Vereinheitlichung der Kräfte

Sheldon Lee Glashow *1932, Abdus Salam 1926–1996, Steven Weinberg *1933

Die Natur liebt verborgene Identitäten. So ist die elektromagnetische Kraft zum Beispiel stark und hat eine große Reichweite, während die Reichweite der „schwachen Kernkraft" nicht über den Radius eines winzigen Atomkernes hinausgeht. Und doch kann man beide als dieselbe Kraft betrachten.

Die Theorie der Quantenelektrodynamik, kurz QED, besagt, dass der Elektromagnetismus durch Photonen vermittelt wird. Aufgrund des großen Erfolgs dieser Theorie suchten Physiker nach einer ähnlichen Beschreibung für die anderen Naturkräfte, und 1967 gelang es Sheldon Glashow, Abdus Salam und Steven Weinberg schließlich, eine derartige Theorie für die schwache Kernkraft auszuarbeiten. Sie sollte sich später als richtig herausstellen. Die Theorie erforderte vier Trägerteilchen. Zunächst einmal machte man drei neue Teilchen – das W^+-, das W^- und das Z-Boson – für die schwache Kernkraft verantwortlich. Die W-Bosonen und das Z-Boson wurden tatsächlich 1983 in den großen Teilchenbeschleunigern am CERN, dem europäischen Labor für Hochenergie- und Teilchenphysik in Genf, entdeckt und bestätigten die Vorhersage. Doch wie die drei Physiker feststellten, schloss ihre Theorie auch das alte, vertraute Photon ein, den Träger der elektromagnetischen Kraft. Beide Kräfte ließen sich durch genau dieselben Gleichungen beschreiben. Warum waren sie dennoch so unterschiedlich?

Die W- und Z-Bosonen sind außerordentlich schwer. Um sich zu materialisieren und die schwache Kraft zu vermitteln, müssen sie viel Energie „borgen". Das ist nach den Regeln der Quantenmechanik erlaubt, doch nur selten (was dazu führt, dass die schwache Kraft so schwach ist) und nur für kurze Zeit (was dazu führt, dass ihre Reichweite so gering ist). Bei sehr hohen Temperaturen verschwinden diese Einschränkungen: Die elektromagnetische Kraft und die schwache Kernkraft legen ihre Verkleidung ab und verschmelzen zu einer einzigen „Superkraft". Möglicherweise waren sie im heißen, jungen Universum, weniger als eine Billionstelsekunde nach Beginn der Zeit, tatsächlich zu einer einzigen Kraft vereinigt. Die Spannungen, die entstanden, als sich diese Kräfte voneinander trennten, könnten sogar den Urknall „gezündet" haben, indem sie einen seltsamen Prozess, die so genannte Inflation, in Gang setzen: eine kurze, exponentielle Expansion des Universums.

Siehe auch *Das expandierende Universum* S. 306, *Quantenelektrodynamik* S. 352, *Das Echo des Urknalls* S. 412, *Superstrings* S. 474.

Der Elektronenbeschleunigerring LEP ist das weltgrößte wissenschaftliche Instrument. Es nimmt einen 27 Kilometer langen ▶ Tunnel ein, der auf dem CERN-Gelände 50 Meter unter der Erdoberfläche liegt. In ihm werden Teilchen auf 99,9999 Prozent der Lichtgeschwindigkeit beschleunigt.

Die symbiontische Zelle

Lynn Margulis *1938

Jede Zelle im menschlichen Körper stammt letztendlich von dem Fusionsprodukt zweier einfacherer Zellen ab, die sich vor zwei Milliarden Jahren zusammentaten. Dieses historische Ereignis lässt sich an der Struktur unserer Zellen ablesen: Ihr Erbgut ist auf zwei Stellen verteilt. Die meisten Gene finden sich im Zellkern, aber einige wenige sind stattdessen in einem als Mitochondrium bezeichneten Gebilde angesiedelt. Woher stammen diese zusätzlichen Gene?

Die amerikanische Biologin Lynn Margulis stellte in einem 1967 veröffentlichten Artikel die Hypothese auf, dass die Mitochondrien in den Zellen der Pflanzen und Tiere ursprünglich frei lebende Bakterien waren. Irgendwann hat eine größere Zelle einmal ein solches Bakterium aufgenommen, vermutlich um es zu verdauen. Doch die kleinere Zelle schaffte es, im Inneren der größeren zu überleben, und beide zusammen entpuppten sich als erfolgreiches Team. Offenbar ergänzten sich ihre Fähigkeiten gut. Die kleine Zelle vermochte womöglich unter Einsatz von Sauerstoff Nährstoffe zu verbrennen und so Energie zu produzieren (das jedenfalls tun Mitochondrien heute), und die größere Zelle stellte ihr den nötigen Brennstoff zur Verfügung. Im Laufe der Zeit entwickelte sich aus den beiden Partnern jener Zelltypus, aus dem heute alle höheren Organismen aufgebaut sind. Mitochondrien sehen immer noch wie Bakterien aus, und die wenigen Gene, die sie noch enthalten, ähneln Bakteriengenen. Eine ähnliche Symbiose hat zur Entstehung der Chloroplasten geführt, die in den grünen Pflanzen für die Photosynthese zuständig sind.

Zellen, die — wie unsere Körperzellen — sowohl ein Mitochondrien- als auch ein Kerngenom beherbergen, nennt man „eukaryotisch". Bakterienzellen, die weder einen Kern noch Mitochondrien enthalten, heißen hingegen „Prokaryoten". Prokaryotische Zellen kamen bereits kurz nach der Entstehung des irdischen Lebens vor vier Milliarden Jahren auf und erhielten erst vor zwei Milliarden Jahren Konkurrenz, als sich die eukaryotischen Zellen entwickelten. Alle heutigen Pflanzen und Tiere bestehen aus eukaryotischen Zellen. Die symbiontische Verschmelzung, deren Spuren Margulis ausfindig gemacht hat, dürfte der große Durchbruch gewesen sein, der die Evolution höherer Lebensformen erst möglich gemacht hat.

Siehe auch *Zellgemeinschaften* S. 174, *Viren* S. 232, *Der Burgess-Schiefer* S. 260, *Der Zitronensäurezyklus* S. 320, *Bakteriengene* S. 332, *Die Photosynthese* S. 344, *Der Ursprung des Lebens* S. 370, *Die ältesten Fossilien* S. 410, *Die fünf Reiche des Lebens* S. 426, *Urheimat Afrika* S. 492.

Mitochondrien sehen wie Bakterien aus, und sie wachsen und teilen sich sogar unabhängig vom Zyklus der Zelle, in der sie leben. Diese elektronenmikroskopische Aufnahme eines Mitochondriums (grün) zeigt die inneren Membranen, an denen die Zellatmung stattfindet.

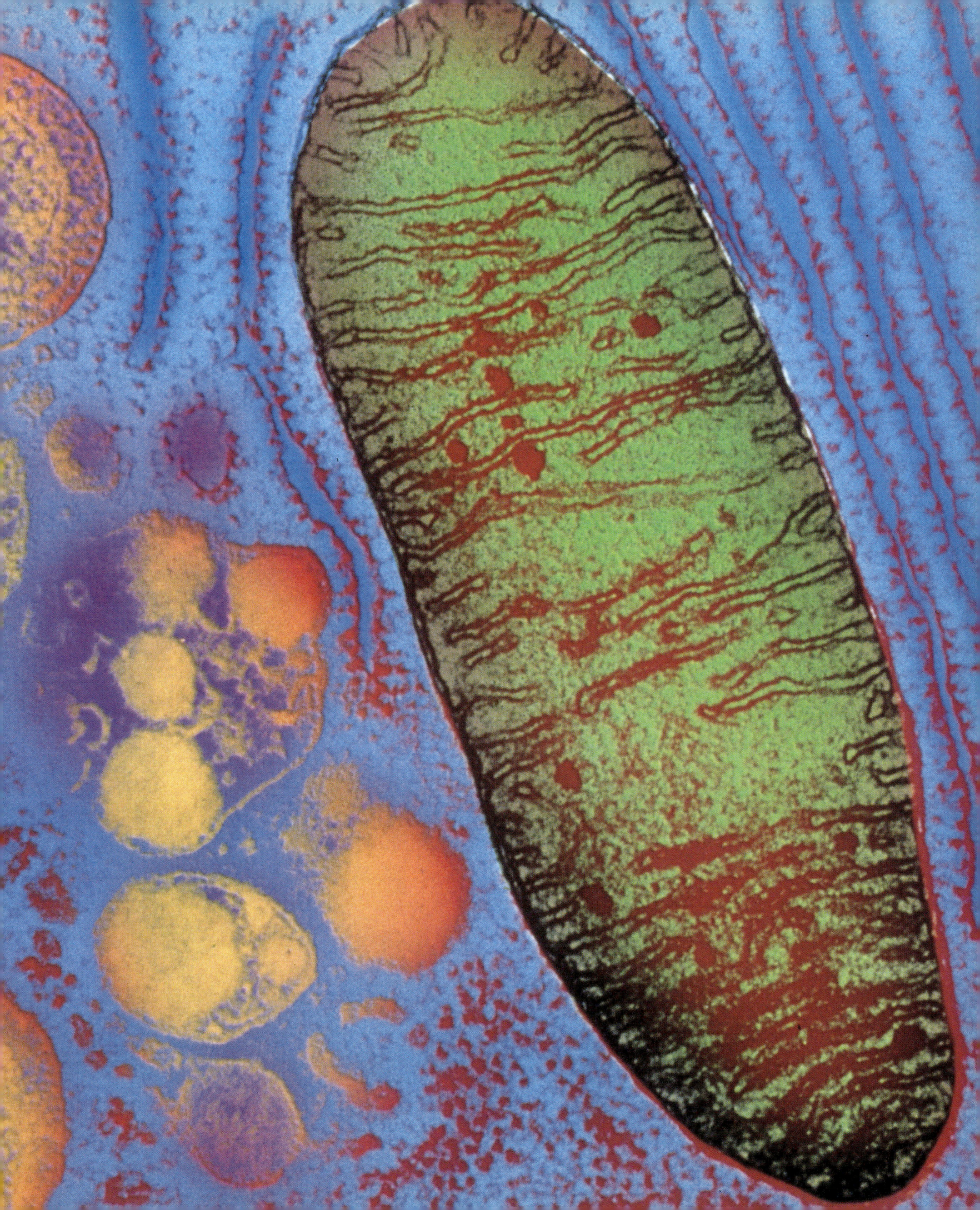

Pulsare

Susan Jocelyn Bell Burnell *1943, Antony Hewish *1924

Jocelyn Bell, eine Nachwuchsforscherin an der Universität Cambridge, und ihr Betreuer Antony Hewish benutzten ein riesiges Radioteleskop im Wellenlängenbereich von 3,7 Metern Wellenlänge mit 2 048 getrennten Empfängern (die rund 1,6 Hektar bedeckten), um das Flackern der von Quasaren ausgesandten Radiowellen bei ihrem Durchgang durch den Sonnenwind zu studieren. Im Juli 1967 entdeckte Bell, dass die Empfänger jeden Sternentag (23 Stunden und 54 Minuten) ein merkwürdiges Signal auffingen. Wie ein schnellerer Messdatenschreiber zeigte, bestanden diese aus einer Reihe extrem regelmäßiger Radiopulse alle 1,33730113 Sekunden. Die Forscher glaubten zunächst, die ersten Signale einer außerirdischen Zivilisation gefunden zu haben. Doch bald kam Bell durch eine weitere Quelle in einer anderen Richtung zu der Überzeugung, dass »es höchst ungewöhnlich wäre, wenn zwei verschiedene Gruppen kleiner „grüner Männchen" die gleiche ungewöhnliche Frequenz und die gleiche unwahrscheinliche Technik wählen würden, um Signale zu demselben unauffälligen Planeten Erde zu schicken!«.

Bald wurden weitere „Pulsare" entdeckt, und inzwischen sind rund 600 bekannt. Man nimmt heute allgemein an, dass Pulsare, wie von Thomas Gold 1968 vorgeschlagen, sich schnell um ihre eigene Achse drehende magnetische Neutronensterne sind: die kondensierten Kerne alter Supernovae. Diese im Durchmesser zehn bis 20 Kilometer großen Sterne funktionieren wie kosmische Leuchttürme, die von den magnetischen Polen Bündel von „Synchrotronstrahlung" aussenden — elektromagnetische Strahlung, die von geladenen Teilchen wie Elektronen produziert wird, welche sich mit hoher Geschwindigkeit durch ein Magnetfeld bewegen. Das über die Erde rasende Strahlenbündel erzeugt einen Puls mit einer Dauer von wenigen Dutzend Millisekunden. Die Ankunft des Pulses variiert geringfügig mit der Wellenlänge. Dadurch ist es möglich, die Entfernung der Quelle zu messen, vorausgesetzt man kennt die Dichte der Elektronen entlang der Sichtlinie.

Im November 1968 entdeckte man einen 33-Millisekunden-Pulsar im Zentrum des Krebsnebels, jener sich ausdehnenden Wolke von Trümmern einer Supernova, die im Jahre 1054 von der Erde aus beobachtet worden war. Vergleiche mit typischen älteren Pulsaren weisen darauf hin, dass sich Pulsare mit fortschreitendem Alter verlangsamen. Im September 1969 verkürzte sich die Periode des Krebs-Pulsars plötzlich um 3×10^{-10} Sekunden, da der abgeflachte Neutronenstern entsprechend der Abnahme seiner Rotationsgeschwindigkeit seine Form anpasste.

Siehe auch *Die Sternentwicklung* S. 286, *Weiße Zwerge* S. 310, *Sonnenwind* S. 388, *Gammastrahlenausbrüche* S. 434, *Die Supernova 1987A* S. 488.

Das Innere des von einer Supernova übrig gebliebenen Krebsnebels. Der Kern überdauerte als Pulsar (der untere der beiden ▶ hellen Sterne links oberhalb der Mitte). Seine Rotation erhitzt das umgebende Gas und verursacht so den bläulichen Schimmer. Die Supernovaexplosion ist von chinesischen Astronomen im Jahre 1054 beobachtet worden.

Die Apollo-Mission

Neil Alden Armstrong *1930, Edwin Eugene Aldrin *1930, Michael Collins *1930

Es hat in der Geschichte der Menschheit keine großartigere Entdeckungsreise gegeben als die amerikanische Apollo-Mission zum Mond. Zwischen Juli 1969 und Dezember 1972 legten zwölf Männer in sechs verschiedenen Raumkapseln 380 000 Kilometer durch das Weltall zurück. 381 Kilogramm Mondmaterial wurde in die irdischen Laboratorien zurückgebracht. Insgesamt 79,4 Stunden verbrachten die Astronauten außerhalb der Mondlandefähren, und ein Fahrzeug entfernte sich 30 Kilometer von einem der Landeplätze. Am 20. Juli 1969 setzten Neil Armstrong und Edwin „Buzz" Aldrin als erste Menschen ihren Fuß auf die Oberfläche des Mondes, während Michael Collins im Orbit blieb.

An jeder Basis auf der Mondoberfläche wurde eine spezielle Versuchsstation aufgebaut. Diese überwachte die Mondatmosphäre, den Teilchenstrom von der Sonne, die Auswirkungen des Erdmagnetfeldes auf den Mond, den Wärmestrom aus dem Mondinnern, das Zittern des Mondes unter dem Einfluss von Ebbe und Flut der irdischen Gezeiten und infolge des Einschlags kleiner Asteroiden sowie die Erde-Mond-Entfernung. Die zurückgebrachten Gesteinsproben nutzte man, um das Alter der verschiedenen Krater- und Hochlandregionen des Mondes zu bestimmen. Ihre Mineralogie, ihr Magnetismus und ihre Zusammensetzung gaben außerdem unschätzbare Hinweise auf die Geschichte, den Ursprung und die Evolution unseres stetigen Begleiters. Doch den meisten von uns haben sich vor allem die emotionalen Schilderungen der Astronauten von der großartigen Trostlosigkeit der sterilen, trockenen und leblosen Mondlandschaft eingeprägt.

Das Programm wurde vom amerikanischen Präsidenten John F. Kennedy in einer Rede vor dem Kongress am 25. Mai 1961 aus der Taufe gehoben. Sein Versprechen »einen Menschen auf dem Mond abzusetzen und ihn sicher zur Erde zurückzubringen ... noch bevor das Jahrzehnt vorüber ist«, war Teil eines vom Kalten Krieg geprägten Weltraumwettlaufs gegen die Sowjetunion. Als die Russen den Wettkampf aufgaben, zogen die Amerikaner ihre noch vorgesehenen Missionen zurück. Alle hoch fliegenden Pläne zur Ausweitung der bemannten Weltraumfahrt durch den Bau einer dauerhaften Station auf dem Mond oder eine Reise weiter zum Mars wurden auf Eis gelegt.

Siehe auch *Der Himmel im Fernrohr* S. 54, *Der Ursprung des Sonnensystems* S. 104, *Der Sonnenfleckenzyklus* S. 158, *Umpolungen des Erdmagnetfeldes* S. 304, *Sonnenwind* S. 388, *Wasser auf dem Mond* S. 522.

Nach einer Stunde des ersten Mondspaziergangs in der Geschichte fotografierte Buzz Aldrin seinen eigenen Schuh und ▶
dessen Abdruck im uralten Mondstaub.

Die fünf Reiche des Lebens

Robert Harding Whittaker 1920–1980

Tier-, Pflanzen- oder Mineralreich?" Diese alte Quiz-Frage impliziert, dass alle Lebewesen entweder Pflanzen oder Tiere sind, wie es die Biologen früherer Zeiten glaubten. Wann immer sie mit Lebensformen wie den Pilzen konfrontiert waren, die eigentlich nicht in das Schema passten, zwangen sie diese dennoch in eine der beiden Gruppierungen. Die Pilze zum Beispiel wurden von den Biologen bis vor kurzem noch als Pflanzen aufgefasst, die eben keine Photosynthese betreiben.

Und dann gab es da noch die Mikroben oder Mikroorganismen. Seit ihrer Entdeckung im 17. Jahrhundert fanden Biologen immer neue mikroskopische Lebensformen, die sie allesamt ordentlich als pflanzlich oder tierisch klassifizierten. Manche Mikroben treiben Photosynthese; diese stufte man als Algen ein und stellte sie zu den Pflanzen. Andere wirkten eher wie Tiere; sie wurden Protozoen genannt und den Tieren zugeordnet. Im 19. Jahrhundert entdeckte man dann noch kleinere Geschöpfe, die Bakterien, die man beim besten Willen nicht mehr als Tiere oder Pflanzen auffassen konnte.

Zu Beginn des 20. Jahrhunderts war den Biologen klar, dass man längst nicht jedes Lebewesen in eine der beiden klassischen Kategorien zwängen konnte, aber die alte Zweiteilung wurde erst 1969 endgültig ad acta gelegt, als der amerikanische Ökologe Robert Whittaker seine Fünf-Reiche-Klassifikation vorstellte. Er unterschied Tiere, Pflanzen, Pilze, Protisten und Bakterien. Die erstgenannten vier Reiche umfassen die „Eukaryoten", also alle Organismen, deren Zellen einen Kern aufweisen. Während die Protisten Einzeller mit Kernen sind, haben die ebenfalls meist einzelligen Bakterien keinen solchen Zellkern. Whittakers Klassifikation hatte vieles für sich; so haben die Pilze tatsächlich nichts mit den Pflanzen zu tun — sie stehen sogar den Tieren näher.

Andere Forscher haben Whittakers Einteilung modifiziert. So möchten manche Biologen die Protisten auf mehrere Reiche verteilen, aber die wohl wichtigste Neuerung wurde von Carl Woese eingeführt, der entdeckte, dass es zwei grundverschiedene Typen von Prokaryoten gibt, „normale" Bakterien und Archaebakterien oder, wie man sie heute nennt, Archaea. Diese Unterteilung führte zu einer Klassifikation mit drei „Domänen": Archaea, Bacteria und Eukarya, wobei Letztere die vier übrigen Reiche aus Whittakers System umfassen.

Siehe auch *Die Geburtsstunde der Botanik* S. 18, *Die Benennung des Lebendigen* S. 88, *Viren* S. 232, *Die Photosynthese* S. 344, *Schleimpilzaggregation* S. 348, *Die ältesten Fossilien* S. 410, *Die symbiontische Zelle* S. 418, *Die Vielfalt des Lebens* S. 468.

Die grüne Kugelalge *Volvox aureus*. Das Foto zeigt die Tochterkugeln beim Verlassen der abgestorbenen Mutterkolonie. ▸

Die grüne Revolution

Norman Ernest Borlaug *1914

Der „Vater der grünen Revolution" Norman Borlaug, ein amerikanischer Pflanzenzüchter, erhielt 1970 den Friedensnobelpreis und wird häufig als der Mann bezeichnet, der mehr Menschenleben gerettet hat als jede andere Gestalt der Weltgeschichte.

Während seiner Arbeit am Internationalen Zentrum für die Verbesserung von Mais und Weizen in Mexiko (1944–1960) züchtete Borlaug eine krankheitsresistente Hochertrags-Weizensorte mit verkürztem Halm, die weltweit zu Erntesteigerungen führte. Normale Weizensorten haben lange Halme, die durch den Einsatz von Düngern noch länger werden und bei Wind und Regen leicht knicken. Borlaug kreuzte Gene kurzstrohiger Sorten und guter Stickstoffverwerter ein und konnte so das Korn-Stroh-Verhältnis erheblich verbessern. Als der indische Subkontinent Mitte der Sechzigerjahre unter einer Hungersnot litt, gelang es ihm, die Regierungen Indiens und Pakistans zum Anbau der neuen Sorten zu bewegen. In der Folge konnten Pakistan (seit 1968) und Indien (seit 1974) auf Weizenimporte verzichten.

Diese gewaltige Produktivitätssteigerung – die grüne Revolution – fand ihre Fortsetzung in neuen Reissorten, die seit den Siebzigerjahren in Südostasien kultiviert wurden und dort die schlimmsten Hungersnöte verhindern konnten, wenngleich zu einem hohen Preis. So weisen Borlaugs Kritiker auf die Umweltbelastung hin, die mit der starken Abhängigkeit der Hochertragssorten von Kunstdüngern, Pestiziden und künstlicher Bewässerung einhergeht, und verdammen die gesellschaftlichen und wirtschaftlichen Auswirkungen auf die armen Bauern, die sich die teure neue Technologie nicht leisten können.

Das gegenwärtige Bevölkerungswachstum macht eine zweite grüne Revolution erforderlich. Eine Strategie – die von Borlaug und einigen Umweltschützern und Ökologen wie Edward O. Wilson propagiert wird – setzt auf die Gentechnik, um auf den bestehenden Feldern noch höhere Erträge zu erzielen und damit die Abholzung zur Gewinnung neuer Anbauflächen auf ein Minimum zu beschränken. Im Jahre 1999 gelang es der Arbeitsgruppe von Jinrong Peng am John-Innes-Forschungszentrum in England, die Zwergwuchsgene zu klonieren, die für die kurzen Halme des Hochertragsweizens verantwortlich sind, was die Hoffnung weckt, dass man diese Gene bald auch in das Erbgut anderer Kulturpflanzen einfügen kann. Borlaugs grüne Revolution mag noch nicht beendet sein.

Siehe auch *Bevölkerungswachstum* S. 110, *Die Vielfalt der Kulturpflanzen* S. 292, *DDT* S. 326, *Gentechnik* S. 436.

Dank der neuen, ertragreichen Weizensorten, die Borlaug züchtete, konnte Mexiko seine Weizenernte verdreifachen. ▸

Biologische Selbsterkennung

Niels Kai Jerne 1911–1994

Unser Wissen über die Selbstverteidigung des Körpers gegen Infektionskrankheiten verdanken wir zu einem großen Teil Niels Jerne, dem 1911 in London geborenen Sohn dänischer Eltern. Nach seiner medizinischen Ausbildung in Kopenhagen ging er ans California Institute of Technology (Caltech), wo er im Jahre 1955 eines der wichtigsten Konzepte der Immunologie einführte.

Lange war man davon ausgegangen, dass ein Organismus die Moleküle, die den ersten Schritt der Immunabwehr bewerkstelligen, erst dann produziert, wenn Viren oder Bakterien in den Körper eingedrungen sind. Diese so genannten Antikörper oder Immunglobuline binden an Antigenmoleküle auf der Oberfläche des Eindringlings und geben ihn so für die Zellen des Immunsystems zur Vernichtung frei. Jerne war hingegen überzeugt, dass der Organismus bereits sämtliche Antikörper vorrätig hält, die er braucht. Sobald dann ein spezifisches Molekül aus diesem Millionenheer an ein passendes Antigen andockt, läuft die Produktion einer großen Menge genau dieser passenden Antikörper an, die ausreicht, um die Infektion in Schach zu halten. Der australische Immunologe Frank Macfarlane Burnet führte diese Überlegung weiter: Die Antikörper sitzen fest auf den Oberflächen spezieller Immunzellen, und die Bindung eines Antigens an eine solche Zelle, die den passenden Antikörper präsentiert, stößt ihre Vermehrung an. Diese Theorie wurde als „klonale Selektionstheorie" bekannt.

Aber wie unterscheidet das Immunsystem zwischen „Selbst" (dem körpereigenen Gewebe) und „Nicht-Selbst" (Bakterien, Viren und transplantiertem Gewebe)? 1971 unterbreitete Jerne die Hypothese, dass das Immunsystem diese Unterscheidung „lernt", und zwar in der Thymusdrüse, die im Brustkorb liegt. Dort kommen Zellen, deren Oberflächenimmunglobuline Fremdkörper angreifen, zur Vermehrung, während diejenigen, deren Antikörper sich gegen das „Selbst" richten, vernichtet werden. Drei Jahre später stellte Jerne sein wichtigstes Konzept vor: die „Netzwerktheorie", die das dynamische Gleichgewicht zwischen all den verschiedenen Zellen des Immunsystems erklärt. Dank dieses Gleichgewichts kann das System im Bedarfsfall sehr rasch aus seinem Ruhezustand heraus aktiviert werden.

Siehe auch *Impfung* S. 102, *Zelluläre Immunität* S. 204, *Antitoxine* S. 214, *Die Blutgruppen* S. 236, *Transplantatabstoßung* S. 356, *Monoklonale Antikörper* S. 448, *Das AIDS-Virus* S. 472.

Computermodell von Immunglobulin G mit einem gebundenen Antigen (rot). Das Y-förmige Molekül gehört zu einer Familie ▶ eng verwandter Proteine, die im Blut als Antikörper agieren.

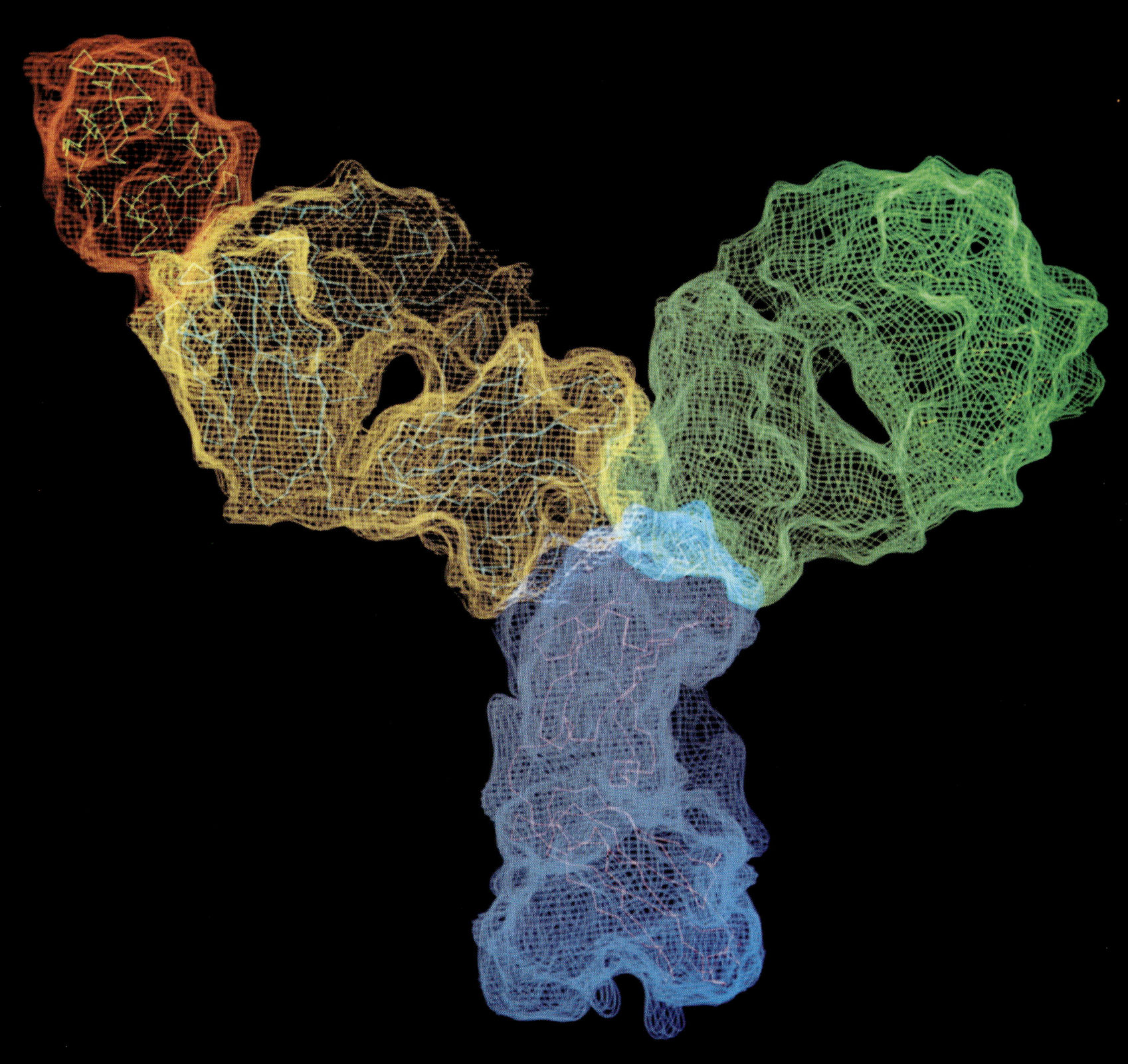

Die Gaia-Hypothese

James Lovelock *1919

Die Vorstellung von der Erde als gewaltigem lebenden Organismus lässt sich bis zu Platon um 400 v. Chr. zurückverfolgen, doch erst im 20. Jahrhundert hat sie wissenschaftliche Plausibilität erlangt. James Lovelock, ein unabhängiger britischer Wissenschaftler, der in den Sechzigerjahren bei der NASA, der Nationalen Luft- und Raumfahrtbehörde der USA, angestellt war, um die Möglichkeit von Leben auf dem Mars zu erkunden, untersuchte das Leben auf der Erde in derselben Weise, wie er auf anderen Planeten nach ihm fahndete – durch Analysen der Atmosphäre. Er hob hervor, dass die Atmosphäre unseres Planeten eine höchst unwahrscheinliche Mischung von Gasen ist, deren verschiedene Anteile sowohl durch geochemische Prozesse (wie die Verwitterung von Gesteinen) in Balance gehalten werden als auch durch die Tätigkeit von Organismen, welchen sie das Leben ermöglicht (Beispiele sind der Entzug von Kohlendioxid und die Produktion von Sauerstoff durch die photosynthetisch aktiven Pflanzen). Lovelocks umstrittene „Gaia-Hypothese", benannt nach der Erdgöttin der griechischen Mythologie, besagt, dass terrestrische biologische und physikalische Prozesse zusammenwirken, um Bedingungen zu schaffen und aufrecht zu erhalten, die dem Fortbestand des Lebens förderlich sind.

Im Jahre 1972 erstmals vorgetragen, wurde die Idee von etablierten Wissenschaftlern hauptsächlich aufgrund ihres Mangels an Exaktheit abgelehnt. Doch Unterstützung kam 1981, als James Lovelock „Daisyworld" schuf, eine Computersimulation einer von weißen und schwarzen Gänseblümchen bevölkerten Welt, welche die Sonnenstrahlung entweder reflektierten oder absorbierten. Indem sich die relativen Zahlen dieser beiden Typen entsprechend der herrschenden Oberflächentemperatur änderten, erhielten die Gänseblümchenpopulationen ein globales Temperaturgleichgewicht aufrecht. Später verbesserten komplexere Modelle mit einer größeren biologischen Vielfalt die Stabilität des Systems.

Lovelocks Gaia-Hypothese ist heute besonders relevant angesichts der vom Menschen verursachten Veränderungen der Erdatmosphäre, welche die Stabilität unseres Klimas, die Ökosysteme, die Nahrungsmittelproduktion und unsere Gesundheit bedrohen. Ganz ohne Treibhausgase würde die Oberflächentemperatur der Erde zwar –19 Grad Celsius betragen, doch wenn ihre Konzentrationen unkontrolliert über die heutigen Werte ansteigen, würde unser Klima sich dem auf der Venus annähern. Dafür zu sorgen, dass Gaias Treibhausgaszusammensetzung stabil bleibt, ist eine der größten wissenschaftlichen und politischen Herausforderungen des 21. Jahrhunderts geworden.

Siehe auch *Der Treibhauseffekt* S. 184, *Stickstofffixierung* S. 208, *Klimazyklen* S. 276, *Das Ozonloch* S. 438, *Leben unter Extrembedingungen* S. 452, *Der Ausbruch des Mount St. Helens* S. 462, *Die Vielfalt des Lebens* S. 468.

Die Erde als Superorganismus. Die Vorstellung, dass das Leben daran mitgewirkt hat, unseren Planeten bewohnbar zu erhalten, wurde einst als überflüssig und irreführend abgelehnt. Heute jedoch überdenken sogar Skeptiker diese Sichtweise noch einmal.

Gammastrahlenausbrüche

US-Verteidigungsministerium

In den späten Sechzigerjahren umkreisten US-amerikanische Vela-Satelliten die Erde und überwachten das begrenzte Atomwaffen-Teststopp-Abkommen von 1963, indem sie nach Gammastrahlenblitzen Ausschau hielten, wie sie durch die Explosion von Atombomben hervorgerufen werden. Es stellte sich jedoch heraus, dass die nachgewiesenen Ereignisse dieser Art eher kosmischen als irdischen Ursprungs waren. Wie Thomas Cline und Upendra Desai im Jahre 1973 bestätigten, klingen diese intensiven Photonenausbrüche schon Sekunden nach ihrem Erscheinen wieder ab, doch in dieser kurzen Zeit setzen sie wahrscheinlich mehr Energie frei, als die Sonne in ihrer gesamten Lebensdauer abstrahlen wird.

Lediglich eine Handvoll Quellen hat wiederholt Ausbrüche erzeugt. Diese fallen offenbar mit den Überresten von Supernovae zusammen sowie mit dem Neutronenstern, der nach einer Supernovaexplosion übrig bleibt. Man hat die Vermutung geäußert, dass alle Photonen mit einer Energie von 511 000 Elektronenvolt starten und von sich gegenseitig aufhebenden Elektronen und Positronen nahe der Oberfläche des Neutronensternes erzeugt werden. Wie von der Allgemeinen Relativitätstheorie vorhergesagt, würde die Strahlung dann „rotverschoben", wenn die Gammastrahlen aus der Gravitationsquelle „hinausklettern" — eine Erkärung für den großen Schwankungsbereich in der Energie der Ausbrüche.

Im Jahre 1991 wurde vom Spaceshuttle Atlantis aus der Satellit mit dem Compton-Gammastrahlen-Observatorium gestartet. Seine Messungen von Gammastrahlenquellen zeigten, dass deren Verteilung in allen Richtungen die gleiche ist. Dafür gibt es zwei Möglichkeiten. Entweder liegen die Quellen nahe, wie die hellen Sterne am Nachthimmel, oder sehr weit entfernt, wie die angrenzenden Supercluster der Galaxien. Im ersten Fall müsste die Energie 1 022mal geringer sein als im zweiten Fall, um dieselbe Helligkeitsstufe zu erzielen.

Astronomen favorisieren heute die Hypothese, dass die meisten Ausbrüche aus fernen Weiten des Universums stammen. Ein 1997 registrierter Ausbruch (GRB 970228) wurde auch im Bereich der Röntgenstrahlung von dem italienisch-holländischen Beppo-SAX-Satelliten beobachtet und war zudem nahe einer sehr schwachen Galaxie optisch sichtbar. Eine andere Ausbruchsquelle (GRB 970508) trat als sternenähnlicher Punkt im Sternbild Camelopardalis (Giraffe) in Erscheinung, wobei die intergalaktischen Spektrallinien anzeigen, dass sie mindestens vier Milliarden Lichtjahre entfernt ist. Vielleicht sind wir hier Zeugen einer Verschmelzung zweier Neutronensterne.

Siehe auch *Die Sternentwicklung* S. 286, *Weiße Zwerge* S. 310, *Das Neutron* S. 312, *Antimaterie* S. 314, *Pulsare* S. 420, *Die Supernova 1987A* S. 488.

Das Compton-Gamma-strahlen-Observatorium der NASA wurde 1991 im Weltraum ausgesetzt, um das Universum im Spektralbereich der Gammastrahlung zu untersuchen.

Niemand weiß, was die Gammastrahlenausbrüche verursacht, noch ob die Quellen nahe oder weit entfernt sind. Man hat ▶ herausgefunden, dass wiederholte Ausbrüche mit Supernova-Überresten wie dem hier abgebildeten Krebsnebel zusammenfallen.

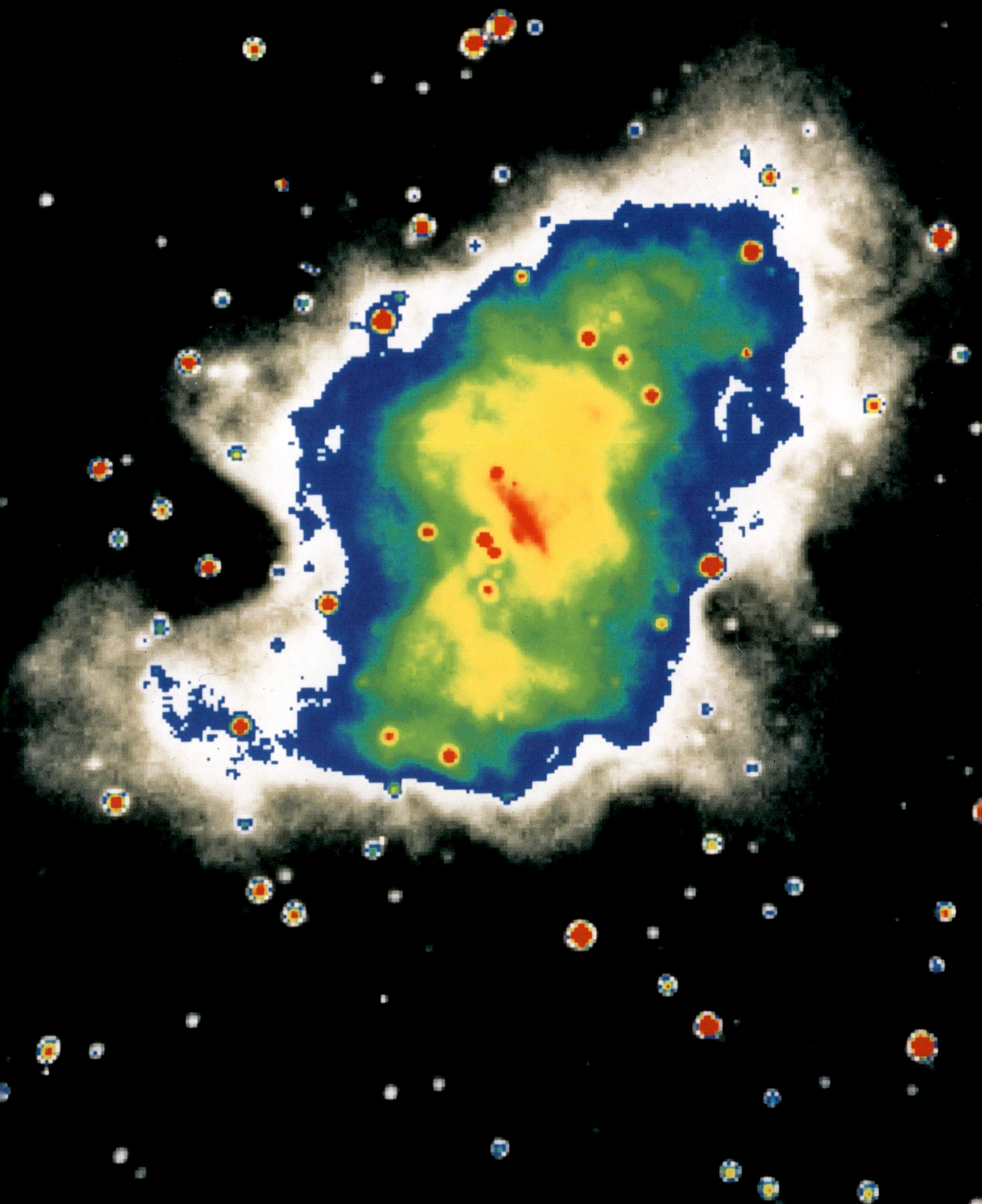

Gentechnik

Paul Berg *1926, Herbert Wayne Boyer *1936, Stanley Cohen *1935

Paul Berg und Herbert Boyer von der Stanford-Universität und Stanley Cohen von der Universität von Kalifornien in Berkeley fanden in den frühen Siebzigerjahren heraus, wie man Gene von einer Art in eine andere übertragen kann. Im Grunde besteht die Gentechnik aus dem Zerschneiden, Zusammenkleben und Kopieren von DNA-Abschnitten. Als Erstes isoliert man das gewünschte Gen – zum Beispiel für das Blutgerinnungsprotein Faktor VIII –, indem man die langen DNA-Moleküle aus menschlichen Zellen mit spezifischen „Restriktionsenzymen" in kleinere Stücke zerteilt. Dann fügt man das Faktor-VIII-Gen in eine molekulare Fähre ein, einen so genannten Vektor, bei dem es sich entweder um ein Virus handelt oder um ein „Plasmid", einen DNA-Ring bakteriellen Ursprungs. Schließlich „infiziert" man mit dem Vektor die Wirtszelle, die ein Bakterium, eine Hefe- oder auch eine Säugetierzelle sein kann. Der Wirt enthält nun fremde DNA – in diesem Fall das menschliche Faktor-VIII-Gen –, behandelt sie aber wie ihr eigenes Erbgut. So entsteht „rekombinante" DNA, die Gene aus mehr als einer Art enthält. Wenn die Zellen wachsen und sich vermehren, wird ihre DNA aktiv und produziert neben den üblichen Wirtsproteinen nun auch den Faktor VIII. Am Ende des Experiments können die Faktor-VIII-Moleküle „geerntet" werden.

Die Gentechnik kennt viele Anwendungen. Man nutzt sie zum Beispiel zur Produktion verschiedener menschlicher Proteine, darunter Insulin für die Behandlung von Diabetikern und Faktor VIII für die Therapie der Bluterkrankheit. Früher, als man dieses Protein noch aus menschlichem Gewebe gewinnen musste, haben sich viele Bluter mit dem AIDS-Virus HIV infiziert, da ein Teil des Blutes, aus dem der Faktor VIII extrahiert wurde, verseucht war. Heute können diese Menschen im Prinzip alle mit den Produkten rekombinanter DNA versorgt werden.

Umstrittener ist der Einsatz der Gentechnik bei Nutzpflanzen, in deren Erbgut man Gene zur Herbizid- oder Insektenresistenz einfügt. Ziel ist es, die Erträge und die Qualität der Ernten zu steigern, aber viele Verbraucher lehnen den Verzehr gentechnisch veränderter Nahrungsmittel ab.

Siehe auch *Bevölkerungswachstum* S. 110, *Stickstofffixierung* S. 208, *Viren* S. 232, *Insulin* S. 288, *Die Vielfalt der Kulturpflanzen* S. 292, *Bakteriengene* S. 332, *Die grüne Revolution* S. 428, *Monoklonale Antikörper* S. 448, *Das Klonschaf Dolly* S. 516, *Die Sequenz des mensch-ichen Genoms* S. 524.

Mit den Methoden der Gentechnik lassen sich zum Beispiel die DNA-Moleküle zweier verwandter Bakterienviren zusammenfügen. ▶

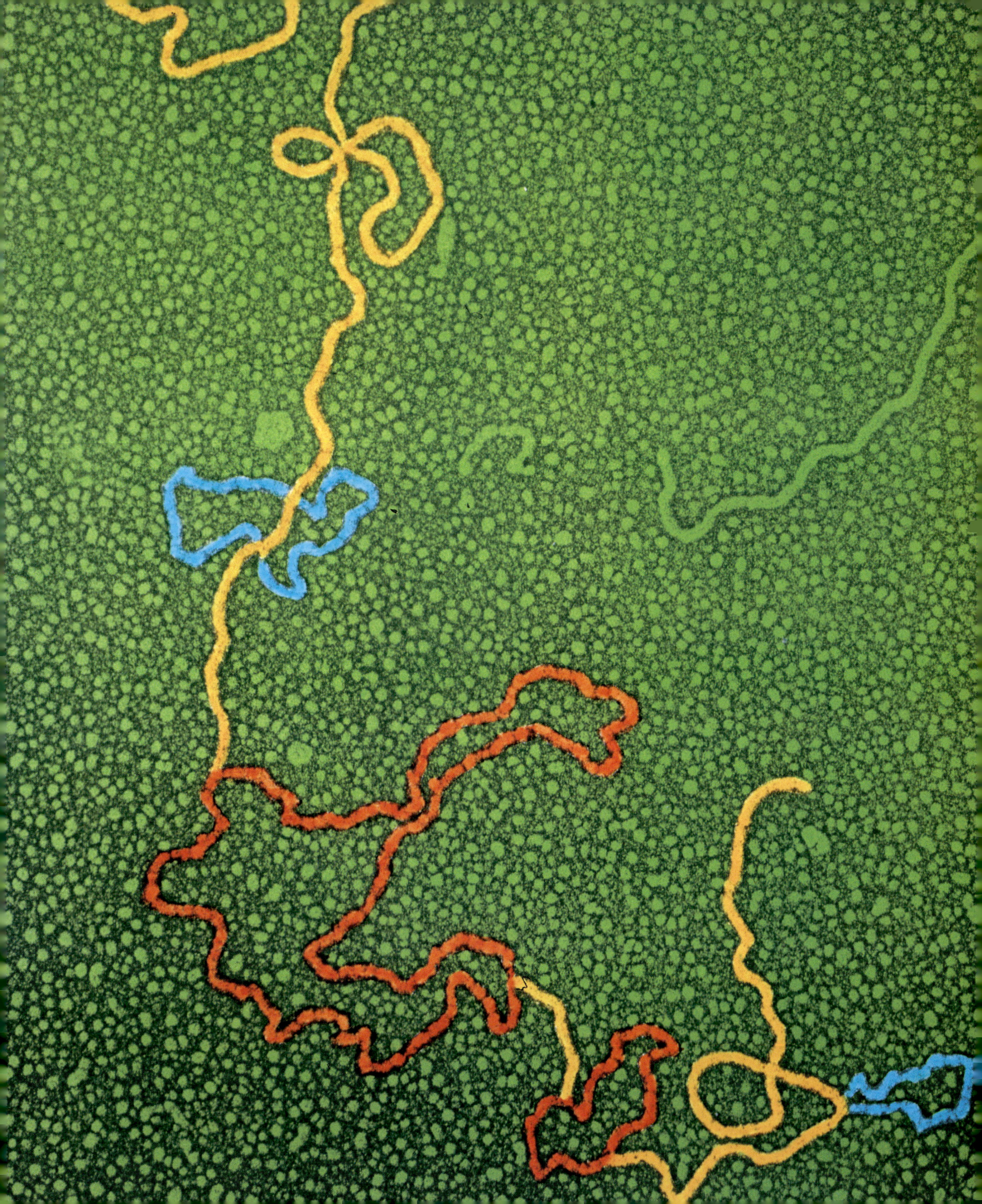

Das Ozonloch

Mario Molina *1943, Sherwood F. Rowland *1927

Es gibt so wenig Ozon in der Atmosphäre, dass es eine nur drei Millimeter dicke Schicht bilden würde, wenn es an der Erdoberfläche konzentriert wäre. Und doch spielt Ozon — ein aus drei Sauerstoffatomen aufgebautes Molekül — eine außerordentlich wichtige Rolle in unserer Umwelt. Es absorbiert ultraviolette Strahlen von der Sonne, bevor diese die Erdoberfläche erreichen, wo sie sonst die empfindlichen Moleküle des Lebens zerstören würden. Ohne diese Schicht hätte sich auf dem festen Land niemals Leben entwickeln können.

Im Jahre 1974 sagten Mario Molina und Sherwood Rowland, damals beide an der Universität von Kalifornien in Irvine tätig, jedoch vorher, dass Fluorchlorkohlenwasserstoffe (FCKWs) — in Klimaanlagen, Kühlschränken und Sprühdosen viel verwendete Chemikalien — Ozon weit schneller zerstören, als es in der Atmosphäre neu gebildet wird. Und da diese Chemikalien in großer Menge in die Atmosphäre ausgestoßen wurden, warnten Molina und Rowland, dass die Ozonschicht diesen Angriff nicht überleben könnte. Ihre Meldung sorgte weithin für Diskussionen, doch getan wurde wenig.

Dann, im Jahre 1985, entdeckte Joseph Farman, ein Wissenschaftler beim British Antarctic Survey, ein riesiges Loch in der Ozonschicht über dem Südpol und brachte den Ozonverlust mit dem vom Menschen verursachten Ausstoß von FCKWs in Verbindung. Die darauf folgenden Debatten wurden besonders heftig in der südlichen Hemisphäre geführt, wo die als Folge des Ozonloches verstärkte ultraviolette Strahlung das Risiko von Hautkrebs erhöhte. Viele Forscher, unter ihnen Molina und Rowland, setzten sich gegenüber Regierungen für einen Verzicht auf FCKWs mit dem Argument ein, dass diese leicht durch andere, weniger schädliche Stoffe ersetzt werden könnten.

Gut zwei Jahrzehnte später wurde ihren Arbeiten Rechnung getragen. In beispielloser internationaler Einigkeit handelten die Vereinten Nationen ein Verbot von FCKWs und anderen schädlichen Chemikalien aus. Bekannt als „Montreal-Protokoll", trat das Verbot 1996 in Kraft. Eigentlich war das Problem gelöst. Doch FCKWs breiten sich nur langsam in der Atmosphäre aus, sodass das Ozonloch wahrscheinlich noch viele Jahre, vielleicht sogar ein Jahrhundert, weiter bestehen bleiben wird. Im Jahre 1995 erhielten Rowland und Molina für ihre Arbeiten gemeinsam mit Paul Crutzen den Nobelpreis für Chemie.

Siehe auch *Eiszeiten* S. 152, *Der Treibhauseffekt* S. 184, *Klimazyklen* S. 276, *DDT* S. 326, *Die Gaia-Hypothese* S. 432.

Das Ozonloch über der Antarktis am 8. September 2000. Erstmals 1980 entdeckt, wurde das Loch seitdem jedes Jahr größer. ▶ Es ist durch den blauen Bereich gekennzeichnet, der sich hier über rund 28 Millionen Quadratkilometer erstreckt.

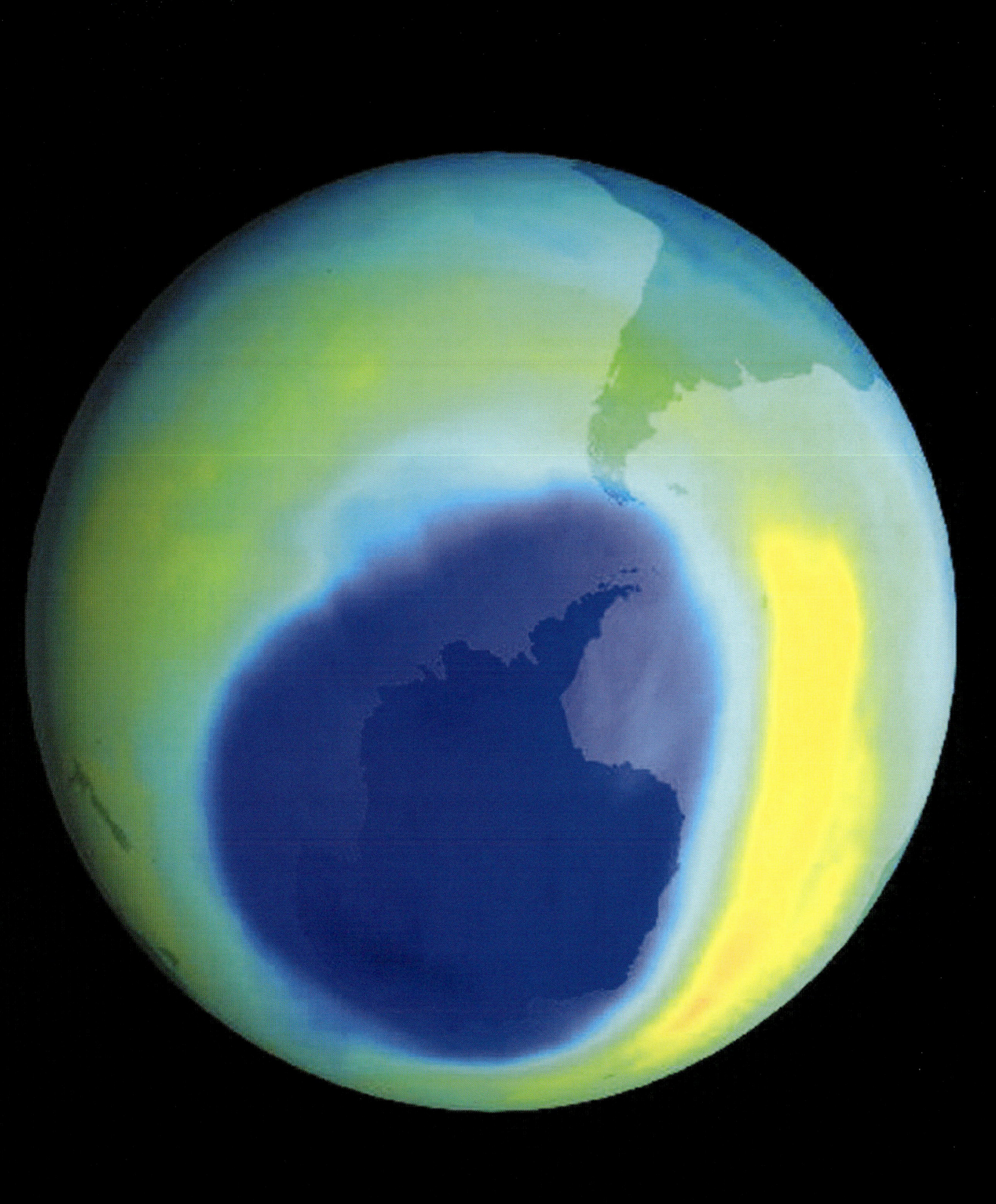

Die Verdampfung Schwarzer Löcher

Stephen William Hawking *1942

Aus dem zeitlichen Verlauf der Finsternisse der Jupitertrabanten ermittelte Olaus Rømer im Jahre 1679 die Geschwindigkeit des Lichtes. Etwa hundert Jahre später, 1784, stellte der Geistliche John Michell erstmals das Konzept des Schwarzen Loches vor. Er äußerte die Vermutung, dass die schwersten Objekte im Universum unsichtbar sein könnten, da »alles von einem solchen Körper ausgesandte Licht durch seine eigene Gravitation gezwungen werde, zu ihm zurückzukehren«.

Weit entwickelte Sterne von über drei Sonnenmassen (die Masse der Sonne beträgt 2×10^{30} Kilogramm) werden zu Schwarzen Löchern. Im Falle des Doppelsternsystems Cygnus X-1 ist ein Partner des „Sternen"-Paares so gut wie sicher ein Schwarzes Loch, und Materie von seinem Begleitstern stürzt auf eine es umgebende abgeflachte Scheibe; infolge ihrer Beschleunigung entstehen ungeheure Mengen von Röntgenstrahlen. Weitere Kandidaten sind aktive galaktische Kerne. Dabei handelt es sich um die am hellsten leuchtenden bekannten Objekte, die zugleich aber nur so groß sind wie unser Sonnensystem. Um im Gleichgewicht zu sein, müssen sie eine Masse von rund 10 000 Millionen Sonnenmassen haben. Eine derart gewaltige Masse auf so kleinem Raum deutet darauf hin, dass es sich um superschwere (supermassive) Schwarze Löcher handelt.

Wenn ein Objekt in ein Schwarzes Loch fällt, wird es beschleunigt und erreicht in einer Entfernung vom Zentrum des Loches, die als Schwarzschild-Radius bekannt ist, Lichtgeschwindigkeit. Hier, am „Ereignishorizont", verschwindet es und bleibt für immer unbeobachtbar. Stephen Hawking fand heraus, dass die Oberfläche des Ereignishorizonts sich niemals verringern könnte. Doch im Jahre 1974 entdeckte er ein Schlupfloch. Indem er die Theorie der Schwarzen Löcher, Quantenmechanik und Thermodynamik kombinierte, kam er zu der Erkenntnis, dass Schwarze Löcher verdampfen können. Die Erzeugung eines Elektron-Positron-Paares unmittelbar außerhalb des Ereignishorizonts kann zur Folge haben, dass eines der Teilchen in das Loch fällt und das andere entkommt. Da die Gravitationsenergie des Loches genutzt wurde, um die Partikel zu bilden, nimmt das entkommende Teilchen tatsächlich etwas von der Masse des Schwarzen Loches mit. Diese entkommenden Partikel werden heute Hawking-Strahlung genannt — Schwarze Löcher sind also doch nicht schwarz.

Siehe auch *Der Ursprung des Sonnensystems* S. 104, *Die Hauptsätze der Thermodynamik* S. 164, *Das Quant* S. 234, *Weiße Zwerge* S. 310, *Antimaterie* S. 314, *Quasare* S. 404.

Der Sog der Schwerkraft eines vermuteten superschweren Schwarzen Loches bildet eine Scheibe aus kaltem Gas im Kern ▶ einer energiereichen Galaxie.

Unsere nächsten Verwandten

Mary-Claire King *1946, Allan C. Wilson 1935–1991

Niemand würde im Ernst einen Menschen mit einem Schimpansen verwechseln. Menschen gehen aufrecht, sprechen, sind am Körper kaum behaart und leben in Gemeinschaften, die auf langfristiger Paarbindung aufbauen. Schimpansen unterscheiden sich in all diesen Punkten von uns. Die biologischen Eigenschaften sind im Erbgut der jeweiligen Art angelegt, und man sollte meinen, dass sich Schimpanse und Mensch in ihren Genomen ebenso stark unterscheiden wie in ihrem Äußeren. Wie die amerikanischen Biologen Mary-Claire King und Allan Wilson jedoch 1975 nachweisen konnten, ist die DNA dieser Arten nahezu identisch: Menschen- und Schimpansen-DNA gleichen sich zu 98,5 Prozent; nur 1,5 Prozent der Gene unterscheiden sich.

Aus diesem Befund zogen King und Wilson zwei evolutionäre Schlussfolgerungen. Seit 1960 war bekannt, dass die molekularen Unterschiede zwischen zwei Arten im Laufe der Zeit mit ungefähr konstanter Rate zunehmen — ein Phänomen, das in dem Begriff „molekulare Uhr" zum Ausdruck kommt. Deshalb kann man aus den molekularen Unterschieden zwischen zwei Arten (nach einer Kalibrierung) die Zeit abschätzen, die seit der Aufspaltung der beiden evolutionären Linien verstrichen ist. Bei 1,5 Prozent Abweichung zwischen Menschen- und Schimpansen-DNA dürfte unser letzter gemeinsamer Urahn vor etwa fünf Millionen Jahren gelebt haben. 1975 schien diese Datierung der Menschwerdung den erheblich früheren Datierungen anhand von Fossilien zu widersprechen, aber heute hat sie sich weitgehend durchgesetzt.

Die zweite Schlussfolgerung betrifft die erheblichen körperlichen Unterschiede zwischen Schimpansen und Menschen: Vielleicht sind sie durch Veränderungen in nur wenigen „Regulatorgenen" zustande gekommen. Viele unserer Gene sind so genannte „Strukturgene", die für Enzyme oder Zellbausteine codieren. Andere — die „Kontroll-" oder „Regulatorgene" — bestimmen, wann welche Strukturgene ein- und ausgeschaltet werden. Vermutlich unterscheiden sich Schimpansen und Menschen hinsichtlich ihrer Strukturgene kaum, wohl aber in ihren Kontrollgenen, die deren Expression steuern. Obwohl der Beweis für diese These noch aussteht, hat sie unsere gegenwärtige Vorstellung von der genetischen Grundlage evolutionärer Veränderungen der Körpergestalt stark beeinflusst.

Siehe auch *Die Doppelhelix* S. 374, *Die Kultur der Schimpansen* S. 396, *Neutrale molekulare Evolution* S. 422, *Die Genetik der Embryonalentwicklung* S. 460, *Urheimat Afrika* S. 492, *Die Sequenz des menschlichen Genoms* S. 524.

Ein „Schimpanse" aus Angola, der 1738 nach Paris gebracht wurde. Die Entdeckung, dass manche Affen den Menschen so ▶ ähnlich sind, warf Fragen nach der Beziehung des Menschen zum Tierreich auf.

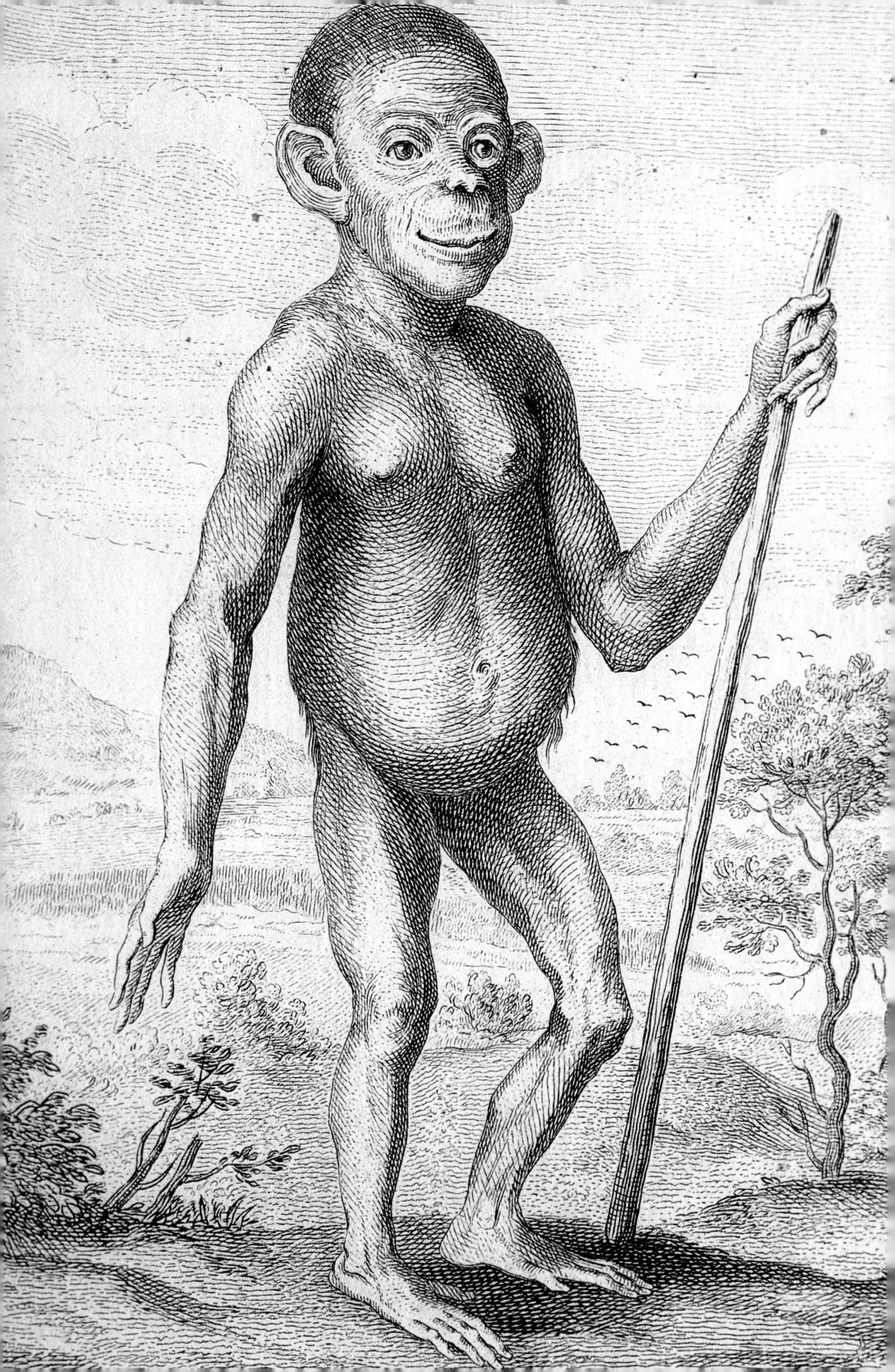

Eine einzigartige Spezies
Jared Diamond

Warum haben wir Menschen uns so anders entwickelt? Diese Frage ist besonders akut, wenn wir uns mit unseren nächsten Verwandten unter den Säugern vergleichen, den Großen Menschenaffen (im Unterschied zu den Gibbons oder Kleinen Menschenaffen). Am nächsten stehen uns die afrikanischen Schimpansen und Bonobos; von beiden Arten unterscheiden wir uns, was unser genetisches Material, die DNA, angeht, nur um 1,6 Prozent. Fast ebenso nahe stehen uns die Gorillas (2,3 Prozent genetischer Unterschied) und die südostasiatischen Orang-Utans (3,6 Prozent Unterschied). Unsere Vorfahren trennten sich „erst" vor rund sieben Millionen Jahren von den Vorfahren der Schimpansen und Bonobos, vor neun Millionen Jahren von den Vorfahren der Gorillas und vor 14 Millionen Jahren von denjenigen der Orang-Utans.

Im Vergleich zur individuellen Lebensspanne eines Menschen erscheint das ein riesiger Zeitraum, nach evolutionärem Maßstab ist es aber nur ein Augenblick. Leben gibt es auf Erden schon seit mehr als drei Milliarden Jahren, und vor mehr als einer halben Milliarde Jahren kam es zu einer wahren Formenexplosion hartschaliger, komplex gebauter großer Tiere. Innerhalb der relativ kurzen Zeitspanne, in der sich unsere Vorfahren und diejenigen unserer nächsten Verwandten, der Großen Menschenaffen, getrennt entwickelt haben, haben wir uns nur in wenigen wesentlichen Merkmalen und in bescheidenem Maße auseinander entwickelt, auch wenn einige dieser bescheidenen Unterschiede — insbesondere unser aufrechter Gang und unser größeres Gehirn — enorme Folgen für die Entwicklung unseres andersartigen Verhaltens hatten.

Gemeinsam mit dem aufrechten Gang und der Gehirngröße vervollständigt die Sexualität das Trio der entscheidenden Merkmale, in denen die Vorfahren von Menschen und Menschenaffen voneinander abweichen. Orang-Utans leben häufig solitär; Männchen und Weibchen kommen nur zusammen, um sich zu paaren, und die Männchen kümmern sich nicht um ihren Nachwuchs; ein Gorillamännchen sammelt ein Harem aus mehreren Weibchen um sich, hat mit jedem von ihnen jedoch nur in Abständen von mehreren Jahren Sex (nachdem das Weibchen seinen jüngsten Nachwuchs entwöhnt hat und seinen Menstruationszyklus wieder aufnimmt, aber noch nicht wieder trächtig ist), und Schimpansen sowie Bonobos leben in größeren Gruppen ohne dauerhafte Paarbindung zwischen Männchen und Weibchen oder eine spezielle Vater-Kind-Bindung. Zweifellos spielten unser großes Gehirn und unser aufrechter Gang eine entscheidende Rolle für das, was man als „typisch menschlich" bezeichnet — wir verfügen über Sprache, lesen Bücher, sehen fern, kaufen oder bauen den größten Teil unserer Nahrungsmittel an, besiedeln alle Kontinente, sperren Angehörige unserer eigenen und anderer Arten in Käfige ein und sind dabei, die meisten anderen Tier- und Pflanzenarten zu vernichten, während die Großen Menschenaffen noch immer sprachlos im Urwald wildwachsende Früchte sammeln, kleine Tropengebiete in der Alten Welt bewohnen, keine Tiere einsperren und die Existenz keiner anderen Art bedrohen. Welche Rolle hat unsere seltsame Sexualität beim Erwerb dieser typisch menschlichen Verhaltensweisen gespielt?

Könnte unser sexuelles Anderssein mit den anderen Merkmalen zusammenhängen, durch die wir uns von den Großen Menschenaffen unterscheiden? Zu diesen Unterschieden zählen neben unserem aufrechten Gang und unserem großen Gehirn (und sind letztlich wahrscheinlich deren Ergebnis) unsere relativ geringe Behaarung, unsere Abhängigkeit von Werkzeugen, unsere Beherrschung des Feuers sowie die Entwicklung von Sprache, Kunst und Schrift. Falls uns irgendeiner dieser Unterschiede dazu prädisponiert haben sollten, unsere sexuelle Andersartigkeit zu entwickeln, so liegt das sicher nicht auf der Hand. So ist beispielsweise nicht zu ersehen, warum der Verlust von Körperbehaarung Sex rein zum Vergnügen reizvoller gemacht haben sollte oder warum unsere Beherrschung des Feuers die Wechseljahre begünstigt haben sollte. Stattdessen könnte es auch genau umgekehrt so gewesen sein, dass Sex zum Vergnügen und Wechseljahre ebenso wichtig für die Feuerbeherrschung und die Entwicklung von Sprache, Kunst und Schrift waren wie unser aufrechter Gang und unser großes Gehirn.

Der Schlüssel zum Verständnis der menschlichen Sexualität liegt in der Erkenntnis, dass sie evolutionsbiologisch ein Problem darstellt. Als Darwin in seinem bahnbrechenden Werk *On the Origin of Species* (*Über die Entstehung der Arten*) das Phänomen der biologischen Evolution erkannte, belegte er seine Thesen zumeist mit anatomischen Beispielen. Er war überzeugt, dass sich die meisten Tier- und Pflanzenstrukturen im Laufe einer Evolution herausbilden – das heißt, dass sie dazu neigen, sich von Generation zu Generation zu verändern. Weiterhin kam er zu dem Schluss, dass die treibende Kraft hinter den evolutionären Veränderungen die natürliche Selektion ist. Mit diesem Begriff meinte Darwin, dass sich Tiere und Pflanzen in ihren anatomischen Anpassungen unterscheiden, dass gewisse Anpassungen ihren Trägern erlauben, zu überleben und sich erfolgreicher fortzupflanzen als andere Individuen, und dass diese speziellen Anpassungen daher in einer Population von Generation zu Generation häufiger werden. Später wiesen Biologen nach, dass Darwins Argumentation nicht nur für anatomische Merkmale galt, sondern sich auf physiologische und biochemische Merkmale ausdehnen ließ: Auch die physiologischen und biochemischen Eigenschaften eines Tieres oder einer Pflanze entwickeln sich in Antwort auf Umweltbedingungen und passen ihren Träger an eine bestimmte Lebensweise an.

Inzwischen haben Evolutionsbiologen gezeigt, dass tierische Sozialsysteme ebenfalls eine Evolution durchmachen und sich anpassen. Selbst unter eng verwandten Tierarten sind einige Arten solitär, andere leben in kleinen Gruppen, und wiederum andere bilden große Verbände. Doch das Sozialverhalten hat Auswirkungen auf Überleben und Fortpflanzung. Je nachdem, ob das Nahrungsangebot einer Art an gewissen Stellen konzentriert oder aber weit verstreut ist und wie hoch die Gefährdung durch Raubtiere ist, kann zur bestmöglichen Sicherung von Überleben und Fortpflanzung eine solitäre Lebensweise oder ein Zusammenleben in Gruppen vorteilhafter sein. Ähnliche Überlegungen gelten auch für die Sexualität. Einige sexuelle Eigenschaften und Verhaltensweisen könnten für Überleben und Fortpflanzung vorteilhafter sein als andere, je nach den biologischen Gegebenheiten für eine Art (Nahrungsangebot und -verteilung, Druck durch Raubfeinde und so weiter). ...

Wir können daher das Problem, das sich durch unsere Sexualität stellt, neu definieren. Innerhalb der letzten sieben Millionen Jahre hat sich unsere sexuelle Anatomie ein wenig, unsere sexuelle Physiologie weiter und unser Sexualverhalten noch weiter von demjenigen unserer nächsten Verwandten, der Schimpansen, fortentwickelt. Diese Abweichungen müssen ein Auseinanderdriften von Menschen und Schimpansen hinsichtlich Umwelt und Lebensweise widerspiegeln.

Fraktale

Benoît Mandelbrot *1924

Im Jahre 1975 publizierte Benoît Mandelbrot auf Französisch sein bahnbrechendes Buch *Die fraktale Geometrie der Natur*, die Frucht 20-jähriger Forschungsarbeit, die eine umfangreiche Ansammlung mathematischer Kuriositäten zu einem kohärenten Grundgerüst zusammenführte. Er prägte den Begriff „Fraktal", der sich von dem lateinischen Wort *fractus* oder „gebrochen" herleitet, um die fragmentierte und unregelmäßige Natur seiner computergenerierten Landschaften zu unterstreichen.

Ein Schlüsselmerkmal von Fraktalen ist ihre Selbstähnlichkeit bei variierenden Größenmaßstäben — ein kleiner Teil der Struktur sieht dem großen Ganzen sehr ähnlich. Wenn wir uns auf einer Karte die Küstenlinie von England anschauen, sehen wir, dass sie stark gewunden und gefaltet erscheint. Wenn wir nun einen Ausschnitt dieser Küstenlinie wiederholt vergrößerten, würden wir sie detaillierter sehen, doch bei jeder Vergrößerung bleibt die Natur der „Fältelung" dieselbe und ist ein fundamentaler Teil der Küstenliniengeometrie. Die Selbstähnlichkeit der Fraktale wird von einer Reihe mathematischer Regeln oder „Algorithmen" erzeugt. Statt diese Algorithmen zu benutzen, um einen Graph auszudrucken, verwenden wir sie, um eine Reihe von Zahlen zu generieren, von denen jede erneut in den Algorithmus eingespeist wird, um den nächsten Algorithmus zu erzeugen. Im zweiten Jahrzehnt des 20. Jahrhunderts hatten die französischen Mathematiker Gaston Julia und Pierre Fatou etwas gefunden, was wie zufällige, aber beschränkte Zahlenfolgen erschien. Vor Mandelbrots Entwicklung eines entsprechenden Computergrafikprogramms erkannte niemand, dass die Sequenzen alles andere als zufällig waren und detailreiche, komplizierte Figuren beinhalteten.

Ein weiteres Merkmal von Fraktalen ist ihre gebrochene Dimension. Die Länge der Küstenlinie von England hängt davon ab, wie genau sie vermessen wird, und wenn wir sie theoretisch immer näher heranzoomten, würde ihre Gesamtlänge immer weiter steigen und sich dem Wert Unendlich nähern — und dennoch bliebe die Landfläche innerhalb einer definierten Grenze. Das Niveau der „Fältelung" definiert die „fraktale Dimension" der Küstenlinie, die größer als eins, aber kleiner als zwei ist. Auf diese neue Geometrie stößt man überall. Fraktale und Selbstähnlichkeiten sind in der Struktur von Pflanzen, der Bildung von Wolken, den Schwankungen von Börsenkursen, der Verteilung von Galaxienhaufen und eben auch bei Küstenlinien zu finden.

Siehe auch *Euklids „Elemente"* S. 20, *Die Chaostheorie* S. 238, *Am Rande des Chaos* S. 490, *Der Große Attraktor* S. 498.

Bild eines dreidimensionalen „spiralförmigen" Fraktals, abgeleitet aus einer „Julia-Menge". Die Julia-Menge, die eng mit der ▶ Mandelbrot-Menge verknüpft ist, wurde während des Ersten Weltkrieges von Gaston Julia und Pierre Fatou gefunden.

Monoklonale Antikörper

César Milstein 1927-2002

Dringt ein Bakterium oder Virus in den Körper ein, binden Antikörper an spezifische Moleküle (Antigene) auf der Oberfläche des Eindringlings und markieren ihn, damit er zerstört wird. Jahrelang spekulierten die Wissenschaftler über verschiedene Anwendungsmöglichkeiten für Antikörper, doch es war unmöglich, diese in Reinform zu erzeugen, da verschiedene B-Lymphocyten im Immunsystem eine komplexe Vielfalt von Antikörpern gegen ein bestimmtes Antigen bilden.

Im Jahre 1975 entdeckte César Milstein, der mit Georges Köhler am britischen Medical Research Council in Cambridge arbeitete, eine Methode, um reine, spezifische Antikörper zu erzeugen. Beim multiplen Myelom (Plasmocytom), einer bestimmten Krebsform, teilt sich ein Typ von Lymphocyten unkontrollierbar und produziert einheitliche oder monoklonale Antikörper. Milstein fand heraus, dass man die Lymphocyten durch Verschmelzen mit Myelomzellen „unsterblich" machen und die so entstehenden Hybridzellen kultivieren konnte; so ließen sich große Mengen reiner monoklonaler Antikörper mit vorbestimmter Spezifität produzieren.

Ein monoklonaler Antikörper kann ein Protein im Körper ausfindig machen, indem er an ein definiertes Antigen auf dessen Oberfläche bindet. Seit Milsteins bahnbrechender Entdeckung kommen monoklonale Antikörper in verschiedenen Bereichen zum Einsatz. Beim HIV-Test bedient man sich beispielsweise eines monoklonalen Antikörpers gegen das Virus, der an ein gefärbtes Molekül gekoppelt ist. Befindet sich das Virus in einer Blutprobe, so bindet es den Antikörper; die entsprechende Farbreaktion verrät sein Vorhandensein. Darüber hinaus spielen monoklonale Antikörper auch in der Krebstherapie eine wichtige Rolle. Krebszellen unterscheiden sich durch bestimmte Antigene auf ihrer Oberfläche von gesunden Zellen. Monoklonale Antikörper, die an diese Krebsantigene binden, werden bereits in der Behandlung von Brustkrebs angewandt und können als „Lenkrakete" genutzt werden, um Mittel gegen den Krebs an einen Tumor abzugeben, ohne dabei gesundes Gewebe zu beschädigen. Mit einer ähnlichen Technik lässt sich ein Tumor abbilden – dabei werden die Antikörper mit Farbstoffen oder einem radioaktiven Marker gekoppelt, die den Tumor exakt nachzeichnen, sobald sie ihr Ziel erreicht haben.

Siehe auch *Impfung* S. 102, *Zelluläre Immunität* S. 204, *Antitoxine* S. 214, *Die Blutgruppen* S. 236, *Transplantatabstoßung* S. 356, *Biologische Selbsterkennung* S. 430, *Menschliche Krebsgene* S. 456, *Das AIDS-Virus* S. 472.

Monoklonale Antikörper lassen sich heute in ausreichender Menge produzieren, um für diagnostische Zwecke – etwa bei ▶ Schwangerschaftstests und bei mikroskopischen Untersuchungen von erkranktem Gewebe eingesetzt zu werden.

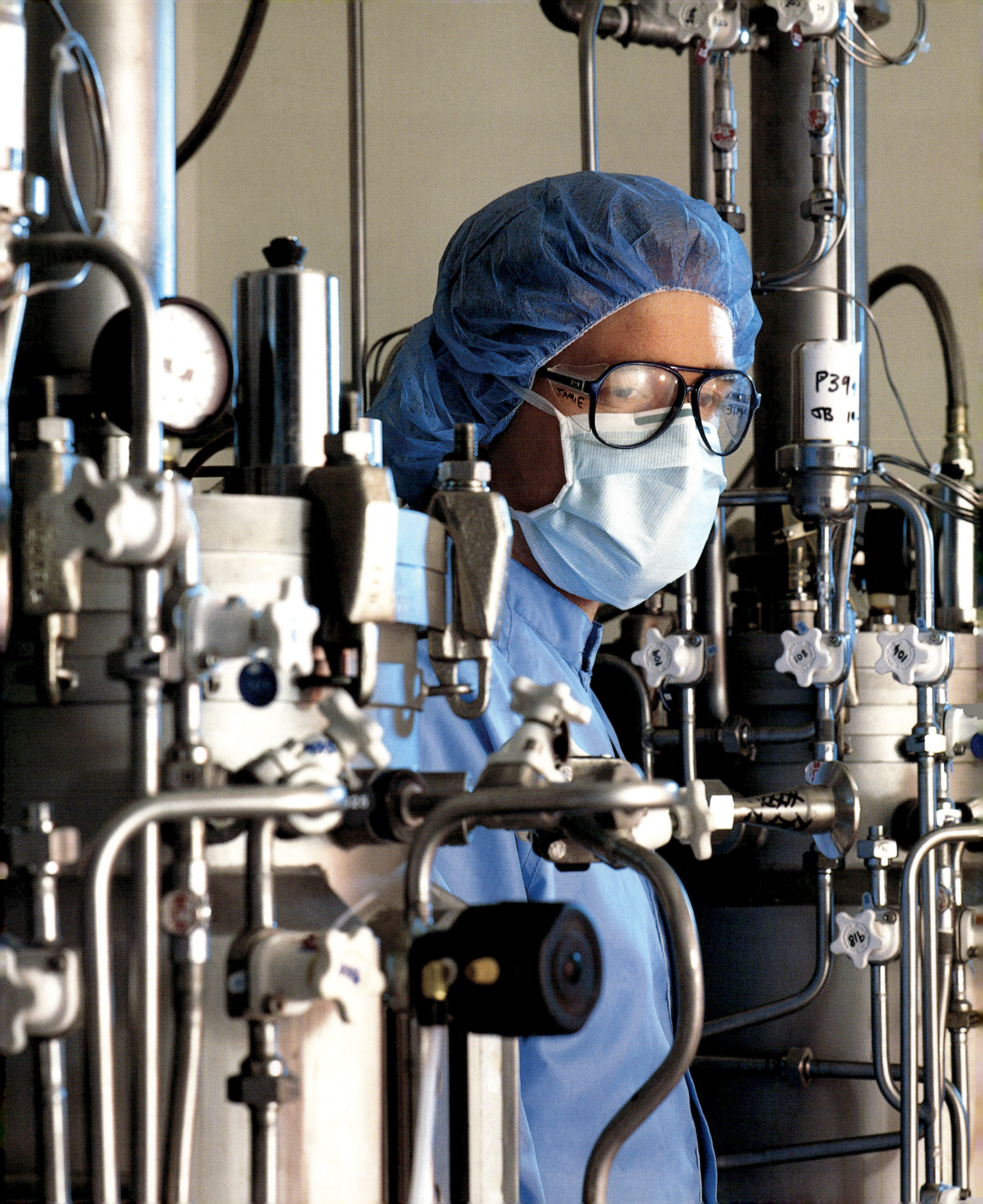

Der Vierfarbensatz

Kenneth Appel *1932, Wolfgang Haken *1928

Im Jahre 1852 wurde Augustus de Morgan, der erste Professor für Mathematik am neu gegründeten University College London, von einem Studenten aufgefordert, eine scheinbar harmlose Vermutung zu beweisen: dass vier Farben die geringste Anzahl darstellen, die ausreicht, um eine beliebige Landkarte so einzufärben, dass zwei aneinander grenzende Regionen nicht dieselbe Farbe aufweisen. Das Problem erweckte de Morgans Neugier und wurde bald in den führenden mathematischen Zeitschriften jener Tage lebhaft diskutiert.

Bei so vielen möglichen Landkarten benötigten die Mathematiker eine Art Klassifizierung, um eine Anordnung von der anderen zu unterscheiden, bevor man prüfte, ob nur vier Farben tatsächlich ausreichend waren. Im Jahre 1879 veröffentlichte Alfred Bray Kempe, ein Londoner Rechtsanwalt und Mathematiker, einen Beweis in der Zeitschrift *Nature* und wurde unter einhelligem Beifall in die Royal Society aufgenommen. Rund zehn Jahre später stellte sich jedoch heraus, dass seine Methode fehlerhaft war. Das Vierfarbenproblem entwickelte sich zu Beginn des 20. Jahrhunderts zu einem Klassiker der Topologie – dem Teil der Mathematik, der sich mit den Konfigurationen von Regionen im Raum und ihrer Beziehung zueinander beschäftigt, anstatt mit ihrer Form oder Größe. Entsprechend rückte die Anordnung der Regionen auf der Landkarte – insbesondere die Frage, wie Regionen aneinander grenzen – in den Mittelpunkt des Interesses.

Die Vierfarbenvermutung wurde schließlich mithilfe eines Computers zum Vierfarbensatz. Im Jahre 1976 brauchten Kenneth Appel und Wolfgang Haken 1 200 Stunden Computerzeit und rund 700 Seiten mit handschriftlichen Berechnungen, um den ersten mathematischen Beweis zu liefern, den allerdings niemand lesen konnte. Die Anzahl der verschiedenen analysierten Konfigurationen war so groß, dass die Mathematiker den Beweis zunächst widerwillig akzeptierten, weil sie den Algorithmus verstanden, der ihn generierte, die Ergebnisse der Berechnungen jedoch nicht vollständig nachvollziehen konnten. Der Algorithmus selbst ist seitdem weiter verbessert worden, doch die Frage, was in der Mathematik einen Beweis ausmacht, wird noch immer heftig diskutiert.

Siehe auch *Die Grenzen der Mathematik* S. 308, *Der Computer* S. 340, *Fermats letzter Satz* S. 506.

Bei vielen einfachen Landkarten reichen drei Farben nicht aus, wenn man verhindern will, dass benachbarte Regionen dieselbe Farbe aufweisen. Doch schon eine vierte Farbe löst das Problem. ▶

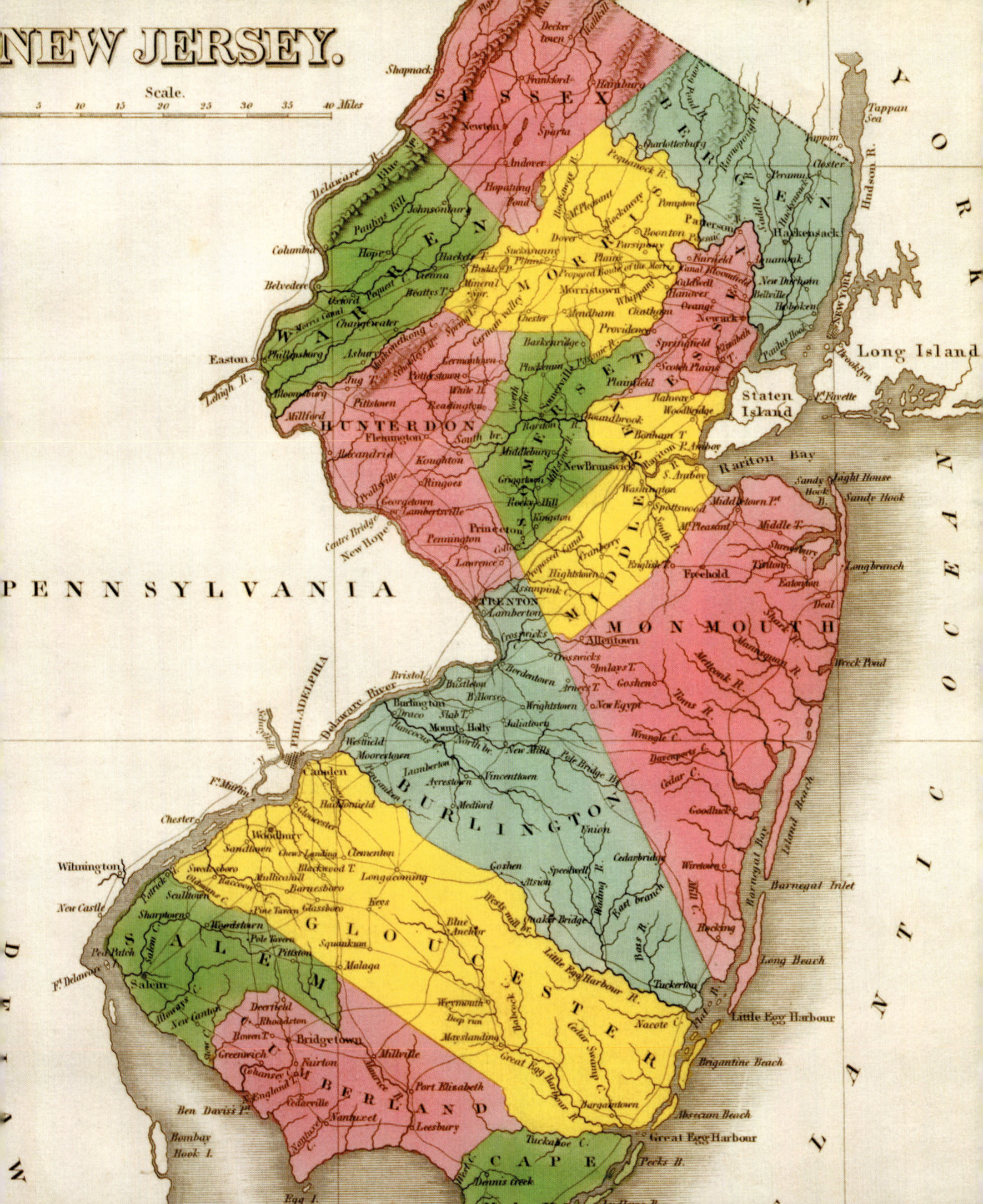

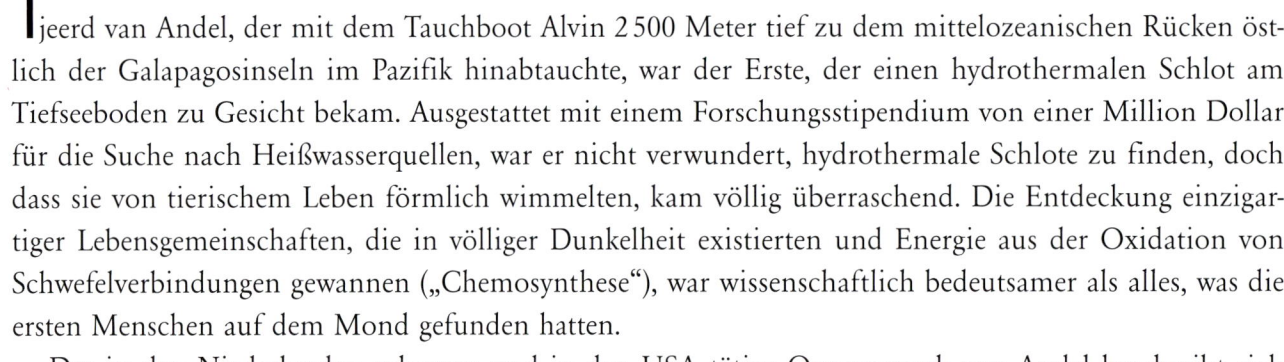

Leben unter Extrembedingungen

Tjeerd van Andel *1923

Tjeerd van Andel, der mit dem Tauchboot Alvin 2 500 Meter tief zu dem mittelozeanischen Rücken östlich der Galapagosinseln im Pazifik hinabtauchte, war der Erste, der einen hydrothermalen Schlot am Tiefseeboden zu Gesicht bekam. Ausgestattet mit einem Forschungsstipendium von einer Million Dollar für die Suche nach Heißwasserquellen, war er nicht verwundert, hydrothermale Schlote zu finden, doch dass sie von tierischem Leben förmlich wimmelten, kam völlig überraschend. Die Entdeckung einzigartiger Lebensgemeinschaften, die in völliger Dunkelheit existierten und Energie aus der Oxidation von Schwefelverbindungen gewannen („Chemosynthese"), war wissenschaftlich bedeutsamer als alles, was die ersten Menschen auf dem Mond gefunden hatten.

Der in den Niederlanden geborene und in den USA tätige Ozeanograph van Andel beschreibt sich selber als »einen sehr glücklichen Mann, weil ich den aufregendsten Moment meines Lebens als Wissenschaftler genau kenne. Es war der Morgen des 17. Februar 1977 um 11:15 Uhr. Der einzige andere Mensch, den ich kenne, der dasselbe von sich sagen kann, ist der Astronaut Neil Armstrong – er setzte am Sonntagabend, den 20. Juli 1969, um genau 9:28 Uhr seinen Fuß auf den Mond.« Bei seinem Tauchgang mit der Alvin folgte van Andel einer vagen Ahnung, die auf einer kaum messbaren, leichten Temperaturzunahme (0,01 Grad Celsius) des Wassers am Meeresboden beruhte.

An einen mittelozeanischen Rücken dringt kaltes Wasser durch Spalten in das Gestein des heißen jungen Meeresbodens ein. Aufgeheizt steigt es dann samt der aus dem umgebenden Gestein gelösten Chemikalien wieder empor und kehrt als Heißwasserquelle in den Ozean zurück. Die heißen Salzwässer, die aus den Schloten strömen, unterscheiden sich in ihrer Chemie und Temperatur; einige können eine Temperatur von bis zu 350 Grad Celsius erreichen. Wenn sie sich mit dem kühlen Meerwasser mischen, fallen Mangan- und Eisensalze aus (daher auch die Bezeichnung „Schwarze Raucher"). Die Chemosynthese durch schwefelverwertende Bakterien (mehr als eine Million pro Milliliter) schafft ein Ökosystem, das sich auf einzigartige Weise von dem auf Photosynthese basierenden System unterscheidet, welches den größten Teil des Lebens auf Erden dominiert. Riesige röhrenbewohnende Bartwürmer (wie der Riesenbartwurm *Riftia*, zwei Meter lang) sowie große Muscheln (wie zum Beispiel *Calyptogenia* und *Bathymodiolus*, 15 Zentimeter lang), die endosymbiontische chemosynthetisch aktive Bakterien beherbergen, gedeihen unter diesen Bedingungen und dienen ihrerseits Tiefseekrabben und -fischen als Nahrung.

Blick aus dem Tiefseetauchboot Alvin auf den schwarzen „Rauch", der aus einem hydrothermalen Schlot im Mittelatlantischen Rücken, 3 100 Meter unter dem Meeresspiegel, strömt.

Siehe auch *Die Photosynthese* S. 344, *Der Ursprung des Lebens* S. 370, *Die ältesten Fossilien* S. 410, *Plattentektonik* S. 414, *Die Galileo-Mission* S. 514, *Mikrofossilien vom Mars* S. 518, *Der Wostok-See* S. 520, *Wasser auf dem Mond* S. 522.

Impressionen eines Künstlers von einem hydrothermalen Schlot am Meeresboden. Primitive Formen extremophiler Bakterien ▶ liefern Nahrung für Würmer, Muscheln und Krebstiere.

Public-Key-Kryptographie

Ronald Rivest *1947, Adi Shamir *1952, Leonard Adleman *1945

Die Kryptographie ist für die Chiffrierung und die Dechiffrierung auf sichere Schlüssel angewiesen. Dabei stellt sich das Problem, dass der Sender dem Empfänger nicht nur die verschlüsselte Nachricht, sondern eben auch den Schlüssel zukommen lassen muss — entweder in einer zweiten Nachrichtenübertragung oder per Boten. Im Frühjahr 1942 konnten die Briten alle „geheimen" Mitteilungen der deutschen Marine entschlüsseln, da ihnen in einem eroberten U-Boot ein Codebuch in die Hände gefallen war. Die Sicherheit lässt sich erhöhen, wenn sowohl der Sender als auch der Empfänger am Verschlüsselungsvorgang beteiligt sind.

1976 entdeckten Whitfield Diffie, Martin Hellman und Ralph Merkle an der kalifornischen Stanford-Universität ein mathematisches Verfahren zur Übertragung chiffrierter Nachrichten, bei dem keiner der beiden Schlüssel übermittelt werden muss — allerdings um den Preis einer aufwändigeren Prozedur: Erst chiffriert der Sender, dann chiffriert der Empfänger, dann dechiffriert der Sender, schließlich dechiffriert der Empfänger. Ihre zweite Entdeckung war noch verblüffender: Man kann den Chiffrierschlüssel veröffentlichen, ohne dass sich das Sicherheitsrisiko erhöht. Dieser der Intuition widersprechende Gedanke geht von der Tatsache aus, dass jeder ein Vorhängeschloss verschließen, aber nur der Besitzer des Schlüssels es wieder öffnen kann. Es fehlte jedoch noch an einem mathematischen Vorhängeschloss, das sich nicht aufbrechen ließ.

Ein anderes Forschertrio — Ronald Rivest, Adi Shamir und Leonard Adleman vom Massachusetts Institute of Technology — erklärte 1977, dass sehr lange Primzahlen diese Bedingung erfüllen. Für einen Computer ist die Multiplikation zweier Primzahlen trivial, aber die umgekehrte Aufgabe — zu einem gegebenen Produkt die beiden ursprünglichen Primzahlen zu finden — ist viel schwieriger. In jenem Jahr schrieb das Wissenschaftsmagazin *Scientific American* einen Preis für das Auffinden der beiden Primfaktoren eines 129 Ziffern langen öffentlichen Schlüssels (*public key*) aus; erst 17 Jahre später konnte jemand Anspruch auf das Preisgeld erheben. Heutige RSA-Kryptographieverfahren (benannt nach den Anfangsbuchstaben der Erfindernamen) verwenden derart lange öffentliche Schlüssel, dass alle Computer der Welt für die Dechiffrierung gemeinsam länger bräuchten, als das Universum alt ist.

So weit die offizielle Version der Geschichte. Allerdings hatte James Ellis, der für den britischen Nachrichtendienst GCHQ arbeitete, das Konzept der Kryptographie mit öffentlichen Schlüsseln (Public-Key-Kryptographie) bereits 1969 entdeckt, und bis 1975 hatten Ellis, Clifford Cocks und Malcolm Williamson die Methode im Wesentlichen im Griff. Unglücklicherweise entschied sich die Regierung gegen eine Patentierung, da diese gegen die Sicherheitsvorschriften verstoßen hätte.

Siehe auch *Die Entzifferung der Hieroglyphen* S. 136.

Deutsche Fernmelder im Zweiten Weltkrieg bei der Arbeit an einer Chiffriermaschine — einer Variante der berühmten Enigma. ▶

Menschliche Krebsgene

Robert Allan Weinberg *1942

Heute gelten genetische Defekte als wichtigste Ursache für Krebs, was nicht heißt, dass er generell erblich wäre – das trifft nur auf manche Krebsformen zu. Vielmehr bricht nach heutiger Auffassung das empfindliche Gleichgewicht zwischen Zellteilungen und Ruhestadien (beziehungsweise dem Zelltod) zusammen, wenn bestimmte Gene – Onkogene genannt – von Karzinogenen (Chemikalien, Sonnenlicht und manchen Viren) „getroffen" werden. Die unkontrollierte Vermehrung von geschädigten Zellen kann zur Tumorbildung führen. Normalerweise werden solche Zellen zum Selbstmord, zur so genannten Apoptose, veranlasst, doch bei vielen Krebserkrankungen funktioniert dieses Selbstmordprogramm nicht mehr richtig.

Das erste Onkogen, *ras*, wurde 1980 von Robert Weinberg am Massachusetts Institute of Technology entdeckt. Wenn dieses Gen mutiert, teilen sich die Zellen unaufhörlich und bilden so Tumoren. Seither hat man bei fast einem Drittel aller für Menschen gefährlichen Krebsformen mutierte *ras*-Gene gefunden, besonders häufig bei Darm-, Lungen- und Bauchspeicheldrüsenkrebs.

Im Jahre 1986 fand Weinberg dann das Gen, das für Retinoblastome verantwortlich ist. An diesem seltenen Augenkrebs, der bereits in den ersten Lebensjahren auftritt, erkrankt etwa eines von 20 000 Kindern. Manche Formen sind erblich, und Weinberg konnte nachweisen, dass diesen Kindern das Retinoblastom-Gen (*Rb*) auf dem Chromosom 13 fehlt. Damit war *Rb* das erste entdeckte „Tumorsuppressor-Gen"; es verhindert die Geschwulstbildung, indem es den Zellteilungszyklus bremst. Retinoblastome sind zwar selten, aber das *Rb*-Gen findet sich in allen Zellen. Durch die Untersuchung seiner Wirkungsweise hat man viel über das Wachstum von Tumoren gelernt. Jetzt werden Therapien entwickelt, die den betroffenen Zellen die verlorene Fähigkeit zur Tumorsuppression zurückgeben sollen. Solche zielgenauen Therapien, die auf unserem neuen Wissen über die genetischen Vorgänge bei Krebserkrankungen aufbauen, werden vermutlich viel wirksamer sein als die unspezifischen Cytostatika, die heute bei der Chemotherapie eingesetzt werden.

Siehe auch *Zellgemeinschaften* S. 174, *Röntgenstrahlen* S. 220, *Radioaktivität* S. 224, *Viren* S. 232, *Gene und Vererbung* S. 264, *Kosmische Strahlung* S. 268, *Die Doppelhelix* S. 374, *Das Hayflick-Limit* S. 394, *Monoklonale Antikörper* S. 448, *Die Sequenz des menschlichen Genoms* S. 524.

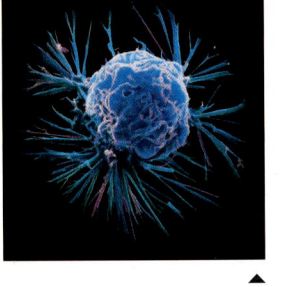

Eine metastasierende Brustkrebszelle mit unebener Oberfläche streckt Cytoplasmafortsätze in alle Richtungen aus.

Entfesselte Vermehrung: eine Krebszelle im letzten Stadium der Teilung. Um die verdoppelten Chromosomensätze bilden sich ▶ Kernhüllen, und die beiden Tochterzellen halten nur noch über eine schmale Brücke Kontakt.

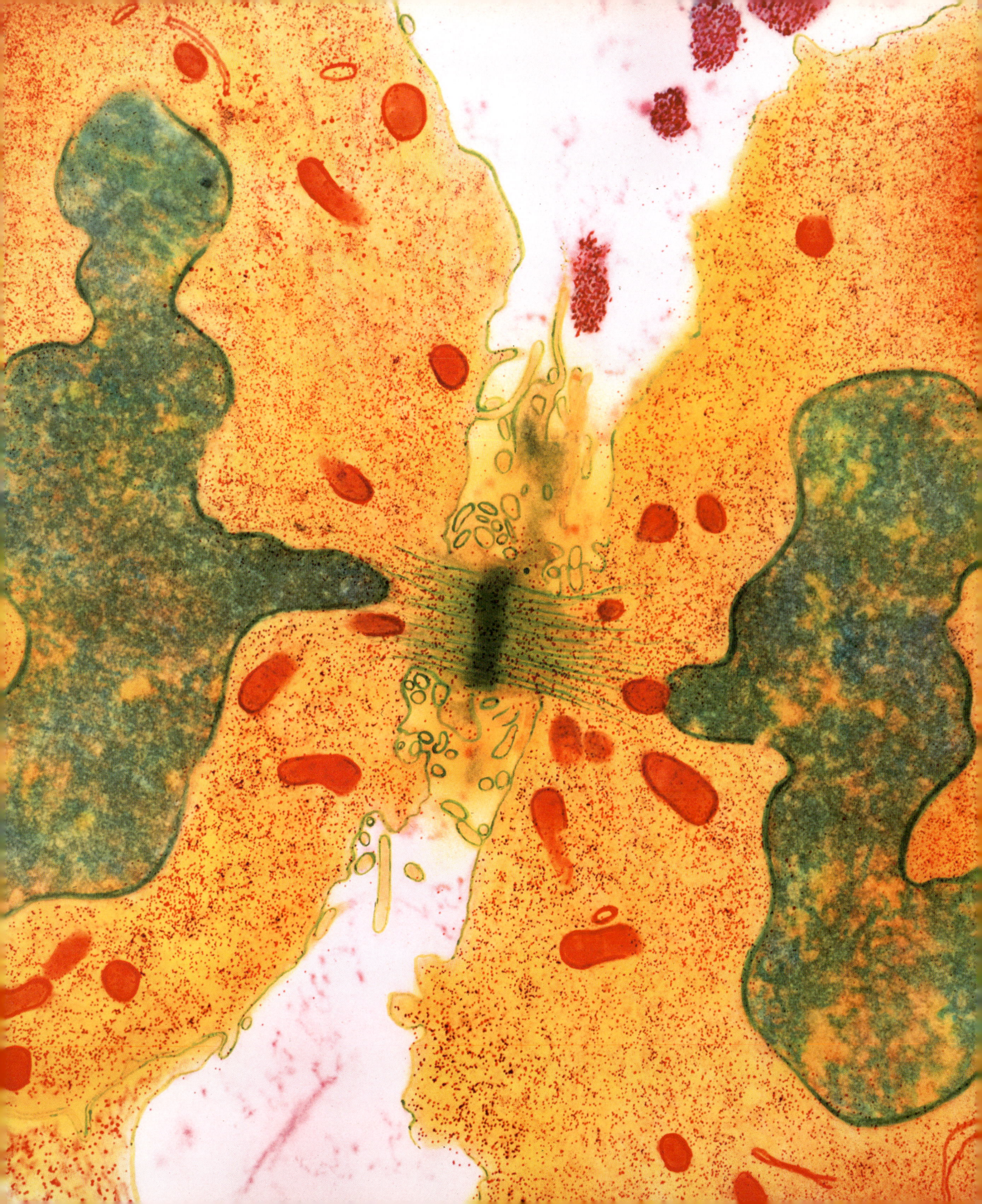

Das Aussterben der Dinosaurier

Luis Walter Alvarez 1911–1988, Walter Alvarez *1940

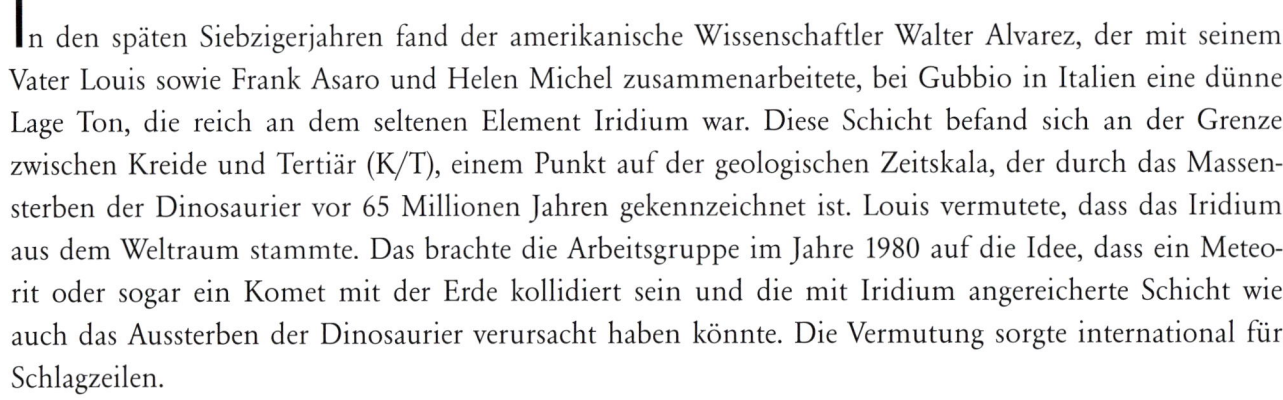

In den späten Siebzigerjahren fand der amerikanische Wissenschaftler Walter Alvarez, der mit seinem Vater Louis sowie Frank Asaro und Helen Michel zusammenarbeitete, bei Gubbio in Italien eine dünne Lage Ton, die reich an dem seltenen Element Iridium war. Diese Schicht befand sich an der Grenze zwischen Kreide und Tertiär (K/T), einem Punkt auf der geologischen Zeitskala, der durch das Massensterben der Dinosaurier vor 65 Millionen Jahren gekennzeichnet ist. Louis vermutete, dass das Iridium aus dem Weltraum stammte. Das brachte die Arbeitsgruppe im Jahre 1980 auf die Idee, dass ein Meteorit oder sogar ein Komet mit der Erde kollidiert sein und die mit Iridium angereicherte Schicht wie auch das Aussterben der Dinosaurier verursacht haben könnte. Die Vermutung sorgte international für Schlagzeilen.

Man kannte damals keinen Krater passenden Alters oder ausreichender Größe, der die Katastrophe hätte bewirken können, doch neben den Sauriern starben an der K/T-Grenze auch zahlreiche marine Lebensformen aus, darunter die Ammoniten; etwa 40 Prozent aller anderen damals existierenden Arten verschwanden für immer. Es vergingen weitere zehn Jahre, bis die Stelle des Kraters schließlich im karibischen Raum festgemacht und dann mit ausgeklügelten seismischen Messungen identifiziert wurde: Er befand sich, begraben unter einem Kilometer jüngerer Sedimente, bei Chicxulub auf der Halbinsel Yucatán in Mexiko.

Der Einschlagskörper muss ungefähr zehn Kilometer groß und etwa 30 Kilometer pro Stunde schnell gewesen sein; er hat einen Krater von 100 Kilometern Breite und zwölf Kilometern Tiefe in das Gestein gesprengt und einen acht Kilometer hohen Gebirgskranz aufgeworfen. Mit der Energie von 100 Millionen Wasserstoffbomben wurden 50 000 Kubikkilometer Gestein als Staub, Gas, Schmelztröpfchen und winzige Diamanten in die Atmosphäre geschleudert; der Himmel verdunkelte sich, und überall auf der Erde entzündeten sich Feuersbrünste. Der Gebirgswall sank in sich zusammen und verursachte schwere Erdbeben, riesige Flutwellen sowie weitere Kraterringe bis in eine Entfernung von über 150 Kilometern vom Epizentrum. Saurer Regen von den 800 Millionen Tonnen Schwefel, die in die Atmosphäre ausgestoßen wurden, zerstörte das pflanzliche Leben und die gesamte Grundlage der globalen Nahrungskette. Der Lauf der Erdgeschichte wurde schon in der früheren Vergangenheit durch solche Einschläge unterbrochen, und es wird wieder geschehen.

Luftbild des Meteor Crater in Arizona, der wahrscheinlich vor 50 000 Jahren durch einen Meteor entstanden ist.

Siehe auch *Vergleichende Anatomie* S. 106, *Die Erfindung des Dinosauriers* S. 154, *Der Burgess-Schiefer* S. 260, *Ein Kometenreservoir* S. 360, *Wasser auf dem Mond* S. 522.

Diese Karte der Schwereanomalien zeigt die Ausdehnung des Einschlagskraters bei Chicxulub auf der Halbinsel Yucatán in Mexiko. Der äußere Kraterrand, der hier durch den größeren grünen, gelben und roten Ring gekennzeichnet ist, hat einen Durchmesser von 180 Kilometern.

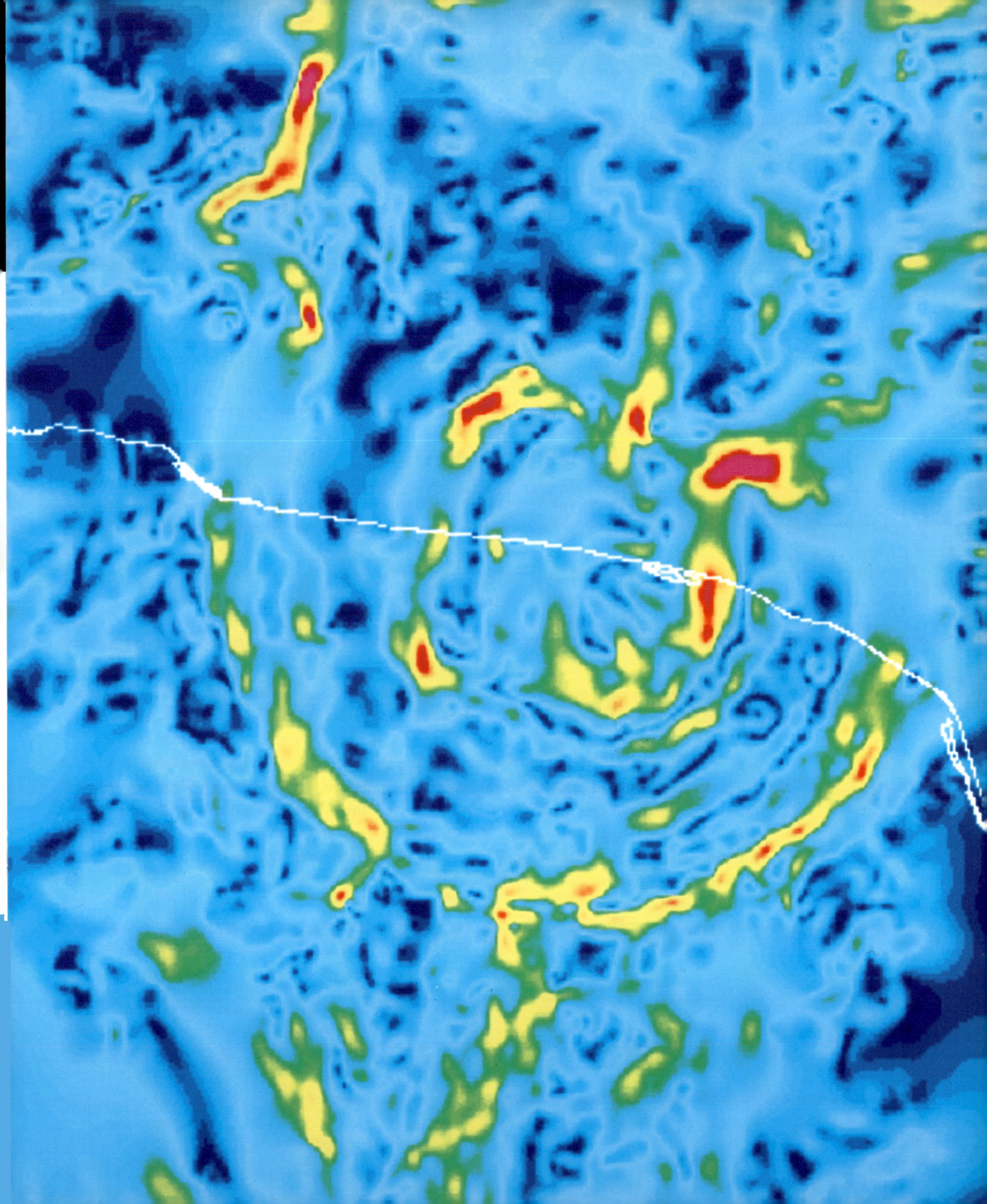

Ausbruch des Mount St. Helens

US Geological Survey

Im März 1980 registrierten Forschers des Geologischen Dienstes der USA unter dem Mount St. Helens im US-Bundesstaat Washington präeruptive Erdbeben. Kleine Ascheexplosionen durchstießen die Schneedecke auf seinem Gipfel. Und im April zeigte sich an der Nordflanke eine Aufwölbung von fast zwei Kilometern Durchmesser, die rasch wuchs (bis zu einem Meter pro Tag). Anfang Mai ragte diese offensichtlich instabile Aufwölbung 150 Meter über das umliegende Gelände empor.

Am Morgen des 18. Mai um 8:32 Uhr begann die nördliche Seite des Berges abzurutschen und verwandelte sich in eine riesige Lawine. Obwohl der unmittelbare Auslöser ein Erdbeben der Stärke 5,1 war, war die eigentliche Ursache eine unter dem Vulkan aus der Tiefe aufsteigende Masse heißer Magma. Sekunden später stieß die Lawine eine gewaltige Wolke heißer Vulkanasche aus. Die heiße Stoßwelle breitete sich mit Überschallgeschwindigkeit aus, schoss Tausende von Metern in die Höhe und warf in einem 600 Quadratkilometer großen Gebiet Millionen voll ausgewachsener Douglas-Tannen um. Die Lawine aus Gestein, Gletschereis und Verwitterungsschutt wälzte sich mit 75 Metern pro Sekunde bergab und begrub die Region bis 100 Meter tief unter einem grauen Schlamm von seltsamem, hügeligem Aussehen.

Das Ereignis lieferte die ersten modernen Daten über die Haupttodesursachen bei explosiven Vulkaneruptionen: Verletzungen durch umherfliegende Steine, Verbrennungen und Lungenschäden durch Einatmen heißer Gase. Sogar diejenigen, die zunächst gerettet wurden, erlagen später ihren Verletzungen. Die mit hoher Wahrscheinlichkeit tödliche Wirkung solcher Verletzungen erklärt auch, warum nur zwei von 29 000 Menschen den katastrophalen Ausbruch des Mount Pelee auf Martinique im Jahre 1902 überlebten.

Forscher untersuchten gründlich das hügelige Gelände, das die Lawine des Mount St. Helens hinterlassen hatte, und begannen den schrecklichen Ursprung ähnlicher Vulkanlandschaften zu verstehen. Die Eruption machte überdies deutlich, wie wichtig geophysikalische Echtzeitmessungen (besonders der seismischen Aktivität und der Oberflächendeformationen) sind: Die Evakuierung der Talregionen, die nach Vorhersagen direkt bedroht waren, hatte zahllose Menschenleben gerettet (insgesamt starben 57 Menschen). Doch der notwendige intensive Austausch zwischen Wissenschaft und Zivilschutzbehörden begann erst nach der Katastrophe am Nevado del Ruiz in Kolumbien, bei der im Jahre 1985 25 000 Menschen starben; dort war die Eruption zwar vorausgesagt, jedoch nichts für eine Evakuierung unternommen worden.

Siehe auch *Erdzyklen* S. 100, *Katastrophistische Geologie* S. 108, *Humboldts Reise* S. 114, *Lyells „Principles of Geology"* S. 146, *Gebirgsbildung* S. 206, *Das Innere der Erde* S. 250, *Alte Gesteine* S. 252, *Die Kontinentaldrift* S. 270, *Plattentektonik* S. 414, *Die Galileo-Mission* S. 514.

Der Ausbruch des Mount St. Helens im Jahre 1980 war das mit Abstand am besten dokumentierte Ereignis in den Annalen der ▶ Vulkanologie. Zum ersten Mal konnten Wissenschaftler alle Phasen einer gewaltigen Explosionskatastrophe beobachten.

Quantenseltsamkeit

Alain Aspect *1947

Was ist Realität? Der gesunde Menschenverstand sagt uns, dass Objekte existieren, ob wir sie nun gerade anschauen oder nicht, doch die Quantenmechanik nimmt eine weniger bequeme Haltung ein: Sie geht davon aus, dass die Welt von ungewissen Möglichkeiten beherrscht wird, die erst dann realisiert werden, wenn eine Messung vorgenommen wird.

Albert Einstein, Boris Podolsky und Nathan Rosen hielten diese aus der Quantentheorie abgeleitete Vorstellung für absurd und entwarfen 1935 ein Gedankenexperiment, um dies zu beweisen. Wenn bei einer einzelnen Reaktion zwei Teilchen erzeugt werden und anschließend davonfliegen, sind ihre Eigenschaften korreliert, daher sollte es durch Vermessen des einen Teilchens möglich sein, Schlüsse über die Eigenschaften des anderen zu ziehen. Die Quantenmechanik behauptet jedoch, die Teilchen hätten vor der Messung gar keine definierten Eigenschaften. Daher muss die Durchführung einer Messung an einem Teilchen auf irgendeine Weise augenblicklich das andere beeinflussen, obwohl es von der Messung gar nicht berührt wird — und zwar selbst dann, wenn es sich inzwischen ganz woanders befindet. Nach Einsteins Ansicht war diese „geisterhafte Fernwirkung" inakzeptabel. Zweifellos musste doch jedes Teilchen unabhängige, reale Eigenschaften haben?

Im Jahre 1965 fand der britische Physiker John Stewart Bell heraus, dass die Korrelation, die man findet, bei Gültigkeit der Quantentheorie größer wäre als bei Gültigkeit irgendeiner Theorie, die den Teilchen eigene, reale Eigenschaften zuweist. Das heikle Experiment, das nötig war, um dies zu testen, wurde schließlich 1982 von Alain Aspect und seinen Kollegen an der Universität von Paris in Orsay durchgeführt. Die Forscher schauten sich die Polarisation von Photonenpaaren an, die von Calciumatomen emittiert wurden, und das beobachtete Korrelationsniveau war eindeutig zu hoch, um mit der „realistischen" Position vereinbar zu sein; es stützte stattdessen die Quantentheorie. Die Realität ist eben nicht einfach.

Damit bleibt den Philosophen jedoch eine Menge Spielraum, und es gibt mehrere Interpretationen der Quantentheorie. Verwandelt das menschliche Bewusstsein die Quantenungewissheit in reale Messungen? Existieren sämtliche möglichen Ergebnisse einer Messung in parallelen Universen? Ist die Welt durch ein Netz „nichtlokaler" Verbindungen verknüpft? Oder sagt uns die Quantenmechanik nur etwas über Messungen und Experimente, nichts aber über die Realität selbst?

Siehe auch *Das Quant* S. 234, *Der Welle-Teilchen-Dualismus* S. 300.

Quanteninkohärenz: Salvador Dali glaubte, dass »der Schlüssel zur Kunst von heute nichts anderes ist als ein quantifizierter ▶
Realismus — ein Wirkungsquantum in der Ikonographie der Mikrophysik«.

Prionen

Stanley Prusiner *1942

Der „Rinderwahnsinn"
trat erstmals um 1985
in Großbritannien auf
— mit weit reichenden
Folgen.

Die meisten Infektionskrankheiten werden durch Mikroorganismen hervorgerufen — Bakterien, Viren, Pilze oder Protozoen. Bei einer Gruppe von Krankheiten blieb jedoch viele Jahre schleierhaft, was das infektiöse Agens war. Die spongiformen Encephalopathien sind tödliche Erkrankungen des Gehirns, zu denen BSE (bovine spongiforme Encephalopathie oder „Rinderwahnsinn") und CJD (Creutzfeldt-Jakob-Krankheit) gehören. Mit der CJD nahe verwandt ist die Krankheit Kuru, auf die der amerikanische Biologe Carleton Gadjusek bei den Fore auf Papua-Neuguinea stieß. Behandelte man mit einer dieser Krankheiten infiziertes Gewebe mit herkömmlichen antibakteriellen Desinfektionsmitteln, blieb dies folgenlos. Die Infektion lässt sich auch nicht durch ultraviolette Bestrahlung beheben, welche die Nucleinsäuren — Hauptbestandteile der Viren — zerstört.

Im Jahre 1982 veröffentlichte der Biologe Stanley Prusiner von der Universität von Kalifornien in Berkeley einen umstrittenen Artikel, in dem er die These aufstellte, dass das infektiöse Agens bei Scrapie („Traberkrankheit") — einer spongiformen Encephalopathie bei Schafen — ein Protein sei. Er taufte die Übeltäter „Prionen" — eine Abkürzung der englischen Bezeichnung *proteinaceous infectious particle* („infektiöses Proteinpartikel"). Dieser Gedanke widerspricht dem zentralen Dogma der Molekularbiologie, nach dem biologische Information nur von der DNA zum Protein fließen kann und nicht in die andere Richtung. Proteine, so das Argument, codieren im Gegensatz zur DNA nicht die für die Selbstreplikation notwendige Information.

Inzwischen sind Prionen isoliert worden; wie sich herausstellte, sind sie abnorme Formen eines Proteins, das von Natur aus im menschlichen Körper vorhanden ist. Prusiner vertritt die Auffassung, dass das abnorme Prionenmolekül sich an ein normales heftet und in die abnorme Form verwandelt. Die beiden abnormen Prionenmoleküle können dann weitere normale Moleküle anstecken — eine Art Dominoeffekt. Der Prozess zerstört schließlich Gehirngewebe. Nun stellt sich die Frage, ob man Wege finden kann, die Ansteckung aufzuhalten, sodass beispielsweise CJD-Risikopatienten durch eine Impfung vor den Prionen geschützt werden können. Prusiner erhielt 1997 für seine Arbeit über Prionen den Nobelpreis für Physiologie oder Medizin.

Siehe auch *Impfung* S. 102, *Die Keimtheorie* S. 202, *Viren* S. 232, *Das AIDS-Virus* S. 472.

Prionen im Gehirn eines Rindes, das mit BSE („Rinderwahnsinn") infiziert war. Wissenschaftler gehen davon aus, dass es sich bei den orangefarbenen Fasern um Aggregationen des Proteins handelt, aus dem die infektiösen Prionen bestehen.

Vielfalt des Lebens

Terry Erwin *1940

Arten (Spezies) sind die Standardeinheit der biologischen Vielfalt auf der Erde: Menschen sind ein Beispiel für eine biologische Spezies, ebenso wie Gorilla, Stieleiche, Hauskatze und Rotkehlchen. Eine biologische Spezies ist eine Gruppe von Organismen, die sich miteinander, aber nicht mit Angehörigen anderer Arten fortpflanzen können. Ein wichtiger Aspekt der Ökologie unseres Planeten ist die Zahl der Arten, die er beherbergt.

Eine Schätzung könnte sich an der Zahl der bereits beschriebenen Spezies orientieren: Diese Zahl beträgt rund 1,5 Millionen. Aber sie unterschätzt die gesamte Biodiversität, weil es darüber hinaus unzählige, noch nicht beschriebene Arten gibt. Terry Erwin von der US-amerikanischen Smithsonian Institution nahm 1982 eine einflussreiche Schätzung der Zahl unbeschriebener Arten vor. Käfer stellen die größte Tiergruppe auf Erden. Erwin kam zu dem Schluss, dass die meisten unbekannten Käfer wahrscheinlich in 30 Metern Höhe in den unzugänglichen Baumwipfeln tropischer Wälder lebten. Mithilfe einer speziellen Methode (der so genannten „Käfer-Bombe") sorgte er dafür, dass alle Insekten aus einem solchen Baum herabfielen. Er zählte alle Käferarten, bekannte und unbekannte, und fand heraus, dass 160 Arten für diesen Baum spezifisch waren. Erwin schätzte, dass es rund 50 000 tropische Baumarten gibt. Miteinander multipliziert ergibt dies schätzungsweise acht Millionen Baumwipfel-Käferarten. Nach einer weiteren Hochrechnung folgerte Erwin, dass es auf der Erde etwa 30 Millionen Arthropodenspezies und insgesamt vielleicht 50 Millionen Arten gibt.

Erwins Schätzung, die sich auf einen eingehend untersuchten Baum stützt, ist ganz offensichtlich von einem hohen Maß an Unsicherheit geprägt. Experten schätzen die Zahl der Arten auf der Erde auf zehn bis 100 Millionen. Aber Erwins Forschung verdeutlichte drastisch sowohl die enorme Zahl unbeschriebener, existierender Arten als auch unsere relative Unkenntnis der globalen Biodiversität, und ermöglichte darüber hinaus eine vernünftige Schätzung der Gesamtzahl aller Arten.

Siehe auch *Aristoteles' Vermächtnis* S. 16, *Die Benennung des Lebendigen* S. 88, *Der Burgess-Schiefer* S. 260, *Neodarwinismus* S. 282, *Die fünf Reiche des Lebens* S. 426, *Die Gaia-Hypothese* S. 432, *Leben unter Extrembedingungen* S. 452, *Der Wostok-See* S. 520.

Auf die Frage, welche Eigenschaften des Schöpfers man aus der Erforschung der Natur ableiten könne, soll der britische ▶ Wissenschaftler John Burdon Sanderson Haldane gesagt haben: »Eine übertriebene Vorliebe für Käfer.«

Gedächtnismoleküle

Eric Kandel *1929

Eric Kandel kam 1929 in Wien zur Welt; 1939 emigrierte die Familie in die USA, um dem Naziterror zu entgehen. Nach seinem Psychiatriestudium an der Harvard-Universität widmete er sich der Biologie des Gehirns; vor allem die molekulare Grundlage des Lernens und Erinnerns faszinierte ihn.

Das menschliche Gehirn enthält Milliarden von Nervenzellen, die miteinander zu einem komplexen Netz verknüpft sind. An speziellen Kontaktstellen, den Synapsen, übermitteln chemische Botenstoffe (Neurotransmitter) Informationen von einer Zelle zur nächsten. Da das menschliche Gehirn so ungeheuer komplex ist, wandte sich Kandel in den Sechzigerjahren der Erforschung des vergleichsweise einfachen Nervensystems der Meeresschnecke *Aplysia californica* zu: ein Projekt, das ihn ein Vierteljahrhundert lang beschäftigen sollte.

Aplysia, der Seehase, zieht bei Schreckreizen die Kiemen ein. Dieser Kiemenreflex kann durch Lernen verstärkt werden. Kandel stellte fest, dass die Erinnerung an einen einzelnen Schreckreiz nach wenigen Minuten erlischt. Dieses Kurzzeitgedächtnis erfordert keine Genaktivierung oder Proteinsynthese, sondern kommt einzig durch chemische Veränderungen an den Synapsen zwischen den Sinnesnerven und jenen motorischen Nervenbahnen zustande, die das Einziehen der Kiemen veranlassen. An diesen Veränderungen sind Kinasen genannte Enzyme beteiligt, die bestimmte Kanäle an den Nervenendigungen mit Phosphatgruppen bestücken. Dadurch wird der Einstrom von Calcium in die Nervenendigungen gesteigert, was zu einer vermehrten Ausschüttung von Neurotransmittern und damit zu einer Verstärkung des Kiemenreflexes führt.

Eine stärkere, wiederholte Reizung geht ins Langzeitgedächtnis ein; die Erinnerung hält sich Tage oder gar Wochen. Zu den Vorgängen an den Synapsen zählt wiederum das Anhängen von Phosphatgruppen an bestimmte Proteine; dadurch wird eine Signalkaskade ausgelöst, die Gene aktiviert und die Proteinsynthese beeinflusst. So kommt es zu anatomischen Veränderungen: Die Verbindung zwischen bestimmten Nervenzellen wird verstärkt. Wie Kandel mittlerweile nachweisen konnte, liegen auch dem Kurz- und Langzeitgedächtnis von Mäusen vergleichbare molekulare Abläufe zugrunde. Gut möglich, dass diese auch das Fundament des menschlichen Erinnerungsvermögens bilden.

Für diese Arbeiten erhielt Kandel im Jahr 2000 – gemeinsam mit den Neurowissenschaftlern Arvid Carlsson und Paul Greengard – den Nobelpreis für Physiologie oder Medizin.

Siehe auch *Das Nervensystem* S. 210, *Bedingte Reflexe* S. 242, *Neurotransmitter* S. 274, *Verhaltensverstärkung* S. 322, *Künstliche neuronale Netze* S. 334, *Nervenimpulse* S. 366.

Für Kandel war vor allem der einfache Aufbau des Nervensystems der Meeresschnecke *Aplysia* verlockend, das aus nur ▶
etwa 20 000 Neuronen besteht — viele davon groß genug, um sie mit bloßem Auge zu erkennen.

Das AIDS-Virus

Robert Gallo *1937, Luc Montagnier *1932

Im Jahre 1982 erregte eine seltsame neue Krankheit die Aufmerksamkeit der biomedizinischen Forschung. Junge homosexuelle Männer in Kalifornien und New York litten an einer seltenen Form der Lungenentzündung (Pneumonie). Aus einer Hand voll Fälle entwickelte sich innerhalb kürzester Zeit eine Epidemie – 750 in den USA, weitere 100 in Europa und eine unbekannte Zahl in Afrika. Die Betroffenen zeigten alle einen deutlichen Rückgang der T4-Lymphocyten – Zellen mit entscheidender Bedeutung für das Immunsystem. So konnten ansonsten harmlose Infektionen oder eine seltene Krebsform, das Kaposi-Sarkom, greifen. Die US-amerikanischen Centers for Disease Control gaben der Krankheit einen Namen: AIDS (*acquired immunodeficiency syndrome*, „erworbene Immunschwächekrankheit").

Die Ursache dieser neuen Krankheit blieb jedoch zunächst unklar, bis zwei Forscher – Robert Gallo von den US-amerikanischen National Institutes of Health in Bethesda, Maryland, und Luc Montagnier vom Institut Pasteur in Paris – 1983 das humane Immundefizienzvirus (HIV) entdeckten. Man streitet immer noch darüber, ob Gallos Virus eine Linie aus dem französischen Labor oder eine eigene Entdeckung war, aber offiziell wird beiden Männern das Verdienst dieser Arbeit angerechnet. Dies war ein wichtiger Durchbruch, weil in der Folge ein Test auf HIV-Infektion und mit der Zeit auch Arzneimittel entwickelt werden konnten, die AIDS von einem sicheren Todesurteil in eine chronische Krankheit verwandelten.

Die Herkunft von AIDS liegt weiterhin im Dunkeln; allerdings glauben viele Wissenschaftler, dass es möglicherweise in den Fünfzigerjahren in Afrika aufkam, als das ursprüngliche Virus vom Affen auf den Menschen überging. HIV war das erste bekannte Beispiel für ein Retrovirus – so genannt, weil die genetische Information bei ihm „rückwärts" läuft: Sein genetisches Material besteht aus RNA (Ribonucleinsäure) und nicht aus DNA (Desoxyribonucleinsäure). Es befällt verschiedene weiße Blutzellen, insbesondere die T-Helferzellen. Und das ist das Geheimnis seines Erfolgs: Es behindert das Immunsystem, indem es entscheidende Bestandteile ausschaltet.

Siehe auch *Viren* S. 232, *Die Doppelhelix* S. 374, *Monoklonale Antikörper* S. 448.

HIV-Viruspartikel treten knospenförmig aus der Oberfläche einer weißen Blutzelle hervor. Nach dem Ablösen entsteht aus ▶
jeder „Knospe" ein vollständiges Virus.

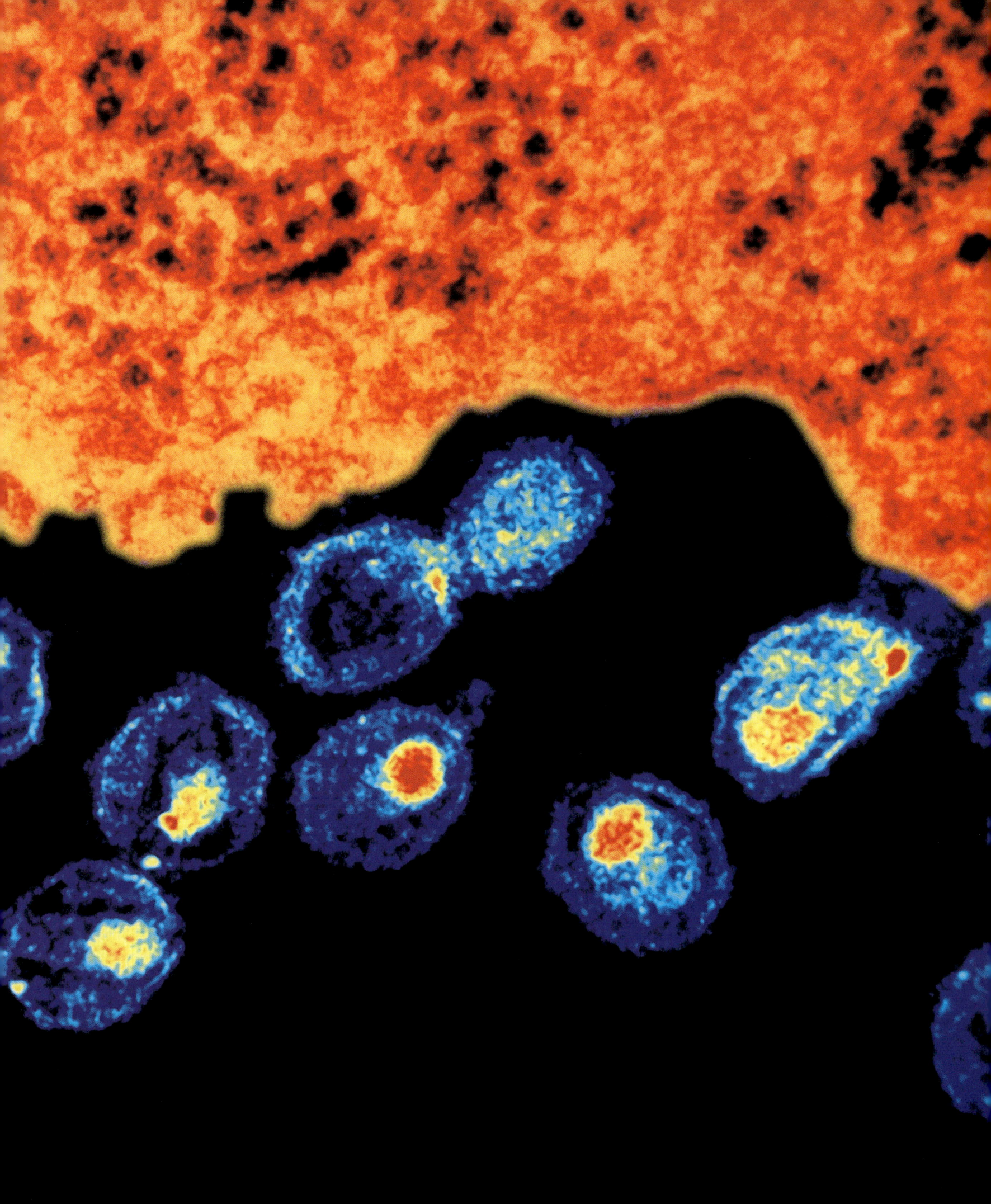

Superstrings

Michael Boris Green *1946, John H. Schwarz *1941

Alles, was existiert, sind Noten, die auf einer Saite (englisch *string*) gezupft werden. Das ist weder Mystizismus noch Musikwissenschaft, sondern eine naturwissenschaftliche Behauptung über die materielle Welt. Die Stringtheorie besagt, dass subatomare Teilchen gar keine Teilchen sind, sondern unendlich kleine, eindimensionale Schleifen. Diese „Superstrings" können schwingen, ein wenig so wie eine Geigensaite – nur dass sie weniger als ein Millionstel Milliardstel der Größe eines Protons haben und sich in einem Raum mit sechs zusätzlichen Dimensionen befinden, die alle senkrecht auf unseren vertrauten drei Dimensionen stehen, allerdings so eng zusammengerollt, dass wir sie nicht sehen können. Der Ton der Schwingung entscheidet darüber, welche Eigenschaften ein String hat: Der eine Ton ergibt ein Elektron, andere ergeben ein Quark, ein Photon, ein Neutrino oder irgendein sonstiges Teilchen.

Im Jahre 1984 zeigten die Physiker Michael Green und John Schwarz, dass die Superstrings die Naturkräfte vereinigen könnten. Der Elektromagnetismus und die Kernkräfte wären dann zwei Erscheinungsformen derselben „Superkraft", und es gibt sogar eine Form von Stringschwingung, die Träger der Schwerkraft sein könnte. Wenn diese Theorie zutrifft, würden nicht nur alle Kräfte und Teilchen zu Manifestationen eines einzigen, grundlegenden Phänomens, der Strings, sondern aus der Theorie sollten sich auch all die Zahlen ergeben, die die Welt regieren. Warum sind Elektronen so leicht, warum gibt es so viele Typen von Quarks, warum reagieren Neutrinos nicht auf elektromagnetische Kräfte? Theoretisch können Strings das alles erklären.

Doch es gibt einige Haken. Berechnungen in der Stringtheorie anzustellen, ist so schwierig, dass sich bisher erst wenige konkrete Voraussagen ergeben haben; daher ist sie ungeprüft. Und einige Physiker wenden ein, dass die Theorie die Existenz von Raum und Zeit voraussetzt, wo doch eine echte „Theorie für alles" diese Phänomene ebenfalls erklären sollte. Es gibt viele verschiedene Versionen der Stringtheorie, aber wie Ed Witten und andere Theoretiker inzwischen gezeigt haben, können sie alle nur Facetten einer endgültigen Theorie sein könnten, von der wir bisher kaum einen Zipfel erspäht haben, der so genannten M-Theorie, die vielleicht noch seltsamer ist als alles bisher Dagewesene.

Siehe auch *Elektromagnetismus* S. 134, *Die Maxwellschen Gleichungen* S. 186, *Das Elektron* S. 228, *Das Quant* S. 234, *Das Atommodell* S. 272, *Das Neutron* S. 312, *Quantenelektrodynamik* S. 352, *Ein subatomarer Geist* S. 384, *Quarks* S. 408, *Die Vereinheitlichung der Kräfte* S. 416.

Nach der Superstringtheorie weist unser Universum weit mehr Dimensionen auf, als wir wahrnehmen können – Dimensionen, die ▶
fest in das vielfältig gefaltete Gewebe des Kosmos eingerollt sind.

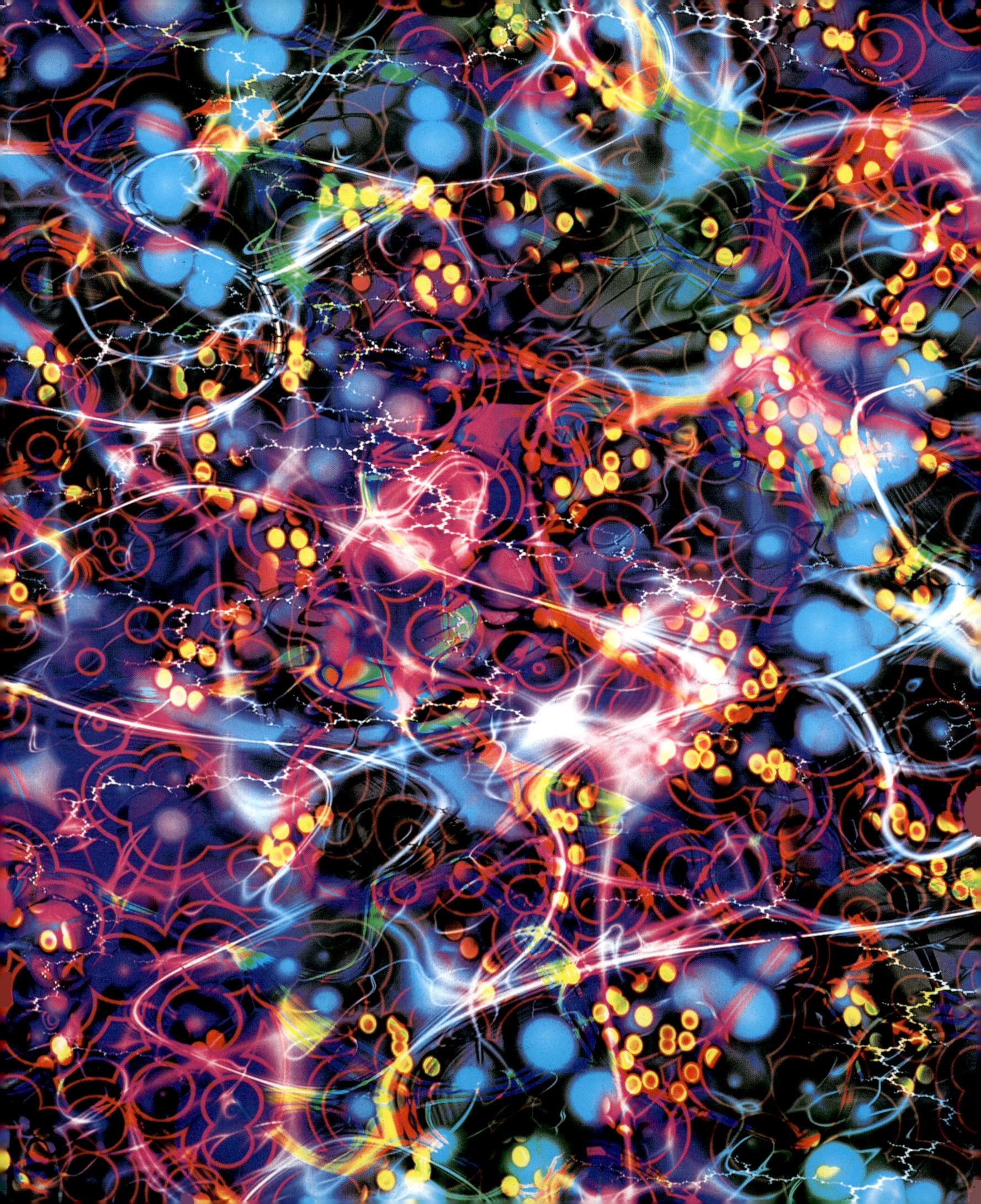

DNA aus alter Zeit

Svante Pääbo *1955

Die Extraktion sehr alter DNA gelang erstmals im Jahre 1984, als man aus der getrockneten Haut eines Quaggas — eines südafrikanischen Zebras, das vor über einhundert Jahren durch Überjagung ausgerottet worden ist — Bruchstücke der Erbmoleküle isolieren konnte. Seither ist mehrfach behauptet worden, auch aus Dinosaurierknochen oder Insekten in Bernstein sei DNA geborgen worden, ganz wie in Michael Crichtons Roman *Jurassic Park*. Es ist jedoch nicht möglich, Millionen Jahre alte DNA intakt zurückzugewinnen. Bei allen angeblich erfolgreichen Versuchen stellte sich in der Überprüfung heraus, dass die Proben mit neuerer DNA verunreinigt waren.

Komplexe Zellmoleküle zerfallen nach dem Tod normalerweise rasch, wenn das Gewebe nicht sehr schnell eingefroren oder entwässert wird — Bedingungen, die in der Natur selten gegeben sind. Immerhin ist es manchen Forschergruppen durch die umsichtige Anwendung neuer Extraktions- und Vervielfältigungsverfahren gelungen, DNA zu bergen, die Zehntausende von Jahren alt ist. Am besten beherrscht diese Technik Svante Pääbo, der heute am Max-Planck-Institut für evolutionäre Anthropologie in Leipzig arbeitet.

Der gebürtige Schwede Pääbo hat an der Universität von Kalifornien in Berkeley bei Allan C. Wilson studiert, der die Quagga-DNA isoliert hatte und mit ihr belegen konnte, dass dieses Tier eine Unterart des Steppenzebras war. 1987 hat Wilsons Arbeitsgruppe die Hypothese der „afrikanischen Eva" entwickelt, der zufolge alle heutigen Menschen einen gemeinsamen Ursprung haben: Anhand von DNA-Proben aus aller Welt konnten die Forscher zeigen, dass wir vermutlich allesamt Nachfahren einer einzigen Menschenpopulation sind, die vor etwa 200 000 Jahren in Afrika lebte.

Jetzt versucht Pääbos Team, auch die jüngeren Phasen der menschlichen Entwicklungsgeschichte anhand von DNA aus alter Zeit aufzuklären. Die Mitochondrien-DNA aus dem 5 200 Jahre alten „Mann aus dem Eis", der nach seinem Fundort in den Ötztaler Alpen auch „Ötzi" genannt wird, ist den Vergleichsproben aus der heutigen lokalen Bevölkerung erstaunlich ähnlich und deutet auf eine beachtliche genetische Stabilität hin. Und drei 40 000 bis 30 000 Jahre alte Neandertaler-DNA-Proben ähneln einander viel stärker als der DNA heutiger Europäer, woraus man schließen kann, dass kein Neandertaler-Erbgut in den heutigen menschlichen Genpool eingeflossen ist.

Siehe auch *Der Neandertaler* S. 170, *Der Java-Mensch* S. 216, *Das „Kind von Taung"* S. 298, *Die Doppelhelix* S. 374, *Die Olduvai-Schlucht* S. 392, *Neutrale molekulare Evolution* S. 422, *Unsere nächsten Verwandten* S. 442, *Der „Junge von Turkana"* S. 480, *Der genetische Fingerabdruck* S. 484, *Urheimat Afrika* S. 492, *Der Mann aus dem Eis* S. 504.

Eine 35 Millionen Jahre alte Gallmücke in Ostseebernstein. Entgegen anders lautenden Behauptungen ist die moderne Forschung ▶
bislang nicht in der Lage, intakte DNA aus in Bernstein eingeschlossenen Insekten zu extrahieren.

Bilder des Geistes

Louis Sokoloff *1921

Schädigungen bestimmter Hirnbereiche gehen häufig mit typischen Funktionsverlusten einher. So sind Menschen mit einem geschädigten Broca-Zentrum möglicherweise noch in der Lage, Sprache zu verstehen, können aber nicht mehr sprechen oder schreiben. Da die Verschaltungen im Gehirn äußerst komplex sind, erfährt man durch Untersuchungen solcher „Hirnläsionen" eher selten, welche Bereiche des Gehirns was tun. Doch mithilfe der modernen Bildgebung können wir das gesunde Gehirn bis ins Detail in Aktion beobachten — sei es bei der Sprach-, Denk- oder Gedächtnisarbeit, beim Konzentrieren oder Planen oder sogar bei Gefühlsaufwallungen.

Im Jahre 1984 zeigte Louis Sokoloff, dass sich mit der Positronen-Emissions-Tomographie (PET) Hirnbereiche registrieren lassen, die bei bestimmten Aufgaben besonders stark beansprucht werden. Die PET-Technik beruht darauf, dass kurzlebige radioaktive Isotope Positronen, das heißt positiv geladene Elektronen, freisetzen. Injiziert man Wasser, das ein solches radioaktives Isotop enthält, in die Blutbahn, so konzentriert sich die Radioaktivität am schnellsten in den Hirnbereichen mit der stärksten Blutzirkulation. Positronen, die beim radioaktiven Zerfall emittiert werden, kollidieren mit Elektronen, was zu gegenseitiger Neutralisierung führt. Dies setzt jedes Mal Energie in Form von zwei Gammastrahlen frei, die in exakt entgegengesetzte Richtungen vom Punkt der Kollision abstrahlen. Detektoren, die den gesamten Kopf umgeben, zeichnen die Gammastrahlen auf, die von zahlreichen Kollisionspunkten ausgehen, und so entsteht ein Computerbild, das die Konzentration der Radioaktivität im gesamten Gehirn in mehreren Schichten wiedergibt. PET-Scans eignen sich nicht nur zur Messung der Blutzirkulation. Injiziert man eine passend markierte Glucoselösung, so lassen sich mit dieser Technik auch Bereiche mit einer hohen Energiezufuhr lokalisieren; ebenso lässt sich mit Hilfe von passend markierten Neurotransmittern die Verteilung der sie bindenden Rezeptoren bestimmen.

Die Kernspintomographie oder MRI (von *magnetic resonance imaging*) erlaubt eine noch höhere räumliche und zeitliche Auflösung. Viele Atome, die einem starken Magnetfeld ausgesetzt werden, verhalten sich wie winzige drehende Stabmagneten, die sich nach dem Feld ausrichten. Wenn nun pulsierende Radiowellen auf sie treffen, senden sie erkennbare Radiosignale aus, die für das entsprechende Element und seine Umgebung typisch sind. Auf diese Weise lässt sich die Kernspintomographie einsetzen, um die Struktur und Zusammensetzung von Objekten bildlich darzustellen.

Siehe auch *Die Kartierung der Sprache* S. 182, *Das Nervensystem* S. 210, *Das Unterbewusstsein* S. 222, *Künstliche neuronale Netze* S. 334, *REM-Schlaf* S. 372, *Der Sprachinstinkt* S. 386, *Die rechte und die linke Hirnhälfte* S. 400.

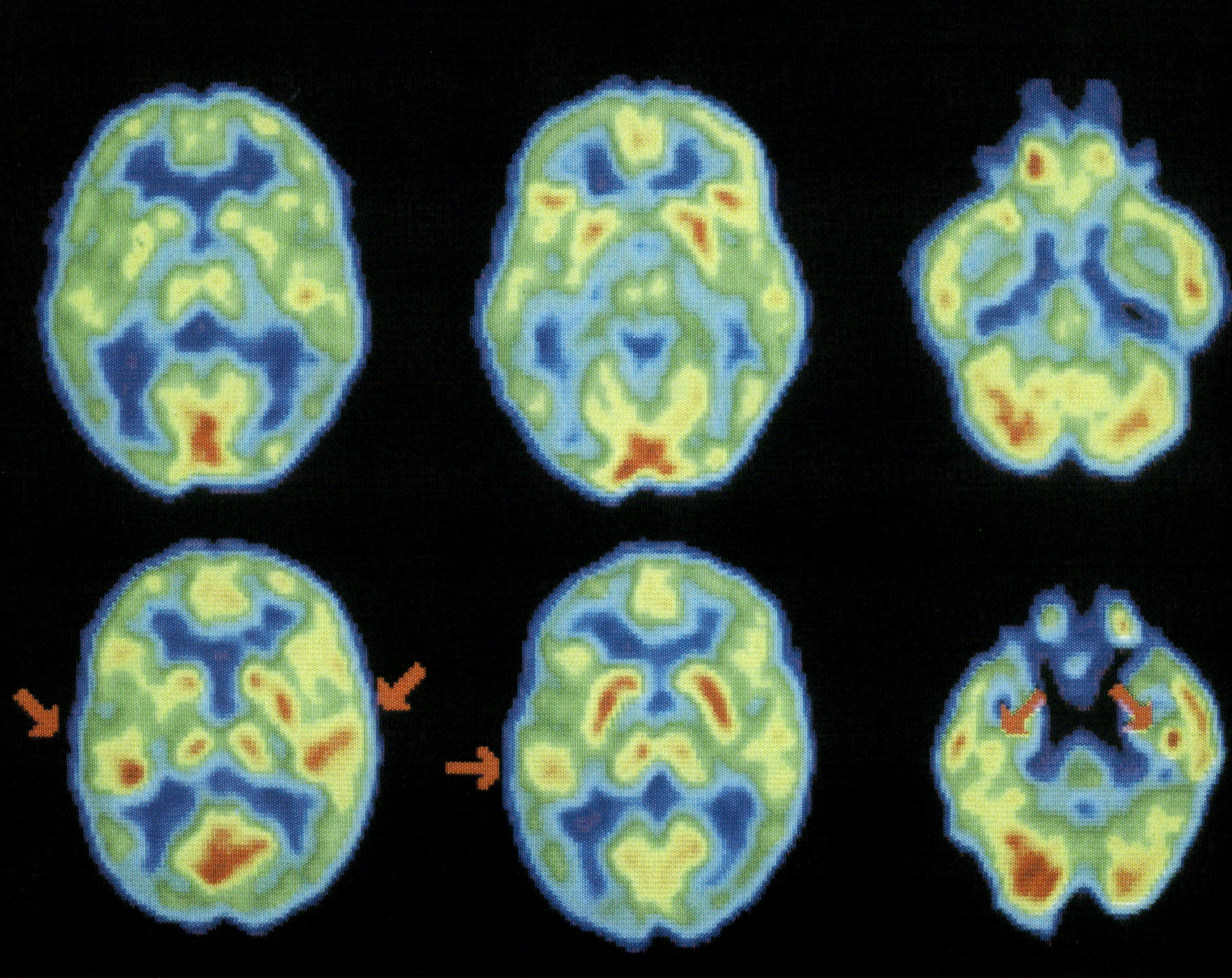

Der „Junge von Turkana"

Kamoya Kimeu *1940

Am 22. August 1984 fand der kenianische Paläoanthropologe Kamoya Kimeu ein Schädeldachfragment zwischen schwarzen Lavasteinen bei Nariokotome westlich des Turkanasees im nördlichen Kenia – das erste Fundstück des „Jungen von Turkana" (oder „von Nariokotome"). Dieses rund 1,5 Millionen Jahre alte Exemplar sollte das vollständigste bisher gefundene Skelett werden, das sich unserem ausgestorbenem Vorfahren *Homo erectus* zuordnen ließ.

Kimeu, Leiter der berühmten kenianischen Hominiden-Forschungsgruppe, hat mehr bedeutende Fossilien unserer frühen Verwandten gefunden als irgendjemand sonst auf der Welt. Die Gruppe arbeitete für Richard Leakey, den Sohn von Louis und Mary Leakey, und den gebürtigen Briten Alan Walker, Professor für Paläoanthropologie an der Universität von Pennsylvania, die für die Beschreibung und Auswertung der Funde verantwortlich waren.

Weitere Schädelfragmente wurden aufgesammelt und aus dem Erdreich gesiebt. Die meisten Hominidenfossilien sind Schädelfragmente und Zähne. In der Natur zerteilen und verstreuen Raubtiere normalerweise Kadaver. Nur äußerst selten findet man Teile des Körperskeletts. „Lucy", Donald Johansons drei Millionen Jahre alter Australopithecinenfund von 1974 aus der Afar-Region in Äthiopien, war damals das einzige bekannte weitere Teilskelett (20 Prozent waren erhalten) aus der Zeit unserer frühen Vorfahren.

Aber vier Jahre und etwa 1 200 Kubikmeter Sediment später waren 67 Knochenfragmente des „Jungen von Turkana" – etwa ein Drittel des Skeletts – freigelegt, darunter auch ein Schädel, der auf spektakuläre Weise rekonstruiert wurde. Zum Skelett gehört auch ein männliches Becken; der Hominide war etwa 1,67 Meter groß und somit deutlich größer als „Lucy" (1,07 Meter). Sein schlanker Körperbau war bestens an das Leben in der tropischen Landschaft angepasst. Er war zwischen neun und zwölf Jahre alt, als er starb, und eindeutig menschlich, wenn auch sein Gehirn mit 880 Kubikzentimetern recht klein war und er höchstwahrscheinlich das Sprechen nicht beherrschte.

Seine Verwandten waren die ersten wirklich erfolgreichen Hominiden. Lange bevor der „Junge von Turkana" geboren wurde, hatte sich der *Homo erectus* schon bis nach Südostasien und Georgien ausgebreitet. Man nimmt an, dass sich die modernen Menschen schließlich aus dem afrikanischen *Homo erectus*, wie zum Beispiel dem „Jungen von Turkana", entwickelt haben.

Siehe auch *Frühe Menschen* S. 148, *Der Neandertaler* S. 170, *Der Java-Mensch* S. 216, *Das „Kind von Taung"* S. 298, *Die Olduvai-Schlucht* S. 392, *DNA aus alter Zeit* S. 476, *Urheimat Afrika* S. 492, *Der Mann aus dem Eis* S. 504.

Auswahl fossiler Hominidenschädel, die in den Siebziger- und Achtzigerjahren bei Expeditionen am Ostufer des Turkanasees in ▶ Kenia gefunden wurden. Schädel von links nach rechts: *Homo habilis*, *Homo erectus* und *Australopithecus robustus*.

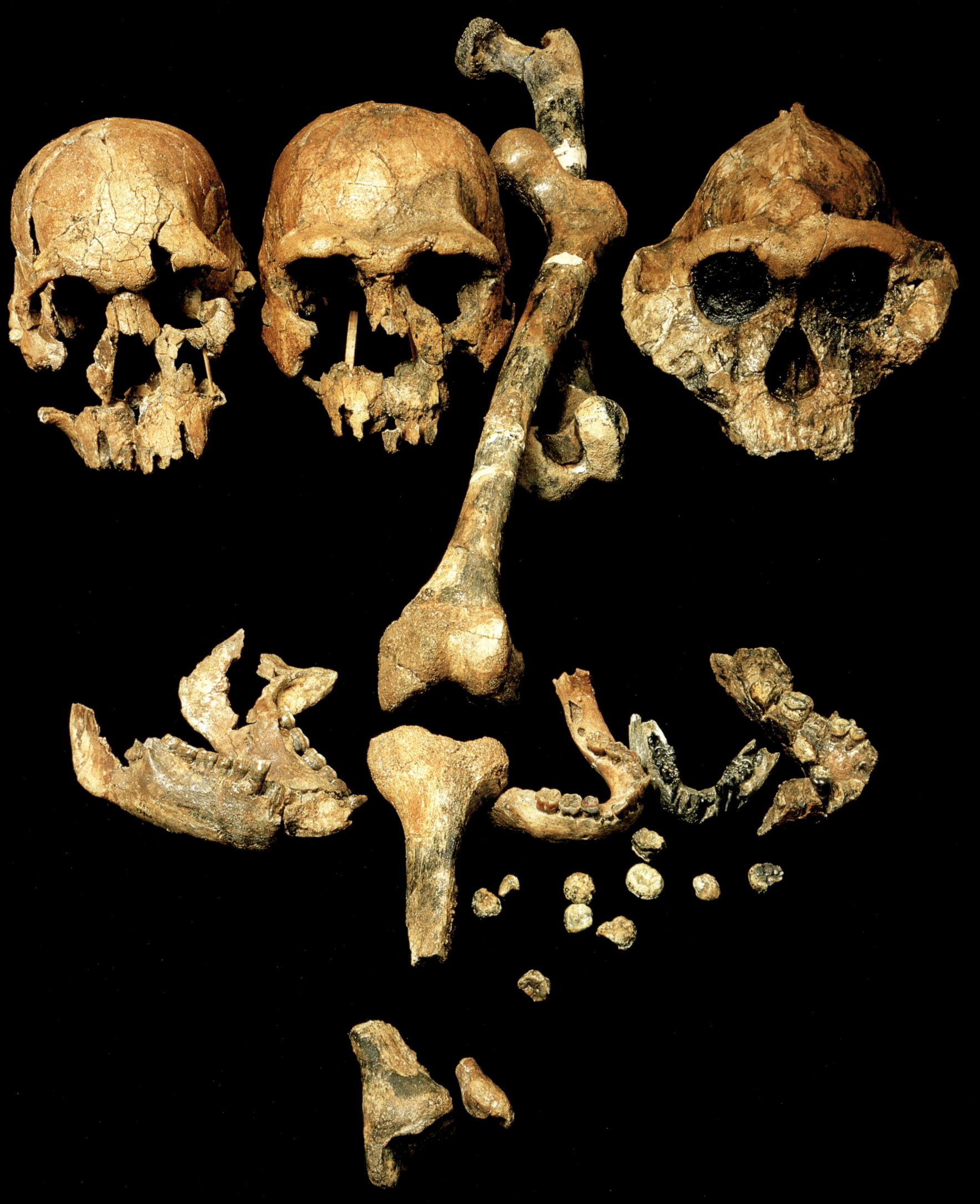

Quasikristalle

Dan Shechtman *1941

Bis in die Achtzigerjahre des 20. Jahrhunderts war eines der ältesten Dogmen der physikalischen Chemie, dass sich alle Festkörper entweder als Kristalle oder als erstarrte Flüssigkeiten (Glas) klassifizieren ließen. Ähnlich gefliesten Böden sind Kristalle aus hochgeordneten, sich wiederholenden Mustern aufgebaut, die man als „Gitter" bezeichnet. Während die kleinste sich wiederholende Einheit auf einem Fußboden eine einzelne Fliese ist, ist das kleinste periodische Muster in einem Kristallgitter die so genannte „Einheitszelle" aus Atomen oder Molekülen. In Glas dagegen sind die Atome oder Moleküle amorph und zeigen keine geordnete Struktur über große Bereiche.

Im Jahre 1984 machte eine Gruppe des US National Bureau of Standards in Gaithersburg unter Leitung des israelischen Kristallographen Dan Shechtman eine geradezu schockierende Entdeckung: ein Material, das weder in die eine noch in die andere Kategorie passte. Durch rasches Abkühlen einer Legierung von Aluminium und Mangan konnten sie einen Festkörper schaffen, dessen Grundstruktur — wie sich herausstellte — eine Fünfersymmetrie aufwies. Warum war das so überraschend? Die bekannteste Form mit dieser Art von Symmetrie ist ein Pentagon, ein Fünfeck. Nun stellen Sie sich einen Boden mit so geformten Fliesen oder Kacheln vor. Ganz gleich, wie man sie zusammenfügt, sie bedecken die Bodenfläche niemals vollständig. Ebenso ist eine Fünfersymmetrie völlig inkompatibel mit der periodischen Anordnung identischer Einheitszellen. Erstaunlicherweise wies das paradoxe Material, das Shechtman und seine Mitarbeiter gefunden hatten, eindeutig über weite Bereiche eine geordnete Struktur auf. Daher bezeichneten sie es als „Quasikristall". Bald stieß man auf viele weitere derartige Strukturen.

Quasikristalline Legierungen sind härter als kristalline Materialien und können einen größeren elektrischen Widerstand haben. Sie werden inzwischen bereits bei Kochgeschirr, chirurgischen Instrumenten und Elektrorasierern eingesetzt. Im Jahre 1997 entwickelten die Physiker Paul Steinhardt und Hyeong-Chai Jeong mathematische Modelle, um zu erklären, wie Quasikristalle aus einem einzigen Bausteintyp aufgebaut werden könnten. Das wiederum könnte Forschern erlauben, neue Quasikristalle mit noch ungewöhnlicheren Eigenschaften zu entwerfen und herzustellen.

Siehe auch *Supraleitfähigkeit* S. 266, *Der Transistor* S. 350, *Das Buckminsterfulleren* S. 486.

Ein Puzzle aus zwei Fliesentypen, die sich so zusammenfügen, dass es keine regelmäßige Wiederholung desselben Musters gibt. ▶
Dieses von dem Mathematiker Roger Penrose erfundene Fliesenmuster ist eine zweidimensionale Version eines Quasikristalls.

Der genetische Fingerabdruck

Alec Jeffreys *1950

Unsere DNA enthält die zum Aufbau und Erhalt des Körpers nötigen Erbinformationen, die Gene. Allerdings machen diese Informationen nur einen kleinen Teil der DNA aus. Tatsächlich nehmen die etwa 30 000 Gene eines Menschen nur ein bis zwei Prozent seiner Erbmoleküle ein. Wozu die restlichen 98 bis 99 Prozent dienen, die wahlweise als „nichtcodierende DNA" oder „DNA-Schrott" (*junk DNA*) bezeichnet werden, bleibt ungewiss.

Manche unserer nichtcodierenden DNA-Regionen bestehen aus Wiederholungen verschiedener kurzer Sequenzen. Alle DNA-Stränge bestehen aus vier molekularen Bausteinen, die in Kurzform mit den Buchstaben A, T, C und G bezeichnet werden. Ein Abschnitt der „repetitiven" DNA kann zum Beispiel aus einer dutzendfachen Wiederholung der acht Buchstaben langen Folge GCAGGAGG bestehen. Einige dieser repetitiven DNA-Regionen sind hochgradig variabel: Während die acht Buchstaben bei einem Individuum zehnmal aufeinander folgen, werden sie bei einem anderen 20fach, bei einem dritten Menschen 100fach wiederholt. Diese Bandbreite ist auf die sehr hohe Mutationsrate der repetitiven DNA zurückzuführen, welche die normale DNA-Mutationsrate vielleicht um einen Faktor 10 000 übertrifft. Gemessen am Tempo der Evolution wachsen und schrumpfen die Wiederholungsregionen sehr rasch. Die individuelle Länge der repetitiven DNA-Abschnitte verleiht jedem Menschen ein einzigartiges Profil, einen genetischen Fingerabdruck.

Alec Jeffreys hat in den Achtzigerjahren an der Universität von Leicester in England einige dieser hochgradig variablen DNA-Regionen entdeckt. Er erkannte auch, dass die durch sie definierten genetischen Fingerabdrücke gerichtsmedizinisch verwendbar sind, zum Beispiel bei Vaterschaftsklagen, zur Identifikation von Tätern und zur Entlastung von Tatverdächtigen. In Großbritannien werden mit der nationalen DNA-Datenbank inzwischen wöchentlich über 500 Zuordnungen zwischen Beweismitteln und Verdächtigen vorgenommen. In den USA haben genetische Fingerabdrücke bereits die Unschuld von 70 zum Tode Verurteilten (einem von je acht Untersuchten) bewiesen.

Siehe auch *Gene und Vererbung* S. 264, *Springende Gene* S. 362, *Die Doppelhelix* S. 374, *Neutrale molekulare Evolution* S. 422, *Die Sequenz des menschlichen Genoms* S. 524.

Beim genetischen Fingerabdruck wird die Information aus der DNA eines Menschen auf eine Art Strichcode reduziert. Aus einem einzigen Haar, das ein Verbrecher am Tatort verliert, lässt sich sein unverwechselbarer „genetischer Strichcode" ermitteln.

Das Buckminsterfulleren

Harry Kroto *1939, Richard Smalley *1943, Robert Curl *1933

Wenn Gott ein Geometer wäre, so wären die Kohlenstoffatome sicherlich seine Bausteine. Im Kristallgitter eines Diamanten verbinden sie sich zu einer Tetraederstruktur, bei der jedes Kohlenstoffatom vier nächste Nachbarn hat. In Graphit ordnen sie sich zu Systemen aus flachen, sechseckigen Ringen an, die übereinander gelagerte, ebene Schichten bilden. Und 1985 fanden der britische Chemiker Harry Kroto und seine amerikanischen Kollegen an der Rice-Universität in Houston — Richard Smalley, Robert Curl und ihre Mitarbeiter —, dass Kohlenstoffatome außerdem facettierte, annähernd kugelförmige Käfige aufbauen können.

Kroto wollte gestreckte Kohlenstoffketten untersuchen, von denen er annahm, sie könnten in kosmischen Molekülwolken gebildet werden; Smalley verstand es, kleine Atomcluster herzustellen, indem er Feststoffe mithilfe eines Laserstrahls verdampfte und die Cluster aus dem abkühlenden Dampf kondensieren ließ. Gemeinsam fanden die beiden Forscher heraus, dass die großen Kohlenstoffcluster, die sich auf diese Weise bildeten, alle eine gerade Anzahl von Atomen aufwiesen und dass sie durch entsprechende Wahl der Versuchsbedingungen Cluster schaffen konnten, die fast alle genau 60 Kohlenstoffatome enthielten — „C_{60}".

In vielen Stunden tastenden Experimentierens wurde schließlich deutlich, dass der Schlüssel zu der ungewöhnlichen Stabilität von C_{60} auf dessen geschlossenem Käfig aus Kohlenstoffatomen beruht, der sich aus Ringen von fünf beziehungsweise sechs Atomen zusammensetzt. Der Käfig ist ein hoch symmetrisches Polyeder, das als „abgestumpftes Ikosaeder" bezeichnet wird und aussieht wie ein Fußball aus fünf- und sechseckigen Lederflicken. Er ähnelt auch den „geodätischen Kuppeln", die in den Fünfziger- und Sechzigerjahren von dem amerikanischen Architekten Richard Buckminster Fuller errichtet wurden, daher der Name „Buckminsterfulleren".

Diese „Buckybälle" besitzen, wie sich herausstellte, einige potenziell nützliche Eigenschaften, zum Beispiel werden sie supraleitend, wenn sie mit Metallatomen „dotiert" werden. Und 1991 entdeckte der japanische Forscher Sumio Iijima eine verwandte Hohlstruktur, die als Kohlenstoff-„Nanoröhre" bezeichnet wird — eine zylindrische Röhre wie eine aufgerollte Graphitschicht, nur wenige Nanometer (10^{-9} m) im Durchmesser und bis zu einigen Mikrometern (10^{-6} m) lang. Kohlenstoff-Nanoröhren sind außerordentlich stark und steif, und ihre Anwendungsmöglichkeiten könnten von Drähten im molekularen Maßstab in ultraminiaturisierten elektronischen Schaltkreisen bis zu elektronenemittierenden Antennen für Leuchtdisplays reichen.

Siehe auch *Der Benzolring* S. 190, *Supraleitfähigkeit* S. 266, *Quasikristalle* S. 482.

„Buckybälle" weisen nicht nur eine komplexe und wunderbare Form auf, sondern besitzen auch neuartige physikalische und ▶ chemische Eigenschaften, die sich nutzen lassen, um neue Katalysatoren, Schmierstoffe und Supraleiter zu entwickeln.

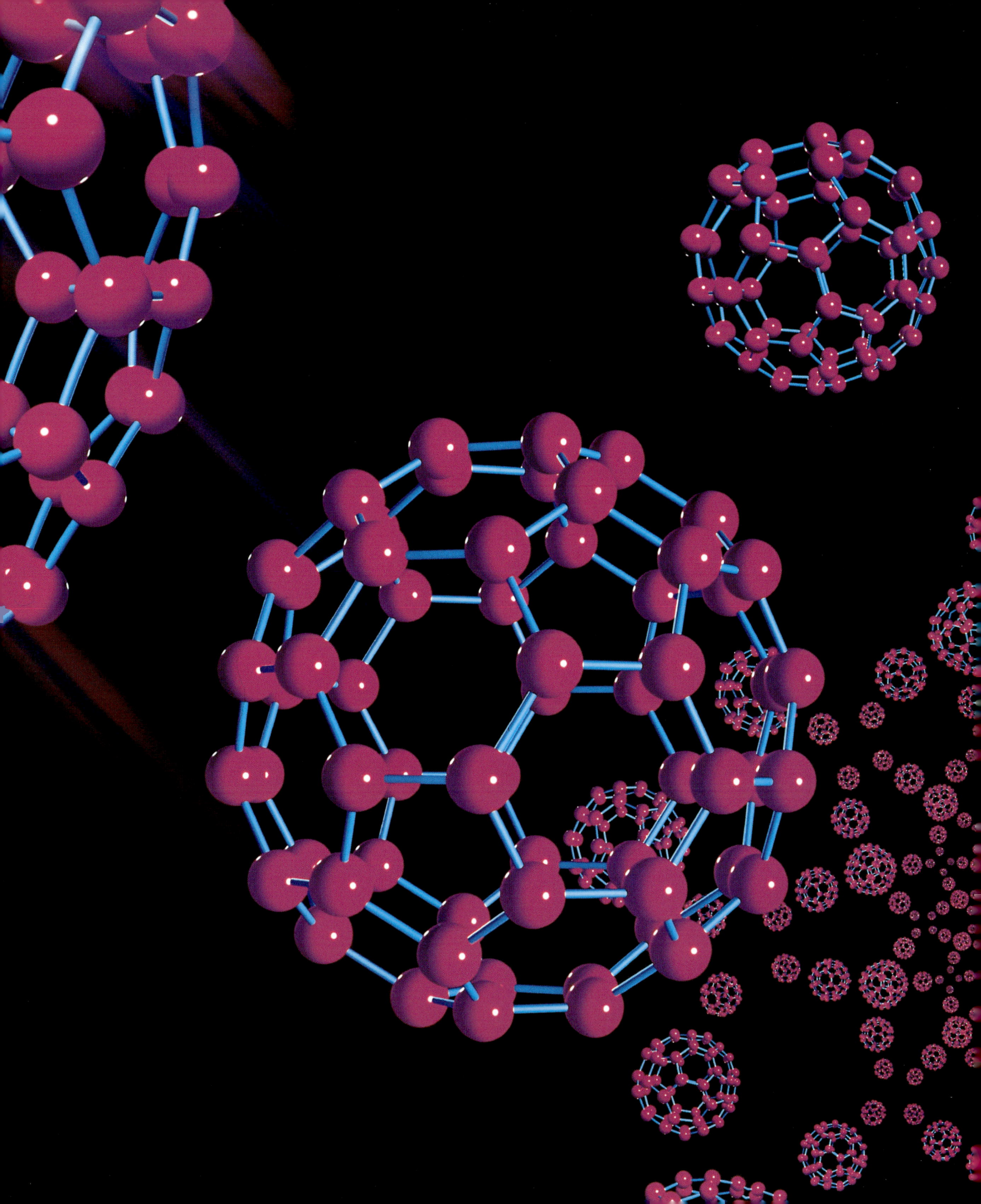

Die Supernova 1987A

Ian Shelton *1958

Am 23. Februar 1987 entdeckte Ian Shelton, der an einem kleinen Teleskop am Las-Campanas-Observatorium in Chile arbeitete, zufällig eine Supernova in der Großen Magellanschen Wolke, 180 000 Lichtjahre von der Erde entfernt. Dieser explodierende Stern sorgte in dreierlei Hinsicht für Aufregung. Erstmals seit der Entwicklung moderner astronomischer Geräte war eine nahe gelegene Supernova nachgewiesen worden. Außerdem hatte man den Vorläuferstern — einen „kleinen" blauen Riesenstern von 20 Sonnenmassen mit der Bezeichnung Sanduleak -69 202 — gut untersucht, bevor er in die Luft flog. Und schließlich war die Supernova gefunden worden, bevor sie ihre maximale Intensität erreichte.

Die Supernova 1987A ist als Supernova vom Typ II klassifiziert. Die Explosion erfolgte, als der Kern des Sternes von 1,5 Sonnenmassen instabil wurde und kollabierte, wobei sich sein Volumen innerhalb ungefähr einer Sekunde um den Faktor eine Million verringerte und zu einem Neutronenstern von wenigen Dutzend Kilometern Durchmesser wurde. Material, das in den superdichten Kern stürzte, prallte ab und erzeugte eine Schockwelle, die durch die Silicium- und Kohlenstoffschalen des Sternes lief und eine explosionsartige Kernfusion in Gang setzte. Die Oberfläche wurde auf eine Temperatur von fast einer halben Million Grad erhitzt und mit 30 000 Kilometern pro Sekunde (einem Zehntel der Lichtgeschwindigkeit) ins All geschleudert. Eine gewaltige Menge Lichtenergie wurde freigesetzt und die Supernova erstrahlte für kurze Zeit heller als eine ganze Galaxie. Die Neutrinos, die sich bildeten, als der Kern schrumpfte, wurden durch den Stern hindurch ins All geschossen und trugen dabei viele hundert Mal mehr Energie davon, als die Supernova in Form von sichtbarem Licht ausstrahlte. Die Signale von gerade 19 dieser Neutrinos wurden von den großen Teilchendetektoren in Japan und den USA aufgefangen.

Siehe auch *Ein neuer Stern* S. 48, *Die Sternentwicklung* S. 286, *Weiße Zwerge* S. 310, *Ein subatomarer Geist* S. 384, *Pulsare* S. 420, *Gammastrahlenausbrüche* S. 434.

Die Supernova 1987A ist hier als heller sternähnlicher Punkt rechts unterhalb des Tarantula-Nebels (Mitte oben), eines riesigen ▶ Gebiets leuchtenden Gases, zu erkennen.

Am Rande des Chaos

Per Bak *1947, Chao Tang *1958, Kurt Wiesenfeld *1958

Wenn die Gesetze der Physik einfach sind, warum ist die Welt so komplex? Hier ist ein möglicher Schlüssel. Im „Game of Life" („Spiel des Lebens"), einem 1977 von John Horton Conway entwickelten Computerspiel, verändern quadratische Felder in einem Gitter von einem Augenblick zum anderen ihre Farbe, wobei sie lediglich simplen, mechanischen Regeln folgen. Doch das Ergebnis ist eine erstaunliche Welt von sich ständig verändernder Neuartigkeit. Lassen Sie dieses Spiel der „zellulären Automaten" auf einem Computer laufen, und sogleich erwacht ein blühendes Ökosystem zum Leben. Die Farben kommen niemals zur Ruhe, und bald beginnen sogar „Geschöpfe" über den Bildschirm zu schwimmen, die sich verhalten, als seien sie lebende, atmende Wesen. Conways Spiel ist ein mathematisches Wunder, das uns etwas Wichtiges lehrt — simple und hirnlose Regeln auf dem einen Niveau können zu einer spektakulären, lebensähnlichen Komplexität auf einem anderen führen. Es ist eine Lehre mit überraschenden Folgen.

Im Verlauf der nächsten zwei Jahrzehnte entdeckten Physiker, dass so unterschiedliche Systeme wie ein Haufen Sandkörner, die Erdkruste, Ökosysteme und selbst Finanzmärkte anscheinend ganz ähnlich wie Conways Spiel funktionieren. Diese Systeme und viele andere zeigen eine Tendenz zur „Selbstorganisation" hin zu einem „kritischen Zustand" — einem natürlichen Zustand, wo unaufhörliche Fluktuationen und extreme Instabilität die Norm sind. Alle Systeme in einem kritischen Zustand balancieren stets am Rande einer plötzlichen, radikalen Veränderung, und es ist praktisch unmöglich vorherzusagen, was als Nächstes passieren wird.

Erstmals von Per Bak, Chao Tang und Kurt Wiesenfeld 1987 vorgeschlagen, bietet das Konzept der „selbstorganisierten Kritikalität" eine allumfassende Erklärung für den komplexen und stürmischen Charakter, der unserer Welt großenteils prägt. Wenn man den Ausbruch von Waldbränden, Massenaussterben, die den Lauf der biologischen Evolution verändern, ja sogar den Verlauf der menschlichen Geschichte betrachtet, dann könnte es fast so etwas wie ein Naturgesetz sein, dass die Zukunft zwangsläufig von völlig unvorhersehbaren Umwälzungen durchbrochen werden wird.

Siehe auch *Die Chaostheorie* S. 238, *Fraktale* S. 446.

Schnappschuss eines Universums von zellulären Automaten. Aus einem zufällig bestückten Anfangszustand können einfache Regeln evolvierende Systeme mit komplexen Strukturen hervorbringen, die irgendwo zwischen Ordnung und Chaos angesiedelt sind. ▸

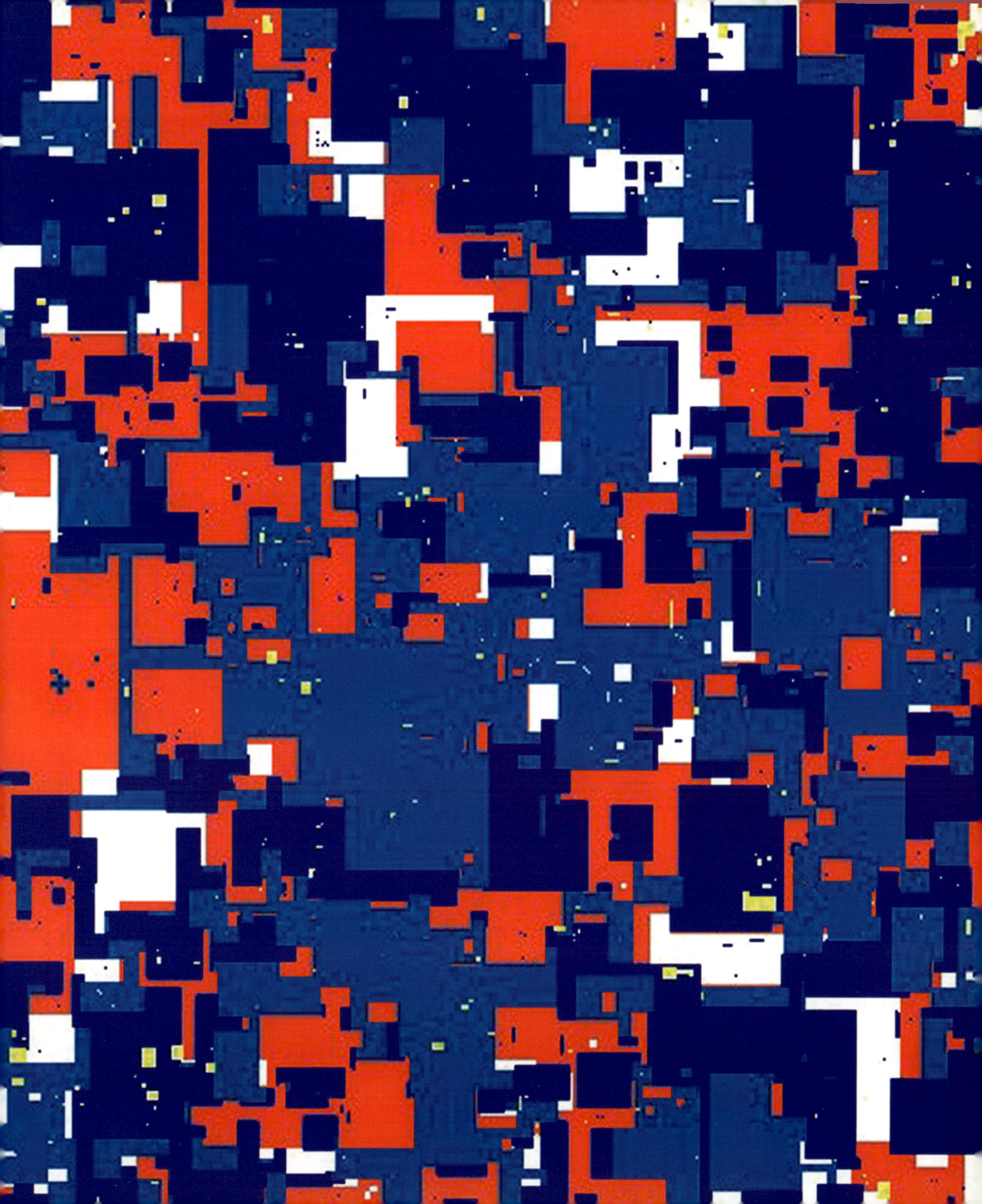

Urheimat Afrika

Allan C. Wilson 1935–1991, Rebecca Cann *1951, Mark Stoneking *1956

Alle Menschen, die heute auf der Erde leben, haben eine typische, erkennbare Körperform, die uns gegen unsere nächsten fossilen Verwandten abhebt. Anthropologen bezeichnen uns als „anatomisch modernen Menschen". Anatomisch moderne Menschen unterscheiden sich von ihren fossilen menschlichen Vorfahren und traten in Europa erstmals vor rund 40 000 Jahren auf. Vor ihnen lebten dort bereits die Neandertaler. Diese hatten kleinere Unterkiefer, stärker vorspringende Nasen und ein länger gestrecktes, aber flacheres Gehirn als wir. Die Entstehung des anatomisch modernen Menschen war der letzte Schritt in unserer Evolutionsgeschichte vom Ursprung des Lebens bis heute. Wann und wo entwickelte sich der anatomisch moderne Mensch?

Die fossilen Belege geben uns auf diese Frage keine eindeutige Antwort. Der anatomisch moderne Mensch könnte sich global durch Umformung der bestehenden menschenähnlichen Populationen – auch der Neandertaler – entwickelt haben, die bereits in Europa, Afrika und Asien lebten. Er könnte aber auch in Afrika entstanden sein (*Out of Africa*-Theorie) und von dort aus die verschiedenen örtlichen Populationen ersetzt haben. Im Jahre 1987 suchten Forscher aus dem Labor von Allan Wilson an der Universität von Kalifornien in Berkeley mit gentechnischen Methoden nach Antworten auf die Fragen nach der menschlichen Evolution.

Eine Gruppe von ihnen, darunter Rebecca Cann und Mark Stoneking, untersuchte eine bestimmte Art der DNA, die so genannte „mitochondrale DNA" (mtDNA), die in all unseren Zellen vorkommt. Sie analysierten mtDNA von etwa 150 Personen, die jeweils Vorfahren aus aller Welt hatten. Wilsons Gruppe ging von einer „molekularen Uhr" aus, also von einer annähernd konstanten Evolutionsrate der mtDNA. So konnten sie ableiten, dass der gemeinsame Vorfahr (manchmal „Urmutter Eva" genannt) aller moderner Menschen in Afrika lebte, und das vor gerade einmal 100 000 Jahren. Die modernen Europäer stammen also nicht vom Neandertaler ab, sondern von Menschen, die aus Afrika nach Europa einwanderten. Seit der Arbeit der Wilson-Gruppe hat man anhand genetischer Belege im Detail nachvollzogen, wie die ersten anatomisch modernen Menschen sich ausbreiteten und die Welt bevölkerten.

Siehe auch *Frühe Menschen* S. 148, *Der Neandertaler* S. 170, *Der Java-Mensch* S. 216, *Die Blutgruppen* S. 236, *Das „Kind von Taung"* S. 298, *Die Olduvai-Schlucht* S. 392, *Die symbiontische Zelle* S. 418, *DNA aus alter Zeit* S. 476, *Der „Junge von Turkana"* S. 480, *Der Mann aus dem Eis* S. 504.

Was uns Steine zu sagen haben: Ostafrikanische Steinwerkzeuge aus 70 000 Jahre alten Ablagerungen in der ▶ Olduvai-Schlucht in Tansania.

Gerichtete Mutation

John Cairns *1922

Der in Harvard arbeitende Molekularbiologe John Cairns berichtete 1988 über eine Versuchsreihe, aus der hervorzugehen schien, dass Bakterien unter ungünstigen Umweltbedingungen aktiv mitbestimmen, welche Mutationen in ihrem Erbgut auftreten. Eine derartige „gerichtete Mutation" steht im offenen Widerspruch zur Evolutionstheorie, der zufolge Mutationen Zufallsereignisse sind. Schlimmer noch: Sie lässt das Gespenst der Vererbung erworbener Eigenschaften wiederauferstehen, welche die Evolution vorantreibt — eine Theorie, die Jean-Baptiste Lamarck im 19. Jahrhundert vertrat und die heute allgemein abgelehnt wird.

In seinen Experimenten kultivierte Cairns die Bakterien auf Nährböden, denen jeweils ein essenzieller Bestandteil fehlte, beispielsweise die Aminosäure Tryptophan. Bakterien mutieren ständig, aber nun schienen günstige Mutationen, die es den Zellen ermöglichten, selbst Tryptophan herzustellen, so häufig aufzutreten, dass der Zufall allein als Erklärung nicht ausreichte. Die Bakterien schienen im Voraus zu „wissen", welche Mutationen ihnen zupass kämen. Seit Cairns' umstrittener Studie suchen die Wissenschaftler nach einer plausiblen Erklärung für das Phänomen der gerichteten Mutation.

Einer Vermutung zufolge, der auch Cairns selbst zuneigt, nehmen die Forscher günstige Mutationen einfach leichter zur Kenntnis als ungünstige. Das ist jedoch kein Betrugsvorwurf an die Wissenschaftler: Vielleicht erhöhen die Bakterien bei Stress (und Hunger ist zweifellos ein starker Stressfaktor) ihre Mutationsrate, um ihre Chancen zu verbessern, einen Ausweg aus der Krise zu finden. Die Mutationen folgen dann immer noch dem Zufall und fügen sich damit in die gängige Evolutionstheorie. Allerdings sterben viele Bakterien mit ungünstigen oder neutralen Mutationen und fallen damit aus der Zählung heraus, während die Träger günstiger Mutationen überleben und deshalb leichter ins Auge fallen. Für eine solche „Hypermutation" sprechen mittlerweile viele Indizien; man hat sogar „Mutator-Gene" entdeckt, die den Prozess vorantreiben. Bislang ist aber unklar, ob das Phänomen der Hypermutation auf Bakterien beschränkt ist oder auch bei anderen Lebensformen auftritt.

Siehe auch *Erworbene Merkmale* S. 128, *Darwins „Entstehung der Arten"* S. 176, *Gene und Vererbung* S. 264, *Bakteriengene* S. 332, *Springende Gene* S. 362, *Neutrale molekulare Evolution* S. 422.

Die DNA des Bakteriums *Escherichia coli* ist tausendmal länger als die Zelle selbst. Hier wurde der DNA-Strang durch eine ▶ Spezialbehandlung aus der Zelle herausgelöst und erscheint auf dem Bild als langer, goldfarbener Faden.

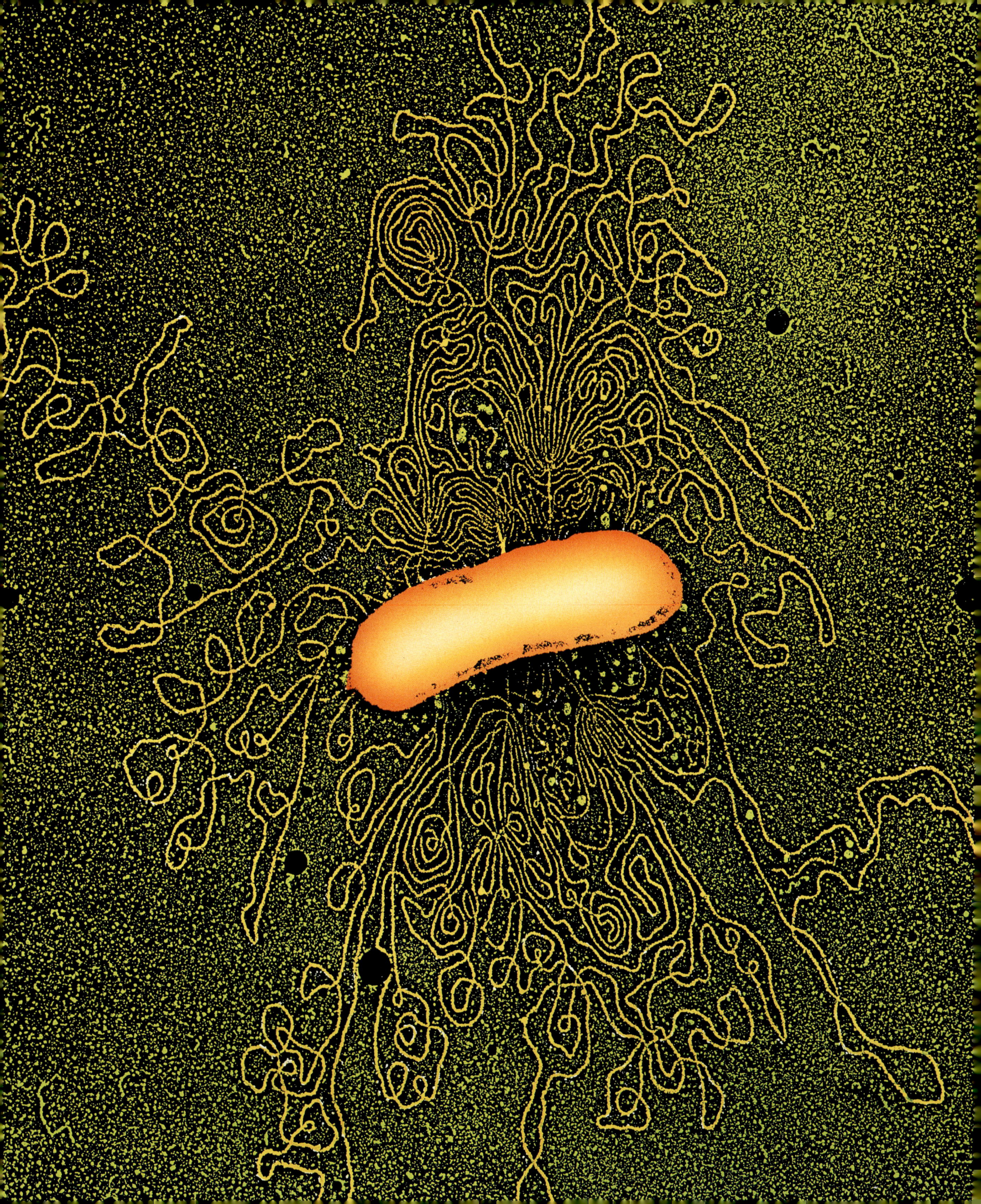

Stickoxid

Robert Furchgott *1916, Louis Ignarro *1941

Der Sprengstoff Nitroglycerin wurde erstmals 1870 zur Behandlung von Angina pectoris angewandt — man verschrieb es sogar seinem Erfinder Alfred Nobel, der herzkrank war. Doch erst 1977 entdeckte der amerikanische Pharmakologe Ferid Murad, dass Nitroglycerin das Gas Stickoxid (NO) freisetzt, das wiederum die Herzkranzgefäße erweitert. Dadurch verbessert es die Blutversorgung des Herzens und lindert den Anginaschmerz. Stickoxid ist ein einfaches Molekül und besteht aus einem Stickstoff- und einem Sauerstoffatom. Normalerweise gilt es als Schadstoff; man findet es in Zigarettenrauch und Autoabgasen.

Im Jahre 1980 entdeckte der in New York arbeitende amerikanische Pharmakologe Robert Furchgott einen unbekannten Botenstoff im Körper, der wie das Nitroglycerin die Blutgefäße weit stellte. Er nannte ihn *endothelium-derived relaxing factor* („sich vom Endothel ableitender Entspannungsfaktor"). Das Endothel kleidet die Blutgefäße von innen aus; ein gesundes Endothel ist für das Funktionieren von Herz und Kreislauf unerlässlich. Louis Ignarro fand im Jahre 1986 heraus, dass der vom Endothel abgeleitete Faktor und Stickoxid identisch waren. Damit war zum ersten Mal nachgewiesen, dass ein Gas im Körper als Botenstoff fungiert.

Bei Herzkrankheiten ist das Endothel häufig in seiner Fähigkeit beeinträchtigt, Stickoxid zu bilden. Darum ist eine Behandlung mit Nitroglycerin wirksam — es ersetzt das fehlende Stickoxid. Mittlerweile ist es gelungen, zahlreiche Aufgaben des Stickoxids im Körper nachzuweisen: Es dient als Neurotransmitter im Gehirn (als Gas kann es sich schnell ausbreiten und mit vielen Gehirnzellen gleichzeitig kommunizieren), reguliert den Blutdruck und die Blutgerinnung und steuert die Durchblutung verschiedener Organe (beispielsweise auch die des Penis — Stickoxid ist für eine Erektion unerlässlich). Die Forschung entwickelt heute eine Vielzahl neuer Arzneimittel auf Stickoxidbasis, um Herzkrankheiten und viele andere Leiden zu behandeln.

Siehe auch *Die Regulation des Körpers* S. 188, *Dynamit* S. 194, *Aspirin* S. 226, *Neurotransmitter* S. 274, *Nervenimpulse* S. 366, *Die „Pille"* S. 378, *Die chemische Basis des Sehens* S. 382.

Querschnitt durch eine kleine menschliche Arterie mit roten Blutkörperchen. Wird Stickoxid von Zellen in der Gefäßwand ▶ freigesetzt, entspannt es benachbarte Muskelzellen und senkt so den Blutdruck. Stickoxid wurde 1992 von der Fachzeitschrift *Science* zum „Molekül des Jahres" gekürt.

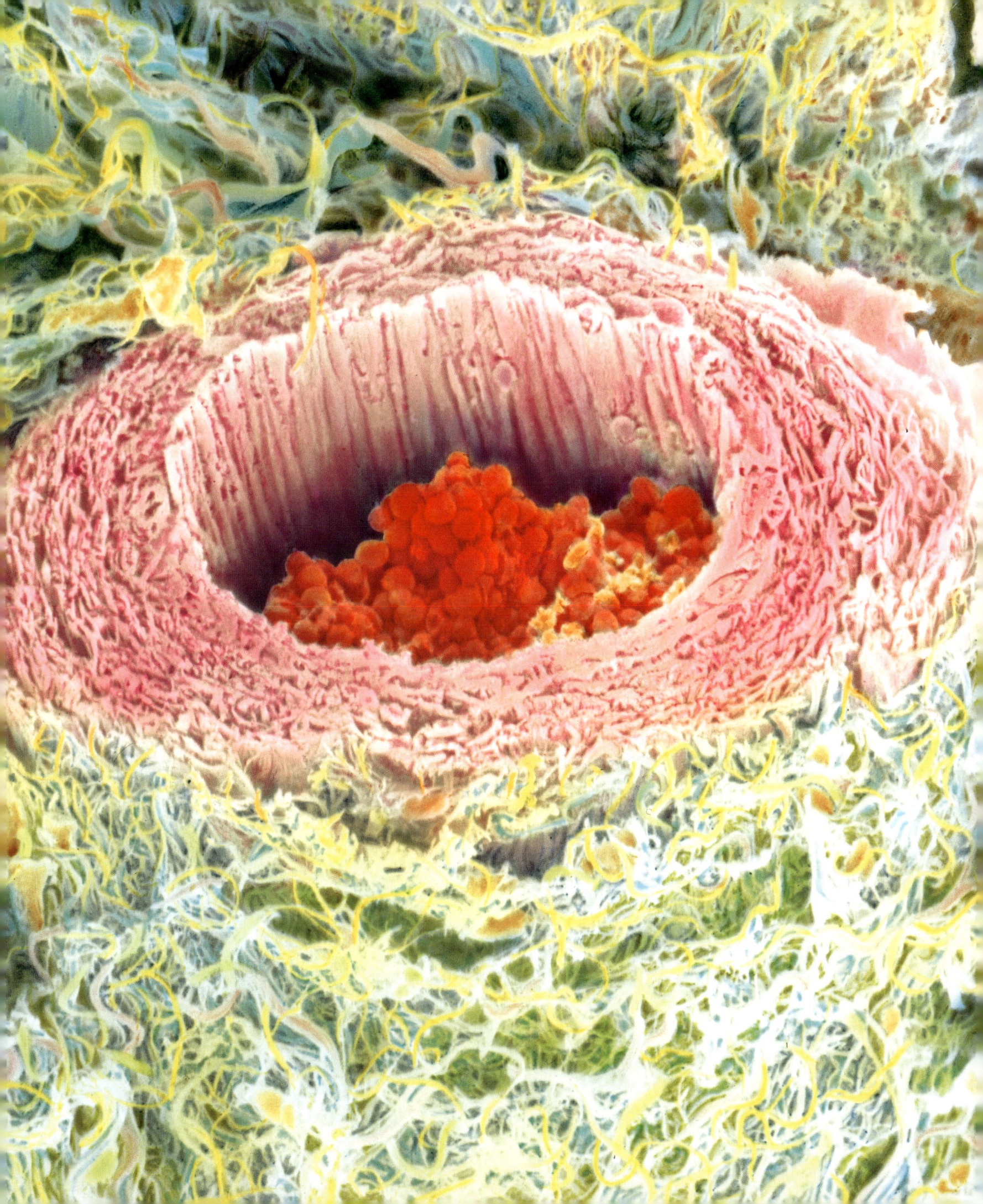

Der Große Attraktor

Alan Dressler *1948, Sandra Faber *1914

In einem expandierenden Universum sehen sich alle Beobachter als das Zentrum der Expansion. Sämtliche Galaxienhaufen entfernen sich mit einer Geschwindigkeit, die ihrer Distanz von Beobachter proportional ist, von allen anderen Galaxienhaufen — ein großräumiges Bewegungsmuster, das unter dem Namen „Hubble-Effekt" bekannt wurde. Wie sich jedoch herausgestellt hat, wird unser lokaler Superhaufen von Galaxien — der die Milchstraße, den Virgo-Haufen und viele tausend andere Galaxien umfasst — von der Bahn abgelenkt, der er folgen würde, wenn seine Fluchtbewegung allein gemäß dem Hubble-Effekt verliefe. Tatsächlich bewegen wir uns mit einer Geschwindigkeit von 600 Kilometern pro Sekunde auf das Sternbild Centaurus zu.

Im Jahre 1990 stellten die amerikanischen Astronomen Alan Dressler und Sandra Faber die These auf, dass wir und unsere Nachbarn quasi wie ein himmlischer Fluss auf dieses Sternbild zuströmen, angezogen vom Schwerkraftfeld einer stark konzentrierten Masse, die den Namen „Großer Attraktor" erhielt. Dieser Galaxienhaufen liegt mutmaßlich etwa 147 Millionen Lichtjahre von uns entfernt und leider größtenteils hinter dem kosmischen Staub der Milchstraße verborgen. Seine Gesamtmasse beträgt Schätzungen zufolge 5×10^{16} Sonnenmassen.

In der Region, die vom Großen Attraktor eingenommen wird, sind nur rund 7500 Galaxien entdeckt worden. Daher müssen rund 90 Prozent seiner Masse in Form von unbekannter „dunkler Materie" vorliegen. Die dunkle Materie beeinflusst gewisse Aspekte der galaktischen Rotation wie auch die schwerkraftbedingten Wechselwirkungen zwischen Galaxien. Sie lässt sich (bisher) nicht „sehen", besitzt jedoch sicherlich einen Schwerkrafteinfluss. Ihre Zusammensetzung zu bestimmen, zählt zu den größten Herausforderungen der modernen Kosmologie.

An Vermutungen mangelt es nicht. Vielleicht enthalten die umgebenden sphärischen Regionen oder „Halos" jeder Galaxie MACHOs (*massive compact halo objects*, also massereiche, dichte Haloobjekte). Dabei könnte es sich um ausgestoßene Planeten von Jupitergröße, um schwach leuchtende braune Zwergsterne, kalte Weiße Zwerge oder Schwarze Löcher von Sternenmasse handeln. Vielleicht besteht die dunkle Materie aber auch aus kalten WIMPs (*weakly interacting massive particles*, also schwach wechselwirkende massereiche Teilchen), die durch den Raum driften und durch die Erde hindurchwandern, ohne mit normalen Atomen, Elektronen oder Strahlung in Wechselwirkung zu treten. Vielleicht ist sie aber auch heiß und besteht aus massereichen Neutrinos. Gegenwärtig haben wir mehr Fragen als Antworten.

Siehe auch *Newtons „Principia"* S. 78, *Die Allgemeine Relativitätstheorie* S. 278, *Das expandierende Universum* S. 306, *Weiße Zwerge* S. 310, *Ein subatomarer Geist* S. 384, *Das Echo des Urknalls* S. 412, *Die Verdampfung Schwarzer Löcher* S. 440, *Fraktale* S. 446.

Karte des Universums mit galaktischen Superhaufen, die durch leeren Raum voneinander getrennt sind. Auf die Erde zentriert, deckt die Karte einen kugelförmigen Raum mit einem Durchmesser von 1,4 Milliarden Lichtjahren ab — circa ein Fünftausendstel des beobachtbaren Universums. ▶

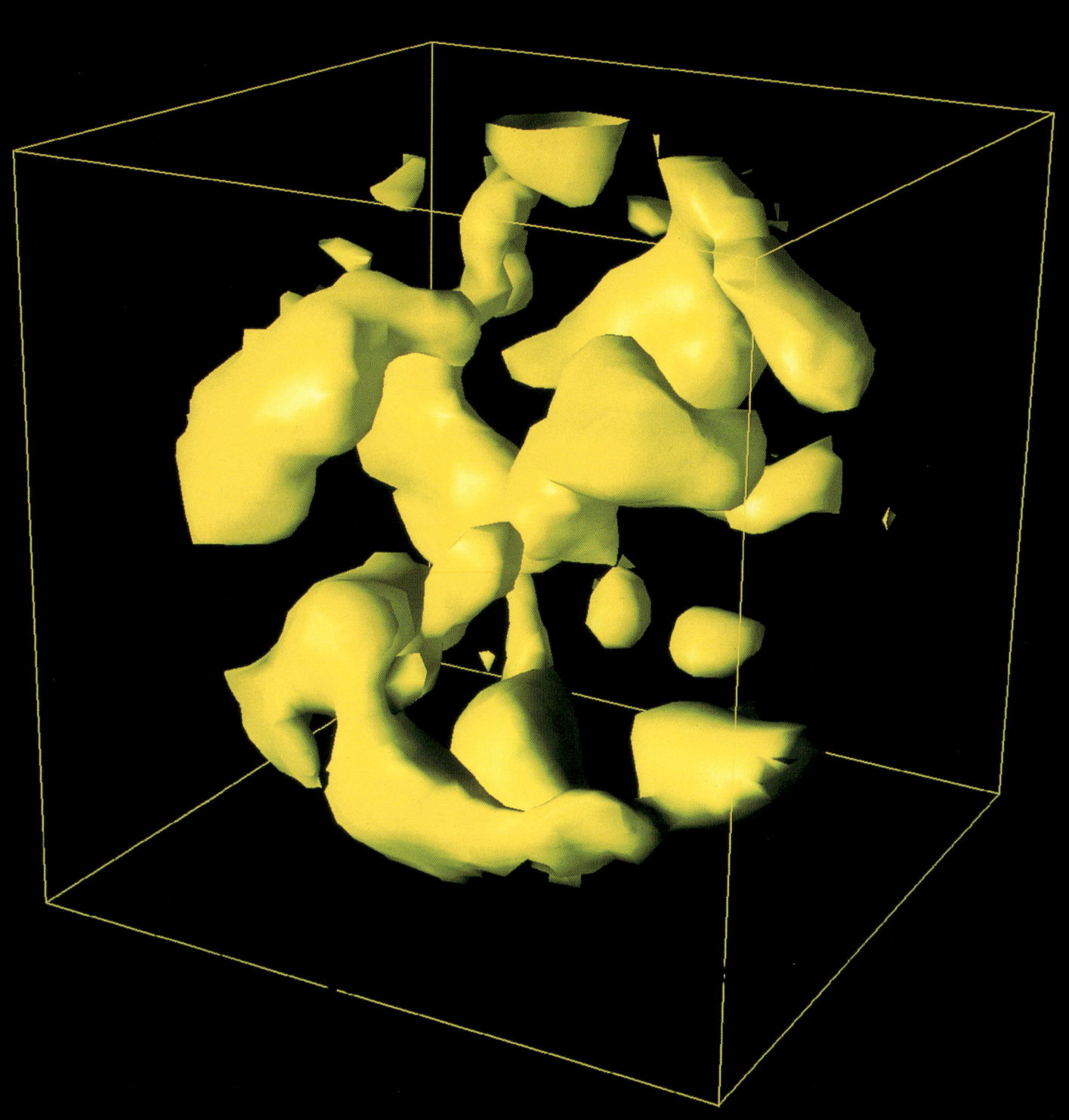

Der Flug der Hummel

Charles Ellington *1952, Robert Dudley *1961

Im Grunde sollten Hummeln gar nicht fliegen können. Ihre schweren Körper und kurzen, einfachen Flügel lassen auf den ersten Blick jede aerodynamische Raffinesse vermissen. Tatsächlich fliegen sie aber ziemlich gut — dank einiger komplexer Anpassungen, die zum großen Teil erst 1990 von Charles Ellington und Robert Dudley aufgeklärt werden konnten. Im Unterschied zu den Flügeln der Vögel haben Insektenflügel keine permanent gekrümmten Tragflächen, die den nötigen Auftrieb erzeugen. Stattdessen bestehen sie aus Resilin, einem elastischen Protein, das zwischen den als Versteifungsleisten dienenden Adern aufgespannt ist. Beim Abschlag bilden sie Tragflächen, beim Aufschlag werden sie teilweise zusammengeklappt; so wird Auf- und Vortrieb erzeugt. Die angehefteten Muskeln verändern den Stellwinkel der Flügel und ermöglichen so auch das stationäre Schweben.

Die für die Flügelschläge nötigen Muskelkontraktionen müssen schneller ausgelöst werden, als Nervenimpulse aufeinander folgen können. Insekten wie die Hummeln lösen das Problem durch spezielle Muskeln im Brustabschnitt (Thorax). Neben den direkten Flugmuskeln, die an den Flügeln ansetzen, durch Nervenimpulse angesteuert werden und den Flugapparat „vorwärmen", gibt es indirekte Flugmuskelstränge, die an der Thoraxwand befestigt sind: Die Kontraktion des einen Muskels verformt das elastische Thorax-Exoskelett, wodurch ein zweiter Muskelstrang gespannt und zur automatischen Kontraktion veranlasst wird. Diese oszillierenden Kontraktionen bedürfen keiner Nervenimpulse und bilden ein nahezu selbsterhaltendes, hochfrequentes Schwingungssystem, das auch die Flügel schwerer Insekten hinreichend schnell bewegt.

Dieser Vorgang ist auf eine gute Temperaturregelung angewiesen. Vor dem Start zittern Insekten, um ihre Muskulatur anzuwärmen. Im Flug wird die beim Energieverbrauch freigesetzte Wärme durch Konvektion von der Oberfläche der Tiere abgeführt, was bei Hummeln mit vollen Honigmägen und prallen Pollenhöschen aber nicht ausreicht: Sie legen gelegentlich Flugpausen ein, um sich abzukühlen. In ihren Windkanalversuchen konnten Ellington und Timothy Casey ermitteln, dass die Energiemenge eines Schokoriegels, die ein Mensch in einer Stunde Jogging verbraucht, von einer entsprechend großen Hummel in einer Minute verbrannt würde.

Siehe auch *Tierische Instinkte* S. 318, *Der Zitronensäurezyklus* S. 320, *Die Tanzsprache der Bienen* S. 338.

Eine Ackerhummel, *Bombus pascuorum*, beim Flug über Glockenblumen. ▶

Das Männlichkeitsgen

Robin Lovell-Badge *1953, Peter Goodfellow *1951

Die unterschiedliche Chromosomenausstattung von Mann und Frau ist seit langem bekannt. Frauen haben normalerweise zwei X-Chromosomen (XX), Männer ein X- und ein Y-Chromosom (XY). Aber manche Menschen tragen Merkmale beider Geschlechter, und es gibt sowohl XY-Frauen als auch XX-Männer. Durch die Untersuchung solcher Individuen konnten einige der Gene bestimmt werden, die für die Geschlechtsunterschiede zuständig sind. Bei Menschen von uneindeutigem oder „falschem" Geschlecht ist mindestens eines dieser Gene defekt oder nicht vorhanden. Das wichtigste unter ihnen ist das *SRY*-Gen (eine Abkürzung für *sex-determining region Y*), das die Entwicklung der Hoden steuert.

Als David Page vom Massachusetts Institute of Technology die erste Genkarte des Y-Chromosoms vorlegte, war der Weg zum *SRY*-Gen geebnet. Anhand dieser Karte konnten die britischen Wissenschaftler Robin Lovell-Badge und Peter Goodfellow das *SRY*-Gen zu Beginn der Neunzigerjahre sowohl beim Menschen als auch bei der Maus lokalisieren. Das von diesem Gen codierte Protein bindet in der Zelle an die DNA und verändert ihre Eigenschaften — mit weit reichenden Folgen für den Embryo. Ungefähr in der zwölften Schwangerschaftswoche entwickelt sich die Genitalregion zu Penis und Hoden, im Gehirn werden männliche Hormone aktiv und der Körper nimmt nach und nach eine maskuline Gestalt an. Verglichen mit vielen anderen Genen unterscheidet sich das *SRY*-Gen zwischen den Männern einer Art nur unwesentlich, von Art zu Art hingegen stark. Auch scheint es sich während der letzten 200 000 Jahre der menschlichen Evolution kaum noch verändert zu haben.

Im Moment der Befruchtung sind wir also allesamt weiblich. Ob wir als Junge oder als Mädchen zur Welt kommen, hängt vom Vorhandensein eines *SRY*-Gens ab. Lovell-Badge und seine Mitarbeiter stellten dies 1991 unter Beweis, als sie das *SRY*-Gen in weibliche Mäuseembryonen einbrachten. Die Tiere wechselten das Geschlecht: Sie bildeten Hoden sowie weitere männliche Merkmale aus.

Siehe auch *Eizellen und Embryonen* S. 140, *Gene und Vererbung* S. 264, *Die Doppelhelix* S. 374, *Unsere nächsten Verwandten* S. 442, *Menschliche Krebsgene* S. 456, *Die Genetik der Embryonalentwicklung* S. 460, *Die Sequenz des menschlichen Genoms* S. 524.

Im Augenblick der Befruchtung sind wir alle zunächst weiblich — ob später ein Junge oder ein Mädchen zur Welt kommt, hängt ▶ vom Vorhandensein eines Männlichkeitsgens ab.

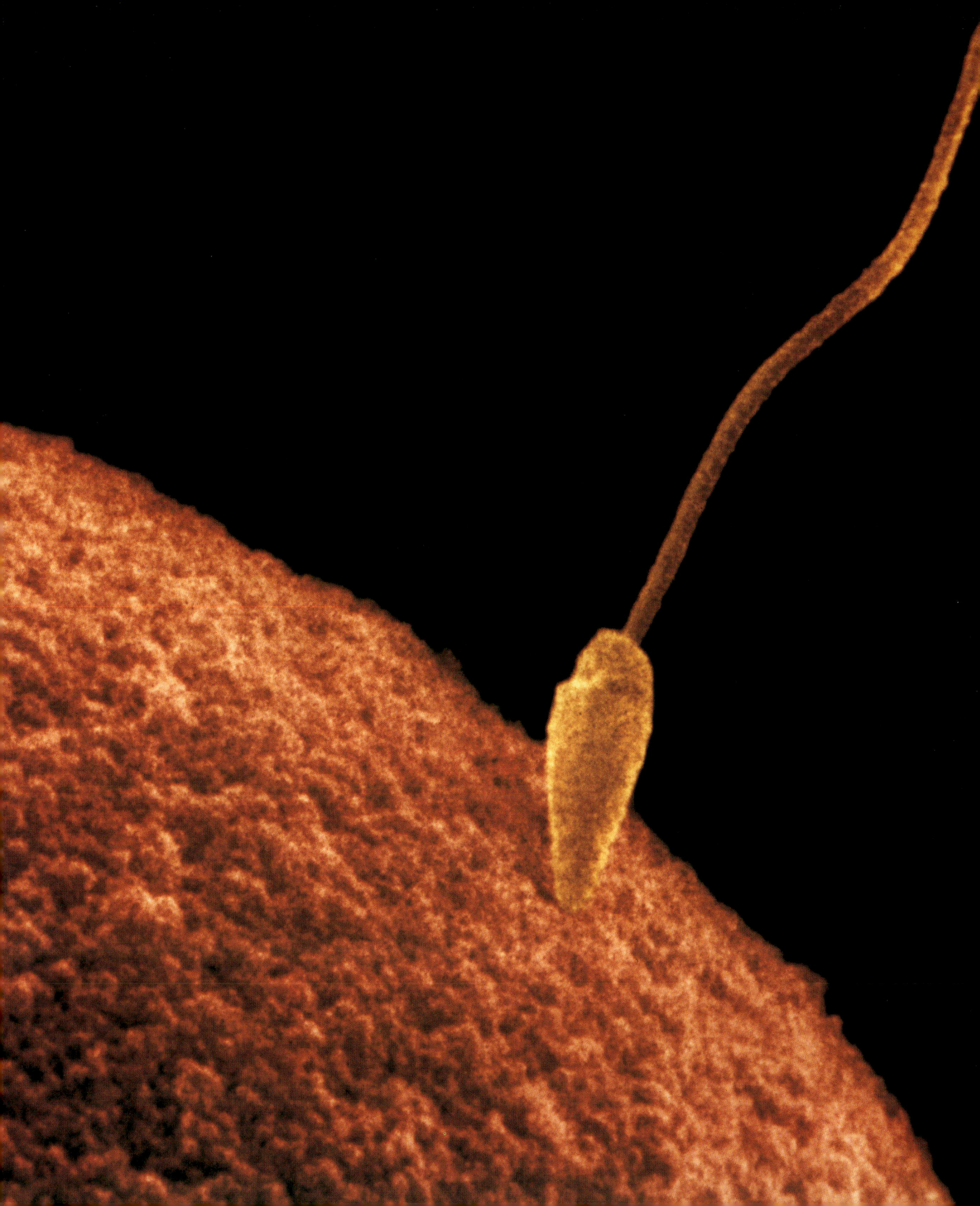

Der Mann aus dem Eis

Konrad Spindler *1939

Der „Mann aus dem Eis", den das deutsche Ehepaar Erika und Helmut Simon im September 1991 bei einer Wanderung durch die Ötztaler Alpen im italienischen Südtirol entdeckte, ist eine einzigartige und unschätzbare „Zeitkapsel" des prähistorischen Alltags. Die ersten Untersuchungen wurden von Konrad Spindler und seiner Arbeitsgruppe an der Universität Innsbruck durchgeführt; seither haben Forscherteams aus aller Welt den Fund eingehend analysiert.

Die Lebenszeit des „Mannes vom Hauslabjoch" oder „Ötzi", wie er auch genannt wird, ist auf etwa 3300 v. Chr. datiert worden; damit ist er der bislang älteste vollständig erhaltene menschliche Leichnam. Er wurde mit Kleidung und Ausrüstung gefunden, und dank des ständigen Frostes haben sich dabei auch organische Substanzen erhalten, die normalerweise schnell zerfallen. Zum ersten Mal sehen wir die ganze Palette der Materialien versammelt, die von den Menschen der Jungsteinzeit verarbeitet wurden: Kleidungsstücke aus Leder, Ziegenhaut, Bären- und Hirschfell sowie geflochtenem Gras, ein Fellrucksack mit Hasel- und Lärchenholzgestell, ein Eibenholzbogen, Pfeile aus Schneeball- und Hartriegelholz, genähte Birkenrindengefäße sowie eine Kupferaxt mit Eibenholzgriff.

Der Körper des Mannes verrät uns, obwohl er völlig ausgetrocknet ist, viel über sein Leben und seinen Tod. Er war dunkelhäutig, Mitte bis Ende vierzig und etwa 1,60 Meter groß. Seine DNA bestätigt, dass er mit den Nordeuropäern verwandt war, obwohl Pflanzenfunde darauf schließen lassen, dass er aus den italienischen Tälern im Süden kam. Die Zähne sind stark abgenutzt, vor allem die vorderen Schneidezähne: Vermutlich hat er viel grob gemahlenes Getreide gekaut oder sie regelmäßig als Werkzeug eingesetzt. Seine inneren Organe sind in sehr gutem Zustand; die Lungen sind allerdings rußgeschwärzt, vermutlich weil er oft an offenen Feuern saß, und seine Adern sind verhärtet. Seine letzte Mahlzeit bestand offenbar aus Fleisch (vermutlich vom Steinbock), Weizen, Grünpflanzen und Pflaumen.

Ein kleiner Zeh zeigt Symptome einer chronischen Erfrierung, und acht Rippen weisen vollständig oder teilweise verheilte Brüche auf. Die kurzen, parallelen, senkrechten, blauen Linien auf seinem Rücken und an den Beinen sind Tätowierungen, die womöglich therapeutischen Zwecken dienten. Versuchte er vielleicht mit einer Frühform der Akupunktur seine Arthritis zu bekämpfen? Ein Fingernagel deutet auf wiederholte schwere Erkrankungen hin, was auch erklären mag, warum er dem Wetterumschwung im Gebirge zum Opfer fiel und erfror. Neuere Befunde — insbesondere die Entdeckung einer Pfeilspitze in der linken Schulter — rücken allerdings auch die Möglichkeit eines gewaltsamen Todes ins Blickfeld.

Siehe auch *Frühe Menschen* S. 148, *Der Neandertaler* S. 170, *Der Java-Mensch* S. 216, *Die Olduvai-Schlucht* S. 392, *DNA aus alter Zeit* S. 476, *Der „Junge von Turkana"* S. 480, *Urheimat Afrika* S. 492.

Der halb aus dem Eis ragende Körper des Mannes vom Hauslabjoch, wie ihn ein Wandererpaar aus Nürnberg ▶ am 19. September 1991 auf 3 200 Metern Höhe entdeckt hat.

Fermats letzter Satz

Pierre de Fermat 1601–1665, Andrew Wiles *1953

Der französische Mathematiker Pierre de Fermat ist der Namenspatron eines der hartnäckigsten mathematischen Rätsel der letzten 400 Jahre. Zu seinen Lebzeiten publizierte er jedoch fast nichts, sondern zog es vor, mit einem Kreis von Mathematikern zu korrespondieren, der seinen Sitz in Paris hatte. Tatsächlich wäre das Rätsel vielleicht niemals entdeckt worden, wenn nicht sein Sohn Samuel 1670, fünf Jahre nach Fermats Tod, begonnen hätte, die überall verstreuten mathematischen Ideen seines Vater zu sammeln. In einer Kopie von Diophantos' *Arithmetica* entdeckte er eine anscheinend beiläufige Notiz seines Vaters: »Ich habe einen wahrhaft bemerkenswerten Beweis gefunden, für den dieser Seitenrand jedoch nicht genug Raum lässt.«

Der Satz, auf den sich Fermat bezog, ist eine Erweiterung des Satzes des Pythagoras. Für ganze Zahlen gibt es unendlich viele „pythagoreische Tripletts", bei denen die Summe zweier Quadratzahlen einer dritten Quadratzahl gleich ist (beispielsweise $3^2 + 4^2 = 5^2$). Fermat stellte nun die Vermutung auf, diese Beziehung gelte nicht für Kubikzahlen oder Zahlen noch höherer Potenz. Nach der „Versuch und Irrtum"-Methode sah es so aus, als habe er recht, doch diese Vermutung mathematisch zu beweisen, wurde zu einer Herkulesaufgabe. Zu den Mathematikern, die sich daran versuchten, „Fermats letzten Satz" zu lösen, gehörten die besten Köpfe, doch sie scheiterten letztendlich alle.

Bis 1993 hatten Computer gezeigt, dass Fermats Vermutung bis hinauf zur viermillionsten Potenz zutraf. Doch ein wasserdichter Beweis, dass sie immer zutrifft, stand noch aus. Inzwischen stellten Mathematiker fest, dass die Richtigkeit oder Unrichtigkeit dieses Theorems — weit davon entfernt, nur eine mathematische Kuriosität zu sein — eng mit der Natur des Raumes verknüpft war. 1993 hielt der britische Mathematiker Andrew Wiles eine Reihe von Vorlesungen am Isaac-Newton-Institut in Cambridge, die mit seinem Beweis für Fermats Satz schlossen. Leider verbarg sich in seinem strengen Beweis, den er nach jahrelangen Studien gefunden hatte, ein kleiner, aber verheerender Fehler. Er machte sich darauf hin in Princeton erneut ans Werk und veröffentlichte schließlich 1995 in den *Annals of Mathematics* seinen Artikel „Modulare elliptische Kurven und Fermats letzter Satz". Das Rätsel war endgültig gelöst.

Siehe auch *Der Vierfarbensatz* S. 450.

Zusätzlich zur Zahlentheorie beschäftigte sich Fermat mit der Wahrscheinlichkeitsrechnung und lieferte entscheidende ▶ Impulse für die Entwicklung der Differenzialrechnung. Von Beruf Jurist und Parlamentsrat, konnte er sich nur in seiner Freizeit der Mathematik widmen.

Der Komet Shoemaker-Levy 9

Carolyn Shoemaker *1929, Eugene Shoemaker 1928–1997

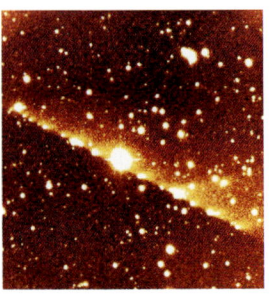

Bei seiner Annäherung an den Jupiter brach der Komet auseinander.

Die amerikanischen Astronomen Carolyn und Eugene Shoemaker begaben sich im Jahre 1983 auf eine fotografische Suche nach Asteroiden und Kometen, für die sie das 46-Zentimeter-Schmidt-Teleskop am Palomar-Observatorium in Kalifornien benutzten. Zusammen mit David Levy, der sich ihnen 1989 anschloss, fanden sie 32 Kometen und 1 125 Asteroiden; den berühmtesten, Shoemaker-Levy 9, entdeckten sie am 25. März 1993 nahe dem Jupiter. Erstaunlicherweise war es nicht ein einzelner Komet, sondern eine Kette von Minikometen. Anfang April hatte Brian Marsden vom Smithsonian Astrophysical Observatory in Harvard genügend Beobachtungen gesammelt, um zu zeigen, dass der Komet insofern höchst ungewöhnlich war, als er Jupiter umkreiste und nicht die Erde. Die Gemeinschaft der Astronomen war in großer Aufregung, als Marsden am 22. Mai die verblüffende Vorhersage machte, der Komet werde 14 Monate später auf dem Jupiter auftreffen.

Offenbar hatte der „schmutzige Schneeball" mit seinem im Durchmesser einen Kilometer großen Kern den Jupiter schon mindestens seit 1914 umkreist. Am 7. Juli 1992 flog er dann unglücklicherweise in 90 000 Kilometer Entfernung am Jupiter vorbei. Der Unterschied der auf das nahe und das ferne Ende des Kometen einwirkenden Gravitationskräfte des Planeten genügten, um den fragilen Kern in Stücke zu brechen. Die 22 Fragmente des Kometen tauchten zwischen dem 16. und 22. Juli 1994 in die dünne äußere Atmosphäre des Jupiters ein. Nahezu jedes Teleskop auf der Erde war in diesen Tagen auf den Planeten gerichtet, auch wenn die Einschläge auf der uns abgewandten Seite des Planeten erfolgten. Im sichtbaren Bereich des Spektrums waren schwarze staubige Regionen zu sehen, die sich um jede Einschlagstelle ausbreiteten. Diese schmutzigen „Kleckse" blieben zwei Wochen lang bestehen.

Im infraroten Spektralbereich waren drei Blitze wahrzunehmen: ein erster, als die Bruchstücke des Kometen jeweils auf dem Planeten einschlugen und die Energie an hohen Staubwolken gestreut wurde, ein zweiter, als sich der beim Einschlag entstehende Feuerball über den Rand des Planeten erhob, und ein dritter, als die zentrale Gaswolke zurückfiel und die wolkenreiche Atmosphäre traf.

Siehe auch *Der Halleysche Komet* S. 84, *Ein Kometenreservoir* S. 360, *Das Aussterben der Dinosaurier* S. 458, *Die Galileo-Mission* S. 514, *Wasser auf dem Mond* S. 522.

Der Einschlag der Kometenbruchstücke verlieh dem Jupiter vorübergehend ein „schrundiges" Aussehen infolge der schwarzen ▶ Trümmer, die hoch über die Wolken des riesigen Planeten empor geschleudert wurden.

Ein neuer Materiezustand

Eric Cornell *1961, Carl Wieman *1951

Kalte Materie kann eine seltsame Veränderung erfahren, bei der die Atome ihre Identität verlieren und zu einem unheimlichen Kollektiv verschmelzen. Dieser Zustand kann nur von etwa der Hälfte aller Materialien eingenommen werden. Materieteilchen, die einen ganzzahligen Spin (Eigendrehimpuls) aufweisen, bezeichnet man als Bosonen, Teilchen mit einem halbzahligen Spin (wie ½, 1½) als Fermionen. Zwei identische Fermionen können nicht zur Überlappung gebracht werden, und es ist diese antisoziale Tendenz der Elektronen, die gewöhnliche Materie daran hindert zu kollabieren. Doch Bosonen sind weniger abweisend – und sie können einander richtiggehend zugetan sein. Albert Einstein postulierte 1925, dass Bosonen bei sehr tiefen Temperaturen alle in denselben Grundzustand kondensieren. Ein solches Bose-Einstein-Kondensat wäre dann so etwas wie ein einziges Superteilchen.

Vermutlich ist dieses Phänomen für den widerstandsfreien Transport von Elektrizität in Supraleitern und für den reibungsfreien Fluss von Supraflüssigkeiten verantwortlich, die durch den kleinsten Spalt dringen und sogar „wie durch Zauberhand" über eine Barriere kriechen können, um ein niedrigeres Energieniveau zu finden. Doch erst im Jahre 1995 wurde ein Bose-Einstein-Kondensat im Labor verwirklicht.

Die amerikanischen Physiker Eric Cornell und Carl Wieman gaben zunächst ein dünnes Rubidium-87-Gas in eine „Flasche", die aus magnetischen Feldern bestand. Rubidium-87-Atome sind Bosonen, wie rund die Hälfte aller Atome. Anschließend kühlten die Physiker ihr Gas mittels Evaporisation und einer Batterie präzise eingestellter Laserstrahlen auf weniger als ein Millionstel Grad über dem absoluten Nullpunkt ab. Das Resultat war ein Kondensat: eine bizarre Materiewelle, welche die ursprünglichen Rubidiumatome einschloss.

Nun lernen Physiker, Materie wie Licht zu verwenden. So verwandeln Atomlaser beispielsweise ein Kondensat in einen Strahl kohärenter Materiewellen. Diese Wellen können dann mithilfe von Linsen und Gittern, die aus Licht gemacht sind, fokussiert und gestreut werden – eine Umkehrung der gewöhnlichen Optik. Kondensate und Atomlaser könnte man dazu verwenden, ultraempfindliche Atomuhren herzustellen oder winzige elektronische Komponenten auf Siliciumplättchen aufzubringen.

Siehe auch *Zustandsänderungen* S. 198, *Supraleitfähigkeit* S. 266, *Der Welle-Teilchen-Dualismus* S. 300.

Ein computergeneriertes Bild von Rubidiumatomen niedriger Geschwindigkeit, die ein Bose-Einstein-Kondensat bilden ▶ (blau-weißer Gipfel). Wenn die Temperatur fällt, besetzen mehr und mehr der gefangenen Atome denselben Quantenzustand.

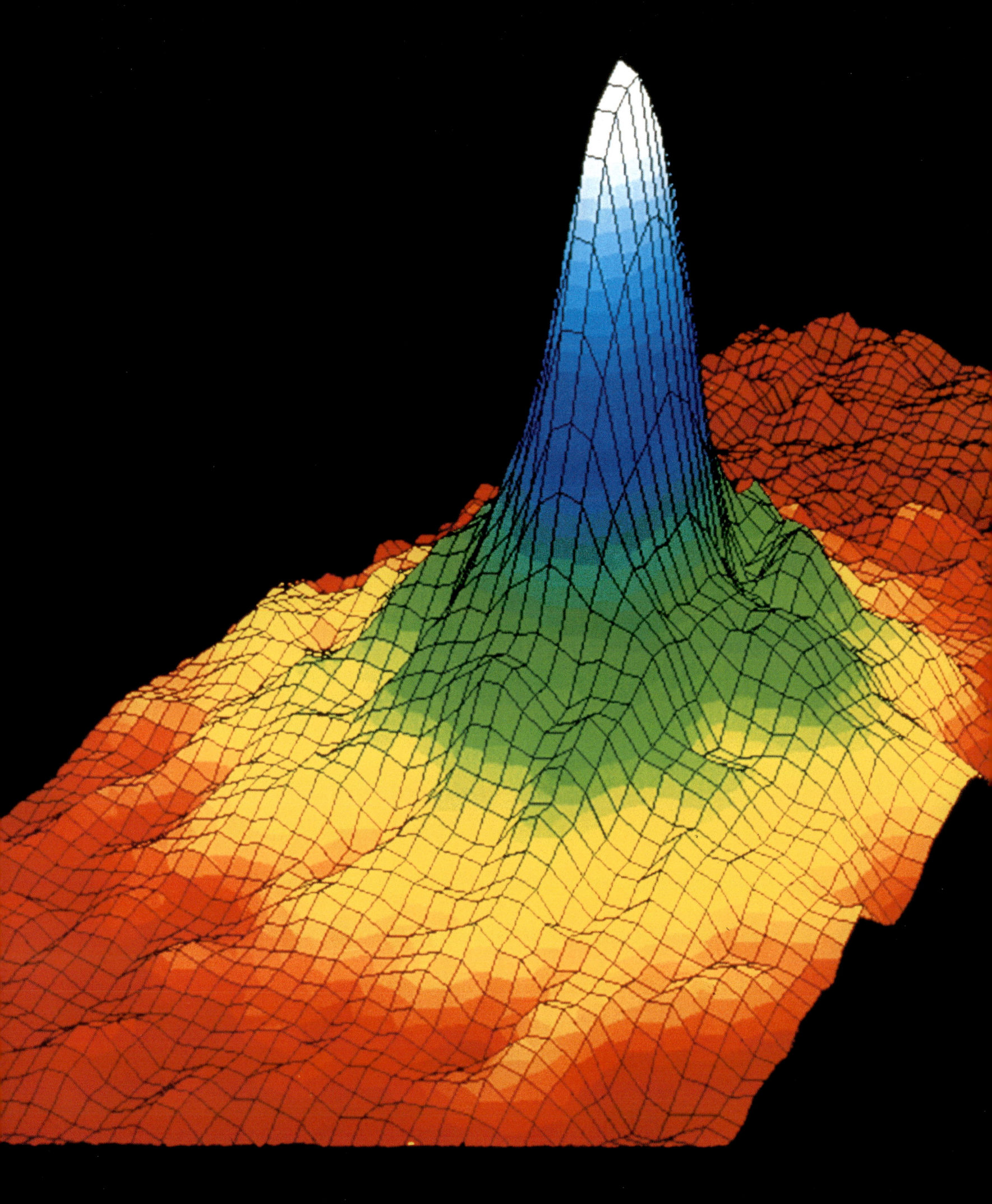

Planetenwelten

Michel Mayor *1942, Didier Queloz *1966

Versetzen Sie sich auf einen Planeten, der um den nahen Stern Proxima Centauri kreist. Sie blicken am Nachthimmel zur weit entfernten Sonne. Wie könnten Sie erkennen, ob sie eine Planetenfamilie hat? Erstens würde die Sonne hin- und hertaumeln, weil sich das Massenzentrum des Sonnensystems und nicht das Zentrum der Sonne gegenüber dem Himmelshintergrund bewegt. Dieses Taumeln um 1,5 Millionen Kilometer hätte eine Periode von etwa zwölf Jahren – die Zeit, die unser schwerster Planet Jupiter (0,001 Sonnenmassen) benötigt, um die Sonne zu umkreisen. Zweitens würde eine „Dopplerverschiebung" des solaren Spektrums erfolgen, da sich die Sonne mit einer Geschwindigkeit von 12,5 Metern in der Sekunde um das Massenzentrum herum bewegt. Wenn Sie das Glück hätten, sich nahe der Ebene der Umlaufbahn des Sonnensystems zu befinden, könnten Sie dies spektroskopisch messen. Drittens würde der Jupiter eventuell die Sonnenscheibe queren, und die partielle Sonnenfinsternis wäre als eine kurze Änderung der Helligkeit wahrzunehmen.

Mit heutigen astronomischen Instrumenten ist Methode zwei die genaueste. Anders als das erste Verfahren ist sie unabhängig vom Abstand der Sterne. Seit den späten Achtzigerjahren erforschten zwei Gruppen von Astronomen, Michel Mayor und Didier Queloz von der Universität Genf sowie Paul Butler und Geoff Marcy von der San Francisco State University in Kalifornien, in freundschaftlichem Wettstreit die Spektren naher, sonnenähnlicher Sterne auf Hinweise für neue Planeten. Am 6. Oktober 1995 gaben Mayor und Queloz bekannt, dass sie einen Planeten um den Stern 51 Pegasi aufgespürt hätten. Er besaß mindestens die 0,47fache Masse des Jupiters und umkreiste seinen Stern (bemerkenswerterweise) alle 4,229 Tage (bei einer Stern-Planeten-Entfernung von fünf Prozent des Abstands zwischen Erde und Sonne). Und am 16. Januar 1996 meldeten Butler und Marcy, dass sie Planeten um 47 Ursae Majoris und 70 Virginis gefunden hätten.

Seit 1996 ist die Entdeckung neuer Planeten beinahe zur Routine geworden. Und den bisherigen Funden nach zu urteilen, unterscheiden sich die neuen Planetensysteme erheblich von dem System, in dem wir leben.

Siehe auch *Planetenabstände* S. 74, *Die Entdeckung des Uranus* S. 96, *Spektrallinien* S. 130, *Der Dopplereffekt* S. 156, *Die Entdeckung des Neptuns* S. 162.

Ein mutmaßlich extrasolarer Planet, ausgeworfen von einem Doppelsternsystem. Der Planet hat ungefähr die dreifache Masse ▸ des Jupiters und ist 450 Millionen Lichtjahre entfernt.

Die Galileo-Mission

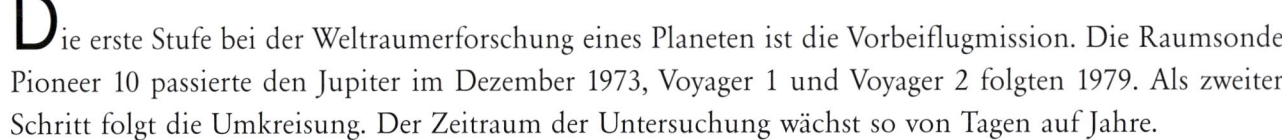

NASA (Projektleiter: Michel Belton)

▲
Jupiter mit dem Tra-
banten Io, der gerade
vor der Planetenscheibe
vorüberzieht.

Die erste Stufe bei der Weltraumerforschung eines Planeten ist die Vorbeiflugmission. Die Raumsonde Pioneer 10 passierte den Jupiter im Dezember 1973, Voyager 1 und Voyager 2 folgten 1979. Als zweiter Schritt folgt die Umkreisung. Der Zeitraum der Untersuchung wächst so von Tagen auf Jahre.

Die Raumsonde Galileo begann den Jupiter am 7. Dezember 1995 zu umkreisen und schickt noch heute Daten zur Erde. Der Planet wurde in allen Einzelheiten beobachtet. Und Hunderte von Begegnungen mit den vier großen inneren Jupitermonden – Io, Europa, Ganymed und Callisto – ermöglichten es, genaue Aufnahmen von diesen Trabanten zu gewinnen, ohne sie einzeln umkreist zu haben. Die Erforschung von Io und Europa war besonders fruchtbar.

Vulkanische Eruptionen auf Io führen der Magnetosphäre des Jupiters Gase zu. Galileo überflog in weniger als 900 Kilometern Höhe die Oberfläche des Trabanten und stellte komplizierte Magnetfelder und Plasmaströme fest. Die Veränderung der Umlaufbahn der Raumsonde durch Ios Schwerefeld deutete darauf hin, dass der Mond einen großen metallischen Kern besitzt, umgeben von einem Mantel teilweise geschmolzenen Gesteins, der wiederum von einer dünnen, vulkanisch aktiven Kruste bedeckt ist. Die Gezeitenerwärmung hält große Teile von Io in geschmolzenem Zustand. Galileo machte ausgezeichnete Aufnahmen von der hellen, gelben, pockennarbigen Oberfläche. Hotspots waren ebenso deutlich zu erkennen wie eine schirmartige vulkanische Ausbruchswolke von 400 Kilometern Höhe.

Daten des Schwerefeldes von Europa zeigen, dass dieser Mond eine 150 Kilometer dicke, eisige „Kruste" besitzt. Der Gesteinsmantel darunter wird sowohl durch radioaktive Zerfallsprozesse als auch durch Gezeitenkräfte erhitzt. Die Oberfläche Europas weist nicht nur verschiedene Detailstrukturen auf, die tektonische Aktivität in Zusammenhang mit der Eisbedeckung vermuten lassen, sondern die Erhitzung sorgt auch dafür, dass die Eiskruste geologisch aktiv bleibt. Die an der Oberfläche des Eises erkennbaren großen Bruchzonen entstanden wahrscheinlich zu einer Zeit, als Europas Rotations- und Umlaufperioden nicht übereinstimmten. Europa könnte einen tiefen und ausgedehnten Ozean unter seiner Oberfläche besitzen. Leider ist der Beweis dafür nur durch Radarmessungen an der Oberfläche zu erbringen. Der Wert der Galileo-Mission mag sich nicht zuletzt darin widerspiegeln, dass sie einige Wissenschaftler zu der Annahme geführt hat, im Ozean von Europa könnten primitive Lebensformen existieren.

Siehe auch *Der Himmel im Fernrohr* S. 54, *Das Innere der Erde* S. 250, *Leben unter Extrembedingungen* S. 452, *Der Ausbruch des Mount St. Helens* S. 462, *Der Wostok-See* S. 520.

Der Jupitermond Europa, von Galileo aus gesehen. Linienhafte und gefleckte Bereiche in braunen und rötlichen Farbtönen ▶
weisen auf Verunreinigungen im Eis hin.

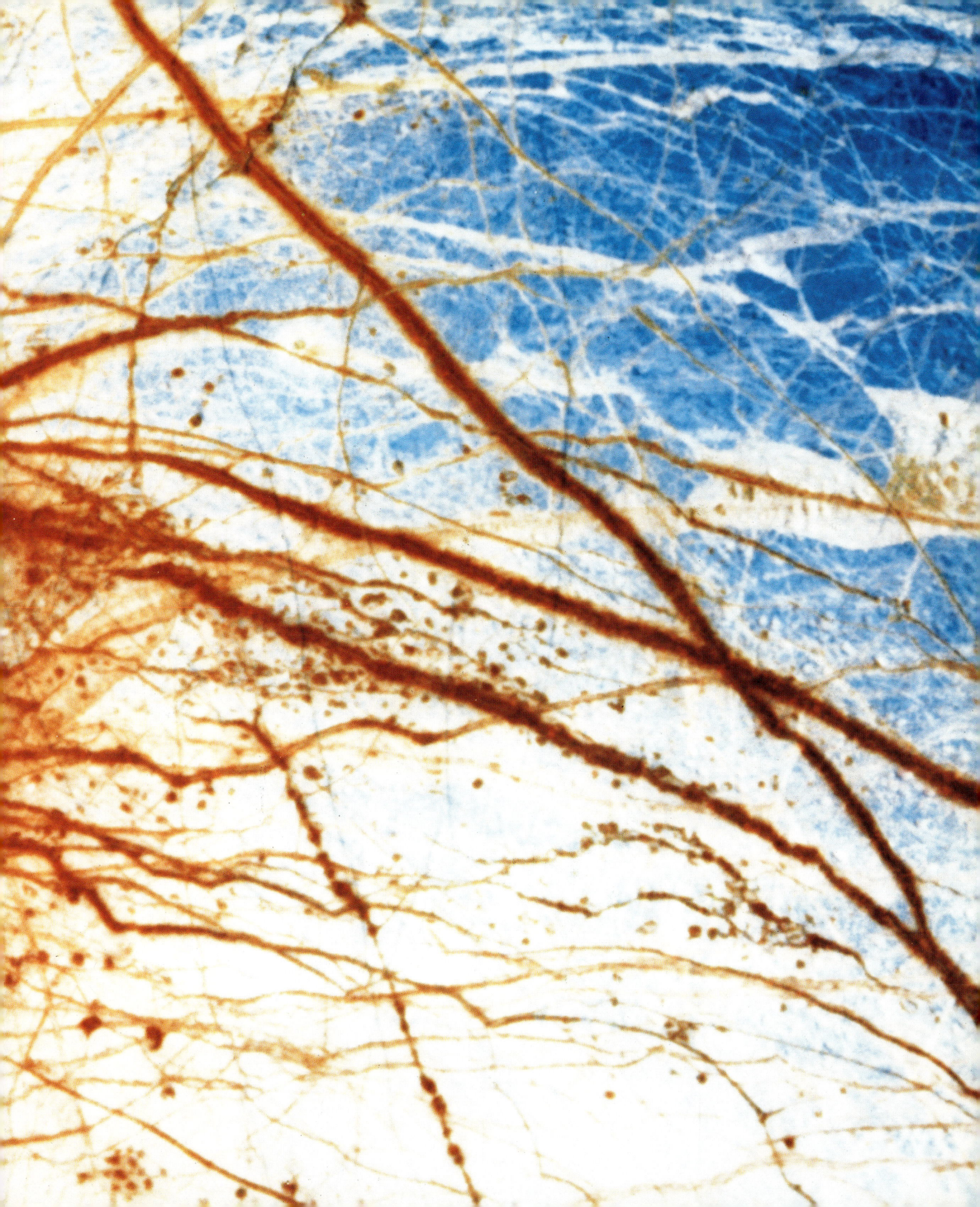

Das Klonschaf Dolly

Ian Wilmut *1944

Am 5. Juli 1996 kam in dem kleinen Dorf Roslin nahe Edinburgh ein ganz besonderes Lamm zur Welt. „Dolly" war aus einer einzelnen Zelle aus dem Euter eines sechs Jahre alten Finn-Dorset-Mutterschafes geklont worden. Im Jahr zuvor waren bereits die beiden aus Embryonalzellen geklonten Schäfchen Megan und Morag geboren worden. Dolly war einzigartig, weil sie aus einer voll ausgereiften Zelle erschaffen wurde. Sie hatte also ihre Gene nicht jeweils zur Hälfte von einer Mutter und einem Vater geerbt, sondern war ein genetisches Double jenes unbekannten Mutterschafes, dem man die Euterzelle entnommen hatte.

Klonen heißt eine exakte Kopie herstellen, und das ist an sich nichts Neues. Ian Wilmut und seine Forschergruppe hatten seit Jahren DNA-Moleküle (hier spricht man gewöhnlich von „Klonieren"), Bakterien, Pflanzen und sogar Frösche geklont. Dass das Dolly-Experiment so großes Erstaunen hervorrief, lag an der erstmals gelungenen Reprogrammierung der Gene aus dem Kern der Spenderzelle. Zwar enthalten all unsere Zellen identische genetische Informationsbestände, aber jeder Gewebetyp hat ein anderes Genaktivitätsmuster. Um Dolly zu erschaffen, musste das Genmuster einer ausdifferenzierten Euterzelle in das einer undifferenzierten embryonalen Zelle zurückverwandelt werden – ein Ding der Unmöglichkeit, wie man bis dahin glaubte. Seit dem Dolly-Experiment hat man das Kunststück jedoch an weiteren Schafen sowie an Affen, Rindern, Ziegen, Mäusen und Schweinen wiederholen können.

Beim reproduktiven Klonen entsteht ein ganzes Tier aus einer einzigen Zelle. Die Vorstellung, jemand könnte dieses Verfahren leichtsinnig auf Menschen anwenden, weckt verständlicherweise ethische Bedenken. Aber das Klonen von Körperzellen könnte einem Mann, der kein intaktes Sperma produziert, zur Vaterschaft verhelfen. Es könnte auch zur Erhaltung bedrohter Tierarten beitragen. Zur Gewinnung neuer Medikamente könnte man Herden geklonter, gentechnisch veränderter Tiere erschaffen.

Das therapeutische Klonen hingegen beschränkt sich auf die Vervielfältigung genetisch identischer Zellen und Gewebe anstelle ganzer Organismen. So könnte man für Leukämiekranke passendes Knochenmark bereithalten oder Nervenzellen kultivieren, mit denen die Opfer von Schlaganfällen, Parkinsonkranke und andere Patienten mit neurologischen Erkrankungen behandelt werden könnten. Die Forschung steckt hier noch in den Kinderschuhen.

Siehe auch *Eizellen und Embryonen* S. 140, *Mendels Gesetze der Vererbung* S. 192, *Das Hayflick-Limit* S. 394, *Gentechnik* S. 436, *Monoklonale Antikörper* S. 448, *Die Sequenz des menschlichen Genoms* S. 524.

Die Klonung von Dolly wurde acht Monate nach der Geburt des Schafes in der Fachzeitschrift *Nature* bekannt gegeben. Der Artikel ▶ endete mit klassischem Understatement: »Diese Arbeit hat weit reichende Auswirkungen.«

27 February 1997

International weekly journal of science

nature

£4.50 FFr44 DM175 Lire 13000 A$15

A flock of clones

Extrasolar planets Fading from view

Climate cycles Eccentricity finds a role

Archaeology Hunting 400,000 years ago

Mikrofossilien vom Mars

David McKay *1936

Der estnische Astronom Ernst Julius Öpik vermutete in den Dreißigerjahren des 20. Jahrhunderts, dass sich in jeder großen Ansammlung von Meteoriten einige vom Mond und eine Handvoll vom Mars abgesprengte Vertreter befinden. So stammen die nach den Fundorten Shergotty (in Indien), Nakhla (in Ägypten) und Chassigny (in Frankreich) benannten SNC-Meteoriten beispielsweise vom Mars. Sie kristallisierten vor 1 300 bis 200 Millionen Jahren als vulkanische Gesteine aus — zu einer Zeit, als der Mars der einzige nahe extraterrestrische Körper mit Vulkantätigkeit war. Sie enthalten außerdem eine Form von Stickstoff, die der in der Marsatmosphäre ähnelt, sich aber von der der irdischen Lufthülle unterscheidet.

Am 27. Dezember 1984 fand man in der Antarktis einen weiteren Marsmeteoriten. Er hatte die letzten 13 000 Jahre auf dem blauen Eis der Allan-Hills-Region gelegen. ALH84001 war etwas Besonderes. Er enthielt orangebraune Carbonatkügelchen, Magnetit und polyzyklische aromatische Kohlenwasserstoffe. Obschon diese auf unterschiedlichste Weise entstehen können, werden sie in jedem Fall auch beim Zerfall von Lebewesen gebildet. Ein Durchbruch gelang, als das Team unter Leitung von David McKay vom Johnson-Raumfahrtzentrum der NASA den Meteoriten bei 200 000facher Vergrößerung unter dem Rasterelektronenmikroskop untersuchte und dabei ein Objekt entdeckte, das wie ein sehr kurzes Mikrofossil eines irdischen Nanobakteriums aussah. Dieses wurmartige Fossil besaß eine gegliederte Struktur und eine Dicke von ungefähr einem Hundertstel eines menschlichen Haares.

Die Gruppe fasste ihre Belege für Spuren biologischer Aktivität in ALH84001 in einem Fachartikel zusammen. Einzelheiten wurden bei einer Pressekonferenz am 7. August 1996 mitgeteilt. Die Medien veranstalteten umgehend einen großen Wirbel, während sich die Wissenschaftler zurückhaltender gaben. Man diskutierte über terrestrische Verunreinigungen und wasserbedingte Veränderungen, über die Wahrscheinlichkeit der Carbonatbildung beim Durchgang des Meteoriten durch die Erdatmosphäre sowie über eine Zusammensetzung von Schwefelisotopen, die eher für die Erde als für den Mars typisch ist.

Vor allem aber nahm das Interesse an möglichem Leben auf dem Mars enorm zu. Und Weltraummissionen mit dem Ziel, auf dem Mars mittels Grabungen und Untersuchungen unter der Oberfläche nach Leben zu suchen, rückten ins Blickfeld.

Siehe auch *Kanäle auf dem Mars* S. 200, *Der Ursprung des Lebens* S. 370, *Außerirdische Intelligenz* S. 398, *Die ältesten Fossilien* S. 410, *Die fünf Reiche des Lebens* S. 426, *Leben unter Extrembedingungen* S. 452, *Das Aussterben der Dinosaurier* S. 458, *Der Wostok-See* S. 520, *Wasser auf dem Mond* S. 522.

Mikroskopisch kleine Röhren im Innern eines Marsmeteoriten sind als fossiler Beweis für früheres Leben auf dem „Roten Planeten" angeführt worden. Forscher räumen allerdings heute ein, dass wir „mehr Daten benötigen". ▸

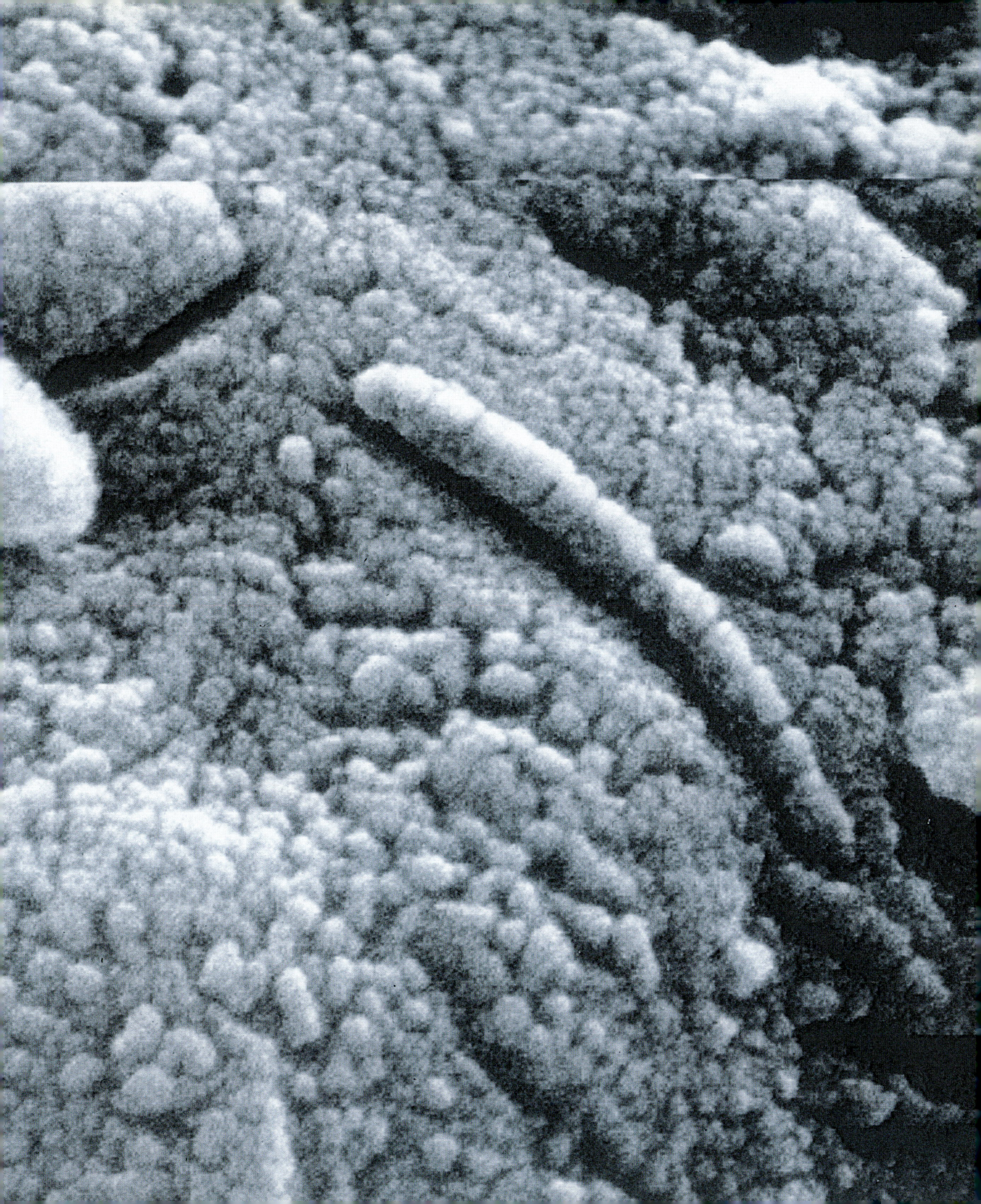

Der Wostok-See

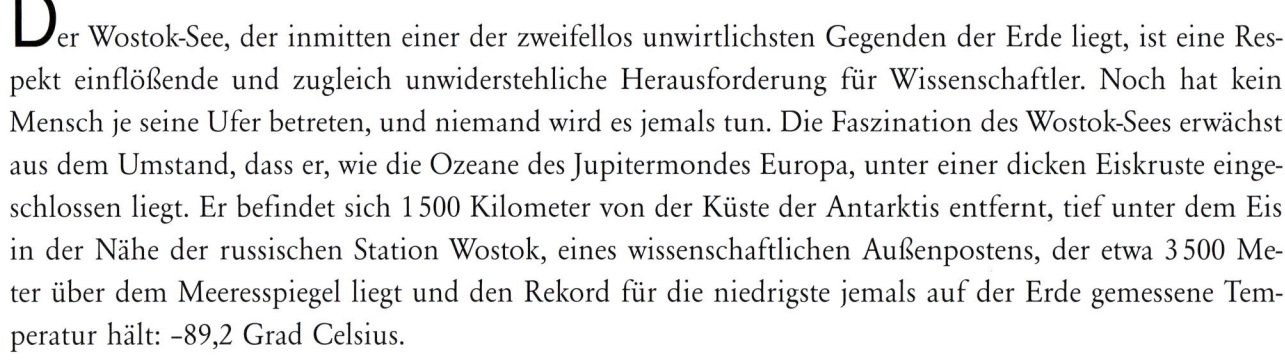

Internationales Forscherteam

Der Wostok-See, der inmitten einer der zweifellos unwirtlichsten Gegenden der Erde liegt, ist eine Respekt einflößende und zugleich unwiderstehliche Herausforderung für Wissenschaftler. Noch hat kein Mensch je seine Ufer betreten, und niemand wird es jemals tun. Die Faszination des Wostok-Sees erwächst aus dem Umstand, dass er, wie die Ozeane des Jupitermondes Europa, unter einer dicken Eiskruste eingeschlossen liegt. Er befindet sich 1500 Kilometer von der Küste der Antarktis entfernt, tief unter dem Eis in der Nähe der russischen Station Wostok, eines wissenschaftlichen Außenpostens, der etwa 3500 Meter über dem Meeresspiegel liegt und den Rekord für die niedrigste jemals auf der Erde gemessene Temperatur hält: –89,2 Grad Celsius.

Den ersten Hinweis auf die Existenz des Sees gab es 1960. Während eines Fluges über das Wostok-Gebiet bemerkte der russische Geograph Andrei Kapitsa eine große, ungewöhnlich ebene Fläche auf dem Eisschild. Seine Vermutung, dass in der Tiefe unter dem Eis ein See verborgen lag, wurde nicht ernst genommen. Eine später unter britischer Leitung durchgeführte Radarerkundung zeigte, dass zwischen Eis und Gesteinsuntergrund Wasser eingeschlossen war. Das Eis über dem Wostok-See ist etwa vier Kilometer dick, sein Wasser bis zu 500 Meter tief. Mit 10000 Quadratkilometern ist der Wostok-See der größte von etwa 70 ähnlichen Seen in der Antarktis und seit mindestens einer Million Jahre einschließlich seines pflanzlichen und tierischen Lebens versiegelt. Heute ist er ein dunkler, an Nährstoffen verarmter Ort, erwärmt durch vulkanische Tätigkeit. Mutmaßungen darüber, wie sich diese isolierte Biosphäre in der Evolution entwickelt haben könnte — sollte sie es tatsächlich geschafft haben zu überleben —, stellen die Vorstellungskraft auf die Probe.

Im Jahre 1998 drangen Bohrer 3623 Meter tief in das Eis vor und stoppten 120 Meter vor Erreichen des Sees, um seine Verschmutzung zu vermeiden. Sie förderten den tiefsten jemals gewonnenen Eisbohrkern zu Tage, zusammen mit einer Reihe von Bakterien, Pilzen, Algen und sogar Pollenkörnern, die mindestens 200000 Jahre lang an dieser Stelle gelegen haben — das untere Ende des Kerns ist möglicherweise tatsächlich gefrorenes Seewasser, das unter dem Gletscher entstanden ist. Wissenschaftler wollen jetzt einen Roboter in den mysteriösen See einbringen, um in ihm nach Anzeichen von Leben zu suchen.

Siehe auch *Die ältesten Fossilien* S. 410, *Leben unter Extrembedingungen* S. 452, *Die Galileo-Mission* S. 514, *Wasser auf dem Mond* S. 522.

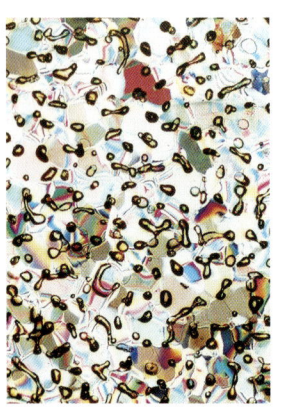

Im Eis der Antarktis eingeschlossene Blasen alter Luft liefern Proben der Atmosphäre früherer Zeiten.

Ein Glaziologe bereitet eine Heißwasserbohrung vor, um Löcher für seismische Tests zu schaffen. Neben Satellitenüberwachung und dem Einsatz von Radar registrieren diese Sonden die Ausdehnung subglazialer Seen in der Antarktis. ▶

Wasser auf dem Mond

NASA (Wissenschaftlicher Leiter: Alan Binder)

Wasser ist notwendig für den Erhalt von Leben. Und man nimmt an, dass das Vorhandensein von warmem Wasser in flüssiger Form Voraussetzung für die Entstehung von Leben ist. Glücklicherweise besitzt die Erde große Mengen davon: Würde die Plattentektonik keine Gebirge mehr hervorbringen und die Erosion unseren Planeten einebnen, läge die gesamte Erdoberfläche unter 2,8 Kilometern Wasser.

Es gibt zwei offensichtliche Quellen von Wasser auf der Erde. Die Gesteine, aus denen Merkur, Venus, Erde, Mond, Mars und der Asteroidengürtel gebildet sind, enthielten ursprünglich beträchtliche Mengen Wasser, das bei der Entstehung dieser Himmelskörper erhalten blieb. Hätten die Temperaturen 800 Grad Celsius überschritten, beispielsweise durch radioaktive Erhitzung, wären die Gesteine „zersprungen" und Wasser frei geworden. Gefrorenes Wasser macht mehr als die Hälfte der Masse von Kometen aus. Auch Kometeneinschläge bringen also Wasser auf die Oberfläche von Planeten.

Die Oberflächen von Venus und Mars waren folglich in der Vergangenheit feucht. Im Falle der Venus spalteten hohe Temperaturen und ultraviolette Strahlung Wasser in Hydroxylradikale (OH) und Wasserstoff (H). Diese konnten sich jedoch nach und nach aus den Klauen des planetarischen Schwerefeldes befreien. Auch der Mars verlor viel Wasser, und große Mengen sind wahrscheinlich als Permafrost unter der Oberfläche gebunden.

Anfang 1998 wurde die US-Raumsonde Lunar Prospector in eine 100 Kilometer hohe Umlaufbahn um den Mond gebracht. Ein Neutronenspektrometer spürte immer dann, wenn die Sonde Nord- und Südpol des Mondes überflog, langsame Neutronen auf. Diese entstehen durch kosmische Strahlen, die von Wasserstoffatomen abprallen. Man vermutet, dass dieser Wasserstoff primär in Form von Wassermolekülen gebunden ist. Einige der tiefen Krater unweit der Pole des Mondes befinden sich in ständiger Dunkelheit. Die Temperaturen dort sind so niedrig, dass jegliches freigesetzte Wasser augenblicklich gefriert. Die Menge des von Lunar Prospector an den Polen aufgespürten Eises liegt irgendwo zwischen elf und 330 Millionen Tonnen. Dies könnte von hohem Nutzen sein, sollte der Mond eines Tages kolonisiert werden.

Nach vorsichtigen Schätzungen des Eisvorrats auf dem Mond würde dieser ausreichen, um eine Kolonie von 2000 Personen für ▶ einen Zeitraum von 100 Jahren ohne Recycling mit Wasser zu versorgen. Diese Daguerreotypie aus dem Jahre 1940 war eine der ersten astronomischen Aufnahmen, die jemals gemacht wurden.

Sequenz des menschlichen Genoms

Human Genome Sequencing Consortium / Celera Genomics

Robert Sinsheimer von der Universität von Kalifornien schwärmte im Jahre 1985, die Sequenzierung des menschlichen Genoms wäre so etwas wie die Mondlandung der Biologie. Am 26. Juni 2000 wurde die Vollendung der „Rohfassung" der menschlichen Genomsequenz verkündet — mehrere Jahre früher als geplant. An diesem größten je durchgeführten Projekt der Biowissenschaften haben sich Tausende von öffentlich wie privat finanzierten Forschern aus den Vereinigten Staaten, Großbritannien, Frankreich, Deutschland, Japan und China beteiligt.

Jede Zelle eines jeden Lebewesens enthält ein vollständiges Exemplar seines „Betriebshandbuches", abgefasst in der chemischen Sprache der DNA: das Genom. Diese Sprache kennt nur vier Buchstaben: A, C, T und G. Die Rohfassung umfasst die Sequenz von etwa 90 Prozent der drei Milliarden Buchstaben des menschlichen Genoms.

Das Genom verteilt sich auf 23 Chromosomen im Zellkern, die man unter dem Mikroskop erkennen kann. Die DNA jedes Chromosoms wurde in besser handhabbare Stücke zerschnitten, die dann durch ein chemisches Analyseverfahren sequenziert wurden. Leistungsstarke Computer suchten nach überlappenden Fragmenten und setzten das Puzzle zusammen, bis die ganze Genomsequenz rekonstruiert werden konnte. Die Technik wurde so schnell weiterentwickelt, dass man für die Sequenzierung der ersten Milliarde Buchstaben vier Jahre, für die zweite Milliarde hingegen nur vier Monate brauchte.

Die Kartierung des Genoms erleichtert die Suche nach einzelnen Genen, jenen DNA-Abschnitten also, in denen vor allem die Bauanleitungen für die Proteine zu finden sind, welche alle Vorgänge in den Zellen steuern. Es scheint etwa 30 000 Gene zu geben, die zusammen nur knapp zwei Prozent des Genoms belegen. In ungefähr 1100 Genen hat man bereits krankheitsverursachende Mutationen ausfindig gemacht, die unter anderem für Chorea Huntington, Mucoviscidose und erblichen Brustkrebs verantwortlich sind. Diese Zahl wird sich jetzt rasch erhöhen, und der Erkenntnisgewinn bei der Erforschung weit verbreiteter Krankheiten mit einer genetischen Komponente — darunter Krebs, Herzerkrankungen, Diabetes und Asthma — wird sich beschleunigen. Darüber hinaus enthält die Sequenz wichtige Hinweise auf die Entwicklungsgeschichte des Menschen.

Siehe auch *Gene und Vererbung* S. 264, *Die Sichelzellenanämie* S. 358, *Die Doppelhelix* S. 374, *Gentechnik* S. 436, *Menschliche Krebsgene* S. 456, *Der genetische Fingerabdruck* S. 484, *Das Männlichkeitsgen* S. 502.

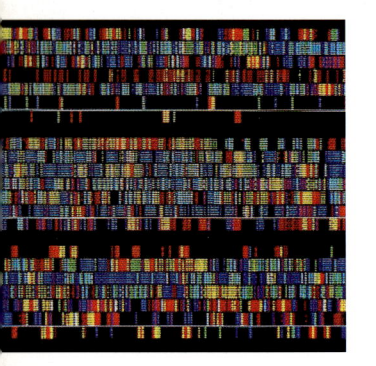

Ein Ausschnitt aus unserer DNA-Sequenz. Jede Farbe steht für eine Base — für einen der vier Buchstaben A, G, C und T, aus denen der genetische Code besteht.

Genetisch kartiert: die 46 Chromosomen des Menschen, 23 von jedem Elternteil. Der bedeutende Molekularbiologe Sydney ▸
Brenner meinte noch 1986: »Die Vorstellung, sich Sequenz für Sequenz durch das Genom zu ackern, findet in Großbritannien nicht gerade großen, begeisterten Anklang.«

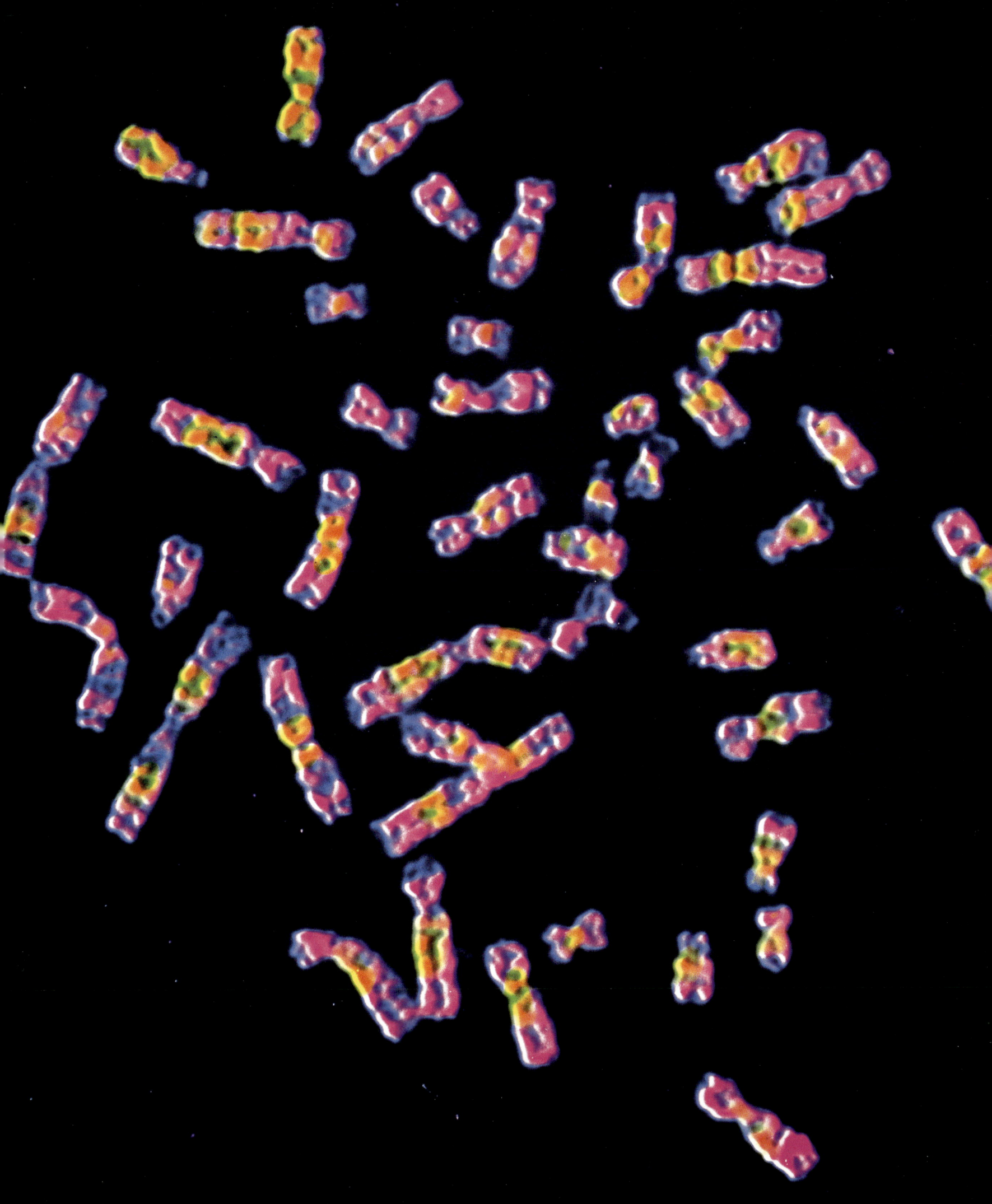

Index

Danksagung

Peter Tallack dankt den folgenden Personen für ihre Hilfe und Unterstützung: Peter Adams, Anthony Cheetham, Graham Farmelo, Tim Whiting und Eva Yeenakis. Er ist den vielen Mitarbeitern dankbar, die ihn bei inhaltlichen Fragen beraten zur Seite standen.

Bildnachweise

Es konnten nicht sämtliche Rechteinhaber von Abbildungen ermittelt werden. Sollte dem Verlag gegenüber der Nachweis der Rechteinhaberschaft erbracht werden, wird das branchenübliche Honorar nachgezahlt und eine entsprechende Korrektur in der nächsten Auflage übernommen.

AKG London/Erich Lessing S. 11, 67, 95 Alfred Eisenstaedt/TimePix/Rex Features S. 308 © Anglo-Australian Observatory 1994 Foto: C Heisler/T Hill S. 508 Ann Ronan Picture Library S. 21, 25, 36, 39, 51, 74, 77, 105, 111, 117, 130, 131, 149, 160, 167, 169, 183, 195, 196, 197, 199, 202, 203, 204, 216, 217, 225, 229, 242, 249, 251, 263, 305, 355, 367, 387, 463, 507 Ann Ronan Picture Library/Foto mit freundlicher Genehmigung von The Nobel Foundation S. 262 Archives Photographiques Charmet S. 243 Associated Press S. 331, 337, 363 Berenice Abbott/Commerce Graphics Ltd, Inc S. 119 © Bettmann/Corbis S. 2, 53, 61, 185, 201, 215, 221, 245, 271, 321, 327, 357, 381, 393, 397, 399, 429, 465 Bibliotheque Sainte-Genevieve, Frankreich/Bridgeman Art Library S. 20 Blackwell Science/Peter A Lawrence, The Making of a Fly, 1992 S. 461 © Bob Goodale/Oxford Scientific Films S. 147 British Museum, London/Bridgeman Art Library S. 137 British Society for the Turin Shroud S. 347 Cajal Institute - CSIC - Madrid, Spanien S. 211 Carnival Collection, Special Collections, Tulane University Library S. 177 Chartres Cathedral/Giraudon/Bridgeman Art Library S. 15 © Corbis S. 43, 71, 83, 109, 120, 237, 401, 441, 455 /Burstein Collection S. 373 /Christel Gerstenberg S. 23 /Farrell Grehan S. 294 /Gary Braasch S. 469 /Gianni Dagli Orti S. 85 /Henry Diltz S. 379 /Historical Picture Archive S. 87, 153 /Hulton-Deutsch Collection S. 97, 295, 523 /James A Sugar S. 79 /Jerry Cooke S. 341 /Lloyd Cluff S. 415 /Michael Maslan Historic Photographs S. 451 /Reuters NewMedia Inc S. 439 /Roger Ressmeyer S. 371, 479 /Rykoff Collection S. 293 /Underwood & Underwood S. 213 D'Arcy Thompson Collection, mit freundlicher Genehmigung der St Andrews University Library S. 423 Daily Herald Archive/NMPFT/Science & Society Picture Library S. 317 Daniel Heuclin/NHPA S. 291 Dave Watts/NHPA S. 411 David Tipling/Oxford Scientific Films S. 13 Department of Geology, National Museum of Wales S. 73 Edimedia S. 41 Equinox Archive S. 270 Frank Drake (UCSC) et al, Arecibo Observatory (Cornell, NAIC) S. 398 G I Bernard/NHPA S. 129, 443, 477 Hanny/Frank Spooner Pictures S. 505 Harvest/Truth & Soul (mit freundlicher Genehmigung von Kobal) S. 93 Henry E Huntington Library and Art Gallery S. 37, 307, 361 Institute for Cosmic Ray Research, The University of Tokyo S. 385 John Shaw/NHPA S. 304 L'Illustration/Sygma S. 163 Louvre, Paris/Giraudon/ Bridgeman Art Library S. 31 M C Escher, Moebius Strip II, © 2001 Cordon Art - Baarn - Holland. Alle Rechte vorbehalten S. 145 Mansell/Timepix/Rex Features (Foto) S. 17 Mary Evans Picture Library S. 55, 75, 171, 222, 241 Mitchell Library, State Library of New South Wales/Bridgeman Art Library S. 63 Moravian Museum, Brno S. 193 NASA S. 69, 434 NASA/Ann Ronan Picture Library S. 413, 433 NASA/Galaxy Contact S. 405, 425 NASA/Oxford Scientific Films S. 207 Nationalgalerie, Berlin/Bildarchiv Steffens/Bridgeman Art Library S. 115 Nature Magazine S. 517 Neil Bromhall/Oxford Scientific Films S. 259 Nick Birch/Ann Ronan Picture Library S. 303 Novosti (London) S. 292 Oxford Scientific Films S. 280, 281 Palazzo Farnese, Italy/Bridgeman Art Library S. 113 Peter Parks/NHPA S. 427 Physical Review 1949 S. 352 Richard Mankiewicz S. 491 Roy Waller/NHPA S. 471 Royal Geographical Society, London/Bridgeman Art Library S. 49 Science, Industry & Business Library, The New York Public Library, Astor, Lenox and Tilden Foundations S. 158 Science Museum/Science & Society Picture Library S. 29, 57, 65, 91, 123, 135, 139, 164, 165, 172, 173, 219, 227, 234, 350, 351 Science Photo Library S. 125, 154, 198, 256, 289 /A Barrington Brown S. 375 /Alfred Pasieka S. 191, 374, 447 /Anthony Howarth S. 483 /B Murton/Southampton Oceanography Centre S. 452 /Bernhard Edmaier S. 277 /Biophoto Associates S. 334 /Carlos Frenk, University of Durham S. 499 /Celestial Image Co S. 287, 489 /CERN S. 268, 353 /Chris Madeley S. 389 /CNRI S. 525 /CSIRO S. 520 /D Phillips S. 503 /David A Hardy S. 453 /David Parker/IMI/University of Birmingham High TC Consortium S. 267 /David Parker S. 150, 417, 458 /David Scharf S. 349 /David Vaughan S. 521 /Dr Arnold Brody S. 205 /Dr Gopal Murti S. 395, 495 /Dr Jeremy Burgess S. 192, 209 /Dr Kenneth R Miller S. 345 /Dr L Caro S. 333 /Dr Tony Brain S. 230 /EM Unit, VLA S. 467 /European Space Agency S. 84 /Eye of Science S. 359 /Geological Survey of Canada S. 459 /J C Revy S. 431 /James Holmes/Celltech Ltd S. 449, 525 /James King-Holmes S. 524 /Jean-Charles Cuillandre/Canada-France-Hawaii Telescope S. 161 /Jean-Loup Charmet S. 19, 99, 103, 189, 309 /John Reader S. 392, 481, 493 /Jürgen Berger, Max-Planck Institute S. 265 /Ken Eward S. 391 /Laguna Design S. 487 /Lawrence Berkeley Laboratory S. 315 /Manfred Kage S. 231, 366, 369 /Mark Garlick S. 121 /Martin Dohrn S. 47 /Mehau Kulyk S. 239, 475 /Michael Gilbert S. 273 /Michael W Davidson S. 248 /Nancy Kedersha/Immunogen S. 394 /NASA S. 285, 286, 513, 514, 515, 519 /National Cancer Institute S. 456 National Institute of Standards and Technology (NIST) S. 511 /National Library of Medicine S. 223 /National Optical Astronomy Observatories S. 159 /Northwestern University S. 254 /Pamela McTurk & David Parker S. 437 /Pekka Parviainen S. 27 /Peter Menzel S. 335, 485 /Philippe Plailly S. 235, 301, 365 /Philippe Plailly/Eurelios S. 255 /Pr S Cinti/CNRI S. 275 /Prof H Edgerton S. 157 /Prof P Motta/Dept of Anatomy/University ‚La Sapienza', Rom S. 383 /Profs P Motta & T Naguro S. 419 /Prof Peter Fowler S. 313 /Quest S. 457, 497 /Royal Observatory, Edinburgh S. 78 /Sidney Moulds S. 143 /Sinclair Stammers S. 175, 466 /Space Telescope Science Institute/NASA S. 279, 310, 311, 421, 435, 509 /US Geological Survey S. 200 /Volker Steger S. 176 /William Ervin S. 407 Science Pictures Ltd/Oxford Scientific Films S. 232 Scott Camazine/Sharon Bilotta-Best/Oxford Scientific Films S. 233 © Scott Camazine/CDC/Oxford Scientific Films S. 473 Stephen Dalton/NHPA S. 329, 339, 501 Steve Hansen/TimePix/Rex Features S. 354 Ted Polumbaum/TimePix/Rex Features S. 323 The Art Archive/British Library S. 35 The British Library S. 48, 68, 89, 151, 187, 464 The British Library, London/Bridgeman Art Library S. 33 The Illustrated London News Picture Library S. 155 The Natural History Museum, London S. 101, 107, 133, 181, 253, 283 The Natural History Museum, London/Bridgeman Art Library S. 299 The Natural History Museum/J Sibbick S. 261 The Washington Post S. 278 TimePix/E O Hoppe/Mansell/Rex Features S. 257 TimePix/John Florea/Rex Features S. 269 TimePix/Nina Leen/Rex Features S. 319 Wellcome Library, London S. 45, 59, 140, 141, 403